地球環境の復元

――南関東のジオ・サイエンス――

大原　隆
井上厚行 ― 編集
伊藤　慎

朝倉書店

口絵1　関東地方のLandsat TM画像〔(財)資源観測解析センター提供〕
1984年10月26日(左半分)と1985年1月23日(右半分)に観測された
Landsat TM画像をモザイクしたカラー合成画像〔本文 p.4 参照〕
　TM 2 バンド(0.52〜0.60 μm：可視光緑)：青
　TM 4 バンド(0.76〜0.90 μm：近赤外)　：緑
　TM 5 バンド(1.55〜1.75 μm：中赤外)　：赤

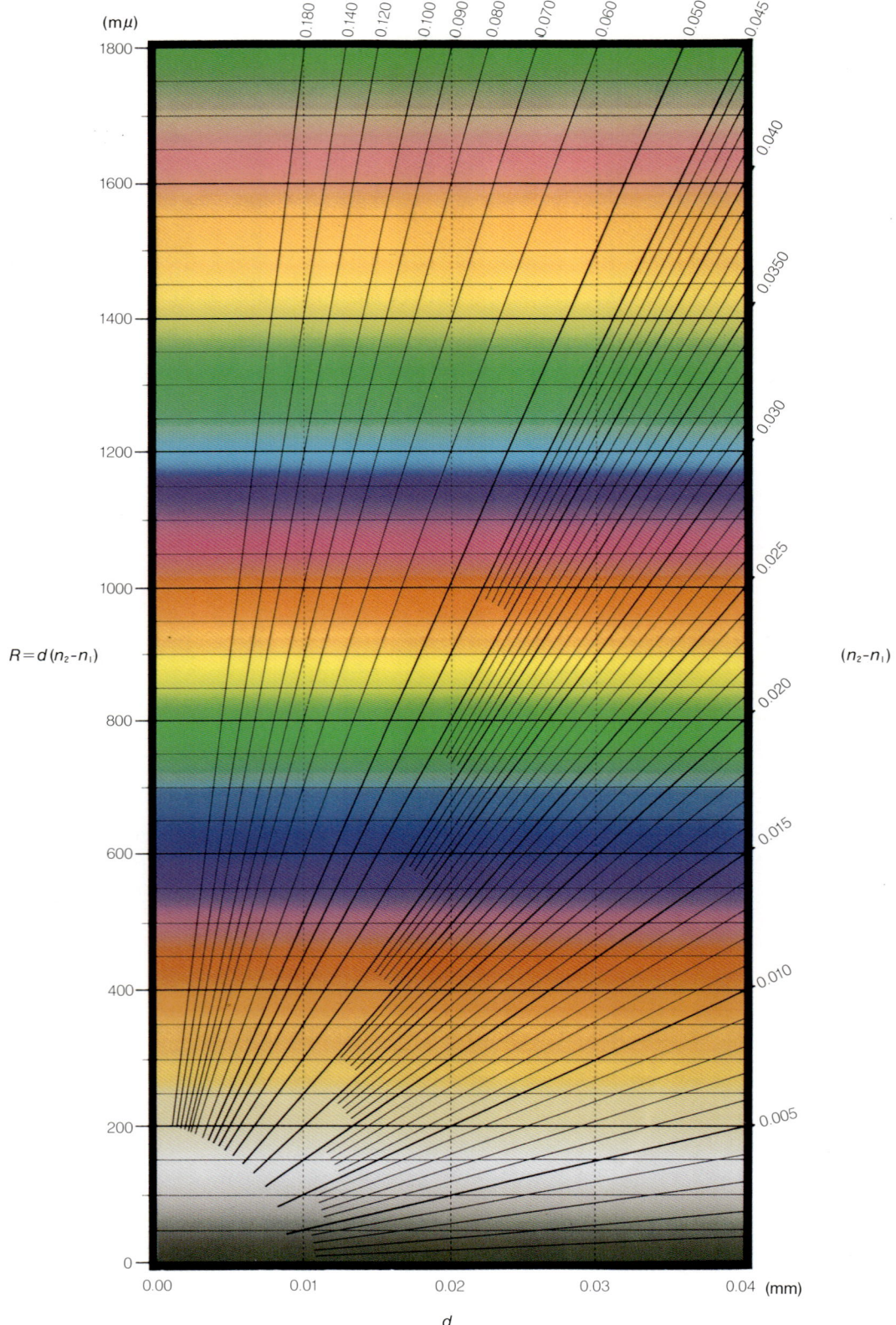

口絵 2　偏光顕微鏡用干渉色図表（白色光照明による）〔本文 p.215 参照〕

まえがき

　南関東に位置する首都圏はわが国総人口の30％近くが集中する超過密な生活の場であり，また政治・経済の中核となっている．この南関東は地球科学的には本州弧の中央部にあり，ユーラシア・北アメリカ・太平洋・フィリピン海の各プレートの境界部，日本海溝・相模トラフ・伊豆-小笠原海溝の会合部などにも近く，グローバルなプレート運動に起因する地球科学的現象が身近に認められる地域である．このため，現在から歴史時代を経て地質時代まで遡って，地殻活動に伴う諸現象の観察・観測のデータが世界で最も多い地域の一つとされている．

　最近，とくに南関東地域では，地殻活動に関係したさまざまな自然現象の地球科学的知見について学問的・社会的な関心が高まってきた．そこで，過去から現在に至る地球環境の復元を目的として，南関東地域のフィールドで地球科学的な調査・研究の最先端にいる専門家からそれぞれの調査地域や研究方法などを簡明に解説していただくことにした．

　本書は二つの部分から構成されている．第Ⅰ部では地殻活動によって形成された地球環境を復元するための野外観察の具体的な例として，リモートセンシングによる地表観測，重力・地震探査と基盤構造，地震活動とその観測システム，筑波山の深成岩類とマグマ活動，関東山地の異地性岩体と地質構造，山中地溝帯の地質構造，銚子半島のストーム堆積物，箱根火山の地質と温泉，三浦半島の地質層序と地質構造，相模湾の海底地形，伊豆大島の噴火活動，房総・三浦両半島に付加された深海堆積物およびその付加機構，環伊豆地塊蛇紋岩帯の上部マントル起源物質，清澄山系を構成する海底扇状地堆積物，上総層群の堆積機構と海水準変動，古東京湾の堆積環境，関東平野の浅部地下地質，関東平野の地下水系，南関東の段丘地形と示準テフラ，沖積低地の埋積機構，関東平野の河川地形など最近の知見が記述されている．第Ⅱ部には地球環境の時空的変化を解析する室内・野外実験の例として，地磁気と地震波の測定方法，岩石鉱物の薄片作製と偏光顕微鏡観察，花崗岩の多様性とその分類，結晶とその内部構造，砕屑性堆積物の組織と組成，砕屑粒子の形態と配列，炭酸塩岩類の分類，珪藻・有孔虫・サンゴ・二枚貝・巻貝・アンモナイト・花粉の分類と利用，地層に記録された生物源構造とその古生態学的意味などが説明されている．

　本書は，多くの研究者によって執筆されたので，その記述内容に若干の重複あるいは差異のみられる箇所がある．これは，編者らの努力不足によるところもあるが，むしろ各章をそれぞれ独立したものと考え，その内容を理解するのに便利であろうと判断して無理に統一しなかった．この点はご容赦いただきたい．

　本書は，千葉大学で開講されている一般教養科目（総合科目＝地球環境の変容，第三惑星の科学，

自然史；地学，地学実験；地学セミナー，自然史セミナー）の参考テキストとして拙編著『地球の探究』・『地球環境の変容』と共に"新しい地球観"を概説するために編集されたものである．若い学生諸君をはじめ多くの読者がいろいろな地球科学的現象に興味を抱き，地球環境とのかかわり合いについて考える一助として本書を利用していただければ幸いである．

　本書の出版にあたり，執筆者各位のご協力と朝倉書店編集部のご支援に厚く感謝する．

1992年7月

編集者しるす

執筆者

建石 隆太郎	千葉大学映像隔測センター隔測情報解析研究部門
長谷川 功	通商産業省工業技術院地質調査所環境地質部
駒澤 正夫	通商産業省工業技術院地質調査所地殻物理部
石田 瑞穂	科学技術庁防災科学技術研究所地圏地球科学技術研究部
鈴木 宏芳	科学技術庁防災科学技術研究所地圏地球科学技術研究部
高橋 裕平	通商産業省工業技術院地質調査所地質部
高木 秀雄	早稲田大学教育学部地学教室
坂 幸恭	早稲田大学教育学部地学教室
桂 雄三	文化庁文化財保護部記念物課
大木 靖衛	新潟大学積雪地域災害研究センター地盤災害研究分野
江藤 哲人	横浜国立大学教育学部地学教室
藤岡 換太郎	海洋科学技術センター深海研究部
津久井 雅志	千葉大学理学部地学科
小竹 信宏	千葉大学大学院自然科学研究科環境基礎科学講座
小川 勇二郎	筑波大学地球科学系
谷口 英嗣	日本大学文理学部応用地学教室
荒井 章司	金沢大学理学部地学教室
徳橋 秀一	通商産業省工業技術院地質調査所燃料資源部
伊藤 慎	千葉大学教養部地学教室
大原 隆	千葉大学教養部地学教室
遠藤 秀典	通商産業省工業技術院地質調査所環境地質部
新藤 静夫	千葉大学理学部地学科
宮内 崇裕	千葉大学理学部地学科
松島 義章	神奈川県立博物館学芸部
伊勢屋 ふじこ	上武大学商学部地理学研究室
伊勢崎 修弘	千葉大学理学部地学科
平田 直	千葉大学理学部地学科
須崎 和俊	筑波大学地球科学系
井上 厚行	千葉大学教養部地学教室
中野 孝教	筑波大学地球科学系

西田　　　孝	千葉大学教養部自然史教室
増田　富士雄	大阪大学教養部地学教室
横川　美和	大阪大学教養部地学教室
角和　善隆	東京大学教養学部宇宙地球科学教室
秋葉　文雄	石油資源開発株式会社技術研究所古生物グループ
栗原　謙二	立教大学一般教育部地学研究室
安達　修子	筑波大学地球科学系
森　　　啓	東北大学理学部地質学古生物学教室
中森　　亨	東北大学理学部地質学古生物学教室
平野　弘道	早稲田大学教育学部地学教室
山野井　徹	山形大学教養部地学教室

（執筆順）

目 次

I 野外観察

1. 人工衛星からみた関東地方 ……………………………………〔建石隆太郎〕… 3
   - 1.1. リモートセンシングの基礎 ………… 3
   - 1.2. 関東地方の Landsat TM 画像 …… 4
   - 1.3. 富士箱根伊豆の合成開口レーダ画像 ……………………………… 5

2. 関東平野の重力・地震基盤と断裂構造 …………………〔長谷川 功・駒澤正夫〕… 7
   - 2.1. 重力探査法による基盤構造 ………… 7
   - 2.2. 地震探査法による基盤構造 ………… 9
   - 2.3. 基盤構造の特徴 …………………… 11

3. 関東地域のサイスモテクトニクス ……………………………〔石田瑞穂〕… 13
   - 3.1. プレート運動と地震の発生 ……… 14
   - 3.2. 関東地域の地震活動 ……………… 14
   - 3.3. 関東地域のプレート構造 ………… 16

4. 首都圏地域の地殻活動観測システム …………………………〔鈴木宏芳〕… 20
   - 4.1. 地殻活動観測の概要 ……………… 20
   - 4.2. 首都圏における地殻活動観測システム … 21
   - 4.3. 地震の検知能力 …………………… 22

5. 筑波山塊の深成岩類 ………………………………………〔高橋裕平〕… 25
   - 5.1. 筑波山塊の炭石 …………………… 25
   - 5.2. 筑波山塊の深成岩類 ……………… 26
   - 5.3. 深成岩類の成因論的考察および日本列島における位置付け ……… 28
   - 5.4. 斑れい岩類に関する問題 ………… 29

6. 関東山地北部の異地性岩体とナップ構造 ………………………〔高木秀雄〕… 31
   - 6.1. 関東山地北部のナップと異地性花崗岩体・変成岩体 …………… 31
   - 6.2. ナップの起源(ハイマート) ……… 37

7. 山中地溝帯の白亜紀層 ……………………………………〔坂 幸恭〕… 40
   - 7.1. 山中地溝帯の概要 ………………… 40
   - 7.2. 山中地溝帯白亜系の層序・岩相 … 40
   - 7.3. 山中地溝帯東部の層序と構造 …… 41
   - 7.4. 三山層の堆積構造 ………………… 44

8. 銚子半島のストーム堆積物 ……………………………………〔桂 雄三〕… 47
   - 8.1. 愛宕山層群 ………………………… 47
   - 8.2. 銚子層群 …………………………… 47
   - 8.3. ストームシート砂層・泥層の堆積とリップルの保存 ………………… 51

9. 箱根火山 …………………………………………………〔大木靖衛〕… 55
   - 9.1. 南関東の展望台 …………………… 55
   - 9.2. 箱根の地形 ………………………… 55
   - 9.3. 箱根火山の火山岩 ………………… 56
   - 9.4. 箱根火山の生い立ち ……………… 56

9.5. 地震活動 ……………………… 58	9.7. 芦ノ湖の逆さ杉 ……………… 61
9.6. 地熱活動 ……………………… 59	

10. 三浦半島の地質構造 ……………………………………………〔江藤哲人〕… 63
 10.1. 地質概要 ……………………… 63 10.3. 地質構造 ……………………… 66
 10.2. 層　序 ………………………… 64

11. 相模湾とその周辺の海底 ………………………………………〔藤岡換太郎〕… 70
 11.1. 相模湾の海底地形 …………… 70 11.3. 海底調査の方法 ……………… 73
 11.2. 相模湾の周辺の海底 ………… 70 11.4. 相模湾の成因 ………………… 73

12. 伊豆大島の噴火史 ………………………………………………〔津久井雅志〕… 75
 12.1. 大島火山の噴火史 …………… 75 12.3. 野外で見る火山噴出物 ……… 78
 12.2. 野外でどう観察するか ……… 77

13. 房総南端の深海堆積物 …………………………………………〔小竹信宏〕… 82
 13.1. 同一層準の認定 ……………… 82 13.5. 豊房層群 ……………………… 86
 13.2. 地質の概要 …………………… 82 13.6. フィリピン海プレートの沈み込み
 13.3. 三浦層群 ……………………… 82   と地史 ………………………… 87
 13.4. 千倉層群 ……………………… 84

14. 房総・三浦の付加テクトニクス …………………………〔小川勇二郎・谷口英嗣〕… 89
 14.1. 江見海岸の江見層群の堆積構造と 14.2. 荒崎海岸における三浦層群の堆積
   変形 …………………………… 90   構造と変形 …………………… 94

15. 環伊豆地塊の蛇紋岩──マントルからきた物質── ………………〔荒井章司〕… 100
 15.1. 環伊豆地塊蛇紋岩 …………… 100 15.4. かんらん岩から何を読取るか
 15.2. 蛇紋岩とは何か   ─環伊豆地塊蛇紋岩の岩石学的
   ─蛇紋岩からかんらん岩へ─ … 100   特徴と成因─ ………………… 104
 15.3. かんらん岩の分類 …………… 104 15.5. 環伊豆地かんらん岩の貫入 … 107

16. 清澄山系の古海底扇状地堆積物 ………………………………〔徳橋秀一〕… 109
 16.1. 上部安房層群 ………………… 109 16.3. 清澄層の堆積様式 …………… 115
 16.2. 清澄層 Hk 層準のタービダイト 16.4. 清澄古海底扇状地の性格 …… 118
   砂岩層 ………………………… 110

17. 上総層群の堆積シーケンス ……………………………………〔伊藤　慎〕… 120
 17.1. シーケンス層序学 …………… 120 17.4. シーケンス層序学的にみた堆積物
 17.2. 上総層群の特徴 ……………… 123   の形成時期 …………………… 130
 17.3. 上総層群のシーケンス層序 … 124

18. 下総層群の堆積環境 ……………………………………………〔大原　隆〕… 135

19. 関東平野中央部の浅部地下地質 ………………………………〔遠藤秀典〕… 144
 19.1. 浅部地下地質の調査手順 …… 144 19.3. 一般的な地下地質調査資料 … 147
 19.2. 関東平野の第四系の概要 …… 145 19.4. 層序ボーリング ……………… 148

19.5. 物理探査と物理検層 …………… 151

20. 関東平野の地下水系 ……………………………………………〔新藤静夫〕… 152
　　　20.1. 関東地下水盆の概要 …………… 154　　20.2. 各地域の地下水系の特徴 ……… 156

21. 南関東の段丘と示準テフラ …………………………………〔宮内崇裕〕… 164
　　　21.1. 関東平野南部の段丘地形 ……… 164　　21.3. 三浦半島の海岸段丘 …………… 166
　　　21.2. 段丘をおおう火山灰(テフラ) … 165

22. 南関東の沖積統 …………………………………………………〔松島義章〕… 171
　　　22.1. 沖積統とは ……………………… 171　　22.5. 九十九里浜低地 ………………… 176
　　　22.2. 中川・荒川低地, 東京下町低地 171　　22.6. 房総半島南端部 ………………… 177
　　　22.3. 東京湾東岸低地 ………………… 174　　22.7. 相模川低地 ……………………… 178
　　　22.4. 多摩川低地 ……………………… 174

23. 関東平野の河川地形 ……………………………………………〔伊勢屋ふじこ〕… 181
　　　23.1. 砂床河川における洪水時の土砂　　　　　　　観察 ……………………………… 183
　　　　　　輸送と河床形 …………………… 181　　23.3. 利根川中流低地の地形と堆積物 185
　　　23.2. 砂床河川における氾濫堆積物の

II　室内実験

1. 地球磁場測定 ……………………………………………………〔伊勢崎修弘〕… 191
　　　1.1. プロトン磁力計の原理 ………… 191　　1.6. 実験の順序 ……………………… 193
　　　1.2. 実験の目的 ……………………… 191　　1.7. データの整理 …………………… 193
　　　1.3. 全磁力異常とは ………………… 192　　1.8. $\varDelta T$ の求め方 ………………… 193
　　　1.4. 地磁気異常の理論 ……………… 192　　1.9. 報告すべき事項 ………………… 193
　　　1.5. 実験の準備 ……………………… 193　　1.10. 注意すべき事項 ………………… 194

2. 地震波の測定と解析 ……………………………………………〔平田　直〕… 195
　　　2.1. 地震計の原理 …………………… 195　　2.4. 震源の推定 (1)
　　　2.2. 地震波の伝わる速さの測定　　　　　　　　　　―制御震源の震源― …………… 199
　　　　　　―制御震源実験― ……………… 195　　2.5. 震源の推定 (2)
　　　2.3. 自然地震の記録の解析 ………… 197　　　　　　　―自然地震― …………………… 200

3. 岩石鉱物薄片作製 ………………………………………………〔須崎和俊〕… 202
　　　3.1. 薄片作製方法 …………………… 202　　3.3. 未固結砂層の不攪乱定方位薄片
　　　3.2. 劈開・裂開の発達した岩石鉱物の　　　　　　　　作製法 …………………………… 205
　　　　　　薄片作製 ………………………… 204

4. 偏光顕微鏡と鉱物の光学的性質 ………………………………〔井上厚行〕… 208
　　　4.1. 光と結晶について ……………… 208　　4.3. 偏光顕微鏡による鉱物の基本的
　　　4.2. 偏光顕微鏡の構造と使い方 …… 209　　　　　　　観察 ……………………………… 211

5. 花崗岩類の鉱物組成と化学組成 〔中野孝教〕… 219
- 5.1. 花崗岩類の分類 … 219
- 5.2. 累帯花崗質深成岩体 … 221
- 5.3. 花崗岩系列 … 222

6. 結晶の形と内部構造 〔西田 孝〕… 225
- 6.1. 結晶状態 … 225
- 6.2. 結晶の形 … 225
- 6.3. 結晶面の記載 … 226
- 6.4. 結晶の対称性 … 228
- 6.5. 内部構造とX線回析 … 230

7. 砕屑性堆積岩の組織と組成 〔伊藤 慎〕… 232
- 7.1. 砕屑岩の組織 … 232
- 7.2. 砕屑岩の組成 … 237

8. 粒子配列 〔増田富士雄・横川美和〕… 245
- 8.1. 粒子の形 … 245
- 8.2. 粒子の配列 … 249

9. 炭酸塩岩類の分類 〔角和善隆〕… 257
- 9.1. 南関東の炭酸塩岩 … 257
- 9.2. 炭酸塩鉱物の種類 … 257
- 9.3. 炭酸塩鉱物の分類 … 259

10. 珪藻の分類と利用 〔秋葉文雄〕… 262
- 10.1. 珪藻とは … 262
- 10.2. 珪藻の分類 … 263
- 10.3. 試料採取・処理および観察法 … 264
- 10.4. 地質学への利用 … 265

11. 有孔虫の観察と利用（1） 〔栗原謙二〕… 29
- 11.1. 岩石試料の採取 … 269
- 11.2. 岩石試料の処理 … 270
- 11.3. 有孔虫のひろい出し … 271
- 11.4. 有孔虫の分類 … 272
- 11.5. 有孔虫の利用 … 273

12. 有孔虫の観察と利用（2） 〔安達修子〕… 275
- 12.1. 研究法 … 275
- 12.2. 古生代の有孔虫 … 276

13. 単体サンゴの分類と利用 〔森 啓〕… 281
- 13.1. 単体サンゴの形態 … 281
- 13.2. 単体サンゴの生態 … 282
- 13.3. 単体サンゴの分類形質 … 283
- 13.4. 分類上の問題点 … 284
- 13.5. 教材としての化石単体六放サンゴ … 284
- 13.6. 分類の手引 … 285

14. 群体サンゴの分類と利用 〔中森 亨〕… 287
- 14.1. 沼層の地形学的・層位学的特徴 … 287
- 14.2. 造礁サンゴ群集 … 287

15. 貝の分類と利用 〔大原 隆〕… 292
- 15.1. 貝殻の内部構造と生成機構 … 292
- 15.2. 貝類の分類 … 293
- 15.3. 貝化石のデータ処理 … 300

16. アンモナイトの分類と利用 〔平野弘道〕… 308
- 16.1. アンモナイトの系統 … 308
- 16.2. アンモナイトの形と分類 … 309

16.3. アンモナイト類の利用 311

17. 底生生物の生活構造 〔小竹信宏〕... 316
17.1. 生痕化石とは 316
17.2. 生痕化石の命名 316
17.3. 生痕化石の観察・検討方法 316
17.4. 古環境の推定 317
17.5. 生痕化石から読取れる生物活動 320

18. 花 粉 分 析 〔山野井 徹〕... 323
18.1. 花粉化石の濃集方法 323
18.2. 花粉化石の鑑定 324
18.3. 花粉化石の扱い方 326

索　　引 329

I 野外観察

1. 人工衛星からみた関東地方

　人工衛星または航空機から地表を面的に観測する技術はリモートセンシングといい，人工衛星リモートセンシングは1970年代に始まった新しい技術である．リモートセンシングにより得られたデータは，広域な地表の土地被覆や形状の情報を今までになくわかりやすい画像という形でわれわれに示してくれる．ここではまずリモートセンシング技術の基礎を解説し，次に関東地方の可視・近赤外画像と富士箱根伊豆のレーダ画像を紹介する．

1.1. リモートセンシングの基礎
1) 3タイプのリモートセンシング

　リモートセンシングとは，地表面から反射または放射される電磁波を人工衛星や航空機などのプラットフォームに搭載されたセンサーで観測することにより，広域な地表の情報をほぼ瞬時に収集する技術である．リモートセンシングは利用する電磁波のスペクトル帯域により図1.1に示すように，可視・近赤外リモートセンシング，熱赤外リモートセンシング，マイクロ波リモートセンシングの3タイプに分けることができる．

　可視・近赤外リモートセンシングにおいて観測する電磁波の放射源は太陽である．太陽は約 $0.5\,\mu m$ をピークとする電磁波を放射する．可視・近赤外リモートセンシングのデータは地表対象物の反射率の影響を受ける．すなわち，反射率の違いにより対象物に関する情報を得る．

　熱赤外リモートセンシングにおいて観測する電磁波は対象物である．常温の地表物体は約 $10\,\mu m$ をピークとする電磁波を放射する．太陽放射に起因する対象物の分光放射輝度aと地表放射に起因する対象物の分光放射輝度bとを比較すると図1.1のようになる．ここで分光放射輝度とは，地表面からの電磁波の波長ごとの強さ，と簡単に考えておいてよい．ただし，この図は大気による吸収を無視しており，また曲線の形状も対象物の反射率，放射率，温度により変わる．したがって，実際の曲線aと曲線bの交点は対象物の反射率，放射率，温度により変わり，$3.0\sim4.5\,\mu m$ を中心に $2.5\sim6.0\,\mu m$ の間を変動する．熱赤外リモートセンシングのデータは地表対象物の熱放射による．すなわち，対象物の温度情報を得ることができる．

　マイクロ波リモートセンシングにおいて観測する電磁波の放射源は，対象物の場合（受動）とレーダの場合（能動）がある．受動マイクロ波リモートセンシングでは，対象物のマイクロ波放射を観測し，能動マイクロ波リモートセンシングでは，レーダから送信されたマイクロ波に対する対象的の散乱の強さ，すなわち後方散乱係数を観測する．

2) リモートセンシングからの情報抽出

　図1.2はリモートセンシングにおける情報抽出の基本的な流れを示したものである．リモートセンシングデータは，対象物の電磁波に関する反射特性または放射特性の影響を受けたデータである．いい替えれば，リモートセンシングデータは対象物の電磁波に関する特性を通して対象物に関する情報を含ん

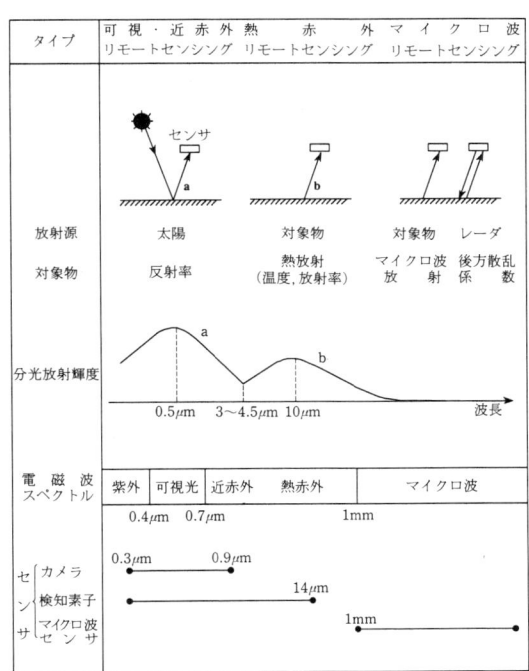

図1.1　3タイプのリモートセンシング

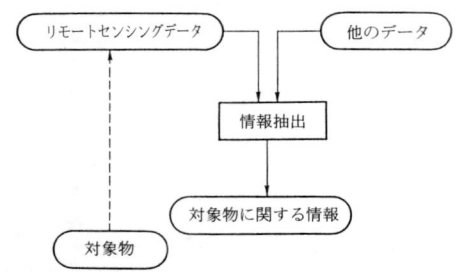

図 1.2 リモートセンシングにおける情報抽出

表 1.1 リモートセンシングにおける情報抽出のタイプ

タイプ	例
① 分類	土地被覆, 樹種, 植生, 農作物
② 変化検出	土地被覆変化
③ 物理量の抽出	温度, 大気成分, 標高
④ 指標抽出	植生指標, 汚濁指標
⑤ 特定地物・状態の抽出	山火事・水害の災害状況の把握, リニアメントの抽出, 遺跡の検出

でいる．このリモートセンシングデータから対象物に関する知りたい情報を引き出すこと，すなわち情報抽出をすることがリモートセンシングの目的である．

リモートセンシングにおける情報抽出は表 1.1 に示す五つのタイプに分けることができる．分類とは画像のスペクトル情報，空間情報を用いて対象物を同定しカテゴリー化することである．変化検出とは異なる時期に観測された画像のスペクトル情報から対象物の変化を検出することである．物理量の抽出とはスペクトル情報からの対象物の温度測定や大気成分の算出およびステレオ画像からの標高算出のことをいう．指標抽出とは植生指標のように新たに定義した指標を算出することをいう．特定地物・状態の抽出とは災害状況，リニアメント，遺跡などの特定の地表物あるいは地表の状態を抽出することである．

1.2. 関東地方の Landsat TM 画像

Landsat 1 号は米国の NASA が 1972 年世界で初めてのリモートセンシング衛星として打上げた人工衛星である．その後シリーズで打上げており，1984 年から現在 (1991 年) までは Landsat 5 号が観測を続けている．Landsat 5 号は，高度約 700 km，周期 99 分の極軌道をもつ．北から南へ動く時に幅 185 km で観測を行い，同一地点は 16 日周期で観測される．日本と同じ緯度地域は地方太陽時でだいたい午前 9 時 30 分頃観測される．

人工衛星の軌道に関する一般的な知識であるが，人工衛星が円軌道を取るとき，その速度と周期は高度により決まる．リモートセンシング衛星は高度が 300〜1000 km の円軌道であるので，速度は約 7.5 m/s，周期は約 100 分程度である．

Landsat 5 号には TM(Thematic Mapper) と MSS(Multi-Spectral Scanner) の 2 種類のセンサが搭載されている．TM は以下に示す七つの波長帯(バンド)で観測を行う．MSS は TM より性能が劣っており，観測波長帯は可視近赤外の 4 バンド，画素サイズは 80 m である．

	波長帯 (μm)	画素サイズ (m)
バンド 1	0.45〜 0.52 (可視光青)	30
バンド 2	0.52〜 0.60 (可視光緑)	30
バンド 3	0.63〜 0.69 (可視光赤)	30
バンド 4	0.76〜 0.90 (近赤外)	30
バンド 5	1.55〜 1.75 (中赤外)	30
バンド 7	2.08〜 2.35 (中赤外)	30
バンド 6	10.4 〜12.5 (熱赤外)	120

口絵 1 の画像は Landast 5 号の TM で観測したバンド 2, 4, 5 のカラー合成画像である．この画像から土地被覆と地形形状を読取ることができる．

土地被覆は画像の色から判読することができる．たとえば，緑色の部分は植生を示す．植物の葉は近赤外で強い反射率をもつため，バンド 4 の値がバンド 2 とバンド 5 より高くなるためである．画像の丹沢山地，関東山地の一部が茶色となっている．これはこの画像が観測された 10 月 26 日において，標高の高い部分の森林の葉が紅葉または落葉し，バンド 4 の値が下がっているためである．人工構造物の多い都市部では可視光の反射が近赤外・中赤外より強いため，バンド 2 の値が高く，画像では青く現れている．東京都心部はもちろん，関東北西部に点在する高崎，熊谷などの地方都市も青色の部分として認識できる．関東平野周辺部および千葉全域に分布する白い染みのような小領域はゴルフ場である．ゴルフ場の芝はバンド 2, 4, 5 のすべてにおいて高い反射率をもつため，画像で白く現れている．なお，画像の銚子半島近辺および反対の左端の白い部分は雲である．以上のように，地表対象物がもつ固有の反射率特性により土地被覆を判読することができる．土地被覆の判読は，口絵を目で見るようにカラー合成画像の色から判読することができるだけでなく，7 バンドの画像データをコンピュータ処理すること

によっても行うことができる．むしろ，いかなる手法でコンピュータ処理をすれば効率的で精度よく分類できるかを追求することは，リモートセンシング研究の主要テーマの一つである．

地形形状は1枚の画像からは地形陰影により判読することができる．口絵画像の場合，右半分と左半分とでは観測日が3か月ほど違っているが観測時の地方太陽時は同じであり，太陽方向はほぼ南東，太陽高度は30度弱である．このため尾根の北西側に地形陰影ができ，北東から南西に走る尾根が読取りやすくなっている．

地形形状をより正しく知るためには，すなわち面的な標高データ（DEM：Dital Elevation Model）や地形図を作成するためには，2枚のステレオ画像が必要である．ステレオ人工衛星画像からのDEM作成も重要なリモートセンシング研究の一つである．日本全体は縮尺1：25000の地形図でカバーされているが，1987年の国連の統計によると地球の全陸域では縮尺1：50000でも約60％が作成されているにすぎない．これを従来からと同じ方法でステレオ航空写真を用いて行おうとすれば何十年もかかってしまう．そこで，人工衛星画像を用いて短期間で全地球のDEMを作成しようという考えが生まれてくるわけである．すでにフランスが打上げたリモートセンシング衛星SPOTのステレオ画像からはDEM作成が可能である．日本が1992年に打上げるJERS（Japanese Earth Resources Satellite）に搭載されているセンサOPSもステレオ観測の機能をもっており，その成果が期待されている．そのほかにも1998年に米国が打上げる予定のEOS-Aに搭載される日本製のセンサASTERなどDEM作成の機能をもつセンサがいくつか計画されている

1.3. 富士箱根伊豆の合成開口レーダ画像

リモートセンシングで用いられるレーダは，通常"サイドルッキング"といい，プラットフォーム（航空機または人工衛星）の進行方向と直交する平面内で鉛直方向からある角度をもった斜め方向にある角度幅をもったマイクロ波を送信（照射）する．送信したマイクロ波が地表面に当たり散乱し，レーダの方向にもどってくるマイクロ波を受信する．

合成開口レーダ（SAR：Synthetic Aperture Radar）とは，プラットフォームの進行に伴って連続的に受信される地表の一点からの散乱マイクロ波を合成処理することにより地表分解能のよい画像を得ることのできるレーダーである．合成開口でないレ

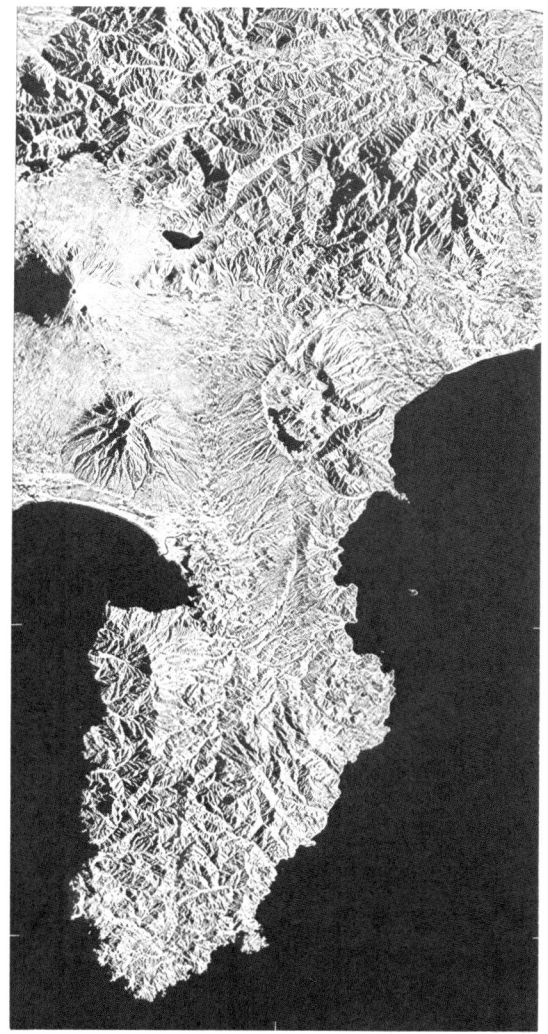

図1.3 富士箱根伊豆の合成開口レーダ画像（新エネルギー・産業技術総合開発機構提供）
観測時期：1981年6〜8月　　照射方向：西
飛行高度：11500m　　　　　モザイク数：5
飛行方向：南北　　　　　　　レーダ：GEMS 1000

ーダ（実開口レーダという）はプラットフォームと対象物との距離が離れるに従って地表分解能は悪くなり，人工衛星からの距離では実用にならない．これに対し，合成開口レーダの解像度は距離に無関係であるので利用価値の高いレーダである．たとえば，日本のJERSに搭載されるSARの地表分解能は18mである．

図1.3は航空機に搭載した合成開口レーダで観測した富士箱根伊豆地方の画像である．公称地上分解能は12mである．この画像は5枚のレーダ画像を

モザイクしたもので，5本の平行な南北方向の飛行測線から西側に照射した画像である．画像の重複部分では，飛行測線がより近い方の画像を，すなわち照射方向がより鉛直に近い方の画像を優先しモザイクしている．西側照射のため山の西側が影になっている．

レーダ画像の第一の特徴は雲を透過して観測できることである．雲の多い地域の観測に有効である．厚い雲に覆われた金星の観測にもレーダは威力を発揮している．レーダ画像の第二の特徴は地形の起伏が読取りやすいことである．ただし，照射方向が変われば画像中の山の影のパターンが変わり，画像を見た印象はかなり変化する．

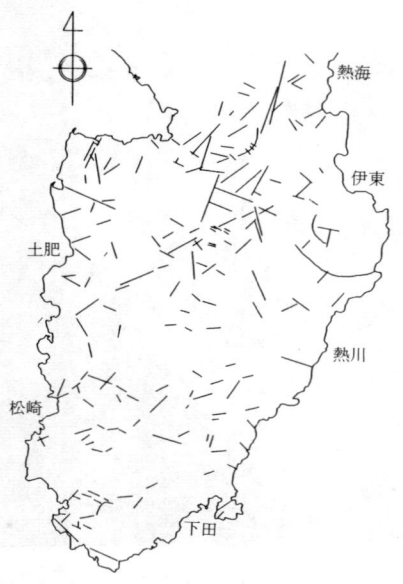

図1.4 合成開口レーダ画像によるリニアメント判読図

図1.4は，図1.3のレーダ画像から視覚判読した伊豆半島のリニアメントである．抽出されたリニアメント数は189本，総延長316.8 kmであった〔(財)資源観測解析センター，1984〕．西側照射のため南北方向の尾根，谷が強調されており，抽出されるリニアメントの方向に偏りがある．

まとめ

リモートセンシング(RS)は観測に用いる電磁波の波長帯により，可視・近赤外 RS，熱赤外 RS，マイクロ波 RS の3種類に分けることができ，それぞれ特徴をもっている．可視・近赤外 RS は地表面の分類・識別に優れ，熱赤外 RS は温度の面観測ができ，マイクロ波 RS は雲を透過して観測できる．

リモートセンシング画像が提供する情報はあくまで地表面の情報である．地球科学への応用に関していえば，リモートセンシング画像から直接知ることができるのは土地被覆と地形形状であり，これから地球科学的に意味のある情報を抽出する必要がある．リモートセンシング画像からのリニアメント抽出はよく行われる応用例である．また，植生に覆われていない地域では地表の土壌や岩石の識別が可能である．

リモートセンシングのための人工衛星は1972年米国により打上げられた Landsat-1 が最初で，現在フランス，日本，ヨーロッパ宇宙機関，旧ソ連，中国，インドなどにより打ち上げられている．今後も多くの計画があり，国際協力の度合いが強まってきている．特に1992年に日本が打上げるリモートセンシング衛星 JERS は，主目的が地下資源探査であり，その成果が大いに期待される．〔建石隆太郎〕

参考文献

土木学会(1989)：土木工学ハンドブック「18章リモートセンシング」，pp. 789-810．技報堂出版．
日本リモートセンシング学会(1991)：10周年記念特集リモートセンシングの過去・現在・未来．日本リモートセンシング学会誌，vol. 11, no. 1, 194 p..
日本リモートセンシング研究会(1981)：画像の処理と解析，267 p..共立出版．
日本リモートセンシング研究会(1989)：リモートセンシング用語辞典，321 p..共立出版．
(財)資源観測解析センター(1984)：石油資源遠隔探知技術の研究開発報告書，pp. 658-731．
建石隆太郎(1978)：三次元測定のための人工衛星．写真測量とリモートセンシング，vol. 18, no. 3, pp. 26-35．
建石隆太郎(1988)：リモートセンシングと画像処理．日本写真学会誌，vol. 51, no. 3, pp. 212-219．

2. 関東平野の重力・地震基盤と断裂構造

　本章では,地表における重力場の測定(重力探査法とよばれる)と人工地震波の観測(地震探査法とよばれる)をとりあげ,その手法によって明らかになった関東平野下の先新第三系基盤の構造について述べる。地表でのひとつの測定や観測によって推定される地下構造は,通常一意的には決定されず信頼性が評価できない場合も多い。そこで,多くの手法によるクロスチェックを経てより信頼性が高い地下構造が描かれていく。ここでは,主として前述した二つの手法によるクロスチェックを行いながら,関東平野下の基盤構造の特徴を明らかにしていく。

2.1. 重力探査法による基盤構造

　重力探査法とは,重力計とよばれる可搬型の器械で,多くの地点で精密に地球の重力場を測定し,データ処理・解析することによって地下の密度構造を明らかにする方法である。

1) 重力図(ブーゲー異常図)

　重力探査法では,この手法の長所である測定の簡便さを生かしてなるべく多くの地点で正確に測定し,測定位置(緯度,経度,高度)も正確に求めることが重要である。そしてこのデータを基に重力図を作成する。ふつう,重力図とは,測定値にさまざまな補正を加え,標準重力値との差をコンターにして描いた重力異常図を指す。補正には,潮汐補正,緯度補正,高度補正(フリーエア補正),地形補正,ブーゲー(Bouguer)補正などがある。ブーゲー補正まで施した重力異常図をブーゲー異常図という。この過程で重要なパラメータは仮定密度で,着目する構造を強調するように決めるべきものである。

　関東平野では,多くの機関が重力測定を実施し,その測定数は45000点(約2点/km²)に達している

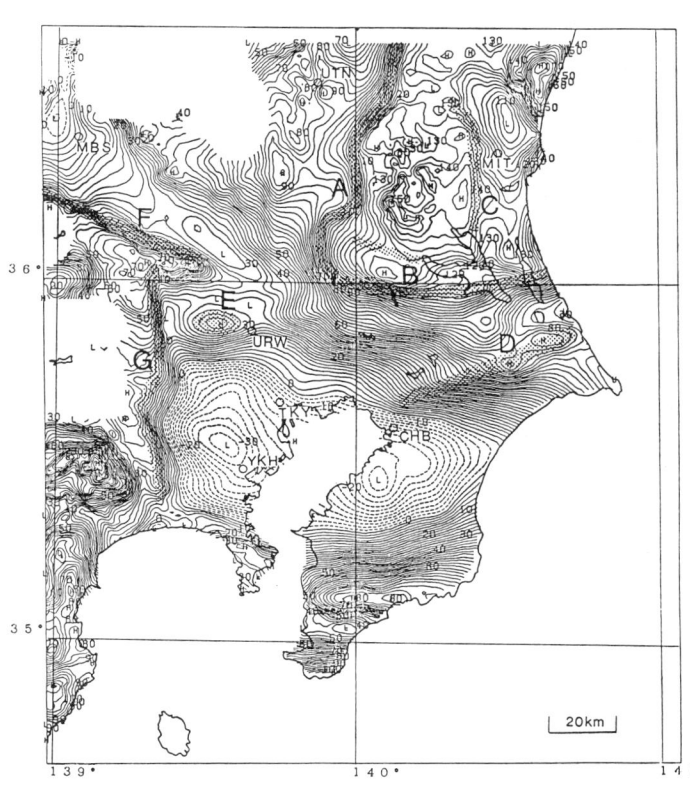

図2.1 関東地方の重力図(駒澤・長谷川,1988)
ブーゲー異常図,仮定密度:2.0 g/cm³,コンター間隔:2.5 mgal,A〜G:顕著な重力異常帯(本文参照),H:高重力異常,L:低重力異常,CHB:千葉,MBS:前橋,MIT:水戸,TKY:東京,URW:浦和,UTN:宇都宮,YKH:横浜.

が，その処理方法はまちまちであり，駒澤(1985)は重力データを統一して処理し，最終的にコンター間隔が1 mgal以上の精密重力図を作成した(図2.1)．仮定密度は2.0 g/cm³である．これは経験的に平野部における密度として採用されている値であり，また新第三紀～第四紀の新しい堆積層の密度に相当している．この重力図は新しい堆積層を取除いた基盤構造およびそれより深い構造に起因する重力異常を表現していると考えられる．

次に図2.1の重力図を概観しその特徴について述べよう(駒澤・長谷川，1988)．筑波山地の西側に重力急傾斜帯(A)が見られる．これは南～北と北東～南西との2方向の組合せからなる屈曲した西落ちの構造で烏山-菅生沼構造線にあたり，ブロック状に隆起した筑波山地の西縁を示していると思われる．筑波山地の東側では，霞ヶ浦より北方に伸びる東落ちの直線的な重力急傾斜帯(C)が見える．これは筑波山地の東縁を示していると思われる．千葉-佐倉-小見川を結んで等重力線の変曲点が見られ(D)，帯状の基盤の盛上がり，あるいは高密度岩体の存在が推定される．埼玉県川越市付近に孤立した高重力異常域(E)があり，単なる基盤の盛上がりというより，基盤内に貫入した超塩基性岩あるいは高密度岩体の存在が考えられる．埼玉県鬼石町から東松山市にかけて重力急傾斜帯が存在する(F)．また，関東山地の東縁にも急傾斜帯が存在し(G)，八王子構造線に一致するように見える．

2) 重力基盤図

以上のように図2.1に示した重力図は基盤構造の定性的な特徴を見るには適するが，定量的なことはわからない．そこで，定量的な構造を得るために，構造解析を施す．この解析において考慮しなければならないことは，重力場はポテンシャル場であり，その場を満足する解は無限に存在し，あらゆる深さの構造に起因する重力が重畳していることである．したがって，いかにして着目する構造を抽出するかが重要となる．ここでは，求めたい構造による重力異常以外は適当な方法で分離・除去する三次元均質二層構造解析を適用する(駒澤，1984)．その手法の骨子は，

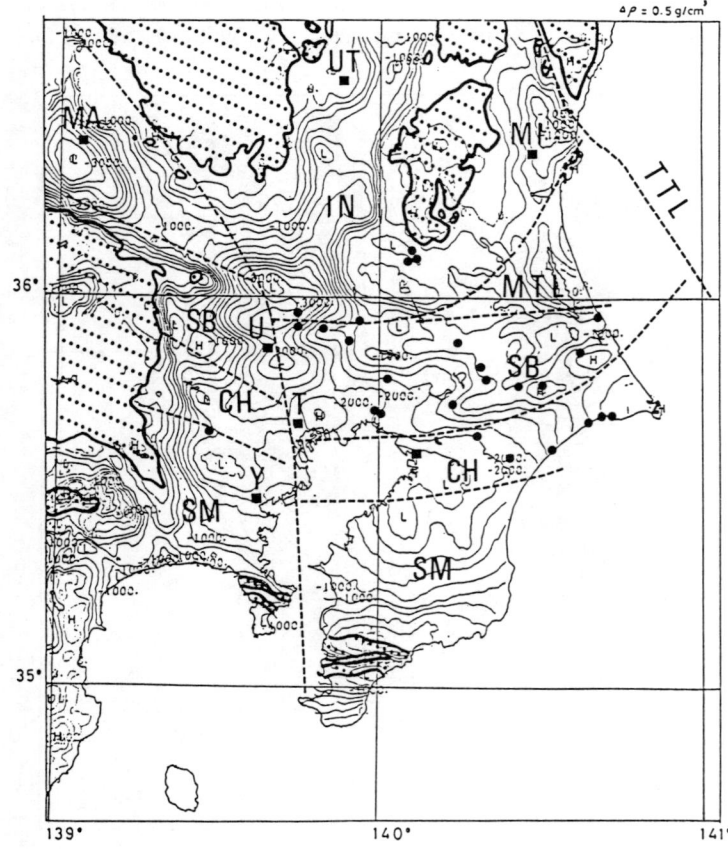

図2.2 重力基盤深度図(駒澤・長谷川，1988)と推定基盤地質構造(長谷川，1988に加筆)
コンター間隔：250 m，点線：構造線および地質構造帯の境界，MTL：中央構造線，TTL：棚倉構造線，SM：四万十帯，CH：秩父帯，SB：三波川帯，IN：内帯，網目：周辺山地の基盤露出地域，黒丸：基盤に達したボーリング位置，MA：前橋，UT：宇都宮，MI：水戸，U：浦和，T：東京，Y：横浜

① 周波数解析により，想定した構造に対応する残差重力値を低周波成分と高周波ノイズ成分を分離する，

② 地下構造を密度差をもった格子状に並んだ鉛直の角柱の集合体で近似し，重力値を計算する，

③ 基盤の深さのわかっている地点（コントロールポイント）での残差重力値と計算重力値のずれが最小になるように加重平均法や低次の多項式によって誤差傾向面を求める，

④ 残差重力値と計算重力値に誤差傾向面を加算したものとの差の分を層厚に変換して，計算基盤面に修正を加える，

⑤ コントロールポイントでの基盤面の標高と，④で計算した基盤面の標高のずれが最小になるように，加重平均法や低次の多項式によって構造に関する誤差傾向面を求め，それを計算基盤面に加算し，最終的に構造断面を設定する，

⑥ 残差重力値と計算重力値の誤差が想定したしきい値より小さくなるまで②〜⑤のプロセスを繰返す，となる（駒澤・長谷川，1988）．

解析に必要なパラメータである密度差は，第一層が $2.0\,\mathrm{g/cm^3}$ で第二層が $2.5\,\mathrm{g/cm^3}$ と考え，0.5とし，コントロールポイントのデータとしては，解析範囲で均等になるように選択した基盤に達した深井戸の資料 26 個（図 2.2，黒丸），基盤の露頭分布地点 20 個である．高周波ノイズ成分の除去には 250 m の上方接続図を，低周波成分の除去のために，5 km の上方接続図を用いた．

以上の処理を経て重力基盤図（図 2.2）が作成された．

2.2. 地震探査法による基盤構造

地震探査法とは，人工的な震源（ボーリング孔中におけるダイナマイトの爆発や機械的な震源）で発生した振動（地震波という）を，通常直線的に等間隔に並べられた多くの地震計（ピックアップともよばれる）で観測し，データ処理することによって地下速度構造を明らかにする方法である．着目する地震波によって屈折法と反射法に分けられる．

1）屈折法

屈折法では地震波の揺れ始め（初動）の到達時間（走時）を測定する．通常のモデル化された地下構造においては，地層境界で屈折しながら伝播する地震波が初動となるので屈折法とよばれている．

屈折法の特徴は，多層構造に対応でき，上層から順次速度および深さを決めることが可能であり，構造決定の任意性を小さくすることができることである．

実際の調査に当たっては，着目する深さや想定される速度値や層数によって，測線の長さ，震源の位置や数，測定間隔を設定する．この設定が結果の良否を決める場合も多い．

関東平野の場合，基盤に着目した屈折法の調査は数十mの深さでのダイナマイトの爆発を震源とし，測線に沿って実施されている．1950 年代から石油・天然ガス開発を目的に実施されたが，最近は地震予知や防災の研究のために実施されている．その調査はかなりの回数に達しているが，関東平野を完全にカバーするまでに至っていない．

これらの屈折法地震探査から得られるこの地域の大局的な速度構造は，長谷川（1988）によれば次のようにまとめられる．

第一層は 1.8〜2.2 km/s の速度で関東平野全域を覆っており，その厚さは中央部で厚く周辺部で薄い．第二層は 2.6〜3.0 km/s の速度をもち，北東部を除いてほぼ全域に存在し北部で厚く南部で薄い．第三層は 3.4〜4.2 km/s の速度で，北東部および房

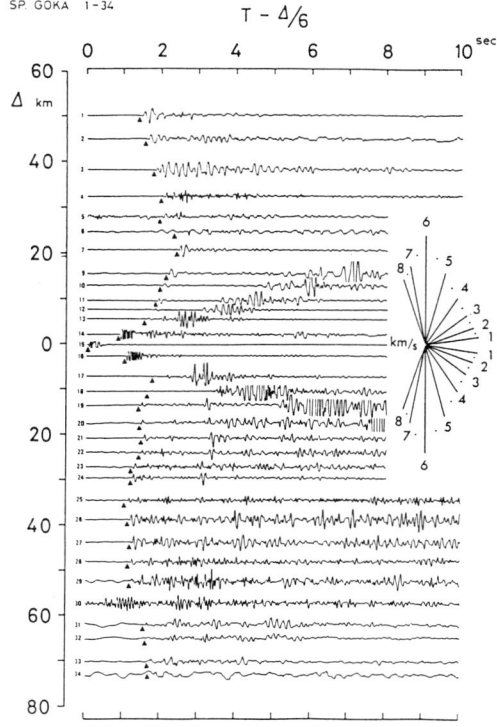

図 2.3 観測された地震波形を距離に応じて並べた図（長谷川・他，1987 に加筆）
黒三角：読取られた初動の位置．

総半島に偏在している．第四層は 4.8〜5.0 km/秒の速度で，南西部および房総半島に存在している．第五層は 5.5〜6.1 km/s で，全域に存在し関東平野の共通の基盤となっている．

ここで関東平野北部の測線における調査結果の一例を見よう．測線距離は約 125 km，爆破点 4 個所，測点間隔約 4 km，観測点 34 点である．図 2.3 は観測された地震波形を距離に応じて並べたものであり，三角印は初動の時刻を示す．このような記録はそれぞれの爆破に対して作成されている．図 2.4(上)は読取られた走時を距離に応じて並べたもので走時曲線とよばれ，それぞれの爆破に対して異なった記号で示されている．図 2.4(中)はその走時曲線を解析し最終的に求めた構造である．4.2 km/s 層を一つの層と数えて四層構造が認められている．図 2.4(下)には測線に沿う重力基盤までの深さをプロットしたものである．この深さは図 2.4(中)における第三層以下の層の深さによく対応することがわかる．したがって，屈折法および重力探査法によって得られたこの基盤構造は二つの手法によってクロスチェックがなされ，より信頼性が高いといえよう．

2) 反射法

反射法は，地層から反射する地震波に着目し，それを強調する処理を施し，地下の反射像を得る方法である．反射法の場合，反射波が初動とならないので，それを抽出し強調するための共通反射点(CDP)記録の足し合わせ(重合)法をはじめとするさまざまな技法が発展し，実用化されてきた．この手法の特

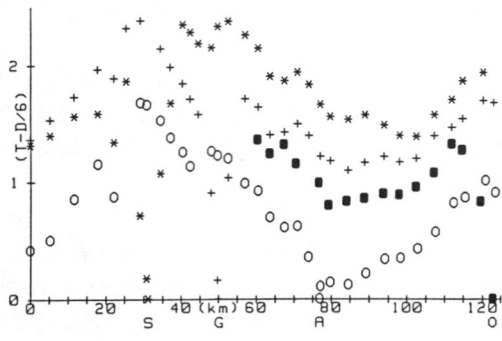
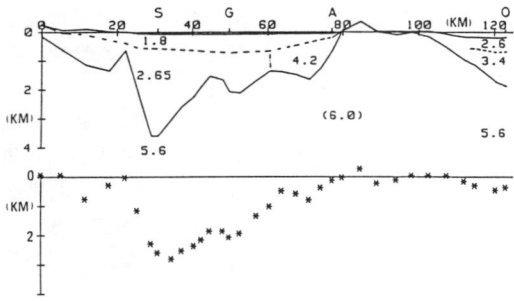

図 2.4
上：走時曲線(長谷川・他, 1987).
縦軸：時間, 横軸：距離, S, G, A, O：爆破点.
中：走時解析の結果求められた構造図(長谷川・他, 1987).
縦軸：深度, 層中の数字：速度(km/s)
下：重力基盤深度から求められた深度分布図(長谷川・他, 1987).
4.2 km/秒層より下層の層の深度によく一致している．

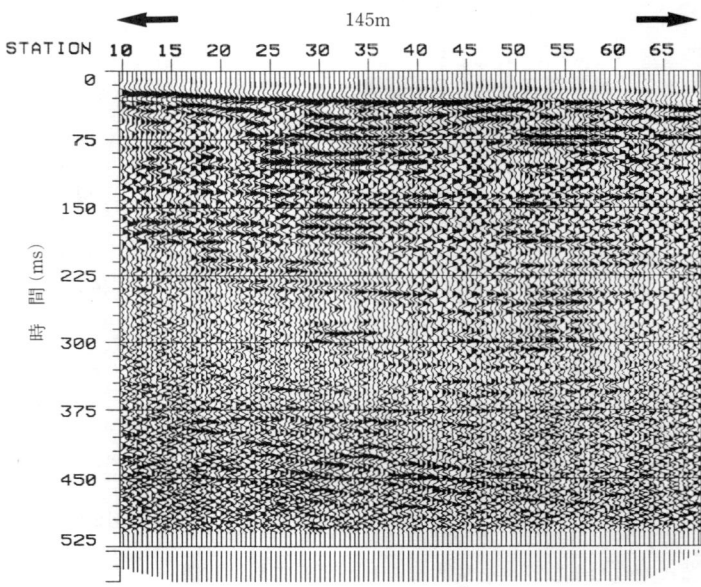

図 2.5 反射断面図
地下構造がイメージとして描かれている．縦軸：時間, 横軸：距離．

徴は構造分解能が高く，地下構造が具体的なイメージとして描かれることである．

関東平野においては多くの調査が行われたわけではない．ここで，一例を紹介しよう．震源はドロップヒッターとよばれる杭打ち機で，測点間隔は2.5m，12重合展開，記録長は0.5秒である．データ処理として，反射経路の長さを補正する動補正，12 CDP重合，フィルタ処理などが行われている．処理結果は図2.5に示す．これが反射断面で，縦軸は時間で横軸は水平距離で，地下を垂直に切り取った状態をみているといえる．横方向の反射波のつながりを見やすくするために波形の片側を塗りつぶしている．地表からほぼ水平に多くの反射面がみられ，多くの地層の存在がわかる．400 ms付近以深では反射面が傾斜し，その層と上位層との間が不整合になっていることが推定される．また，処理過程で速度も決まり，地盤の善し悪しの推定ができるだろう．今後，土木・建築や防災の面からこの手法による調査が多くなることが予想される．

2.3. 基盤構造の特徴
1) 基盤の形状の特徴

基盤の形状は重力基盤図(図2.2)に最もよく特徴が現れている．地溝状構造をさらにみやすくするために鳥かん図に示す〔図2.6(上)(下)〕．重力図(図2.1)およびこれらの図から，次のような基盤の形状に関する特徴を指摘できる(駒澤・長谷川，1988)．

① 関東山地，足尾山地，筑波山地，阿武隈山地などと平野の境界は急な崖になっている．そこには構造線や断層が存在あるいは推定され，山地の間の平野部は1 kmをこす谷部となっている．

② 基盤の形状には北北東-南南西方向〔図2.6(上)〕および北西-南東方向〔図2.6(下)〕の2方向の地溝状構造が明瞭にみられ，二つの方向の断裂によって現在の基盤が形成されたことを思わせる．

③ 北西-南東方向の地溝状構造は平野中央部付近で北北東-南南西方向の地溝をはさんでずれがみられる．

④ 関東平野の基盤は単純な盆地構造ではなく，山地部と平野部の境界は断層または断層状構造となっており，平野中央部では二つの地溝状の陥没が重畳されることによって深い基盤の凹部が形成されたことが推定される．

2) 基盤地質構造

以上のデータは基盤の形状だけではなく基盤地質に関する知見も与えてくれる．速度層と地質との関係は，速度値と堆積岩の時代との関係やボーリング地質と速度の対比から次のように考えられる(長谷

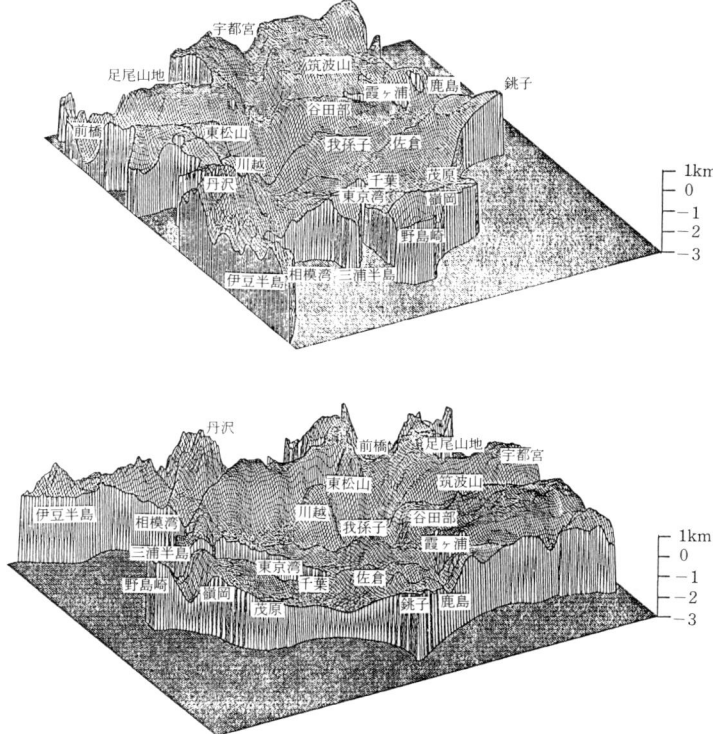

図2.6 重力基盤の鳥かん図(縦横比＝20:1)(駒澤・長谷川，1988)
上：方位角：N 30 E，伏角：30，下：方位角：N 60 EW，伏角：30．

川,1988).第一層は第四紀および新第三紀上部層に,第二層は新第三紀中・下部層に相当すると思われる.第三層は新第三紀下部層ないし四万十南帯,第四層は四万十北帯に,第五層はそれより内側の地質帯(秩父帯・三波川帯および内帯)に対応すると考えることができる.以上のような対比から,関東平野下の四万十帯の分布域とそれより内側の地質構造帯の境界が推定可能となる.さらに,重力基盤図に磁気異常図を加えて解釈すると,三波川帯の分布域と中央構造線が推定できる.さらに周辺山地や深層ボーリング地質データも加えて,関東平野下の基盤地質と重力基盤図を重ねて図2.2に周辺山地地質構造と共に示されている.この基盤地質図は従来推定されていた基盤地質図と比較すると,関東平野中央部で帯状構造にギャップがみられ,そこにほぼ南北に構造線を想定したことに特徴がある.また,中央構造線の位置については小川・他(1979)のように二通りの可能性が示されている.ここに示した基盤地質図はひとつの推定図であり,今後ここで紹介した手法に基づく調査結果やボーリング調査によってさらに信頼性の高い基盤地質図が描かれていくだろう.

まとめ

地表における観察のうち重力探査と地震探査によって,関東平野の基盤は単純な盆地状構造ではなく,山地部と平野部の境界は断層または断層状構造となっており,平野中央部では二つの地溝状の陥没が重畳されることによって深い基盤や凹部が形成されたことが推定される.そして,周辺山地に見られる帯状地質構造は関東平野下に延長し,中央部でギャップをもっていることも推定された.しかし,いまだに不明のことや不確かなことも多い.学問的な課題である地質構造発達史の解明のためにも,さらに社会的な課題である地震の予知や防災のためにも,今後もこのような調査が継続されていくだろう.

〔長谷川　功・駒澤　正夫〕

参考文献

長谷川　功・他(1987):屈折法による地下構造探査-関東平野北部地域.「首都圏における直下型地震の予知及び総合防災システムに関する研究」研究成果報告書,pp. 160-172. 科学技術庁研究開発局.

長谷川　功(1988):地震探査から見た関東平野の基盤構造.地質学論集,no. 31, pp. 41-56.

駒澤正夫(1984):北鹿地域の定量的重力解析について.物理探鉱,vol. 37, pp. 123-134.

駒澤正夫(1985):関東地域重力図ブーゲ異常図.特殊地質図.工業技術院地質調査所.

駒澤正夫・長谷川　功(1988):関東地方の重力基盤に見える断裂構造.地質学論集,no. 31, pp. 57-74. 日本地質学会.

小川克郎・堀川義夫・津　宏治(1979):茨城県日立-千葉県鴨川地域の空中磁気異常と地質構造　第II報.地質調査所月報,vol. 30, pp. 549-569.

物理探鉱技術協会(1958):物理探鉱十周年記念号,414 p.

物理探査学会(1989):図解物理探査,239 p.

萩原尊礼(1951):物理探鉱法,268 p.. 朝倉書店.

萩原幸男(1978):地球重力論,260 p.. 共立全書.

早川正巳(1972):物理探査,242 p.. 丸善.

石井吉徳(1988):地殻の物理工学,194 p.. 東京大学出版会.

田治米鏡二(1977):弾性波による地盤調査法,234 p.. 槙書店.

友田好文・鈴木弘道・土屋　淳(1985):地球観測ハンドブック,850 p.. 東京大学出版会.

嶋　悦三(1989):わかりやすい地震学,208 p.. 鹿島出版会.

3. 関東地域のサイスモテクトニクス

　世界の地震の分布図を見ると，日本列島およびその周辺域において，いかに多くの地震が発生しているかは一目瞭然である．そのなかでも特に関東地域は，その直下できわめて活発な地震活動が観測される地域として際立っている．図3.1は，過去約100年間に日本列島およびその周辺域で発生した比較的大きな地震の分布である．この図から東北地域で海域に多く発生していた大地震が，関東地域では陸域に多く発生していることがわかる．このことは，図3.2からもよくわかる．図3.2は，最近38年間に日本付近で発生した有感地震の回数から求められた年平均有感地震回数の分布を示したものである．この図によると，関東地域に住む人々は，少ない所でも年平均20回，多い所に至っては年平均70回もの地震を感じているということになる．

　関東地域におけるこのように活発な地震活動は，従来，関東地域の下方に沈み込んでいる2枚の海洋プレート(フィリピン海プレートおよび太平洋プレート)と関東地域を含む大陸を乗せたプレート(ユーラシアプレート)との相対運動により説明されてきた．東京に大被害をもたらしたことから，関東大震災として知られている1923年の関東地震〔マグニチ

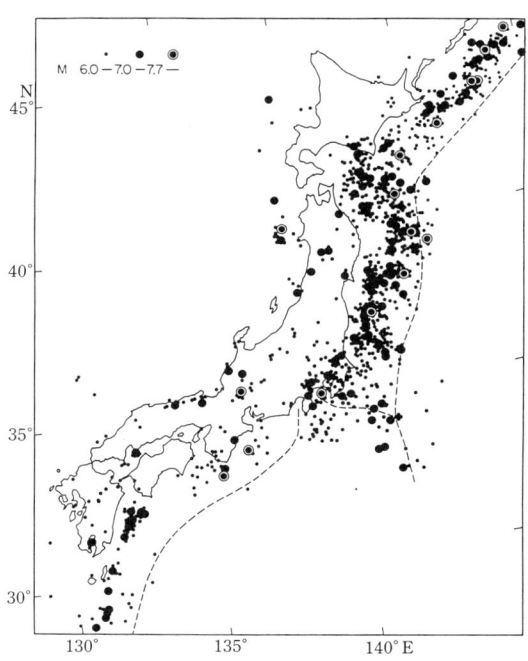

図3.1 過去約100年間(1888〜1988)に日本列島およびその周辺で発生したM6.0以上，深さ100km以内の地震の分布(茂木，1989)

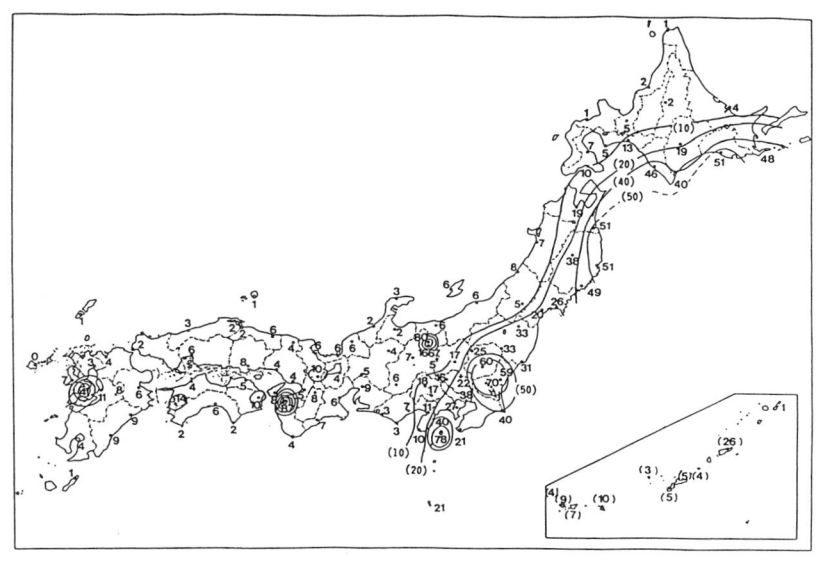

図3.2 気象官署における1951年〜1988年(38年間)の年平均有感地震回数分布(気象庁，1989)

ュード(M)7.9]の発生メカニズム(地震がどんな力により，どこでどんなふうにして起こったかというようなこと)も，こうしたプレート間の相対運動で説明されている．そこで，関東地域における地震の発生メカニズムを，プレート構造との関連から考えてみる．

3.1. プレート運動と地震の発生

「地震の発生メカニズムは，プレート間の相対運動で説明される」といわれているが，それではこのプレートとは，いったい何を指し示しているのだろうか．

現在，地球の表面はリソスフェア(lithosphere)とよばれる厚さ 70～100 km の堅い岩板に覆われていて，その下にはいまだ完全には固化していないアセノスフェア(asthenosphere)とよばれる柔らかい層が存在すると考えられている．さらに，この地球表面のリソスフェアはいくつかのブロックに分かれていて，これらブロックはあたかも剛体板のように運動していると考えられている．この地球を覆っている剛体のような板という意味で，これらのブロックはプレートとよばれている．このプレートの境界には，地震がたくさん発生している．そこで，この連なりを詳しく見てみると，主として中央海嶺，海溝，造山帯，トランスフォーム(transform)断層などからなっていることがわかる．地震の発生や造山作用などの原因を，こうしたプレート間の相対運動に求めるのがプレートテクトニクス(plate tectonics)とよばれる学説である．プレートテクトニクスによれば，海洋プレートは，中央海嶺の下から湧き上がってきたマントル(mantle)物質が地表近くで冷えて堅くなったもので，海溝で再びマントル深くに沈み込んでゆくと考えられている．

そこで，日本列島およびその周辺のプレートの配置を見てみると，海洋プレートがマントル深く沈み込んでいく個所に，日本列島は位置していることがわかる．さらに詳しく見てみると，東北日本では太平洋プレートとよばれる海洋プレートが日本海溝から西方向に沈み込んでいるが，西南日本ではフィリピン海プレートとよばれる海洋プレートが南海トラフ(トラフとは海溝と同じような凹みであるが，海溝より浅い)から北西方向に沈み込んでいる．ところが，東北日本と西南日本の中央に位置する関東地域周辺では，相模トラフ，駿河トラフ(図 3.5 参照)からフィリピン海プレートが北西方向に沈み込んでいるだけでなく，その下にさらに東側から太平洋プレートが西方向に沈み込んでいる．このように，関東地域周辺のプレート構造はかなり複雑な様子を呈している．これほど複雑なプレートの配置は世界でもまれである．こうした日本列島を乗せた大陸プレート(ユーラシアプレート)とその下へ沈み込んでいる二つの海洋プレートとの相対運動が，地震の発生様式を決めていると考えられている．つまり，プレート相互の運動によってプレート境界あるいはプレート内に歪が蓄積し，この歪が大きくなって岩石が耐えきれない状態になったとき，地震が発生すると考えられる．たとえば，1923 年の関東地震は，ユーラシアプレートと，その下へ沈み込んでいくフィリピン海プレートとの境界でひき起こされた地震と考えられている．したがって，こうした大地震の発生メカニズムを解明するためには，プレート(境界)の形状や運動方向を詳しく知ることが必要になる．その最も基本的データの一つが，地震の震源分布と発震機構(地震の起こり方，たとえば逆断層か正断層かあるいは横ずれ断層かというような，地震時の断層の形状やすべり方など．詳しくは，岩波講座地球科学 8 「地震の物理」を参照)の分布である．そこで，次に関東地域周辺の地震の分布と発震機構の分布をみてみる．

3.2. 関東地域の地震活動

プレートの形状を求めるための最も基本的データの一つである地震の震源分布が，図 3.3 に示されている．この図は，最近 11 年間に関東・東海地域で発生した地震の分布を立体的に示したものである．関東・東海地域を五つのブロックに分け，おのおののブロック内で発生した地震を垂直断面上に投影した．黒丸一つ一つがそれぞれの地震に対応している．ブロック左下の数字は，おのおののブロック内で発生した地震の総数を示している．この図から，11 年間にどんなに多くの地震が発生したかがわかる．

ブロック A～D の東西断面上に投影された地震のうち，東上方(図の右上)から西下方(図の左下)に向かって傾斜した 2 層の連続した地震群は，主として太平洋プレートの沈み込みに伴い，ユーラシアプレートやフィリピン海プレートと太平洋プレートとの境界面，あるいは太平洋プレート内に発生している地震である．また，この 2 層の地震群の上部に接するようにして分布している地震群とブロック C～D の中央付近から西方(図の左下)へ傾斜した地震群，およびブロック E (南北断面)の南(図の手前側)から北(図の後方側)へ傾斜した地震群は，フィリピ

3. 関東地域のサイスモテクトニクス

ン海プレートの沈み込みに伴い発生している地震である．さらに，地表付近に水平に分布している地震は，主としてユーラシアプレート内に発生している地震と考えられる．東京直下(断面B)では浅い地震も深い地震も数多く発生し，プレートの形状がきわめて複雑なことをうかがわせる．

このような地震の分布に加えて，それぞれの地震の発震機構もプレートの形状を決めるのに大切な役割を担っている．特に，プレートの運動方向を求めるためには，欠かすことができない．ここでは詳しい説明を省くが，地震がプレートの境界で発生しているか，プレートの内部で発生しているかによって地震の発震機構が異なっている．したがって，発震機構がわかれば，その地震の発生した個所はプレートのどの位置に相当するかが推測され，プレートの形状を求めるための決め手になる．さらに，プレート境界で発生している地震ならば，プレート相互の運動方向が，またプレート内地震ならば，プレート内の主応力軸方向が求められる．図3.4は，房総半島中部から東京湾北部を通り，群馬県北東部に至る北西-南東走行の鉛直断面上に投影した地震の震源分布である．図3.4にみられる3個所の顕著な地震群において，代表的な地震の発震機構解を断面図の下に示した．理解しやすくするために，最終的に求められたプレートの形状を，陰影を付けて示してあるが，実際には以下のような考察から求められた結果である．それぞれの地震群において発震機構解の平均をとると，地震群"a"に属する地震の多くは，

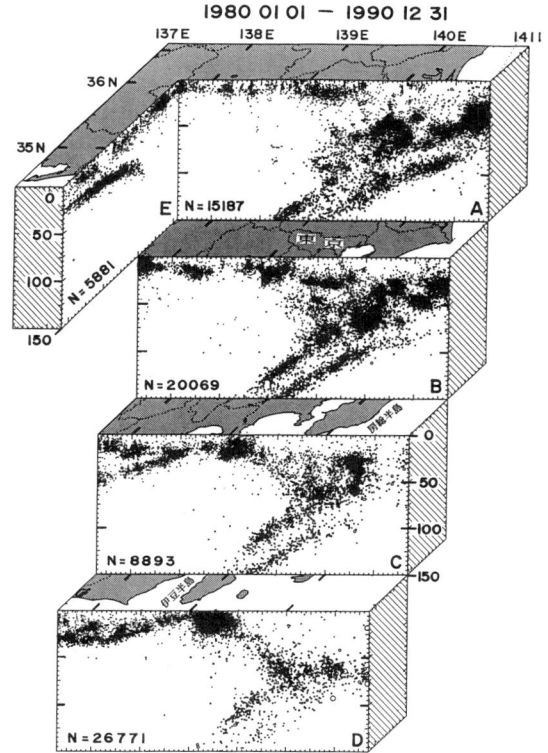

図3.3 関東・東海地域における震源分布(防災科学技術研究所のデータによる)
1980年1月～1990年12月に発生した地震を示す．ブロックA～Dは東西断面上の，ブロックEは南北断面上の震源分布を示す．ブロック左下の数字(N)は，投影されている地震の総数を示す．

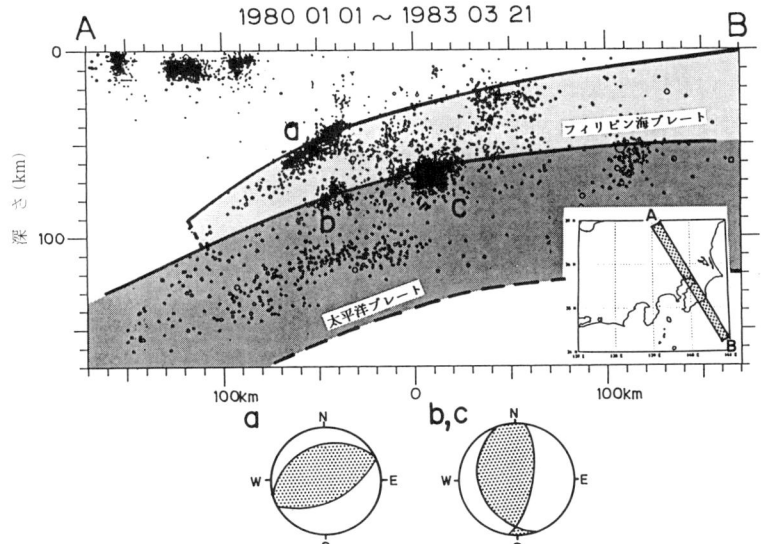

図3.4 北西-南東鉛直断面上に投影された震源と発震機構
上図：震源分布(1980年1月～1988年3月)と推定されたプレートの形状(陰影を付けた領域)．
下図：上図の地震群"a"，"b"，"c"，に発生している地震の平均的な発震機構ダイヤグラム．等積図法による下半球投影．陰影を施した領域は初動押しの領域を示す．

断面図の下に"a"として示したような発震機構解を
もつ．地震群"b"，"c"も同様である．これに基づ
くと，地震群"a"は，下盤のブロックが上盤のブ
ロックに対して方位316°±5°（北から時計回りの角
度），傾斜角18°±4°（水平面からの角度）の方向に滑
ったことによってひき起こされた結果として説明で
きる(Ishida, 1992)．一方，地震群"b"，"c"は，下
盤のブロックが上盤のブロックに対して方位
267°±11°，傾斜角30°±6°の方向に滑った結果と考え
られる(Ishida, 1992)．Minster・Jordan(1979)は，
世界中のおもな地震の発震機構解を用いて地球上の
全プレートの運動を求めている．その結果によると，
フィリピン海プレートのユーラシアプレートに対す
る運動方向は317°，太平洋プレートのフィリピン海
プレートに対する運動方向は269°となる．前者は，
地震群"a"の下盤側の上盤側に対する運動方向に，
後者は地震群"b"，"c"のそれにほとんど一致する．
したがって，地震群"a"はフィリピン海プレートと
ユーラシアプレートとの，地震群"b"，"c"はフィ
リピン海プレートと太平洋プレートとの境界に発生
した地震と考えられる（石田，1990)．このように，
地震の震源分布と発震機構を調べることによって，
プレート境界（プレートの形状）を求めることができ
る．

　ほかに海洋プレートの特徴として地震波の伝播速
度が速いことが知られている．関東地域でも，地震
波の伝播速度の分布が最近詳しく調べられた結果，
沈み込む海洋プレートを示唆するような傾斜した高
速度層の存在が明らかにされてきた．この高速度層
は傾斜した地震の震源分布とみごとに一致すること
もわかってきた(Ishida・Hasemi, 1988；Ishida,
1989)．

3.3. 関東地域のプレート構造

　地震の震源分布，発震機構の分布，速度構造の分
布などをすべて考慮した結果として，図3.5に示さ
れているようなプレートの形状が求められる．上図
には，関東地域の下へ沈み込んでいるフィリピン海
プレートと太平洋プレートの上面の深さ分布（等深
線分布）が，下図では，これらの等深線分布から推定
されたプレートの構造模式図が示されている．図
3.5の上図で陰影を施した領域が，フィリピン海プ
レートの存在が確かめられた領域である．湾曲してい
る実線（一部破線）はフィリピン海プレート上面の等
深線分布を，南北走向の破線は太平洋プレート上面
の等深線分布を表す．フィリピン海プレートの等深

線で破線の部分および陰影の薄い部分は，調べた期
間中に発生した地震が少なかったため，プレート上
面がうまく求められなかった個所である．そこで，
破線の等深線は，周辺のプレート上面の形状から類
推して求められたことを表している．

　一方，伊豆半島の北西方向の領域では等深線が描
かれていない．これは，調べた期間中にこの地域で
はほとんど地震が発生しなかったことと，海洋プレ
ートを特徴づける地震波の高速度層が認められなか
ったことのため，フィリピン海プレートの存在を地
震観測データからは確かめられなかったからであ
る．したがって，他の地域のように，沈み込んだフ
ィリピン海プレートがどのような形状をしているの
か，この地域ではわかっていない．それだけではな
く，フィリピン海プレートがこの地域ではもともと
沈み込んではいないと主張する研究者もいる（石橋，
1988 a, b)．現在，どちらが正しいかはわかっていな
い．

　次に，フィリピン海プレートの北東端をみると，
茨城県の南部と栃木県の南部に至る地域の北東側で
は，伊豆半島北西部と同様プレートの等深線が描か
れていない．しかし，この地域では，震源分布に基
づく限り，北東部境界はかなり明瞭に求められる．
陰影を施した領域の北東端部を境に，これより北東
側では，フィリピン海プレートの沈み込みを表す地
震の発生はみられなくなる．このことから，フィリ
ピン海プレートの沈み込みは，陰影を施した領域の
北東側では起こっていないと考えられている
(Ishida, 1989, 1992)．

　地震の分布や地震波の速度分布などの研究から求
められているものは，プレート上面の形状だけでは
なく，プレートの厚さも求められている．太平洋プ
レートに関しては，関東地域の地震観測データから
だけではまだ求められていないが，フィリピン海プ
レートに関しては，沈み込んでいるプレートの厚さ
は30±5km程度という結果が得られている
(Ishida, 1992)．それは，図3.4のような鉛直断面上
に投影された震源分布からも推測できる．

　関東地域のプレート構造を三次元的に理解するた
めに，鉛直断面上に投影されたプレートの形状と地
震の分布を図3.6に示した．図3.6の鉛直断面の位
置は，右下に挿入された地図に示されている．図
3.6の断面E-F（左下の図）は，挿入された地図上で
北西-南東方向の測線E-Fに沿う鉛直断面である．
矢印はプレートの沈み込み方向を示している．フィ
リピン海プレートはこの図面の上で，右側（南東側）

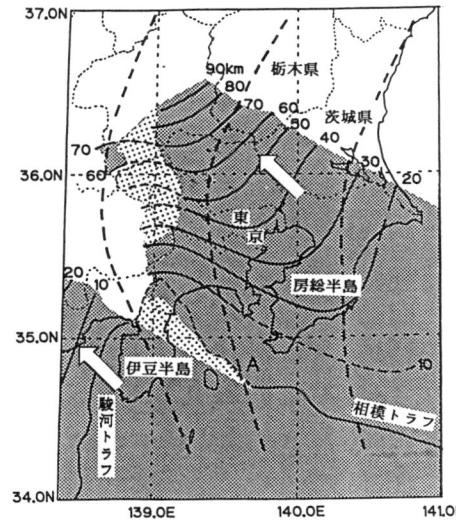

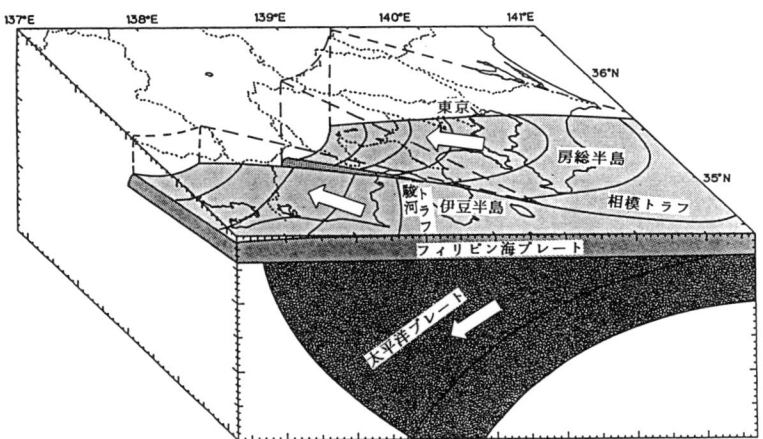

図 3.5 フィリピン海プレートおよび太平洋プレート上面の等深線分布(Ishida, 1989)とその模式図
上図：陰影を施した領域は沈み込んでいるフィリピン海プレートを表す．湾曲している実線(一部破線)は，フィリピン海プレート上面の等深線を，南北走向の破線は太平洋プレート上面の等深線を示す．数字は等深線の深さを km で示す．白矢印はフィリピン海プレートの沈み込み方向を示す．下図：上図から推定されたプレートの模式図．フィリピン海プレートは右手前(南西)から左後方(北西)に沈み込んでいる．太平洋プレートは右(東)から左(西)に沈み込んでいる様子をあらわしている．

から左側(北西側)に沈み込んでいることを表している．断面 A-B は，東京を東西に横切る断面である．フィリピン海プレートは，この面では右手前から左後方に向かって斜めに沈み込んでいる．また断面 C-D は，伊豆半島から東京を抜けて筑波山に至る側線に沿う断面である．この面では，手前側から向こう側に向かってフィリピン海プレートは沈み込んでいる．左上に斜線が描いてあるが，これは Matsu'ura et al.(1980)により求められた 1923 年関東地震のときの断層面で，断面 C-D を横切っている部分の断層面を示している．

図 3.6 と照らし合わせながら，もう一度図 3.5 の下図の模式図をみると，以下のことに気付く．図 3.5 の図面上でフィリピン海プレートは右手前側(南東側)から左後方側(北西側)に沈み込んでいて，関東地域の下では下に凸状になっている．このことは図 3.6 の断面 A-B からもうかがえられるが，それは，おそらく次のような理由によると考えられる．

相模トラフから沈み込んでいるフィリピン海プレートの東北側で東上がりの形状を示しているのは，フィリピン海プレートの下に，東から西に向かって太平洋プレートが沈み込んでいるためである．フィリピン海プレートは太平洋プレート上面の東上がり(西下がり)の傾斜に沿って北西方向に沈み込んでいる．一方，このプレートの西側で西上がりの形状を示しているのは，伊豆半島の存在による(図 3.6 の断面 C-D 参照)．伊豆半島は関東地域とは異なり，フィリピン海プレートに属している．詳しい説明は省くが，沈み込んでいくフィリピン海プレートの上に伊豆半島は突き出る形で乗っていて，相模トラフから沈み込もうとするフィリピン海プレートの沈み込みを邪魔している．したがって，ここではプレート

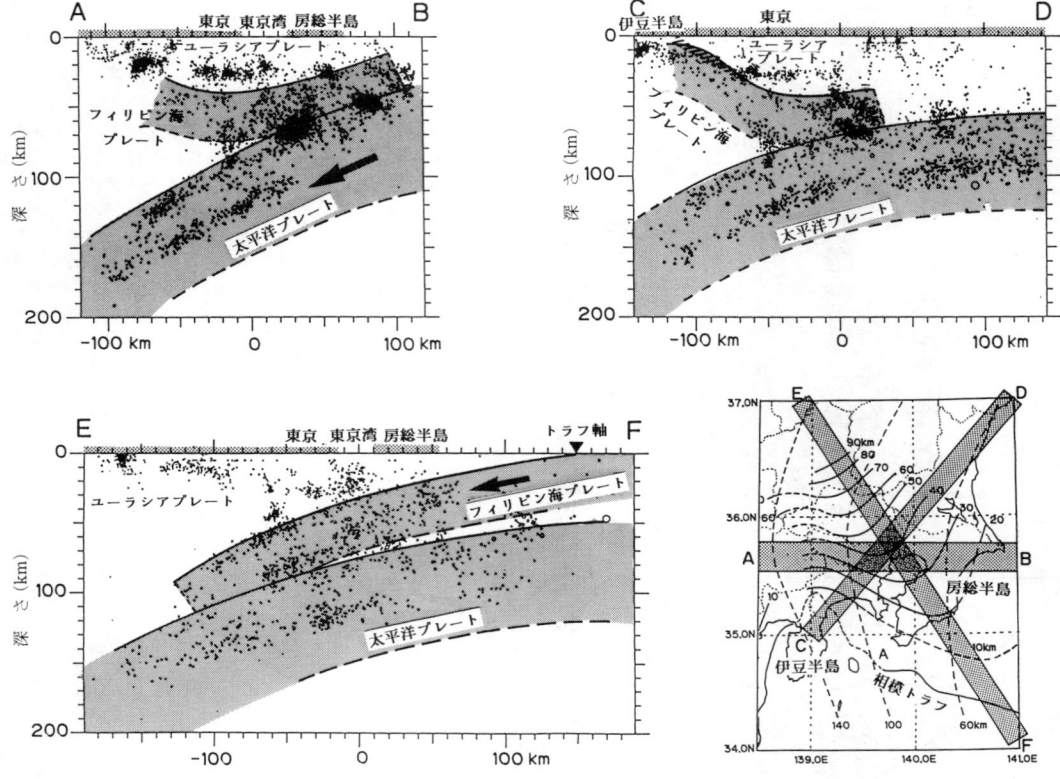

図 3.6 鉛直断面上に投影された震源分布とプレートの形状 (Ishida, 1989)
それぞれの断面の位置は，右下に挿入された地図上に陰影を施して示されている．測線 A-B, C-D, および E-F は断面 A-B, C-D, および E-F に相当する．陰影を施されて示されている．上側のプレートがフィリピン海プレートを，下側のプレートが太平洋プレートを表す．断面 C-D の斜線は，Matsu'ura et al. (1989) により求められた 1923 年関東地震 (M 7.9) の断層面のモデルを示す．

が沈み込みにくくなり，西上がりの形になると思われる．こうした結果として，関東地域ではフィリピン海プレートの等深線が，図3.5で見られるような湾曲した形状を示すことになる．

以上のことを考えながら，30km前後の厚さのフィリピン海プレートが房総半島側から北西方向に，さらにその下に太平洋プレートが東側から西方向に沈み込んでいる様子を想像してみてほしい．同時に，こうしてプレートが沈み込んでいく過程で，それぞれの境界面（上面）付近に地震を数多く発生させる様子も想像してみてほしい．

実は，図3.5のようなプレートモデルも現時点では研究者によりそれぞれ異なっていて，統一見解のようなものはない (Nakamura et al., 1984；笠原，1985；野口，1985)．たとえば，図3.3の断面Bあるいは図3.6の断面A-Bをみると，東京都直下で20～30kmの深さに地震の集中している個所がある．図3.5のモデルに従うと，首都直下でフィリピン海プレート上面の深さはおよそ40kmである．したがって，これらの地震はフィリピン海プレートの北西進により圧縮力を受けた結果，ユーラシアプレート内で発生している地震と考えられている．しかし，首都直下ではフィリピン海プレートの深さは20kmくらいである，と主張する研究者もいる．こうした研究者は，首都直下の深さ20～30kmの地震を，フィリピン海プレート上面の地震として分類している．そうした場合，首都直下で予想される地震の発生メカニズムは，図3.5に基づく場合とかなり異なる．

ただし，図3.5で示したモデルは，質的・量的に最も優れている最近の地震観測網からのデータに基づいて得られた一つの結果といえる．今後いっそう精度のよいデータが蓄積することにより，こうしたモデルに改良が加えられ，より正確でより詳細なモデルが形成されていくことが期待される．

まとめ

以上,関東地域に発生した地震の分布と沈み込んでいるプレートの形状を示してきた。図3.3に示した震源は,最近11年間に発生した地震の震源である。この図と図3.5のプレートモデルから,関東地域では常時どのような地震が発生しているか,それらの地震はプレートのどこで発生しているのか,等が推測できる。プレート境界の地震として典型的な地震は,1923年関東地震である。プレート内地震としては,1931年西埼玉地震(M 6.9),1987年千葉県東方沖地震(M 6.7)などがある。過去において,どこでどんな地震がどんな発震機構で発生したかがわかれば,プレートモデルと照らし合わせて,関東地域で今後発生しうる地震の発生メカニズムを推定することが,ある程度は可能になる。

このように,地震の発生メカニズムの推定には,プレートモデルが最も大きくかかわっている。また,ここでは述べなかったが,プレートの形状と運動方向は,地震の発生だけでなく,海岸線の形,堆積盆地や山脈の形成,火山の分布などにも深くかかわっている。したがって,地震予知という防災上の側面からだけでなく,自然科学的側面からも,今後関東地域のプレートの形状をもっと詳細に解明する必要がある。

〔石田 瑞穂〕

参考文献

石橋克彦(1988a):"神奈川県西部地震"と地震予知Ⅰ.科学,vol. 58, no. 9, pp. 537-547.

石橋克彦(1988b):"神奈川県西部地震"と地震予知Ⅱ.科学,vol. 58, no. 12, pp. 771-780.

Ishida, M.・Hasemi, A. (1988): Three-dimensional fine structure and hypocentral distribution of earthquakes beneath the Kanto-Tokai district, Japan. *Jour. Geophys. Res.*, vol. 93, pp. 2076-2094.

石田瑞穂(1990):関東・東海地域の地震活動とプレート構造.地質ニュース,no. 432, pp. 18-26.

Ishida, M. (1989): The configuration of the Philippine Sea plate in the Kanto-Tokai district, Japan. Abst. 25th IASPEI, p. 27.

Ishida, M. (1992): Geometry and relative motion of the Philippine Sea plate and Pacific plate beneath the Kanto-Tokai district, Japan. *Jour. Geophys. Res.*, vol. 97, pp. 489-513.

笠原敬司(1985):プレートが三重会合する関東・東海地方の地殻活動様式.国立防災科学技術センター研究報告, vol. 35, pp. 33-137.

気象庁(1989):首都及びその周辺の地震予知(その2).地震予知連絡会地域部会報告, p. 11, figs. 1-2. 国土地理院.

Matsu'ura, M., Iwasaki, T.・Suzuki, Y.・Sato, R. (1980): Statical and dynamical study on faulting mechanism of the 1923 Kanto earthquake. *Jour. Phys. Earth*, vol. 26, pp. 119-143.

茂木清夫(1989):首都及びその周辺の地震予知(その2).地震予知連絡会地域部会報告, p. 10, fig. 1-1. 国土地理院.

Minster, J. B.・Jordan, T. H. (1979): Rotation vectors for the Philippine Sea and Rivera plates (abstract). *EOS Trans. AGU*, vol. 60, p. 958.

Nakamura, K., Shimazaki, K.・Yonekura, N. (1984): Subduction, bending and eduction. Present and Quaternary tectonics of the northern border for the Philippine Sea plate. *Bull. Soc. Geol. France.*, vol. 26, pp. 224-243.

野口伸一(1985):フィリピン海プレートの形状と茨城地震活動の特徴.月刊地球, vol. 7, no. 2, pp. 97-104.

4. 首都圏地域の地殻活動観測システム

　われわれが直接目で観察したり，手で触ることのできない地下深部の状態や活動状況を把握し，その実体を解明するには，地震観測をはじめとする各種地殻活動観測が不可欠であり，最近の固体地球科学の大きな進展は，それら精密な観測研究によるところが大きい．関東・東海地域では，地震，火山の監視および予知研究のため，関係各機関が種々の観測に力を入れた結果，質・量ともに世界でも最高レベルの地殻活動観測が行われるようになった．

　この章では，関東地域に展開されている各種観測の概要，首都圏地域の深層地殻活動観測システムおよび同システムにより得られた成果について，簡単に解説する．

4.1. 地殻活動観測の概要

　関東・東海地域における地殻活動観測体制は，近い将来に発生が予想される東海地震や，首都圏直下の被害地震および伊豆大島などの活動的な火山の監視および予知研究のため，近年急速に整備が進められた．観測項目は多岐にわたり，その範囲も陸上にとどまらず海底にまで及んでおり，膨大な量のデータが得られるようになった．このような観測の結果，地殻の物性や構造に関する情報が急速に集積されるようになり，それらに基づく新たな事実の発見やモデルが提唱されている．震源分布の解析によって，本地域下で会合するユーラシア，太平洋，フィリピン海の3プレートの三次元的な構造が具体的に提示され，それに基づいて本地域のテクトニクスに関して，さまざまな議論がなされている（笠原，1985；岡田，1990）．

　現在，関東地域で定常的に行われているおもな観測項目および観測目的は次のとおりである（国土地理院，1989）．

① 地震観測：震源分布，マグニチュード，地震活動度，発震機構，震源過程．
② 傾斜観測：傾斜変化（長期的，短期的）．
③ 歪観測：歪変化（長期的，短期的）．
④ 温度観測：温度変化，地温勾配，地殻熱流量．
⑤ 地球電磁気観測：地磁気，地電流．
⑥ 重力観測：重力変化（絶対的，相対的）．
⑦ 潮位観測：潮位変化，地殻変動，地盤沈下．
⑧ 測地測量（GPS観測を含む）：地殻変動，歪変化，地盤沈下．
⑨ 地下水観測：水位変化，間隙水圧，地下水温，湧出量．
⑩ 地化学観測：γ線，Rn，H_2，Cl^-その他化学成分，電気伝導度．

　これらのうち，傾斜や歪観測は，地盤の雑振動や気温変化，降雨などが及ぼす影響が大きいため，それらの影響の少ない横坑またはボーリング孔中に測定器を設置するのが普通である．地震観測においても，雑振動の大きな場所ではボーリング孔中に地震計を設置している．地震計，傾斜計，歪計，温度計を一体化して同じボーリング孔に設置するIBOS (Integrated Borehole Observation System) も実用化されている．海域では，海底ケーブルを用いた地震観測システムが御前崎沖および房総沖に設置され

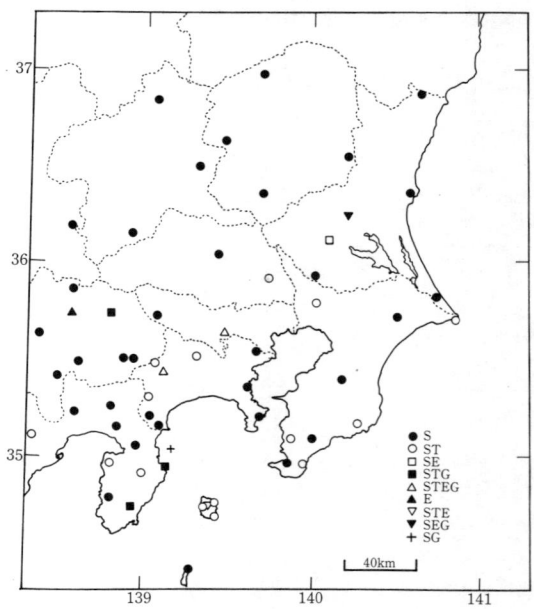

図4.1 防災科学技術研究所の関東およびその周辺の地殻活動観測点の分布（鈴木原図）
S：地震, T：傾斜, E：歪, G：GPS．

ている(藤沢・他，1986)．

近年は地殻活動観測の分野でも，計測技術の進歩により，新たな測定方式が用いられるようになった．特にGPS(Global Positioning System)(日本測地学会，1986)など，人工衛星技術を応用した観測技術は，従来の測量にとって代わるほどになっている．観測点の多くは無人であり，そのデータは電話回線や無線を用いたテレメータ伝送システムにより一点に集中され，コンピュータによる自動または半自動処理システムにより，記録・解析されるようになっている．

図4.1に，防災科学技術研究所が，関東地域において定常的に観測を行っている観測項目と観測点の分布を示す．

4.2. 首都圏における地殻活動観測システム

東京およびその周辺地域で構成される首都圏地域は，わが国の政治・経済活動の中心であり，わが国人口の約1/4が集中している．本地域は太平洋プレートおよびフィリピン海プレートの双方が，それぞれ東および南から陸側プレートの下にもぐり込みながら衝突し，すべり合っている世界でも特異な場所であり，日本列島のなかでも被害を及ぼす地震の発生の多い所である(宇佐見，1983)．したがって，本地域の地震対策や予知はきわめて重要な社会的課題である．地震予知研究において，予知に結びつく前兆を検出するための最も重要な条件は，震源域の直上で高感度の観測を行うことであり，首都圏直下に発生が予想される地震の予知のためには，同地域での観測が欠かせない．一方，本地域を含む南部フォッサマグナ(Fossa Magna)は地質的には西南日本と東北日本の接合部としての性格をもっており，日本列島のなかでもきわめて複雑な地質構造やテクトニクスを示す地域でもある．

このような問題を解決するためにも，本地域における地殻活動観測はきわめて重要な意義を有している．地殻活動観測を高感度で行うための最も望ましい条件は，観測の支障となるような雑振動等のノイズの少ない地域で，地下からのシグナルを直接的に伝達する堅固な岩盤に計測器をしっかりと固定・密着させて計測することである．関東平野の環境は，このような条件からは最も遠いものである．まず，関東平野は，堅い先新第三系の基盤の上に，新第三紀以降の軟弱な堆積層が，場所によっては3000m以上もの厚さで堆積した，日本最大の平野であり(矢島，1981)，加えて活発な社会的活動に伴うさまざまなノイズがはなはだしい．

このような悪条件下で，精度の良い観測を行うために開発された方法が，以下に説明する深層地殻活動観測システム(高橋，1982)である．この方式は地中深く基盤にまで達する観測井，その孔底に設置される高温・高圧に耐える観測装置，観測装置からの信号を地表にまで導く信号ケーブルおよび観測装置の設置，引上げを行うためのウインチにより構成されている(図4.2)．このような観測点は1980年までに東京を囲んで3点建設され(図4.3)，さらに増設されることが計画されている．

観測井は基盤層を500m以上掘り込んでおり，最も深い岩槻で3510m，浅い下総でも2300mの深度がある．設置される計測器の性能によって，観測井の孔曲がりの許容限度は鉛直線から3°以内に制約されており，通常の試錐とは異なった高精度の工法が要求される．観測井にはケーシングが挿入され，セメントで固定されている．また，内部は防錆剤を添加した清水で満たされている．観測井の内径は160mmである．観測装置の構成を表4.1に示す．本体は外径140mm，長さ約11mの長円形のステンレス製耐圧容器に収納されており，計測部，制御・検定部および信号搬送部からなる．計測部のデータは搬送部で変調され地上に送られる．地上に送られた

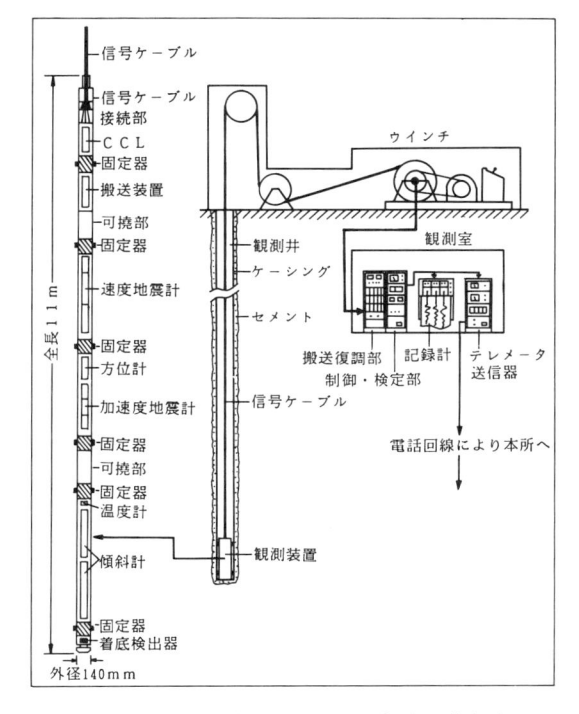

図4.2 深層地殻活動観測システムの概略図(鈴木原図)

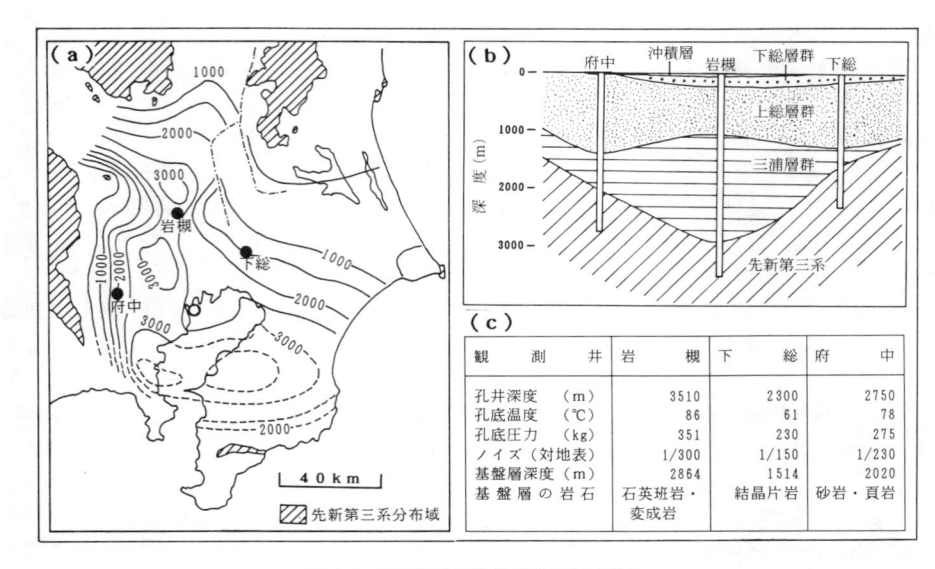

図4.3 深層地殻活動観測井(鈴木原図)
(a)観測井位置(黒丸). 白丸は計画中を示す. コンターは先新第三系基盤の上面深度(m)を示す. 破線は推定値, 一点鎖線は基盤中の断層を示す. (b)観測井の地質構造断面図. (c)観測井の諸元.

表4.1 深層地殻活動観測装置の構成および性能

観測計器	成分	性能	目的
速度地震計	上下1水平2	100万倍	微小・小地震観測
加速度地震計	上下1水平2	0.1～1000 gal	中・大地震観測
傾斜計	水平2×2式	0.1 μrad	地殻傾斜観測
温度計	2式	0.1°C	孔底温度観測
方位測定器	1式	5度	観測装置の方位測定
搬送装置	1式	PCM方式	データ伝送・計器の制御・検定
信号ケーブル接続部	1式		信号ケーブルと観測装置の結合および水密
CCL	1式		ケーシング継ぎ目検出(深度確認用)
着底検出器	1式		観測装置の着底確認
固定器	6台		観測装置孔底固定用
可撓部	2式		観測装置を観測井の中心に保つため

信号は復調部で再びもとのデータにもどされて, 記録・処理される. 孔底の温度が高温であるため, 使用される電気部品や材料はすべて高温用に選別されたものを用いている. また, 電気回路の故障によって搬送部が作動しなくなった場合には, 速度地震計や傾斜計など, 特に重要なデータだけは直接信号ケーブルを介して地上に送られるようになっている. 信号ケーブルは19心二重ステンレス外装ケーブルで, 信号の伝送および電力の供給を行うとともに, ウインチを用いて観測装置を孔底に降下したり, 地表に引上げるためにも用いる. 使用環境が高温なため, 絶縁材はテフロンを用いている. 観測装置は, 高温環境のなかで長期間連続的に使用されるため故障の発生が多いので, 観測性能を維持するため, 約3年に1度地表に引上げて修理・調整を行い, 再び孔底に設置している.

本観測システムによって到達した孔底のノイズレベルは, 地表のレベルの約1/150から1/300である. このレベルは山地の最も静かな観測点にも匹敵する値であり, 本システムの実用化により, 関東平野内で初めて高感度地殻活動観測が可能になり, 関東平野では浅い地震活動が活発なことも明らかになった. 同時に観測井の掘削により, 関東平野深部の地質データも多数得ることができた(高橋・他, 1983; 鈴木・他, 1983; 鈴木・高橋, 1985).

4.3. 地震の検知能力

深層地震観測システムをはじめとする観測網の整備によって, 首都圏地域の地殻活動状況, 特に地震活動に関するデータは飛躍的に増加した. 図4.4は

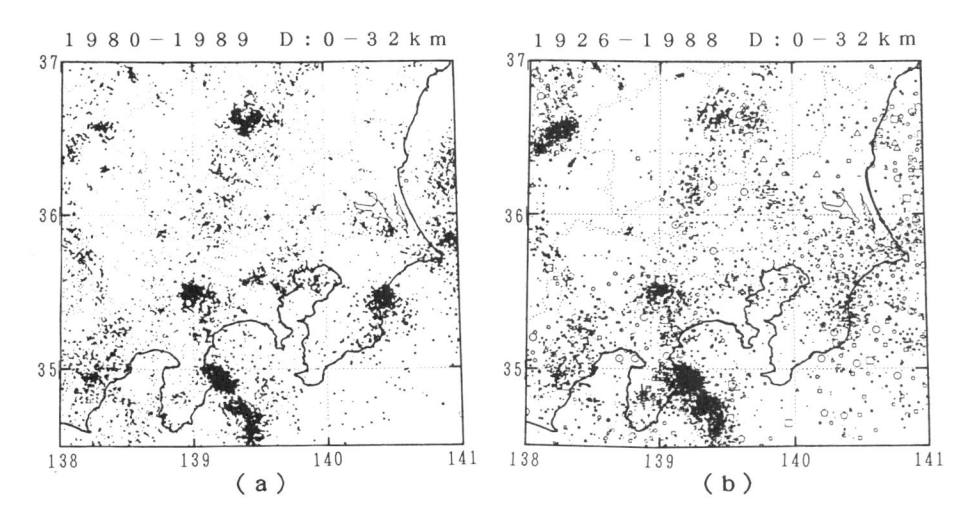

図 4.4 関東およびその周辺の浅い地震の震央分布(石田, 1990)
(a) 防災科学技術研究所による1980～1989年の10年間の震央分布. (b) 気象庁による1926～1988年の63年間の震央分布.

関東地域における気象庁観測網による1926年から1988年までの63年間と，防災科学技術研究所による1980年から1989年までの10年間の浅い地震の震央分布とを比較したものである(石田, 1990). 図4.4(a)に示されている地震の多くはマグニチュード(M)3以下の微小地震であり，図4.4(b)の大部分はM3以上のものであるが，両者の分布のパターンは非常によく似ていることがわかる．さらに図4.4(a)では震央のまとまりが図4.4(b)に比較して良いことが特徴であり，震源決定の精度が向上したことを示す．

このような観測網の整備によって，短期間の観測でも長期間の観測データに匹敵する成果を得ることが可能になり，さらに震源精度の向上によって，微細な構造をより明確に示すことができるようになった．また，大きな地震の前に発生することが予想される前兆的な地震活動を検出する可能性も高くなった．同時に地盤の振動性状など，防災に関係するデータも集積されている．

図4.5は防災科学技術研究所の観測網による地震の検知率を示したものである(Morandi・Matsumura, 1991). M1.5以上の地震が95％以上検知される範囲を深さで示している．関東北部地域は深さ60kmまで及んでおり，最も検知率の高い地域となっている．それに対して，房総半島や東京湾は高感度観測点が存在しないため，検知能力は低い．陸上に劣らず重要な海域でも，海底ケーブル方式以外に有効な方法がないので検知能力は低い．

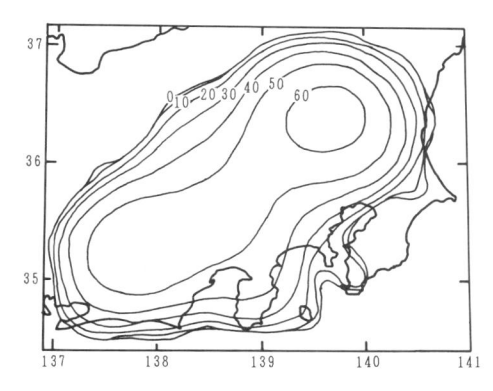

図 4.5 関東・中部・東海地域の地震検知能力(Morandi・Matsumura, 1991)
コンターはM1.5以上の地震が95％以上検知される下限深度(km)を示す.

まとめ

国の地震予知計画などにより，関東地域の地殻活動観測は近年非常に充実した．しかし，図4.5からもわかるように，観測のレベルは一様ではなく地域によってばらつきがある．地震予知の面からは，首都圏で発生が予想されるM7クラスの地震を予知するには，その震源域の長さは20km程度と推定されるので，複数の観測点で明瞭な前兆をとらえるためには，20km程度の間隔で高感度観測点を設ける必要があり，海域の強化も必要である(高橋・鈴木, 1988). 地殻活動観測の充実は，地震予知の分野だけでなくあらゆる固体地球科学分野の理解・発展に役立つであろう．　　　〔鈴木　宏芳〕

参考文献

石田瑞穂(1990)：関東・東海地域の地震活動とプレート構造．地質ニュース，no. 432, pp. 18-26.

宇佐見竜夫(1983)：東京地震地図，315 p.. 新潮社．

岡田義光(1990)：南関東地域のサイスモテクトニクス．地震第2輯，vol. 43, pp. 153-175.

笠原敬司(1985)：プレートが会合する関東・東海地方の地殻活動様式．国立防災科学技術センター研究報告，no. 35, pp. 33-137.

国土地理院(編)(1989)：首都及びその周辺の地震予知(その2)．地震予知連絡会地域部会報告，no. 3, pp. 1-170.

鈴木宏芳・高橋 博(1985)：府中地殻活動観測井の作井と坑井地質．国立防災科学技術センター研究速報，no. 64, pp. 1-84.

鈴木宏芳・高橋 博・福田 理(1983)：下総深層地殻活動観測井の作井と地質．国立防災科学技術センター研究速報，no. 48, pp. 1-61.

高橋 博(1982)：深層観測によって明らかにされた関東地方の微小地震活動の特性について．国立防災科学技術センター研究報告，no. 28, pp. 1-104.

高橋 博・福田 理・鈴木宏芳・田中耕平(1983)：岩槻深層地殻活動観測井の作井と坑井地質．国立防災科学技術センター研究速報，no. 47, pp. 1-113.

高橋 博・鈴木宏芳(1988)：首都圏地域における地殻活動観測体制．地質学論集，no. 31, pp. 85-109.

日本測地学会(編)(1986)：GPS―人工衛星による精密測位システム―．263 p.. 日本測量学会．

藤沢 格・立山清二・舟崎 淳(1986)：房総沖海底地震常時観測システムの概要．測候時報，no. 53, pp. 127-166.

Morandi, M. T. ・Matsumura, S. (1991)：Update on the examination of the seismic observation network of the National Research Institute for Earth Science and Disaster Prevention(NIED). Report of the National Research Institute for Earth Science and Disaster Prevention, no. 47, pp. 1-18.

矢島敏彦(1981)：関東平野基盤岩類の岩石学的特徴と地質構造．地質学論集，no. 20, pp. 187-206.

5. 筑波山塊の深成岩類

「筑波嶺の峯より落つるみなの川恋ぞつもりて淵となりぬる」と詠われた筑波山は，古くから関東平野に住む人々にとってなじみ深い山の一つである．この筑波山を中心とする筑波山塊は，福島県から茨城県にかけて連なる八溝山地の南端に位置している．おもな山峰として，加波山(709 m)，足尾山(628 m)，筑波山(876 m)をあげることができる．このうち，筑波山の山頂は，男体および女体の二峰に分かれている．この地域は地質学的には深成岩類や変成岩類の代表的フィールドとして親しまれている．

最近，この地域の地質学的な研究が急速に進み，野外および室内において多くの新事実が明らかになってきている．この章では，おもに本地域の深成岩類について，最近の岩石学的な成果も混じえ，広い視点から議論する．

5.1. 筑波山塊の岩石

この地域の地質図を図5.1に示す．筑波山塊を構成するおもな岩石は，深成岩類の斑れい岩類，花崗岩類のほかに，古期堆積岩類，筑波変成岩類である．

古期堆積岩類は筑波山塊北部から北側の八溝山地一帯に分布する．砂質岩や泥質岩からなり，チャートや石灰岩を伴う．これらは関東地方では足尾帯や秩父帯，西南日本では美濃-丹波帯とか玖珂帯などとよばれているジュラ紀の地層に相当する(指田・他, 1982)．

筑波変成岩類は筑波山の南側に分布し，砂質岩や泥質岩を原岩としている(図5.2参照)．この変成岩

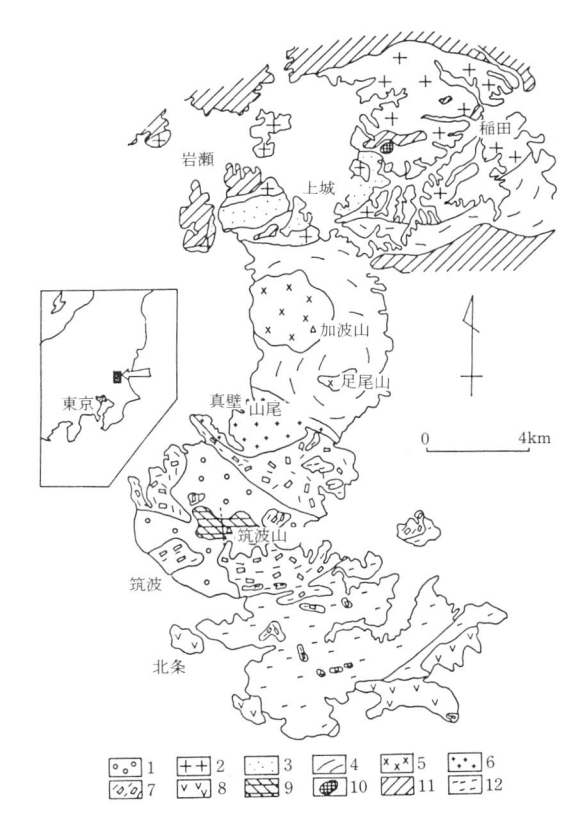

図5.1 筑波山塊の地質図(Takahashi・Fujii, 1984)
1：岩屑，2：稲田花崗岩，3：上城花崗閃緑岩，4：雨引花崗閃緑岩，5：加波山花崗岩，6：山尾花崗岩，7：筑波花崗閃緑岩，8：北条花崗岩，9：斑れい岩類，10：閃緑岩，11：古期堆積岩類，12：筑波変成岩類．

図5.2 筑波変成岩類(茨城県つくば市平沢)
泥質片麻岩と花崗岩質岩が層状をなし，さらにそれらが褶曲している．

類は，紅柱石-菫青石-珪線石で特徴づけられる高温低圧型の変成岩であり(Sugi, 1930；宇野, 1961；柴, 1979, 1982)，西南日本内帯に分布する領家変成岩類の延長と考えられている．

5.2. 筑波山塊の深成岩類
1) 斑れい岩類

斑れい岩類は，筑波山頂付近に最もよく露出している．このほか筑波山の北東方の難台山や吾国山付近の古期堆積岩類中にも斑れい岩類の分布が認められる．

筑波山の斑れい岩類と周囲の花崗岩類との地質学的な関係は，斑れい岩類が花崗岩類に貫入しているという考えもあったが(佐藤，1927)，多くの状況から斑れい岩類は花崗岩類の捕獲岩と考えられるようになった(津屋，1943；高橋，1980)．さらに最近の隧道工事で，斑れい岩類が花崗岩類に貫かれているこ とが露頭で確かめられた(笹田・他，1987)．

筑波山の斑れい岩類の多くは，角閃石斑れい岩からなり，男体山付近では斜方輝石，女体山付近ではかんらん石を含む．女体山より東側の岩石は色指数が小さく，従来から斜長岩とよばれている．斑れい岩類中の角閃石はしばしば無色角閃石("ウラル石")に変化している．このほかに細粒塩基性岩(かつてスペサルト岩とか角閃岩などとよばれていたもの)や塩基性ペグマタイトが，これらの斑れい岩類中に岩脈状捕獲岩または岩脈として産する．

筑波山の斑れい岩類中の角閃石の K-Ar 放射年代として 72 Ma の値が得られている(猪木，1981)．

2) 花崗岩類

花崗岩類は，柴田(1944)や岡田・他(1954)によりその地質概略と岩石化学的性質が明らかにされていた．高橋(1982a)は，花崗岩類の粒度・組織・包有物の産状，それに相互の貫入関係に基づき筑波山塊の

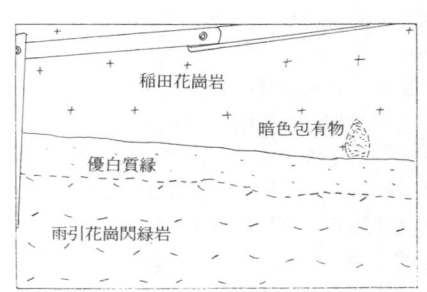

図 5.3　稲田花崗岩と雨引花崗閃緑岩の関係(茨城県加波山北 4 km)
　　　　雨引花崗閃緑岩が優白質縁をもって稲田花崗岩に貫入している．

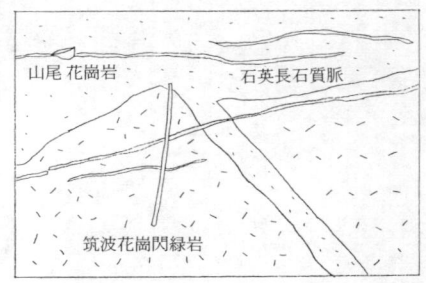

図 5.4　山尾花崗岩と筑波花崗閃緑岩の関係(茨城県筑波山北北西 5 km)
　　　　山尾花崗岩が筑波花崗閃緑岩に貫入している．

5. 筑波山塊の深成岩類

花崗岩類を次の7岩体に区分した[ここでは，高橋(1982a)の区分に基本的に従うが，その区分で用いた名称は主要な岩質だけで表現していて少し使いづらいので，地名を付けて用いることにする]．

北側に分布するものより，稲田花崗岩，上城花崗閃緑岩，雨引花崗閃緑岩，加波山花崗岩，山尾花崗岩，筑波花崗閃緑岩，北条花崗岩の7岩体である．

露頭観察でみられる各岩体の時間的前後関係は上城花崗閃緑岩と雨引花崗閃緑岩は稲田花崗岩を貫き（図5.3参照），加波山花崗岩と山尾花崗岩が雨引花崗閃緑岩を貫いており，山尾花崗岩と北条花崗岩が筑波花崗閃緑岩に貫入している（図5.4参照）．

一方，これら岩体の放射年代は，花崗岩体の貫入関係とは無関係に，ほぼ一定値の60 Maを示す．このことは，この地域の花崗岩類を形成したマグマ活動が，ごく短期間に起こったことを示している（Arakawa・Takahashi，1988，1989）．

以下に各花崗岩体の岩石学的性質をもう少し詳しく説明する．

稲田花崗岩： 筑波山塊北側の岩瀬から稲田にかけて広く分布している（図5.1）．おもに粗粒の角閃石を含む黒雲母花崗岩からなる．色指数は2～10である．本岩中にはブロック状のホルンフェンスが捕獲されている（図5.5）．本岩は北側の八溝山系の古期堆積岩類に細粒の急冷縁をもって非調和的に貫入している．本岩は，この地方で「稲田石」などとよばれ，石材として盛んに採掘されている．

上城花崗閃緑岩： 上城から雨引にかけて細長く東西に分布する（図5.1）．青灰色を呈し，おもに細粒黒雲母花崗閃緑岩からなる．色指数は9～14である．本岩にはよく泥質ホルンフェルスや稲田花崗岩の岩塊が包有されている．

雨引花崗閃緑岩： 雨引から足尾山周辺にかけて分布する．おもに灰白色-灰色の中粒黒雲母花崗閃緑岩からなる．色指数は7～10である．

加波山花崗岩： 加波山および足尾山に分布する．細粒白雲母黒雲母花崗岩（一部花崗閃緑岩）で，ざくろ石をよく含む．色指数は3～10である．本岩は「真壁石」などとよばれ，墓碑用石材として盛んに採掘が進められている．

山尾花崗岩： 真壁町の東方に分布する．おもに細粒黒雲母花崗岩からなり，白雲母を含むこともある．本岩の一部はカリ長石と石英とからなる微文象組織を呈する．色指数は5～12である．

本岩中にはペグマタイトやアプライト岩脈があり，かつてそのいくつかから珪長石を採掘していた．また，そのあるものは緑柱石やざくろ石の鉱産地として知られていたが，現在ではあまり良好なものは得られない．

筑波花崗閃緑岩： 筑波山を中心にこれを取囲むように分布する．主体はカリ長石斑晶が顕著な斑状花崗閃緑岩（色指数3～17）であるが，岩体の周辺（おもに西側）は片麻状角閃石黒雲母トーナル岩（色指数8～17）からなる．斑状花崗閃緑岩のカリ長石斑晶の長軸は定向配列をなし（図5.6），それは石英のc軸の向きと一致している（高橋，1982c）．

本岩は南側の筑波変成岩類の片麻面にほぼ平行に貫入している．本岩の北東部には変成岩類の岩塊が取込まれている．この近くには球状花崗岩が古くから知られている．この球状花崗岩は「小判石」などとよばれているもので，菫青石を含む特異な岩石である．

北条花崗岩： 山塊南端で，筑波変成岩類の南西部と南東部に分布する．おもに中粒白雲母黒雲母花崗

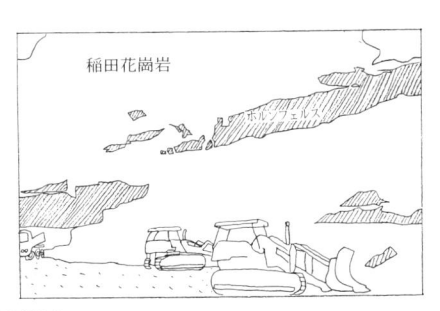

図5.5 稲田花崗岩（茨城県笠間市稲田）
稲田花崗岩中にはブロック状のホルンフェルスが捕獲されている．花崗岩質マグマの貫入機構を考察する上で興味深い．

図5.6 筑波花崗閃緑岩
カリ長石を斑晶とする斑状組織が特徴的である．

崗岩(一部優白質)でざくろ石をよく含む．珪線石や紅柱石を含むこともある．色指数は6〜10(優白質相で2以下)である．筑波変成岩類に非調和的に貫入していて変成岩の岩塊を取込んでいる．

5.3. 深成岩類の成因論的考察および日本列島における位置付け

花崗岩質マグマ生成に関与した物質を考察するのに，Fe-Ti酸化鉱物に着目した分類と化学成分の量比を組合せた分類の二つがある．前者は石原(1977)により，後者はオーストラリアのChappell・White(1974)により，ともに1970年代から1980年代前半にかけて体系化された(高橋，1985)．これらの分類に従って筑波山塊の花崗岩類を分類してみる．

オーストラリア学派の分類によると，花崗岩マグマが堆積岩の溶融によって生じた，あるいは堆積岩の寄与が大きかったと思われるもの(Sタイプ：sedimentary source type)か，火成岩の溶融によるもの(Iタイプ：igneous source type)かは，全岩組成の違いで区別でき，一般に$Al_2O_3/(Na_2O+K_2O+CaO)$モル比で1.05〜1.10を境にして大きなものがSタイプ，小さなものがIタイプと区別されている．筑波山塊の花崗岩類を図にプロットしてみると，稲田花崗岩はIタイプに分類され，その他はSタイプの性質を有する．ことに北条花崗岩と加波山花崗岩の大部分が典型的なSタイプ花崗岩といえる(図5.7)．

また，化学分析値から，単純化した鉱物組成を求めるノルム(norm)の計算法というものがある．この計算でAl_2O_3をK_2O，Na_2O，CaOと順に結び付けて，正長石(orthoclase)，アルバイト(albite)，アノーサイト(anorthite)がノルム鉱物として計算され，Al_2O_3が残ることがある．そのときには，そのAl_2O_3はノルム鉱物としてのコランダム(corundum)〔ノルムコランダム(normative corundum)〕として表す．このノルムコランダムを指標とすると，一般に

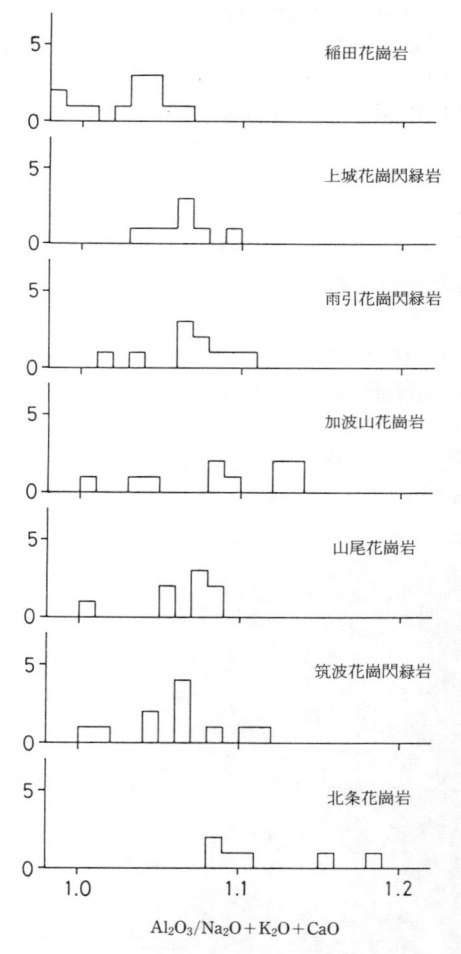

図5.7 花崗岩類中の$Al_2O_3/(Na_2O+K_2O+CaO)$(モル比)(高橋・荒川，1988)
縦軸は試料数．

その値が1(%)を境にして，その値より大きな花崗岩類がSタイプ，小さなものがIタイプと分類される．この分類を筑波山塊の花崗岩類に適用すると，稲田花崗岩はIタイプであり，残りの花崗岩類はSタイプに属する．ことに北条花崗岩はノルムコランダムが2(%)を越えるものがあり，この指標でも北条花崗岩が典型的なSタイプの花崗岩であることを示唆している(図5.8)．ノルムコランダム値の違いは，造岩鉱物として，稲田花崗岩に角閃石を，北条花崗岩に白雲母のほか紅柱石や珪線石を含むということに関係している．

上に述べた証拠から，筑波山塊に分布する花崗岩類は，北側がIタイプで，南側に行くにつれてSタイプ的になる変化を示す．この結果は，南側では比較的深部で広域変成作用の場にあったため，花崗岩質マグマに周囲の岩石(ことに泥質岩)の同化が大きかったと解釈できる．一方，北側の稲田花崗岩は，マグマが周囲の岩石からの関与をあまり受けずに上昇して，比較的浅所で貫入固結したのかもしれない．

次にこれらの花崗岩類の日本列島における地体区分上の位置づけを簡単にふれる．筑波山塊の花崗岩類は，不透明鉱物(Fe-Ti酸化鉱物)に乏しく帯磁率も低い．石原の分類に従えば，チタン鉄鉱系花崗岩類に属する．北側の稲田花崗岩は，高取鉱山や加賀田鉱山といったタングステン鉱床の関連火成岩となっている．これに対して南側の花崗岩類は有用な金属鉱床を伴わない．また，花崗岩類の被貫入岩類は，北側では西南日本の美濃-丹波帯相当の非変成のジュラ系(古期堆積岩類)からなり，南側では領家変成岩に対比できる筑波変成岩類からなっている．

これらの事実は，筑波山塊の花崗岩類が，西南日本内帯の白亜紀-古第三紀花崗岩類の領家帯(鉱床不毛帯)から山陽帯(タングステン鉱床区)の東方延長に当たることを意味している(高橋，1982b；Takahashi・Fujii，1984)．

5.4. 斑れい岩類に関する問題

筑波山塊の深成岩類にはまだ解決すべき多くの問題がある．このうち，古くから議論されてきたもののひとつとして斑れい岩類の帰属の問題がある．これは筑波山塊に限らず斑れい岩類を伴う花崗岩質岩体全般に関係した問題である．これを以下に要約してみる(笹田，1977)．

古典的には塩基性マグマの結晶分化作用で，斑れい岩類から花崗岩に至る一連の岩石の生成が説明されてきた．しかしながら，塩基性マグマを出発物質とすると，生成する花崗岩類は少量となり，花崗岩類に伴う斑れい岩の量が圧倒的に少ないという自然の事実を説明できない．

これに対して，マントルで発生した塩基性(-中性)のマグマは，地殻物質を溶かすことで花崗閃緑岩や花崗岩質マグマを生成するという考えがある．すなわち，かつての熱源とみなすわけである．この考えは南北アメリカ大陸西岸のバソリス(batholith)の解釈に適用されてきた．

これらの説明では直接間接にせよ，斑れい岩類と花崗岩類とは何らかの成因的関係をもっている．ところが，最近になって領家帯の一部の斑れい岩類から古生代末ないし中生代初頭を示す放射年代値が得られ，斑れい岩類は花崗岩類と成因的に関連がない可能性が出てきた(飯泉・他，1990)．もしそうだとすると，斑れい岩類は花崗岩類よりも古い時代の基盤ということになり，日本列島の形成史に新たな問

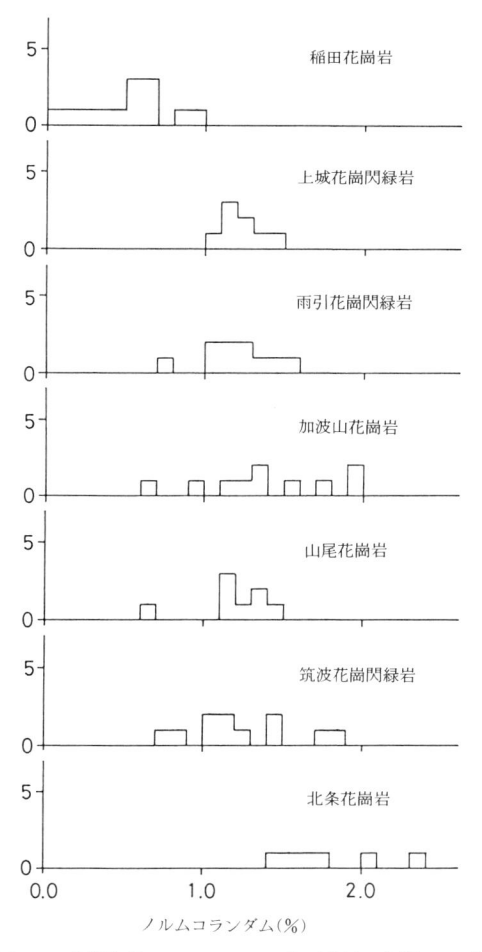

図5.8 花崗岩類のノルムコランダム(高橋・荒川，1988)
縦軸は試料数．

題を提起する．同じような可能性が筑波山塊にもあるわけで，斑れい岩類，花崗岩類それに周辺の変成岩類を新たな観点で見直す必要があろう．

まとめ

筑波山塊の深成岩類は放射年代が約 60 Ma の花崗岩類と少量の斑れい岩類からなるといえる．花崗岩類はその構成鉱物や化学組成から，南側に分布するものほど堆積岩類の関与が大きかったと判断できる．これは，山塊の南では高温型の変成作用の場にあったことに関係しているのかもしれない．

筑波山塊の深成岩類にはまだ解決すべき多くの問題がある．そのひとつは斑れい岩類の帰属の問題である．つまり，花崗岩類と成因的に関係があるのか，それとも花崗岩類よりもっと古い時代のものなのかどうかである．別の問題として，花崗岩類は西南日本内帯の領家帯-山陽帯より比較的若い放射年代を示すが，どうしてか．これについては当時のプレート運動で熱源の移動を説明している例もあるが確かではない．

これらは日本列島全体にかかわる問題でもあり，近い将来総合的に議論する必要があろう．

〔髙橋　裕平〕

参考文献

Arakawa, Y.・Takahashi, Y. (1988)：Rb-Sr ages of granitic rocks from the Tsukuba district, Japan. *Jour. Japan. Assoc. Min. Petr. Econ. Geol.*, vol. 83, pp. 232-240.

Arakawa, Y.・Takahashi, Y. (1989)：Strontium isotopic and chemical variations of the granitic rocks in the Tsukuba district, Japan. *Contrib. Mineral. Petrol.*, vol. 101, pp. 46-56.

Chappell, B.W. and White, A.J.R. (1974)：Two contrasting granite types. *Pacific Geol.*, vol. 8, pp. 173-174.

猪木幸男(1981)：「筑波山」付近の地質．地調月報，vol. 32, pp. 57-58.

飯泉　滋・田結庄良昭・加々美寛雄・端山好和(1990)：領家帯塩基性岩類の成因．月刊地球，vol. 12, pp. 424-429.

Ishihara, S. (1977)：The Magnetite-series and Ilmenite-series Granitic Rocks. *Mining Geol.*, vol. 27, pp. 293-305.

岡田　茂・下田信男・柴田秀賢(1954)：筑波地方花崗岩類の岩石化学的研究．東教大地鉱研報，no. 3, pp. 197-203.

笹田政克(1977)：カコウ岩質岩類に伴う塩基性岩類の三つの産状およびその成因．*MAGMA*, nos. 49 and 50, pp. 42-47.

笹田政克・服部　仁・金谷　弘・豊　遙秋・坂巻幸雄(1987)：筑波山斑れい岩と周辺の花崗岩類との関係についての新知見―霞ヶ浦用水筑波1号トンネルの地質から―．地調月報，vol. 38, pp. 217-220.

指田勝男・猪郷久治・猪郷久義・滝沢　茂・久田健一郎・柴田知則・塚田邦治・西村はるみ(1982)：関東地方のジュラ系放散虫について．第1回放散虫研究集会論文集，pp. 51-66.

佐藤戈止(1927)：7.5万分の1地質図幅「筑波」および同説明書．30 p.，地質調査所．

柴　正敏(1979)：茨城県，筑波変成岩類の層序と変成分帯．岩鉱，vol. 74, pp. 339-349.

柴　正敏(1982)：筑波変成岩類の変成条件．岩鉱，vol. 77, pp. 345-355.

柴田秀賢(1944)：筑波山付近の深成岩類の関係．東京文理大研報，no. 1, pp. 69-86.

Sugi, K. (1930)：On the granitic rocks of Tsukuba district and their associated injection rocks. *Japan Jour. Geol. Geogr.*, vol. 8, pp. 29-112.

高橋正樹(1985)：花崗岩系列の提唱と発展．地質学論集，no. 25, pp. 225-244.

高橋裕平(1980)：茨城県筑波山のガブロ類とカコウ岩類との関係について，地質雑，vol. 86, pp. 481-483.

高橋裕平(1982 a)：筑波地方のカコウ質岩類の地質．地質雑，vol. 88, pp. 177-184.

高橋裕平(1982 b)：筑波地方の花崗岩類の造岩鉱物．岩鉱，vol. 77, pp. 278-283.

高橋裕平(1982 c)：筑波山周辺の花崗岩類のゲフューゲ(予察)．*MAGMA*, no. 66, pp. 11-14.

Takahashi, Y.・Fujii, T. (1984)：Felsic plutonism in the Tsukuba district.. *Ann. Rep., Inst. Geosci., Univ. Tsukuba*, no. 10, pp. 132-133.

高橋裕平・荒川洋二(1988)：筑波地方の花崗岩類の岩石化学．岩鉱，vol. 83, pp. 203-209.

津屋弘逵(1939)：筑波山山津波跡の地質観察．震研彙報，vol. 17, pp. 517-524.

宇野達二郎(1961)：茨城県筑波地方の変成岩．地質雑，vol. 67, pp. 228-236.

6. 関東山地北部の異地性岩体とナップ構造

　近年，プレート収束域における衝突・付加テクトニクスの台頭とあいまって，日本列島の各地体構造の横断面図に，ナップ構造が頻繁に描かれるようになってきた．このナップ(nappe)とは，押し被せ断層または横臥褶曲によって，離れた場所から本来の基盤でない地盤の上に移動した地質体である．ナップ構造の研究は，アルプス，ヒマラヤ，ロッキーなどの造山帯において有名であるが，日本でも，1930年代から藤本治義によって，関東山地北部の三波川帯にナップ構造が認識された．特に群馬県下仁田町周辺にはナップ基底部の低角断層が豊富に見られ，ナップ構造の研究の場としてたいへん適している．本章では，それらの低角断層や，ナップを構成する異地性岩体について解説する．

6.1. 関東山地北部のナップと異地性花崗岩体・変成岩体

　関東山地北部のナップを構成する地質体は三波川帯の構造的上位に分布する御荷鉾緑色岩を基底とし，その上に乗る上部白亜系跡倉層，ペルム紀および前期白亜紀の花崗岩類・変成岩類からなる．それらの地質体は，群馬県下仁田地域，埼玉県神山-金沢地域，埼玉県寄居-小川地域に分布する(図6.1)．これらの地域には，多数のクリッペ(klippe)やフェンスター(fenster)が知られている(藤本・他，1953)．クリッペとは，ナップ上盤側の地質体が侵食により下盤側の地質体の内部に孤立して分布するもので通常山体を構成する．一方，フェンスターは逆に下盤側の地質体が侵食により上盤側の地質体の中に孤立して分布するもので，通常谷底など低い部分に存在する．

1) 下仁田地域

　こんにゃくや下仁田葱の産地として有名な群馬県甘楽郡下仁田町は川井山，大崩山，御岳など，クリッペをつくる山体が突出しており，独特の景観を有している(図6.2)．地元の人々には"根無し山"としてよく知られている．この地域には東に向かって流れる鏑川に注ぎ込む南牧川，青倉川，栗山川，横瀬

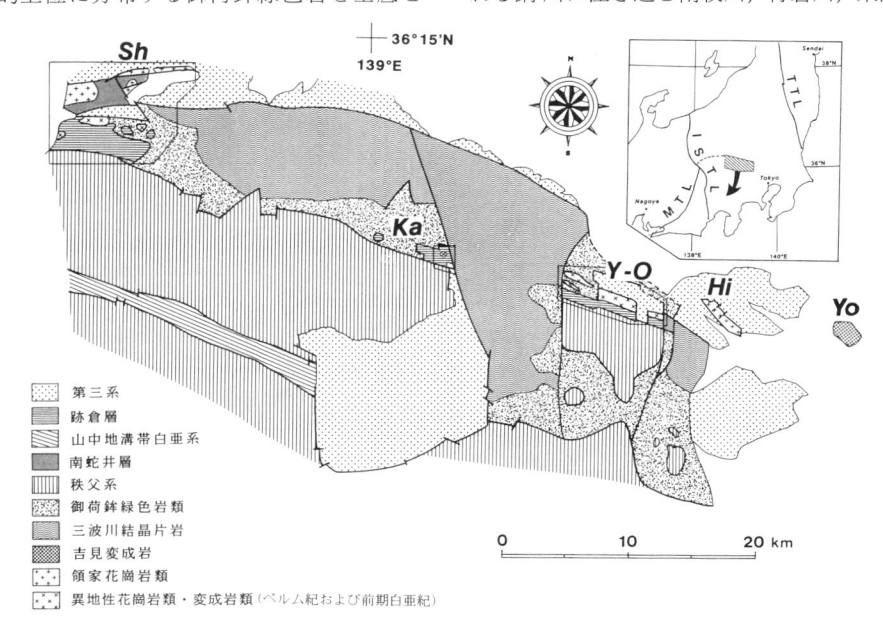

図6.1　関東山地北部の地質図(高木・藤森，1989，一部修正)
Sh：下仁田地域，Ka：神山-金沢地域，Y-O：寄居-小川地域，Hi：比企丘陵，Yo：吉見丘陵．MTL：中央構造線，ISTL：糸魚川-静岡構造線，TTL：棚倉構造線．

図6.2 下仁田町東町付近の鏑川(御荷鉾緑色岩が露出)
とその西方のクリッペをなす岩体の地形
O：大崩山，Y：四又山，K：川井山．

川などに沿って，多くのフェンスターの露頭が存在する(藤本・他，1953)．

下仁田地域の地質は，東西に走る大北野-岩山線を境に南北で大きく異なる．大北野-岩山線の北側は，内帯に属するジュラ系南蛇井層とそれを貫く領家帯の平滑(なめ)花崗岩，千平花崗閃緑岩，および第三系神農原礫岩(はら)，骨立山(こつたて)凝灰岩，富岡層群からなる．一方，南側には御荷鉾緑色岩類を基底とし，上部白亜系跡倉層，ペルム紀川井山石英閃緑岩とそれを取巻くホルンフェルス(hornfels)，前期白亜紀四又山石英閃緑岩などの異地性岩体がナップとして分布する(図6.3)．したがって，大北野-岩山線は西南日本の内帯を構成する地質体の南縁を境しており，中央構造線の延長と考えられている．

a) 跡倉層 跡倉ナップを構成する跡倉層は，おもに砂岩・泥岩互層から構成され，部分的に砂岩，礫岩(跡倉礫岩)が発達する．

跡倉層の主体をなす互層部は，特に南牧川沿いで連続露頭が見られる．そのなかでも跡倉層の変形を特徴づける構造が下郷の万年橋で観察される．この付近では砂岩・泥岩互層がよく発達し，フリッシュ(flysch)型堆積物を特徴づけるさまざまな堆積構造

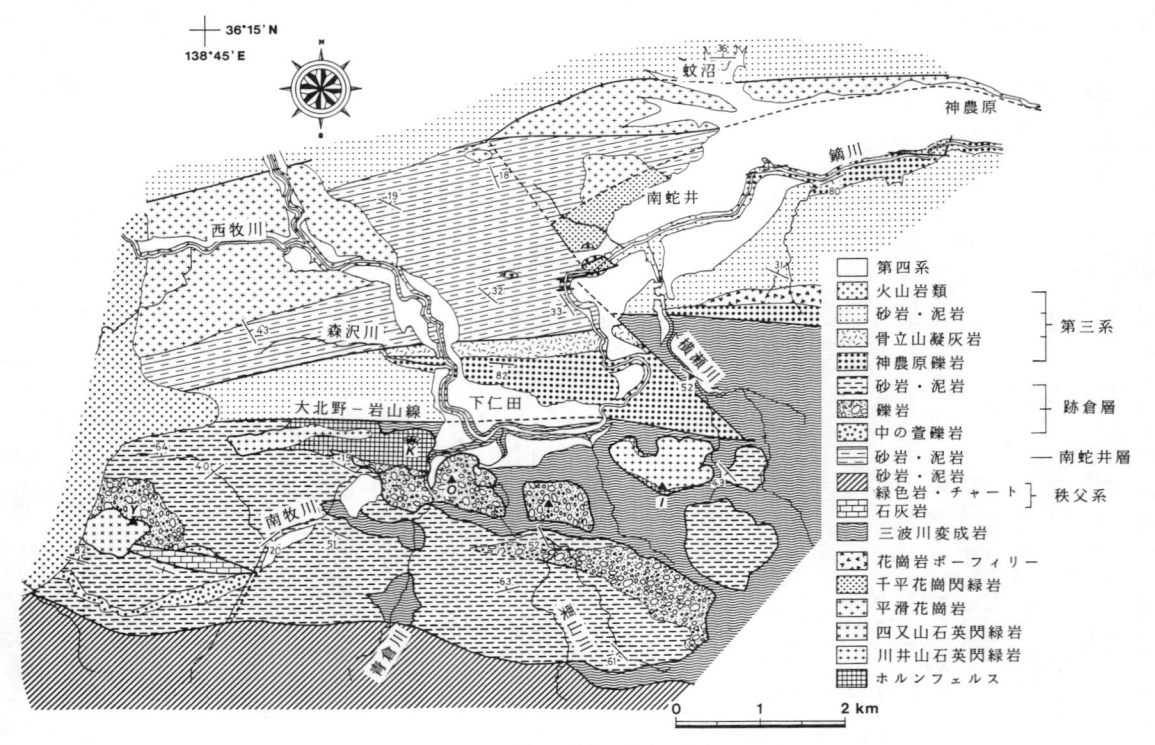

図6.3 下仁田地域の地質図(高木・藤森，1989)
I：岩山，O：大崩山，K：川井山，Y：四又山．

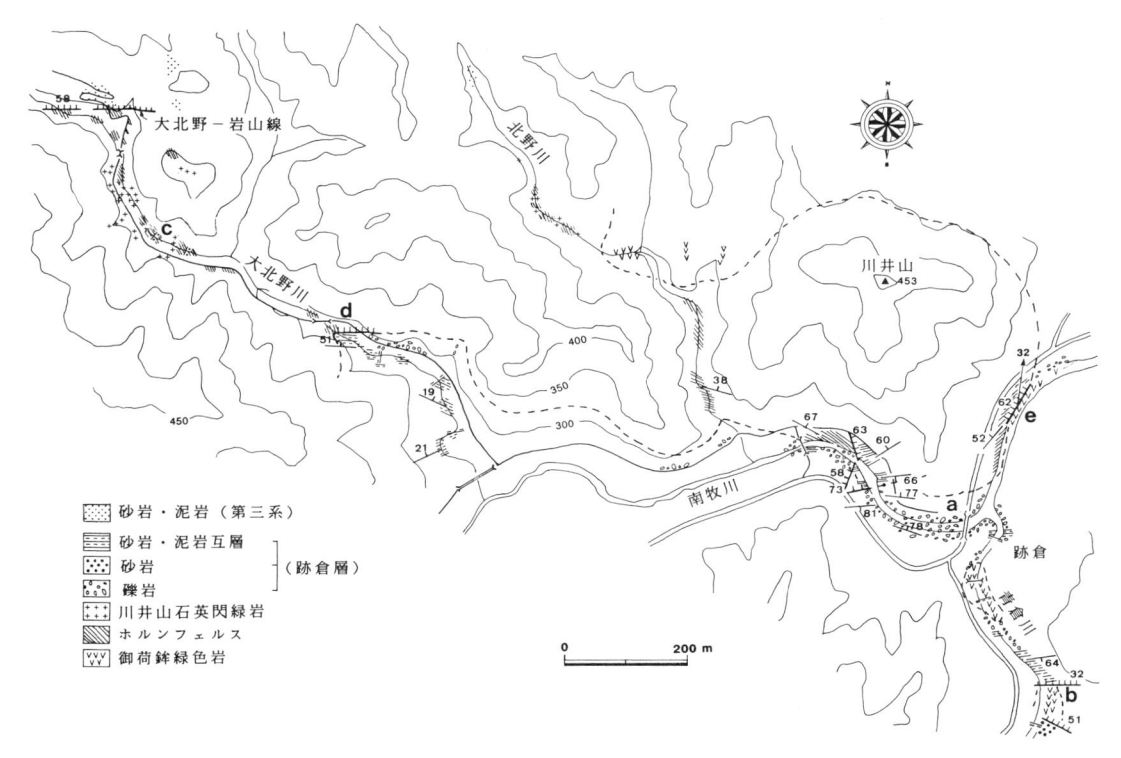

図 6.4 跡倉およびその西方のルートマップ（高木・藤森，1989，一部加筆）

が見られる．特に万年橋上流約 20 m 付近の級化成層やソールマーク（sole mark）を観察すると，破砕帯を境にして北側（下流側）は層序に逆転のない正常層であるが，南側（上流側）は逆転していることがわかる．この露頭は内田（1961）によって詳しく紹介され，四又山周辺の跡倉層自身が跡倉層の上にナップ（横臥褶曲）として移動したとされた．

跡倉礫岩は，跡倉層の基底礫岩と考えられており（新井・他，1963），跡倉の南牧川沿いに良好な露頭がある（図 6.4 a）．礫種は円磨度の良好な花崗岩類，泥岩，砂岩，ホルンフェルスのほか，少量の石灰岩，緑色岩，ひん岩などが含まれる．割れ目が発達しており，変質も進んで全体に緑色を帯びている．上流側に分布するホルンフェルスとの関係は，跡倉層にホルンフェルスの礫が存在することから，不整合であると考えられる．しかしながら，露頭で観察される両岩体の境界は断層で，明確な不整合の露頭はない．おそらく不整合で接した後，著しい変形・変質を受けたのであろう．

b）跡倉ナップ基底部の露頭 跡倉ナップ基底部の低角断層の最も見事な露頭が，跡倉南方の青倉小学校前の青倉川右岸に存在する（図 6.4 b）．ここは跡倉礫岩から構成される大崩山のクリッペ基底部に相当し，東西走向，北傾斜約 30°の断層が見られる．下盤は御荷鉾緑色岩で，その最上部が破砕されており，幅約 20 cm の断層ガウジ（fault gouge）が認められている．この断層ガウジには面構造が発達し，葉片状ガウジ（foliated gouge）となっている．その断面の非対称構造（P 面，R_1 面）から，上盤が右（南東）から左（北西）方向に移動した正断層のセンスが認められる（図 6.5）．葉片状ガウジには，ペネトラティブ（penetrative）に発達する線構造が認められ，その沈下方向が北西を示すことから，ナップの移動の軌跡は北西-南東方向であり，上に述べたセンスから，上盤が北西に移動したことがわかる．同様の移動方向は，他の跡倉ナップ基底部や御荷鉾緑色岩内部の低角断層露頭でも認められている（小林・高木，1991；小林，1992）．上盤側の跡倉層の基底部には条線（slickenline）が認められ，ステップ構造が発達する（図 6.5）．その姿勢と非対称構造から求めたナップの移動方向は北方である（Wallis・他，1990）．

c）川井山石英閃緑岩 川井山石英閃緑岩は，川井山西方大北野川や北野川に，ホルンフェルスを密接に伴って分布する（図 6.4 c）．また，下仁田町東方岩山や四又山東方にも分布する．本岩は粗粒黒雲母角閃石石英閃緑岩で，その角閃石の K-Ar 放射年

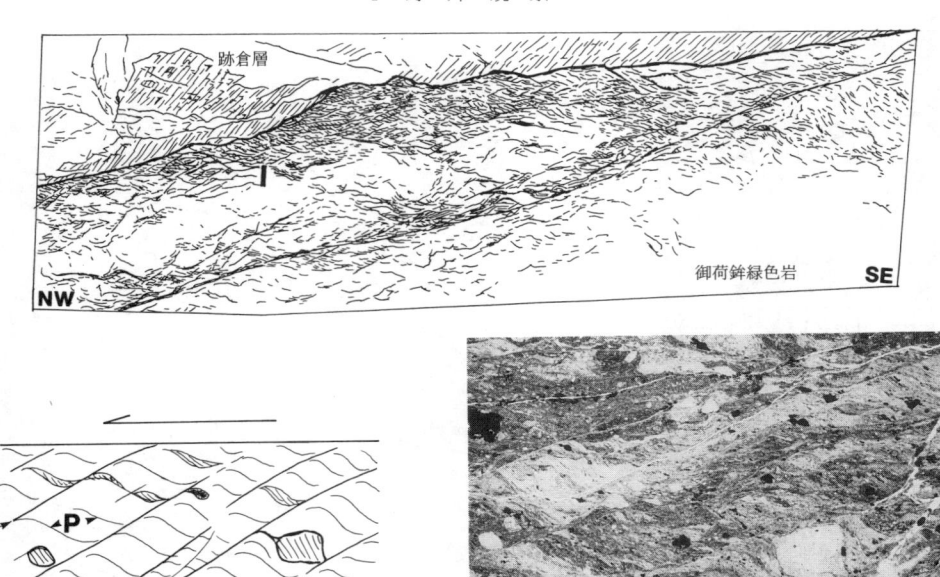

図6.5 青倉小学校前の跡倉ナップ基底部の低角断層のスケッチ(上)と，断層ガウジの薄片写真(右下，栗山川産)いずれのスケールでもP面とR₁面(左下参照)が認められる．スケッチ内のスケールは(中央左側)15cm.

代は250〜277 Ma(高木・他，1989；端山・他，1990)，Sr初生値は0.7038〜0.7042である(柴田・高木，1989)．川井山周辺のホルンフェルスは跡倉層の構造的上位に低角断層で乗っており，かつてその露頭が南牧川支流の大北野川で認められた(図6.4 d)．すなわち，跡倉ナップの上位に，川井山石英閃緑岩とホルンフェルスからなる別のナップ(以下金勝山ナップ)が低角断層で乗った二重ナップとなっている．川井山南東の南牧川左岸には，一部跡倉礫岩をはさんで御荷鉾緑色岩とホルンフェルスが接する露頭が存在するが，両者の境界の傾斜は西に約60°と比較的高角度である(図6.4 e)．

d) 四又山石英閃緑岩 四又山石英閃緑岩は，四又山頂上南側の尾根沿いに露出する．基底部の断層露頭は見つかっていないが，その分布から本岩体もクリッペをなすものと考えられる．本岩は石英閃緑岩質ながら粒度の変化がみられ，弱いマイロナイト(mylonite)化を受けて片状構造を有する．また，一部に角閃岩や珪長質片麻岩をはさむ．かつては川井山石英閃緑岩として記載されたが，岩石学的性質が異なること(高木・藤森，1989)に加え，その角閃石のK-Ar放射年代が105〜110 Ma(高木・他，1989)，Sr初生値が0.7052(柴田・高木，1989)であることから，川井山石英閃緑岩とも，領家花崗岩と

も異なることが明らかにされた．

同様の白亜紀前期を示すと予想される石英閃緑岩や片麻岩類は，富岡市宮城の野上川から東に延びる林道沿いに露出している(鏑川団研グループ，1990)．

2) 神山-金沢地域

2万5千分の1の地形図「鬼石」を広げてみると，三波川変成岩からなる石畳で有名な長瀞の西北西に，いくつか大きな採石場が並んでいる．これらの採石場では，跡倉層の礫岩や砂岩を砕石用資源として採掘している．その最も西方神流湖の南湖畔に突出した山が神山であり，御荷鉾緑色岩を基底として跡倉層の礫岩や砂岩によって構成された神山クリッペをなしている．一方，金沢周辺には，跡倉層(岳山クリッペ)のほか，さらにその上位にクリッペとして乗っている石英閃緑岩や，高角断層によってはさみ込まれている片状石英閃緑岩および変成岩類が分布する．この地域の跡倉ナップの東端は，南北に走る出牛-黒谷断層により三波川変成岩と接している(図6.6)．

神山-金沢地域には，下仁田地域で見られたような跡倉ナップ基底部の明確な低角断層の露頭はない．しかし，金沢周辺の採石場では，石英閃緑岩およびホルンフェルスが跡倉層の上に乗っている低角断層の露頭や，跡倉層内部の横臥褶曲，低角断層を観察

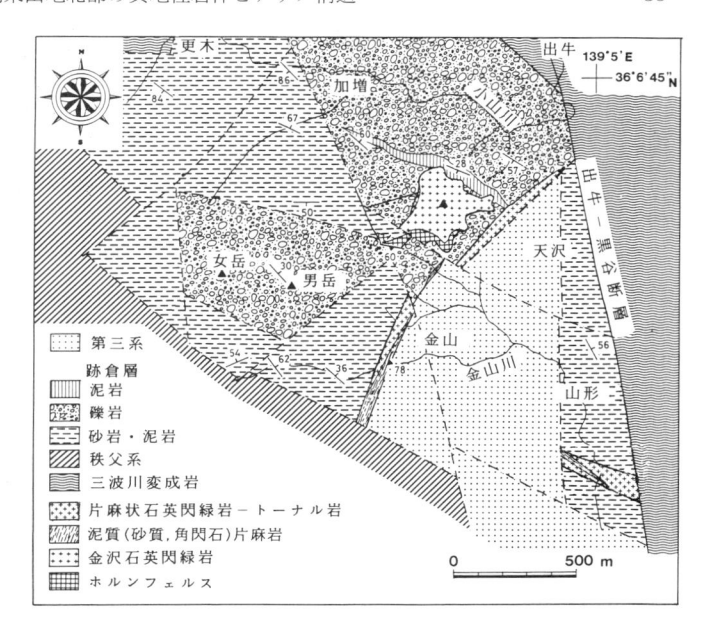

図6.6 金沢周辺の地質図(高木, 1991)

凡例:
- 第三系
- 跡倉層
  - 泥岩
  - 礫岩
  - 砂岩・泥岩
- 秩父系
- 三波川変成岩
- 片麻状石英閃緑岩ートーナル岩
- 泥質(砂質, 角閃石)片麻岩
- 金沢石英閃緑岩
- ホルンフェルス

することができる．

a) 金沢石英閃緑岩とホルンフェルスおよびその基底部の低角断層 神山ほど高くはないが，金沢にも突出した二つの山(男岳，女岳)があった．現在，これらの山が跡倉層の礫岩・砂岩の採掘現場になっており，男岳のピークはなくなり，女岳のピークのみが残っているが，それが失われるのも時間の問題であろう．低角断層の露頭は，この採石場の東端にある．下盤は跡倉層の砕屑岩，上盤はホルンフェルスをはさんで石英閃緑岩が乗っている．断層面は走向 N 60°E～N 70°E，傾斜は 20°～30°S である．断層破砕帯には，P 面，R_1 面が認められ，上盤が南方へ移動したセンスが想定される(高木・藤森，1989)．

上盤の石英閃緑岩(金沢石英閃緑岩)は，下仁田地域の川井山石英閃緑岩と岩質が一致し，角閃岩の K-Ar 放射年代は 263 Ma(高木・他，1989)，Sr 初生値も 0.7043(柴田・高木，1989)で，川井山石英閃緑岩とかつては同じ岩体であったことは明白である．この石英閃緑岩の下部に位置するホルンフェルスは，断層露頭より道を登ったところの道の西側(道の下)の崖に最もよく露出している．泥質部，珪質部および塩基性部が幅数 cm～10 cm オーダーの縞をなしている．金沢石英閃緑岩とホルンフェルスの黒雲母の K-Ar 放射年代は，それぞれ 234 Ma，220 Ma で一致する(高木・他，1992)．

b) 跡倉層の変形 金沢，更木南方の採石場では，砂岩・泥岩互層部の横臥褶曲や低角断層が発達しており，その構造はたいへん複雑で，ナップ移動時の著しい変形を想像させる(図6.7)．

図6.7 金沢地域の採石場に見られる跡倉層の横臥褶曲

c） 片状石英閃緑岩-変成岩類　　出牛-黒谷断層に沿って南北に流れる金山川の上流は，山形付近で西方にさかのぼることができる．山形やその西方金山には，片状石英閃緑岩と角閃岩相の変成岩からなる小岩体が分布する（小野，1985；高木・藤森，1989；高木，1991）．それらのうち片状石英閃緑岩は，その岩質が下仁田地域の四又山石英閃緑岩によく似ており，その K-Ar 放射年代が 92～112 Ma（小野，1985, 1990；高木・他，1989），Sr 初生値が 0.7052（柴田・高木，1989）であることから，四又山石英閃緑岩に対比できる．一方，変成岩は泥質片麻岩を主とし，角閃岩，石灰岩などを伴っている．岩体の周囲は高角断層で跡倉層や第三系と接しており，地形的にも低い位置に分布するなど，クリッペである直接の証拠はない．しかしながら，四又山石英閃緑岩との対比や周囲の地層に熱的影響がみられないことから，これらの岩体も御荷鉾緑色岩の上位にナップを構成すると考えられる．

3） 寄居-小川地域

JR 八高線に沿って寄居から小川町に至る沿線には，御荷鉾帯の丘陵地帯のなかに，低いながらもやや突出した山が分布する．西から車山，金勝山，富士山などである．これらの山は石英閃緑岩で構成されており，金勝山石英閃緑岩とよばれている．その南側には大きな採石場が東西に分布しており，神山-金沢地域と同様，跡倉層の砂岩や礫岩を採掘している．さらにその南方は秩父帯の構成岩類が分布しており，Fujimoto(1937) が初めてナップ説を提唱したことで有名な安戸地域である．この地域の秩父帯は御荷鉾帯の上にナップを形成していると考えられており（小澤・小林，1986），その境界の露頭は安戸南東の越生中学校のグランド裏で見ることができる．

寄居-小川地域は，ナップ基底部の明確な低角断層の露頭がなく，むしろ各岩体は東西性の高角断層と南北性の胴切り断層で切られ，ブロック化している．また，近年宅地開発やゴルフ場の建設で，露頭が失われることが多い．しかしながら，下仁田地域の地質との関連で，興味ある資料を提供している．

この地域の地質は，北から三波川変成岩類，寄居熔結凝灰岩，第三系寄居層，御荷鉾緑色岩類と金勝山石英閃緑岩，跡倉層（この地域では栃谷層とよばれている），そして秩父帯の諸岩石などが分布しており，跡倉層と秩父帯の境界は緑色岩メランジュ (mélange)（平島，1984）がはさみ込まれている（図 6.8）．これらのうち，寄居熔結凝灰岩と寄居層分布域北縁の木持礫岩層は，おのおの下仁田地域の骨立山凝灰岩と神農原礫岩に対比できる．ただし，本地域ではこれらの第三系が三波川帯の内部に存在しているのに対し，下仁田地域では三波川帯の北縁を走

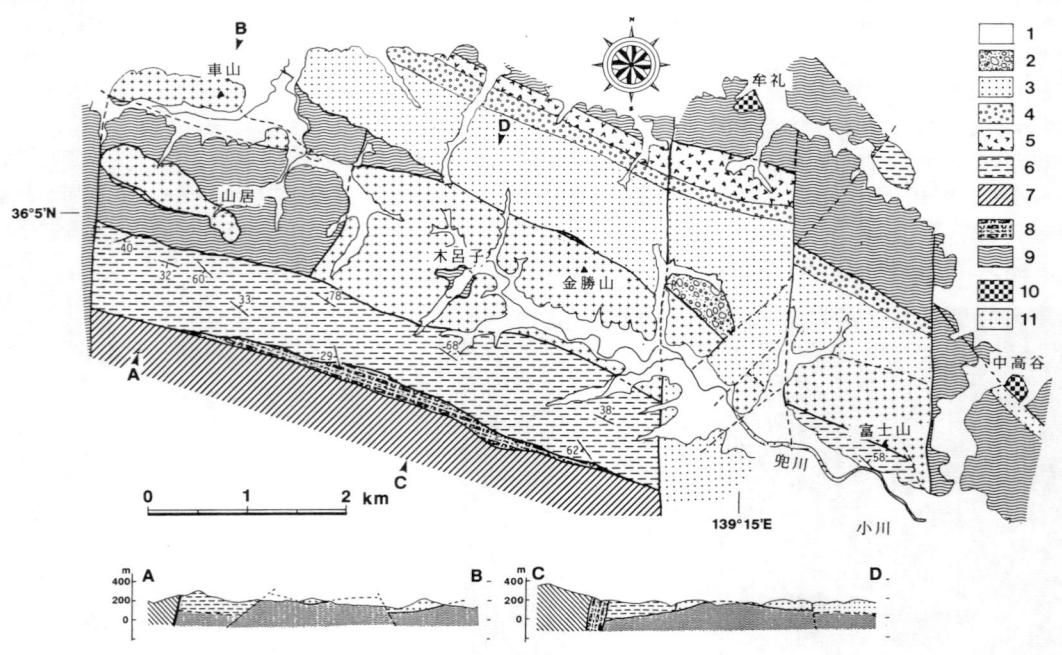

図 6.8　寄居-小川地域の地質図（高木，1991）

1：第四系，2-4：第三系（2：五反田礫岩，3：寄居層，4：木持礫岩），5：寄居熔結凝灰岩，6：跡倉層（栃谷層），7：秩父系，8：緑色岩メランジュ，9：三波川変成岩類，10：前期白亜紀花崗岩類・変成岩類，11：金勝山石英閃緑岩．

る大北野-岩山線をはさんでその北側に分布している点が異なる．ただし，下仁田地域にも，野上川沿いの御荷鉾緑色岩中に新第三系の存在が知られている（小坂，1979）．

a）金勝山石英閃緑岩 金勝山石英閃緑岩体のなかで，その分布からクリッペとして御荷鉾緑色岩の上に乗っていると想定されるのは山居岩体のみであり，そのほかの岩体は高角断層によって境されている．しかし，それらの基底部はやはりナップ境界をなしていると考えられる．木呂子付近では，金勝山岩体の内部に御荷鉾帯の変成岩が分布しており，フェンスターを形成していると考えられ，その東方では金勝山石英閃緑岩の基底部と思われる低角断層の破砕帯の露頭が存在する（高木・藤森，1989）．

金勝山石英閃緑岩は，岩石学的諸性質に加え，その角閃石のK-Ar放射年代が251 Ma（小野，1983），Sr初生値も0.7041〜0.7042（柴田・高木，1989）となり，前項で記載した川井山石英閃緑岩や金沢石英閃緑岩とかつては同じ岩体であったと考えられる．ただし，車山岩体のみはやや細粒で角閃石の量比が多く，また他の岩体には含まれない磁鉄鉱を含み，磁鉄鉱系列の花崗岩類の性質を有する（高木・藤森，1989）．

金勝山石英閃緑岩は，金勝山山頂に向かう道路沿いによく露出している．北側の第三系との境界はN 66°W，88°Nの左横ずれ断層が存在し，幅30 cmの断層ガウジを伴う．この断層の北側には角礫化したざくろ石片麻岩がはさまれている．この露頭から道路を登っていくと，金勝山石英閃緑岩の露頭が続く．この岩体はしばしばペグマタイト脈に貫ぬかれており，そのなかの白雲母のK-Ar放射年代も252 Maという値が得られている（端山・他，1990）．車山岩体の露頭は折原駅西方三品川の河床に点在する．

b）片状石英閃緑岩-変成岩類 本地域では，金勝山石英閃緑岩のほか，三波川帯に孤立する片状石英閃緑岩と変成岩からなる小岩体が小川町北方の牟礼や中高谷に知られている．

牟礼の長昌寺裏の露頭では，片状石英閃緑岩，珪長質片麻岩，角閃岩，石灰岩などの複合岩体の露頭が見られる．珪長質片麻岩にはざくろ石が含まれ，そのMgO重量％が最大7.6％で，それが3％以下の領家変成岩とは明瞭に異なる（端山，1991；高木，1991）．K-Ar放射年代については，牟礼の変成岩類から由来したとされる礫のなかの角閃岩について110 Ma（端山・他，1990），中高谷の変成岩中の角閃岩について113 Ma（小野，1990）という値が得られ

ている．すでに述べた金勝山の片麻岩も，牟礼や中高谷の片麻岩とよく似ていることから，前期白亜紀の変成岩類に属すると考えられる．

6.2. ナップの起源（ハイマート）

以上述べてきた三つの地域に観察できる三波川帯中の異地性岩体をまとめると，図6.9のようになる．ここで注目すべきことは，おのおのの地域で共通する三つの地質体，すなわち跡倉層（跡倉ナップ），ペルム紀石英閃緑岩（金勝山ナップ），前期白亜紀花崗岩類-変成岩類が認められることである．

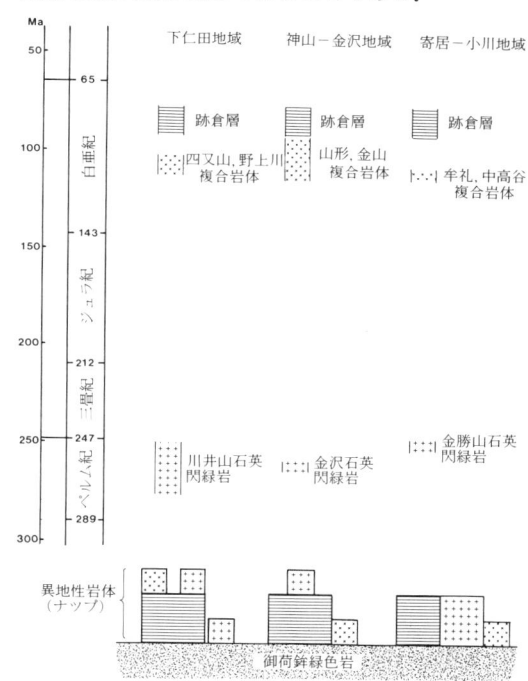

図6.9 関東山地北部の御荷鉾帯にナップとして乗る異地性岩体の時代とその模式的産状

これらの岩体はいつ，どこからやってきたのであろうか．その明確な解答はまだ得られていないが，いくつかの証拠からその起源の可能性をあげてみよう．

1）跡倉層の起源

跡倉層の時代は化石の産出が少なく，保存が悪いため，必ずしも明確とはいえないが，後期白亜紀Coniacian〜Campanian世（88.5〜74.0 Ma）とされている（新井・他，1963）．また，跡倉層の下位の層準の中の萱層からはTuronian世（90.5〜88.5 Ma）の化石が得られている．また，最近寄居-小川地域でも，跡倉層中に後期白亜紀の化石が発見された（渡辺・他，1990）．

跡倉層の砂岩は長石質アレナイト（arenite）が主体をなし（松本・他，1992），礫岩中の礫も花崗岩類が多いことから，その堆積時の後背地には，花崗岩類が広範囲に分布していたものと考えられる．最近下仁田地域の跡倉層の花崗岩礫について，248～276 Ma という角閃石の K-Ar 放射年代が得られており（高木・他，1992），金勝山ナップを構成する石英閃緑岩に対比されるペルム紀花崗岩類が後期白亜紀に分布していたことがはっきりしてきた．一方，御荷鉾緑色岩を跡倉層が不整合で覆うと考えられる証拠はない．

これまで跡倉ナップは，北方から移動してきたとする意見（新井・他，1963；小坂，1979等）と，南方の黒瀬川帯から移動してきたとする意見（平島，1984）がある．北方に目を向けると，領家帯の和泉層群との対比が問題となる．和泉層群は Campanian～Maastrichian 世（83.0～65.0 Ma）の堆積物であるので，跡倉層は和泉層群より古い．しかも，和泉層群の礫岩には通常酸性火山岩類の礫が多量に含まれており，跡倉層の礫種構成とは異なる．すでに述べたように，跡倉ナップ基底部の断層ガウジの構造は，ナップが北西へと移動したことを示す．この点も，和泉層群由来説の障壁となる．それでは，目を南方に向けてみよう．跡倉ナップの分布は，御荷鉾帯と秩父帯との境界の御荷鉾構造線に隣接していることから，中部地方の戸台層や水窪層との対比の可能性がまず論じられよう．それらの地層は，Hauterivian～Cenomanian 世（135.0～90.4 Ma）を示す化石が報告されており，跡倉層よりも古い．もう一つの可能性は，秩父帯内部の黒瀬川構造帯に位置すると考えられている山中地溝帯の白亜系である．下位の石堂層，瀬林層は前期白亜紀，上位の三山層は Cenomanian～Turonian 世の時代を示しており，跡倉層より古いものの三山層のみ一部重複する可能性もある．

結論を出すまでには至っていないが，筆者は戸台層もしくは三山層の上位の地層であったものが，北方へナップとして移動した可能性が高いと考えており，堆積岩石学的検討を進めている．

2) ペルム紀石英閃緑岩の起源

川井山石英閃緑岩，金沢石英閃緑岩，金勝山石英閃緑岩は，ともに K-Ar 放射年代値 250～277 Ma と Sr 初生値 0.704 前後という結果が得られた．それと同じ年代値と初生値をもつ花崗岩は，南部北上帯のペルム系薄衣礫岩中の花崗岩礫のみに知られていることから，南部北上帯の構成要素が，関東山地北部の領家帯と三波川帯の間にはさみ込まれたというモデルが柴田・高木（1989）によって示された．したがって，金勝山ナップは，南側に分布していた跡倉層の上にナップとして移動してきたと考えられる．金勝山ナップを乗せた跡倉ナップの北方への移動はその後であろう．最近四国黒瀬川帯の三滝花崗岩類の一部やペルム系薄衣礫岩中の花崗岩礫について，ジルコン（zircon）の U-Pb 年代が測定され，ペルム紀（250～281 Ma）の年代が得られている（波田・吉倉，1991）．したがって，関東山地のペルム紀石英閃緑岩も，四国黒瀬川帯のメンバーとかつて時空的につながっていた可能性がある．もともと，南部北上帯には，シルル-デボン系や氷上花崗岩，母体-松ケ平変成岩類などの古期岩類が分布し，黒瀬川構造帯の構成岩類と類似点が多い（例えば前川，1988）．金勝山ナップはその両地帯をつなぐ接続役になるかもしれない．

3) 前期白亜紀花崗岩類・変成岩類の起源

前期白亜紀の年代（92～113 Ma）を示す花崗岩類・変成岩類のなかで，花崗岩類は阿武隈帯の花崗岩類と年代・Sr 初生値が一致することから，阿武隈帯構成要素が，ペルム紀石英閃緑岩（南部北上帯構成要素）とともに領家帯と三波川帯の間にはさまれたと考えられた（柴田・高木，1989）．また，小野（1990）は，変成岩類の帰属を阿武隈帯に求めた．それに対し端山（1991）は，ペルム紀や前期白亜紀の岩石を古領家古陸のメンバーであったとし，その断片は領家帯内部にもあるとした．

その後高木（1991）はこの変成岩類を寄居変成岩と命名し，泥質片麻岩中のざくろ石の化学組成や累帯構造を記載した．そのなかで変成岩の産状・岩種構成・鉱物組合せ・年代値をあわせて検討した結果，寄居変成岩は領家変成岩と相違点の多いことが示された．一方，阿武隈帯の竹貫変成岩と比較すると，いくつかの相違点も認められるが，年代値とザクロ石中のセクト構造（sector structure）の存在については共通している．これまで知られている変成岩で上記の特徴が最もよく似ているのは，四国西部八幡浜沖の大島に，御荷鉾帯中の異地性岩体として存在する変成岩（鹿野・他，1990）である．この付近には黒瀬川帯の構成岩類も存在し，大島の変成岩も黒瀬川帯のメンバーと考えられてきたが，その年代値は寄居変成岩とほぼ同じで 91～98 Ma である．この値は黒瀬川帯の高度変成岩の年代値（400 Ma 前後）に比べ著しく若い．寄居変成岩の起源については，大島の変成岩の起源とともに今後残された問題であ

る．この問題の解決のためには，変成岩類の性格を
さらに検討するとともに，関東山地の前期白亜紀花
崗岩類・変成岩類とペルム紀石英閃緑岩との関係を
明確にしなければならない．

まとめ

関東山地北部のナップ群については，放射年代デ
ータの蓄積や岩石学的あるいは構造地質学的研究か
ら，新たに注目されるようになってきたが，その起
源についてはまだ研究者の間で意見の一致をみな
い．これらのナップの起源を明らかにするために
は，さまざまな方法から総合的に問題を解決してい
かなければならない．これは単に地域地質にとどま
る問題ではなく，棚倉構造線を境界とした西南日本
と東北日本との関係，あるいは黒瀬川帯の形成過程
など，日本列島の地体構造の重要な問題とかかわっ
てくる可能性が大きい．関東山地北部は，その問題
解決の鍵となる地域である． 〔高木 秀雄〕

参考文献

新井房夫・端山好和・林 信悟・細矢 尚・井部 弘・神沢憲治・木崎喜雄・金 今照・高橋 洌・高橋武夫・武井暁朔・下谷啓一郎・山下 昇・吉羽興一(1963)：群馬県下仁田町の跡倉礫岩を中心とする地質学的研究．地球科学，no. 64, pp. 18-31.

Fujimoto, H. (1937)：The nappe theory with reference to the north-eastern part of the Kwanto-Mountainland. Sci. Pep. Tokyo Bunrika Daigaku, Sec. C, vol. 1, 215-243.

藤本治義・渡部景隆・沢 秀生(1953)：関東山地北部の押し被せ構造．秩父科博報告書，no. 4, pp. 1-41.

波田重熙・吉ույ紳一(1991)：黒瀬川テレーンの"薄衣式礫岩"に含まれる花崗岩質岩礫のU-Pb年代．日本地質学会第98年学術大会演旨，p. 133.

端山好和(1991)：古領家古陸の復元．地質学雑誌，vol. 97, pp. 475-491.

端山好和・柴田 賢・内海 茂(1990)：関東山地北縁の2・3の岩石の放射年代．地質学雑誌，vol. 96, pp. 319-322.

平島崇男(1984)：関東山地北東部，寄居地域の緑色岩メランジュ．地質学雑誌，vol. 90, pp. 629-642.

鏑川団体研究グループ(1990)：関東山地北縁における跡倉衝上と牛伏山衝上の関係．地質学雑誌，vol. 96, pp. 73-76.

小林健太(1992)：跡倉ナップと牛伏山断層の運動像．日本地質学会第99年学術大会演旨，p. 348.

小林健太・高木秀雄(1991)：断層破砕帯内部構造からみた関東山地跡倉ナップの移動方向．日本地質学会第98年学術大会演旨，p. 291.

小坂和夫(1979)：関東山地北東縁部付近の白亜紀以降の断層運動史．地質学雑誌，vol. 85, pp. 157-176.

前川寛和(1988)：東北日本の低温高圧型変成岩類-母体-松ケ平帯-．地球科学，vol. 42, pp. 212-219.

松本徹哉・村上慎二郎・守屋光興・栗山真一・高木秀雄(1992)：砂岩組成からみた跡倉層の分布と後背地．日本地質学会第99年学術大会演旨，p. 275.

小野 晃(1983)：関東山地，金勝山石英閃緑岩のK-Ar年齢．岩石鉱物鉱床学会誌，vol. 78, pp. 38-39.

小野 晃(1985)：関東山地皆野町山形の角閃岩相の変成岩類とK-Ar年代．地質学雑誌，vol. 91, pp. 19-25.

小野 晃(1990)：関東山地北縁部の三波川帯に阿武隈変成岩類の発見．日本地質学会第97年演旨，p. 575.

小澤智生・小林文夫(1986)：関東山地南部の中・古生界の層序と地質構造．兵庫教育大研究紀要，no. 6, pp. 103-141.

柴田 賢・高木秀雄(1989)：関東山地北部の花崗岩類の年代，同位体からみた中央構造線と棚倉構造線との関係．地質学雑誌，vol. 95, pp. 687-700.

鹿野愛彦・久米 豊・板谷徹丸・中村栄三(1990)：愛媛県八幡浜市大島の変成岩の鉱物組合せとK-Ar年代値．岩石鉱物鉱床学会誌，vol. 85, pp. 19-26.

高木秀雄(1991)：寄居変成岩-関東山地北縁部の異地性変成岩体．その1．泥質片麻岩中のざくろ石の化学組成について．早大教育学術研究(生物・地学)，vol. 40, pp. 9-25.

高木秀雄・柴田 賢・内海 茂・藤森秀彦(1989)：関東山地北縁部の花崗岩類のK-Ar年代．地質学雑誌，vol. 95, pp. 369-380.

高木秀雄・藤森秀彦(1989)：関東山地北縁部の異地性花崗岩体．地質学雑誌，vol. 95, pp. 663-685.

高木秀雄・柴田 賢・内海 茂・山田隆司(1992)：関東山地北縁部，跡倉層中の花崗岩礫のK-Ar年代．地質学雑誌，vol. 98, 投稿中．

内田信夫(1961)：群馬県・下仁田付近の地質―(その一)四つ又山押しかぶせ構造について―．成蹊論叢，no. 1, pp. 177-192.

Wallis, S.・平島崇男・柳井修一(1990)：関東山地下仁田の跡倉ナップの運動方向とセンスについて．地質学雑誌，vol. 96, pp. 977-980.

渡辺嘉士・浅野浩正・伊能正行・北村恵美子・高橋 修・益子進一・宮地竜彦・石井 醇(1990)：関東山地北東部栃谷層から後期白亜紀化石の産出．地質学雑誌，vol. 96, pp. 683-685.

7. 山中地溝帯の白亜紀層

関東山地秩父地方にその名が由来する秩父帯のなかで，従来から中帯とよばれている中軸部には，西南日本外帯の地体構造の特徴となっている帯状配列に組込まれて白亜紀の地層が断続して分布している．この白亜系は年代も岩相も地域によって少しずつ異なっているが，一般に浅海ないし汽水性の岩相を有する．この白亜系は秩父帯の南側で当時の海溝の陸側斜面に地層が付加されて四万十帯が成長していたころ，その北側にあった前弧海盆に堆積した地層で，秩父帯の著しく擾乱を受けた中・古生層(秩父系)を顕著な傾斜不整合で覆っている．このため，白亜紀のある時期に西南日本外帯を中心にして生起した造山運動の終焉を画する地層として注目されたことがある．

7.1. 山中地溝帯の概要

関東山地の秩父帯では，白亜系は埼玉県秩父地方から長野県佐久地方まで，東南東から西北西に，幅2〜4 km，延長 40 km にわたって秩父帯の中軸部を占めて続いている(図7.1)．東西両端部では，それぞれ秩父盆地の新第三系，佐久地方の新第三系によって傾斜不整合で覆われている．この白亜系の分布域は古くから山中地溝帯とよばれている(Harada, 1890)．白亜系は南北両側の秩父帯北帯と南帯の秩父系と断層で限られてはいるものの，正断層にはさまれた狭長な地帯が相対的に落込んで生じる本来の意味の地溝帯をなしているわけではない．白亜系分布域が両側の秩父系がなす急峻な山稜にはさまれた細長い低地となっているのは断層運動の結果ではなく，白亜系の方が秩父系よりも侵食に対する抵抗性が低いためである．

地溝帯西部では南縁部に蛇紋岩が迸入していることから，山中地溝帯が九州から紀伊半島東岸まで秩父帯中帯に認められている黒瀬川構造帯に相当するという見方もある(Yokoyama, 1987)．

秩父盆地を隔てて山中地溝帯の東南東方延長線上には，埼玉県飯能市高麗川で白亜紀層が秩父系に囲まれて孤立して露出していることが知られているが(渋谷・堀口，1967)，これが山中地溝帯の白亜系と連続していたものかどうかはわかっていない．

7.2. 山中地溝帯白亜系の層序・岩相

山中地溝帯の白亜系は，浅海ないし汽水性の化石を多産すること，著しい擾乱を受けた中・古生層からなる秩父帯のなかにあって地層の初生的な形態が比較的よく保存されていることなどのため，古くからその層序・地質構造・産出化石・堆積環境について数多くの研究がなされている．Takei(1985)とMatsukawa(1983)は地溝帯全域の白亜系について包括的な研究を発表している．ただ，この両者をはじめ，各研究者が独自の地層区分を提唱し，それに基づいた層序を設定しているため，地溝帯白亜系の全体像として広く受入れられるものはまだ打出されていない．武井(1963)は，地溝帯がその延長方向に平行な縦走断層によって北列・中列・南列に分かれているとしたうえで，白亜系を3累層に区分し，これらが各列に繰返し分布するとした．これが，その後，少なくとも地溝帯東半部の基本的な層序・構造とみなされてきた．

ところが，ごく最近，小泉(1991)は武井(1963)の層序・構造区分を完全に塗り変える層序・構造を発表した．それによれば，南列は存在するものの，北列と中列とを分ける縦走断層は存在せず，後述の各累層が単一の複向斜構造をなして分布しているという．小泉(1991)の研究範囲は地溝帯東端から群馬県の南東隅にかけての地溝帯の総延長の約1/3にすぎ

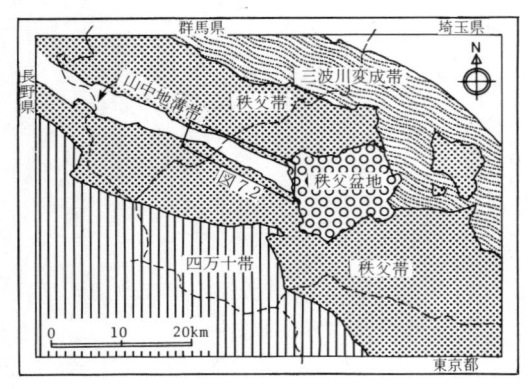

図7.1 関東山地の地質概略

ないが，この解釈が正しいとすれば，それより西北西側における従来の層序・構造区分も改めて見直す必要が出てくることになる．このことと，本書の副題が「南関東」であることを配慮して，本章では山中地溝帯東部の白亜系の層序・構造を小泉(1991)に基づいて紹介することにする．なお，この部分では，地層の一般走向(地溝帯の延長方向)に平行に流れる河川(薄川と河原沢川)とこれにほぼ直交して両河川に注ぐ支沢が発達しており，露出状態もほぼ良好で，見学に適しているといえよう．

7.3. 山中地溝帯東部の層序と構造
1) 層序・岩相

小泉(1991)は従来北列と中列に分けられていた地帯を単一の地帯とみなし，これを主列とよんでいる．主列に分布する白亜系は下位より，石堂層(Hauterivian-Barremian世)，瀬林層(Aptian世)，橋詰層(Albian世)，石上層(Turonian世)および三山層(Turonian世)に区分される(図7.2)．各累層の年代はこれまでに報告されている産出化石に基づいて定められている．各累層の関係は整合であるが，石上層と三山層は軽微な不整合関係にあると考えられる．

石堂層：地溝帯の北縁部に沿って狭く分布する．分布域中央部で最も厚く約250 mに達するが，東西に尖滅する．北側の秩父系とは断層で接しているが，本来はこれを傾斜不整合で覆っていたと考えられ，この不整合面に沿って起こった滑動が断層となっているとみなされる部分がある(小泉・坂，1984)．秩父系と接する部分ではしばしば基底礫岩が残されている．礫岩には秩父系から由来した各種岩石が中〜大礫径の亜角〜亜円礫として含まれている．礫の粒径は上方に向かって低下し，本層の主体をなす砂岩に移行する．砂岩は黒〜暗灰色の泥質砂岩で，層理面の発達は不良である．領石型動物化石群や植物片を多産する．群馬県多野郡中里村間物沢沿いが本層の観察に適している．

瀬林層：石堂層の南側に分布するが，石堂層を欠く部分では直接秩父帯北帯の秩父系に接している．間物沢で最も厚く(約800 m)，東西に薄くなる．厚さ1 m前後の中粒砂岩層からなり，厚さ10 cm程度の頁岩層をはさんだり，頁岩ないし頁岩勝ち砂岩頁岩互層に移行することがある．砂岩層の上面にまれにリップルマーク(ripple mark)が認められる．間物沢では最上位に秩父系由来の堆積岩と花崗岩，アプライト(aplite)，流紋岩などの火成岩の礫を含む礫

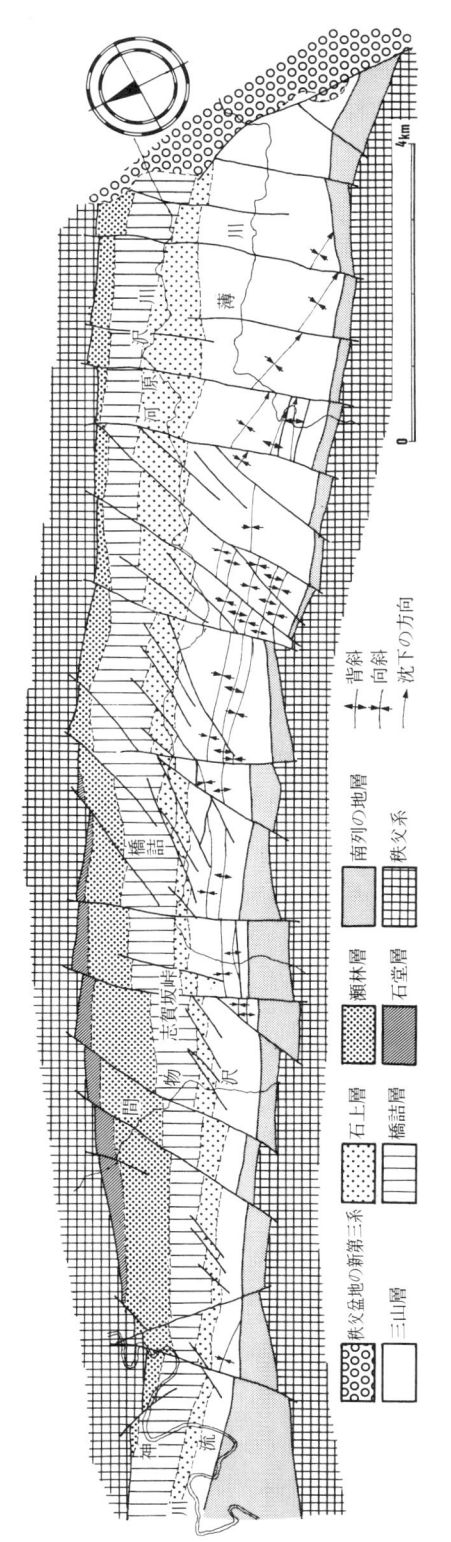

図7.2 山中地溝帯東部の地質(小泉，1991を簡略化)

岩が見られる．石堂層同様，間物沢沿いが観察に適している．

橋詰層：瀬林層の南側に分布するが，石堂層と瀬林層を欠く部分では，直接秩父帯北帯の秩父系に接している．層厚は一般に500 m前後で，中央部では最大850 mに達する．やや青緑色がかった暗灰色～黒色の砂質頁岩からなる．頁岩は砂岩をほとんどはさまず単独で厚層をなしている場合と2～5 mmの極細粒砂岩を繰返しはさむ場合とがある．いずれの頁岩ももろく，板状あるいは剣尖状に割れる．これは，頁岩を構成する粒子の長軸が一定方向に配列しているためとされている(Nagahama et al., 1966)．東部では，粗粒砂岩および礫岩が中位にしばしば介在する．このうち，砂岩層は級化成層を呈し，その底面にはまれに流痕(current mark)が認められることから，この砂岩は，頁岩堆積の場に到達した乱泥流堆積物であろう．本層上限には厚さ30～100 cmのよく連続する白色泥質凝灰岩層がはさまれる．中央部の埼玉県秩父郡小鹿野町橋詰付近が模式地とされている．

石上層：橋詰層の南側に分布する．厚さは一般に200～300 mであるが，東端近くで800 mに達する．岩相上，下位より4部層に分けられる．下部頁岩勝ち互層(最大層厚100 m)は，厚さ約1 mの黒色砂質頁岩と厚さ0.5～1 mの砂岩からなるフリッシュ(flysch)相である．東方に向かって砂岩頁岩比が増す．下部成層砂岩層(同700 m)は厚さ1～2 mの良好に成層する細～中粒砂岩と厚さ10 cm程度の砂質頁岩ないし泥質砂岩との砂質フリッシュ相で，泥質フリッシュ相を伴う．泥質フリッシュ相は西方ほど多くなる．上部頁岩勝ち互層(同220 m)は厚さ3～5 cmの極細粒砂岩と厚さ5～10 cmの頁岩からなる泥質フリッシュ相である．上部成層砂岩層(同160 m)は下部成層砂岩層と類似の岩相を呈する．石上層の砂岩層には，平行ラミナ，コンボリュートラミナ(convolute lamina)，ディッシュ(dish)構造などの内部堆積構造が発達するほか，地層底面には流痕がよく見られる．この岩相と堆積構造から，石上層は乱泥流堆積物からなるとみなされる．流痕に基づいて復元された乱泥流の古流系は，石上層の走向に平行で東南東から西北西に向かう軸流である(新井・長浜，1975)．この古流系は，砂岩が東方で，頁岩が西方で卓越するという本層に認められる岩相の側方変化と調和している．すなわち，乱泥流が西北西に進み，その速度が衰えるにつれて上流側からより粗粒の物質が乱泥流から順次脱落していったと解釈される．流痕や岩相の観察には，露出状態の良い地溝帯東端付近の河原沢川沿いが適している．

三山層：石上層の南側，主列の南半部(東部)ないし南縁部(西部)を占めて分布する．図7.2では表現することができないが，本層は下位の石上層のさまざまな層準と接していることから，石上層とは軽微な不整合関係にあるものと考えられる．上限が侵食によって失われているため層厚は不明であるが，少なくとも300～500 m，分布幅が広くなる東端部では1500 m以上ある．基底礫岩層と主体をなす主部頁岩層に分けられる(坂・小泉，1977)．基底礫岩層は本層分布域の北縁に50～100 m，ところによって300 mの厚さで連続する．礫岩からなるが，粗粒砂岩となったり，薄い頁岩層をはさむことがある．礫として含まれる岩石には，秩父系由来の堆積岩が多く，この他に花崗岩，ひん岩などの火成岩，まれに片麻岩などの変成岩が認められる．礫は中～大礫径で礫径の淘汰は不良である．主部頁岩層は砂質物を全く含まない頁岩相とフリッシュ相からなり，いくつかの層準に成層砂岩相〔砂質フリッシュ相またはワイルドフリッシュ相(wildflysch)〕をはさむ．頁岩相には層理面と平行な剥離面が発達することが多い．また，亀甲石とよばれて地元愛好家に珍重されている石灰質団塊(concretion)を特徴的に含む．フリッシュ相には砂岩頁岩比にかかわらず級化成層が明瞭に発達し，その底面には各種流痕が豊富に保存されている．級化成層の上部を占める頁岩の表面にはまれにリップルマークが認められる．地溝帯東端部を三山層の一般走向と平行に流れる薄川およびこれに南西側から注ぐ支沢が岩相，堆積構造，地質構造の観察に適している．

南列の白亜系：北側の主列の白亜系，南側の秩父帯南帯の秩父系とは地溝帯と平行な縦走断層で接している．地溝帯北限の断層同様，南限の断層にも白亜系/秩父系の不整合面に沿って両者が滑動した痕とみなされるものがあり，南列の白亜系の一部は秩父系を傾斜不整合で覆っていたと考えられる．南列の地層は，主列の地層がなす複向斜の南翼にあたると考えられるが，構造が複雑なうえ，露出状態も不良であるため，主列の各累層との対比は困難である．

2) 地質構造

主列を占める石堂層から三山層までの白亜系全体が一つの複向斜をなす．複向斜軸は多数の胴切り断層によってずれながらも，地溝帯の延長方向にほぼ平行に主列の南縁沿いを走っている．このため，複向斜の北翼が広く現れている．南列との境界断層が

7. 山中地溝帯の白亜紀層

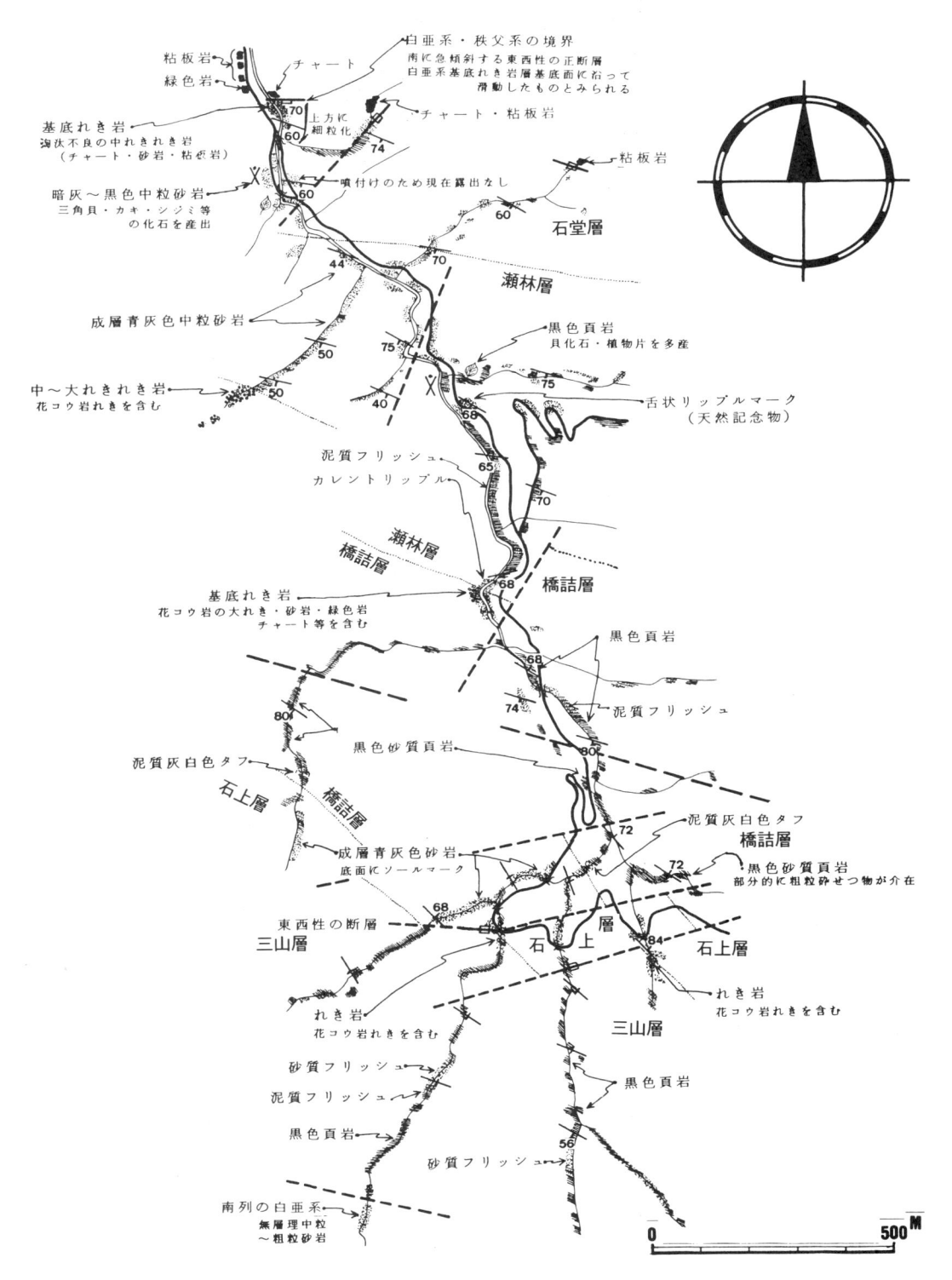

図7.3 群馬県多野郡中里村間物沢沿いのルートマップ
(小泉・坂, 1984)

複向斜軸部より北側に位置している部分では，南翼を欠き，みかけ上，南上位の同斜構造となっている．北翼の地層は急傾斜し，逆転して北傾斜となっている部分も多い．北翼には引きずり褶曲とみなされる小褶曲がしばしば発達している．一方，軸部から南翼にかけての三山層は小向斜，小背斜を繰返している．個々の小褶曲の翼部をなす地層は急傾斜しているが，その褶曲波面はほぼ水平ないし北に緩く傾斜する．小泉(1991)は，このような非対称複向斜は白亜系堆積後，北側の秩父帯北帯が南方に衝上することによって形成されたと解釈している．小褶曲は泥質岩相が卓越して相対的にインコンピーテント(incompetent)な三山層の地層が向斜形成時に軸部で座屈して生じたものであろう．小褶曲のヒンジ(hinge)部を露頭で確認することができることも多いが，小褶曲が閉じたシェブロン褶曲(chevron fold)であったり，ヒンジ部に断層が生じている場合には，地層が急傾斜しているため地層の傾斜方向，角度のみに注目していると小褶曲の存在を見落とすことがある．しかし，フリッシュ相に発達する級化成層の向きが反転することによってヒンジ相当部を容易に決定することができる．複向斜およびこれに伴う小褶曲の軸は一般に水平であるが，東部では東南東方に沈下する傾向が現れ，特に東端部では沈下角度が20〜40°に達する(坂・小泉，1977)．この褶曲軸の沈下方向・角度が白亜系を傾斜不整合に覆っている秩父盆地の新第三系の傾斜方向・角度と一致していることは興味深い．

白亜系はいくつかの系統の断層によって寸断されている．これらの断層の系統的な解析はまだなされていない．

3) 間物沢の見学コース

白亜系各累層を説明するなかで，観察に適する場所を挙げた．もちろん，これ以外にも優れた観察地点は数多い．河原沢川，薄川とも異常な出水時でもなければ河床に沿って歩くことができるし，これに注ぐ支流も多くはそれほど苦労せずに踏査することが可能である．

しかし，最下位の石堂層から最上位の三山層まで，連続して観察することができるコースは，埼玉/群馬県境の志賀坂峠西方で地溝帯を横断して北流し，神流川に注ぐ間物沢川沿いに限られる．図7.3にそのルートマップとおもな観察対象を示す．このうち，天然記念物に指定されている舌状リップルマークの付いた瀬林層砂岩層上面に点々と連なっているくぼみは，2種類の二足歩行の恐竜の足跡と解釈されている(Matsukawa・Obata, 1985)．

7.4. 三山層の堆積構造

山中地溝帯の白亜系のうち，フリッシュ相にはそれが乱泥流堆積物であることを示す各種の堆積構造が豊富に見られる．そこで，複向斜の軸部を占めて東端部で特に広く分布する三山層フリッシュ相の堆積構造を紹介する．

流下中の乱泥流内部で生じる粒度の分級を反映する級化成層は，最も信頼度の高い地層の上下判定の手がかりである．砂質物を全くはさんでいない頁岩層の部分を除けば，級化成層は三山層に普遍的な内部堆積構造である．基底部にmmオーダーのシルト質部を有するだけの頁岩薄層から上位の数cmで急激に泥質部に移行する数mオーダーの砂岩厚層まで，あらゆる規模の級化成層が見られる．ただし，乱泥流内部の分級と乱泥流のエネルギーの系統的な減衰を反映するとされる完全なブーマ模式(Bouma sequence)はほとんど見られない．級化成層をなす地層の厚さ，基底部の粒度，1枚の単層中の砂質部と泥質部の比は，一般に乱泥流の進行方向(古流向)に向かって小さくなるとされている．大局的にみれば三山層では，東南東から西北西に向かってこの傾向が現れている．三山層が全体として西北西方に薄くなっているのは，単層総数や単層層厚がこの方向に減少していくためではなく，むしろ，級化成層中の砂質部が減少していくためとみられる．

乱泥流内部の渦巻や運搬物体が流路の未固結の泥(前の乱泥流堆積物)の表面につけたくぼみは，その乱泥流から脱落する砂によって直ちに埋められる．乱泥流堆積物の底面にはこれが出っ張りとなって現れる．これが流痕である．流痕は地層の上下判定に役立つのみではなく，その長軸がその地点における乱泥流の流下方向を直接指示している．海流や潮流

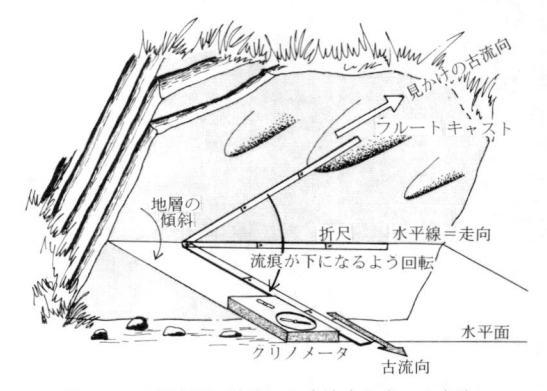

図7.4 地層底面の流痕から古流向を求める方法

7. 山中地溝帯の白亜紀層

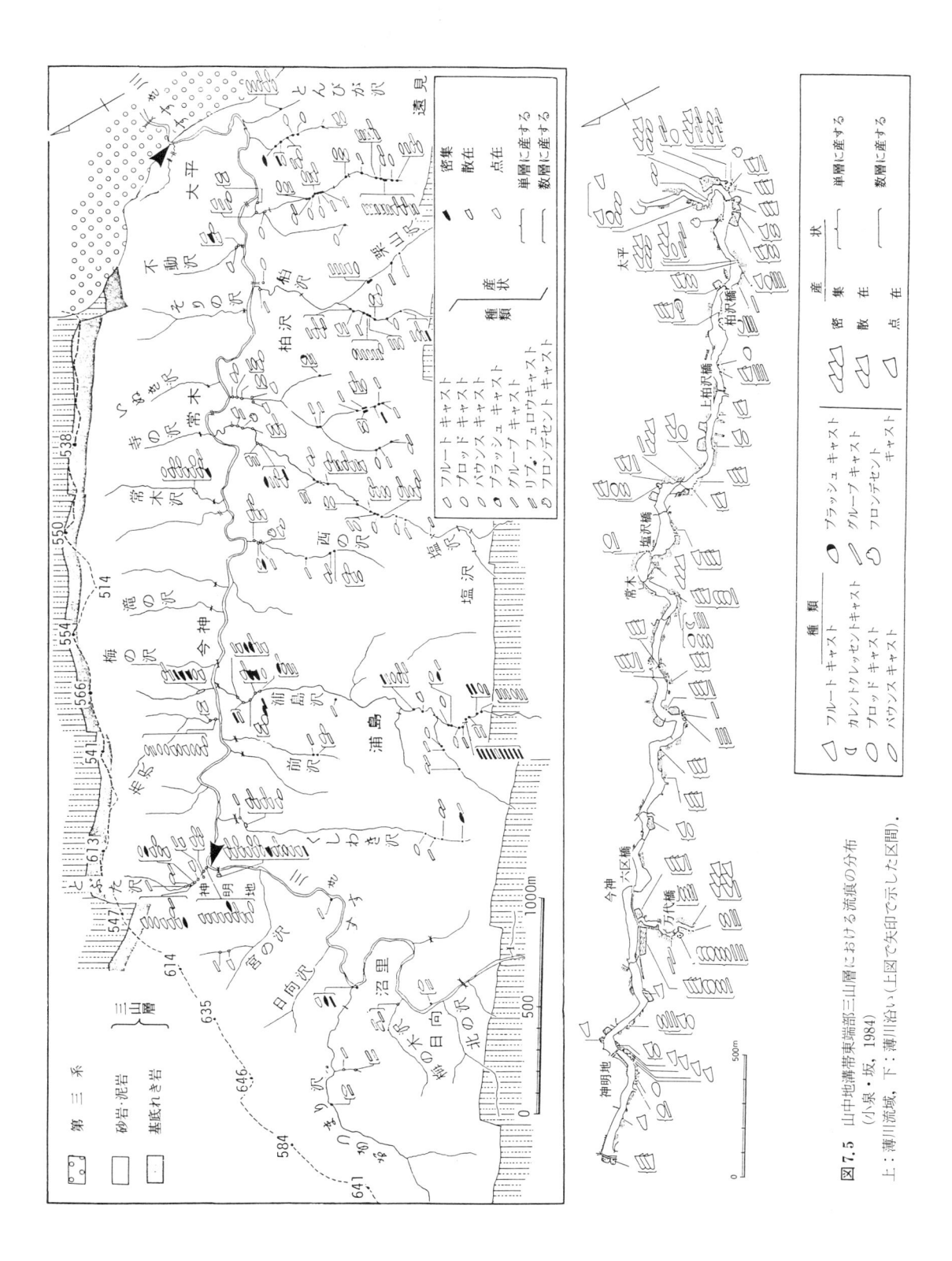

図 7.5 山中地溝帯東端部三山層における流痕の分布 (小泉・坂, 1984)
上:薄川流域, 下:薄川沿い(上図で矢印で示した区間).

とは異なり，乱泥流は斜面に沿う流れであるので，流痕が示す古流向は乱泥流が流れ下った斜面の傾斜方向，ひいてはその反対方向が乱泥流堆積物の後背地の方向を示していることになる．堆積物の後背地を推定するには，この他に，すでに述べたように岩相の側方変化の様子から堆積盆地の古地理を復元する方法，堆積物中の礫，岩片，重鉱物などを調べて後背地の地質を解明する方法がある．事実，山中地溝帯白亜系についても後者の方法で後背地が推定されており(武井，1975，1980)，Takei(1985)は砕屑物の供給源として地溝帯北側にあった後背地を重視しているようである．しかし，流痕による古流向の復元は露頭で直ちに行うことができる最も手軽な方法である．傾斜層の底面に折れ尺の半分をクリノメーターを使って水平に当てがい，これを軸として流痕の長軸に当てがった残りの半分を水平になるまで回転してその方向を読みとればよい(図7.4)．ただし，傾斜層が軸傾斜褶曲の翼をなしている場合には，この方法では軸傾斜角度に応じた誤差が生じるので，地層の走向・傾斜と地層底面上で流痕長軸と水平線がなす角度を測定，記載しておくのが望ましい．

三山層は無数の小褶曲を伴う向斜をなしている．この褶曲は，地層面に沿って地層どうしがすべることが褶曲形成の基本的な機構となっている曲げ-すべり褶曲であるにもかかわらず，随所にみごとな流痕が保存されている．図7.5に三山層分布域東端部の薄川流域における流痕の分布を概念的に示す．この地域は三山層のなかでも特に各種流痕の発達が顕著で，まさに流痕の宝庫ともいうべき部分である．流痕の種類や成因については紙数の関係でしかるべき教科書に譲るが，フルートキャスト(flute cast)とグルーブキャスト(groove cast)が圧倒的に多い．浦島沢が薄川に合流する直前の万代橋下の巨大なグルーブキャストの実物大の精巧なレプリカが，埼玉県秩父郡長瀞町の埼玉県立自然史博物館に展示されている(ただし，向きが実物とは異なっている)．ちなみに，流痕によって復元した三山層の古流系には，東南東から西北西に向かう軸流，北東から南西，南西から北東に向かう側方流の3系統がある(坂・小泉，1977)．

まとめ

白亜紀に現在の山中地溝帯付近で進行していた地質現象を復元する手がかりとなる山中地溝帯白亜系の層序・岩相・構造を紹介した．ここで紹介したのは，地溝帯全体からみれば一部にすぎないので，これから，地溝帯全体の地史を論じるわけにはいかない．それでも，一つの堆積盆地内での堆積作用が時代とともに変遷していった様子，白亜系がなす複向斜が西南日本外帯を特徴づける帯状構造の一員であること，白亜系を傾斜不整合で覆う秩父盆地新第三系によって代表される中新世には，関東山地の構造運動の性格が一変したことがおわかりになったことと考える．

〔坂　幸恭〕

参考文献

新井重三・長浜幸男(1975)：山中地溝帯東部地域における下部白亜系の堆積学的研究．埼玉大紀要，教育(数学・自然科学)，vol. 23, pp. 17-32.

小泉　潔(1991)：山中地溝帯東半部に分布する白亜系の層序と地質構造．地質学雑誌, vol. 97, no. 10, pp. 799-816.

小泉　潔・坂　幸恭(1984)：山中地溝帯の白亜系．日本地質学会第91年学術大会巡検案内書，pp. 39-61.

松川正樹(1977)：山中"地溝帯"東域白亜系の地質．地質学雑誌, vol. 83, no. 2, pp. 115-126.

松川正樹(1979)：山中"地溝帯"の白亜系白井層に関する問題点．地質学雑誌, vol. 85, no. 1, pp. 1-9.

Matsukawa, M. (1983): Stratigraphy and sedimentary environments of the Sanchu Cretaceous, Japan. Mem. Ehime Univ., Nat. Sci., ser. D, vol. 9, no. 4, pp. 1-50.

Matsukawa, M.・Obata, I. (1985): Dinosaur footprints and other indentation in the Cretaceous Sebayashi Formation, Sebayashi, Japan. Bull. Nat'l. Sci. Mus. Tokyo, ser. C, vol. 11, pp. 9-36.

Nagahama, H.・Isomi, H.・Ono, C.・Sato, S. (1966): Dagger blade structure—a new method for detecting line of the depositional current of siltstone—. Jour. Geol. Soc. Japan, vol. 72, no. 11, pp. 531-540.

坂　幸恭(1974)：埼玉県山中地溝帯の白亜系・三山層にみられる流痕(その1.すすき川流域)．早稲田大教育学術研究, no. 23, pp. 9-26.

坂　幸恭・小泉　潔(1977)：山中地溝帯の白亜系，三山層の層序と古流系―古流系復元に関する問題点．地質学雑誌, vol. 83, no. 5, pp. 289-300.

渋谷　紘・堀口万吉(1967)：関東山地東縁部に白亜紀層の発見．地質学雑誌, vol. 73, no. 12, pp. 593-594.

武井晛朔(1963)：山中地溝帯東半部白亜系の層序と構造．地質学雑誌, vol. 69, no. 810, pp. 130-146.

武井晛朔(1975)：山中地溝帯白亜系中の火成岩礫，変成岩礫，および酸性凝灰岩礫．地質学雑誌, vol. 81, no. 4, pp. 247-254.

武井晛朔(1980)：山中地溝帯白亜系砂岩の供給源と堆積環境．地質学雑誌, vol. 86, no. 11, pp. 755-769.

武井晛朔・滝沢文教・竹内敏成・藤原　肇(1977)：山中地溝帯西域の白亜系．地質学雑誌, vol. 83, no. 2, pp. 95-113.

Takei, K. (1985): Development of the Cretaceous sedimentary basin of the Sanchu Graben, Kanto Mountains, Japan. Jour. Geosci. Osaka City Univ., vol. 28, Part. 1, pp. 1-44.

Yokoyama, K. (1987): Ultramafic rocks in the Kurosegawa tectonic zone, Southwest Japan. Jour. Japan. Assoc. Min. Petr. Econ. Geol., vol. 82, no. 9, pp. 319-335.

8. 銚子半島のストーム堆積物

千葉県銚子市の犬吠埼周辺には，下部白亜系銚子層群が分布している．小畠・他(1982)は，下位より銚子層群を五つの累層—海鹿島層・君が浜層・犬吠埼層・酉明浦層・長崎鼻層—に分けている．そして，アンモナイト化石および有孔虫化石により，銚子層群の地質時代を白亜紀の Barremian 世から Aptian 世(131.8〜112.0 Ma)としている．

銚子層群は，Barremian 世以前に堆積した愛宕山層群を不整合に覆い，鮮新世の名洗層に同じく不整合で覆われる．

この章では，銚子層群中に典型的に発達する堆積構造の詳細な観察から，銚子層群の堆積した環境を復元してみよう．

8.1. 愛宕山層群

愛宕山周辺の黒生や長崎鼻付近に分布し，銚子層群に不整合に覆われる．愛宕山層群は，黒色の泥岩のなかに，層状チャート(bedded chert)の巨大ブロック(黒生海岸)，砂岩や石灰岩のブロック(愛宕山や長崎鼻の西方)が浮いたような層相を示し，全体として基質支持型(matrix-supported)の礫岩層となっている．

こうした層相は，大陸斜面で発生した大規模な海底での土石流により堆積したことを示している．

8.2. 銚子層群

銚子層群は，礫岩・砂岩・泥岩の砕屑性堆積物からなり，南ないし南東に20〜40°で緩く傾斜してい

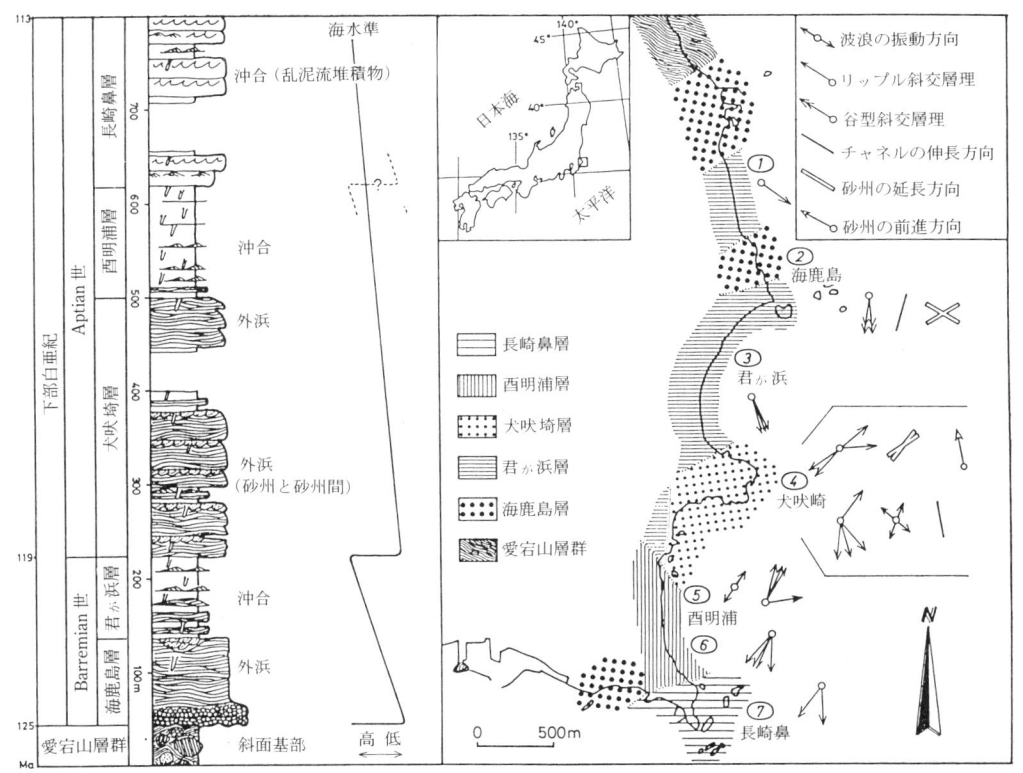

図 8.1 銚子層群の地質
左側の図は銚子層群の地質柱状図と推定される海水準の変化を示す．柱状図の凡例は図 8.7 を参照．右側の図は銚子層群の地質図と古流系を示す．楕円で囲んだ数字は図 8.7 の柱状図の番号と対応する．銚子層群の層序区分と時代は，小畠・他(1982)による．

図8.2 海鹿島層の砂岩層と礫岩層
砂岩層は細礫を含み，ハンモック状斜交層理が発達する．

図8.3 君が浜層のストームシート砂岩層
下部2/3は，ハンモック状斜交層理ないしは平行葉理を示し，その上位はリップル斜交葉理を示す．砂層上部から垂直型（*Skolithos*）の生痕化石が入ってリップルの構造を乱している．

る．次に各層の層相とそれから推定される堆積環境について考えてみる（図8.1）．

海鹿島層：海鹿島海岸および長崎鼻の西方に分布する．礫岩，極粗粒から細粒砂岩および木片を含む植物化石が多産する泥岩から構成される．礫岩単層は，不明瞭な平行層理を示し，単層上部がトラフ（trough）型斜交層理により削り取られている（置き換えられている）ことも多い．トラフ型斜交層理が示す古流向は，北から南である．砂岩単層は，単層最下部に礫を含み（図8.2），上部へ細粒化する．砂岩単層は，低角斜交層理ないしはハンモック状斜交層理（hummocky cross stratification, HCS）を示すのが普通である．礫岩や砂岩単層は，上に凸の形態を示し，凸部を連ねた線は，東西方向の伸びを示す．南北性の小規模なチャネル構造（channel structure；深さ1.5m程度）が発達することもある．シルト質の壁をもつ *Skolithos* 型の生痕化石が，砂岩層の頂部から発達する．

ハンモック状斜交層理は，浅海域でのストーム堆積物のインディケーターとされる．礫岩層や砂岩層が上に凸の形態を示すのは，こうした粗粒砕屑物が浅海域で，東西方向の伸びをもった礫州ないしは砂州を構成していた可能性を示唆している．礫岩層頂部に発達するトラフ型斜交層理は，沖側へもどる海水の流れに波浪が重複して形成されるルネイトメガリップル（lunate megaripple）の沖側への移動により，礫州や砂州頂部の堆積物の再構成（remolding）により形成されたものも考えられる．南北性のチャネルは，前述の礫州や砂州に切り込んだリップチャネル（rip channel）と考えられる．

君が浜層：君が浜海岸に分布する．中粒ないしは細粒砂岩と生物擾乱の著しい泥岩層との互層からなる．上方細粒化ないしは薄層化サイクルが顕著である．砂岩単層の厚さが1mを越えることはまれである．比較的厚い（10cm以上）砂岩単層は，ハンモック状斜交層理ないしは平行層理（図8.3）を示し，単層上部では南方への流れを示すリップル斜交葉理（ripple cross lamination；以下表面形態も含めリップルとよぶ）（図8.3）に置き換えられている．砂岩単層の厚さが減少するにつれて，内部構造からハンモック状斜交層理や平行葉理が消え，リップルが卓越するようになり，さらには，数ラミナ程度の厚さの砂岩層（砂岩ラミナを挟在する泥岩層）へと変化する．

比較的厚い砂岩単層は，上に凸の形態を示し（図8.4），下に凸の形態を示すことは稀である．砂岩単層の上部や表面には，*Palaeophycus heberti*（Howard・Frey, 1984）に似た1～2mmの厚さの壁をもつ，

図8.4 君が浜層のストームシート砂岩層と泥質岩層との互層
ストームシート砂岩層は上に凸の形態を示している．

図8.5 君が浜層の泥質岩層中の生痕化石
シルト質の隔壁が顕著にみられる．

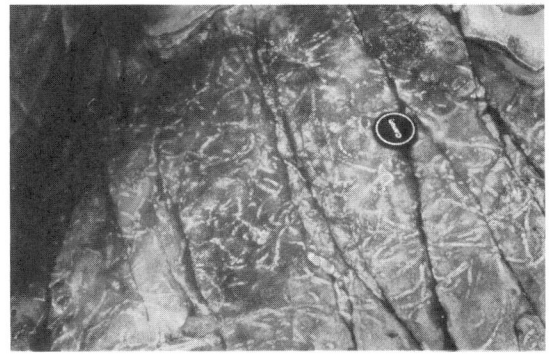

図8.6 君が浜層のストームシート砂岩層の上面に発達する生痕化石
マカロニ様の模様が顕著．

直径7～10 mm程度の垂直に近いパイプ状の生痕化石(図8.5)，*Planolites montanus*(Howard・Frey, 1984)や*Nankaites*(甲藤・平, 1978)に似た，水平面内で屈曲する生痕化石などが多産する(図8.6).

野外で見られる砂岩単層の内部堆積構造は，平行葉理ないしはハンモック状斜交層理からリップルへと変化する．この変化は，外浜(shoreface)から沖合(offshore)にかけてのストームシート砂岩層(storm sheet sandstone)の堆積形態である(図8.7).こうした解釈は，中部外浜から中部沖合環境の指標とされている*Palaeophycus heberti*や*Planolites montanus*に似た生痕化石を多産することからも支持される．また，*Nankaites*の生痕化石は，高知県の中新世三崎層群の浅海堆積物からも報告されている．南向きの古流向を示すリップルは，静穏時波浪限界以浅でストームの減衰過程での沖合に向かう流れを示している．砂岩単層が上に凸の形態を示すのは，ストーム以前に面的に堆積していた砂層が，ストーム時の波浪により選択的に侵食されたものか，あるいは，砂の供給が少なく，十分な広がりの砂層が形成されずに，孤立したハンモックを形成したことを暗示する．

犬吠埼層：犬吠埼周辺に典型的に発達する．犬吠埼層は，癒着(amalgamete)した中粒-細粒砂岩層および中粒-細粒砂岩層と泥岩層との互層からなる．癒着した砂岩層(図8.8)は，犬吠埼層の下部に発達し，上方へ泥岩含有率が高くなる．すなわち，犬吠埼層は全体として上方細粒化ないしは薄層化サイクルを示す．癒着した砂岩層は，低角斜交層理ないしはハンモック状斜交層理を示すが，上部がトラフ型斜交層理で置き換えられていることもしばしばある．これら癒着した砂岩層は，南北断面では，上に凸の形態を示すことが多い．このレンズ状砂岩層の北側の縁の部分には，北傾斜の板状斜交層理が発達することがある．さらに北側へは，細粒砂岩層と泥岩層との薄互層に移り変わることがある．この薄互層を構成する砂岩層中には，東北東から西南西への堆積物の供給を示す小規模なリップルが発達する．犬吠埼

図8.8 犬吠埼層の癒着したストームシート砂岩層
ハンモック状斜交層理が顕著に発達する．

図8.9 犬吠埼層中に見られるリップチャネル構造
チャネルは，ハンモック状斜交層理を示すストームシート砂岩層によって埋積されている．

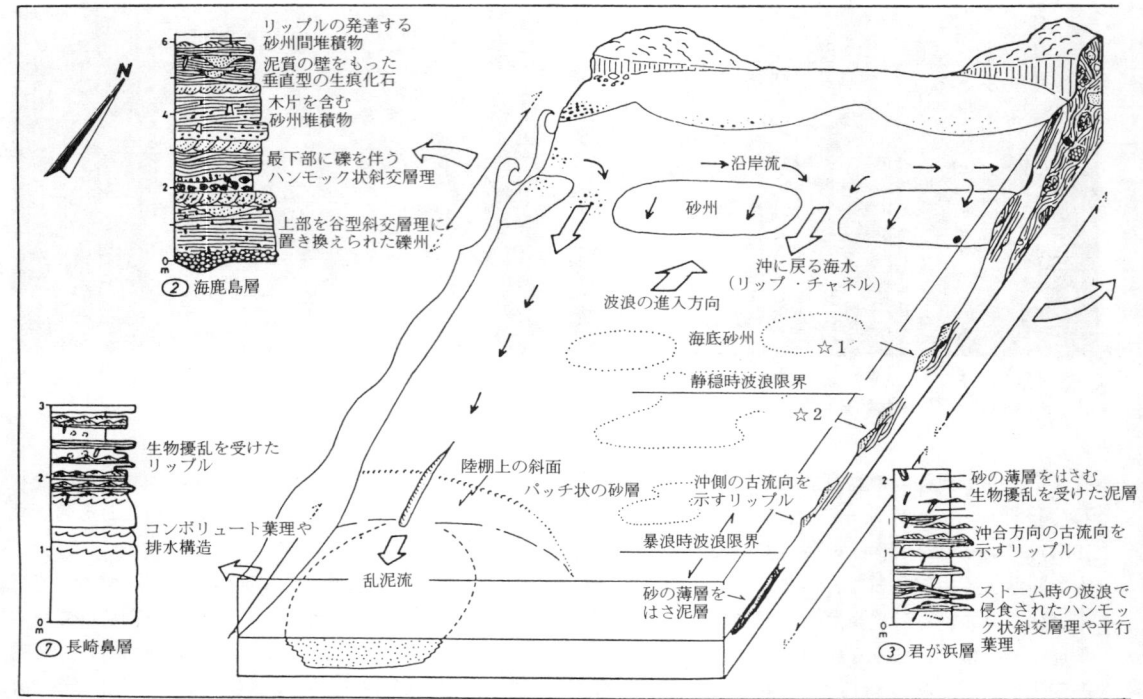

図 8.7 銚子層群の堆積した場所の復元
銚子層群の各層の代表的地質柱状図を復元図上に示した．地質柱状図データの計測地点は図 8.1 を参照．

☆1 ハンモック状斜層理と陸側の古流向を示すリップル　☆2・ハンモック状斜層理と沖側の古流向を示すリップル

層の中上部は，君が浜層下部と類似の砂岩泥岩互層からなる．ストームシート砂岩単層上部のリップルは，南北両方面への堆積物の供給を示している．犬吠埼層中部では，砂岩泥岩互層に切り込んだ南北性のチャネル(深さ 4 m，幅 10 m 以上)がみられる(図8.9)．

低角斜層理ないしはハンモック状斜層理をもち，上に凸の形態を示す砂岩単層は，砂州堆積物と考えられる．この砂岩単層の上部に発達するトラフ型斜層理は，波浪により置き換えられた砂州頂部の堆積物と考えられる．北傾斜を示す板状斜層理は，陸側に移動する砂州前面での堆積作用を示している．さらに，この砂州堆積物の陸側に接して発達する薄互層は，砂州と砂州の間に発達したトラフ(trough)に堆積したものと考えられる．この薄互層のうち，砂岩層にみられるリップルは，東北東-西南西のトレンドをもった沿岸流によって形成されたものと考えられる．犬吠埼層中上部に発達する砂岩泥岩互層中の砂岩層に見られるハンモック状斜層理は，外浜から沖合で堆積したストームシート砂岩層と考えられる．犬吠埼層中部に見られるチャネル構造は，砂州堆積物を切り込んで，ストーム時に堆積物を岸から沖合に供給したリップチャネルであった可能性がある．

酉明浦層：酉明浦層は，酉明浦海岸周辺に散在する．酉明浦層の岩相は，君が浜層とよく似ており，下部が砂岩泥岩互層からなり，上部では，より泥岩の卓越する互層になる．最上部では，sand streaked mudstone 相(泥岩中に砂岩の数 mm 程度の葉理を挟在する)が卓越する．砂岩単層上部のリップルは，それぞれ南から北(図 8.1 の⑤)，北から南(図 8.1 の⑥)への古流向を示している．

酉明浦層中の砂岩泥岩互層は，沖合でのストームシート砂岩相と考えられる．酉明浦層最上部の泥岩勝ち互層中のリップルは，南方への堆積物の供給を示す．しかし，最下部の砂岩勝ち互層中では，北方への供給を示している．前者のリップルは，静穏時波浪限界以深でストーム時の流れの下流部での堆積を示唆する．後者は，ストームの間の静穏時に，陸側成分の卓越した波浪により形成されたものと考えられる．

長崎鼻層：長崎鼻周辺に分布している．長崎鼻層はおもに癒着した，厚層理の中粒ないし細粒砂岩層からなる．砂岩と泥岩との細互層もまれに発達する

8. 銚子半島のストーム堆積物

図 8.10 長崎鼻層の砂岩層中に見られるコンボリュート葉理
ボールペンの直上に黒い筋が上に向かって尖っている。この部分から堆積物中の水分が上方へ排水された．

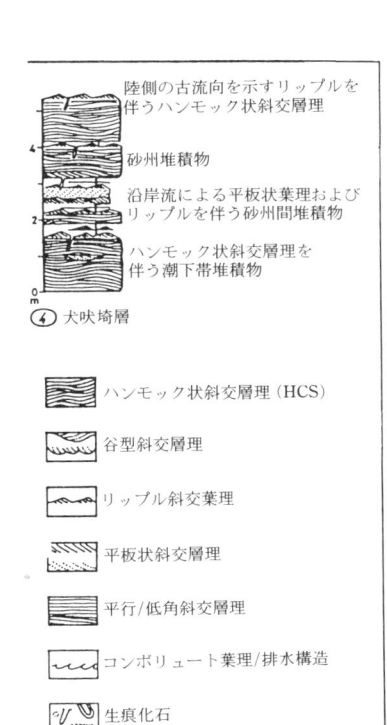

（図 8.7）．厚い砂岩層はしばしば，コンボリュート構造(convolute structure)や脱水構造(water escape structure)（図 8.10）を示す．薄い砂岩層の内部堆積構造も脱水作用により破壊されているものと思われるが，まれに南方への堆積物の運搬を示すリップルが観察されることがある．砂岩単層の最上部や泥岩層には，君が浜層や酉明浦層中に見られる同じタイプの生痕化石が含まれている．

コンボリュート構造やその他の脱水構造の存在は，長崎鼻層の砂岩層が，深海域での堆積作用ではポピュラーな堆積物重力流のような高濃度のサスペンジョン(suspension)から急速に堆積したことを示唆している．しかし，互層に発達する生痕化石群は，君が浜層や酉明浦層と同様な沖合海域での堆積を支持している．これら相反する二つの要件を満たすためには，長崎鼻層の砂岩層を運搬した流れもまた，ストームに関連した流れということになる．さらに，ストーム流を加速し，堆積物重力流に変化させるような勾配のきつい陸棚ないし陸棚中の斜面などのセッティングが望ましい（図 8.7）．

8.3. ストームシート砂層・泥層の堆積とリップルの保存

銚子層群を構成する砂岩層は，ストーム時の流れにより沖合に運ばれた砂浜の砂が，ストーム前後の波浪の作用や底生生物の擾乱作用を受けたものである．ストームシート砂層の運搬とHCSの形成に関しては，Hamblin・Walker (1979) などが主張するstorm-surge ebb current 説と Swift・Figueiredo (1983) による combined-flow storm current 説がある．どちらの可能性を採るにしても，ストームシート砂層は沖合から接近してくるストームから吹込む強風により海岸方向に押しつけられ（セットアップ：setup）ていた海水が，沖合の海面との間に圧力勾配を生じ，これを推進力として，暴浪により侵食され浮遊状態となった砂とともに沖合方向へ流れ出した一方向流(unidirectional current)にストーム時の強力な波浪が重なって形成されたものと推定される．

ストームシート砂層の最上部にはリップルの断面形態が認められることがある（図 8.11）．これは，リップルが泥質堆積物(mud drape)によって覆われることにより，その形態が凍結されているためである．このようなストームシート砂層を覆う泥質堆積物はどのようにしてもたらされたのであろうか．上部更新統成田層の例と比較しながら考えてみよう．

一方，成田層には，泥質層に覆われたリップルが砂質層の最上部に発達する場合が多い．銚子層群はストームシート砂層と砂質泥岩層の互層であるが，成田層の場合と異なり，ストームシート砂層の最上部にリップルの形態が保存されていることはまれである．これは，ストームシート砂層最上部の堆積時

図 8.11 成田層中のストームシート砂層頂部に発達するウェーブリップル
白色の泥層(mud drape)に覆われた2波長のリップルがみられる．泥層の下部には砂層の葉理がみられ，砂層から泥層へ一連の堆積作用であることを示す．

にリップルが形成されるような水理条件がなかったことを意味するわけではない．よく観察すると，生物擾乱により改変されたリップルが観察される．

成田層のストームシート砂層の最上部にリップルが保存されることが多く，銚子層群に少ないのは，生物擾乱とストームシート砂層の直上に堆積する泥質堆積物の堆積のタイミングが鍵となっているようである．

成田層のストームシート砂層と銚子層群のストームシート砂層の堆積の特徴をまとめてみる(図8.12)．

成田層の場合は，
① ストームシート砂層の堆積
② ストーム減衰期におけるリップルの形成
③ 河川からの洪水流起源の泥層の堆積
④ 生物擾乱作用の開始(泥層最上部から)

銚子層群の場合は，
① ストームシート砂層の堆積
② ストーム減衰期におけるリップルの形成
③ 生物擾乱作用の開始(砂層最上部から)
④ 泥層の堆積

成田層と銚子層群の場合では，明らかに③，④の順番が逆転している．

ストームシート砂層を覆う泥質堆積物の起源として考えられるのは，ストームに惹起されて河川から排出された高濃度の泥質サスペンジョン(浮遊泥)である．また，現在の浅海底では，ストームの直後速やかに生物の活動が開始され，ストーム時に形成されたベッドフォーム(bedform，堆積構造)を改変してゆくことが知られている．このことは，生物擾乱作用の開始を示すレベルが一連の堆積作用で形成された地層の上限であることを示唆している．

このことから，成田層では生物擾乱作用が，泥層の最上部から入るのであるから，ストームシート砂層からリップルの形成をへて泥層の堆積までは一連の堆積作用である．しかし，銚子層群の場合は，生物擾乱作用が，泥層の堆積以前に開始してしまっているのであると考えられる．形成されたリップルは生物活動によって破壊されてしまった可能性がある．これは，地層中での生物擾乱作用の"入る"レベル(位置)がストームという一連の(一瞬の)堆積作用の休止を示すマーカーとなることを示している(桂・他，1985)．

では，成田層ではどうして泥層が速やかに堆積したのかを考えてみる．ストームの規模，生物の活動度，河川の特性，気象要素などは両者の間で有意な差異がなかったとしよう．決定的な要素は，銚子層群の堆積場は公海性の場であり，成田層のそれは古東京湾という閉塞した内湾であったということである．すなわち，ストームに相前後して河川から流入

図 8.12 残りやすい内湾のリップル
上：公海性の場で堆積した銚子層群のストーム堆積物と泥質層の堆積モデル．ストームシート砂層の堆積後，泥層の堆積までにはタイムラグがある．このため，ストームシート砂層の最上部に形成されたリップルは，ストーム後の底生生物の擾乱作用により乱されてしまっている．泥質層は，ストームの間の時期にゆっくりと堆積する．
下：内湾で堆積した成田層のストーム堆積物と泥質層の堆積モデル．ストームシート砂層の堆積，リップルの形成に前後して，河川の洪水起源の泥質層の堆積が始まる．このため，ストームシート砂層の最上部に形成されたリップルの形態が保存される．すなわち，底生生物による堆積物の擾乱作用は，泥質層泥質層の堆積後に泥質層最上部から入ることになる．ストームシート砂層と泥質層の堆積は一連のものとなる．

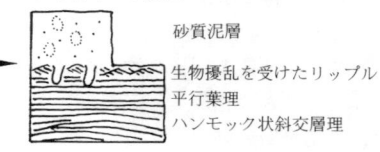

銚子層群 ＜公海性＞
砂質泥層
生物擾乱を受けたリップル
平行葉理
ハンモック状斜交層理

成田層 ＜内湾＞
泥層
保存されたリップル
平行葉理
ハンモック状斜交層理

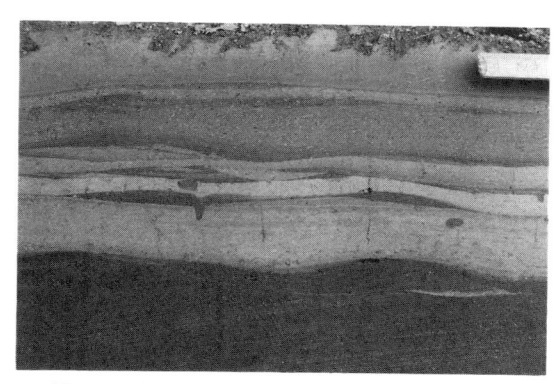

図8.13 成田層中のストームシート砂層と泥層の互層
下部の砂層の上部には、白いmudflaserがみられる。生痕化石が入るのが泥層の上部からであることに注意。

した洪水流起源の泥質サスペンジョンは、成田層の堆積した古東京湾のような内湾の場合には、拡散せずに高濃度の状況が保持されたものと考えられる。このような高濃度のサスペンジョンから凝集(flocculation、泥の粒がくっつき合って"ダマ"となって堆積する)により急速に泥が沈積し(三村・他,1986)、リップルを覆っていったのであろう。一方、銚子層群のような開いた海域の場合には、流入したサスペンジョンは拡散すると同時に濃度が低下し、ストーム後も沈積せずに沖へ運搬されていったものと考えられる。

リップルの形態の保存の鍵を握っているのは、河川から流入するサスペンジョンの存在である。サスペンジョンが流入する状況としては、特に、日本のような河川の、降雨に対する反応の速い地域では、台風のようなストーム時が最も起こりやすいと考えられる。しかし、河川の流路長が長く、降雨に対する反応の遅い大陸の大河川の河口域などでは、ストームのピーク時から、かなりのタイムラグをもってサスペンジョンが流入することになり、いろいろな波浪条件下でのリップル(その他のベッドフォームも含めて)が保存される可能性をもつことになる。日本の場合でも、融雪・梅雨・秋霖などの時期には、ストームのピークと無関係に洪水が起こり、サスペンジョンが流入することになる。しかし、これらの時期に流入するサスペンジョンに、ストーム直後に流入するのと同程度のボリュームと生物活動に打勝って短期間にリップルを覆うことを期待できるかどうかは、疑問である。だが成田層中にも散見されるmud-flaserを伴ったり(図8.13)、生物擾乱をうけたりリップルや癒着した泥質堆積物などは、こういった時期に形成されたものと考えられる。

まとめ

銚子層群の堆積した環境は以下のようにまとめられる。海鹿島層と犬吠埼層の砂岩層は、砂州、砂州間トラフ、前浜から上部外浜にかけて堆積したストームシート砂層である。君が浜層と酉明浦層の砂岩層は、沖合環境で堆積したストームシート砂層である。長崎鼻層の砂岩層は、大陸棚中にトラップされた乱泥流堆積物である。こうした解釈は、銚子層群中から産出するアンモナイト類(小畠・他,1975)や二枚貝類(Hayami・Oji,1980)の化石の示す古生態とも矛盾しない。

銚子層群は、全体として、Barremian世以前の愛宕山層群がつくる陸棚上で堆積した砕屑岩である。こうした砕屑物は、Barremian世からAptian世に北方にあった東西ないしは東北東-西南西方向の伸びをもった海岸線から南方の沖合方向に向かって流れたストームに関連した流れで運搬されたものである。
〔桂 雄三〕

参考文献

Davidson-Arnott, R. G. D.・Greenwood, B. (1976): Facies relationships on a barred coast, Kouchibouguac Bay, New Brunswick, Canada., In Davis, R. A., Jr.・Ethington, R. L. (eds.): Beach and Nearshore Sedimentation. Spec. Pub. Soc. Econ. Paleont. Miner., no. 24, pp. 149-168. 24, Tulsa.

Dott, R. H., Jr.・Bourgeois, J. (1982): Hummocky stratifications: Significance of its variable bedding sequences. Geol. Soc. America Bull., vol. 93, pp. 663-680.

Hamblin, A. P.・Walker, R. G. (1979): Stormdominated shallow marine deposits: the Fernie-Kootenay (Jurassic) transition, southern Rockey Mountains. Can. Jour. Earth Sci., vol. 16, pp. 1673-1690.

Harms, J. C., Southard, J., Spearing, D. R.・Walker, R. G. (1975): Depositional environments as interpreted from primary sedimentary structures and stratification sequences. 161p., Lecture Notes, Soc. Econ. Paleont. Miner., Short Course, no. 2.

Harms, J. C., Southard, J. B.・Walker, R. G. (1982): Structures and Sequences in clastic Rocks., SEPM Lecture Notes for Short Course, no. 9.

Hayami, I.・Oji, T. (1980): Early Cretaceous bivalves from the Choshi district, Chiba Prefecture, Japan. Trans. Proc. Palaeont. Soc. Japan, N. S., no. 120, pp. 419-448.

Howard, J. M.・Frey, R. W. (1984): Characterstic trace fossils in nearshore to offshore sequence, Upper Cretaceous of east-central Utah. Can. Jour. Earth Sci., vol. 21, pp. 200-219.

Johnson, H. D. (1978): Shallow siliciclastic seas., In Reading, H. G. ed., Sedimentary Environments and Facies., pp. 207-258, Blackwell, Oxford.

Kase, T.・Maeda, H. (1980): Early Cretaceous Gastropoda from the Choshi disitct, Chiba Prefecture, Japan. Trans. Proc. Palaeont. Soc. Japan, N. S., no. 118, pp. 291-324.

Katsura, Y., Masuda, F.・Obata, I. (1984): Storm dominated shelf sea from the Cretaceous Choshi Group, Japan. *Ann. Rep., Inst Geosci., Univ. Tsukuba*, no. 10, pp. 92-95.

桂 雄三・増田富士雄・岡崎浩子・牧野泰彦(1985): 筑波台地周辺の第四系中にみられるストーム堆積物の特徴. 筑波の環境研究, no. 9, pp. 56-62.

桂 雄三・砂村継夫(1988): ストーム・ウェーブリップル・河川流出サスペンジョン. 月刊地球, no. 7, pp. 441-445.

牧野泰彦・増田富士雄・岡崎浩子(1985): 茨城県南部の下総層群中のウェーブリップル. 茨城大教育紀要(自然科学), no. 35, pp. 35-55.

Middleton, G. W.・Hampton, M. A. (1976): Subaquous sediment transport and deposition by sediment gravity flows. *In* Stanley, D. J.・Swift, D. J. P. (eds.): Marine Sediment Transport and Environmental Management., pp. 197-218, John Wiley, New York.

小畠郁生・萩原茂雄・神子茂男(1975): 白亜系銚子層群の時代. 国立科学博研報, ser. C(地質), vol. 1, no. 1, pp. 17-36.

Obata, I., Maiya, S., Inoue, Y.・Matsukawa, M. (1982): Integrated mega-and micro-fossil biostratigraphy of the lower Cretaceous Choshi Group. *Bull. Nat'l Sci. Mus. Tokyo*, vol. 8, no. 4, pp. 145-188.

Raaf, J. F. M., de, Boersma, J. R.・Gelder, A., van (1977): Wave-generated structures and sequences from a shallow marine successions, Lower Carboniferous, County Cork, Ireland. *Sedimentology*, vol. 24, pp. 451-483.

鹿間時夫・鈴木茂樹(1972): 千葉県銚子半島の地質―白亜系を中心として―. 横浜国大紀要, 2類, vol. 19, pp. 133-157.

Swift, D. J. P.・Figueiredo, A. G., Jr. (1983): Hummocky cross stratifications and megaripples: A geological double standard? *Jour. Sedim. Peorol.*, vol. 53, pp. 1295-1317.

Vail, P. R., Mitchum, R. M., Jr.・Thompson, S., III (1977): Seismic stratigraphy and global changes of sea level, Part 4,: Global cycles of relative changes of sea level. *In* Payton, C. E. (ed.): Seismic stratigraphy and applications to hydrocarbon exploration. *Amer. Assoc. Petrol. Geol., Mem.*, no. 26, pp. 49-212.

Walker, R. G. (1979): Shallow marine sands, *In* Walker, R. G. (ed.): Facies Models. *Geol. Assoc. Canada, Geosci. Canada, Reprint Ser*., no. 1, pp. 75-89.

Walker, R. G., Duke, W. L.・Leckie, D. A. (1983): Hummocky stratifications: Discussion. *Geol. Soc. Amer. Bull.*, vol. 94, pp. 1245-1249.

山根新次(1924): 銚子付近の地質概観. 地学雑, vol. 36, pp. 95-99.

9. 箱根火山

　箱根山は本州を関東と関西に分けている．関東を坂東ともいうが，その坂は東海道の難所である箱根八里の坂だといわれている．世界中で箱根ほど交通網が発達し，高層ホテルが林立し，季節を分かたず年間1200万人もの観光客が訪れる火山はない．毎日がお祭と表現できるほど賑わい，交通渋滞がはなはだしい．芦ノ湖は明治初期に透明度16 mをもつ貧栄養湖であったが，汚濁が進み，現在透明度7 mの中栄養湖になっている．

　この火山の噴火の歴史・地震活動・温泉活動などから判断すると，将来噴火する可能性は高い．関東大地震の震源は箱根からわずか20 kmに満たない相模湾北部であった．どうしても噴火・地震予知・自然保護が必要な観光地である．

9.1. 南関東の展望台
地質学的位置づけ

　箱根火山は伊豆半島の付け根にある．それは本州を含むユーラシアプレートの下に年5 cmの割合で北北西に沈み込むフィリピン海プレートの最北端に座している．ケーブルカーに乗って中央火口丘駒ケ岳(1356 m)山頂に登り，四方を見渡すと箱根火山の地質学的位置づけを実感することができる．

　プレートの沈み込み境界では，通常火山帯が境界線と平行している．しかし，ここではユーラシアプレートの下に沈み込むフィリピン海プレート境界は東西に走り，富士から箱根を通って伊豆諸島へと南北にのびる富士火山帯はこのプレート境界を横断している．

9.2. 箱根の地形
1) 三重式火山

　箱根火山は重なり合う新旧二つのカルデラとそのなかに生じた7座の中央火口丘群からなる主として安山岩質の複成火山である（久野，1950）（図9.1）．箱根火山を詳しく研究した久野(1950)は，箱根を三重式火山と表現した．箱根火山の最高峰は中央火口丘の神山で標高1439 m，日本の火山のなかで63番目に位置し，高い火山ではない．火山の体積は96 km³で，日本の火山中7番目となっていて火山体は大きい．箱根の海抜高度は低いが大型火山であるのは，山頂部に大きなカルデラ(caldera)が形成されていることによる．日本最大の火山富士山の体積は389 km³と見積もられている．箱根はその4分の1の体積である．

　古期カルデラは南北12 km，東西10 kmの鍋状凹地をなし，環状山稜の標高は1000～1200 mである．新期カルデラをつくる環状山稜は，古期カルデラ内東部にある標高800 m前後の平頂山稜で，新期カルデラ西側壁は古期カルデラ西側壁と重なり合っている．新期外輪山は，古期カルデラを埋めた流動性をもった溶岩のつくった平頂山体が新期カルデラ形成でも破壊されずに残されたものとされている．古期カルデラ北部をつくる金時山(1212 m)は外輪山の最高峰であり，その西の丸岳(1093 m)および古期外輪山南麓の幕山(615 m)などとともに形成された古期外輪山時代の側火山である．金時山と幕山を結ぶ北北西-南南東方向に側火山が並ぶ．この構造線に沿ってマグマの噴出が繰返し行われていたので，久野(1950)は金時-幕山構造線と名付けた．箱根南部で相模湾に突き出す真鶴半島もこの構造線に沿って噴出した溶岩で構成されている．

　新期カルデラ形成後の中央火口丘群も金時-幕山構造線に沿って出現した．神山は成層複成火山で，繰返し噴火が行われているが，他の中央火口丘は溶岩ドームで，その噴出は北の小塚山から南の二子山へと移動した．

　芦ノ湖は広がり6.5×2 km²，最大水深40.6 m，容積0.16 km³のカルデラ湖である．箱根カルデラの特徴は中央火口丘(10 km³)がカルデラを埋めつくすほど大きいことである．カルデラに降る雨は早川と須雲川となり，外輪山の東部を切り開き，相模湾に注ぐ．早川と須雲川は箱根火山の基盤に達するまで侵食が進み，両河川の河床に箱根の土台である基盤岩類を見ることができる．

　1670(寛文10)年，外輪山西壁に深良トンネルを開削してから，大量の降雨があったとき以外は，芦ノ湖の水は深良トンネルから静岡県側に流出してい

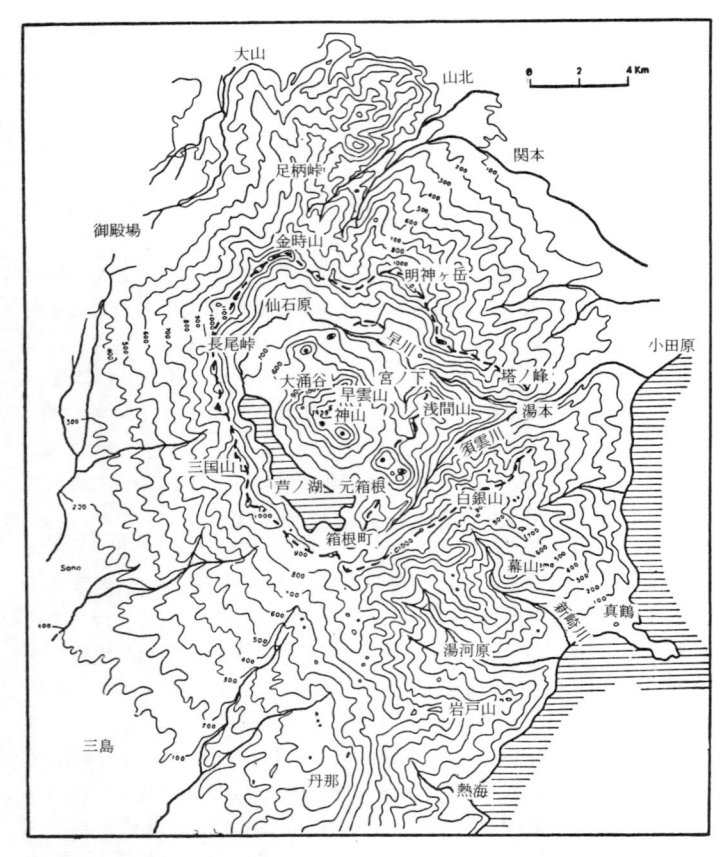

図9.1 箱根火山の地形(Kuno, 1962)
破線は古期および新期外輪山の山稜，小黒丸は中央火口丘．

る．箱根東麓は新期カルデラを形成したときに流出した軽石流の台地によって縁取られており，関本および久野の台地となっている．また古期外輪山には山頂部から四方に広がる放射状谷が形成されている．

2) 箱根の土台（早川，須雲川の河床）

箱根外輪山東部を流れる早川および須雲川は火山体を深く刻みこみ，その河床には箱根の土台となっている早川凝灰角礫岩層および湯ケ島層が露出している．

湯ケ島層： 早川に沿う宮ノ下，堂ケ島でわずかに露出し，暗緑色の凝灰角礫岩や火山礫凝灰岩などで，化石はまだ発見されていない．深さ数百m以上の温泉ボーリングでは暗緑色の凝灰岩の広い分布が地下で確認されている．伊豆半島の湯ケ島層群からは古期中新世(20 Ma)の有孔虫化石が発見されている．

早川凝灰角礫岩： 早川と須雲川に沿って広範囲に露出する安山岩〜デイサイト(dacite)質の軽石質凝灰岩で，浅海性堆積物とされている．須雲川中流部の二ノ戸沢では *Cryptopecten vesiculosus*, *Chlamys kakisakiensis* など暖海性の二枚貝化石が発見されて，後期中新期(7 Ma)と推定されている．

9.3. 箱根火山の火山岩

久野(1950)は箱根火山の火山岩が，ピジョン輝石(pigeonite)を石基にもつ系列と紫蘇輝石(hypersthene)を石基にもつ系列の二つの岩系に区分されることを発見した．前者をピジョン輝石系列（略してP系列），後者を紫蘇輝石系列(H系列)とよぶ．古期外輪山は主としてP系列の玄武岩・安山岩よりなり，この系列の岩石はシリカに過飽和のためオリビン（かんらん石）が晶出しない．新期外輪山溶岩はP系列の安山岩，デーサイトである．P系列のマグマの温度は高く，流動性に富んでいた．中央火口丘の溶岩はH系列に属する溶岩で，シリカに不飽和のためかんらん石斑晶が存在している．H系列の溶岩は粘性が高く，溶岩ドームを盛んに形成した．

9.4. 箱根火山の生い立ち

箱根火山を古期外輪山，新期外輪山，中央火口丘の3要素に区分した久野(1950)はその生い立ちを3

9. 箱根火山

期に区分して説明した．

第1期は高さ2700 mの大型成層火山の形成と，火山体中央部に環状割れ目が生じて中央部がマグマ溜まりに沈み込むグレンコー(Glen Co)型カルデラが生まれ，古期外輪山が形成された．その後，火山活動はしばらく静穏となり，カルデラ東部が侵食されて深い谷が生まれ，カルデラ湖の水は相模湾に流出した．

第2期は古期カルデラのなかに流動性の高い安山岩質溶岩が噴出し，カルデラを埋めて楯状火山が生まれた．楯状火山の中央部で大量の軽石を噴出する爆発的噴火が起こり，軽石流は四方に流出した．その結果，古期カルデラのなかにさらに新しいカルデラが形成され，第2期が終わった．新期カルデラ形成では大量の軽石流の流出があったのでクラカトア(Krakatoa)型〔クレータレイク(crater lake)型〕に分類された．

第3期は中央火口丘の形成された時代である．

久野の研究以後，大磯丘陵でのテフラ層序学の研究や，箱根起源の噴出物の絶対年代の研究が進みや，箱根火山活動史は久野(1950)が考えていたものより複雑であることが明らかになってきた．たとえば，町田(1971)は古期外輪山時代末期に少なくとも3回の軽石流噴出をした大噴火があったことを大磯丘陵で明らかにし，火山体中央部がマグマ溜まりに沈み込むグレンコー型カルデラ説が第1期に起ったカルデラの形成機構にあてはまらないことを指摘している(図9.2)．カルデラ形成後の静穏とみなされていた時代に山体破壊を伴う大規模の軽石質噴火が繰返しあったらしい．平田(1991)は，新期カルデラから中央火口丘形成へは噴火の頻度ばかりでなく，岩石の性質でも連続的に変化していることを指摘し，これまでの時代区分に疑問を投げかけた．袴田(1988)はこれらの新事実を考慮し，噴火活動に重点を置き，次のような新しい箱根火山生い立ちモデルを組みたてた(図9.3)．

第1期の活動(円錐形の古期箱根火山の形成)：富士山のような円錐形成層火山形成の時代である．50万年(0.5 Ma)前から箱根の噴火が始まった．箱根の南には噴火を終了した湯河原火山があり，その北には早川凝灰岩層よりなる丘陵が形成されていた．これらの上に箱根火山の初期に玄武岩質，中・後期に安山岩質・デーサイト質の溶岩や火山灰が堆積し，円錐形の火山が生まれた．久野(1964)は古期外輪山に残されている現在の斜面を復元して，山頂が2700 mであったと推定した．金時-幕山構造線が富士・箱根・伊豆半島地域の水平最大圧縮応力軸方向であることを明らかにした中村(1977)は，箱根噴火の始ま

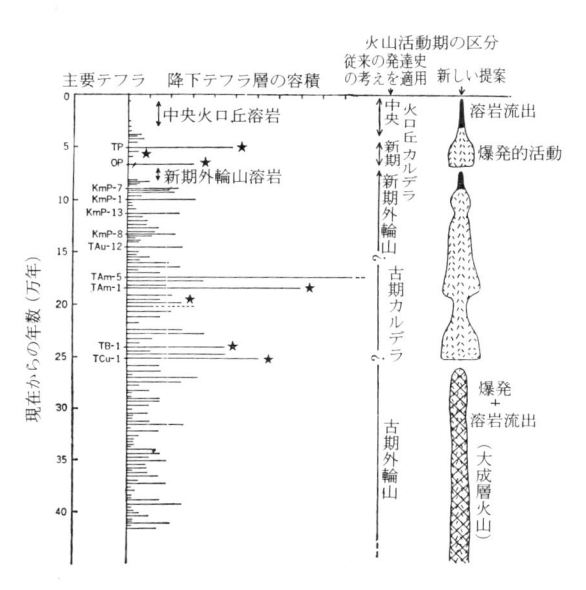

図9.2 テフラからみた箱根火山の活動史(町田, 1977)
★印は火砕流の噴出を伴ったもの．したがって，このときのテフラの容積は，降下テフラのそれの数倍に達する．横軸の1目盛は1 km³．

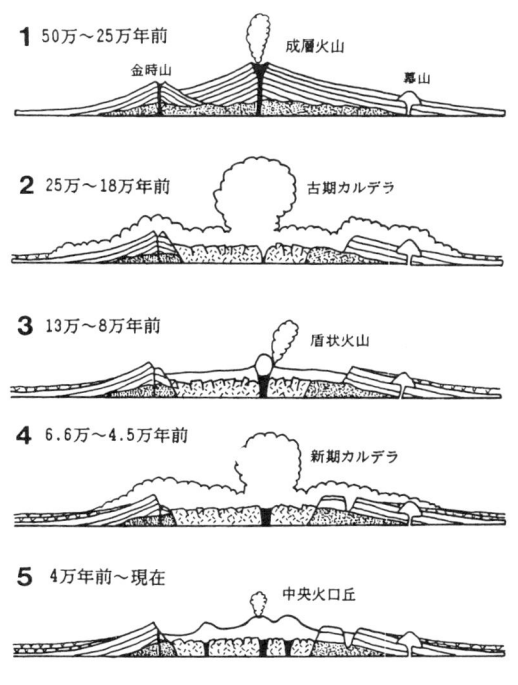

図9.3 箱根火山の発達史(袴田, 1988)

りにまずこの構造線が開き，玄武岩質溶岩が大量に噴出したと考えた．金時山，丸岳や幕山などの側火山もこの時代に出現した．須雲川や白糸川河床に北西-南東方向の岩脈が多数貫入し，その近くにある聖岳はマグマが地表まで達せずに，上部の地層を押し上げている潜在円頂丘とした．先に述べたように，南東に突き出す真鶴半島も金時-幕山構造線と密接に関係している．これらの岩脈の貫入によって火山体は650mも北東-南西方向に押し広げられた（久野，1964）．

第2期の活動（古期カルデラの形成）：およそ25万年前から18万年前にかけて，非常に大がかりな軽石の噴火（降下軽石と軽石流）が数回起こった．この巨大噴火によって，地下のマグマが急速に地上に噴出した結果，火山体中央部は破壊され陥没して大きなカルデラが形成された．軽石の巨大噴火のたびにカルデラは拡大され，最終的には直径10kmにも達する古期カルデラとなった．これを取巻く標高1000m級の環状山稜を古期外輪山とよぶ．カルデラ内に雨水がたまり，古期カルデラ湖が誕生した．この時代の爆発的軽石質噴出物は箱根山中よりも大磯丘陵に堆積保存されている．大量の軽石噴火が一段落すると，13万年から8万年前の期間に珪酸分の多い高温の流動性マグマが大量に流出した．溶岩の温度が高かったので珪長質であるにもかかわらず平頂な火山体がカルデラを埋めた．一部は東に開いていた深い谷に沿ってカルデラの外にまで流れ出した．この時に流れた溶岩は1枚でその厚さが150mにも達する．このようにして形成された火山は平頂な山体であった．

第3期の活動（新期カルデラの形成）：厚い珪長質溶岩を流出した後，マグマの活動は静穏化した．地下のマグマ溜まりの上部に揮発性成分が濃集し，泡立ってきた．7万年から5万年前，まず上層部の揮発成分（水，炭酸ガスなど）に富んだマグマが空中高く放出された．つづいて，中層部の泡立ったマグマが軽石流となって一気に放出され，四方に広がった．ときには下部のマグマが絞り出されて石質火砕流として噴出することもあった．このような爆発的噴火が数回繰返された結果，平頂火山体が破砕され，古期カルデラ東部に標高800m前後の平頂外輪山を残して，$10 \times 8 \text{ km}^2$の新しいカルデラが生じた．このとき噴煙とともに空中高く吹上げられた軽石質テフラは，偏西風にのって関東地域に降り注いだ．49000年前に起きた最大級の軽石噴火の降下物は東京軽石（TP：Tokyo Pumice）と名付けられ，良い鍵層として地質調査の際に重要視されている．続いて流出した軽石流（TPF：Tokyo Pumice Flow）はカルデラから四方に流れ下り，箱根山麓に軽石流の丘陵をつくった．東に流れた軽石流は大磯丘陵を乗り越え，藤沢から大船にまで約50kmも流れた．新期カルデラが生まれ，そこに雨水がたまって新期カルデラ湖が誕生した．

中央火口丘の活動：平田（1991）は49000年（49ka）前の軽石流（TPF）の岩石学的研究を行い，その後に噴出した中央火口丘溶岩と区別できないことを明らかにした．中央火口丘軽石とされている噴出物とも岩石学的に類似しているので，東京軽石流の噴出が中央火口丘活動の始まりとすることを提案している．東京軽石の噴出で大規模なガス抜きが終わり，中央火口丘の溶岩円頂丘形成の時期は揮発成分に乏しいマグマの噴出ステージに相当するのであろう．中央火口丘の出現に応じて，新期カルデラ湖は縮小され，縄文時代後期（4kaほど前ごろ）にはカルデラ湖は消失していた．3100年前，中央火口丘神山で激しい水蒸気爆発が発生し，山体北西部が崩壊して馬蹄形の爆裂火口ができた．崩壊した山体は岩屑なだれ（神山山崩れ）となって西に流れ，カルデラ床を南北に分断した．カルデラ床である仙石原の上流部がせき止められて芦ノ湖が生まれた．これに引続いて，爆裂火口底を突破って，水蒸気爆発をさせたマグマが頭を出し，冠ケ岳溶岩尖塔となった．冠ケ岳は1902年の小アンチル諸島プレー（Pelée）火山噴火や1945年昭和新山で誕生した溶岩尖塔と類似している．

9.5. 地震活動
1) 群発地震

箱根の火山性地震と判断される最も古い記録は『後見草』に記録されている1786（天明6）年の群発地震である．2月23，24日に約100回の鳴動を伴う地震が発生し，二子山の山崩れ，芦之湯，底倉などの温泉場に大石が落下し，人家が多数破損し，山から猛獣が走り出して往来の人に嚙みついたという．この地震は気象庁の震度5の強震に相当する．次の群発地震は130年後の1917（大正6）年1月30日夜から発生した．鳴動を伴い畑宿の住民は夜たいまつをかざしながら列をなして湯本へ避難した．2月3日から13日まで大森（1917）は倍率100倍の地震計で観測を行い，11日間で計174の地震を観測した．その後も箱根の有感地震は起きているが，1959（昭和34）年の群発地震が起きるまで観測は行われなかっ

9. 箱根火山

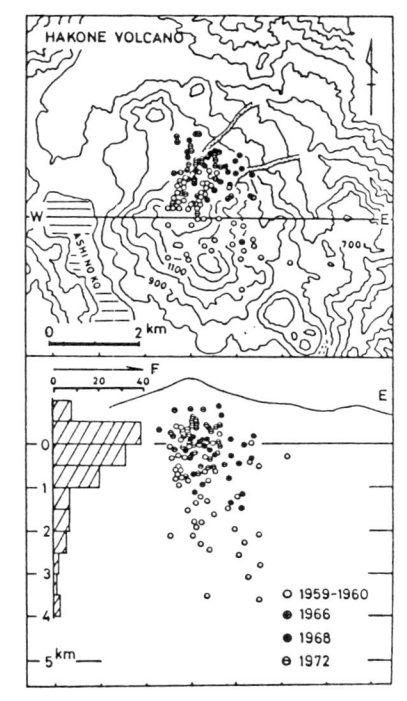

図9.4 箱根群発地震の震源分布(平賀，1987)

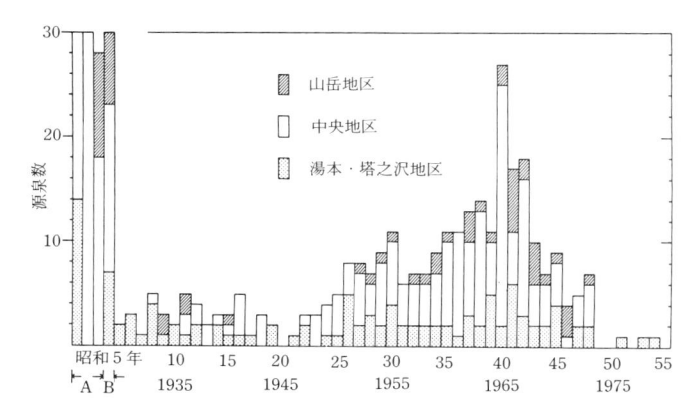

図9.5 箱根温泉の年度別登録数〔1924(昭和4)年～1984(昭和54)年〕(大木・他，1981)
A：古来より湧出，B：規則施行前より存在．

た．

1959(昭和34)年9月から神山付近で鳴動を伴う群発地震が発生した．10月5日から水上武が地震観測を行って，この群発地震が神山の直下1～3 kmで発生していることを明らかにした．浅間火山の火口付近の地震と比較して少し深いので，この群発地震で箱根の噴火はないと結論した．この時の水上(1960)の判断を誤解して，今後も箱根は噴火しない火山であると行政的に解釈している．神奈川県は箱根が国際的な観光地であり，東海道の主要道路や鉄道が交差し，人口密集地であることを考慮し，1961(昭和36)年より地震観測を開始した．この観測が始まってからも，神山を震源とした火山性の群発地震がときたま発生しており，箱根火山が活火山であることが明瞭になった(図9.4)．箱根の地震活動が伊豆大島の噴火や相模湾北部の地震活動とも関連している可能性が指摘されるようになっている．

9.6. 地熱活動

箱根温泉は江戸時代に箱根七湯と数えられ，東海道の旅の疲れを癒し，あるいは湯治場として栄えた．現在は観光開発が進んで箱根二十一湯となっている．現在は平均温度60°Cの温泉が370本の源泉から毎日33×10^3トン揚湯されている．それは1日に約2×10^9kcalの熱量になる．1928(昭和3)年に170 mの掘抜き井戸が掘削されてから，季節変動に左右されないために孔井の掘削が普及した．1927(昭和2)年に新宿‐小田原間に小田急線が開通し，1934(昭和9)年には丹那トンネルも開通し，東京と箱根の交通が急激に良くなった．それに応じて温泉の需要が増し，1933(昭和8)年には揚湯に渦巻ポンプが使用許可されるようになった．同時に隣接した地点に新源泉が掘削されると，既存源泉の湧出量が低下するというような源泉相互の影響が出始めた．短期間のうちに渦巻ポンプの設置が普及した．第二次世界大戦とそれに続く敗戦直後までは温泉開発は静穏化していた．朝鮮戦争の特需景気に支えられて1950(昭和25)年ごろから日本経済が立直りを開始し，これを反映して観光地の急発展が日本中で始まった．箱根山麓の湯本から中央地区，やがて山岳地区に向けて，温泉掘削が展開された(図9.5)．すでに普及していた渦巻ポンプは泉質の影響で腐食しやすく，また水面が地表から10 m以上深くなると揚湯できないなどの欠点があるため，孔井内に空気を圧入し，温泉を泡にして揚湯するエアーリフトポンプが1949(昭和24)年に出現した．エアーリフトポンプを用いると，孔内水位が深くなる山腹にも源泉掘削が可能になる．孔井掘削技術の進歩も著しく，1955(昭和30)年から1973(昭和48)年の第一次石油ショックまで，温泉の乱開発の時代となった．温泉揚湯装置と掘削技術の進歩はこれまで不可能とされていた急峻な山腹でも温泉採取を可能にしたが，その反面自然の供給量をはるかにオーバーした温泉採取を招いた．湯本では年間1 m以上の水位低下が何年も続き，古く

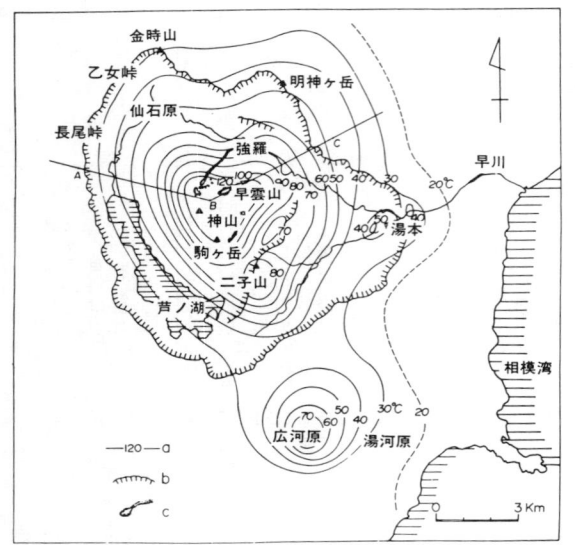

図 9.6 箱根温泉の地中温度分布図(海抜 0 m)
(Oki・Hirano, 1970)
a：等温線, b：カルデラ壁, c：噴気地帯, WT：主要温泉帯水層の被圧水頭面, Aq：主要温泉帯水層, BR：基盤岩類.

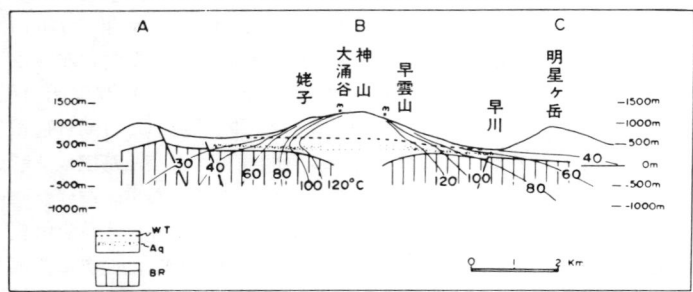

からの温泉は枯渇し，源泉の深度がしだいに深くなっている．自然湧泉の利用を念頭に置いて制定された温泉法は温泉開発技術の進歩に対応できず，歴史ある温泉場では上記の問題が発生して久しい．

1) 地中温度分布

箱根火山ではその基盤である中新世の湯ケ島層群や早川凝灰岩層から温泉が湧出している．中央火口丘神山と駒ケ岳の山体には噴気活動があり，温泉が湧出しているが，新期外輪山，古期外輪山の溶岩類のなかから湧出する温泉はない．

火山と温泉は親子の関係といわれているが，その証拠が必要である．図 9.6 は箱根火山の海抜 0 m における地中温度の分布図である．1955～1965(昭和30～40)年代の温泉掘削ラッシュ時代に掘削現場を訪れ，何度も孔内温度の測定を繰返して得られた資料に基づいて描いた温度分布図である．中央火口丘神山を中心にしてほぼ同心円状の等温線で囲まれ，カルデラの構造と調和している．つまり，箱根火山の火山活動が温泉の熱源になっている．等温線の間隔は西側で狭く，東側で広くなっている．この理由は東西断面図に明瞭に表現されている．温泉帯水層の水頭分布をみると，西側の水頭は芦ノ湖の水位(573 m)と一致し，東側は早川渓谷の標高(約 400 m)で，西から東に単調に低下している．つまり，温泉水位は"西高東低"の分布をなしているので，温泉水が西から東に向かって流動する．この温泉水の移動に伴って東西の温度分布の不均一性が引き起こされるものと考えられる．

2) 泉質の分布

療養泉の分類に従えば，箱根温泉には 17 種類の泉質がある．温泉に含まれる主要陰イオンの量比に注目すると，酸性硫酸塩泉，重炭酸塩硫酸塩泉，塩化物泉および塩化物重炭酸塩硫酸塩泉(混合型)の 4 種類に区分される(Oki・Hirano, 1970)．図 9.7 は箱根における 4 種類の泉質分帯図である．

第 I 帯 酸性硫酸塩泉：中央火口丘神山にある大涌谷，早雲地獄および駒ケ岳の湯の花沢など硫気地帯の浅層地下水に当たるのがこの泉質である．pH 2～3 の酸性を呈し，主要陰イオンは硫酸イオン(SO_4^{2-})で塩素イオン(Cl^-)は少なく数 ppm 程度である．

泉温は 20～95°C．古くから有名な姥子温泉があ

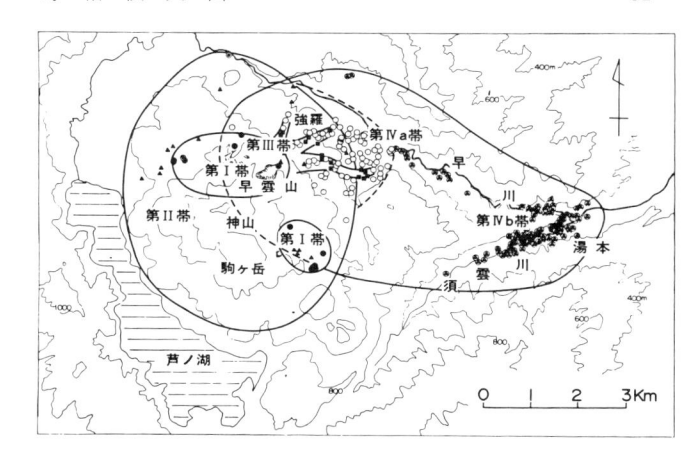

図9.7 箱根温泉の泉質分帯図 (Oki・Hirano, 1970)

る．浅層地下水であるため降雨による影響を強く受け，雨量の多くなる4月より湧出し，雨量の少なくなる11月に湧出が止まる．噴気中に含まれる硫化水素(H_2S)の酸化によって硫酸(H_2SO_4)が生成されている．

第Ⅱ帯　重炭酸塩硫酸塩泉：この泉質は箱根カルデラの西側で，深さ300〜700 mのボーリング孔井の開発によってみつけられた．pH 6〜8の中性で，重炭酸イオン(HCO_3^-)と硫酸イオン(SO_4^{2-})を主とし，塩素イオン(Cl^-)の少ないのが特徴である．泉温は50〜70℃であり，深い孔井からの揚湯であるにもかかわらず高温でない．この温泉は中央火口丘噴出物の基底部に広がる滞水層に胚胎されている箱根カルデラの深層地下水とみることができる．

第Ⅲ帯　塩化物泉：中央火口丘神山の早雲地獄の地下300〜400 mから東の早川渓谷に向かう3本の高温泉脈は塩化ナトリウム($NaCl$)泉である．湧出口での温度は90℃以上を示し，蒸発残留物が4〜4.5 g/kg含まれ，溶存物質の85%を塩化ナトリウム($NaCl$)，10%を珪酸(SiO_2)が占めており，液性は中性ないし弱アルカリ性(pH 7〜8.5)である．小涌谷・強羅の蒸気井は，この第Ⅲ帯のなかに位置している．第Ⅲ帯はカルデラの東側のみに分布し，富士の見える西側には認められていない．神山の火道を上昇してくる高温高圧の火山性水蒸気は1〜2%の$NaCl$を気相中に含み，それが中央火口丘基底にあって西から東に流れる深層地下水(第Ⅱ帯)に混入して高温の食塩泉が形成されると考えられる．

第Ⅳ帯　混合型(塩化物・重炭酸塩・硫酸塩泉)：中央火口丘東側に分布する泉温90℃以下，pH8〜9.5の弱アルカリ性泉は，第Ⅲ帯と第Ⅱ帯の熱水が混合した泉質をもつ．古くから早川に沿って湧出していたような温泉はこの泉質に属する．混合型の分布は箱根カルデラの東側に限られている．

地中温度分布・泉質の住み分け(分帯)の東西非対称性，西高東低の深層地下水の水頭分布などに基づいて，図9.8のような成因モデルが示されている．

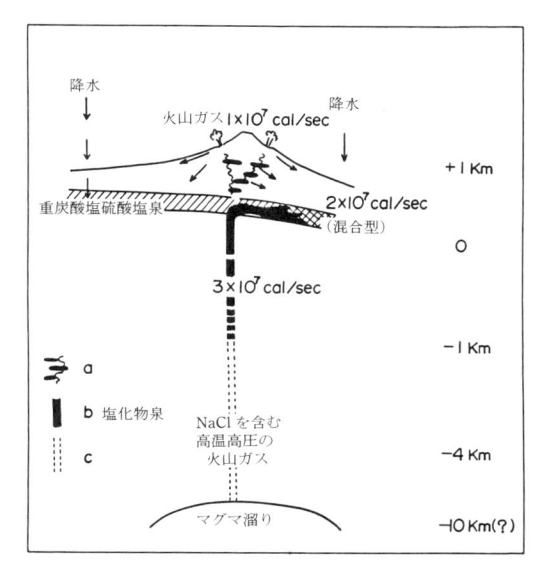

図9.8 箱根温泉の成因モデル(Oki・Hirano, 1970)

3) 地すべり

中央火口丘神山には大涌谷と早雲山の噴気帯がある．火山岩は酸性泉により温泉変質作用を受けて粘土化し，地すべり地帯となっている．1953(昭和28)年7月早雲山で地すべりが発生し10名が死亡した．この年の7月にあった626 mmの連続降雨が地すべり発生の直接原因であった．

9.7. 芦ノ湖の逆さ杉

芦ノ湖には"逆さ杉"とよばれている湖底木が立っている．明治初期までは湖面から梢を出し，晴れ

た風のない日には，湖面に反射して逆さに見えた．現在は遊覧船の安全航行のために湖面から5mほど下で切り取られていて見ることはできない．これらの樹木の放射性炭素年代測定の結果，平安時代初期，古墳時代初期，弥生時代初期に発生した南関東巨大地震で山腹に立っていた大樹が，山津波にのって立ったまま湖底に移動したものと推定されている（大木・他，1988）．逆さ杉はいわば地震の化石である．

まとめ

箱根火山の発達史は火山を構成する溶岩類に注目されて組立てられた．火山活動の強さは溶岩流の量よりも，火砕流を伴う爆発的な噴火に視点が置き換えられた．箱根から10km以上離れた大磯丘陵でテフラ層序が詳しく調べられ，同時に^{14}Cやフィッショントラック(fission track)法による地層の年代測定が行われて，生い立ちの歴史は大幅に変えられている．

箱根の群発地震と温泉活動とが密接な関係にあることが明らかになっている．現在の交通状況は，小さな自然災害でも大きな被害が発生する心配が大きい．箱根は美しい景色と豊かな温泉に恵まれている．しかし，箱根が活火山であること，二つのプレートが衝突しあっている活動的な地域であることを忘れてはならない．　　　　　　　　　　〔大木　靖衛〕

参考文献

袴田和夫(1988)：箱根火山．ガイドブック1，47p.，大涌谷自然科学館，箱根町．

平賀士郎(1987)：箱根火山と箱根周辺海域の地震活動．神奈川温地研報，vol. 18, no. 4, pp. 149-272.

平田由紀子(1991)：箱根新期軽石流(TP軽石流)にみられる中央火口丘起源の本質物質．大涌谷自然科学館報，no. 10, pp. 1-11.

神奈川県立博物館(編)(1991)：南の海からきた丹沢―プレートテクトニクスの不思議．226p., 有隣堂(横浜).

Kuno, H. (1950): Geology of Hakone volcano and adjacent areas. Part 1. *Jour. Fac. Sci., Univ. Tokyo*, sec. II, vol. 7, pp. 351-402

町田　洋(1977)：火山灰は語る，324p., 蒼樹書房．

Oki, Y.・Hirano, T. (1970): Geothermal system of Hakone volcano. *Geothermics Spec. Issue 2*, vol. 2, Part 2, pp. 1157-1161.

大木靖衛・他(1981)：箱根温泉誌，187p., 箱根町．

大木靖衛・袴田和夫・伊東　博(1988)：箱根の逆さ杉，183p., 神奈川新聞社．

10. 三浦半島の地質構造

　三浦半島は本州弧太平洋側のほぼ中央部に位置し，西側の相模湾と東側の東京湾とを区切っている．この地域は，日本列島の地質構造で四万十帯南帯の延長部にあたり，関東構造盆地の南西縁に位置している．本地域の地質は上部新生界すなわち新第三紀以降の，おもに海成層で構成されている．

　この地域の地質学的研究は，19世紀末から多くの研究者によって行われ，現在までに層位学的および構造地質学的な多くの成果が蓄積されている．さらに近年，オリストストローム(olistostrome)やプレートテクトニクスの観点からの研究，精密な微化石生層序の検討が加えられてきている．

10.1 地質概要

　三浦半島地域を構成する地質系統は，下位から葉山層群(前期〜中期中新世)，三浦層群(中期中新世〜後期鮮新世)，上総層群(後期鮮新世〜前期更新世)，相模層群(中期〜後期更新世)，新期ローム層(後期更新世)，および沖積層(完新世)に大きく区分される(表10.1)．これらは，新期ローム層と相模層群内に介在する旧期ローム層を除いて，いずれも海成層によって構成される．各地質系統の関係はいずれも不整合である．葉山・三浦両層群の不整合は顕著な傾斜不整合で，この間に大規模な地殻変動があったことが推定され，田越川不整合とよばれている(渡辺，1925，1938)．三浦・上総両層群の不整合は，房総半島の黒滝不整合に対応するもので，本地域では平行不整合ないし軽微な傾斜不整合として認められる．上総・相模両層群は不整合関係にあるが，両層群に大きな構造的差異はない．しかし，この不整

表10.1　三浦半島層序（江藤，1986を一部修正）

時代			北　　　部		層厚(m)	中　南　部		層厚(m)
第四紀	完新世		沖積層(大船貝層，稲村ヶ崎貝層)			沖積層(野比貝層)		
	後期更新世	相模層群	下末吉・武蔵野・立川ローム			下末吉・武蔵野・立川ローム		
			下末吉層相当層			横須賀層・小原台砂礫層		
	中期更新世		屏風ヶ浦層			(無堆積)		
			長沼層			宮田層		190−
	前期更新世	上総層群	富岡層		60−	(無堆積)		
			中里層		140			
			小柴層		200−	林　層		25−
			大船層		250−			
新第三紀	後期鮮新世		野島層	今泉砂礫岩部層	320−	(無堆積)		
			浦郷層		220−			
	前期鮮新世	三浦層群	池子層		370−	初声層		460+
	後期中新世		逗子層		1,200±	三崎層	油壺火砕岩部層	160−
			田越川砂礫岩部層		50−			700+
	中・前期中新世	葉山層群	矢部層		500±	(無堆積)		
			衣笠泥質オリストストローム		1,800−	衣笠泥質オリストストローム		
			大山層		1,900+	(無堆積)		
			鐙摺層		570	鐙摺層	立石凝灰岩部層	350+
			森戸層		1,000	森戸層		1,500+

合は中期更新世の広域的隆起運動を示すもので，長沼不整合（三梨，1968）と通称されている．

葉山層群は半島の中軸部を西北西-東南東に2列の帯状となって分布し，半島の骨格をなす．この両帯列は丹沢-嶺岡帯（小池，1957）に属するもので，本地域では葉山隆起帯とよばれている．葉山層群は垂直に近い急傾斜を示すほか，逆転したところも多く，断層・褶曲やオリストストロームを伴って複雑な地質構造となっている．北帯列の葉山層群中には，蛇紋岩の二次的岩体が帯列の伸長方向と同一方向に直線状に点在する．

三浦・上総・相模各層群は葉山隆起帯の南北に分布する．それらの地質構成および構造は，2帯列の隆起帯を境にして，北部・中部・南部の各地域で大きく異なる．北部地域すなわち北帯列隆起帯の北側では，三浦層群は北に急傾斜の不整合面および層理面を示して，葉山層群を傾斜不整合に覆い，北方に厚く連続する．その北側に上総層群が三浦層群を平行不整合に覆って順次北側に重なる．両層群は北側すなわち層位的に上位ほど緩傾斜となり，全体として北側傾斜の単斜構造をつくる．さらに北側には凹凸した不整合面をもって水平に重なる相模層群が続き，これらが関東構造盆地の南西翼を構成する．北部地域の三浦・上総両層群はところによって，ほぼ東西方向の長軸をもつ緩やかな小規模ドームおよび盆状構造をつくる．また，両層群分布域には左横ずれ成分をもつ北東-南西方向の横断断層系が顕著に発達する．

中部および南部地域では三浦・上総・相模3層群の層序は連続的でなく，三浦・相模層群の一部の地層が広く分布し，上総層群構成層のほとんどが欠層する．葉山層群と接する三浦・相模両層群は全般に断層関係にある．これらの断層は西北西-東南東に連なる縦走断層系であり，地形的に右横ずれ成分をもつ活断層とみなされている（Kaneko, 1969）．この地域の三浦層群はさまざまな軸方向および規模をもつ褶曲帯として特徴づけられる．

10.2. 層序
1）葉山層群

渡辺（1925）の葉山頁岩層，小島（1954），木村（1965），三梨・矢崎（1968），渡部・他（1968），木村・他（1976）および江藤（1986a）の葉山層群に一致する．本層群の全体にわたる記述は小島（1954）によって初めて行われ，その後，江藤（1986a）の詳細な研究がある．

本層群は下位から，森戸層，鐙摺層，大山層，衣笠泥質オリストストローム，矢部層に区分される（江藤，1986a）．前3層はそれぞれ整合関係で重なり，衣笠泥質オリストストロームは下位の大山層を一部で削除あるいは混合接触帯を伴う滑動面をもって覆い，上位の矢部層とは断層で接すると推定される．矢部層は三浦層群に不整合に覆われるが，分布の南東側では断層で接する．

本層群は半島の中軸部を占めて西北西-東南東に2列，帯状分布する．その南北両帯列は三浦層群逗子層の分布によって隔てられる北帯列（葉山-衣笠区域）では上記の5層で構成されるが，南帯列（秋谷-武山区域）には大山層と矢部層の分布は見られない．

森戸層：模式地は三浦郡葉山町森戸海岸（小島，1954）．岩相は主として暗灰色の硬質シルト岩からなり，軽石混じりの砂岩，軽石細粒凝灰岩，軽石凝灰岩シルト岩薄互層を挟在する．シルト岩の風化部は灰白色を呈し，ところによって小断層や節理が発達する．森戸海岸一帯には砂岩岩脈，三ケ下海岸など一部でシルト岩中に寸断され不規則に折れ曲がった砂岩層や塊状に孤立した砂岩が見られる．野比海岸などには"ヘソ石"とよばれる鉄・マンガンに富むノジュール（nodule）を産する．層厚は最大部で1000 m．

鐙摺層：秋谷-武山区域では立石凝灰岩部層が本層下部の一部を構成する．模式地は葉山町鐙摺海岸．岩相は灰色ないし黄褐色の細粒〜中粒凝灰質砂岩と暗灰色シルト岩の互層からなり，砂岩が優勢である．葉山町堀内真名瀬北側の海岸には，砂岩シルト岩互層のスランプ（slump）が見かけの厚さ約100 mにわたって南北に露出し，北側に厚さ50 mほどのスランプ礫岩に漸移する．横須賀市秋谷の久留和海岸北方には，砂岩中に径数cm〜1 mの石灰質ノジュールが多産し，地元で"子産石"と愛称されている．層厚は280〜570 m．

立石凝灰岩部層は玄武岩質ないし安山岩質の細粒〜粗粒凝灰岩を主体とし，一部に火山礫凝灰岩，凝灰角礫岩が混じる．これらの凝灰岩は新鮮部では緑青色を帯びるが，風化部では黄褐色を呈して砂岩ようの岩相を示す．新鮮部でも採集して空気に数日触れると，緑青色は失せて灰褐色などの風化色に変わる特徴をもつ．層厚は325 m以内．

大山層：模式地は三浦郡葉山町長柄字大山から逗子市桜山にわたる森戸川中流域から上流域一帯．岩相はおもに灰色ないし黄灰色の細粒〜粗粒凝灰質砂岩からなる．ところによりチャートやグレイワッケ

(graywacke)の細～中・円礫を混じえるほか，まれに亜炭破片を含む．中・上部層準には単層の厚さ1～数 m のシルト岩優勢互層が数層準に挾在する．そのうち，2層準の互層は下位から 100 m, 70 m の厚さに達し，鍵層として追跡される．層厚は 1900 m．

衣笠泥質オリストストローム：この地層は，これまで衣笠泥岩層（小島，1954）とよばれていた地層を再定義したもので（江藤，1986 a），森戸層および鐙摺層の一部が大山層堆積後に大規模な海底地すべりを起こして二次的に積成した異地性混合岩体（オリストストローム）である．

模式地は横須賀市池上4丁目の超塩基性岩体周辺の露頭．岩相は主として灰色ないし黄灰色のシルト岩からなり，凝灰質砂岩・軽石細粒凝灰岩の薄層をはさむ．この地層は全般に著しく擾乱した産状を示す．たとえば，シルト岩には鱗片状の割れ目や面の癒着した剪断面（滑動面）がしばしば見られ，砂岩薄層は不規則に折れ曲がったレンズ状や不規則な形状を示し，寸断されたブーダン（boudin）構造などが発達する．

これらの岩石はもともと森戸層に由来するとみなされる．一部の地域では，砂岩シルト岩互層，砂岩礫岩互層からなるが，これらは鐙摺層に由来するオリストリス（olistolith）と考えられる．横須賀市池上付近から横須賀線衣笠駅南側にかけて，本層中に蛇紋岩を主体とする超塩基性岩体が西北西-東南東の方向性をもって点在する．これらの岩体も泥質オリストストロームに内包されるオリストリスである．みかけの層厚は 1800 m．

矢部層：模式地は横須賀市衣笠町衣笠公園南側の旧採石場一帯．岩相は垂直的および側方的な岩相変化が激しいが，上下の2部層に区分される．下部（坂口凝灰質砂岩部層）は灰褐色の凝灰質砂岩，灰緑色の石英安山岩質凝灰岩，凝灰質砂岩凝灰岩互層などで構成される．上部（小矢部凝灰質砂岩シルト岩部層）は，凝灰質砂岩シルト岩互層および灰色シルト岩からなる．層厚は 700 m 以上．

2) 三浦層群

本層群は半島北部地域で葉山層群を不整合に覆い，いわゆる黒滝不整合までの地層で，逗子層および池子層の2累層で構成される．両層は全般的に整合関係であるが，一部で海底侵食を伴う非整合関係にある．南部では整合関係で重なる三崎層と初声層からなり，北部に比べて火砕質岩が卓越する．

逗子層：基底部は北部地域で礫岩・砂岩・数枚の軽石凝灰岩薄層からなり，貝化石密集部がある．中部地域の基底部は凝灰質砂岩を主体とし，葉山町御用邸岬からその東方一帯で，石灰質砕屑岩・凝灰岩・凝灰質砂岩シルト岩互層を伴う．両基底層は田越川砂礫岩部層（北部地域，層厚 5～50 m）と下山口砂礫岩部層（中部地域，層厚 0～130 m）とに区分される．両部層は上位のシルト岩主体部に漸移する．

模式地は逗子市 JR 逗子駅北側の崖（大塚，1937）．岩相は青灰色シルト岩（単層の厚さ数十 cm～数 m）と黄褐色細粒砂岩の薄層（数 cm, 最厚 2.5 m）との互層を主体とし，軽石凝灰岩（数 cm～数 m）をはさむ．軽石凝灰岩の厚いものは鍵層として追跡される．層厚は北部地域で 1000～1500 m，中部地域（南北帯列の葉山隆起帯に挾まれた地帯）で 650 m 前後の厚さとなる．

池子層：模式地は逗子市，神武寺駅北東約 1 km の京急電鉄線線路切割（赤嶺・他，1956）．一部の地域で本層の下半部は，黄褐色の凝灰質砂岩と火山礫凝灰岩が卓越し，これを鷹取山火砕岩部層（江藤，1986 b．層厚：0～210 m）とよんで区分される．この部層にはいくつかの地点で半深海性二枚貝のシロウリガイ（*Calyptogena nipponica*）を産する．

本層の主体部は厚さ数十 cm～2 m の暗灰色凝灰質シルト岩と，厚さ数 cm～数十 cm の火砕岩（黄褐色凝灰質砂岩，軽石質およびスコリア質凝灰岩など）との互層からなる．層厚は 150～400 m．

三崎層：模式地は三浦市三崎町二町谷・西浜付近（赤嶺・他，1956）．岩相は厚さ数 10 cm の暗灰色凝灰質シルト岩と黒色スコリア質砂岩・火山礫凝灰岩との互層で構成され，軽石凝灰岩をはさむ．多くの層準にスランプ構造が見られる．油壺湾周辺などにはスコリア質火砕岩を主体とする岩相部が本層上部の一部を構成し，上記互層部に側方移化する．これを油壺火砕岩部層（層厚 0～160 m）（小池・村井，1950）として区別することができる．層厚は 700 m 以上．

初声層：模式地は三浦市南下浦町金田小浜（赤嶺・他，1956）．岩相はおもに黄褐色凝灰角礫岩，火山礫凝灰岩，凝灰質砂岩からなり，凝灰質シルト岩および軽石凝灰岩の薄層を挾在する．火砕岩部にはしばしば斜交葉理が発達する．層厚は 460 m 以上．

半島南部の三崎層と初声層は，岩相の上では北部の逗子層と池子層にそれぞれ，ほぼ対応するが，年代的には三崎・初声両層がやや早期のものである．ナンノ化石による年代では，三崎層の最下部は中期中新世後期に属すると報告されている（蟹江・他，1991）．

3) 上総層群

半島北部では黒滝不整合から長沼不整合までの地層が相当し（伊田・他，1956），下位から浦郷，野島，大船，小柴，中里，富岡の6層に区分される．また，半島南部には林層が分布している．

浦郷層：模式地は鎌倉市朝日奈切り通し旧道（江藤，1986b）．岩相はおもに固結度の低い褐色凝灰質砂岩からなり，分布の東部域の横須賀地域では厚さ数十cmの凝灰質シルト岩をしばしばはさむ．また，基底部ほか3層準に凝灰質シルト岩からなる，厚さ数m～十数mの巨・角礫岩レンズをはさむ．鎌倉地域では砂岩に斜交葉理が発達する．鎌倉市天園には殻の溶けたシロウリガイ化石の密集部が見られる．層厚は最厚220m．

野島層：模式地は鎌倉市大船東方から北鎌倉に至るルート（三梨・菊地，1982改訂）．岩相は厚さ数十cm～数mの凝灰質砂岩，凝灰質シルト岩と，軽石およびスコリア凝灰岩薄層の不規則互層からなる．鎌倉市今泉周辺では，本層下半部に砂岩・礫岩層が不規則互層に指交関係で挟在し，これは今泉砂礫岩部層（最大層厚160m）（鈴木・北里，1951；江藤，1986b）に相当する．凝灰質砂岩には礫混じりの貝化石密集部をはさむところがあり，まれに異地性のシロウリガイを含む．本層の中～下部層準に浮遊性有孔虫化石 *Globorotalia truncatulinoides* の産出下限があり，鮮新世-更新世の境界を置くことができる．層厚は200～320m．

大船層：模式地は鎌倉市大船，大船駅西方の丘陵（大塚，1937）．岩相は均質の灰色シルト岩ないし砂質シルト岩を主体とし，厚さ数cmの砂層のほか，まれに最厚2.5mの軽石凝灰岩を挟在する．層厚は150～250m．

小柴層：模式地は横浜市金沢区柴町小柴海岸（大塚，1937）．岩相はおもに褐色未凝固の凝灰質砂からなり，下部は細礫～中礫混じりの粗粒砂，上部は細粒砂，と上方細粒化を示す．模式地から円海山付近にかけては斜交層理が発達し，貝化石密集部が数地点に知られる．層厚は75～200m．

中里層：模式地は横浜市磯子区上中里（赤嶺・他，1956）．岩相はおもに未固結な灰色シルト岩からなり，厚さ数m以上の間隔に数cm～数十cmの厚さの砂層をはさむ．層厚は40～160m．

富岡層：浜層，浜互層ともよばれる．模式地は横浜市金沢区長浜，長浜検疫所付近の海岸（大塚，1937）．岩相はおもに雲母を含む褐色細粒砂層と未固結灰色シルト岩の互層からなり，最上部に厚さ数mの礫層が分布するところがある．互層の内，下部ではシルト岩の厚さ数十cm～数m，砂層数十cm以下とシルト岩優勢，中部では10～20cmのほぼ等量互層，上部で砂勝ちとなる．層厚は最厚60m．

林層：模式地は横須賀市林付近（赤嶺・他，1956）．岩相は軽石およびスコリア質の凝灰質砂岩，凝灰角礫岩からなる．本層は化石を産しないため，層位的位置は確定しない．層厚は25m以下．

4) 相模層群およびその他の上部第四系

相模層群は上総層群を不整合に覆う長沼層から下末吉ローム層までの地層を含む（三梨・他，1979）．三浦半島のつけ根より北側に広く分布し，長沼層，屏風ケ浦層，下末吉層などに区分されている．半島中部の東端，横須賀市小原台一帯には，横須賀累層および小原台砂礫層が小範囲に分布し，半島南部の宮田台地には宮田層が分布し，それぞれ相模層群に対比されている（表10.1）．

相模層群の上位に後期更新世の新期ローム層（武蔵野・立川各ローム）が不整合に重なり，最上位の地質系統として完新世の沖積層が位置する．沖積層はいわゆる軟弱地盤の低地に分布し，おもに砂・泥で構成される．代表的な沖積低地は，横浜市戸塚区から藤沢市にかけての柏尾川流域，旧鎌倉市街地，逗子市街地，横須賀市平作川流域などに広がる（Ⅰ-22章参照）．

10.3. 地質構造

1) 断層

本地域に見出される，比較的規模の大きい断層（5万分の1などの通常縮尺の地質図に表現できるもの）は，縦走断層系および横断断層系の2系統に大きく区分される．

(1) 縦走断層系：この断層系は西北西-東南東の一般走向を示し，葉山・三浦両層群で構成される両地塊の伸長方向に平行する断層系である．これは半島の中部・南部に発達し，おもに上記両層群を画するものとなっている．これにはおもなものだけでも五つの断層が存在し（Yamasaki, 1926；三梨・矢崎，1968；Kaneko, 1969），北から南の順に，衣笠断層，北武断層，武山断層，南下浦断層，引橋断層とよばれている（図10.1）．

上記5断層は層位学的研究（大塚，1935；垣見・他，1971）および地形学的研究（Kaneko, 1969）によって，右横ずれ変位を示す活断層とされているが，これらの断層のほとんどは層位学的な関係からみて，かなり大きな垂直変位をもっている．衣笠断層と武

10. 三浦半島の地質構造

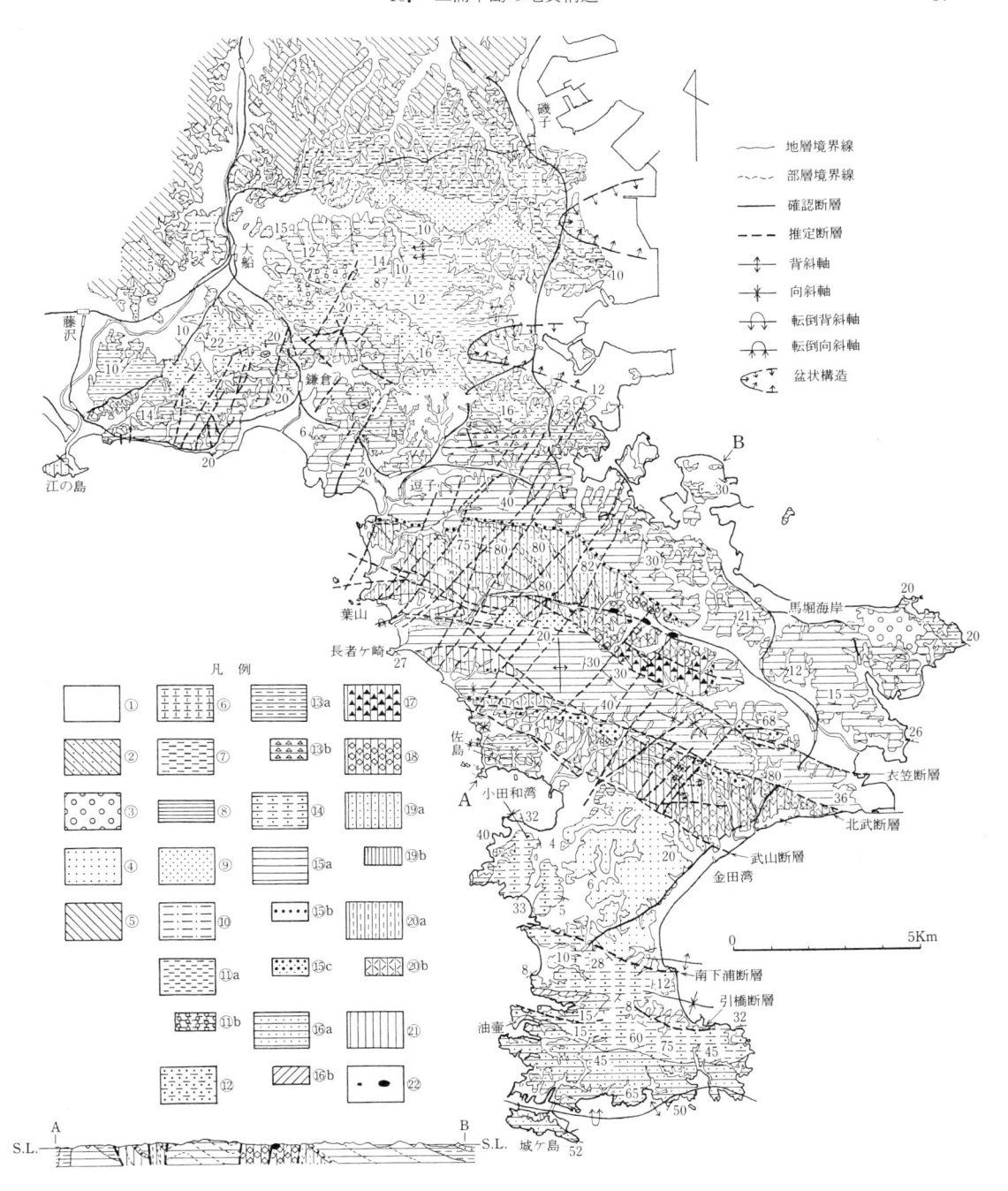

図10.1 三浦半島地域の地質概略図(江藤, 1986；三梨・矢崎, 1968 より作成. 江藤原図)
①：沖積層, ②〜⑤：相模層群, ②：相模層群上部(下末吉相当層), ③：相模層群上部(横須賀層・小原台砂礫層), ④：相模層群下部(宮田層), ⑤：相模層群下部(長沼層・屛風ヶ浦層ほか), ⑥〜⑫：上総層群, ⑥：富岡層, ⑦：中里層, ⑧：林層, ⑨：小柴層, ⑩：大船層, ⑪a：野島層, ⑪b：今泉砂礫岩部層(野島層), ⑫：浦郷層, ⑬〜⑯：三浦層群, ⑬a：池子層, ⑬b：鷹取山火砕岩部層(池子層), ⑭：初声層, ⑮a：逗子層, ⑮b：田越川砂礫岩部層(逗子層), ⑮c：下山口砂礫岩部層, ⑯a：三崎層, ⑯b：油壺火砕岩部層(三崎層), ⑰〜㉑：葉山層群, ⑰：矢部層, ⑱：衣笠泥質オリストストローム, ⑲：大山層(a：砂岩部, b：頁岩優勢部), ⑳a：鐙摺層, ⑳b：立石凝灰岩部層(鐙摺層), ㉑：森戸層, ㉒：超塩基性岩体.

山断層は北東側の地塊が衝上した逆断層とみなされる．南下浦断層は南東側地塊が衝上した逆断層であり，三浦市南下浦中学校など，いくつかの地点で断層露頭を観察することができる．衣笠断層，北武断層および武山断層は，等高線の直線状配列や断層線崖が明瞭に発達するところが多い．

本地域の大規模な逆断層の形成は，中新世中期末の葉山隆起帯を形成した地殻変動，つまり葉山層群の激しい上昇運動にさかのぼる．上記の縦走断層は中新世中期末の逆断層の形成に起源すると考えられ，その後，それぞれ多少性質の異なる垂直変異の変遷を経て，更新世中・後期に右横ずれを主成分とする活動に転化したものと推定される．

(2) 横断断層系：この断層系は北東-南西ないし北北東-南南西の走向を示し，地層の大局的走向と直交ないし高角に交わる断層系である．これは半島中部以北の葉山・三浦・上総各層群中にみられ，特に三浦層群分布域に著しく発達する．

この断層系のほとんどは，高角に傾斜する正断層である．断層面は直線状の断面形態，地層の引きずりは発達しないなどの性状を示す．剪断帯は幅数cm〜数十cmで，まれに数mに達するものもある．落差は数十mのものが多い．鎌倉地域では左横ずれ成分を伴い，水平変位量が数百mに達する断層もある．大きな水平変位が認められる地層は，上総層群浦郷層以下である．

この断層系は，小断層としても多数見出される．小断層は上述した規模の大きい断層の性質と全く同じであり，どちらも同時期に形成したとみなされる．この系統の小断層は三浦層群を切るが，相模層群に覆われる．

以上の事実から，本断層系は上総層群野島層堆積前に左横ずれ変位を主とする活動で形成し始め，その後，長沼不整合形成時に垂直変位を主とする断層として再活動したことが推定される．

2) 褶曲

(1) 葉山層群の褶曲：北帯列の葉山層群の西端部，葉山町森戸神社付近から沖合750mの菜島周辺に分布する森戸層または鐙摺層の地質構造は，西側に傾斜する小規模な半ドーム構造をつくる．

森戸神社周辺の北側から，葉山層群分布域の東端部にかけて大きく見ると，同層群の走向は西部(森戸層，鐙摺層，大山層)で東-西，中部で北西-南東，東部(大山層，矢部層)でほぼ南北と，漸移的に変わる．各層は北側にあるいは東側上位で垂直に近く急傾斜する．この走向変化で示される湾曲した構造は，北西-南東走向の直立した軸面をもつ褶曲，つまり直立褶曲とみなされる．

森戸神社周辺の構造と上述の直立褶曲とを合わせて考えると，北帯列の葉山層群は西北西-東南東の長軸をもつドーム構造の北東翼を形成していると判断される．

南帯列の葉山層群の南東半部に分布する森戸層と鐙摺層は，上記と同様の湾曲構造を示し，直立褶曲の一翼をつくると考えられる．また，両層は一部に転倒した背斜および向斜を伴う複褶曲を形成している．

北帯列と南帯列とを合わせた葉山層群の構造は，西北西-東南東の長軸をもつ複背斜を形成していると解釈される．

(2) 三浦・上総両層群の褶曲：三浦半島北部の三浦・上総両層群は局所的に小規模の褶曲構造をつくる．それらは全般にほぼ東西方向の長軸をもち，緩やかな盆状およびドーム状の構造を示す．比較的規模の大きい明瞭な褶曲は，野島層および富岡層に認められる．

横浜市金沢区金沢八景周辺の野島層は，西北西-東南東方向の長軸をもつ，東へ舟状に開く盆状構造をつくる．この向斜の北西側の同層上部に小規模の東西性の背斜・向斜が続き，緩やかにうねった構造を示す．

金沢区富岡町東側周辺に分布する富岡層は，東西の長軸，東へ開いた盆状構造となっている．この構造は富岡向斜とよばれている(三梨・他，1979)．

三浦半島中部に分布する三浦層群逗子層は，南北両側を葉山層群との間の縦走断層(衣笠断層，北武断層)で画され，さらに多くの横断断層によって分断されているが，全体として西北西-東南東の長軸の向斜を形成している．

また，三浦半島南部地域の三浦層群(三崎層，初声層)には多様な褶曲が発達する．すなわち，規模・長軸の方向・閉塞性など，さまざまな性状の褶曲が存在する．このことは，この地域の褶曲がいくつかの異なる時期に形成されたものであることを示している．

さらに，三浦半島最南部の城ケ島北側付近から剣崎(つるぎざき)にかけて，三崎層に剣崎背斜(三梨・矢崎，1968)が知られる．これは，城ケ島付近では軸面が北へ傾く過褶曲を示し，剣崎付近ではやや非対称性の，翼間角が開いた褶曲となっている．その軸跡の延びは湾曲する．これらの形状は地層がかなり延性状態な時期に形成された褶曲であることを示す．

横須賀市南西端の長井町荒崎周辺の三崎・初声両層は，北側で走向北西-南東，南側で南北から北東-南西に漸移し，東側へ傾斜する．この構造は半ドーム構造とみなされる．北東部の初声層は局所的な向斜をなす．

横須賀市芦名および佐島地域の逗子層・池子層は，西北西-東南東の軸をもつ小規模な背斜・向斜が並列する．それらのいくつかは軸部が露頭で観察される．それらの褶曲には翼間角が開いたものから閉じたものまである．

そして，三浦半島南部の三浦層群には上記のほか，数地域に小規模のドームおよび盆状構造が知られる．また，スランプ層が多くの層準に挟在し，南部地域の地質構造の1特徴となっている．特に，三浦市海外町や白石町などの海岸部には，三崎層中に多種，多様なスランプ構造が知られる（小島，1980，1981）．

まとめ

三浦半島地域を構成する新生界の層序・構造の概要を紹介した．野外見学ルートや重要な露頭などの具体的な記述，および地質構造発達史については，紙幅の都合で行わなかった．それらについては他書を参考して頂きたい．

この地域の層序・構造は全般に明確になっているが，問題点や不明なことがらは少なくない．研究はさらに進展していくといえる．　　　〔江藤　哲人〕

参考文献

赤嶺秀雄・岩井四郎・小池　清・成瀬　洋・生越　忠・大森昌衛・関陽太郎・鈴木好一・渡部景隆(1956)：三浦半島の三浦層群について．地球科学，no. 30, pp. 1-8．

江藤哲人(1986 a)：三浦半島葉山層群の層位学的研究．横浜国大教育学部理科紀要，第2類，no. 33, pp. 67-106．

江藤哲人(1986 b)：三浦半島の三浦・上総両層群の層位学的研究．横浜国大教育学部理科紀要，第2類，no. 33, pp. 107-132．

伊田一善・三梨　昂・影山邦夫(1956)：関東南部の地層の大区分について．地調月報，vol. 7, pp. 1-2．

垣見俊弘・平山次郎・岡　重文・杉村　新(1971)：南下浦断層の変位の性格，とくに垂直変位量について．第四紀研究，vol. 10, pp. 81-91．

Kaneko, S.(1969)：Right-lateral faulting in Miura Peninsula, south of Tokyo, Japan. Jour. Geol. Soc. Japan, vol. 75, pp. 199-208.

蟹江康光・岡田尚武・笹原由紀・田中浩紀(1991)：三浦・房総半島新第三紀三浦層群の石灰質ナノ化石年代および対比．地質学雑誌，vol. 97, pp. 135-155．

木村政昭(1965)：葉山層群の層序と相模湾における葉山層群の分布について(演旨)．地質学雑誌，vol. 71, pp. 382．

木村政昭・湯浅真人・玉井義郎・蟹江康光(1976)：三浦半島で発見された漸新-中新世初期の枕状溶岩．地調月報，vol. 27, pp. 451-457．

小池　清(1957)：南関東の地質構造発達史(遺稿)．地球科学，no. 34, pp. 1-7．

小島伸夫(1954)：三浦半島の葉山層群について．地質学雑誌，vol. 60, pp. 1-6．

小島伸夫(1980, 1981)：三浦半島南西部の三崎累層にみられる乱堆積層について(第1報，第2報)．地質学雑誌，vol. 86, pp. 313-326 ; vol. 87, pp. 197-210．

三梨　昂(1968)：三浦・房総半島の地質構造と堆積構造(層序概説)．日本地質学会第75年会地質見学案内書，pp. 4-13, 日本地質学会．

三梨　昂・矢崎清貫(1968)：日本油田・ガス田図，6．三浦半島．地質調査所．

三梨　昂・他(1976, 1979)：特殊地質図，20．東京湾とその周辺地域の地質，同地質説明書，91 p., 地質調査所．

三梨　昂・菊地隆男(1982)：横浜地域の地質．地域地質研究報告(5万分の1図幅)，105 p., 地質調査所．

大塚弥之助(1935)：故山崎博士の三浦半島武山断層の地質学的考察．地理学評論，vol. 11, pp. 455-462．

大塚弥之助(1937)：関東地方南部の地質構造〔横浜-藤沢間〕．東大地震研彙報，no. 15, pp. 974-1040．

渡辺久吉(1925 a, b)：武蔵野系の基底(その1, 2)．地学雑，vol. 37, pp. 439-501, vol. 37, pp. 584-595．

渡辺久吉(1938)第三紀時代に於ける日本群島の古地理．地学雑，vol. 50, pp. 351-372．

渡部景隆・小池敏夫・栗原謙二(1968)：神奈川県葉山地域の地質(付1万分の1地質図)，38 p., 日本地学教育学会．

Yamasaki, N. (1926)：Physiographical studies of the great earthquake of the Kwanto district, 1923. Jour. Fac. Sci. Imp. Univ. Tokyo, sec. 2, vol. 2, pp. 77-119.

11. 相模湾とその周辺の海底

　相模湾は伊豆半島と三浦半島の南に広がる湾であり，その水深は日本のすべての湾のなかでは飛び抜けて深い。日本の湾のなかでその平均の水深が100 mを越えるのは富山湾，駿河湾，そしてこの相模湾の三つしかなく，これらはいずれも中部日本のフォッサマグナに沿った地域に分布している。これら三つの湾に共通した特徴は，プレート境界が湾のなかを通っているということである。相模湾にはその中央にほぼ北北西–南南東の方向にフィリピン海プレートと東北日本マイクロプレートの境界が走っている。また同時に，伊豆・小笠原弧の火山フロントの北部が湾のなかに突っ込んでおり，相模湾で観察される複雑な地学現象の原因はこれに起因する。ここでは，相模湾のなかを走っているプレートの境界に関係した地形や地質学的な問題を取上げ，またそのためにどのような観測や観察の手段があるのかを述べ，相模湾の地形の複雑さの成因を考察する。

11.1. 相模湾の海底地形

　図11.1には海上保安庁水路部によって出版されている相模湾の海底地形図を示した（海上保安庁水路部，1983, 1986, 1987）。この地形図から相模湾の海底地形についての大まかな特徴をつかむことができる。また，相模湾の地形や地質についてのまとめは木村（1976）や桂（1985）によってなされている。相模湾の地形は，伊豆半島の東側斜面を含む西部，相模トラフを含む中部，および沖ノ山堆列を含む東部，に大きく3区分することができる。また，伊豆大島周辺や相鴨トラフ（So-o Trough）（藤岡・他，1984）周辺の海底地形についても併せて記載する。

1) 相模湾西部

　相模湾西部には以下の地形的な特徴が認められる。それらは，伊豆半島の東につながる急斜面と，その東に発達する堆積物に覆われた緩やかな斜面である。これらの斜面の傾斜は水深1100 m付近の裾野で急激に変化するが，傾斜変換点付近の海底には断層が走っている。これは，伊豆東方線とか西相模湾断裂とかよばれている構造線である（石橋，1990）。断層に沿ってシロウリガイの群集が線上に分布している（初島群集）（橋本・田中，1989）。斜面には小さな必従谷をなす海底谷が発達しておりタービディティーカレント（turbidity current）や土石流が斜面を下っていると考えられ，さまざまな規模の流山が認められる（Fujioka et al., 1990）。相模湾西部の地形的な特徴は一言で言えば大西洋型の非活動的縁辺域に特徴的な地形を呈していることである。

2) 相模湾中部

　相模湾の中部には水深の大きい相模トラフがほぼ北北西–南南東ないし北西–南東方向に走っている。トラフ底を埋める堆積物は厚く，主としてタービダイトからなり，音波探査の断面で見ると2秒以上の厚さがある（木村，1976；Kong et al., 1983；加藤・他，1987）。相模トラフはフィリピン海プレートと東北日本マイクロプレートとの物質境界である（杉村，1972）。しかし，現在のフィリピン海プレートの運動の方向は340度の方向であるため（Seno, 1989），相模トラフに沿っての沈み込みは起こっておらず，沈み込みは主として房総半島の南方の相鴨トラフのみで起こっていると考えられる（藤岡・他，1984；藤岡・塚脇，1990）。

3) 相模湾東部

　相模湾の東部では北西–南東ないし北北西–南南東に走る水深のきわめて小さい沖ノ山堆列が顕著な構造である。沖ノ山堆列の頂上には石灰岩がキャップしている。沖ノ山堆の西の裾野の水深1100 mの所には顕著な逆断層が発達しており，シロウリガイを主とする深海生物群集が発達している（Fujioka・Taira, 1989；田中・橋本，1989；蟹江・他，1991）。この生物群集の存在は「しんかい2000」によって発見され，その後「ドルフィン3K」によっても観察されている。沖の山群集は逆断層に沿って湧き出してくる水のしみだしによって生物活動が支えられていると考えられる（Fujioka・Taira, 1989）。

11.2. 相模湾の周辺の海底

　相模湾の地形を理解するためには相模湾だけでなく，その周辺の海底についても見ていく必要がある。ここでは，大島，大室出シ，相鴨トラフについ

11. 相模湾とその周辺の海底

図 11.1 相模湾とその周辺海域の地形
[海上保安庁水路部海底地形図「相模灘及付近」(No. 6363)(1986),「相模トラフ付近海底地形図(その2)」(1/100,000)(1986),「伊豆大島」(No. 63637)(1/500,000)(1987)].

て見ていく．図 11.2 には大島および相鴨トラフ周辺の簡単な構造を示した．

1) 伊豆大島周辺

海底火山： 大島北西部の沖には，島の伸びの方向(北西-南東方向)に平行ないくつかの円形の高まりがある．これらは西乳ヶ崎海丘，乳ヶ崎海丘，千波海丘(新称)とよばれている(図 11.2)．一方，島の南東部延長には波浮海脚が伸びているが海脚の上には顕著な円形の高まりが五つ認められ，差木地の南沖にも海丘がある．これらの円形の高まりは，大島陸上の側噴火口列(北西-南東ないし西北西-東南東方向)とほとんど平行であり，側噴火口列の延長部と考えられる．北西部沖の高まりは葉室・他(1980, 1983)により記載された東伊豆沖海底火山群とは明らかに独立しているように見える．なぜなら，大島の北西部沖合には東北-南西方向の大きな谷が入っていて，これら二つの高まり群を分割しているからである(図 11.2)．

大島の傾動： 大島は陸上地形だけを眺めると，カルデラ壁の顕著な西斜面の傾斜が急で，東斜面の傾斜はそれに比べてやや緩く見える．今，大島を相模トラフに直交する海域をも含む断面で切ってみる

と(藤岡, 1988)，相模トラフ軸へと下る東側の海溝斜面全体の方が急で西側の海域を含む斜面がそれに比べて緩いことがわかる．つまり，大島をのせた基盤全体が相模トラフの方へ傾いているようにみえる．このことは大島付近の陸棚の分布をみても同様に理解できる．すなわち，大島の周囲を囲んでいる 150 m の等深線と海岸線までの距離を見ると，東側沿岸部の陸棚では平均 0.7～0.8 km であるのに対し，西側のそれは 1.5～1.6 km と倍ほどある．同様の傾向が伊豆半島の周囲にもみられるのは興味深い．

斜面崩壊：　大島東方の海底斜面には幾条もの尾根と谷の配列や尾根と凹地斜面の配列がみられる．大島東部沖の凹地地形は馬蹄系を呈しており，その成因は斜面の大崩壊を表していると考えられる．大島周辺の風系は西風であり，大島で噴火したテフラは西風に乗って東側の斜面にたまる．斜面がテフラによって傾斜が急になると，崩壊して馬蹄系の地形が形成されたと考えられた(藤岡, 1988; 徳山・他, 1988)．

2) 大室出シ

大島南方沖約 10 km の所にある大室出シは平坦な頂部をもち，150 m の等深線で囲まれた面積をみると大島に匹敵する．このことは，海水準低下期には伊豆諸島が現在みられる七島よりもさらににぎやかな多島海であったことを想像させる(藤岡, 1985)．大室出シの中央部には北西-南東方向に伸びた落差 100 m の凹地があり大室海穴とよばれている(海上保安庁水路部, 1983; 葉室・他, 1983)．大室出シを構成する岩石は新島や神津島を構成している流紋岩類と類似のものである(藤岡・他, 1980; 葉室・他, 1983)．

伊豆・小笠原弧の海溝斜面は等間隔の平行なコンターをもつ必従斜面であるが，この特徴が大室出シの東から突然変わる．大室出シの東側の斜面には，大室出シの頂部付近から東北東および北東へ張り出した 2 列の混沌としたローブ(lobe)状の地形が認められる(図 11.2 の N.L. と S.L.)．これらは複雑な小丘や谷を含む地形で，巨大なスランプによってできた地形に特徴的なものである．北側のローブは相模トラフ底にまで達している．この地形から，大室出シ全体を崩壊させた巨大噴火の可能性が指摘されている(藤岡, 1988; 藤岡・安江, 1989)．

3) 相鴨トラフ周辺

海底地形：　相鴨トラフは大島の東側で水深 2000 m 付近から走向を東へ大きく曲げて水深を徐々に増し，鴨川海底谷と交わる付近では水深が約 2800 m になる．相模トラフは相鴨海丘(So-o Knoll)の近くでは谷中谷を形成している(藤岡・他, 1984)．

相鴨トラフの陸側斜面すなわち房総半島南端沖では，水深のコンターがほぼ半島に平行する．大陸棚外縁はほぼ水深 130 m の所まで張り出している．陸棚から陸棚斜面に下る海底谷は南北性の野島・富崎，東西性の洲崎・布良の海底谷が顕著である．

洲崎から沖ノ山へ至る浅瀬およびその南の布良から布良瀬，布良瀬海脚へ至る浅瀬は，房総半島の大構造にほぼ平行している．

相鴨トラフに直交する南北断面に沿った精密測深

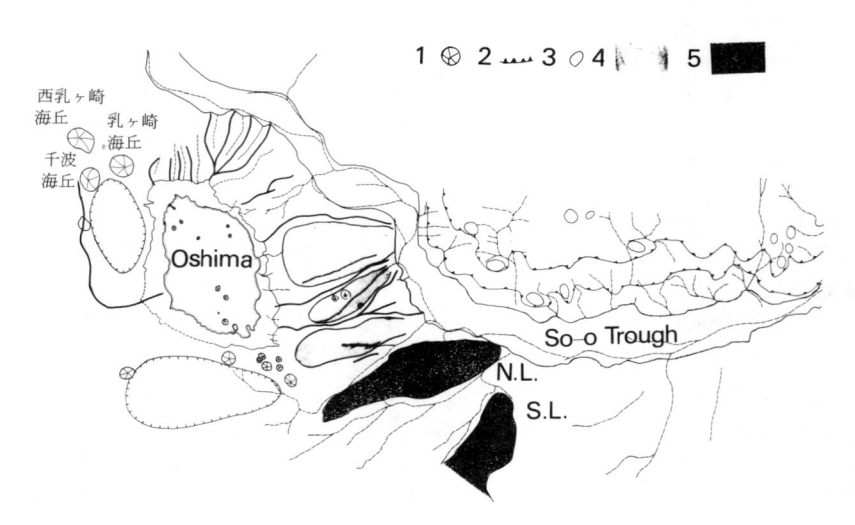

図 11.2　大島および相鴨トラフ周辺の構造
1：海底火山，2：逆断層，3：泥火山，4：崩壊地形，5：大室出シからの崩壊．

の結果をみると，相鴨トラフの海側斜面（南部）は緩く膨んだ地形を呈している．これは通常の海溝海側斜面にふつうに認められる地形的特徴である．トラフ底は緩く海側に傾いた地形を呈している．一方，陸側斜面は上部に海底谷が存在して地形断面が乱れているが，一般に斜面の傾斜は海溝海側斜面よりはるかに急である．陸側斜面の途中にはいくつかの地形的な屈曲点(inflection point)が認められる．陸側斜面下部のトラフ軸付近には，陸側から由来した堆積物によると考えられる小規模な崩壊地形が認められる．

音波探査断面： 日仏共同海溝計画(Kaiko Project)では，相鴨トラフを南北に横断するシングルチャネル音波探査がPDR(precision depth recorder：精密測深機)，3.5 KC(3.5 kHz反射式音波探査機)および重力・地磁気の測定と同時に行われ，相鴨トラフの特徴がまとめられた(Nakamura et al., 1987；藤岡，1988)．

トラフの海側には厚い堆積物が緩く北へ傾き，北へむけてその厚さを増しており，またトラフ軸のすぐ南側のスウェル(swell)の形もよくみられる．トラフ底の堆積物はTamaki・Nakamura(1986)によって記載されたトレンチウェッジ状の構造をよく示している．陸側斜面には地形的屈曲点とともに陸側に緩く傾く逆断層構造が認められる．このことは，相鴨トラフで沈み込みが現在も起こっており，大地震をひき起こしたこと，それによって房総南端部が周期的に隆起したことと調和的である(Kanamori, 1971；Sugimura・Naruse, 1954；Ando, 1974)．図11.3には大島と相鴨トラフ周辺の模式構造を示した．

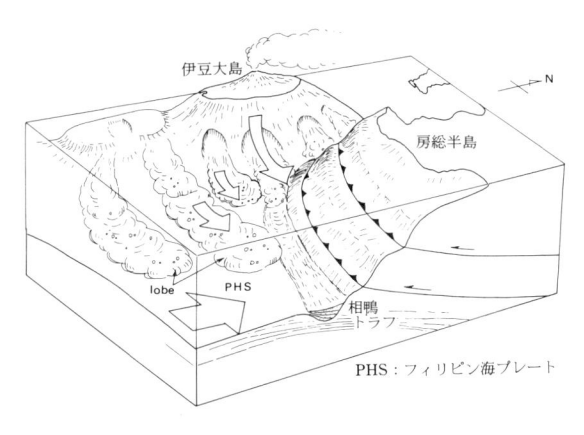

図11.3 大島および相鴨トラフ周辺の海底の模式構造

11.3. 海底調査の方法

海底の調査には陸上の調査とは異なった機器が必要である．それらは地形調査，底質調査・採集，地球物理学的観測，地球科学的観測などに分けられる．底質調査とは主として地質（堆積物や岩石）や生物の試料の採集のことである．海底は水深が深くなると人間はじかに潜ることはできない．したがって海底を調べるには音波を用いる．音波は海中では温度や塩分濃度によってその速度は異なるが，おおむね1.5 km/秒である．また，その周波数によって用途も異なる．海底の地形を知るためには28 kHz，表層の堆積物を知るためには3.5 kHz，それより深部の構造を知るにはもっと周波数の低い音波を用いる．

堆積物を採集するにはグラブ採泥器やボックス型採泥器，柱状採泥器としてピストンコアラーなどを用いる．岩石や生物の試料を採集するにはドレッジを用いる．これらの採泥器では海底の表層のせいぜい30 m程度の深さの試料しか得られない．さらに深い試料を得るには掘削船が必要である．米国の深海掘削船JOIDES Resolution号は世界の研究者をのせて日本の近海でも掘削を行っている．

11.4. 相模湾の成因

これまでにみてきたような相模湾の複雑な地形の起源はフィリピン海プレートの沈み込みに起因する．フィリピン海プレートの北部の境界は南海，駿河トラフを通り陸上を通過して相模湾につながる(中村・島崎，1981)．前者はユーラシアプレートとの境界を，後者は北米ないしは東北日本マイクロプレートとの境界をなすと考えられている．そして伊豆半島は当然の結果としてフィリピン海プレートの付属物になる．伊豆半島の地下には花崗岩質岩石があることが岩石学的研究や地震波を使った地下構造の探査から明らかにされている．このようなプレートは軽くて沈み込むことができずに日本列島に衝突し，丹沢山地を形成した．さらにこのような衝突がそれ以前の地質時代にも起こって，南部フォッサマグナ(Fossa Magna)を形成したと考えられている．相模湾はその西部ほど衝突の影響を受けているのに対して，中央部は横ずれ的な運動を示している．これは，フィリピン海プレートと東北日本マイクロプレートとの境界がその運動の向きから考えると横ずれ的な振舞いをするためであると考えられる．一方，相模湾の東部は房総半島の南部にある相鴨トラフで沈み込んでおり，その陸側斜面には付加帯が発達していると考えられている．すなわち，相模湾はその

西部，中部および東部でプレートの沈み込みの様式が異なるのである．しかし，このようなプレートの配列は時間とともに変化するので，地質学的過去の相模湾の地形は現在とは異なっていたであろうし，これからも変化するであろう．

まとめ

相模湾とその周辺の海底は地球全体でみてもきわめて特殊な地域である．相模湾は地形や地質からみて大きく三つの地形区に区分できる．それらは，伊豆半島の東側斜面を含む西部，相模トラフを含む中部，沖ノ山堆を含む東部である．相模湾の周辺には伊豆大島をはじめとする活火山が存在し，海山やその斜面の崩壊などが特徴的である．このような活動的な地形は相模湾のなかにプレートの境界が走っていること，および西部，中部，東部でプレートの沈み込みの様式が異なることに起因する．

〔藤岡換太郎〕

参考文献

藤岡換太郎(1988)：伊豆大島周辺の海底地形．地学雑，vol. 97, pp. 39-50．

藤岡換太郎・古田俊夫・飯山敏道・古家和英・中村一明・中村保夫・小川勇二郎・竹内 章・谷口英嗣・渡辺正晴(1984)：房総海底崖付近の地質―KT-83-20次航海報告―．東京大学震研彙報，vol. 59, pp. 267-326．

葉室和親・荒牧重雄・藤岡換太郎・石井輝秋・田中武男・宇都浩三(1983)：東伊豆沖海底火山群―その2―および伊豆諸島近海海底火山．東京大学震研彙報，vol. 58, pp. 527-557．

海上保安庁水路部(1983)：海底地形図「相模灘及付近」(No. 6363)(1/200000)

海上保安庁水路部(1986)：海底地形図「相模トラフ付近海底地形図(その2)」(1/100000)

海上保安庁水路部(1987)：海底地形図「伊豆大島」(No. 63637)(1/50000)

加藤 茂・富安義昭・士岐嘉孝(1987)：相模トラフのマルチチャネル反射法音波探査．水路部研究報告，vol. 22, pp. 95-111．

桂 忠彦(1985)：相模湾．日本全国沿岸海洋誌，pp. 389-400, 東海大学出版会．

木村政昭(1976)：南関東周辺の地質構造．奈須紀幸(編)，海洋地質，pp. 155-181．東京大学出版会．

中村一明・島崎邦彦(1981)：相模・駿河トラフとプレートの沈み込み．科学，vol. 51, pp. 490-498．

杉村 新(1972)：日本付近におけるプレート境界．科学，vol. 42, pp. 192-202．

徳山英一・末広 潔・渡辺秀文・大西正純・高橋明久・井川 猛・浅田正陽・藤岡換太郎・藤本博巳・倉本真一・芦寿一郎(1988)：マルチ・チャンネル反射地震による伊豆大島の地殻断面図．火山，第2集，vol. 33, pp. 67-78．

12. 伊豆大島の噴火史

　大島火山は東京の南 100 km に位置する日本の代表的活火山で，玄武岩質の溶岩と火砕岩からなる成層火山である．海面上に長径 15 km，短径 4 km の南東方向に伸びた楕円形の山体が現れ伊豆大島をつくっている．島の中央にはまゆ型におちこんだカルデラ (caldera) を擁し，そのなかにできたスコリア丘 (scoria cone) である三原山の標高は 764 m に達する．

　記憶に新しい 1986 年の噴火をはじめ，歴史時代にさまざまな規模の噴火を頻繁に繰返したことは文書や絵図として残されている．ことに，明治時代以降になると自然科学者による噴火の記述も多く，1950～51 年の噴火では当時の研究者らを興奮させ，多くの観察・観測記録が報告された．その後，1960 年代前半の中村一明の一連の火山層位学的研究により大島火山の噴火史の理解が飛躍的に進むことになる．中村はスコリア，火山灰などのテフラを用いて噴火史を知る方法（テフロクロノロジー：tephrochronology）がたいへん有効な方法であることを明らかにし，5 世紀(?)以降，カルデラの形成にかかわる噴火を含む 12 回の大噴火の経緯や噴出物の分布を解明した．田沢 (1980, 1981) はその手法をより古い地層にまで適用し，最近 15000 年間に大島火山が 100 回あまり大噴火を繰返したことを明らかにした．それらは一色 (1984) や 1986 年の噴出物を示した坂口・他 (1987) の地質図にもまとめられている．以下，中村，田沢，一色，坂口他の研究成果をもとに大島火山の噴火史を簡単にふりかえってみよう．

12.1. 大島火山の噴火史
1) 大島火山の下に埋もれた古い火山体

　大島の主体を占めるのは大島火山であるが，実はその噴出物に覆われて，大島火山よりも古い，岡田火山，行者窟火山，筆島火山と名づけられた三つの火山体の残骸が存在する（図 11.1）．これらはいずれも玄武岩質の成層火山で北から東にかけての海食崖に沿って露出し，噴出年代は K-Ar 法により，数十万年～200 万年前と求められている．

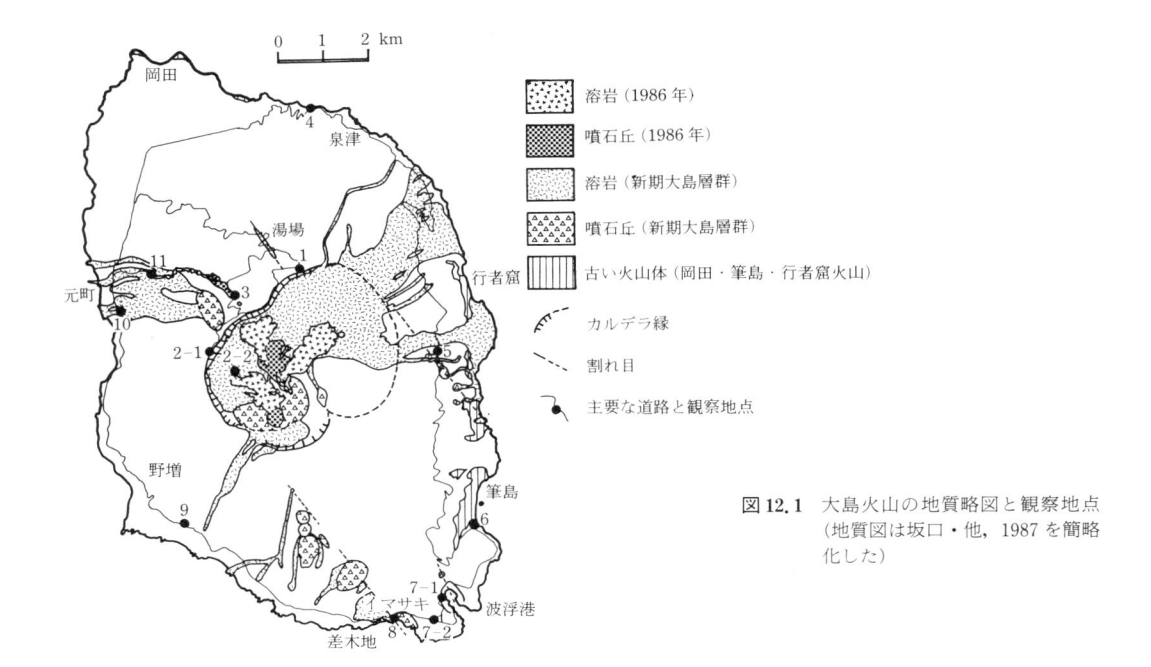

図 12.1　大島火山の地質略図と観察地点
　　　　（地質図は坂口・他，1987 を簡略化した）

2) 大島火山が生まれる—泉津層群

大島火山の初期の活動は，三つの古い火山体で高まった浅い海底で始まったらしい．海水面近くで起きた噴火では，海水が高温のマグマと接触して急激に気化するために高い圧力を発生する．このようなマグマ水蒸気噴火(phreatomagmatic eruption)では，既存の岩石が破壊され，急冷されたマグマとともに噴き飛ばされ，火口近くに爆発角礫となって降りつもる．こうしてできた堆積物が島の北部の泉津付近に露出しているため，泉津層群とよばれている．

3) 島に成長した大島火山—古期大島層群

火山が成長するとともに"大島"が海面上に姿を現し，噴火が陸上で起こるようになっていった．島の南西にある地層切断面などの大島火山の古い地層の調査により，最近15000年前から最初のカルデラができる5世紀(?)までの地層は古期大島層群と区分され，大噴火に由来する堆積物が95部層(O_1–O_{95})識別されている(田沢，1980，1982)．古期大島層群は大島火山がすでに大きく成長し，ほぼ現在と同じくらいにまで大きくなっていた時代にたまったものだと推定できる．

4) カルデラの形成と地表を覆う最近の噴出物— 新期大島層群

現在見られるまゆ型のカルデラは5世紀(?)と100年あまりの間隔をおいた7世紀(?)の2回の大噴火によって形成されたらしい．カルデラ形成にかかわる噴火とそれ以降の大噴火は12回数えられ，この時期の地層をまとめて新期大島層群とよんでいる．新期大島層群は，道路の切割りなど地表付近に広く露出し，図12.2の模式図のようにみえる．12回の大噴火に対応する部層は，新しい方からY_1–Y_6，N_1–N_4，S_1–S_2と分けられ，それぞれ湯場層(Y)，野増層(N)，差木地層(S)とまとめられている．野外での観察や放射性同位体元素を用いた年代測定，考

表12.1 新期大島層群の編年と大島火山噴火史（中村，1963）

外輪斜面上の山頂火口噴出物による地層区分		古記録による年代	土器による本土での年代	側火口の活動	山頂火口溶岩流し	活動史の区分	
新期大島層群	湯場層 Y_1	1777		なし	○	三原山時代↓?	第3期 新期大島時代
	Y_2	1684			○		
	Y_3	1552			○		
	Y_4	1421		水蒸気爆発 割れ目噴火(南部)	○		
	Y_5 1338		1300+	元町溶岩・スコリア，櫛形山	以下なし		
	Y_6						
	野増層 N_1			小スコリア丘2個(溶岩を伴う)			第2期
	N_2					カルデラ生成	
	N_3	838 神の津噴島火	750±	波浮港の水蒸気爆発 すりばち			
	N_4		550±	スコリア丘1個 2個所からスコリア投出			
	差木地層 S_1		300±			?↑ 外輪山時代	第1期
	S_2		200± 0±	割れ目噴火(東部)・湯場溶岩			
古期大島層群			B.C.2500 B.C.3000	末期に盛ん			古期大島時代

12. 伊豆大島の噴火史

表12.2 新期大島層群の噴出量（坂口・他，1987）
カルデラを満たした溶岩はS_1-Y_3の9期に均等に配分してある．

部層名／噴火年		噴出量(km³)			総噴出量 (億トン)
		スコリア	溶岩	火山灰	
S_2	5世紀	0.0027	0.016	0.13	2.4
S_1	7世紀	0.0063	0.125	0.08	3.4
N_4	8世紀	0.43	0.125	0.12	9.2
N_3	9世紀	0.027	0.125	0.048	4.2
N_2	10(11)世紀	0.0043	0.125	0.16	5.5
N_1	12世紀	0.04	0.125	0.27	7.6
Y_6	13世紀	0.063	0.125	0.041	4.4
Y_5	1338?	0.013	0.13	0.11	5.1
Y_4	1421?	0.09	0.13	0.15	6.5
Y_3	1552?	0.017	0.14	0.036	4.2
Y_2	1684〜1690	0.028	0.08	0.08	3.5
Y_1	1777〜1792	0.035	0.14	0.17	6.5
	1876〜1877	0.002	0.001+	—	0.04+
	1912〜1914	0.0026	0.03	—	0.75
	1950〜1951	0.0036	0.023	—	0.59
	1986	0.0173	0.019	—	0.58

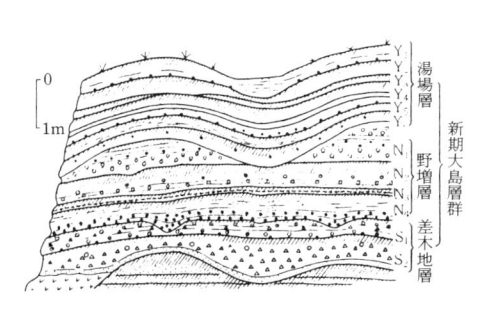

図12.2 外輪山中腹における新期大島層群の模式的なスケッチ（中村，1963）

古学的遺物，古文書を調べて表12.1，12.2のように大噴火の噴火年代と噴出量が求められている．おおまかには古期大島層群，新期大島層群を通じ平均して100〜150年おきに大噴火を繰返していたことになる．

5) 全島民島外避難—1986年伊豆大島噴火

1986年の噴火は11月15日夕方から三原山山頂火口南壁（A火口）から始まった第1段階の噴火，その6日後の11月21日16時15分からカルデラ内の割れ目火口（B火口列），山頂火口（A火口），外輪山斜面の割れ目火口（C火口列）の順に相次いで噴火した第2段階，そしてそれ以降の噴火活動に大別される．第1段階ではA火口から数百mの高さまで溶岩噴泉を上げつつ，火口内の溶岩湖のレベルが上昇し，11月19日に溶岩を火口からカルデラ床へ溢流させた．第2段階には，まずカルデラ内に開いた割れ目火口（B火口列）から激しい噴火により高さ16000mに達する噴煙柱が立ち上がり，風下の東麓に大量のスコリアと火山灰を降らせた．火口周辺には噴石丘（cinder cone）を形成するとともに，カルデラ内に溶岩を流出した．B火口列が開口を始めてから30分後，しばらく活動を中断していたA火口が再び噴火を始め，その1時間後，今度は北側外輪山からも割れ目噴火（C火口列）が始まり，割れ目がカルデラ方向，山麓方向に伸びていった．やがて割れ目火口は10個ほどの火口に収斂して，スコリア丘をつくった．火口の一つ（C_6火口）から溶岩が流れくだり元町にまで達した．この噴火は22日未明までにはおさまったが，割れ目がさらに伸びて，大規模で爆発的なマグマ水蒸気噴火が起こることを恐れて，全島民1万人が一晩のうちに島外へ脱出した．

山頂噴火だけでなく山腹割れ目噴火が起きたのは1421?年（Y_4期）以来のことであり，外輪山に地層として残るような降下スコリアを堆積させた（4km離れた東麓都道沿いで最大26cmの厚さをもつ）点とあわせ，1777〜1778年の安永噴火（Y_1）以来の大噴火という見方もできるが，噴出物の総量は6000〜8000万トン（$6〜8×10^{13}$g）程度で，新期大島層群の12回の大噴火に比べ，5分の1から10分の1の規模であり（表12.2），1950〜51年噴火とほぼ同じ中噴火に相当する．

12.2 野外でどう観察するか

大島火山の噴火史を理解するために必要な火山噴出物の野外での産状について簡単に説明しよう．

1) 一輪廻の堆積物

Nakamura（1960，1961，1964），中村（1963）は大島の火山噴出物を層位学的に研究した結果，大噴火によって数年以内の比較的短い時間内にたまった堆積物と，それに比べてはるかに長く静穏な休止期の堆積物を地層として認識できることを明らかにした．すなわち，活動期の噴出物は下位から降下スコリア（scoria fall）→ 溶岩流（lava flow；場所により欠けることもある）→ 降下火山灰（ash fall）という規則正しい順序で堆積し（一噴火輪廻の堆積物），その上に休止期の土壌または風化帯がある．この順序

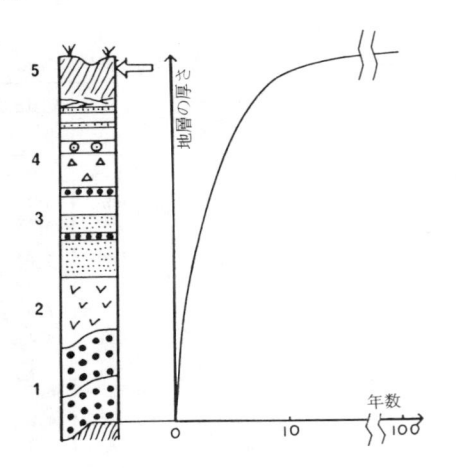

図12.3 1回の大噴火の堆積物にみられる標準的層序
(Nakamura, 1964)

最初期のスコリアは短時間で堆積するが, 後期の火山灰は長時間をかけて堆積する. 1: 降下スコリア, 2: 溶岩流, 3: 火山灰層(爆発角礫岩や火山豆石を伴うことがある), 4: 二次堆積物, 5: 風化火山灰層.

は, 大島火山のみでなく玄武岩質のほかの火山でも成り立っている. そこで一噴火輪廻の堆積物とその後に続く時期の堆積物を一組の地層としてとらえ, 一輪廻の堆積物(=部層)と定義した. 一般に部層の下底にある土壌/降下スコリア層の境目は明瞭であるのに対し, 火山灰/土壌の間の境界は不明瞭なことが多い. また部層間にはしばしば不整合関係が観察されることがある.

野外ではまず最初に一輪廻の堆積物を識別できるように目を慣らしてほしい. 実際には山頂火口からだけでなく, 山腹の側火山からの噴出物, あるいは他の火山からの噴出物が一つの部層の中に重なりあっていて, やや複雑になっているが, よく観察することによって, 逆にその活動期の噴火のより詳しい推移を理解する助けとなる.

2) 鍵層の認定

野外で特定の部層を認定するためにはその部層の特徴を知っておく必要がある. 新期大島層群, 古期大島層群の100 あまりの部層のそれぞれに固有の特徴があるが, 露出の良い新期大島層群の中から鍵層(key bed)となるようなものを以下にあげよう.

Y_5の土壌およびY_6の火山灰・土壌: Y_6の火山灰は特徴的な紫色をしており, その上の土壌は暗い色を呈する. それに対しY_5の土壌は明るい色を呈する. Y_6, Y_5のセットで有効な鍵層となる.

N_2の土壌: Y_5の土壌と同様, 明るい褐色をしている.

N_3の黒雲母流紋岩質火山灰: 黒雲母を含む細粒で薄層(<1 cm)の白色火山灰層が, 全島内で追跡できる. このような岩質の火山灰は大島では例が少ないこと, 島の南西でやや粒が粗くなっているほかは厚さ・粒度の変化が乏しいことから, 新島向山(AD 886)もしくは神津島天上山(AD 838)の噴火による火山灰が飛んできたものと考えられる. この火山灰層は N_3 部層のよい鍵層になっている.

S_1豆石凝灰岩: S_1はマグマ水蒸気噴火による堆積物を主とし, 多くの火山豆石(accretionary lapilli)を含んでいる. 豆石は直径数mm以下で同心円状の構造をもち, 粗粒の核の周囲を細粒の火山灰が覆っている. 露頭ではこの火山灰層は堅く固結し, 水通しの悪い層となっている. また堅いことから"カタ"とよばれ, 庇のように露頭面から突き出ていることが多い.

S_2部層の"流れ"堆積物: これはさまざまの大きさの溶岩塊や火山礫, 火山灰からなる乱雑な堆積物である. 地形的に低いところを埋めて分布するが, 溶結した部分や堆積後に高温のガスが吹き抜けたパイプ構造, とりこまれて炭化した木片など典型的な火砕流堆積物にふつうにみられる特徴が認められず, また水を含んで流れた証拠も見つからないために"流れ"堆積物とよばれている. 東麓の島内一周道路沿いでは数十cm以上, 御神火茶屋付近では数m以上の厚さをもつ. 火山博物館駐車場の露頭では既存の山体が崩壊して流れ下った岩屑流堆積物(debris avalanche)に特徴的な見かけをしている.

3) 大島の側火山について

火山の山腹で起こる噴火を側噴火, その活動によってできた地形を側火山とよぶ. 大島では40以上の側火山が認められていて, その多くはスコリア丘である. 側火山は放射状岩脈が山腹に達して起こると考えられており, 大島火山の場合, 詳しくわかっているカルデラ形成期以降では, 側噴火は中央火口の大噴火に伴って起こったことがわかっている.

12.3. 野外で見る火山噴出物

大島の噴火史を野外で確かめるのに適した場所(図12.1の数字に対応)とその要点を記そう.

1) 温泉ホテル駐車場横―三原山, 1986年の溶岩流の遠望と新期大島層群の堆積物

温泉ホテルの駐車場, 避難シェルターの横に立って, 南を望むと眼下には一段低い面(カルデラ床)が広がっている. 現在立っている所は7世紀?におちこんだカルデラの縁にあたる. 右前方に三原山と

12. 伊豆大島の噴火史

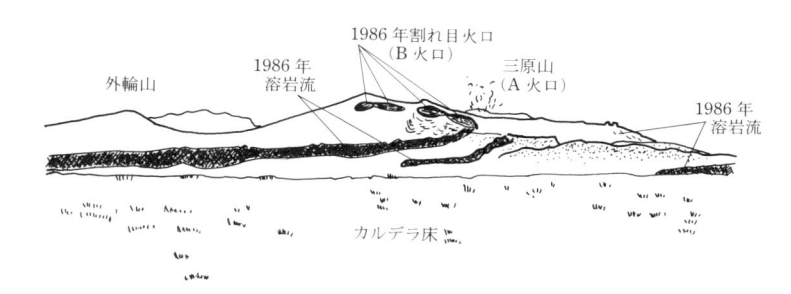

図 12.4 大島温泉ホテル駐車場からみたカルデラと 1986 年伊豆大島火山の溶岩と割れ目火口

1986 年に三原山山頂火口から溢れ出した溶岩が見える．いずれもまだ植生が乏しく黒く見えている（図 12.4）．

シェルター右側には新期大島層群の降下堆積物の露頭がある．ここでは大噴火による降下スコリアとそれに引き続く長い休止期の堆積物，すなわち降下スコリア層/降下火山灰層/土壌を 1 単位（部層）として識別できるようにする．足元の厚いスコリア層は N_4 部層のもの，頭の高さあたりに N_3 部層があり，白色の黒雲母流紋岩質火山灰が見つかる．N_2 は露頭の上部にみられ土壌は褐色である．N_4, N_2 の火山灰層のなかには火山灰によって落ちた葉がはさまれている．一般に降下スコリアや降下火山灰などの降下堆積物は降下時の地形に沿って一様な厚さで下位の地層を覆う（mantle bedding）．空中を降下している間に粒子のふるいわけが行われるため，そのサイズはよくそろい，粒子どうしの間には空間ができている．

2） 御神火茶屋

2-1） 駐車場南東側の S_2 部層の"流れ"堆積物（岩屑流堆積物）：S_2 期の水蒸気爆発によって"流れ"堆積物が発生した．これは直径 1 m を越えるような溶岩塊から火山灰サイズのものまでを含む乱雑な流れの堆積物であるが，御神火茶屋の駐車場の向かいでは典型的な火砕流が示す特徴が認められず，また水を含んで流れた証拠もみつからないために"流れ"堆積物とよんでおく（後で述べる火山博物館駐車場では同一の地層が岩屑流堆積物と判断される）．三原山展望台の横では S_2 部層の"流れ"堆積物と古期大島層群の溶岩流が，南東（カルデラの中心）に向かって高くなっているのが観察される．このことから"流れ"堆積物や溶岩流は，もとあった山体が陥没してカルデラを形成する前に，現在よりも高い所から流れ下ってきたもので，S_2 期の"流れ"堆積物よりもあとにカルデラが形成されたことがわかる．

展望台からの三原山の眺望：コンクリート造りの展望台からカルデラを見ると，中央に三原山があり，1986 年 11 月 19〜21 日に山頂火口（A 火口）から溢れた溶岩流が幾筋も見える．右下方には 1950〜51 年に流れた昭和溶岩が広がっている．

2-2） 1986 年溶岩流：カルデラ内の遊歩道は，1991 年夏現在，三原山から 1986 年 11 月に溢流した溶岩流の先端まで通じている．カルデラ床の歩道右側（西側）には昭和溶岩の黒くごつごつしたアア溶岩（aa lava）の表面が見える．やがて左手（東側）にはやや灰色に見える 1777〜78 年の安永溶岩が見えてくる．これはパホイホイ溶岩（pahoehoe lava）といって表面が縄状で起伏がなだらかである．歩道の終点は 1986 年噴火の第 1 段階に山頂火口（A 火口）から溢れ出た溶岩流の先端で，これもアア溶岩である．ここでは溶岩流の厚さが 4 m 程度ある．

3） 1986 年割れ目火口列

1986 年伊豆大島噴火の際大島火山北西外輪山上に 1.2 km にわたって，11 の火口がほぼ一列に並んで開き，噴石丘を形成した．現在，火口の周りには観光用の歩道がつけられている．火口の断面では新期大島層群，1986 年当時の地表面とそれを覆う厚さ数 m〜10 m のスパター（spatter：発泡したマグマのしぶき，着地したときにはまだやわらかい）が見える．火口の一つの西側には，当時御神火茶屋に通じていた舗装道路，側溝が火口によって断ち切られている様子が見られる．割れ目火口に近いところでは高温のスパターやスコリアの降下によって立ち枯れた木が数多い．

4） 上人の滝の西 200 m

大島火山初期の浅い海底で起こったマグマ水蒸気爆発による堆積物（泉津層群）がみられる．分級が悪く粗粒（> 1 m）の角礫を大量に含む．細粒の基質の大半を発泡の悪いスコリアが占める．これは，噴火

5) 海のふるさと村入口—東麓の1986年降下スコリア

東麓の海のふるさと村入口から都道に沿って南へ1kmあまりの間，1986年の11月21日にB火口から噴き上げられたスコリアが10〜20cmの厚さで地表を覆っている．最下位約1cmのよく発泡し，とげとげしたスコリアは11月15日に始まった第一段階に降ったものである．スコリアを取除くと1986年噴火の前の土壌があらわれる．

6) 筆島遠望

大島火山の下に埋もれた筆島火山の火道といわれている，筆島が遠望できる．筆島の対岸の海食崖には筆島火山の形成にかかわったと考えられる岩脈が露出しているので，双眼鏡などで観察するとよい．

7) 波浮

波浮港はN_3期におきた山腹噴火の一つが，マグマ水蒸気噴火し，その火口が元禄地震(1703年)の津波によって外洋とつながり，江戸時代に人工的に掘り下げて港としたものである(展望台図12.1の7-1からの眺望)．波浮港西方800mの大島南高校北側の露頭(図12.1の7-2)では爆発角礫岩(explosion breccia)を見ることができる．数十cmに及ぶ角礫が含まれており，しばしばimpact構造(下位の堆積物にめり込んだ構造)がみられ，めり込む角度からこれらの角礫が波浮港の方向から飛んできたことが確かめられる．

8) イマサキ

イマサキの海食崖に沿う露頭(図12.5)では溶岩流が新期大島層群の堆積物Y_5を整合に覆い，東方へ約200mにわたり露出している．溶岩流の直上にY_4の爆発角礫岩がのり，比高30mの高まりをつく

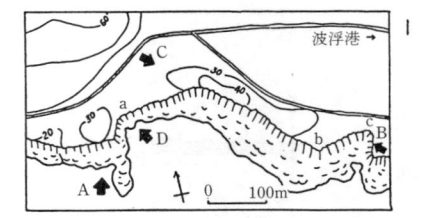

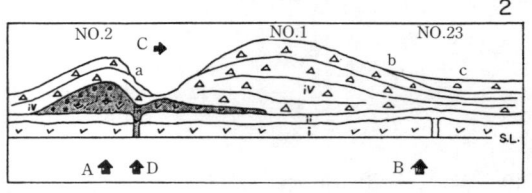

図12.5 イマサキにおける凝灰岩丘とスコリア丘の断面
(Nakamura, 1961)
1はイマサキの海岸線付近の地形図を示す．2は崖の面のスケッチを示す．i：溶岩流，ii：成層した降下堆積物，iii：(網目の部分)スコリア丘，溶岩流，岩脈，iv：爆発角礫岩．

っている．陸側に向かい爆発角礫岩が傾き下がっていることからこの噴出口は海岸から数百m沖で，岩脈の延長方向にある割れ目火口と考えられる．西方には溶結スパター(welded spatter)と噴石丘が見られる．また，これらを供給したと考えられる岩脈(図12.5のD)もみえる．

9) 地層大切断面

およそ15000年前以降の降下堆積物(図12.6)と溶岩流が見られる大切-断面であるが，火山の成立を知るうえでは大切断面といえる．降下堆積物はmantle beddingが顕著である．尾根の部分はしばしば風による侵食を受け不整合となっているが，谷の部分では整合に堆積している．

10) 火山博物館

元町にあるこの火山博物館(開館10:00〜17:30，火曜日休館)は1990年に開館した．大島火山をはじ

図12.6 地層大切断面
古期大島層群の堆積物の多くがみられる．

め伊豆諸島の火山，代表的な日本の火山，世界の火山を概観でき，火山や噴火の仕組みが理解できるようにつくられている．9)で見た地層切断図をはぎ取った実物大の標本も展示されている．

火山博物館駐車場：S_2 部層の"流れ"堆積物がおよそ10 mの厚さで堆積している．なぎ倒されて運ばれた木が見られ，わずかに炭化しているが，表面に限られることから，典型的な火砕流ほど高温の流れであったとは考えにくい．また，もとの山体から削られて運ばれてきた，変形し，ひき伸ばされたスコリア層もみられる．この特徴的な構造から岩屑流（岩なだれ）堆積物と判断される．

11) 1986年溶岩

1986年に割れ火口のひとつ（C_6 火口）から流出した溶岩（東大火山観測所奥，元町火葬場から70 m）の先端部が見られる．2 kmあまりの距離を3〜4時間程度で流れ下った．厚さ約4 mのアア溶岩流の中心部ち密で，上部はがさがさのクリンカー（clinker）からなっている．

まとめ

この章では伊豆大島火山を例として噴火史をまとめ，実際に野外で火山とその噴出物がどのように観察できるか解説した．ひとりの人生に比べ，はるかに長い一生をおくる火山の生い立ちを理解することは決してやさしいことではないが，地層や地形をはじめ野外に残されている情報を手がかりに，われわれが実際に経験した噴火とどう似ていてどこが違うか，先人が書き残した過去の噴火の記録の助けも借りて，注意深く観察し，考え，できるだけ多くのことを読取ってほしい．　　　　　〔津久井雅志〕

参考文献

一色直記(1984 a)：大島火山の歴史時代における噴火記録．地質調査所月報, vol. 35, pp. 477-499.

一色直記(1984 b)：大島地域の地質，地域地質研究報告（5万分の1図幅）．133 p.．地質調査所．

Nakamura, K. (1960)：Stratigraphic studies of the pyroclastics of Oshima Volcano, Izu, deposited during the last fifteen centuries. I. Cyclic activity of "Main craters" and chronology of the pyroclastic sediments. *Sci. Pap. Coll. Gen. Education, Univ. Tokyo*, vol. 10, pp. 125-145.

Nakamura, K. (1961)：Stratigraphic studies of the pyroclastics of Oshima Volcano, Izu, deposited during the last fifteen centuries. II. Activity of parasitic volcanoes. *Sci. Pap. Coll. Gen. Education, Univ. Tokyo*, vol. 11, pp. 281-419.

中村一明(1963)：伊豆大島火山の噴火史—火山のtephrochronology—．科学, vol. 33, pp. 141-146.

Nakamura, K. (1964)：Volcano-stratigraphic study of Oshima Volcano, Izu. *Bull. Earthq. Res. Inst. Univ. Tokyo*, vol. 42, pp. 649-728.

中村一明(1978)：火山の話．228 p.．岩波書店．

中村一明(1987)：火山とプレートテクトニクス．323 p.．東京大学出版会．

坂口圭一・奥村晃史・曽屋龍典・小野晃司編(1987)：伊豆大島火山1986年の噴火—地質と噴火の歴史—1：25,000. 地質調査所．

田沢堅太郎(1978)：火山伊豆大島スケッチ．65 p.．発行者：田沢住枝(自費出版物)．

田沢堅太郎(1980)：カルデラ形成までの過去1万年間の伊豆大島火山の活動．火山, vol. 25, pp. 137-170.

田沢堅太郎(1981)：カルデラ形成までの過去1万年間の伊豆大島の活動 II．火山, vol. 26, pp. 249-261.

東京都防災会議(1990)：伊豆諸島における火山噴火の特質等に関する調査・研究報告書（大島編）．131 p.．東京都．

日本火山学会(1988)：火山, vol. 33特集号 伊豆大島火山1986年噴火．中村一明教授追悼号．335 p..

13. 房総南端の深海堆積物

　房総半島南端地域には，およそ700万年前(7 Ma，新第三紀中新世後期)から40万年前(0.4 Ma，第四紀更新世中期)の間に，水深1000～2000 mという深海底に堆積した層厚約2000 mにも達する地層群が分布する．それらは下位から，三浦層群，千倉層群，そして豊房層群とよばれている．これらは，世界唯一の海溝-海溝型(TTT型：trench-trench-trench type)三重会合点(triple junction)の存在，伊豆弧と本州弧との衝突，フィリピン海プレートの沈み込みといった複雑な地質現象の影響を直接受けた特殊な地域で形成された地層群である．ここではまず，これらの地層群の特徴，地層の年代と堆積時の古環境の概要を簡単に述べ，続いて各層群ごとに地層形成の履歴とメカニズムを説明しながら，野外観察でのポイントをいくつか紹介する．

13.1. 同一層準の認定

　層序，地質構造，岩相の側方変化等を正確に把握するためには，同一時間面の地域内における空間分布を知る必要がある．各地層群の説明の前に，同一時間面の空間的広がりを知る手段として，どのような方法があるのかをまず紹介する．

1) 火山灰層

　房総半島南端地域に分布する地層群には，多数の火山灰層が見られる．火山灰層は軽石，スコリア，火山ガラス，鉱物の結晶片およびそれらの混合物からなり，その枚数は千倉・豊房両層群だけでも1000枚を越す．火山灰層の岩相等の特徴は，噴出源となる火山までの距離，噴火様式，化学組成，そして海底に到達するまでの履歴の違いなどで異なる(松田・中村，1970)．

　1回の噴火に伴って供給される火山灰は，きわめて短時間に海底の広範囲に堆積したと考えられる．すなわち，ある瞬間を火山灰層の堆積で代表することができる．したがって，火山灰層を走向方向に追跡すれば，同一時間面，いい換えれば火山灰が堆積した瞬間の海底面の水平部分を正確に知ることができる．

　千倉・豊房両層群にみられる火山灰層は，堆積様式の違いから大きく二つに大別できる．一つは噴出源から空中を飛行し海面に落下し，そのまま海底面に到達したもの．もう一つは，海底面に到達後に海底地滑りなどでより深海部へ移動し再堆積したものである．後者は岩相や層厚の側方変化が大きく，短距離での対比には使えるが広域での対比には不向きである．一方，前者は側方での岩相と層厚の変化は少なく，広域での追跡が可能であり，有効な鍵層となる．

2) 浮遊性微化石層序

　千倉・豊房両層群の泥岩中には，保存の良い浮遊性微化石が多量に含まれる．これらの層位分布を種レベルで追跡し，各種の出現・消滅層準を知ることができれば，地域的に離れた地層であっても，それらを対比することで同一層準の対比ができる．ただし，前者に比べその精度は低い．

13.2. 地質の概要

　房総半島南端地域の地層群は，著しく褶曲し変形が進行した三浦層群(上部中新統～下部鮮新統)を基盤とし，それを不整合に覆う千倉層群(上部鮮新統～中部更新統)，さらに両者を不整合に覆う豊房層群(中部更新統)からなる(図13.1，13.2)．これらの地層群は，砂岩泥岩互層を主体とし，泥岩中には火山灰層が頻繁にはさまる特徴を示す．本地域の地質構造は，ほぼ東西方向に発達する逆断層群と，それに平行に走る非対称な褶曲群によって特徴づけられる．千倉・豊房両層群の地質構造は，三浦層群の地質構造に支配されているものの変形の程度は小さい．

13.3. 三浦層群

　この地域の三浦層群は，分布地域によって石堂層群，西岬層，平舘層とよばれている．石堂層群は丸山町，三芳村に，西岬層は館山市洲ノ崎の半島部，および千倉町に，そして平舘層は千倉町にそれぞれ分布する．岩相は泥岩を主体とし，タービダイトの砂岩泥岩互層，凝灰質砂岩などからなる．浮遊性微化石層序から推定されるこれらの地層群の地質年代

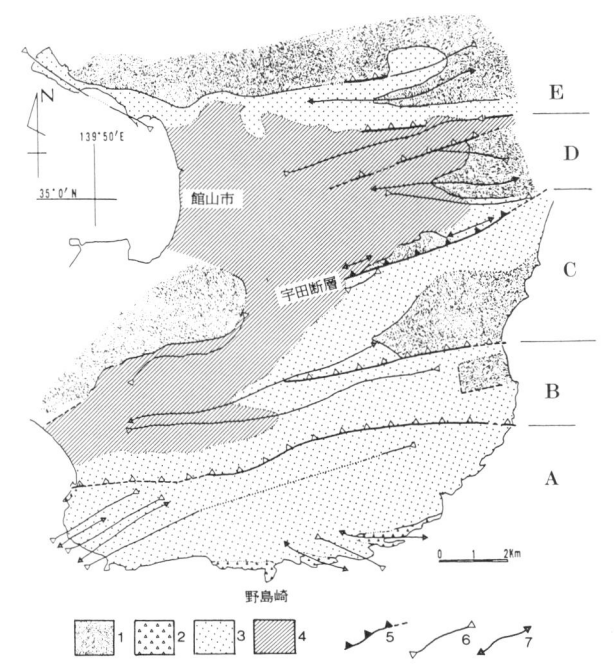

13. 房総南端の深海堆積物

図13.1 房総半島南端地域の地質図（小竹原図）
東西方向の逆断層群によって五つ（A〜E）の構造単位に区分される．1：三浦層群，2：千倉層群白浜層，3：千倉層群（白浜層を除く），4：豊房層群，5：断層，6：向斜，7：背斜．

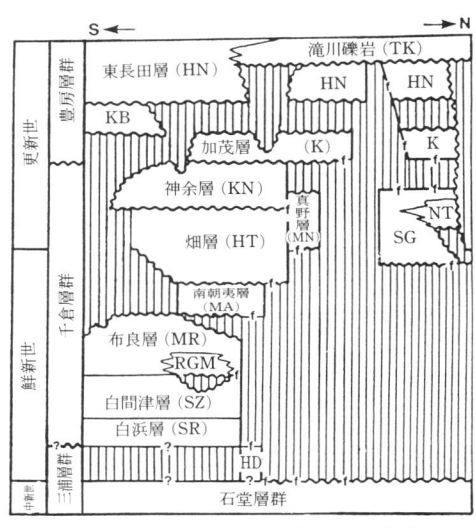

図13.2 房総半島南端地域の上部新生界の層序
（小竹，1988を一部改変）
KB：神余畑層　NT：根方層　SG：嵯峨志層
RGM：蓮台枝礫岩部層　HD：平館層

は，後期中新世から前期鮮新世である．堆積環境は石堂層群で検討され，その多くは下〜中部漸深海帯（水深2000〜3000m）で堆積したことが，また最下部ではCCD〔炭酸カルシウム（$CaCO_3$）補償深度〕以深の水深（3000m以深）にあったらしいことが底生有孔虫化石から推定されている．

洲ノ崎半島西端から南側海岸にかけて露出する西岬層中には，成層する砂岩泥岩互層中に淘汰のきわめて悪い凝灰質砂岩を基質とする礫岩層がしばしばはさまる．露頭レベルでは，砂岩泥岩互層と整合的に重なっているが，走向方行での連続は悪く，レンズ状の形態をなすものと推定される．礫の大部分は中〜大礫で，西岬層を構成する泥岩である．これら岩相と分布形態の特徴から，ここの礫層は泥火山（mud volcano）起源と推定される．泥火山起源の混在岩の分布は，プレートの沈み込み帯に集中する傾向があり，特に付加帯堆積物を特徴づけている（山縣・小川，1989）．

三浦層群は，この地域に分布する地層群のなかで変形が最も進んでおり，露頭レベルでも同一層準を追跡できないことすらある（図13.3）．房総南端に分布する三浦層群は，海溝南側の深海底に堆積後，3

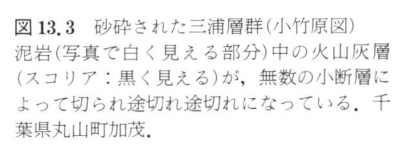

図13.3 砂砕された三浦層群（小竹原図）
泥岩（写真で白く見える部分）中の火山灰層（スコリア：黒く見える）が，無数の小断層によって切られ途切れ途切れになっている．千葉県丸山町加茂．

Maまでに海溝陸側斜面に付加したと解釈されている(斉藤・他,1991).上で述べたような泥ダイアピル(mud diapir)起源の混在岩や著しい地層の変形は,この付加作用の過程での産物と考えられる.

13.4. 千倉層群

千倉層群は三浦層群を不整合に被覆し,房総南端地域に広く分布する.本層群はタービダイトの砂岩泥岩互層を主体とし,凝灰質砂岩・礫岩などからなり,八つの累層に区分される(図13.2).各累層の分布は,東西性の逆断層群に規制され一見複雑であるが,おおむね北ほど上位の地層が露出する.

本層群の地質年代は,浮遊性微化石群の層位的分布および古地磁気層位学的検討,およびK-Ar法を用いた検討により,後期鮮新世(3 Ma)から中期更新世(0.8 Ma)と推定され,鮮新世と更新世の境界は畑層中に存在する(図13.2).底生有孔虫化石から推定される堆積時の水深は地域によって異なるが,おおむね2000 m程度である(後述).

1) 白浜層—陸化した海溝充填堆積物—

房総半島最南端の野島崎を中心とした海岸地域には,千倉層群最下位の白浜層(しらはま)が分布する.この地層は,厚い礫岩と砂岩,そして薄い泥岩の互層からなる.礫岩層を構成する礫は,関東山地起源のチャート,丹沢山塊起源の緑色凝灰岩,伊豆半島および伊豆弧起源の火山岩類など,時代や供給源が異なる礫からなっている.礫岩層中には,浅海域に棲息場をもつ二枚貝類の著しく破損した殻も含まれる.

泥岩層中に挟在する火山灰層を手がかりに,礫岩層と砂岩層の粒度と層厚の水平方向の変化を調べると,砂礫岩層は,野島崎付近で最も粒度が粗く層も厚い.そして,走向方向で急激に細粒化・薄層化する.本層の泥岩からは古水深を指標する有孔虫化石は発見されていないが,上位の白間津層の堆積深度が2000 m程度と推定され,両者間に大きな時間間隙がないことから,本層の古水深もその程度あるいはさらに深いと考えられる.

このような特徴をもつ白浜層はどのような場所に堆積したのだろうか.現在,房総半島沖には相模トラフまたは相鴨(そうおう)トラフとよばれる水深2000〜3000 mの海溝が小田原沖から房総東方の日本海溝まで伸びている(図11.4).両者はフィリピン海プレートと北米プレートの境界であり,そこは丹沢山塊,伊豆半島,伊豆諸島など周辺陸域を起源とする大量の陸源堆積物によって充填されている(藤岡・塚脇,1991).白浜層が堆積した3.0 Maには,現在の関東平野は陸化しておらず,丹沢および関東山地起源の砕屑物も当時の海溝に運搬されたことは十分考えられる.以上を考慮すると,白浜層が当時の海溝充填堆積物と考えると最も理解しやすい.

最近,海溝底や海溝陸側斜面部から湧き出る湧水を栄養源とする二枚貝のシロウリガイ(*Calyptogena* sp.)の化石が,白間津(しらまづ)層から大量に発見された(間嶋・他,1992).このことは,千倉層群下部堆積時の

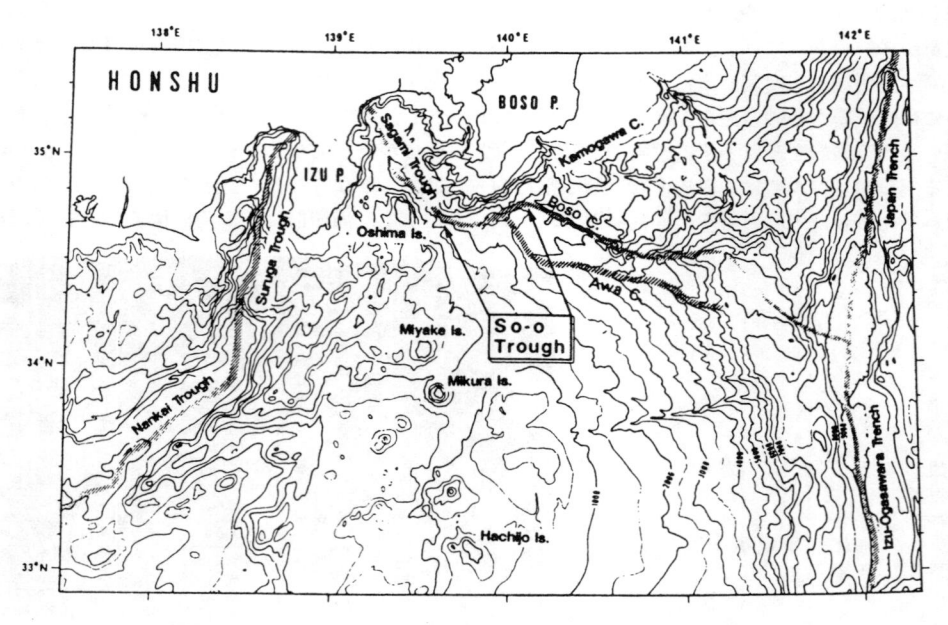

図13.4 フィリピン海プレート北東端地域の地形図(藤岡・塚脇,1991)

2) 千倉層群堆積盆の形成と埋積過程

千倉層群は，東西性の逆断層で分布の南北縁を切られた東西に細長い五つの構造帯に区分される（図13.1）．これらはすべて，三浦層群を基盤とする小堆積盆を形成する．これらのうち，宇田断層を境界として南側の二つにはタービダイトの砂岩泥岩互層からなる2000m近い層厚をもつ地層が分布する（図13.5）．一方，北側の小堆積盆には泥岩，凝灰質砂岩などからなる層厚数百m以下の薄い地層が分布するにすぎない．

千倉層群の五つの構造帯に分布する地層群は，南の構造帯ほど古い地層である．南から順に基底の地層の年代は，3.0Ma，2.3Ma，2.1Ma，そして宇田断層北側の堆積盆ではほぼ同時で1.9Maであった（図13.6）．このことは，南から北に向かって3.0Maごろから順に地層が堆積し始め，1.9Maごろには全地域で堆積物が堆積する環境にあったことを意味している．いい換えれば，南側の堆積盆から順に形成されたことを示唆する．底生有孔虫化石をもとにこれら地層群の古水深を検討した結果，宇田断層南側の地層群ではどの層準でも水深が2000m程度で一定であった（図13.6）．一方，北側の古水深は1000～1500m程度であり，最北部の堆積盆の水深がやや浅い（図13.6）．そのうえ，両堆積盆とも上位ほどわずかながら浅海化している．

古水深のデータは，当時の海底が各断層を境界として南側に向かって階段上に深くなっていたことを示す．宇田断層南側の階段状地形は，各構造帯の境

図13.5 千倉層群に見られるタービダイトの砂岩泥岩互層（小竹原図）
黒っぽく見えるのは砂岩で，ハーフトーンの部分は泥岩．中央やや左下側に見える白い層は細粒火山灰層（層厚約40cm）．千葉県館山市南条林道．

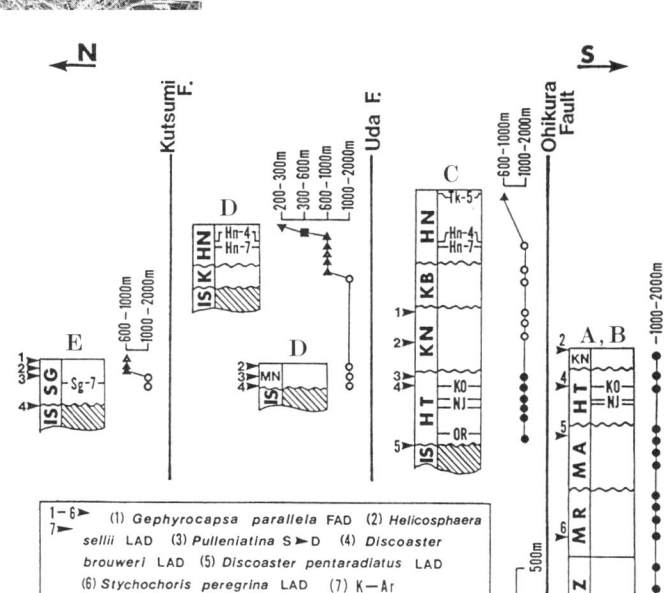

図13.6 千倉・豊房両層群の古水深の層位変遷と同一時間面での比較（小竹，1988に加筆）
水深を示すシンボルは，黒はその範囲内で深い方に，白ぬきは浅い方に推定されることを示す．各柱状図のアルファベットは，図13.1の構造帯のそれに対応する．Sg-7, Hn-4, Tk-5などは火山灰層．

界である逆断層の活動によって南側から順に形成され，基盤の相対運動で断層南側に形成された向斜部が小堆積盆となった．ここの地層が示す古水深は2000 m で変化しないことはすでに述べた．しかし，各堆積盆には層厚1000 m 以上に達するタービダイトの厚い砂岩泥岩互層が堆積している．この事実は，堆積盆の基盤が堆積速度とつり合うように常に沈降していたことを意味している．一方，宇田断層北側の階段状地形は南側と比較して顕著なものではなく，しかも，南側の堆積盆とは逆に，ここの基盤はわずかながら隆起傾向にあったらしい．

このように，宇田断層を境界として対照的な基盤運動が推定される．この基盤運動の違いによって，宇田断層南側に厚いタービダイトを堆積させた沈降性の堆積盆が形成され，そのような堆積盆が形成されなかった北側地域では，基盤の三浦層群の向斜部を堆積場として薄い地層が形成された，と考えられている．これら沈降性の堆積盆を形成した断層運動は，堆積と同時進行であったらしい．さらに，この基盤運動の違いを反映して，宇田断層の南北地域では1000 m 近い古水深の差が生じている．これは宇田断層の位置に南向きの海底崖が存在した可能性を示唆している．

13.5. 豊房層群

豊房層群は三浦・千倉両層群を不整合に覆い，館山市の平野部とその周辺地域を中心に北東-南西方向に分布する．本層群は，タービダイトの砂岩泥岩互層を主体とし，泥岩，礫岩，凝灰質砂岩などからなり，四つの累層に区分される（図13.2）．浮遊性微化石層序と古地磁気層位学的検討に基づく豊房層群の地質年代は，中期更新世（0.8～0.4 Ma）と推定されている．

本層群の岩相と層厚は，宇田断層とその延長線上を境界として南北両側で大きく変化する．ここでは宇田断層およびその延長線を境界に，その南北両側を南側地域と北側地域とそれぞれよぶ．

火山灰層 Hn-7 と Hn-8 は東 長田層に存在する特徴的な火山灰層で，広範囲に追跡できる．南側地域においてはタービダイトの砂岩泥岩互層からなり（図13.7），浅海性の貝類化石を多量に含む砂礫層と泥岩が互層する層準が3層準見られる．2枚の火山灰層は，最下位と中位の砂礫層間の互層中に約10 m の間隔ではさむ．砂礫層の層厚と岩相は側方で大

図 13.7 豊房層群のタービダイトの砂岩泥岩互層（小竹原図）
黒い部分が砂岩，白い部分が泥岩．千葉県館山市古茂口．

図 13.8 海底地すべりを示す豊房層群の露頭（小竹原図）
破線で挟まれた部分には，貝類化石を多量に含んだ凝灰質砂岩を基質として，大～巨礫（矢印）が見られる．これらのなかには，地層ごとはぎ取られたため，礫内に層理を保存しているものが見られる．千葉県館山市古茂口．

きく変化する．特に Hn-7 直上の砂礫部は東ほど厚くなり，同時に粒度を増す．そして，南側地域最東端の千倉町との境付近では，径数 m 大の巨礫を含むようになる(図 13.8)．

一方，北側地域の豊房層群は泥岩のみからなり，南側地域に見られた砂礫層は全く見られない．層厚は分布の東部ほど薄くなり，丸山町南部では Hn-7 と Hn-8 の間が約 3 m 弱にまで薄くなる．火山灰層の厚さも同様に薄くなり，地層が最も薄くなる丸山町南部では，Hn-7 は 2 cm 程度と南側地域の 10 分の 1 以下に，また Hn-8 は消滅してしまう．このように層厚が東ほど薄くなるのは，丸山町南部で本層が基盤の三浦層群にアバット(abut)しているためと考えられる．両者の不整合関係は，館山市と丸山町境界の採砂場でよく観察される．

底生有孔虫化石と貝類化石から推定される古水深は，両地域とも基底部で最も深く南側で 1000〜1500 m 程度，北側では 1000 m 程度である．南北両地域とも上位に向かって急激に浅海化し，最終的には 200〜300 m まで浅くなっている(図 13.6)．

千倉層群堆積時に形成された性格の異なる堆積盆は，豊房層群堆積時にはどうなったのだろうか．前に述べたように，豊房層群堆積時，宇田断層南側の堆積盆には層厚 700〜800 m に及ぶタービダイトの砂岩泥岩互層が堆積している．豊房層群堆積開始時に宇田断層北側と南側の堆積盆では，500〜600 m の水深の差があった．しかし，両者の差は埋積とともに急速に解消された．さらに北側の堆積盆は浅海化した．このことは，南側の堆積盆の沈降が停止し，逆に隆起に転じたことによって，また，この地域全体も隆起したために生じたことであると推定される．千倉層群堆積時に活動していた宇田断層が豊房層群の地層群を切っていないことから，その活動は豊房層群堆積時には停止していたらしい．つまり，この断層運動に伴って形成された沈降性の堆積盆は，断層活動の停止によって沈降性の海盆でなくなり，逆に隆起に伴って一方的に埋積が進み，浅海化していったのである．豊房層群の地層群中には，浅海性の貝類化石とともに，この地域の北側に位置する嶺岡層群起源とみられる円礫が多量に含まれる．これらは，海底地滑りによって浅海から深海へ運ばれてきた産物である．この事実は，この地域全体が 0.8 Ma 以降に急激に隆起した証拠であり，その時期には嶺岡層群がすでに陸化・侵食されていた可能性を示唆している．

13.6. フィリピン海プレートの沈み込みと地史

千倉・豊房両層群の堆積盆の形成と埋積は，この地域の地質構造を支配している逆断層群の運動と密接に関係している．この地域で見られるような逆断層群は，プレートの沈み込む海溝のすぐ陸側の斜面部(海溝陸側斜面，trench-slope)でもみられる(Okada, 1988)．海溝陸側斜面には逆断層の活動に伴って雁行状の小堆積盆(trench-slope basin)が階段状に形成されている．この小堆積盆は断層の伸長方向に伸びた細長い形態を示し，これらを形成した断層運動はプレートの海溝部での沈み込みに伴うものである．したがって，プレートの沈み込む位置や角度などの変化は，断層の運動にも影響を及ぼす．千倉層群堆積時には，この地域のすぐ南側でフィリピン海プレートが基盤の下にもぐりこんでいたため，宇田断層南側地域には逆断層の活動が続き，沈降性の堆積盆が形成されたと推定される．しかし，豊房層群堆積前には沈み込む位置がより南に移り，この地域の断層活動は停止したため，沈降性の堆積盆の形成も止まったのであろう．

現在，この地域の基盤となっている三浦層群は，海溝南側の深海底に堆積後，3 Ma までに海溝陸側斜面に付加したと推定されている．この過程で三浦層群は著しい変形を受け，この地域を特徴づける褶曲構造を形成した．3 Ma 以降，三浦層群を千倉・豊房両層群が順に被覆するが，千倉層群堆積時にはプレートのもぐり込みに伴う逆断層の活動が継続している．その結果，沈降性と非沈降性という性格の異なる 2 種類の堆積盆が形成された．このような成因の違いは，そこに堆積する地層の層相にも大きな影響を与えた．豊房層群堆積時には，この地域全体が隆起の場に転換する．その結果，より早く浅海化した嶺岡帯を含む北側地域から大量の砕屑物がこの地域に供給され，急速な埋積と基盤の隆起とが相まって浅海化が進行したのである．

まとめ

房総半島南端地域に分布する地層群は，世界唯一の TTT 型三重会合点の存在，伊豆弧と本州弧との衝突，そしてフィリピン海プレートの沈み込み，といったきわめて複雑な過程と並行して形成されてきた．特に，約 100 万年(1 Ma)前ごろに起きたとされる伊豆地塊の本州弧への衝突という出来事は，この地層群が堆積している間のイベントである．わずか数十万年の間に深海底から陸上に姿をあらわした房総半島南端地域の地層群には，ここで述べたよう

なイベントに伴うさまざまな地球科学的情報が記録されているはずである．この地域の地層をより詳しく検討し，それらの情報を読み取ることは，房総半島南端の地域の理解を深めるばかりでなく，プレートの沈み込みに伴う普遍的な地質学的現象を理解・解明するうえで，多くの重要な情報をもたらしてくれるはずである．　　　　　　　　　〔小竹　信宏〕

参考文献

藤岡換太郎・塚脇真二(1991)：火山フロントの火砕物質のゆくえ．火山, vol. 36, no. 1, pp. 51-59.

海溝II研究グループ(編)(1990)：写真集，日本周辺の海溝 6000 m の深海底への旅．110 p.. 東京大学出版会．

小竹信宏(1988)：房総半島南端地域の上部新生界．地質学雑誌, vol. 94, no. 3, pp. 187-206.

間嶋隆一・棚瀬節子・内村竜一・本目貴史(1992)：房総半島南端新第三系からシロウリガイ(*Calyptogena* sp.)の発見．地質学雑誌, vol. 98, no. 4, pp. 373-376.

松田時彦・中村一明(1970)：水底に堆積した火山性堆積物の特徴と分類．鉱山地質, vol. 20, pp. 29-42.

中尾誠司・小竹信宏・新妻信明(1986)：房総半島南部石堂地域の地質．静岡大学地球科学研究報告, no. 12, pp. 209-238.

Okada, H. (1988) : Anatomy of trench-slope basins : examples from the Nankai Trough. *Palaeogeography, Palaeoclimatology, Palaeoecology,* vol. 71, pp. 3-13.

斉藤実篤・酒井豊三郎・尾田太良・長谷川四郎・田中裕一郎(1991)：房総半島南部の三浦層群．月刊地球, vo 1. 13, no. 1, pp. 15-19.

平　朝彦・中村一明(編)(1986)：日本列島の形成，変動帯としての歴史と現在．414 p.. 岩波書店．

綱川秀夫・小林洋二(1984)：房総半島野島崎第三紀層に含まれる礫の K-Ar 年代．火山, vol. 29, pp. 57-58.

山縣　毅・小川勇二郎(1989)：混在岩の形成における泥ダイアピリズムの役割．地質学雑誌, vol. 95, no. 4, pp. 297-310.

14. 房総・三浦の付加テクトニクス

　日本とその周辺の地形図を広げてみよう．大洋の深い所は濃い青で塗られている．それは北東から，千島海溝，日本海溝，伊豆・小笠原海溝へと続いている．これは太平洋プレートの沈み込み境界(subduction zone)である．そこでの水深は，およそ7000mの深さをもち，ところどころで9000mに達する．さらに詳しく見ると，房総沖から相模湾を経て駿河湾から四国，さらに琉球方面へと続いているそれほど深くはないが明らかな海盆状の地形がある．これらは相模トラフ(trough：舟状海盆)，駿河トラフ，南海トラフおよび琉球海溝とよばれる．これはフィリピン海プレートの沈み込み境界である．もう一つ，あまり明瞭ではないが，北海道の西方から，日本海の東の縁をほぼ南北に通る境界もある．それは糸魚川付近から静岡へと向かう活断層(糸魚川-静岡線)に続いている．これはユーラシアプレートと北アメリカプレートとの境界をなしている．これらのプレート境界ではときどき大きな地震が起きることが知られている．つまり，日本の中央部には図14.1に示すように四つのプレートが集まって互いに押し合っ

ていることになる．そして，房総沖と富士山付近とには三つのプレートが一点で交わる三重点が存在していることになる．このうち，房総沖のものは房総沖三重点(Boso triple junction)(図14.1)とよばれている(Ogawa et al., 1989)．これは伊豆・小笠原海溝と相模トラフとの交わる点であり，その付近は約9400mもの深みとなっている．このように，海溝(沈み込み境界)どうしが3点で交わる三重点は世界でここにしか知られていない．
　右の手を太平洋プレートと見立て，左の手をフィリピン海プレートと見立てて，この房総沖三重点付近のプレートの動きを見てみよう(図14.2)．北アメリカプレートは不動と考える．いま，太平洋プレートが左に向かって沈み込んでいる．一方，フィリピン海プレートはそれからやや離れるように斜めに北アメリカプレートの下に沈み込んでいる．この二つの沈み込みに伴って，ときどき巨大地震がおこる(1703年の元禄地震，1923年の関東地震など)．さらに，太平洋プレートはこのフィリピン海プレートの下にも沈み込んでいる．そう考えると次の二つのことがわかる．一つは，深い所では太平洋プレートとフィリピン海プレートがこすれあっている．もう一つはフィリピン海プレートの東側のすみに隙間ができることである．一番目のことは，関東地方の特に茨城県から千葉県にかけての地震をうまく説明する．二番目のことは図14.2の海底地形図にある三重点の西側の盆地状の平坦面と関係がある．ここには深海では珍しい海盆状の平坦面がある(Ogawa et al., 1989；Seno et al., 1989)．
　もう一つ，非常に重要なことがある．これはフィリピン海プレートの上にのった伊豆島弧前弧の堆積物が相模トラフに沿って北アメリカプレート側になすりつけられている(付加している)ことである．これは，左手の指の上に伊豆弧前弧の堆積物があり，それが向こう側(北アメリカプレート，本州弧側)に乗り移っていると考えればよい．つまり，房総・三浦両半島ではいったん伊豆弧側に堆積したものが，もう一度本州弧側へ付加したものが見られることになる．このことは，実際に露頭でどのように観察で

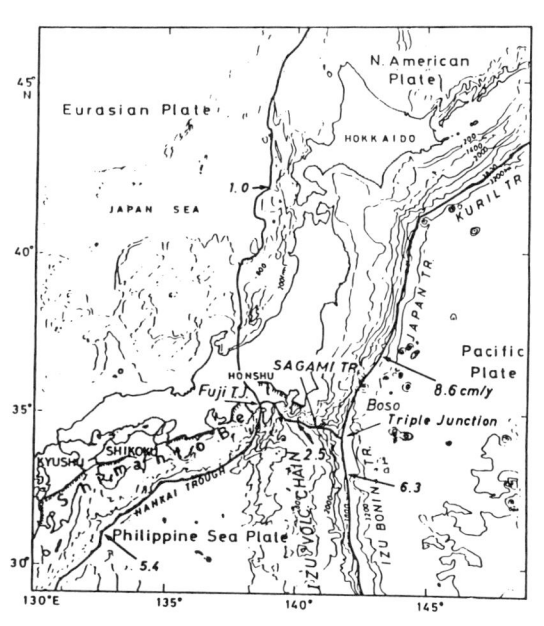

図14.1 日本周辺のプレートの境界(Seno et al., 1989)

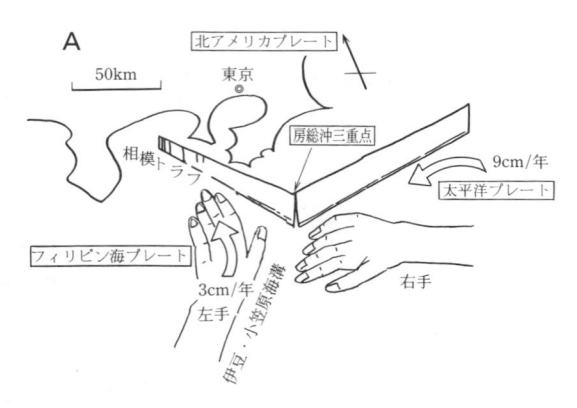

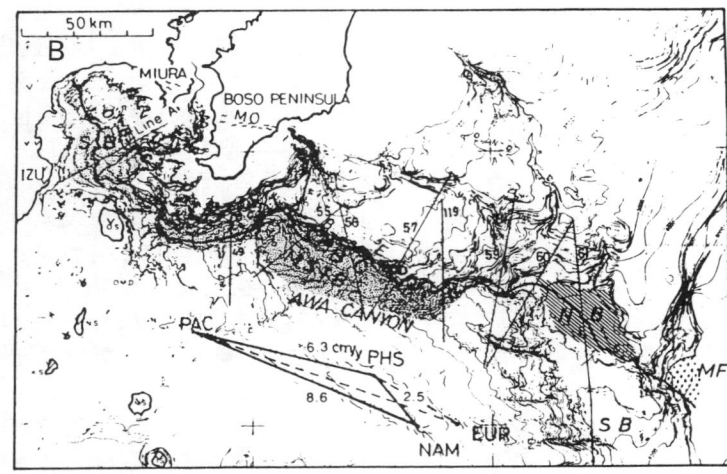

図14.2 相模トラフから房総沖三重点にかけてのプレートの相対運動を説明する図 (A：小川・谷口原図．B：Ogawa *et al.*, 1989)

14.1. 江見海岸の江見層群の堆積構造と変形

JR外房線に乗って安房鴨川へ向かう．左側の車窓からは海が見えてくる．鴨川へ着く少し前，白っぽい色をした凝灰岩質の堆積岩がよく露出しているのが見える．これは第三紀中新世後期から鮮新世のシルト岩である．鴨川は鴨川松島ともよばれる風光明眉な所であるが，港に浮かぶ島々は第三紀の海洋底をつくっていた玄武岩や斑れい岩，変成岩である．鴨川の西側の嶺岡山地はこれらの岩石からなるブロックが蛇紋岩に含まれたいわゆる分断されたオフィオライト (dismembered ophiolite) が分布する嶺岡構造帯をなしている (小川・谷口, 1987)．

嶺岡山地の南側，曽呂川の南には自然がよく残された地域があって，南房総のお花畑の一つになっている．そして，江見を中心とした海岸沿いに第三紀中新世前期の火山砕屑物由来の細粒の堆積岩が非常によく露出している．

安房鴨川でJR内房線に乗り換えて江見駅で下車して海岸へ出てみよう．江見漁港の東側には，非常に混沌とした地層が分布している．地層は分断されて側方へ追跡するのがむずかしい．しかし，白色やオレンジ色をした凝灰岩が目にとまる．それらを丹念に追跡すると図14.3のような地質図が描ける (小川・石丸, 1991)．同一の鍵層が何度も繰返して分布していることがわかる．図14.3のA地点での岩相図を図14.4に示す．この海食台は平面的であるが，入り江の断面で見てみると地層にほとんど平行な南へ向かう逆断層で繰返していることがわかる．この断層はわかりにくいが，黒い筋が泥岩層の中を走っているので断層とわかる．逆断層で繰返した地層がさらにいくつかの別方向の断層によって変位している．つまり，一見混沌に見えた地層の配列は，地層を繰返させる逆断層やその後の断層による分断化によるものなのである．

ここからさらに北東方の江見吉浦，天面，太海にかけて，江見層群は延々と露出している．地層の傾斜は一部に大きい所もあるが，地層を追跡するとゆるやかなドーム・ベーズンや背斜・向斜を繰返して

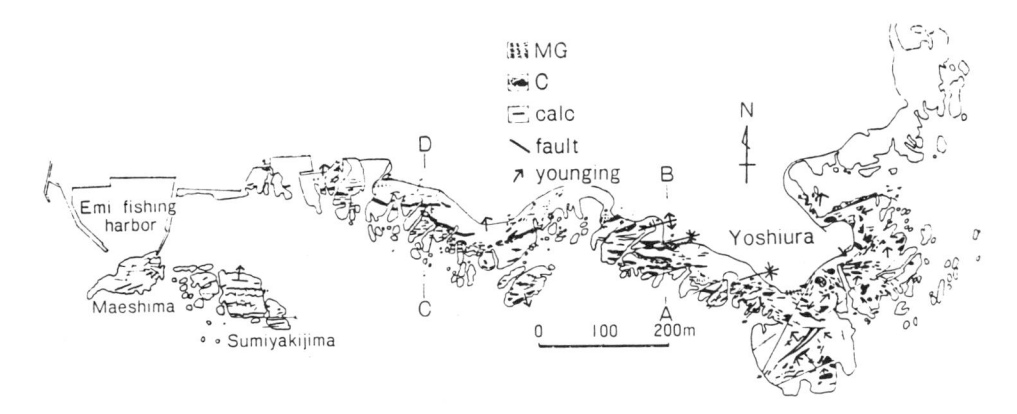

14. 房総・三浦の付加テクトニクス   91

図 14.3 房総半島江見海岸の岩相図(各岩相分布を示した)(小川・石丸,1991)
MG, C, calc は凝灰岩鍵層,fault は断層,younging の矢印方向に上位の地層が分布する
ことを示す.

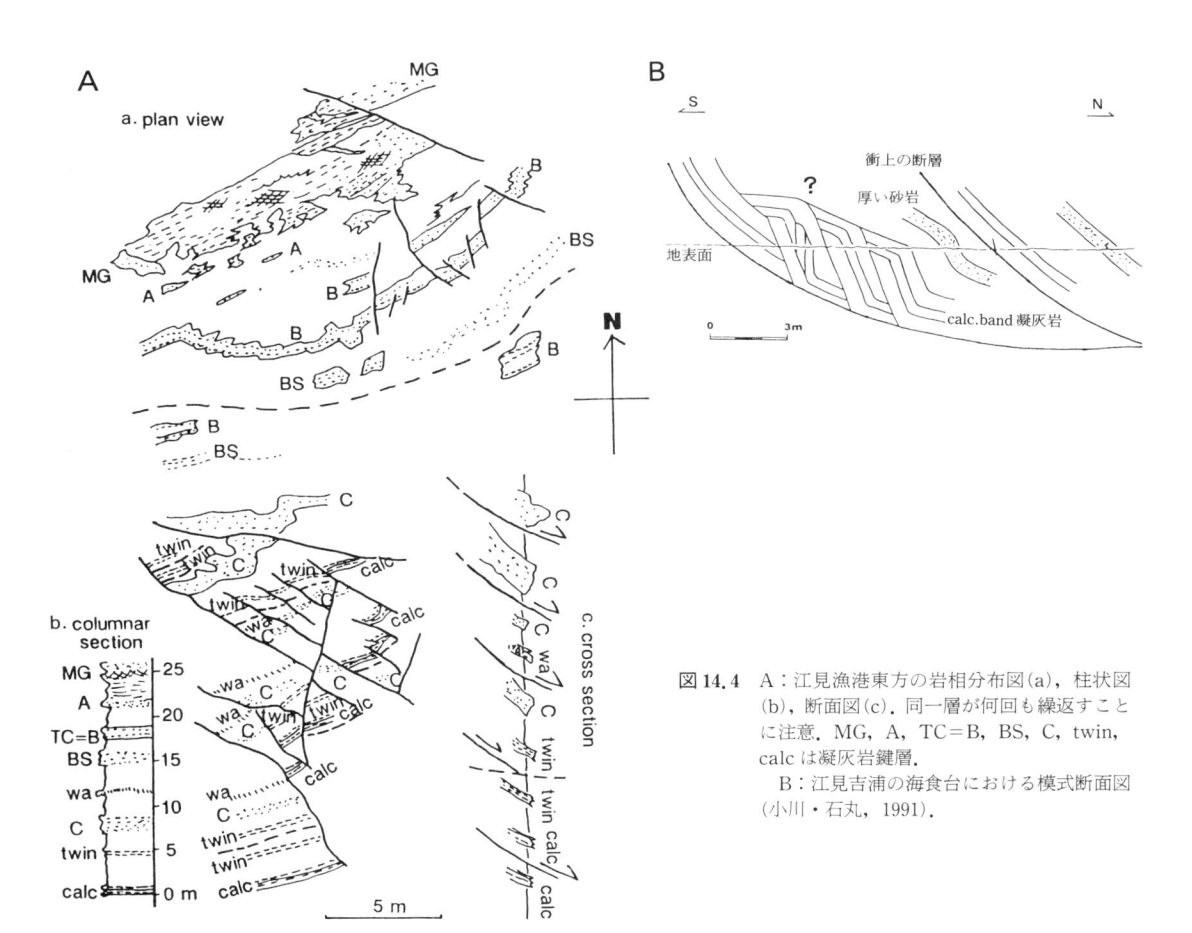

図 14.4 A:江見漁港東方の岩相分布図(a),柱状図(b),断面図(c).同一層が何回も繰返すことに注意.MG, A, TC=B, BS, C, twin, calc は凝灰岩鍵層.
B:江見吉浦の海食台における模式断面図(小川・石丸,1991).

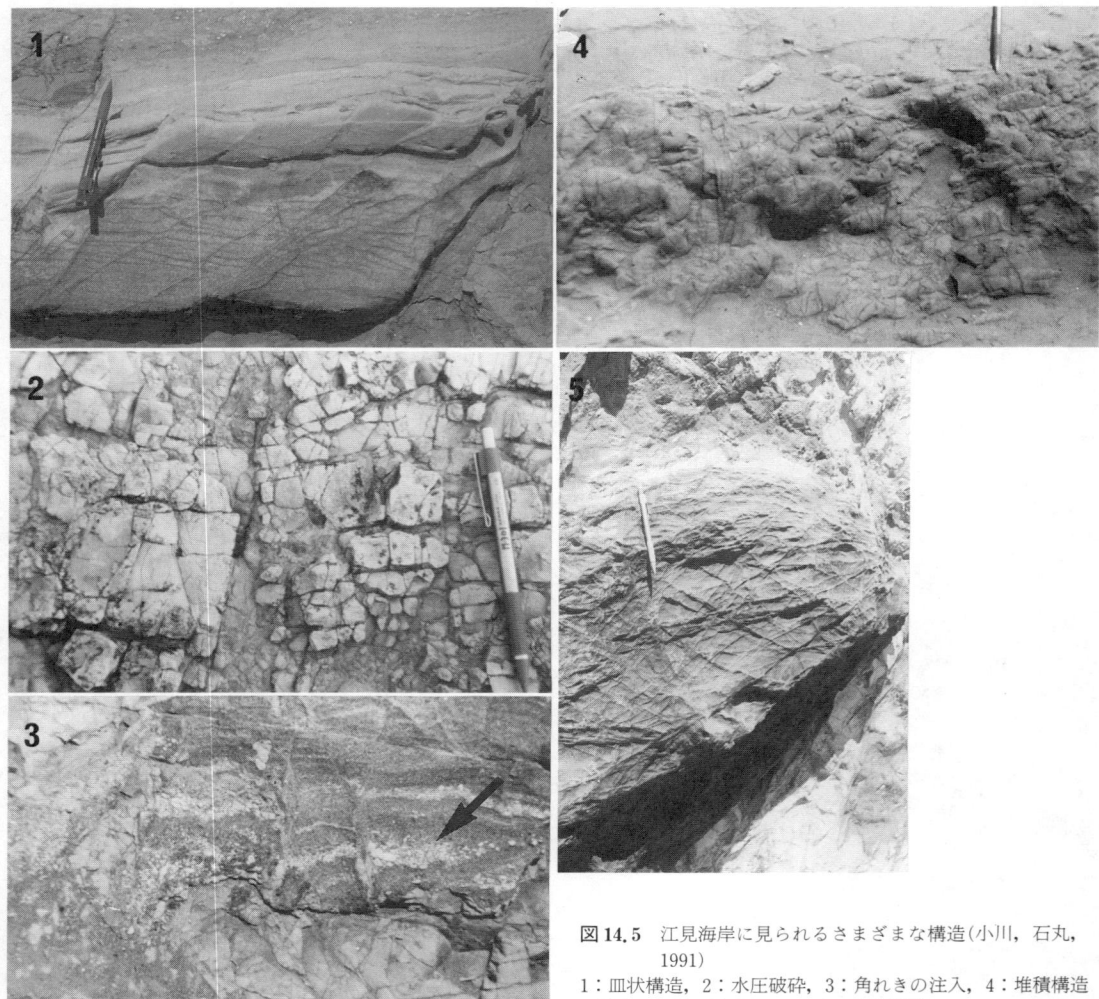

図14.5 江見海岸に見られるさまざまな構造(小川, 石丸, 1991)
1:皿状構造, 2:水圧破砕, 3:角れきの注入, 4:堆積構造の消失と泥岩の注入, 5:くもの巣状構造.

いることがあり，大局的な地層の傾斜は緩やかであることがわかる．江見吉浦の海食台でも同じ地層が何度も繰返している様子が観察できる(図14.4).

露頭をよく観察すると，さまざまな脱水構造(water escape structure)を見ることができる(小川・石丸，1991). 図14.5にはその代表的なものをあげた．このどれもが，堆積後まもなく間隙水圧が上昇したため，含まれていた水が抜けたときの構造である．砂岩層には水洞が次々に上昇していくときに形成される皿状構造(dish structure)(辻・宮田, 1987)が見られ(図14.5-1)，凝灰岩には水圧破砕による割れ目が見られる(図14.5-2). また一見，礫岩のように見えるものでも，破砕した礫状岩の注入によるものであることがある(図14.5-3). 堆積構造が高い間隙水圧により消失し，泥岩と砂岩の境界が不規則になった場合もある(図14.5-4). 最もふつうに発達するのが，くもの巣状構造(web structure)である(図14.5-5). これは高い間隙水圧のもとで剪断面(断層)が形成されたときに生じる構造である．

このように，江見層群の構成物質はすべて凝灰質のもので，そのほかに火山岩由来の砂岩やシルト岩からなり，大陸地殻(花崗岩や古い時代の堆積岩, 変成岩など)由来の砕屑岩を全く含まない．また，そこでの構造上の特徴は，堆積後間もない時期の間隙水圧の高い条件での変形と地層にほぼ平行な逆断層である．類似の変形は房総半島最南端の中新世後期～鮮新世前期の千倉層群でも見ることができる(I-13章参照). 江見層群の構造は南に向かういくつも

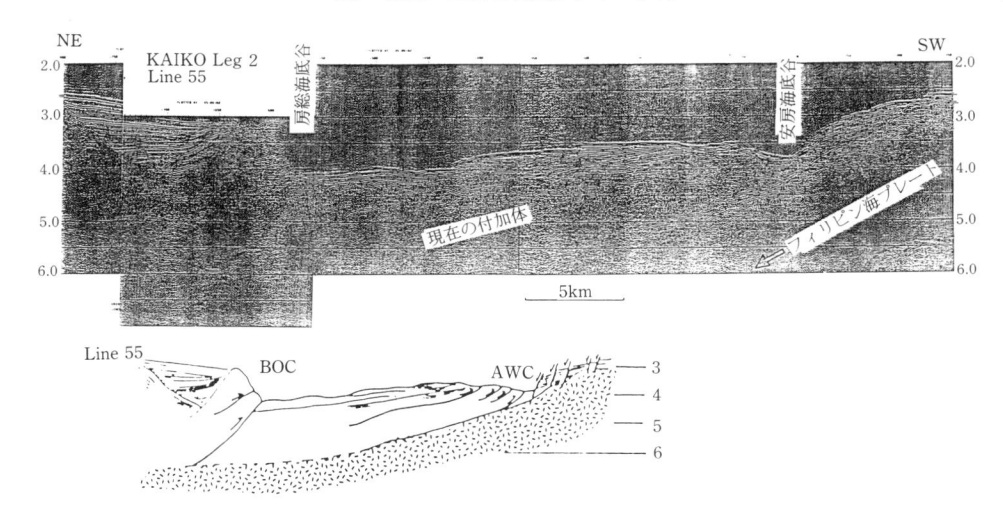

14. 房総・三浦の付加テクトニクス

図 14.6 房総沖の相模トラフの音波探査断面(位置は図 14.2(B)の 55)(Ogawa *et al.*, 1989)

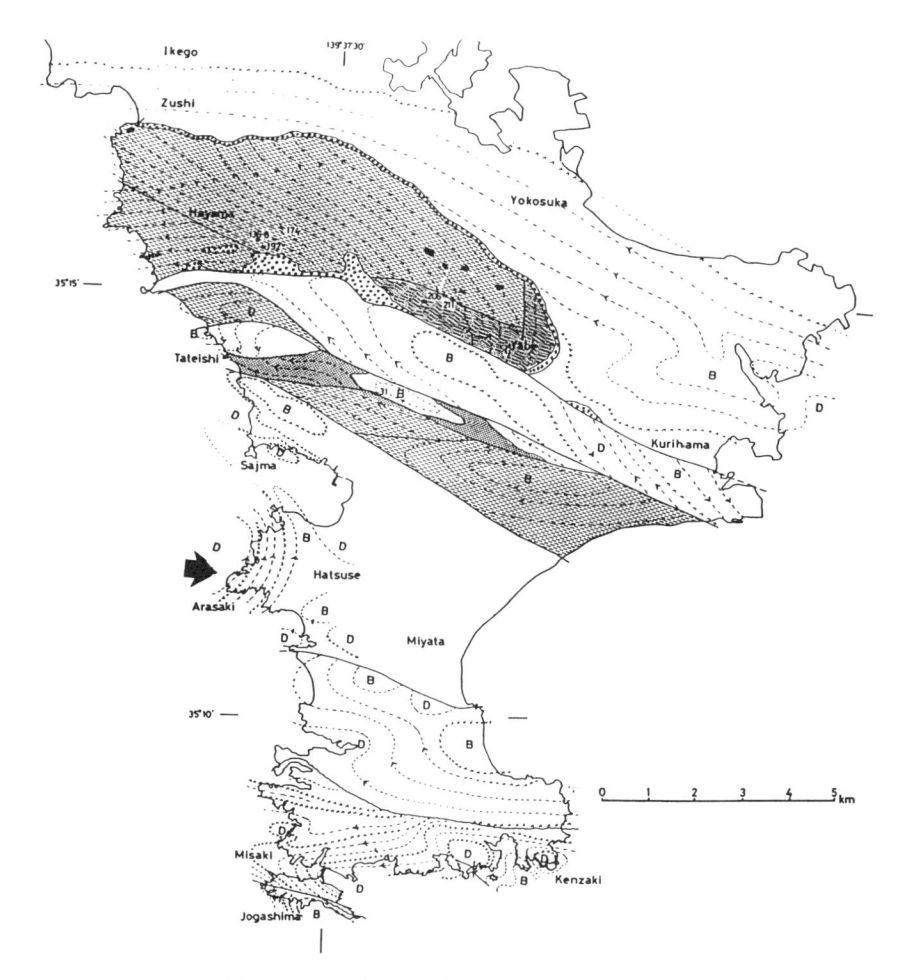

図 14.7 三浦半島の模式的構造図(小川・谷口, 1987)
網かけの部分は葉山層群と矢部層群. 矢印付き点線の部分は三浦層群. 太い矢印が荒崎.

の逆断層で特徴づけられ，現在の相模トラフに沿う音波探査断面に見ることができる構造（図14.6）と非常に類似している．このようなことから，房総半島の鴨川より南に分布する地層の多くは，伊豆弧側に堆積したものが，現在は本州弧側に逆断層によって付加されたものと考えられる．三浦層群の葉山層群や次に述べる三浦層群も同じような付加作用で形成されたものと考えられている（Ogawa et al., 1985, 1989）．

なお，嶺岡山地の内部やその北側の中新世の時代の地層には本州弧側からの大陸地殻由来の砕屑物が含まれているので，当時の陸と海とのプレート境界は現在の嶺岡帯付近にあったと考えられている．

14.2. 荒崎海岸における三浦層群の堆積構造と変形

房総半島と三浦半島に分布する中新世後期から鮮新世前期にかけての火砕質堆積岩を三浦層群と総称しているが，嶺岡帯の北側と南側とでは，その堆積物質と変形構造が異なっている（図14.7）．北側のものは凝灰質ではあるが，粗粒のスコリア(scoria)やパミス(pumice)などをほとんど含まない．構造も単純で走向・傾斜の変化はあまりない．一方，南側では火山から直接由来した粗粒の降下砕屑物を何枚も含む．砕屑物の粒径は三浦半島の荒崎海岸で最も大きく，こぶし大に達する．全体に三浦半島の南西部で大きくまた厚く，北や東に向かうにつれて小さくなり，房総半島の三浦層群では，スコリアやパミスは細粒になりまた薄くなる．ただし，より後期の堆積物では房総半島最南端の白浜層にやはりこぶし大の砕屑物がある．

このような火山起源の物質の組成は，現在の伊豆弧に分布する第四紀火山岩のものによく似ており，三浦層群の下部ではスコリアはソレアイト質玄武岩(tholeiitic basalt)ないし安山岩が多く，三浦層群の上部では，それに高アルミナ玄武岩(high alumina basalt)ないし安山岩が加わる（谷口・他，1991）（図14.8）．

品川から京浜急行の特急に乗り，終点三崎口で下車し，そこからバスで荒崎へ向かい終点で下車する．すぐ先の水産試験所を左に見て，海食台へ向かう．ここから長浜へかけては，1707年と1923年の大地震で隆起した，みごとな海食台が発達している．地層は黒っぽいスコリア〔発泡があまり見られないものはラピリ(lapilli)とよんだほうがよい〕が白っぽい凝灰質のシルト岩にはさまれたものからなる地層

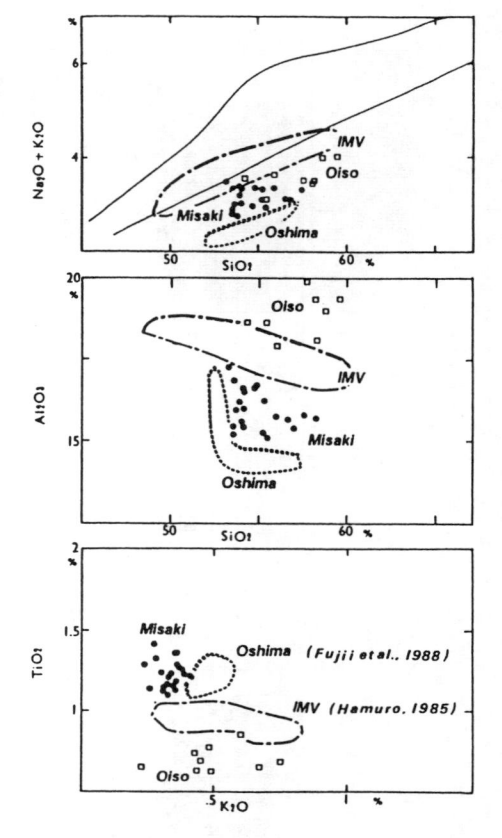

図14.8 三浦層群の三崎層中の玄武岩質岩石の化学組成のダイアグラム（谷口・他，1991）．荒崎のスコリアを黒点で示す．他は周辺の島弧の岩石．

が，分布していて地層の走向傾斜を測る練習に適している．走向は北部で N 20°W，南部で N 30°E であり，傾斜は50°NW～SE であるが，場所によりすこしずつ異なる．全体として大きく東に向いて湾曲している（堀内・谷口，1985）（図14.9）．

荒崎水産試験所の西にはスコリア層中に皿状構造や級化層理，脱水脈などが見られる．それに対して，シルト岩中には Chondrites, Zoophycos などの比較的深海を示す生痕化石が一面に見られる．スコリア層が急激な堆積を示すのに反して，シルト岩層はゆっくりとした堆積を示す．前者は鉛直方向の混濁流(vertical turbulent flow)によるものである（Soh et al., 1989）．後者については等深度流(contour current)によるとの考えがある（Stow・Faugeres, 1990）．

荒崎の海食台ではさまざまな変形構造を観察することができる．いたるところに地層がジグザグに変位した地層の側方短縮を示す断層が発達している．

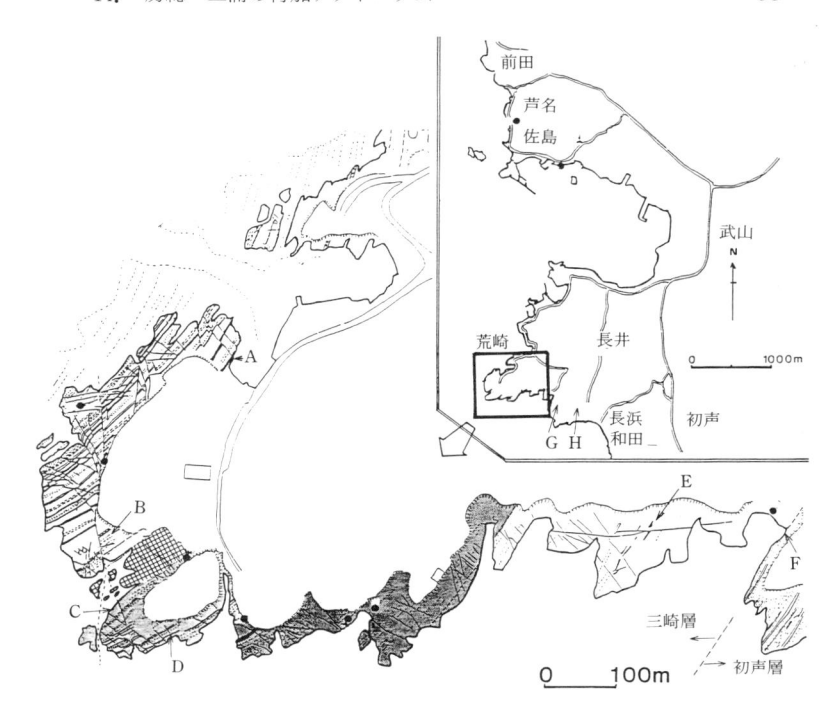

14. 房総・三浦の付加テクトニクス　95

図 14.9　荒崎の海食台の岩相図（堀内・谷口，1991）

　もし，それらの断層が地層が平行に形成されたとすると，多くのものは逆断層であることがわかる．しかも，そのうちで初期ステージの多くのものが，最大主圧縮応力軸（σ_1）が，現在の地層の走向方向にほぼ一致する（図 14.10）（Ogawa・Horiuchi, 1978）．これは，当時の σ_1 が地層の傾斜にほぼ直交していたことをうかがわせる．しかし，このような水平な海食台の露頭では地層の走向方向に直交する走向をもつ断層が選択的によく露出するので，等価な 3 次元的な露頭での統計的な計測を行う必要がある．

　よく観察すると，地層にほぼ平行な逆断層を図 14.9 の地点 A〜D などで見ることができる．特に，地点 D では図 14.11 に見られるように，同一のスコリア層が 5，6 回繰返している．さらに，その地層はより大きいスケールでも繰返している．この地点では水平な露頭と垂直な崖の露頭とがあるので，3 次元的な変位のありさまがみえる．それによると，逆断層は南西から北東へ向かうものが最も卓越していることがわかる．しかし，この地域のように地層が大規模に褶曲しているところでは，地層が水平の軸の周りに回転している可能性があるので，当時の南北を決めるには古地磁気学的手法によらなければならない．なお，Yoshida et al. (1984) によると，三浦半島全体は 3 Ma 以降に約 30°時計回りに回転したことが知られている．

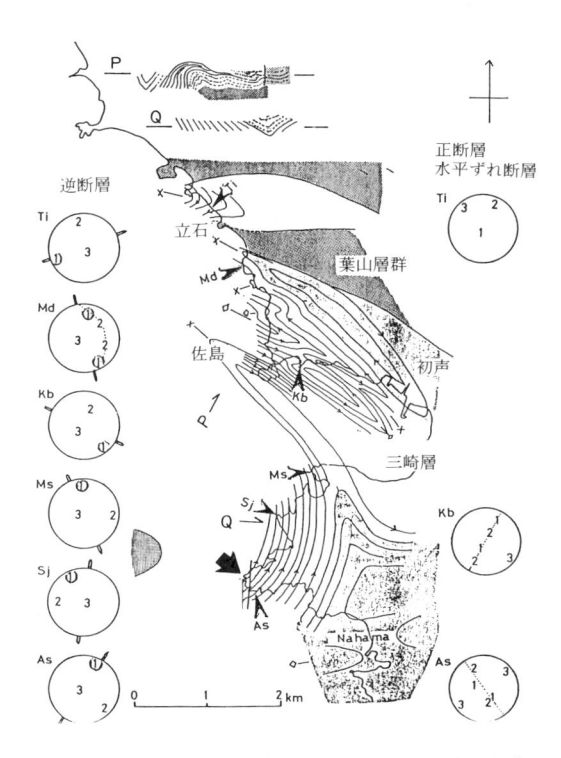

図 14.10　荒崎〜佐島の構造図（Ogawa・Horiuchi, 1978）初期のステージの逆断層（変形時に地層が水平であったと仮定してある）（左列，1, 2, 3 はそれぞれ σ_1, σ_2, σ_3 を示す．σ_1 が現在の地層の走向方向（二重線）にほぼ一致することに注意），および後期のステージの正断層と水平ずれ断層（右列）．

図14.11 荒崎の地点Dで見られる逆断層による地層の繰返し（小川原図）
手前の黒い地層（スコリア層）は1枚であるが，中央部では6回繰返す．指示棒の左側が北を示す．

図14.12 荒崎の地点Eで見られる逆断層による地層の繰返し（小川原図）

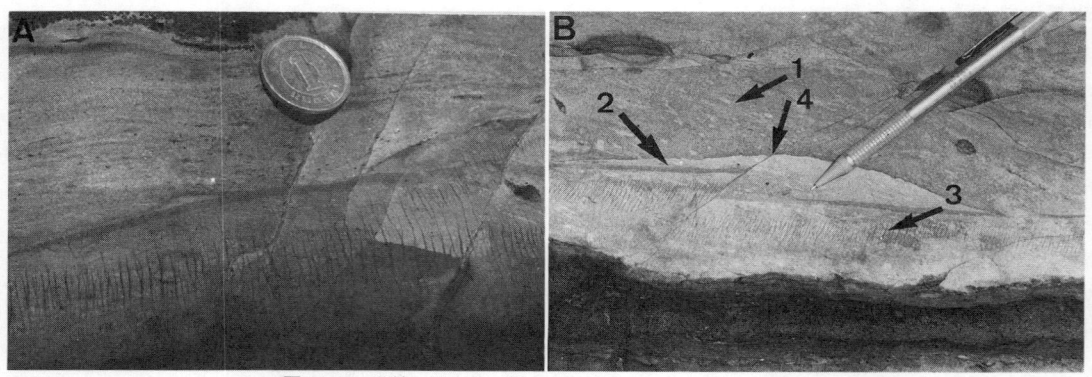

図14.13 荒崎の地点Eで見られるvein structure（小川原図）
A：地層面に平行な黒い筋は最初期の逆断層．B：四つのステージが認められる．1：生痕化石の流動，2：地層面に平行な逆断層，3：vein structure，4：地層面に中程度の角度で交わる逆断層（シャープペンシルの先は北を示す）．

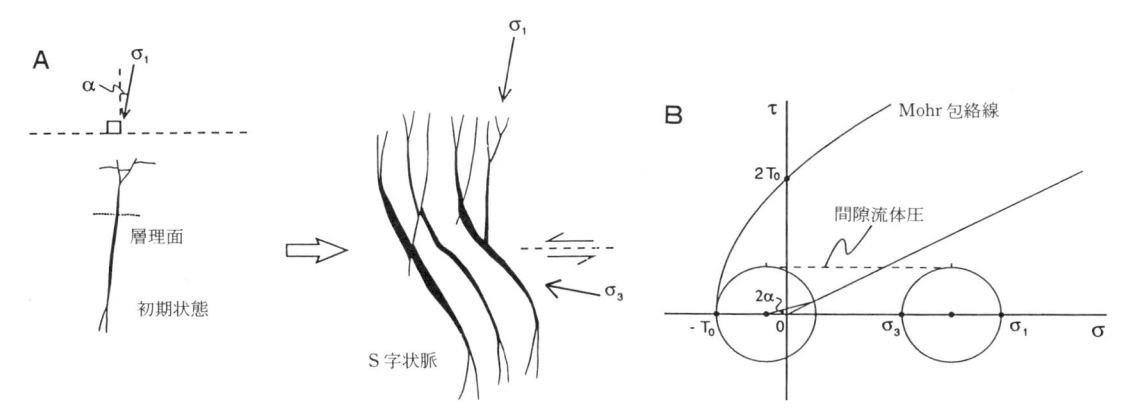

14. 房総・三浦の付加テクトニクス 97

図 14.14 Vein structure の成因を示す概念図 (Ogawa et al., 1992)
A：地層面に高角な σ_1 とほぼ水平な σ_3 によって引っ張り割れ目が生じ，ついで地層面と平行な滑り面によって S 字状に曲がる．B：高い間隙水圧によって引っ張り割れ目ができることを示すモールの円．

図 14.9 の地点 E では，もし潮位が低ければ（大潮のときは昼前後がよい），スコリア層がこの部分だけで何度も繰返し，地層が短縮していることが観察できる（図 14.12）．地層を短縮させた断層には 2 種類あり，初期のものは地層にほとんど平行で西へ向かうもの，後期のものは地層とやや高角に斜交するもので，互いに共役である．いずれの断層によっても地層は南西–北東方向に短縮されている．断層面は癒着していて，いわゆる "面なし断層" であるが，黒い筋によって断層を確認することができる．

地点 E では，脈状構造 (vein structure)（小川，1980；小川・他，1991）も観察することができる（図 14.13）．これはシルト岩中に，地層にほぼ垂直に発達する黒い筋状のもので，何段階のステージを読取ることができる．これは，間隙水圧が上昇したときに，地層にほぼ垂直な圧縮応力によって相対的な引っ張り応力軸に垂直な方向に形成されたもので，堆積後の圧密過程での最小主圧縮応力軸 (σ_3) を示すと考えられる（小川・他，1991；Ogawa et al., 1992）（図 14.14）．この構造は，三浦層群が伊豆弧の前弧域に堆積し，当時の相模トラフから本州弧側へ付加する以前に形成されたと考えられる．この脈状構造は陸上では三浦層群の例が世界で初めて記載されたもので（小川，1980），三浦・房総両地域のいろいろな地点で観察することができる（図 14.15）．この構造は地層がまだ水平であったときに形成されたと考え

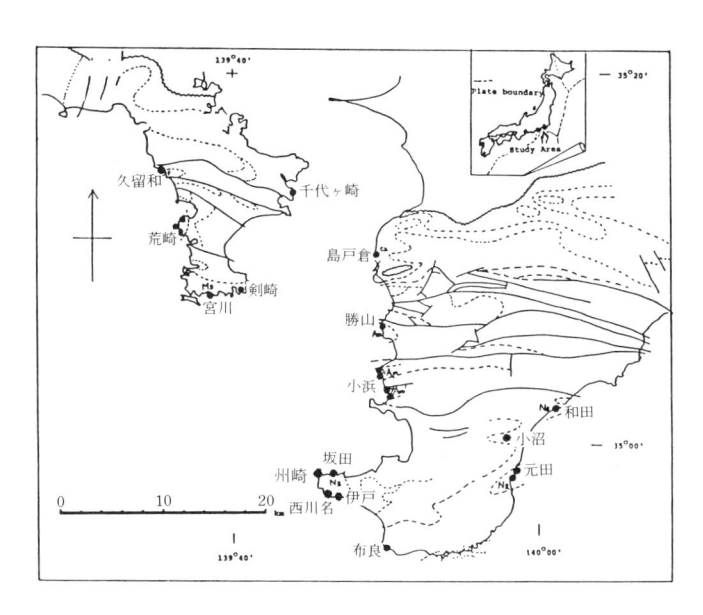

図 14.15 Vein structure が観察される地点（黒丸）（小川，1980）

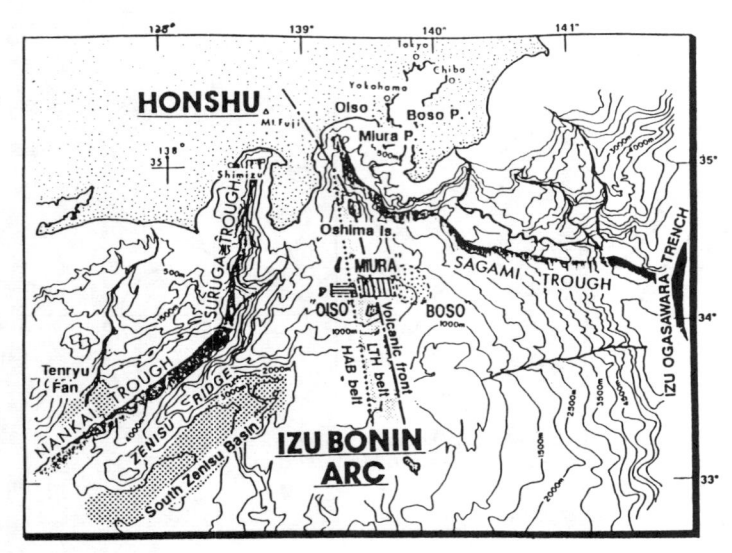

図 14.16 三浦および房総半島にみられる地層の堆積場の復元図(谷口・他, 1991)

られるので, それらの地点での σ_3 の方向はほぼ東西を向いていたと復元される. この方向は伊豆弧の前弧での相対的な引っ張りの方向を示すものと考えられる.

地点 F では三浦層群の三崎層を削って, 上位の初声層がのってくる. 初声層は三崎層ほど明瞭な単層境界をつくらず, スコリアやパミス, シルト礫などが乱雑にまざった地層をつくっている. 地層の所々に斜交層理が発達している. 特に, 長浜方面では顕著で, 西から東に向かう古流向を示すものが多い.

地点 G ではシルト岩のブロックを含む一見スランプ礫岩のようなものが初声層に含まれている. これは, よく観察すると地層面を切って発達しており, 砕屑性脈岩(clastic dike)であることがわかる. 初声層にはシルト岩がほとんど含まれないので, この脈岩は三崎層に由来するものであろう.

地点 H には, 斜交層理の発達する初声層にいろいろな方向の脈(vein)が発達している. これは微小な変位を伴うもので, いわゆるくもの巣状構造とよばれるものである. これは世界各地の付加体に特徴的に知られており, 脱水と変位とが同時に起きたことを示す.

三浦層群の地層観察は荒崎以外でも, たとえば次の海岸地域で可能である.

① 三浦半島では, 佐島観音鼻, 城ケ島, 浜諸磯, 宮川, 剣崎など.

② 房総半島では, 金谷, 富浦, 西崎(洲崎), 千倉など.

まとめ

三浦・房総両半島での江見層群と三浦層群では, さまざまの堆積構造と変形構造を観察することができる. そこでは, 火山にごく近い場所での火山からだけの砕屑物の堆積(図 14.16)と堆積直後の変形, それも地層の短縮を伴う変形とが認められる. 当時の状況を考えると, 現在の大島近海での堆積とその相模トラフでの本州側への付加と類似の現象を想定することができる.

この地域は, 世界でも唯一知られた海溝が交わる三重点付近のプレートの運動を反映した地質が見学できる所である. それはまた, 過去の大地震の現れでもある. 三浦・房総両半島の海岸は世界的にも非常に珍しい堆積構造や堆積直後に形成された変形を詳しく観察することができる, 手ごろなフィールドであるといえる. 〔小川勇二郎・谷口 英嗣〕

参考文献

堀内一利・谷口英嗣(1985):三浦層群の火山灰鍵層を用いた対比. 日大文理自然研紀要, vol. 20, pp. 11-31.

小川勇二郎(1980):三浦・房総両半島の新第三系シルト岩中に見られる細脈状破断劈開. 九大理研報, 地質, vol. 13, pp. 321-327.

Ogawa, Y., Ashi, J., ・Fujioka, K. (1992):Vein structures and their tectonic implication for the development of the Izu-Bonin forearc, ODP Leg 126. *ODP Scietific Result*, vol. 126 (in press).

小川勇二郎・芦寿一郎・中島 滋(1991):Vein structure. 堆積学研究会誌, no. 34, pp. 1-4.

Ogawa, Y.・Horiuchi, K.(1978):Two types of accretionary fold belts in central Japan. *Jour. Physics Earth,* Suppl. vol. 26, pp. S517-532.

Ogawa, Y., Horiuchi, K., Taniguchi, H.・Naka, J. (1985):

Collision of the Izu arc with Honshu and the effect of oblique subduction in the Miura-Boso Peninsulas. *Tectonophysics,* vol. 119, pp. 349-379.

小川勇二郎・石丸恒存(1991)：房総半島南部江見海岸における江見層群の地質構造．地学雑誌，vol. 100，pp. 530-539．

Ogawa, Y., Seno, T., Tokuyama, H., Akiyoshi, H., Fujioka, K.・Taniguchi, H. (1989)：Structure and development of the Sagami trough and off-Boso triple junction. *Tectonophysics,* vol. 160, pp. 135-150.

小川勇二郎・谷口英嗣(1987)：前弧域のオフィオリティック・メランジュと嶺岡帯の形成．九大理研報，地質，vol. 15，pp. 1-23．

Ogawa, Y.・Taniguchi, H. (1988)：Geology and tectonics of the Miura-Boso Peninsulas and the adjacent area. *Modern Geology,* vol. 12, pp. 147-168.

Seno, T., Ogawa, Y., Tokuyama, H.・Taira, A. (1989)：Tectonic evolution of the triple junction off central Honshu for past 1 million years. *Tectonophysics,* vol. 160, pp. 91-116.

Soh, W., Taira, A., Ogawa, Y., Taniguchi, H., Pickering, K. T.・Stow, D. A. V. (1989)：Submarine depositional processes for volcaniclastic sediments in the Mio-Pliocene Misaki Formation, Miura Group, central Japan. *In* Taira, A.・Masuda, F. (eds.)：Sedimentary Facies in the Active Plate Margin., pp. 619-630.TERRAPUB(Tokyo).

Stow, D. A. V.・Faugeres, J.-C. (1990)：Miocene contourites from the proto-Izu-Bonin forearc region, southern Japan. Abstract 13th Int'l Sedimentological Congress, Nottingham, p. 526.

谷口英嗣・小川勇二郎・徐　垣(1991)：伊豆弧と古伊豆弧の発達とそのテクニトニクス．地学雑誌，vol. 100，pp. 514-529．

辻　隆司・宮田雄一郎(1987)：砂層中にみられる流動化・液状化による変形構造——宮崎県日南層群の例と実験的研究．地質学雑誌，vol. 93，pp. 791-808．

Yoshida, S., Shibuya, M., Torii, M.・Sasajima, S. (1984)：Post-Miocene clockwise rotation of the Miura Peninsula and its adjacent area. *Jour. Geomag. Geoelectr.,* vol. 36, pp. 579-584.

15. 環伊豆地塊の蛇紋岩—マントルからきた物質—

　日本列島のような変動帯には大小さまざまな蛇紋岩体が貫入している．関東地方南部にも小規模な蛇紋岩体が数多く存在している．蛇紋岩はかんらん岩という岩石が変化したものである．地殻（日本列島では 30 km 程度）は堆積岩，火成岩などのわれわれに比較的なじみのある岩石よりなるが，その下にはこの分厚いかんらん岩の層が地球を取巻いているのである．その場所はマグマ形成などの重要な地学現象の舞台である．南関東地方の蛇紋岩が上部マントルからもたらされたのは比較的新しい時代であり興味深い．このような上部マントル起源の岩石が地表で観察できるのはすばらしいことではないか．

15.1 環伊豆地塊蛇紋岩

　南関東地方から中部地方にかけて蛇紋岩類よりなる小規模な岩体が伊豆半島の付け根をぐるりと取巻くように分布している（図 15.1）．これらの岩体はいずれも主として広義の四万十帯に属する嶺岡，葉山，小仏，瀬戸川の各層群中に存在する．これらは後述するように共通した岩石的性質をもっているため，分布の特徴から「環伊豆地塊蛇紋岩」と総称されている（荒井・石田，1987）．最も大量に露出しているのは，房総半島のいわゆる嶺岡帯とよばれる地帯である．特に，鴨川市西方の嶺岡山地が有名である．内房では鋸南町付近に小露出がある．また，富津市金谷沖の東京湾底にも小岩体の存在が推定されている（荒井・他，1990）．三浦半島では横須賀線衣笠駅裏の崖の露頭は有名である．そのほか，横須賀市池上付近にいくつかの小露頭がある（狩野・他，1975）．伊豆半島の北方，山梨県大月市笹子付近の小仏層群中にも蛇紋岩の小岩体が最近いくつか発見された（石田，1987）．伊豆地塊の西方では瀬戸川層群中にいくつかの小岩体が知られている．北から，山梨県早川町の行田沢，静岡市北方の山伏岳や大岳付近，岡部町青羽根から藤枝市ビク石付近にかけて，島田市千葉山から相賀付近などである（高沢，1976）．

15.2 蛇紋岩とは何か—蛇紋岩からかんらん岩へ—

　環伊豆地塊蛇紋岩類は，代表的露出地である房総半島嶺岡山地や三浦半島衣笠付近で容易に観察できる．さて，なによりもまず蛇紋岩とよばれるものを実際に観察してみよう．千葉県鴨川市から西方に延びる通称嶺岡林道は環伊豆地塊蛇紋岩類の模式地というべき代表的露出地である．嶺岡林道を歩くと，独特の暗緑色～灰色（風化が進むと褐色）の岩石が露出している．これが蛇紋岩である（図 15.2）．同林道沿いで顕著な高まりをなす部分（たとえば嶺岡浅間）は主として玄武岩よりなっている（兼平，1976；荒井，1981）．蛇紋岩はしばしば粉砕されているために

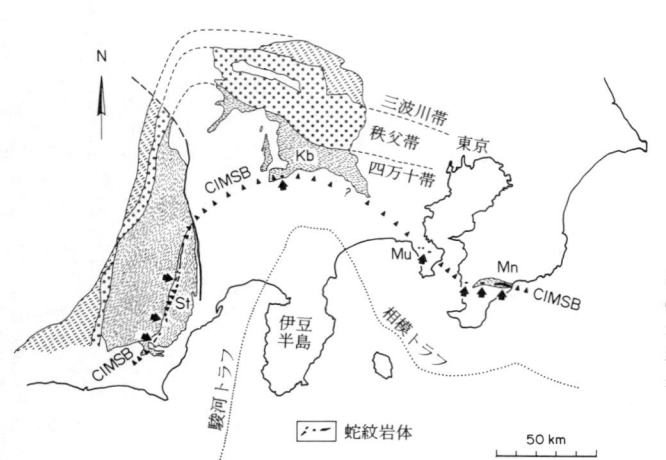

図 15.1　環伊豆地塊蛇紋岩の分布
CIMSB（および黒三角；環伊豆地塊蛇紋岩帯）．St, Kb, Mu, Mn, それぞれ瀬戸川地域，小仏地域，三浦半島，嶺岡地域．黒太矢印は主要な蛇紋岩体をさす．

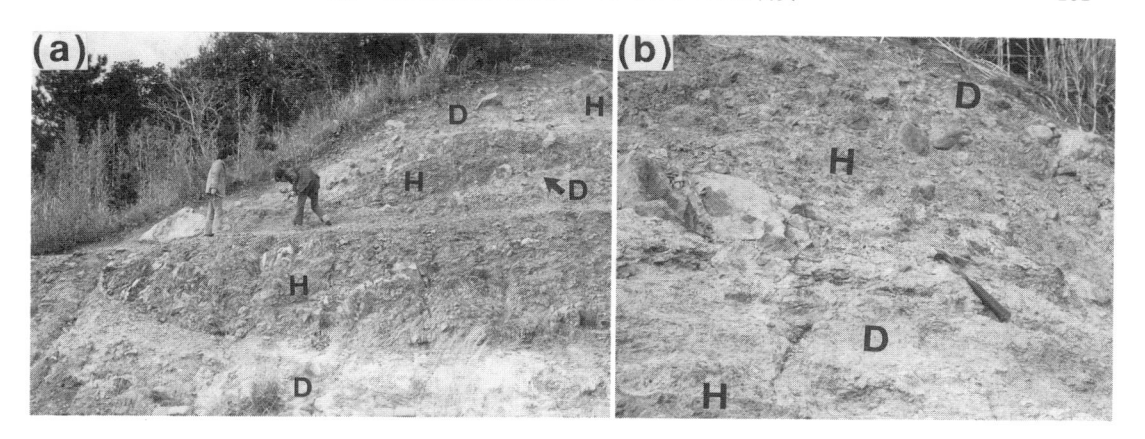

15. 環伊豆地塊の蛇紋岩—マントルからきた物質—

図 15.2 嶺岡山地における蛇紋岩の露頭
(b)は(a)の右上方の拡大．大小の岩塊と破砕された基質より成る．色の薄い部分(実際は黄褐色)はダナイト(D)，濃い部分(実際は灰色)はハルツバージャイト(H)．

図 15.3 嶺岡山地の蛇紋岩標本の写真
a：ハルツバージャイトの小岩塊の切断片．周囲の白っぽい部分は風化殻．中心部の白斑，風化殻の暗色斑は斜方輝石．b：ダナイトの小岩塊の切断片．上部の白色部は風化殻．風化殻中の黒点はクロムスピネル．暗色部の白点はブルーサイト．c：ハルツバジャイトの破断面．白斑は斜方輝石．劈開面が光をよく反射する．d：斜長石に富むハルツバージャイト．灰色の斑点(径数mm)は斜方輝石．黒色部は一部蛇紋石化したかんらん石に富む部分．不規則形の白斑(径1〜2mm)一部変質した斜長石．

102   I 野外観察

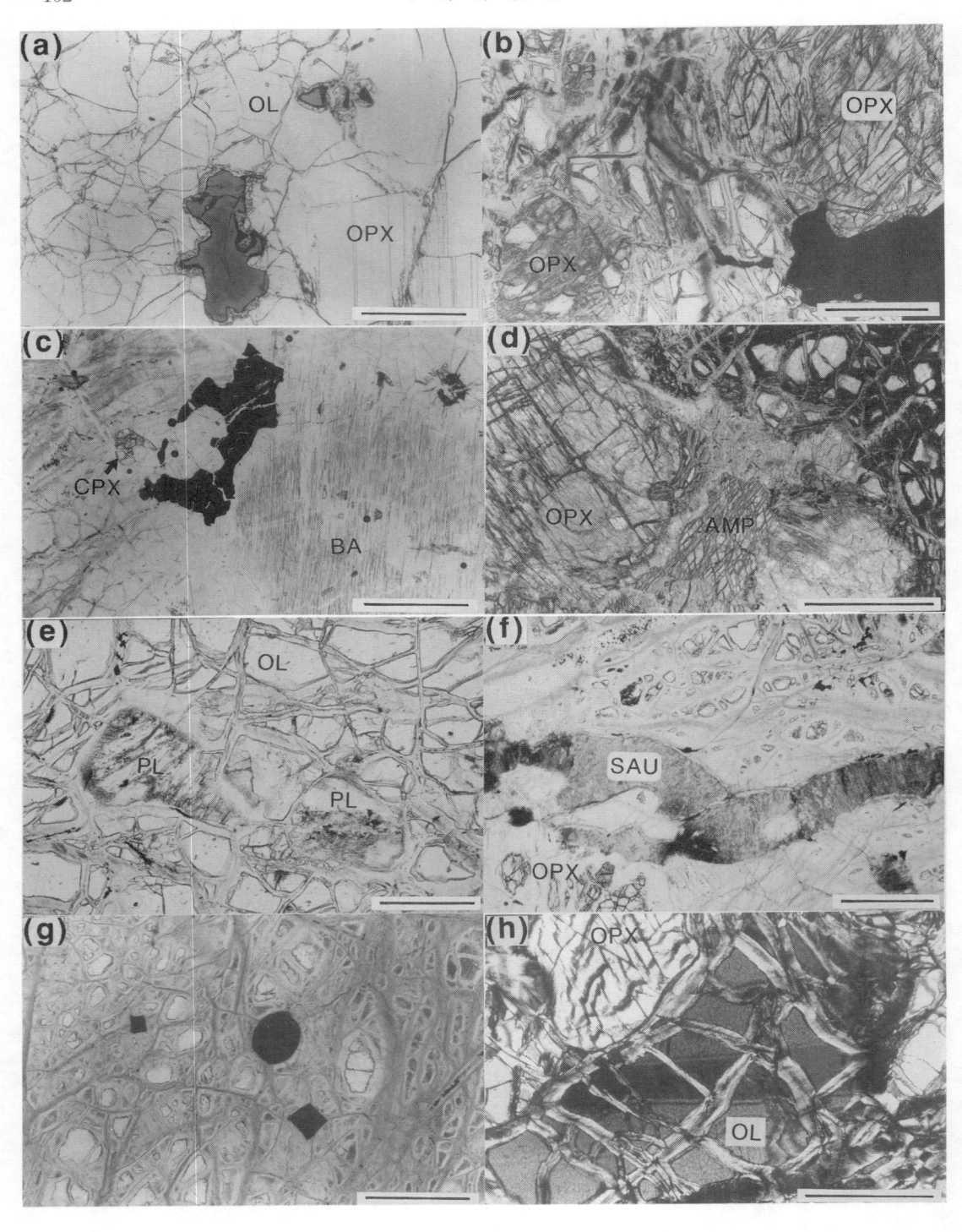

図 15.4 （説明は次ページ参照）

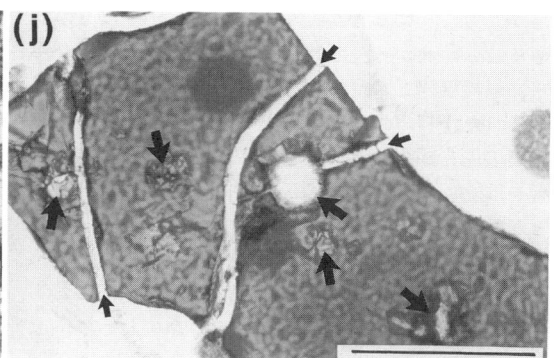

図15.4 顕微鏡写真．OL, OPX, CPX, BA, AMP, PL, SAU はそれぞれ，かんらん石，斜方輝石，単斜輝石，バスタイト，角閃石，斜長石，ソーシュライト

a：北九州黒瀬のアルカリ玄武岩中の捕獲岩としてもたらされた上部マントルかんらん岩．暗色部はクロムスピネル．全く蛇紋岩化していない点を除くと環伊豆地塊蛇紋岩によく似る．b：一部蛇紋岩化したハルツバージャイト．右下の黒色部はクロムスピネル．かんらん石（中央部に白色不規則形で一部残留）が選択的に蛇紋石に変化している．c：ほぼ完全に蛇紋石化したハルツバージャイト．バスタイトは斜方輝石の蛇紋石化したもの（斜方輝石の形態的特徴は残す）．左半分は完全に蛇紋石化したかんらん石．単斜輝石はほぼ無きずで残っている．黒色部はクロムスピネル．d：角閃石を含むハルツバージャイト．e：斜長石を含むハルツバージャイト．斜長石は一部ソーシュライト（暗色部）に変わっている．かんらん石の蛇紋石化の程度は低い．f：斜長石を含むハルツバージャイト．斜長石は完全に変質してソーシュライトに変わっている．周囲のかんらん石の変質の程度が(e)のものより高いことに注意．g：ダナイト．かんらん石は強く変質（蛇紋石化）している．クロムスピネル（黒色）はほぼ自形（ハルツバージャイト，b, c と比較せよ）．h：ハルツバージャイト中のキング・バンドを有するかんらん石．i：蛇紋岩砂岩．蛇紋岩中の岩塊．暗色から黒色の粒子はクロムスピネル．白色粒子は蛇紋岩，基質は方解石．j：ハルツバージャイトのクロムスピネル中の包有物（大矢印）．フロゴパイト-パーガス閃石-斜方輝石よりなる．小矢印は変質（蛇紋岩化）時にできた割れ目．

産地は(d)を除く(b)から(j)まで千葉県嶺岡山地．(d)は神奈川県三浦半島衣笠．(h)以外はオープン・ポーラー．スケールは(a)-(c), (g)が1mm, (d), (f), (h), (i)が0.5mm, (e)が0.2mm, (j)が0.1mm.

岩石というより礫まじりの砂や粘土のように見えることもある（図15.2）．礫や岩塊は筋がついたつるつるの表面（いわゆる鏡肌）を有している．瀬戸川帯や鋸南町根本の海岸などでは，礫岩あるいは角礫岩のかたちで固結した蛇紋岩が見出される．

これら蛇紋岩の塊をハンマーで割ると，ちょうどまんじゅうのように中心部が黒く周辺部がやや白っぽくなっている（図15.3-a, b）．白っぽい部分は風化を被った部分で，中心部が新鮮な蛇紋岩である．蛇紋岩は2種類識別できる．輝石類の多いものとほとんど含まれないものである（図15.3）．前者には径数mm程度の淡褐色～淡灰色の劈開が発達した鉱物が10～30％ほど含まれているが，これはエンスタタイト（enstatite）（または頑火輝石，斜方輝石の一種）である（図15.3-a, c, d）．劈開面に光を反射させてみると，劈開面がしばしば湾曲していたり折れ曲がっていることがわかる．さらにルーペなどで観察すると鮮やかな緑色（風化すると淡緑色）をした微小な鉱物が少量（通常2％以下）が認められる．これはディオプサイド（diopside）（または透輝石とよばれ，単斜輝石の一種）で，特にCrを少量（一般にCr$_2$O$_3$で0.5重量％以上）含むため，クロムディオプサイド（chrome diopside）（クロム透輝石）とよばれる．また漆黒のガラス状断面を有するクロムスピネル（chrome spinel）も認められる．不透明感がある小白斑はソーシュライト（saussurite）とよばれる細粒鉱物の集合体で斜長石の変質したものである（図15.3-d）．一方，後者の，輝石がほとんどふくまれないもの（図15.3-b）は前者に比べてややまれである．しばしば，これは風化が進んでおり黄褐色を呈する（図15.2）．肉眼では丸みをおびた漆黒色のクロムスピネル（chrome spinel）が認められる．

さて，この蛇紋岩を薄片にして偏光顕微鏡で観察してみよう．屈折率の低い鉱物が網目状に大量に生じている．これが蛇紋石である（図15.4-b～h）．蛇紋石中には不透明で微粒な磁鉄鉱がしばしば大量に生じている（たとえば，図15.4-g）．蛇紋岩が肉眼で黒っぽく見えるのはそのためである．よく観察すると，蛇紋石はかんらん石を選択的に置き換えていることがわかる（図15.4-b）．嶺岡林道でもこの蛇紋石の形成（蛇紋岩化という）の程度がさまざまな岩石が観察される．このような観察によって，蛇紋岩はもとも

とかんらん石に富むかんらん岩から変化したものであることがわかる．図15.4-a には，比較のためかんらん岩捕獲岩としてマグマに捕獲されて地表にもたらされた，日本列島の上部マントルを構成している岩石の偏光顕微鏡写真が示してある．蛇紋岩化の影響を取除いてみると両者はほぼ同一のものであることがわかる（図15.4-a, b）．

上部マントルの高温・高圧下におかれていたかんらん岩が低温・低圧で水に富む地殻の条件下におかれると蛇紋岩化という現象が起こる．すなわち，上部マントルで形成されたかんらん石や輝石に水が加わって蛇紋石をはじめとする含水鉱物が形成される．蛇紋岩化はまずかんらん石から始まり，次いで斜方輝石，単斜輝石に及ぶ（図15.4-c）．このとき，クロムスピネルも一部磁鉄鉱などに変化するが，残留することも多い．斜長石は変質に弱く，ソーシュライト（saussurite）とよばれる細粒鉱物の集合体〔ハイドログロシュラー（hydrogrossular），ゾイサイト（zoisite）などからなる；全体にバイレフリンジェンス（birefringence）が低い〕に変化している（図15.4-e, f）．白斑部に透明感がある場合には斜長石が残留していることがある（図15.4-e）．完全に蛇紋岩化した岩石でも，蛇紋石の形態からもともと輝石が存在したことがわかることがある（輝石の"仮像"という）（図15.4-c）．特に，蛇紋石よりなる斜方輝石の仮像をバスタイト（bastite）（肉眼でしばしば雲母と見誤る）とよぶ（図15.4-c）．環伊豆地塊蛇紋岩のうち，輝石の多いものおよびほとんど含まれないものの原岩は，それぞれハルツバージャイト（harzburgite）〔またはレールゾライト（lherzolite）〕およびダナイト（dunite）とよばれるかんらん岩である（図15.5；後述）．ダナイトはかんらん石と自形のクロムスピネルよりなる（図15.4-g）．

15.3. かんらん岩の分類

かんらん岩〔およびパイロクシナイト（pyroxenite）〕はかんらん石と輝石の量比により分類される（図15.5）．かんらん石，輝石につぐ副成分鉱物はクロムスピネル，ざくろ石，斜長石，角閃石などのAlを主成分として含むものである．かんらん岩中のこれらAlに富む副成分鉱物の種類は岩石生成の物理化学的条件によって決まるため重要である．環伊豆地塊かんらん岩の副成分鉱物はクロムスピネル±斜長石である（図15.4-b, e）．三浦半島衣笠付近のかんらん岩は，かなり多量の角閃石〔まれにはフロゴパイト（phlogopite）〕を含む（図15.4-d；表15.1）．また，クロミタイト（chromitite）（クロムスピネルの濃集した岩石）はごくまれに環伊豆地塊蛇紋岩に伴って見出される．なお，岩石の分類の詳細は他の文献（たとえば，都城・久城，1974；久城・荒牧，1978；荒井，1990 a）を参照されたい．

15.4. かんらん岩から何を読取るか —環伊豆地塊蛇紋岩の岩石学的特徴と成因—

かんらん岩の組織（構成鉱物の形状などの特徴）は岩石の履歴を雄弁に物語っている．環伊豆地塊かんらん岩の組織はプロトグラニュラー（protogranular）組織とよばれ，一般には形成された後あまり変化を受けていないかんらん岩に特徴的であるとされている（Mercier・Nicolas, 1975）．かんらん岩石のキンク・バンド（kink band）（図15.4-h）や，輝石類の劈開面の折れ曲がりや湾曲などの弱い変形を示唆する組織も認められる．

環伊豆地塊かんらん岩の構成鉱物の代表的化学組成を表15.1に掲げる．かんらん石は Mg に富み Fo_{88-92} の組成を有する．斜方輝石，単斜輝石ともに Mg に富み，Al_2O_3，Cr_2O_3 を少し含んでいる．斜長石はきわめて Ca に富み，An_{88-96} の組成を有する．クロムスピネルの $Cr/(Cr+Al)$ 原子比は 0.5 前後である．

環伊豆地塊かんらん岩のような上部マントルかんらん岩はどのようにしてできたのであろうか．これは，たいへんむずかしい問題であり，明確な答えがでているわけではない．代表的な環伊豆地塊かんらん岩である房総半島嶺岡山地のかんらん岩（蛇紋岩）を例にとって考えてみよう．嶺岡山地のかんらん岩はほとんどがハルツバージャイトとよばれるもので，ほぼ均一な組成をもっている（図15.5）．しかし，細かくみるとかんらん石の組成は Fo_{90} から Fo_{92} までの変化幅をもっている（図15.6）．このかんらん石の Fo 値と単斜輝石（クロムディオプサイド）の量および斜長石の量の間には弱い負の相関がある（図15.6）．これは嶺岡山地のかんらん岩類に，Ca, Al, Fe などに富むものから，それらの元素に乏しく Mg などの元素に富むものまであるといった組成の変化傾向があることを意味している．この組成の変化傾向は"溶け残り物質"として説明可能である．すなわち，ある"始原的かんらん岩"が部分融解して玄武岩質マグマができるとき，マグマが分離される程度（または部分融解の程度）がさまざまであるとする．すると，その溶け残りかんらん岩（始原的かんらん岩からマグマが抜け出た残り）に期待される組成変化

15. 環伊豆地塊の蛇紋岩—マントルからきた物質—

表15.1 マイクロプローブで決定した環伊豆地塊蛇紋岩の構成鉱物の組成

鉱物	ハルツバージャイト (No. PL-LH；嶺岡山地)					ハルツバージャイト (No. K-3；横須賀市衣笠)					
	OL	OPX	CPX	SP	PL	OL	OPX	CPX	SP	AMP	PHL
SiO_2	40.84	55.56	51.86	0.07	46.45	39.69	55.27	53.25	0.11	45.79	39.36
TiO_2	0.02	0.02	0.12	0.19	0.00	0.02	0.17	0.21	0.10	0.58	0.63
Al_2O_3	0.01	3.22	4.35	24.56	33.30	0.00	1.87	2.22	29.59	10.93	17.54
Cr_2O_3	0.01	0.82	1.44	41.97	0.03	0.00	0.58	0.88	36.89	1.73	0.57
FeO*	8.88	5.95	2.30	17.75	0.32	10.02	6.67	2.18	22.56	3.98	3.40
NiO	0.41	0.05	0.11	0.26	0.00	0.36	0.13	0.08	0.11	0.03	nd
MnO	0.04	0.01	0.10	0.12	0.00	0.10	0.08	0.08	0.24	0.10	0.00
MgO	49.04	32.53	16.41	13.47	0.05	49.58	32.93	16.49	12.14	19.26	24.29
CaO	0.04	1.22	23.22	0.02	17.65	0.03	0.74	23.97	0.04	12.95	0.07
Na_2O	0.00	0.03	0.33	0.02	1.30	0.00	0.00	0.27	0.00	2.44	1.40
K_2O	0.00	0.00	0.01	0.00	0.05	0.00	0.00	0.00	0.00	0.00	7.44
計	99.29	99.41	100.25	98.43	99.10	99.80	98.57	99.62	101.79	97.80	94.70
Mg#(Ca#)	0.908	0.907	0.927	0.622	(0.882)	0.898	0.898	0.931	0.538	0.896	0.927
Cr#				0.534					0.455		
Mg(Cr)		0.885	0.477	(0.514)			0.885	0.472	(0.433)		
Fe*(Al)		0.091	0.038	(0.448)			0.101	0.035	(0.518)		
Ca(Fe^{3+})		0.024	0.485	(0.037)			0.014	0.493	(0.049)		
モード(%)	68	21	4.2	0.8	6.7	63	28	0.9	1.2	5.2	0.4

(そのほか斜長石の変質物を0.9%含む)

OL：かんらん石, OPX：斜方輝石, CPX：単斜輝石, SP：クロムスピネル, PL：斜長石, AMP：角閃石, PHL：フロゴパイト. FeO*, Fe*：全鉄としてのFeO, Fe. Mg#：Mg/(Mg+Fe*)原子比, ただしSPではFe*の代わりに計算されたFe^{2+}. Ca#：Ca/(Ca+Na)原子比. Mg, Fe*, Ca：それぞれ(Mg+Fe*+Ca)に対する原子比. Cr, Al, Fe^{3+}：それぞれ(Cr+Al+Fe^{3+})に対する原子比. クロムスピネルのFe^{2+}, Fe^{3+}はストイキオメトリーを仮定して計算により求めた.

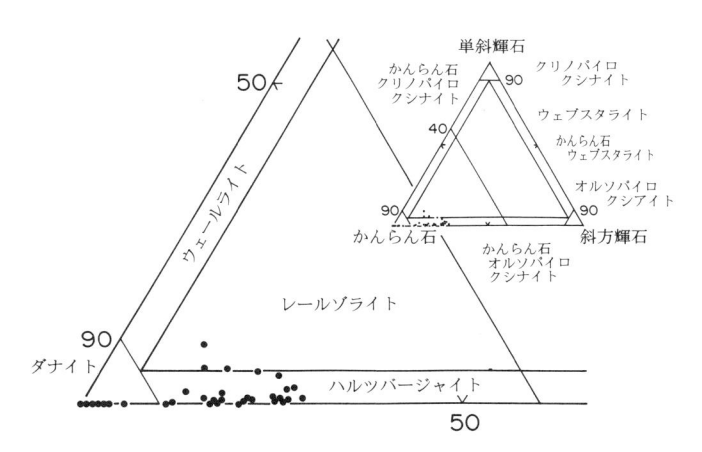

図15.5 かんらん岩類の分類と環伊豆地塊蛇紋岩
ほとんどがハルツバージャイトで,一部がダナイト,レールゾライトである.

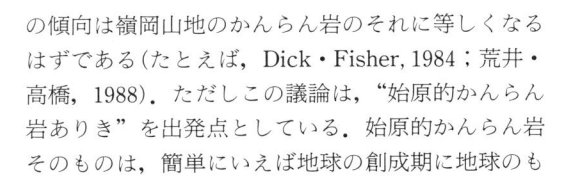

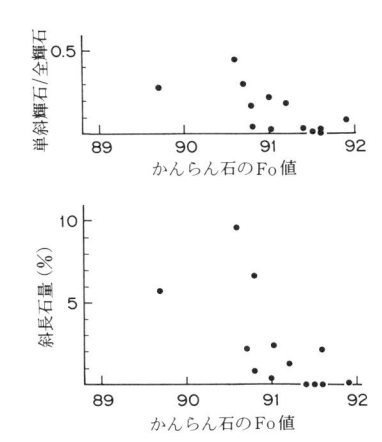

図15.6 嶺岡山地のかんらん岩におけるかんらん石のFo値(100 Mg/(Mg+Fe)原子比)と単斜輝石/全輝石体積比(%)および斜長石の量(%)との関係(荒井・高橋, 1988)
負の相関が認められる.

の傾向は嶺岡山地のかんらん岩のそれに等しくなるはずである(たとえば, Dick・Fisher, 1984；荒井・高橋, 1988). ただしこの議論は,"始原的かんらん岩ありき"を出発点としている. 始原的かんらん岩そのものは,簡単にいえば地球の創成期に地球のもととなった物質〔ある種のコンドライト(chondrite)に等しい組成をもつ〕が大規模に溶けたとき形成されたマグマが固まったものであるらしい(たとえば, Takahashi・Scarfe, 1985).

さて, かんらん岩は形成後に経験したいろいろな

物理化学的条件を記憶している．岩石が記憶しているかつて経験した温度（平衡温度という）を読取る方法（地質温度計という）はいくつかある．最も一般的なのが2種類の輝石成分間の溶解度の温度依存性を利用するもので"輝石温度計"とよばれている（たとえば，Wood・Banno, 1973；Wells, 1977）．輝石温度計によると環伊豆地塊かんらん岩の平衡温度は1000～1100℃である．そのほか，2種類の鉱物間とのMgとFe^{2+}の交換反応の平衡定数（分配定数）の温度依存性を利用したものがある．かんらん石－クロムスピネル，かんらん石－単斜輝石などのペアがよく使われる．これらの$Mg-Fe^{2+}$の交換反応は輝石の溶解（離溶）反応よりも速く，反応の停止する温度がより低いため，その平衡定数はより低い温度を記憶している．一般に，地質温度計によって得られたかんらん岩の温度は使用した"温度計"により異なる．それぞれの温度はかんらん岩が上部マントルで形成されてから上昇・貫入によって地表温度に冷却されるまでのいろいろな段階で記憶したものである．

環伊豆地塊かんらん岩の重要な特徴のひとつに，Mg に富むかんらん石＋Ca に富む斜長石＋クロムスピネルの共存がある（図15.4-b, e）．Mg に富むかんらん石と Ca に富む斜長石の共存は実はマントルを構成する岩石としては10kb以下（地下30km以浅）というきわめて低い圧力を示唆するのである（図15.7）．このような，Ca に富む斜長石およびクロムスピネルを両方含むかんらん岩は日本ではほかに報告されていない．AlやCaに富むかんらん岩やその近似系である$MgO-CaO-Al_2O_3-SiO_2$系における

かんらん石＋Ca斜長石＝斜方輝石（エンスタタイト）＋単斜輝石（ディオプサイド）＋スピネル

の反応曲線（図15.7の①曲線）（自由度1）は温度軸にほぼ平行で，約10kb以上で右辺の組合せが安定になる．図15.7でも明らかなように，斜長石かんらん岩は，地温勾配が高く薄い地殻を有する地域（たとえば，中央海嶺）の上部マントルに存在する．この系にCr_2O_3が加わると上記の反応曲線は自由度2となり，上記の反応に関与する5相の安定領域はずっと広くなる．実際，Jaques・Green (1980) は5kbの低圧で天然のかんらん岩を部分融解させ，玄武岩質メルト＋かんらん石＋斜方輝石＋単斜輝石＋クロムスピネル＋斜長石の組合せを得ている．

なお同じ系において，より高圧では，斜方輝石＋スピネル＝かんらん石＋ざくろ石の反応でスピネルの代わりにざくろ石が形成され，かんらん岩はざくろ石かんらん岩になる（図15.7の②曲線）．また，かんらん岩にH_2Oを主とする流体が付加されると輝石，Alに富む鉱物パーガス閃石（pargasite）などの角閃石に加えて，雲母の一種のフロゴパイトなどの含水鉱物が生ずる．

また，非常に微視的なことであるが，環伊豆地塊かんらん岩の記載岩石学的な特徴の一つにクロムスピネル粒子中の包有物がある（図15.4-j）．包有物は円形から不定形でクロムスピネル中に不規則に分布しており，いわゆる初生的包有物である（包有物が直線的に並んでいる場合は割れ目形成に伴って二次的に形成されたもので二次的包有物といわれる）．包有物を構成する鉱物は斜方輝石＋パーガス閃石＋フロゴパイトである．注目すべきは，フロゴパイトがK-フロゴパイトのほかにしばしばNa-フロゴパイトであることである．このような特徴的な包有物をもつクロムスピネルを含むかんらん岩はまれであり，日本ではほかに報告例はない．同様の包有物をもつクロムスピネルはオフィオライト（ophiolite）や層状貫入岩体中のクロミタイトにはしばしば見出されている．

以上のデータから環伊豆地塊かんらん岩の起源に対してどのような制約が与えられるであろうか．環伊豆地塊かんらん岩が記憶している比較的高い温度と低い圧力は，地下に薄くて熱い地殻の存在を示唆する（図15.7）．また，クロムスピネル中の含水鉱物を含む初生包有物の存在はかんらん岩の形成時に水または水を含むメルトが関与していたことを示唆す

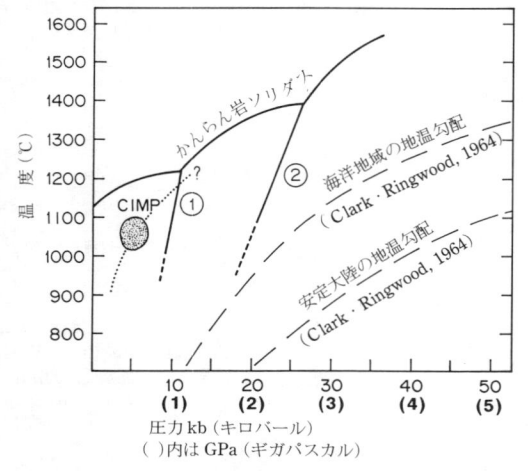

図 15.7 かんらんの岩の相平衡図（Takahashi・Kushiro, 1983）と環伊豆地塊かんらん岩の温度圧力条件．①はかんらん石＋斜長石（低圧側）＝斜方輝石＋単斜輝石＋スピネル（高圧側），②は斜方輝石＋スピネル（低圧側）＝かんらん石＋ざくろ石（高圧側）の反応．CIMPは環伊豆地塊かんらん岩の推定平衡条件．それを通る点線は予想される地温勾配．

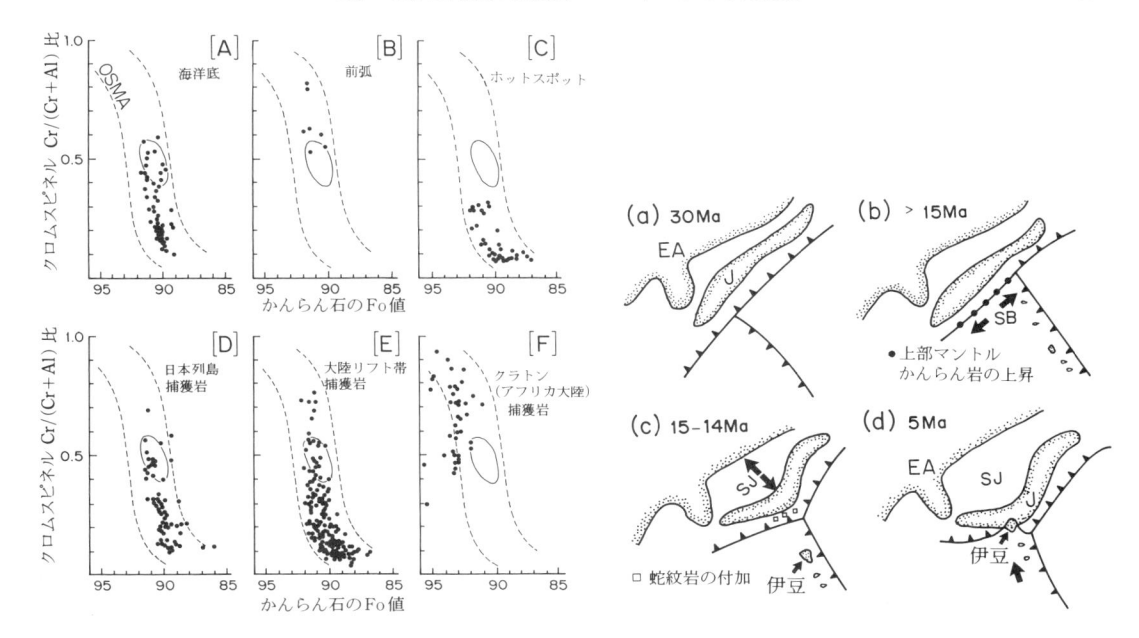

図15.8 かんらん石のFo値とクロムスピネルのCr#で示した種々のテクトニック・セッティングの上部マントルかんらん岩（荒井，1990b）．
環伊豆地塊かんらん岩の範囲を細実線で示す．OSMA（破線内）はかんらん石–スピネルマントル列．

図15.9 環伊豆地塊蛇紋岩貫入の一つのモデル（Arai, 1991）
EA, J, SB, SJ はそれぞれユーラシア大陸，日本列島，四国海盆，日本海．大矢印はプレート拡大方向．bの黒丸は上部マントルの上昇を，cの白四角は蛇紋岩の付加を示す．

る．環伊豆地塊かんらん岩は多くの記載岩石学的性質が海洋底かんらん岩（通常の海洋底よりドレッジ，ボーリングにより得られるものの一部（特に Mg に富むもの）に類似している（荒井，1990 b；Arai, 1991；図15.8）．ただし，相違点もある．それは，環伊豆地塊かんらん岩類のスピネル中の前述の含水鉱物を含む初生包有物である．これらの事実より，環伊豆地塊かんらん岩の起源は海洋底に類似し初生的に水が供給され得るような環境を考えればよいことがわかる．背弧海盆はその有力な候補であろう（Arai, 1991）．

15.5. 環伊豆地かんらん岩の貫入

環伊豆地塊蛇紋岩のもととなったかんらん岩は，上部マントルからいつどのように貫入したのであろうか．貫入の時期を考えるために重要なのは，蛇紋岩と周りの堆積岩との関係である．蛇紋岩起源の砕屑物が堆積岩に供給され始めた年代は，蛇紋岩が上昇し，地表（海底）に露出した年代である．極端な場合には，蛇紋岩礫岩や砂岩（図15.4-i）が，蛇紋岩の貫入とともに形成される（荒井・他，1983；Arai・Okada, 1991）．たとえば，瀬戸川層群の堆積岩中には蛇紋岩のかけらが多数混在している（荒井・他，1978）し，嶺岡山地では蛇紋岩は嶺岡層群には供給されておらず，より若い保田層群に供給されている（荒井・他，1983）．すなわち，環伊豆地塊蛇紋岩類は漸新世から中新世にかけて貫入したことがわかる．この時期にはちょうど四国海盆（伊豆–小笠原弧島の背弧海盆）の拡大が始まっていた（Kobayashi・Nakada, 1978）．図15.9に環伊豆地塊蛇紋岩貫入の一つの解釈を示す．蛇紋岩（かんらん岩）の上昇は四国海盆の北端（拡大時には一種のすれちがいプレート境界）で起こり，引続く日本海の拡大（最盛期は15 Ma 前後）で堆積物中に付加された（図15.9）．

まとめ

四万十帯南部の伊豆地塊の北方を取巻く地域に限り小規模な蛇紋岩体が分布する．それらは岩石学的に共通した特徴を有し，「環伊豆地塊蛇紋岩」と総称される．

環伊豆地塊蛇紋岩は低圧（10 kb 以下），比較的高温（1000〜1100℃）で水が供給され得る上部マントルに由来するかんらん岩（主としてハルツバージャイト）が変化したものである．背弧海盆の上部マントルはその有力な候補である．

環伊豆地塊蛇紋岩は漸新世から中新世にかけて四

国海盆北端に沿って上昇し，日本海拡大時に貫入した．　　　　　　　　　　　　　〔荒井　章司〕

参考文献

荒井章司(1981)：房総半島嶺岡帯の火成岩と超塩基性岩．日本地質学会第88年学術大会巡検案内書．pp. 59-72．日本地質学会．

荒井章司(1988)：地表にのしあげたマントル―地殻スライス―オフィオライト―．科学, vol. 58, pp. 685-695.

荒井章司(1989)：オフィオライトかんらん岩の成因．地学雑誌, vol. 98, pp. 45-54.

荒井章司(1990 a)：超マフィック岩．久城育夫・他(編)日本の火成岩, pp. 175-194．岩波書店．

荒井章司(1991 b)：上部マントルかんらん岩の成因．科学, vol. 60, pp. 103-112.

Arai, S. (1991): The Circum-Izu Massif peridotite, central Japan, as back-arc mantle fragments of the Izu-Bonin arc system. *In* Peters, Tj. *et al.* (eds), Ophiolite Genesis and Evolution of the Oceanic Lithosphere, pp. 807-822. Kluwer, Dordrecht.

荒井章司・伊藤谷生・小沢一仁(1983)：嶺岡帯に産する超塩基性・塩基性砕屑岩類について．地質学雑誌, vol. 89, pp. 287-297.

荒井章司・石田　高(1987)：山梨県笹子地域の小仏層群中の蛇紋岩類の岩石学的性質―他の環伊豆地塊蛇紋岩類との比較―．岩石鉱物鉱床学会誌, vol. 82, pp. 336-344.

荒井章司・高橋奈津子(1988)：房総半島，嶺岡帯の蛇紋岩より残留斜長石の発見．岩石鉱物鉱床学会誌, vol. 83, pp. 210-214.

荒井章司・伊藤　慎・中山尚美・増田富士雄(1990)：東京湾地域に推定される未知の蛇紋岩体―房総半島，上部新生界中の蛇紋岩礫の起源―．地質雑誌, vol. 96, pp. 171-179.

Arai, S.・Okada, H. (1991): Petrology of serpentine sandstone as a key to tectonic development of serpentine belts. *Tectonophys.*, vol. 195, pp. 65-81.

荒牧重雄・久城育夫(編)(1978)：岩波講座 地球科学3. 260 p.. 岩波書店．

Dick, H. J. B.・Bullen, T. (1984): Chromian spinel as a petrogenetic indicator in abyssal and alpine-type peridotites and spatially associated lavas. *Contrib. Mineral. Petrol.*, vol. 86, pp. 54-76.

Jaques, A. L.・Green, D. H. (1980): Anhydrous melting of peridotite at 0-15kb pressure and the genesis of tholeiitic basalts. *Contrib. Mineral. Petrol.*, vol. 73, pp. 287-310.

兼平慶一郎(1976)：房総半島南部嶺岡帯における蛇紋岩と玄武岩の産状．地質学論集, no. 13, pp. 43-50．日本地質学会．

都城秋穂・久城育夫(1974)：岩石学II. 171 p.. 共立出版．

Ringwood, A. E. (1975): Composition and Petrology of the Earth's Mantle. 618 p.. McGraw-Hill.

Uchida, T.・Arai, S. (1978) Petrology of ultramafic rocks from the Boso Peninsula and the Miura Peninsula. *Jour. Geol. Soc. Japan*, vol. 84, pp. 561-570.

16. 清澄山系の古海底扇状地堆積物

　房総半島の中部には，砂岩層と泥岩層がリズミカルに繰返し，見る人に幾何学的な美しさを印象づける地層(砂岩泥岩互層)がしばしば観察される(図16.1)．このような地層は，細粒の泥が堆積していた深い海に，浅い海で堆積した砂が，間欠的に何百回・何千回と繰返し流入することによって形成されたもので，特にフリッシュ(flysch)型砂岩泥岩互層とよばれる．先カンブリア時代から現在の海洋底の堆積物に至るまで，世界の各地からこの種の地層の存在が報告されている．砂を深い海にまで運搬する堆積物を含んだこのような流れのことを，タービディ・カーレント(turbidity current)とよび，日本語では，混濁流とか乱泥流とか名づけている．またその堆積物は，タービダイト(turbidite)とよばれている．この混濁流によって，大量の砂が何回も運ばれ堆積することによって，しばしば海底斜面を切る海底谷の出口に海底扇状地が形成されていることが，現世の海洋地質学の研究により明らかにされている(図16.2)．この章では，房総半島の中央部に，かつては海底扇状地が形成されていたことを，清澄山系に分布する清澄層をおもな例として紹介する．

16.1. 上部安房(あわ)層群

　西は東京湾に面する鋸(のこぎり)山から東は太平洋に面する勝浦まで，房総半島の中央部を東西に横断する清澄山系(房総丘陵)は，海抜300 m前後の山並にすぎないが，房総のおもだった川(西から，湊川，小糸川，小櫃川，養老川，夷隅川)の源となっており，房総の屋根といっても過言ではない．この清澄山系には，下位より天津層・清澄層・安野(あんの)層といった安房層群

図16.1　泥岩優勢なフリッシュ型砂岩泥岩互層　上総層群大田代(おおただい)層上部(千葉県養老渓谷-蔵玉林道)

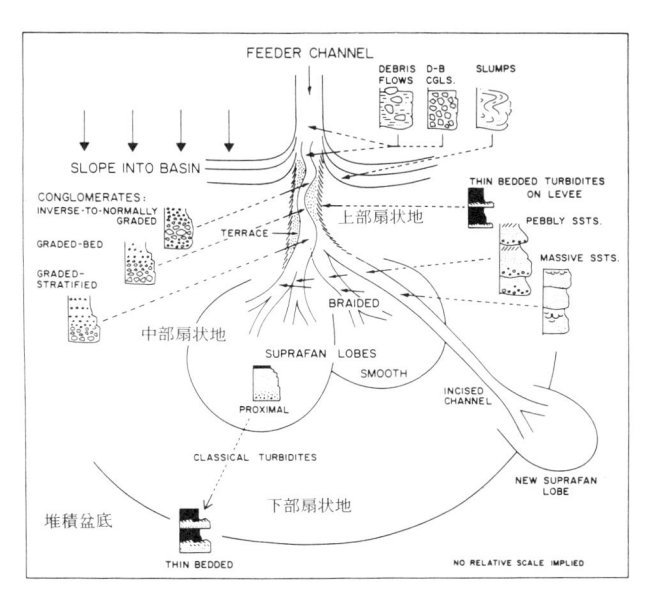

図16.2　海底扇状地堆積モデル(Walker, 1978)

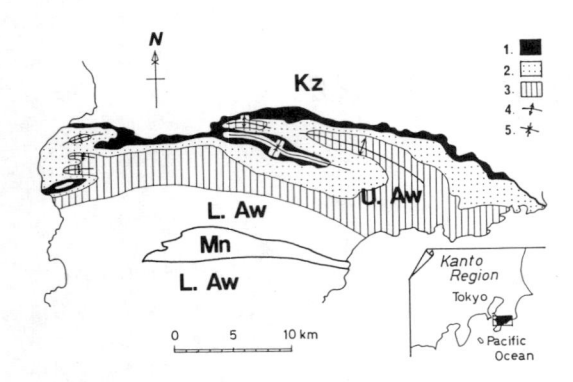

図 16.3 房総半島中部域の地質略図
Mn：嶺岡層群，L. Aw：下部安房層群，U. Aw：上部安房層群，Kz：上総層群．1：安野層，2：清澄層，3：天津層，4：背斜，5：向斜．

表 16.1 房総半島中部域の層序

		三梨・他(1976, 1979)	本章
更新世		下総層群	下総層群
鮮新世		上総層群	上総層群
中新世		三浦層群	安房層群
		保田層群	
古第三紀		嶺岡層群	嶺岡層群

　上部(あるいは三浦層群)に属する中新世から鮮新世の地層が，東西方向の褶曲構造に規制されながら広く分布している．そして，この清澄山系の北側の上総丘陵には，黒滝不整合を境にして，鮮新世後期から更新世の上総層群が東京湾のある北西方向に緩く傾く単斜構造をなして分布している(図16.3, 表16.1)．

　上部安房層群の天津層は，おもに泥岩層から構成され，最大層厚1000m前後である．別名天津泥岩層ともよばれ，太平洋岸の安房天津から行川アイランドにかけての海岸沿いで広く観察される．その上位に整合に重なる清澄層は，おもに砂岩優勢な(勝ち)砂岩泥岩互層から構成され，最大層厚は850m前後である．別名清澄砂岩層ともよばれ，名前の由来する清澄山周辺では，天津層と清澄層の境界付近の地層が山頂付近で観察される．上部安房層群最上部の安野層は，おもに泥岩優勢な(勝ち)砂岩泥岩互層からなり，清澄層の上に整合に重なる．最大層厚は450m前後であるが，上総層群の黒滝不整合による削剝をうけているために，上限は不明である．別名安野互層とも呼称される．

　これら三つの累層のうち，清澄層と安野層は，律動的(rhythmical)なフリッシュ型の砂岩泥岩互層からなり，砂岩は混濁流によって運搬され堆積したタービダイト砂岩である．

　上部安房層群に属するこれら三つの累層に共通する特徴として，これらの累層には，凝灰岩とよばれるかつての火山活動によってもたらされた細粒の火山砕屑物がきわめて多数はさまれていることが指摘される．これらの凝灰岩層は，常に泥岩層にはさまれて産出するが，これは，泥岩層が長い時間をかけてゆっくり堆積して形成されるのに対して，砂岩は，混濁流によって非常に短い時間に堆積し形成されたことを物語っているといえる．これらの凝灰岩は，その組成・粒度・色調・堆積構造・層厚などの特徴に基づいて，広い範囲での対比・追跡が可能であることから，同一時間面を示す鍵層としてたいへん重要な役割を果たしてくれる．

16.2. 清澄層 Hk 層準のタービダイト砂岩層

　清澄層は，清澄砂岩層ともよばれるように，厚さ1mから数mの砂岩層を主体とした砂岩優勢な砂岩泥岩互層からおもに構成され，房総半島中部の中央部から東部にかけて広く分布する．最大層厚部は中央部にあり，約850mである．半島西部の湊川流域では，同じ時代の地層は砂岩優勢な砂岩泥岩互層ではなくなり，泥岩優勢な砂岩泥岩互層ないしは泥岩層となって，稲子沢泥岩層ともよばれているが，ここでは便宜上，清澄層として扱うことにする(図16.3)．

　さてここでは，清澄層の中部に属するHkタフ(tuff)とよばれる凝灰岩鍵層を含む層準のタービダイト砂岩単層の形態とその堆積様式を検討してみよう．このHkタフは，最初三浦半島の逗子市で名付

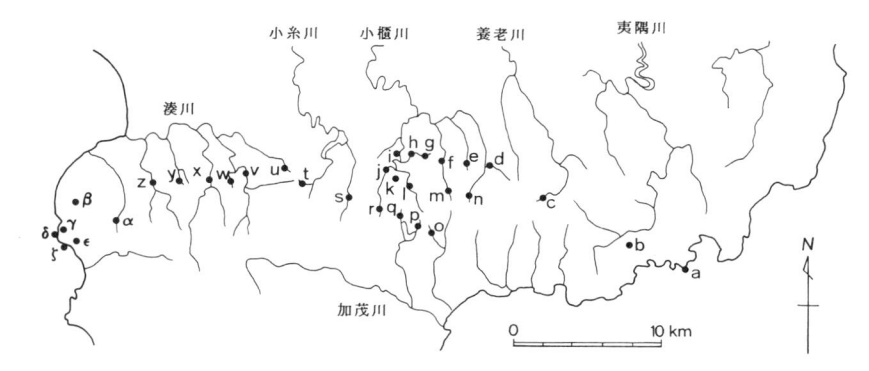

16. 清澄山系の古海底扇状地堆積物

図16.4 Hk層準砂岩泥岩互層の柱状図作成地点

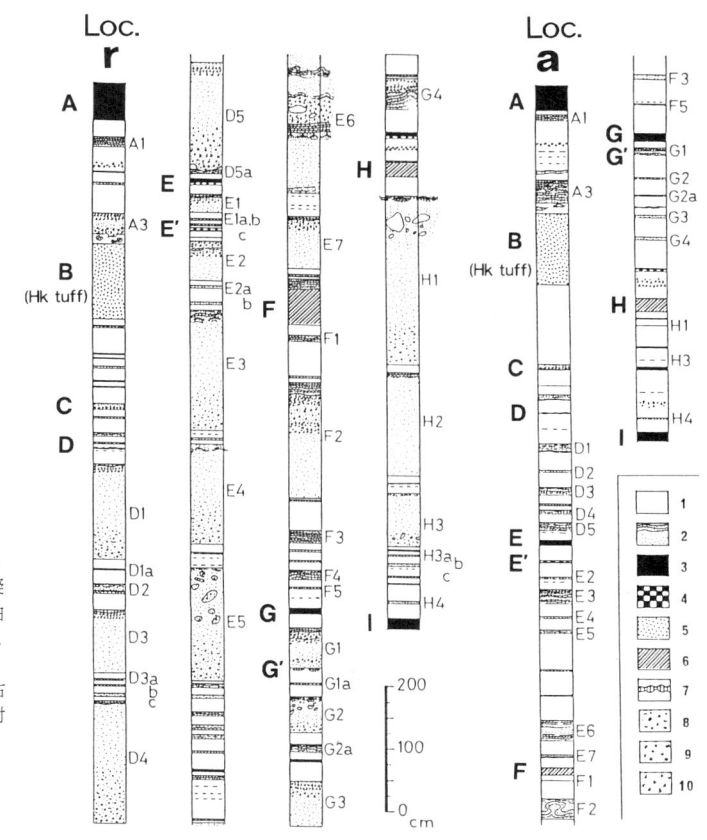

図16.5 Hk層準砂岩泥岩互層の柱状図
1：泥岩, 2：砂岩, 3：スコリア質凝灰岩, 4："ハイゴマ"状凝灰岩, 5："ゴマシオ"状凝灰岩, 6：極細粒ピンク凝灰岩, 7：極細粒白色凝灰岩, 8：小礫・貝殻片, 9：スコリア片, 10：パミス片.
柱状図左側の記号は個々の凝灰岩鍵層に, 右側の記号は個々のタービダイト砂岩単層に対応している.

けられ, 三浦半島の西海岸から房総半島の東海岸まで約70kmにわたって追跡される南関東では第一級の凝灰岩鍵層である. この鍵層は, 房総半島では西海岸の鋸山周辺から湊川・小糸川・小櫃川・養老川・夷隅川を経て, 東海岸の勝浦市鵜原まで, 東西約40km, 南北約6kmにわたって広く追跡される（図16.4）. このHk層準の代表的な二つの柱状図を図16.5に示す. この図で右側のa地点の柱状図は, 東海岸の鵜原（勝浦海中公園の横）で, 左側のr地点のものは, 房総半島中央部の鴨川有料道路沿い（香木原料金所の約200m南方）でそれぞれ作成されたものである. この図に示されているように, この層準にはHkのほかにも多くの凝灰岩がはさまれ, その多くが鍵層として有用であることから, おもな凝灰岩鍵層には, AからIまでアルファベットの大文字がつけられている（柱状図左側）. ここでBがHkタフに相当する. また砂岩層は, これらの主凝灰岩鍵層によって区切られ, グループ化されて名付けられ

112　　　　　　　　　　　Ⅰ　野　外　観　察

図 16.6　Hk 層準の砂岩優勢な砂岩泥岩互層
千葉県鴨川有料道路．香木原料金所から約 300 m 南方（図 16.4 の r 地点）．各層の記号は図 16.5 に同じ．現在は表面がコンクリートに覆われ，一部しか見られない．

図 16.7　Hk 層準の泥岩優勢な砂岩泥岩互層
千葉県勝浦市鵜原の海中公園の入口．現在は表面を金網が覆っている（図 16.4 の a 地点）．記号は図 16.5 に同じ．

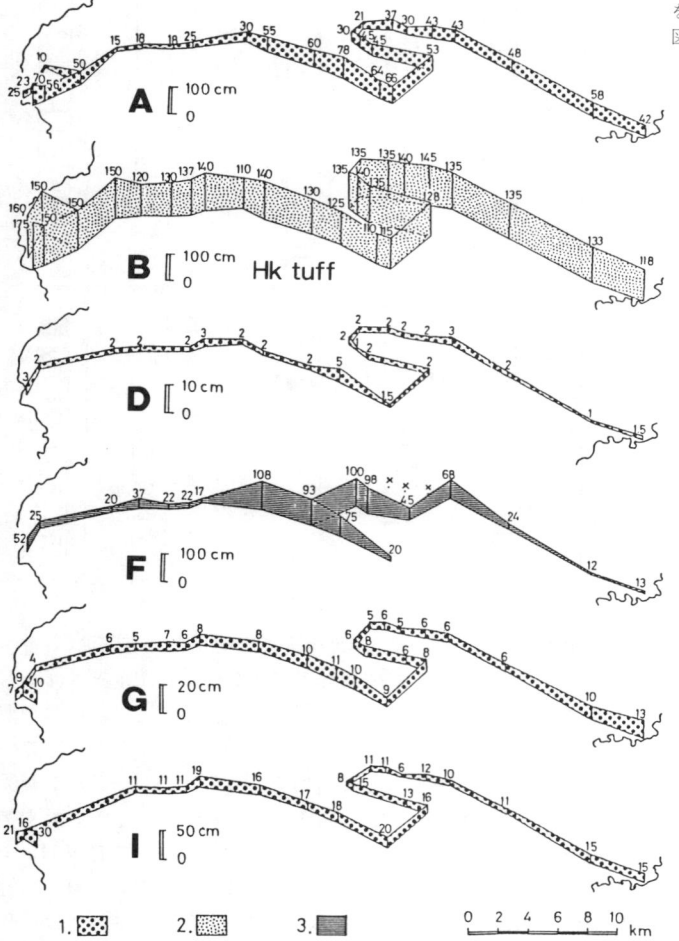

図 16.8　Hk 層準凝灰岩鍵層の形態
1：スコリア凝灰岩，2："ゴマシオ"状凝灰岩，3：極細粒ピンク凝灰岩，B が Hk タフ．

図16.9 Hk タフ
ゴマシオ状凝灰岩であるが, 内部に堆積時に形成されたさまざまな堆積構造が観察される. 図16.4のk地点(千葉県小櫃川支流).

図16.10 泥岩層上面に残された底痕による古流向
いずれも, 北西→南東への古流向を示す. 図16.4のe地点(千葉県小櫃川支流).

ている(柱状図右側). この図からわかるように, Hk層準は, 半島中央部のr地点では砂岩優勢な砂岩泥岩互層(図16.6)であるが, 東海岸のa地点では泥岩優勢な砂岩泥岩互層である(図16.7).

図16.8は, Hk層準の砂岩泥岩互層中にはさまれるおもな凝灰岩鍵層の形態を示している. この図から, 厚さ数cmのスコリア凝灰岩層(鍵層D)といえども, 半島の西海岸から東海岸までよく連続していることがうかがえる. Hkタフ(鍵層B)は, いわゆるゴマシオ凝灰岩であり(図16.9), その厚さは比較的安定しているが, 西に向かってゆっくりと増大する傾向が認められる. 鍵層Fは, シルトから粘土サイズの極細粒ピンク凝灰岩である. 比較的厚さの変化が激しく半島中央部で厚く, 半島の西部と東部の両側で薄い. この形態は, この後で紹介するタービダイト砂岩層の形態と酷似している. 一般に, シルトサイズ以下の細粒凝灰岩の場合には, この場合のように, 厚さの変化が激しいことが多く, ある場所で厚いからといって必ずしも広い地域でよく続くというわけではない. これは, 細粒の凝灰岩の場合, 堆積直後に流動化しやすいためである. 一方, 砂サイズ以上の粗い凝灰岩の場合には, 鍵層D, G, Iのように, 薄くても広い範囲に連続することが多い. このほか, 泥岩中にパミス粒やスコリア粒が散っているだけの場合でもよく連続することが多く, これらも補助的な鍵層として利用できる.

図16.11は広域的対比が可能であるHk層準のタービダイト砂岩単層の形態を示している. この図から, Hk層準のタービダイト砂岩単層は, 半島中央部で1mを越すような比較的厚い場合には, 半島の西海岸から東海岸まで約40kmにわたって連続するのに対して, 半島中央部で数cmから数十cmの薄い砂岩の場合には, 半島中央部に分布域が限られることが明らかである. この地層において, 混濁流が各地点を流下した際の流れの方向(古流向)を底痕(図16.10)から求めると, 古流向は北方の半島中央部から南西, 南, 南東に向かった扇型を示す.

以上のような形態的特徴および古流向の分布様式から, Hk層準のタービダイト砂岩単層の堆積様式と立体的形態を模式的に表現したのが図16.12 Aである. また, タービダイト砂岩単層内部の粒度や堆積構造を模式化したのが図16.12 Bである. 半島中央部の北方に想定される比較的狭い供給口を通って広い堆積盆底に出現した混濁流の本体は, そこで流路を急速に拡大し, 南西, 南方, 南東へと扇状に流下しながら, その周辺すなわち半島中央部に粗粒な塊状砂(A1, A2, A3)からなる厚い砂層を堆積した. 堆積場に少し遅れて流入した混濁流の尻部は, 半島中央部の堆積したばかりの粗粒塊状砂の上と, さらに下流域の半島の西部と東部に細粒で葉理の発

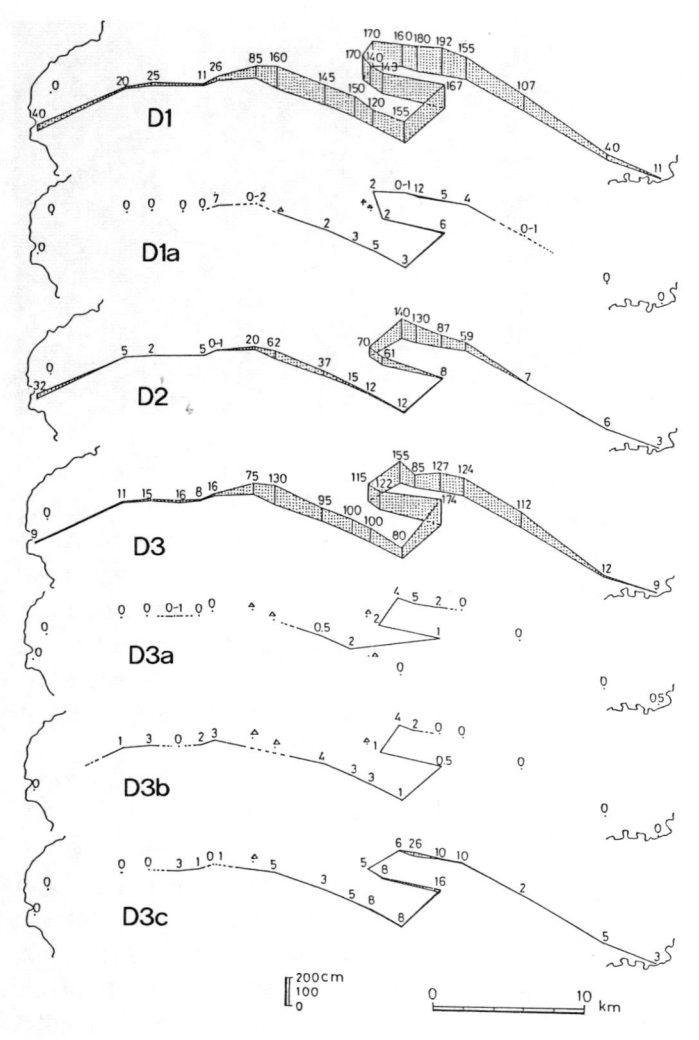

図 16.11 HK層タービダイト砂岩単層の形態
△印は，一部ないし全部が上位の砂岩層によって，削られていることを示す．D_1〜B_{3c} は図 16.5 の右側の記号に対応している．

達した薄い砂(B-C, D)として堆積した．その結果，中央厚層部と周辺薄層部とからなる Hk 層準のタービダイト砂岩単層が形成されたのである．混濁流の流路が急速に拡大することによって運搬能力が急激に減少したため，その結果混濁流本体の下部を占めていた粒度の粗いものから次々に堆積していったことが，図 16.12 B から想定される．また，半島中央部でのタービダイト砂岩単層の厚さが大きいほど，中央厚層部の広がり・面積が大きい．このことは，規模の大きい混濁流ほどより厚くより広い中央厚層部を形成したことを意味している．逆に，その規模が小さくなるにつれ，中央厚層部の分布域は半島中央部の北部域に限られ，ついには，周辺薄層部すなわち薄い細粒葉理砂岩のみからなるタービダイト砂岩単層が半島中央部に分布するのみとなる．清澄層のタービダイト砂岩単層の場合，この Hk 層準のも

のを含めて，その直上にしばしば細粒の泥岩からなるタービダイト泥岩(Et)が観察される．一般に，厚いタービダイト砂岩層ほどこのタービダイト泥岩の発達が顕著で，そのなかに級化構造が肉眼で観察される．清澄層の場合，このタービダイト泥岩の方がそうでない半遠洋性泥岩(Eh)より細粒・均質であり，両者の識別は比較的容易である(図 16.13)．一般に，風化面では，前者(Et)がサイコロ状に割れるのに対して，後者(Eh)は角割れすることが多い．タービダイト泥岩は比較的下流域のタービダイト砂岩層の直上に観察され(図 16.12 B)，砂岩と砂岩の間の泥岩の大部分を占めることも多2．一方，凝灰岩鍵層をはさむのは，常に半遠洋性泥岩である．

タービダイト砂岩層の中央厚層部の上流部には，チャネル部(A 0)が存在する(図 16.12 C)．ここのおもな構成物は，礫岩ないしは含礫粗粒砂岩であり，

図16.12 Hk層準タービダイト砂岩単層の模式図
A：立体的形態，B，C：断面形態．

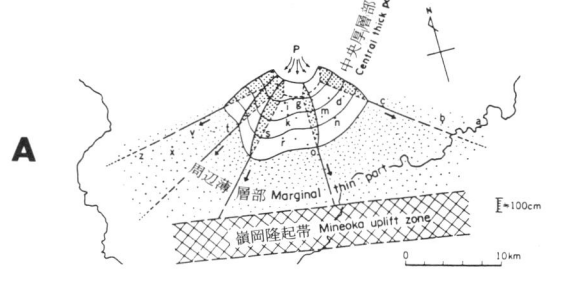

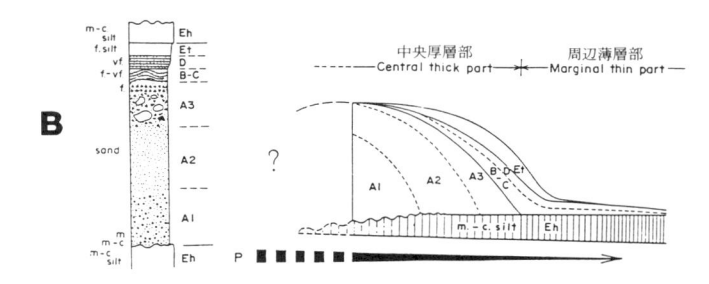

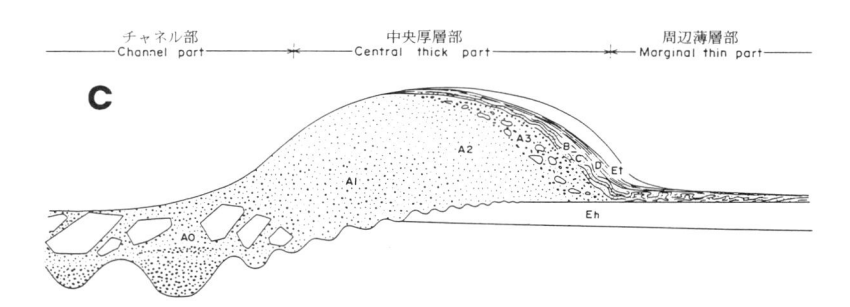

図16.13 タービダイト泥岩と半遠洋性泥岩
記号は，図16.12のB，Cに同じ．

しばしば角ばった同時侵食礫である泥岩偽礫が観察される．上面と下面は不規則な侵食面であることが多く，凹みの部分には，それを埋めるような形で礫岩などの粗粒物質が発達していることが多い(score-and-fill structure)．一般に，泥岩部は完全に侵食されて，砂岩と砂岩が直接接している場合が多いが，泥岩を直接削り込んで，小さなチャネルを埋積している場合もある．このチャネル部は，互いに侵食面で接することから，単層として識別することはしばしば困難を伴うが，互いに上下に重なり独特の堆積相を形成している．この堆積相の分布域は，砂岩泥岩互層の分布面積に比べると狭く，常に砂岩泥岩互層の上流部に位置している．また，この堆積相の基底部にしばしば大規模な侵食状凹地が観察されることなどから，タービダイト砂岩を供給した供給通路(フィーダーチャネル，feeder channel)の堆積相であるといえよう．

16.3. 清澄層の堆積様式

清澄層には，大小1000枚以上のタービダイト砂岩

116　　　　　　　　　　　　　　　Ⅰ　野外観察

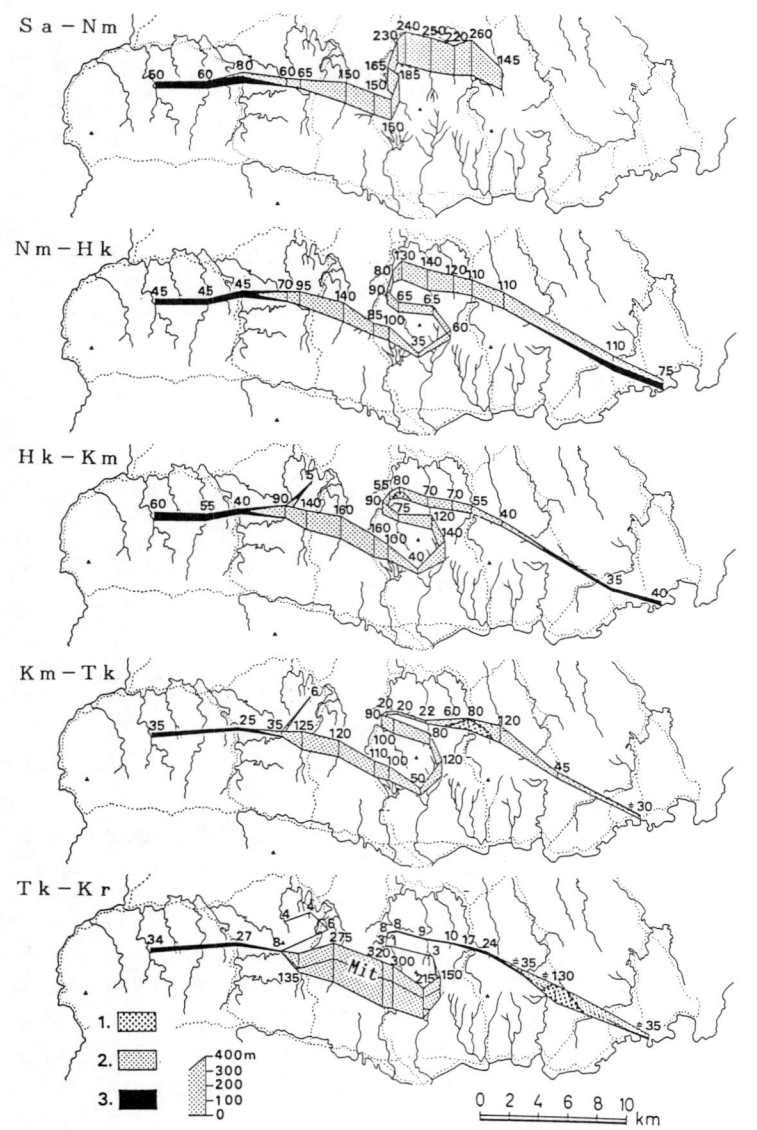

図16.14　清澄層のユニットごとの層厚・堆積相分布図
1：フィーダーチャンネル堆積相，2：砂岩優勢砂岩泥岩互層，3：泥岩優勢砂岩泥岩互層および泥岩層．

単層が挾在しており，これら一つ一つのタービダイト砂岩単層の堆積様式をHk層準と同じ程度に解明するのは，容易ではない．そこでここでは，清澄層を上下いくつかのユニットに分割し，それぞれのユニットの堆積様式を具体化することにより，清澄層全体の堆積様式を再現してみよう．

清澄層は主として砂岩優勢な砂岩泥岩互層からなるが，一部の層準には，厚さ5mから20m前後の泥岩優勢な砂岩泥岩互層がはさまれている．こういった層準では，数十cm以下の薄いタービダイト砂岩層だけがはさまれており，大規模な混濁流の起こりにくい時期であったと考えられる．こうした比較的薄い泥岩優勢な砂岩泥岩互層中にはさまれる六つの凝灰岩鍵層(下からKr, Tk, Km, Hk, Nm, Sa)によって，清澄層を五つのユニットに区切り，それぞれのユニットの層厚変化を示したのが図16.14である．この図で，半島中央部での南北方向の層厚変化に注目すると，下位のユニットほど厚さの変化が顕著であり，南に厚くなっているのがわかる．特に最下部のTk-Krユニットの場合には，北側の背斜北翼で10m弱，背斜南翼で数mの砂質泥岩層なのに対して，南部の向斜南翼では300m前後の砂岩優勢砂岩泥岩互層に変化していて，南北方向での層厚変化がきわめて顕著である．一方，上位のユニット

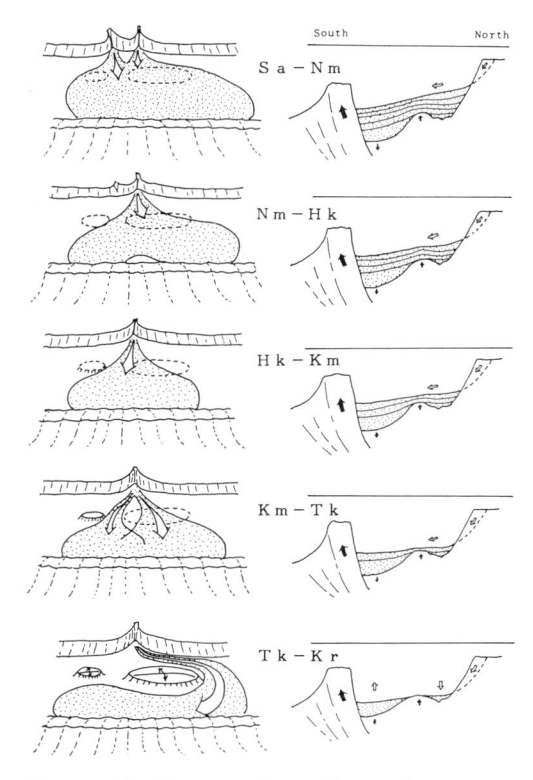

図 16.15 清澄層ユニットごとの堆積過程の復元モデル図

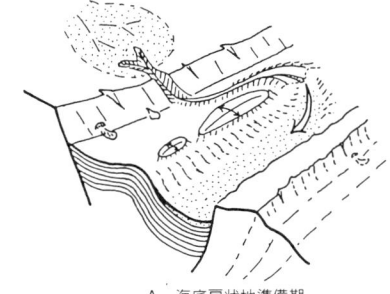

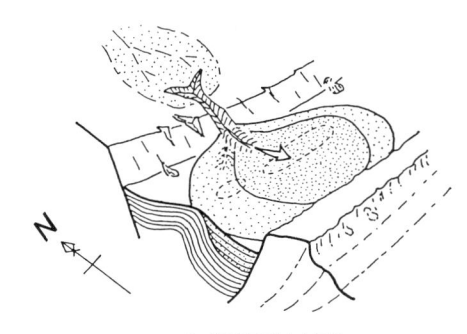

図 16.16 清澄層の海底扇状地形成過程にみられる2つの段階

では，厚さの変化が穏やかになるとともに北に向かって単調に厚くなっていることがわかる．

これら清澄層を構成する五つのユニットがどのように形成されたのかを示したのが図16.15である．この図では，砂岩優勢砂岩泥岩互層の分布域を打点部で示してある．清澄層のタービダイト砂岩を堆積した混濁流は，ときどきその活動の休止期ないし弱体期をはさみながら断続的に発生した．その活動に伴って，フィーダーチャネルの位置を変えながら，その下流部に大量のタービダイト砂岩を堆積させて砂岩優勢砂岩泥岩互層を形成し，さらにその下流側に泥岩優勢砂岩泥岩互層を形成した．ただ後になるほど，混濁流の発生が鈍り，その規模が衰えてきたために，堆積の中心は，北方すなわち海底谷の出口近くへと移動した．清澄層のタービダイト砂岩を堆積した混濁流は，最初，天津泥岩層堆積期から形成されてきた褶曲性の凹凸地形に規制されながら堆積盆底を流下し，向斜部に形成されていた凹地を急速に埋積して堆積盆底を平坦化し，その上に海底扇状地を形成していったものと考えられる．そこで，清澄層の堆積期は，第一段階の海底扇状地準備期（堆積盆底平坦化期）と第二段階の海底扇状地成長期に大きく分けることができよう（図16.16）．

このように清澄層は，共通した岩相をもったいくつかユニットの累積により構成されているといえるが，このユニットを模式的に表現したのが図16.17である．この図でa部分は，礫岩ないし含礫粗粒砂岩を主体とし，しばしば泥岩の同時侵食礫を伴うフィーダーチャネル堆積物，b0は厚い粗粒な砂岩と

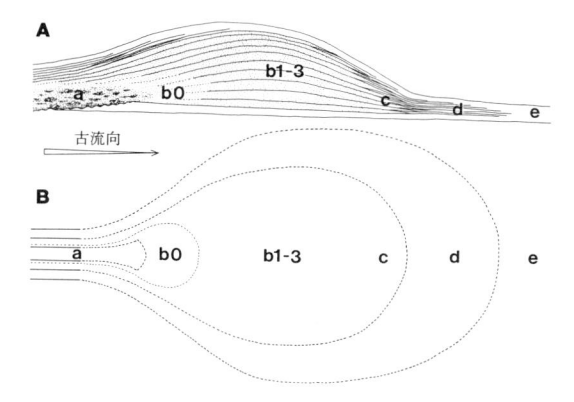

図 16.17 清澄層を構成するユニットの模式図
A：断面図，B：平面図．詳細は本文参照．

砂岩が合体した合体砂岩層，b 1-3，c が砂岩優勢砂岩泥岩互層，d が泥岩優勢砂岩泥岩互層，e が泥岩層である．

16.4. 清澄古海底扇状地の性格

ここでは，清澄層の堆積によって形成された海底扇状地を清澄古海底扇状地(Kiyosumi ancient submarine fan)と名づけておこう．清澄層の上位に整合に重なる安野層(安野互層)は，この清澄扇状地の上に形成された海底扇状地堆積物である．清澄層のタービダイト砂岩を堆積した混濁流の発生は次第に衰え，比較的規模の小さな混濁流が卓越するようになり，堆積の中心はさらに北方に後退した．その結果，清澄層の上位に，泥岩優勢な砂岩泥岩互層，すなわち安野層が形成されたと考えられる．

現世の海洋底堆積物の研究によると，一口に海底扇状地といっても，Indus Fan, Amazon Fan, Bengal Fan, Mississippi Fan のように超巨大なものから，アメリカ西海岸沖の La Jolla Fan や Navy Fan のように非常に小さいものまで，その大きさはさまざまである．一般に，前者の構成物質は泥質分の割合が高く，全体として細粒であり巨大なデルタから供給されるのに対して，後者の場合は，砂質分の割合が高いため粗粒であり，海底谷を通して供給される．巨大な海底扇状地の勾配は緩やかであるため，堆積物を遠くまで運搬するフィーダー・チャネルが，一般に蛇行し，その両側には自然堤防を伴っている．チャネルの位置は長期に安定しており，その結果築かれる海底扇状地は，大洋地殻の上に多かれ少なかれ一方向に伸長して形成される．一方，小さな海底扇状地の勾配は急であり，フィーダー・チャネルの位置がしばしば変化することから，円形に近い海底扇状地が形成される．また一般に物質供給量が限られていることから，その大きさは小規模である．前者のような，泥質分が多く砂粒物質を長距離にわたり効率的に運搬できるシステムの海底扇状地を，efficient fan とよび，後者のような砂質に富み，砂を長距離運搬できないシステムの海底扇状地を inefficient fan とよぶこともある．このように海底扇状地の大きさは，構成物質の粒度や堆積様式のみならず，その扇状地を取巻く地質学的セッティングをも反映した本質的な意味をもっている．清澄古海底扇状地の場合は，もちろん，後者のしたがって砂質で規模の小さい inefficient fan であるといえる．

西南日本沖合の南海トラフに面する海溝斜面上部には，外縁隆起帯の内側にいくつかの典型的な前弧深海堆積盆が存在しており，その内側斜面には海底峡谷が観察される．清澄古海底扇状地の場合も，その位置および堆積様式からして，このような前弧深海堆積盆に形成されたものであろう．その際，現在の嶺岡隆起帯がかつての外縁隆起帯の役割を果たしていたものと思われる．そしてその後，伊豆地塊の本州弧への衝突に関連してその周辺域が全体的に隆起したために，現在のように，地表に露出するに至ったものと考えられる．

まとめ

本章では，清澄層の砂岩泥岩互層を対象に，それがどのようにして形成されたかを具体的に示した．すなわち，清澄層はかつての前弧深海堆積盆に形成された古海底扇状地堆積物である．そして，Hk 層準のタービダイト砂岩単層のように，タービダイト砂岩単層のあるものは，房総半島の西海岸から東海岸まで連続しているのである．これは，これらのタービダイト砂岩単層を堆積した混濁流が，房総半島の西海岸から東海岸まで全域にわたって流れ下ったことを意味している．このような規模の大きい混濁流が，かつて，現在の房総半島において何回も何回も海底で起きたことによって，あのような幾何学的にたいへん美しい砂岩泥岩互層が形成されたのである．そして，現在の海底においても，何十年あるいは何百年に1回の割で起きているのである．このようなことを念頭におきながら，房総半島の中部にみられる砂岩泥岩互層を観察してほしいものである．

〔徳橋　秀一〕

参考文献

Bouma, A. H., Normark, W. R.・Barnes, N. E. (eds.) (1985)：Submarine Fans and related Turbidite Systems. 351p.. Springer-Verlag, New York.

平山次郎・中嶋輝允(1977)：地向斜堆積物―乱泥流の化石―．科学，vol. 47, pp. 82-90.

Hirayama, J.・Nakajima, T. (1977)：Analytical study of turbidites, Otadai Formation, Boso Peninsula, Japan. Sedimentology, vol. 24, pp. 747-779.

中嶋輝允・牧本　博・平山次郎・徳橋秀一(1981)：鴨川地域の地質・地域地質研究報告(5万分の1図幅), 107 p.. 地質調査所.

Normark, W. R. (1978)：Fan valleys, channels, and depositional lobes on modern submarine fans：Characters for recognition of sandy turbidite environments. Bull. Am. Ass. Petrol. Geol., vol. 62, pp. 912-931.

大原　隆・西田　孝・木下　肇(編)(1989)：地球の探究. 226 p.. 朝倉書店.

勘米良亀齢・水谷伸次郎・鎮西清高(編)(1979)：地球表層の物質と環境. 318 p.. 岩波書店.

Pickering, P. T., Hiscott, R. N.・Hein, F. J. (1989): Deep-marine Environments: Clastic Sedimentation and Tectonics. 416p.. Unwin Hyman, London.

徳橋秀一(1982): タービダイトの話(2) タービダイトの巨大な墓場，海底扇状地. 地質ニュース，no. 336, pp. 39-50.

徳橋秀一(1983 a): タービダイトの話(3) 古海底扇状地堆積物を斬る(I.実態編). 地質ニュース，no. 342, pp. 40-52.

徳橋秀一(1983 b): タービダイトの話(4) 古海底扇状地堆積物を斬る(II.成因編). 地質ニュース，no. 345, pp. 54-62.

徳橋秀一(1985): タービダイトの話(6)タービダイト砂岩単層の形態を探る. 地質ニュース，no. 376, pp. 6-23.

Tokuhashi, S. (1989): Two stages of submarine fan sedimentation in an ancient forearc basin, central Japan. *In* Taira, A.・Masuda, F.: Sedimentary facies in the Active plate margin. TERRAPUB., Tokyo. pp. 439-468.

徳橋秀一・八田明夫(1982): タービダイトの話(1) フリッシュ型砂泥互層のタイプと堆積環境. 地質ニュース，no. 334, pp. 42-50.

徐　垣・徳橋秀一(1984): タービダイトの話(5) SEDIMENT GRAVITY FLOWとはなにか. 地質ニュース，no. 359, pp. 6-15.

徐　垣・徳橋秀一(1987): タービダイトの話(7) 海底扇状地モデルの現状と問題点—COMFAN計画の総括を踏まえ—. 地質ニュース，no. 394, pp. 24-41.

Walker, R. G. (1978): Deep-water sandstone facies and ancient submarine fans: models for exploration for stratigraphic traps. *Bull. Am. Ass. Petrol. Geol.*, vol. 62, pp. 932-966.

17. 上総層群の堆積シーケンス

　地層は研究の目的によってさまざまな種類や大きさの単元に区分され，解析される．地層を時間層序学的な枠組みに基づいて区分し，堆積相の時空分布や不連続性の特徴から地層を形成論的に解析していく方法をシーケンス層序学(sequence stratigraphy)という．ここでは，上総層群をシーケンス層序学的に解析し，地層の形成過程とその要因について考察する．

17.1. シーケンス層序学

　シーケンス層序学の基本単位は，堆積シーケンス(depositional sequence または単に sequence)とよばれ，不整合またはそれに対応する整合(シーケンス境界：sequence boundary)で上下を規定された一連の地層群である(Vail, 1987；Van Wagoner et al., 1988)(図17.1)．一般に，堆積シーケンスは，相対的海水準(relative sea level)の低下期から次の低下期までの変動に対応して形成され(図17.2)，海水準の低下期に形式される不整合(下部のシーケンス境界)とその上位に発達する低海水準期堆積体(lowstand systems tract)，海水準の上昇期に形成される海進期堆積体(transgressive systems tract)，ならびに海水準が最も上昇して安定した時期に形成される高海水準期堆積体(highstand systems tract)で構成される(図17.1)．低海水準期堆積体と海進期堆積体との境界は海進面(transgressive surface)とよばれ，陸側に向かってシーケンス境界と一致するようになる．一方，海進期堆積体と高海水準期堆積体との境界は，最も海進の進んだ時期を示し，最大海氾濫面(maximum flooding surface)とよばれる．

　堆積シーケンスはより小さな単位のパラシーケンス(parasequence)で構成される．パラシーケンスは水深の急激な増加に伴って形成される海氾濫面(marine flooding surface)を基底とする，成因的に関連した単層の集合体で，上方浅海化を特徴的に示す(Van Wagoner et al., 1988)．一般にパラシーケンスは，水深の変化に対して敏感な浅海堆積物で最も顕著に認められる．パラシーケンスが重なり合ってパラシーケンスセット(parasequence set)をつくる．パラシーケンスセットには，重なり様式の特徴から，前進性(progradational あるいは forestepping)，後退性(retrogradational あるいは backstepping)，ならびに累重性(aggradational)の3種類がある(図17.1)．低海水準期堆積体は一つ以上の前進性パラシーケンスセットで構成される．これに対し，海進期堆積体は後退性パラシーケンスセットで，高海水準期堆積体は累重性ならびに前進性パラシーケンスセットでそれぞれ特徴づけられる．

　堆積シーケンスとパラシーケンスの最も大きな違いは，基底が不整合か海氾濫面かの違いであり，地層の厚さや形成期間の長さではない(Van Wagoner et al., 1990)(図17.2)．たとえば，形成期間が同じでも，相対的海水準が低下して不整合が形成される場合と相対的海水準の低下が起こらず，急激な海水準の上昇のみが発生し，海氾濫面が形成される場合とがある(図17.2)．特に，長周期の海水準変動に短周期の海水準変動が重なり，さらに堆積盆がある一定以上の速度で沈降する場合，長周期の海水準上昇期に短周期の海水準変動に対応したパラシーケンスが形成される．

表17.1　堆積サイクルとその要因(Miall, 1990を一部改変)

サイクル	同義語	期間(Ma)	形成要因
第1オーダー	――	200～400	超大陸の形成と分裂
第2オーダー	スーパーサイクル(Vail et al., 1977b)；シーケンス(Sloss, 1963)	10～100	海嶺の体積変化
第3オーダー	メソセム(Ramsbottom, 1979)；メガサイクロセム(Heckel, 1986)	1～10	海嶺の長さの変化，氷河性海水準変動，プレート内応力の変化
第4オーダー	サイクロセム(Wanless・Weller, 1932)；メジャーサイクル(Heckel, 1986)	0.2～0.5	氷河性海水準変動
第5オーダー	マイナーサイクル(Heckel, 1986)	0.01～0.2	氷河性海水準変動

17. 上総層群の堆積シーケンス

堆積シーケンスはその周期性によって第1オーダーから第5オーダーまでに分類されている（表17.1）．より小さい周期の堆積シーケンスが集合してより大きい周期の堆積シーケンスを構成する場合もある（Greenlee・Moore, 1988；Mitchum・Van Wag-oner, 1991）（図17.3）．この場合，より小さい周期の堆積シーケンスは，パラシーケンスと同様に，前進性，後退性ならびに累重性の重なり様式を示すシーケンスセット（sequence set）を構成し，より大きい周期の堆積シーケンスを構成する低海水準期シーケ

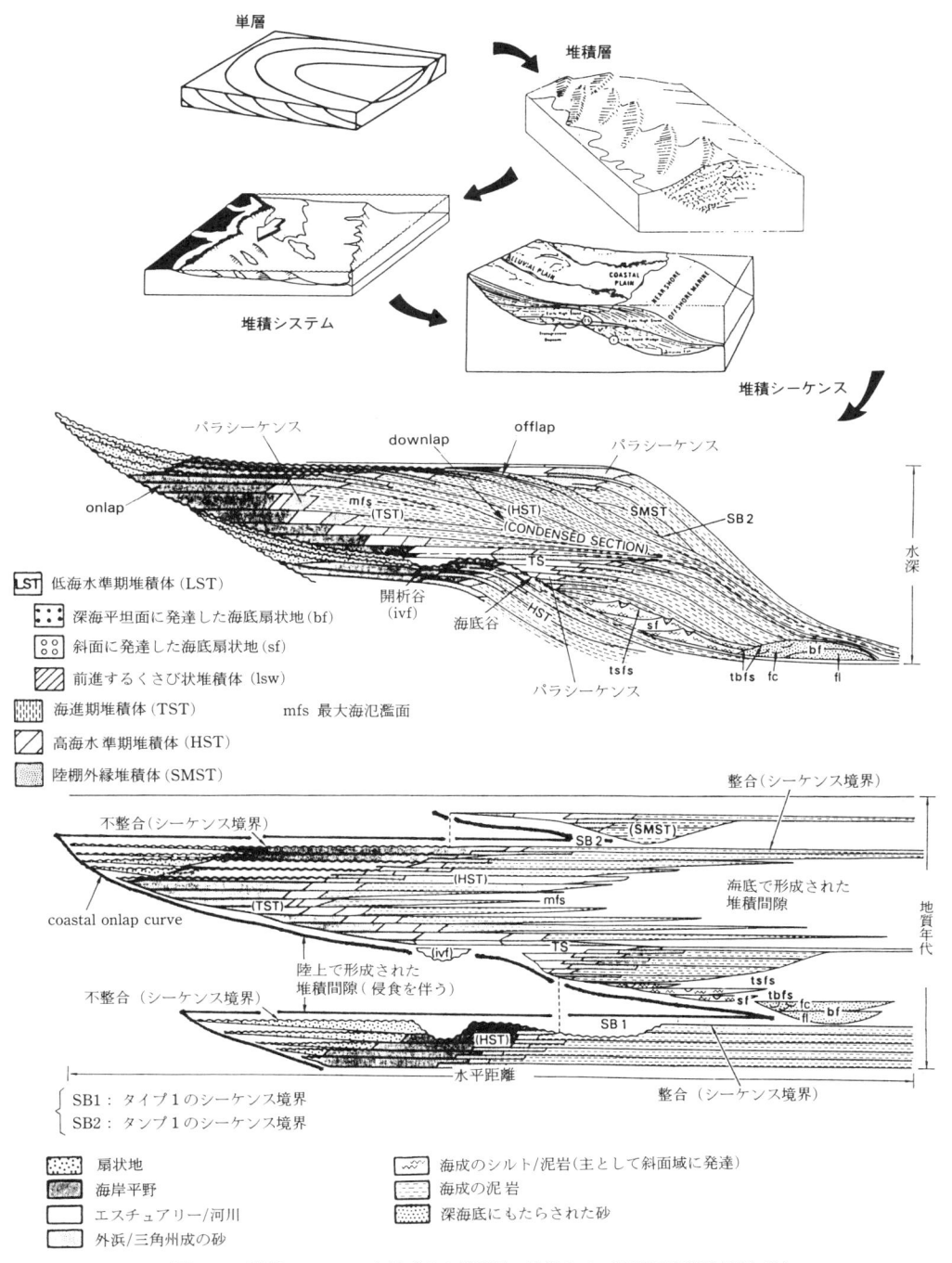

図17.1 堆積シーケンスを構成する堆積体の発達とその時間層序学的位置づけ
（Nummedal・Swift, 1987；Vail, 1987を改変）

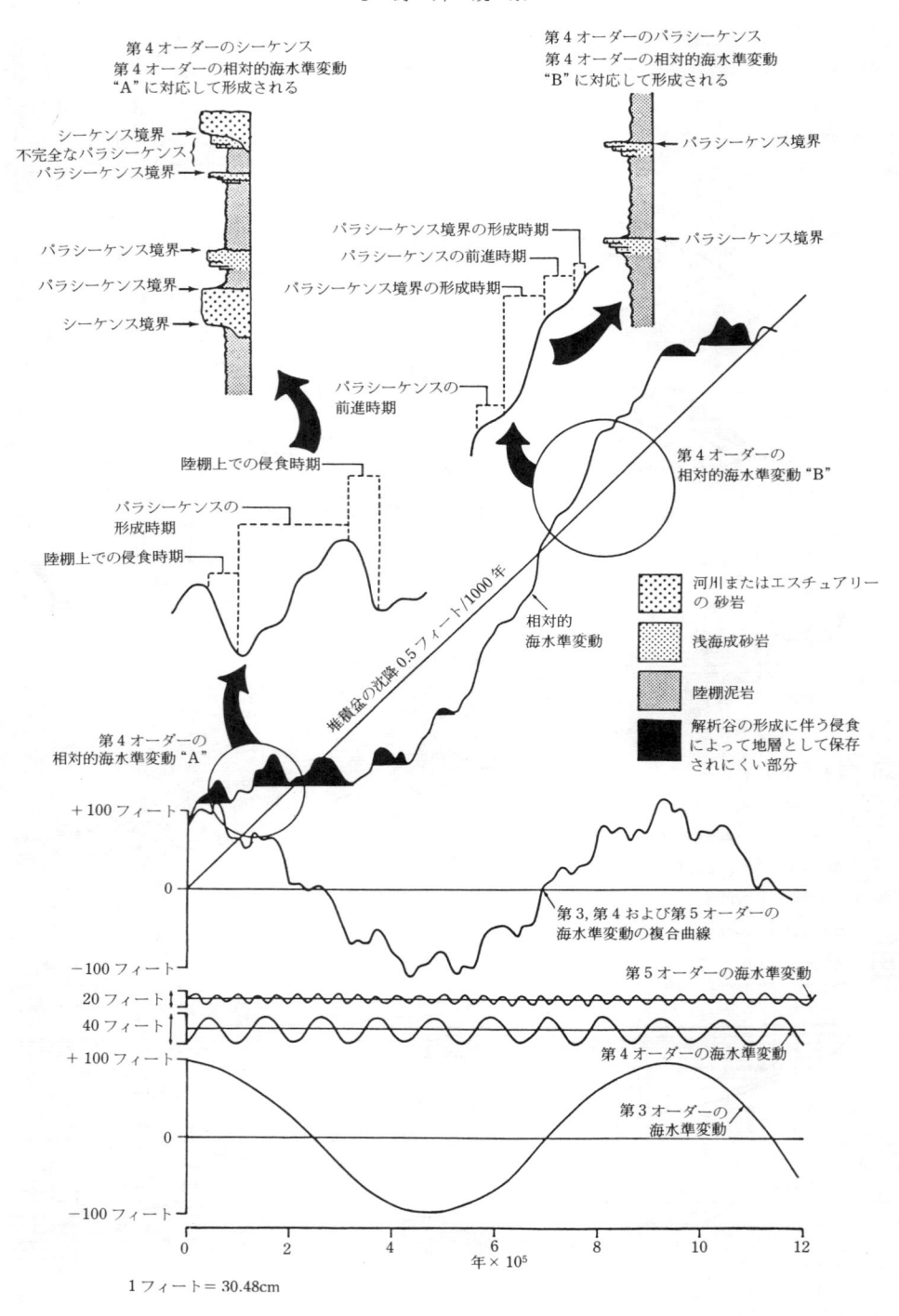

図 17.2 第3オーダーの海水準変動に第4,5オーダーの海水準変動が重なり，堆積盆がある一定の速度で沈降する場合の相対的海水準変動とパラシーケンスならびに堆積シーケンスの形成時期(Van Wagoner *et al.*, 1990)
第3オーダーの海水準低下に対応して，第4,5オーダーの海水準変動に対応した相対的海水準の低下量が誇張され，堆積シーケンスが形成される．これに対し，第3オーダーの海水準上昇期には，第4,5オーダーの海水準水準に対応した相対的海水準の低下は起こらず，急速な相対的海水準の上昇が発生し，海氾濫面が形成され，パラシーケンスのみが発達する．

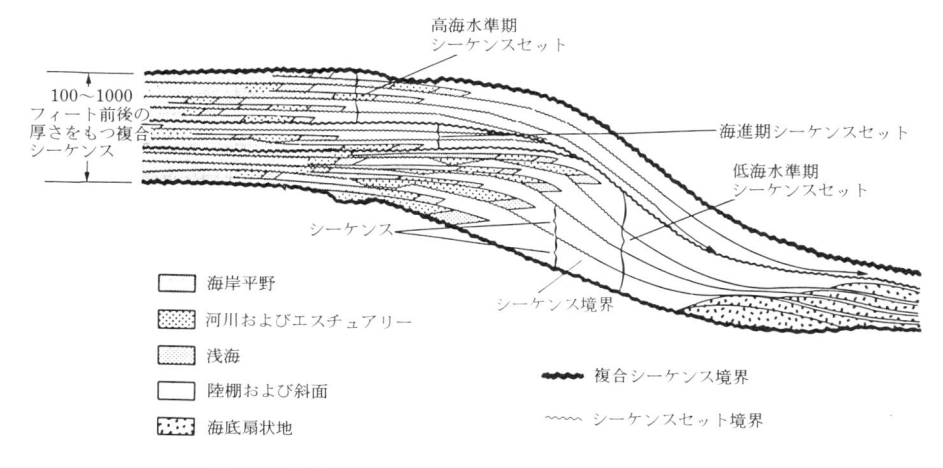

図17.3 堆積シーケンス，シーケンスセットならびに複合シーケンスの概念(Mitchum・Van Wagoner, 1991)

ンスセット (lowstand sequence set), 海進期シーケンスセット (transgressive sequence set) ならびに高海水準期シーケンスセット (highstand sequence set) となる．このような，小さい周期の堆積シーケンスで構成される大きい周期の堆積シーケンスは複合シーケンス (composite sequence) とよばれる．

本来，シーケンス層序学は，音波探査記録から成因的に関連した地層群，すなわち堆積シーケンスを認定し，その形成過程を解析していく方法として1970年代後半から発展してきた音響層序学 (seismic stratigraphy)(Mitchum et al., 1977) の基本概念に基づいている．音波探査記録に現れる反射面はある時期の堆積面，すなわち同時間面を表すと考えられており，個々の反射面の収束関係の特徴からシーケンス境界や堆積シーケンスが認定されている．一般に，堆積シーケンスは下部のシーケンス境界に対してはオンラップ (onlap) の関係で陸側へ発達していき，上部のシーケンス境界とはオフラップ (offlap) の関係で沖合へ発達していく（図17.1）．沖合に向かって前進していく高海水準期堆積体の前面にはクリノフォーム (clinoform) が特徴的に発達する．このクリノフォームは下位の海進期堆積体や低海水準期堆積体とダウンラップ (downlap) とよばれる斜交関係を示す．この堆積シーケンス内に発達するダウンラップに伴う不連続面はダウンラップ面 (downlap surface) とよばれ，最大海氾濫面に相当する．海進期に陸源砕屑質の供給量が減少することや，高海水準期堆積体のクリノフォームが時間とともに沖合へ移動することなどから，このダウンラップ面近傍には沖合ほど大きい時間間隙をもつコンデンセーションの発達した細粒堆積物，すなわちコンデンスセクション (condensed section) が形成され，明瞭な反射面として音波探査記録に認められることが多い（図17.1）．

17.2. 上総層群の特徴

房総半島中央部に広く分布する鮮新-更新統上総層群は，岩相変化に富むことや多数の火山灰鍵層を挟在すること，また大部分が海成層であることなどから，これまでに岩相層序，生層序，古地磁気層序，時間層序，堆積環境の解析などさまざまな研究が多数行われてきている（図17.4）．こうした上総層群に関するこれまでの研究成果は，三梨・他 (1976; 1990)，猪郷・他 (1980)，大森・他 (1986)，市原・他 (1988) などに詳しくまとめられている．上総層群は，黒滝不整合で下位の中新-鮮新統三浦層群に重なり，上位の東谷層ならびに地蔵堂層（Ⅰ-18章）基底の不整合によって中上部更新統下総層群に覆われる（図17.4）．また，従来から東日笠層および長浜層の基底にも明瞭な侵食を示す不整合が認められている．

上総層群は最大層厚が3000 m以上に達し，深海平坦面から，海底扇状地，斜面ならびに陸棚に至るさまざまな堆積環境で形成された堆積物で構成される（表17.2）．さらに，北東部に向かってより沖合の堆積環境で形成された堆積物が卓越するようになる．これまでに公表されている年代データに基づくと，上総層群の年代はおよそ2.4〜0.45 Maと見積られる（図17.4）．上総層群の大きな特徴としては，① 泥質堆積物の卓越する層準と砂質堆積物の卓越する層準とが数十〜数百m間隔で繰返すこと，②

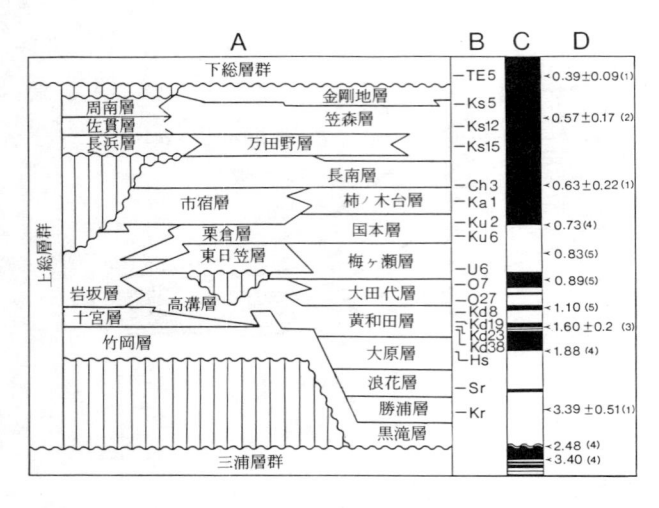

図17.4 上総層群の層序区分(A)と代表的な火山灰鍵層の層準(B)(三梨，1980を改変)．C：上総層群の古地磁気層序(新妻，1976)．D：上総層群の地質年代：(1)鈴木・杉原(1983)；(2)徳橋・他(1983)；(3)Kasuya(1990)；(4)古地磁気層序の境界年代(尾田，1975；Harland et al., 1989)；(5)佐藤・高山(1988)．

同時間面を認定できる多数の火山灰鍵層を挟在すること，③ 非常に細かく地質年代が決定されているため，時間の分解能が一部ではおよそ5万年のオーダーにも達すること，④ 堆積速度が平均で1.54m/1000年に達し，非常に大きいことなどがあげられる(図17.4)．

上総層群と同時代の地層は房総半島周辺の三浦半島，多摩丘陵，関東山地東縁部ならびに関東平野や房総半島東方沖海底の地下にも広く分布している．こうした上総層群を発達させた堆積盆は，太平洋プレートの沈み込みに伴って形成された前弧海盆(forearc basin)に相当し，上総海盆とよばれている(Katsura, 1984；渡部・他，1987)．

17.3. 上総層群のシーケンス層序

上総層群には火山灰鍵層(=同時間面)が多数挟在しているため，それらの空間的な収束関係を明らかにすることにより，音響層序学と同様な手法で堆積シーケンスを認定することが可能である．さらに，野外で詳細に堆積相を認定し，その時空分布の特徴を明らかにすることにより，より高い精度のシーケンス層序学的解析が可能となる．また，上総層群は時間の分解能が非常に高いため，個々の堆積シーケンスの形成年代や周期性，さらには堆積シーケンスの発達過程とグローバルな環境変化との関係を精度よく解析していくことが可能である．

はじめに上総層群上部をシーケンス層序学的に検討してみる．ここでは特にKu-2火山灰鍵層より上位の国本層上部から金剛地層までの最大層厚約700mの地層を対象にシーケンス層序学的解析を行う(図17.5)．

上総層群上部は主に斜面から陸棚域で形成された地層を主体とし，一部に外浜から後浜にかけての海浜域で形成された地層が発達する(表17.2；図17．

表17.2 上総層群の堆積環境(Katsura, 1984；Ito, 1992；伊藤・大原，1992に基づく)

南　　西　　部		北　　東　　部	
地層	堆積環境	地層	堆積環境
金剛地層	解析谷，エスチュアリー	金剛地層	陸棚，外浜，前浜/後浜
周南層	陸棚，ストーム流，潮汐流	笠森層	陸棚，ストーム流
佐貫層	陸棚，ストーム流，潮汐流	万田野層	陸棚サンドリッジ，海流，ストーム流，外浜，前浜/後浜
長浜層	解析谷，潮汐流，ストーム流，海底土石流	長南層	陸棚外縁-陸棚，外浜
市宿層	陸棚サンドリッジ，海流，ストーム流	柿ノ木台層	陸棚外縁-陸棚，ストーム流
粟倉層	陸棚，ストーム流	国本層	斜面-陸棚外縁，海底扇状地
岩坂層	陸棚，陸棚外縁，ストーム流，潮汐流	梅ヶ瀬層	上部・中部海底扇状地，上部斜面
東日笠層	海底谷	大田代層	中部・下部海底扇状地
高溝層	陸棚，上部斜面，ストーム流，潮汐流	黄和田層	深海平坦面-下部海底扇状地，斜面基底部
十宮層	陸棚-上部斜面，ストーム流，潮汐流	大原層	深海平坦面-下部海底扇状地，斜面基底部
竹岡層	陸棚，ストーム流，潮汐流	浪花層	深海平坦面-下部海底扇状地，斜面基底部
		勝浦層	深海平坦面-下部海底扇状地，斜面基底部
		黒滝層	斜面-陸棚，海底チャネル

17. 上総層群の堆積シーケンス

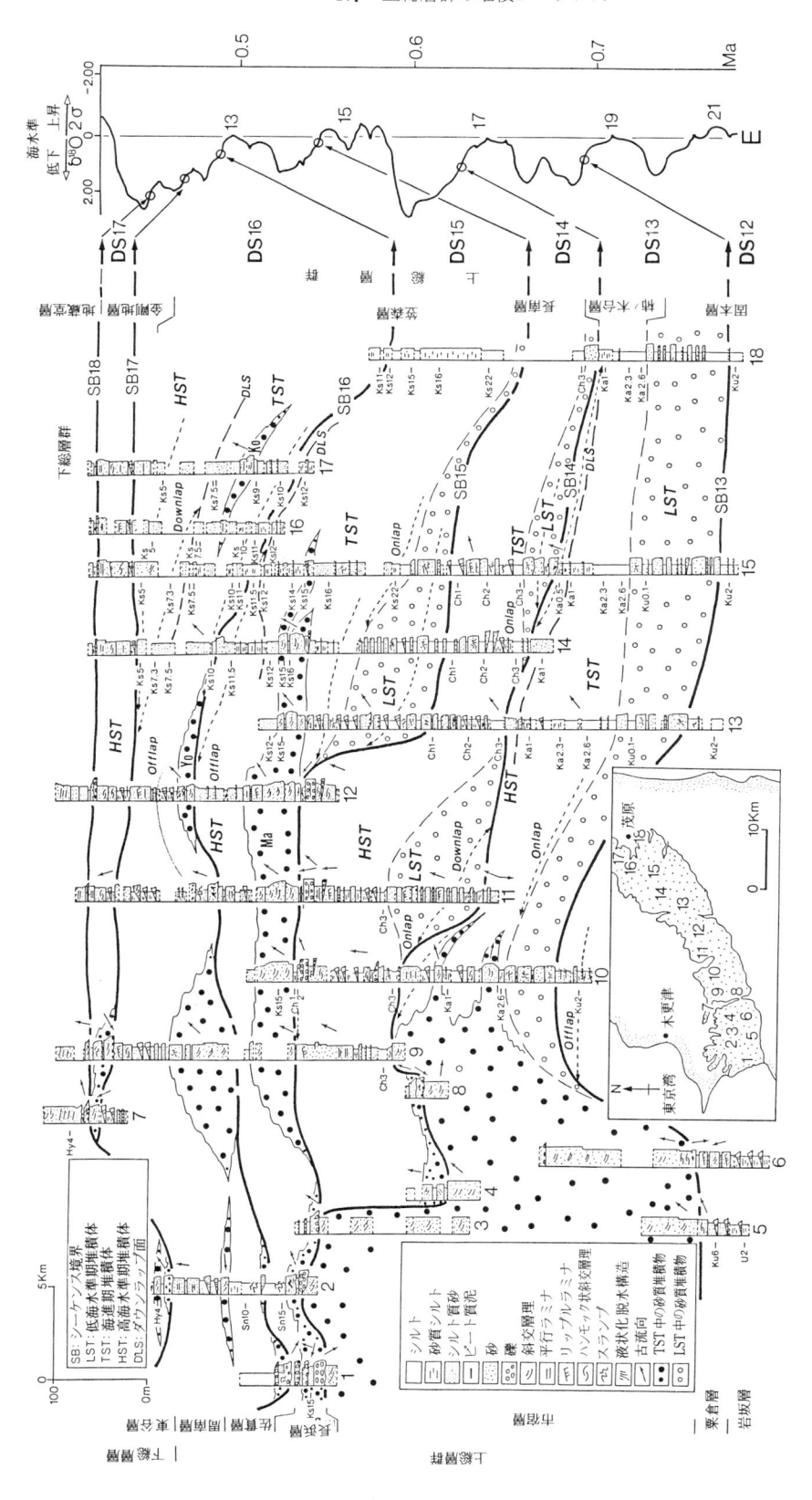

図17.5 上総層群上部のシーケンス層序 (Ito, 1992を改変)
図の右側はシーケンス境界と酸素同位体比曲線 (Williams *et al.*, 1988) との対応を示す. 13から21までの奇数はステージ番号を示す. 層序断面図は金剛地層上部の海浜堆積物を水平に並べて作成してある. 各柱状図左の記号は主な火山灰鍵層とその層準 (三梨・他, 1959, 61；石和田・他, 1971；町田・他, 1980；徳橋・遠藤, 1984) を示す. 左下の図は柱状図の作成地点を示す.

5)．火山灰鍵層の収束関係の特徴から上総層群上部には6つの堆積シーケンス(DS 12〜DS 17)が識別される．シーケンス境界と従来の層序区分の境界とは必ずしも一致していない．個々の堆積シーケンスは下部のシーケンス境界に対してはオンラップの関係で，上部のシーケンス境界に対してはオフラップの関係で接している．また，DS 13, DS 15, DS 16の中上部にはダウンラップ面が認められる．シーケンス境界は，南西部では明瞭な侵食面を示し，北東部に向かって徐々に平坦でシャープな境界面から漸移的な境界面へと変化している(図17.6)．個々の堆積シーケンスは低海水準期堆積体，海進期堆積体，高海水準期堆積体で構成され，それぞれ以下のような特徴を示す

　低海水準期堆積体は厚いタービダイト砂層やストームシート(storm sheet)砂層の発達で特徴づけられる．一部に大規模なスランプ構造や脱水構造が発達している．タービダイト砂層にはamalgamation(癒着)が発達し，チャネル構造をとる場合が多い．低海水準期堆積体は，全体としてくさび型の堆積形態を特徴的に示している．

　海進期堆積体は，全体として一つの大きな上方細粒化サイクルを特徴的に示す．より沖合の北東部では，下位の低海水準期堆積体との境界は比較的平坦でシャープあるいは漸移的な海進面で特徴づけられ，海進面直上に貝殻片やパミス・スコリアなどの火山噴出物が散在している場合が多い．南西部に向かい，一部に土石流堆積物やスランプスカー(slamp scar)が海進期堆積体基底部に発達している．さらに南西部の陸側に向かって，海進面とシーケンス境界が一致するようになり，パミスやスコリアなど火山噴出物を多く含んだ厚さ数cm〜十数cmのクロスラミナの発達する生物擾乱の著しい砂層が発達し，さらにより南西部の地域では，貝殻片，小礫，火山噴出物などを含んだ厚さ数十cm以上の砂層がシーケンス境界直上に発達してくる．最も南西部の谷地形を示すシーケンス境界上には，斜交層理をもつ砂礫層が発達し，上位のスランプやスランプスカーを特徴的にもつ砂泥互層へ漸移し，上方細粒化サイクルを示す．この斜交層理の発達する砂層も，一部に浅海性の貝化石を挟在することや北東部の海進期堆積体と共通の火山灰鍵層を挟在することから，海進に伴って解析谷を埋積した堆積物と考えられる．ただし，砂礫の多くは低海水準期に河川によって供給された堆積物のレリクト(relict)と考えられる．このほか，上総層群上部の海進期堆積体の大きな特徴として，ストーム堆積物を主体とする陸棚堆積物中に上に凸の堆積形態を示すサンドリッジ(sand ridge)堆積物が発達していることである．これらサンドリッジ堆積物の主体は波高2〜4 m，波長十数mの大規模なデューン(dune)(サンドウェーブ，sand wave)堆積物であり，従来，市宿層，万田野層，養老砂層，国府利砂層などとよばれている層厚15〜400 mの地層に相当する．

　高海水準期堆積体と海進期堆積体との境界付近，すなわちダウンラップ面に相当する層準には，生物擾乱の著しい砂質シルト層やシルト質砂層が発達し，各堆積シーケンス内では最も大きな古水深を示す貝化石群集がほぼ自生の状態で産出する．このような特徴を示す堆積物の発達する層準がほぼコンデンスセクションに相当する．高海水準期堆積体は全体として一つの大きな上方粗粒化・上方浅海化サイクルを示し，ストームシート砂層，外浜堆積物ならびに前浜・後浜堆積物などを特徴的に含む．

　上総層群上部の6つの堆積シーケンスの重なり様式に注目すると，上方に重なりながら沖合の北東方向へ前進する堆積形態をとっている．このような地層の重なり様式は，堆積空間(accomodation space)の形成速度よりも堆積速度の方が大きい場合に特徴的に発達するものである(Van Wagoner et al., 1988)．堆積空間の形成速度は堆積盆の沈降速度と海水準の変動速度で規定されるが，堆積形態の変化に関しては堆積盆の沈降速度が大きくかかわっている．上総層群上部が堆積した時期の上総海盆での沈降速度に関する詳しいデータは今のところ求められていないが，上総海盆の平均沈降速度として，0.5〜2 m/1000年(成瀬，1968；貝塚，1987)という値が見積もられている．これに対し，上総層群上部の堆積速度として平均約2.6 cm/1000年の値が見積もれ，実際の堆積シーケンスの重なり様式を説明するための条件を満たしている．

　堆積シーケンスの発達は，相対的海水準の低下期から次の低下期までのサイクルに対応する(図17. 2)．相対的海水準変動は，汎世界的な海水準変動(eustatic sea level change)と堆積盆の沈降・隆起に規定されている．第三紀後半から第四紀にかけては氷河性海水準変動が卓越し，その変動様式は，深海底堆積物から得られた有孔虫化石の殻の酸素同位体比の変化に大きく反映されている(Shackleton, 1987)．酸素同位体比の0.11〜0.1 ‰の変化が約10 m程度の海水準の変化に対応するという経験則(Fairbanks・Mattews, 1978；Chappell・Shack-

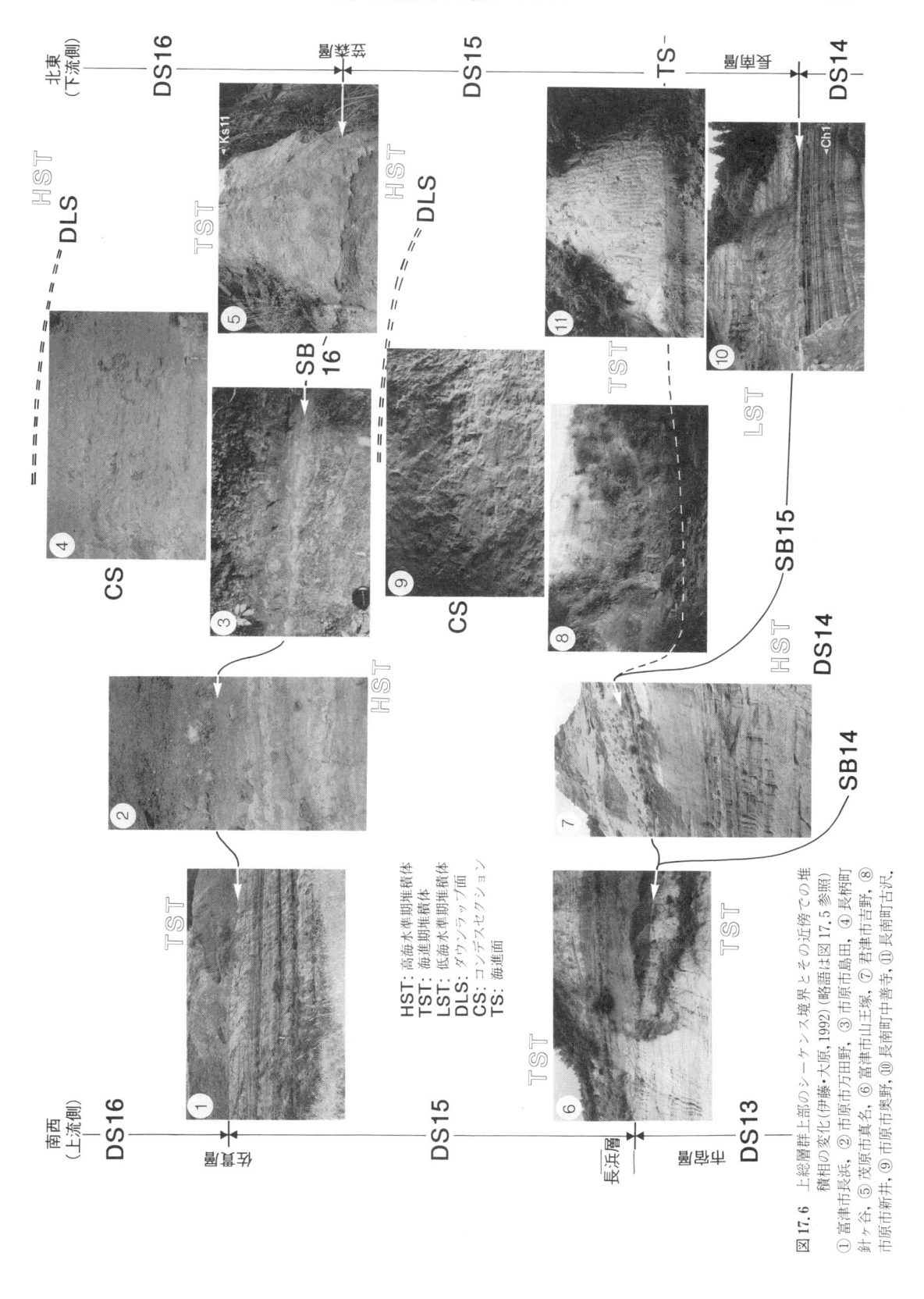

17. 上総層群の堆積シーケンス   127

図17.6 上総層群上部のシーケンス境界とその近傍での堆積相の変化 (伊藤・大原, 1992) (略語は図17.5参照)
①富津市長浜, ②市原市万田野, ③市原市島田, ④長柄町針ヶ谷, ⑤茂原市真名, ⑥君津市山王塚, ⑦君津市吉野, ⑧市原市新井, ⑨市原市奥野, ⑩長南町中善寺, ⑪長南町古沢.

HST: 高海水準期堆積体
TST: 海進期堆積体
LST: 低海水準期堆積体
DLS: ダウンラップ面
CS: コンデンスセクション
TS: 海進面

128   I 野外観察

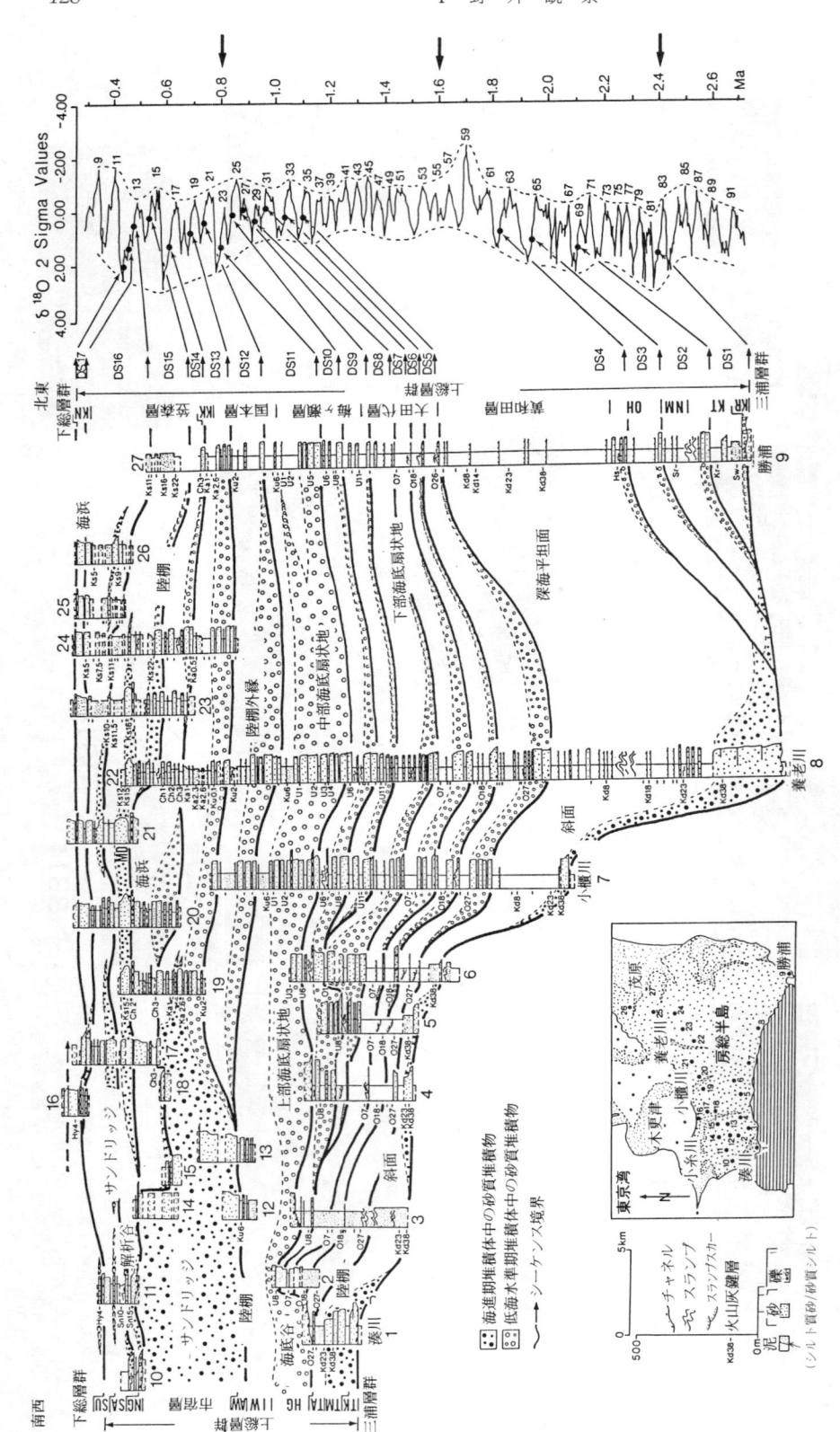

図 17.7 上総層群のシーケンス層序(伊藤・桂原図)

図の右側はシーケンス境界と酸素同位体比曲線(Williams, 1990)との対応を示す. 9 から 91 までの奇数はステージ番号を示す. 略語は図 17.5 と同じ. 養老川ルート(8)の柱状図の一部は三梨・他 (1959) に基づく. 右端の大きい矢印は Vail curve に示されたシーケンス境界の形成時期(Haq et al., 1988).
SU=周南層, SA=佐貫層, NG=長浜層, MD=万田野層, IW=岩坂層, HG=東日笠層, TA=高滝層, TM=十宮層, TK=竹岡層, KN=金剛地層, CH=長南層, KK=柿ノ木台層, OH=大原層, NH=浪花層, KT=勝浦層, KR=黒滝層.

leton, 1986)に従うと，鮮新世から更新世にかけての氷河性海水準の変動速度は，平均約2～3m/1000年以上に見積もることができる．一方では，堆積盆内での隆起は相対的海水準の低下をもたらす．鮮新世から更新世にかけての上総海盆内での隆起速度に関するデータは今のところ求められていないが，完新世のこの地域の平均隆起速度は約2.5m/1000年以下である(成瀬，1968；貝塚，1987)．したがって，鮮新世から更新世にかけての上総海盆での地震などに伴う断続的な隆起による平均隆起速度がほぼ完新世の値に近いと考えると，上総海盆での堆積シーケンスの発達は，氷河性海水準変動に最も大きく支配されていたと考えることができる(図17.5)．

次に，Ku 2火山灰鍵層より下位の上総層群下部をシーケンス層序学的に検討してみる．上総層群下部は，北東部では深海平坦面堆積物や海底扇状地堆積物が卓越するのに対し，南西部に向かって斜面堆積物や陸棚堆積物が発達している(図17.7)．特に，上総層群下部は，全体を通してタービダイト砂層が厚く広く発達することで特徴づけられる．上総層群上部と同様に，火山灰鍵層の収束関係や堆積相の時空分布の特徴に基づくと，DS1からDS12までの12の堆積シーケンスを認定することができ，上総層群全体として17の堆積シーケンスが識別できる(図17.7)．ここでも南西部に向かって，東日笠層基底の谷地形に代表される顕著な侵食性のシーケンス境界が発達し，シーケンス境界が互いに切り合いの関係を示すのに対し，沖合の北東部に向かってより平坦でシャープなシーケンス境界が卓越するようになる．海底扇状地堆積物や深海平坦面堆積物中にも，個々の堆積シーケンスを構成する堆積相の特徴から，低海水準期堆積体，海進期堆積体，ならびに高海水準期堆積体を識別することができる(図17.8)．これらは以下のような特徴を示す．

低海水準期堆積体は，厚さ1～数mの砂層の複合体とその上位に発達する厚さ数cm～数十cmのレンズ状砂層を挟在するシルト層の組合せで特徴づけられ，厚さ数m～数十mの上方細粒化サイクルを示すチャネル堆積物ならびに氾濫堆積物を主体とする．このほか，シーケンス境界直上や低海水準期堆

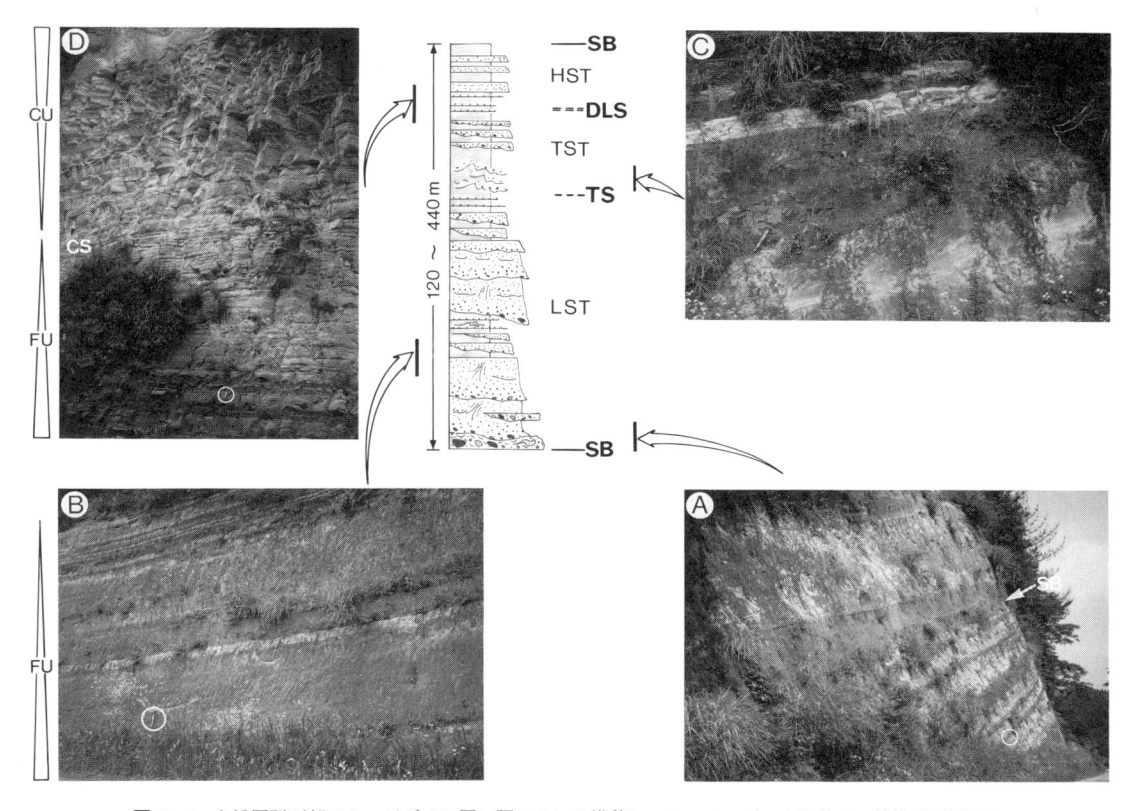

図17.8 上総層群下部のタービダイト層に認められる堆積シーケンスモデルと野外での特徴(伊藤原図) SB＝シーケンス境界，TS＝海進面，DLS＝ダウンラップ面，LST＝低海水準期堆積体，TST＝海進期堆積体，HST＝高海水準期堆積体，Ⓐ 大田代層と梅ヶ瀬層の境界付近(蔵玉林道)，Ⓑ 梅ヶ瀬層(蔵玉林道)，Ⓒ 大田代層(蔵玉林道)，Ⓓ 大田代層(養老川)．

積体下部に厚さ数十cm～数mの土石流堆積物が発達することがある．こうした低海水準期堆積体の発達は以下のように解釈できる．海水準の低下に伴い，斜面上部に急速に堆積した細粒砕屑物が不安定な状態となり，それらが崩壊することにより土石流堆積物の形成が行われる．海水準がさらに低下していくのに伴い，海底谷が斜面上部に発達し，そこを通路として河川から直接多量の粗粒砕屑物が深海平坦面上に供給されるようになり，海底扇状地堆積物が発達していく(Bouma et al., 1989)．

低海水準期堆積体の上部には，スランプスカー，流状シルト層ならびに土石流堆積物などを伴う厚さ数m～十数mのスランプ堆積物が特徴的に認められる．さらにその上位には，上部に向かって泥層が卓越していく砂泥互層が発達し，全体として一つの上方細粒化サイクルを示す．これらスランプ堆積物から上位の上方細粒化サイクルを示す一連の地層は，粗粒砕屑物の供給量が時間と共に急激に減少していったことを示し，海進期堆積体に相当するものと考えられる．海進期堆積体基底のスランプ堆積物は，海水準の上昇に伴い，主として細粒堆積物が氾濫堆積物上部に発達するため，それらが不安定となり崩壊することや，上流部で放棄されていく海底谷の一部が崩壊することなどによって形成されたものと考えられる．同様な海進に伴う顕著なスランプ堆積物の発達は，Mississippi海底扇状地などでも記録されている(Walker・Masingill, 1970)．スランプ堆積物の上位に発達する砂泥互層を形成する砂層は，海進に伴って陸側へ後退していく河口付近から，あるいは，海進期に特徴的な沖合での海底侵食(offshore marine erosion)(Nummedal・Swift, 1987)に伴って供給されたと考えられる．また，海進期堆積体に認められる上方細粒化サイクルの最上部付近がほぼコンデンスセクションを伴うダウンラップ面に相当するものと考えられる．

コンデンスセクションに相当する層準より上位でも泥層の依然卓越した砂泥互層が発達しているが，上位に向かって厚さ数十cm～1m前後の砂層が頻繁に挟在するようになる．この砂層の挟在が再び頻繁になってくる層準が，高海水準期堆積体に相当する．海水準の上昇速度が減少し，海水準が安定してくると，再び河口域が沖合に向かって前進していくため(Posamentier et al., 1988)，粗粒砕屑物の供給量が増加するので，高海水準期堆積体の上部で再び砂層が頻繁に挟在するようになると考えられるのである．

17の堆積シーケンスで構成される上総層群には一つの大きな海進-海退サイクルが認められる(図17.9)．すなわち，DS 1からDS 4までが一つの大きな海進を示し，DS 5からDS 17までが一つの大きな海退を示す．したがって，上総層群は一つの海進期シーケンスセット(DS 1 → DS 4)と一つの高海水準期シーケンスセット(DS 5 → DS 17)で構成される，複合シーケンスであることがわかる．さらに，火山灰鍵層Kd 23とKd 18の間の層準で堆積速度が最も減少し，塊状のシルト層が卓越することなどから，この層準が複合シーケンスのコンデンスセクションに相当すると考えられる(図17.9)．また，この複合シーケンスはおよそ1.95 m.y.の期間で形成されていることから，第3オーダーの堆積シーケンスに相当する．図17.7と同様に個々の堆積シーケンスと酸素同位体比曲線とを対比すると，この複合シーケンスは2.4 Maから0.45 Maまでの氷河性海水準変動の大きな低下→上昇→低下に対応して形成されていることがわかる．また，個々の堆積シーケンスはおよそ数万年から数十万年周期の氷河性海水準変動に対応して形成されている．したがって，上総層群を構成する堆積シーケンスは第4ないし第5オーダーの堆積シーケンスといえる．

最近，およそ0.5～1kb程度のプレート内応力の変動によって大陸縁片部での堆積盆の隆起・沈降が大きく支配され，その結果第3オーダーの堆積シーケンスが形成されるという解釈が出されている(Cloetingh, 1988)．プレート内応力の変化は，基本的には海洋プレートの運動変化に対応するため，日本付近での堆積盆の発達にも大きく反映されていると考えることができる．たとえば，2.6 Maにハワイ天王海山列で太平洋プレート内の応力方向が時計周りに変化している(Jackson, 1975)．また，日本海東縁での新生海溝の発生がおよそ0.5 Maに始まり，その結果相模トラフ周辺でのフィリピン海プレートの運動方向が時計周りに変化したと解釈されている(瀬野, 1985)．こうしたテクトニックな変動は，当然のことながら上総海盆の発達にも強く影響を及ぼしたものと考えられる．したがって，上総層群を構成する第3オーダーの複合シーケンスの発達は，氷河性海水準変動とともにテクトニックな変動にも大きく支配されていたものと考えることができる．

17.4. シーケンス層序学的にみた堆積物の形成時期

上総層群基底の黒滝不整合と黒滝層の成因や，そ

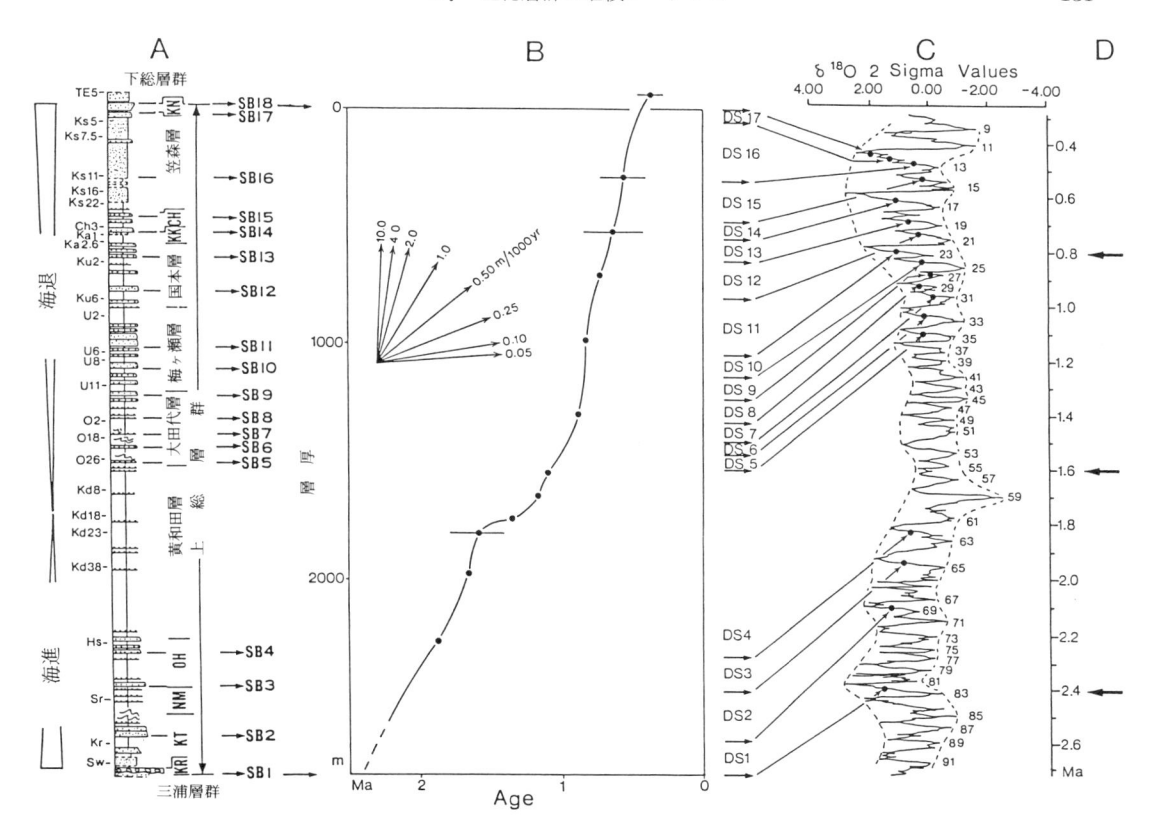

図17.9 A：上総層群のシーケンス層序．地層名の略語は図17.7と同じ．B：上総層群の堆積速度（伊藤原図）．C：上総層群の堆積シーケンスと酸素同位体比曲線（Williams, 1990）との対応．D：Vail curveに示されたシーケンス境界の形成時期（Haq et al., 1988）．

の上位の黄和田層などに広く挟在するスランプ堆積物の成因に関しては，古くから議論されてきている．また，上総層群は豊富な水溶性天然ガスを産出する地層として古くから重要である．ここでは，こうした上総層群を構成する特徴的な堆積物の形成過程や形成時期をシーケンス層序学的に検討してみる．

1) 黒滝層不整合と黒滝層

黒滝不整合によって東部では西部に比べおよそ数百m以上の地層が欠如しているにもかかわらず，黒滝層とその下位の地層との構造差が小さいことや，一部で顕著な侵食面や基底礫の発達が認められないことなどから，その成因に関して多くの議論がなされてきた（房総団体研究グループ，1964）．また，養老川以東には黒滝層の上位に勝浦層，浪花層，大原層が発達し，およそ580m以上の地層が厚く堆積している．図17.7に示されているように，黒滝層から黄和田層までに四つの堆積シーケンスが識別できる．シーケンス層序学的検討の結果，これまで黒滝層として一括して扱われてきた地層は，千葉県勝浦市鵜原海岸で従来チャネル堆積物として認定されてきた黒滝層がDS 1の低海水準期堆積体を示すのに対し，勝浦から養老川までの区間に分布する黒滝層はそれぞれDS 1，DS 2，DS 3の海進期堆積体を，養老川以西の黒滝層はDS 4の海進期堆積体をそれぞれ示すことになり，五つの異なった時期に形成されたものであることが明らかである（伊藤・他，1992）．図17.7の層序断面図にも示されているように，養老川以西の黒滝層は海進に伴って斜面域に発達した地層であるため，基底部にしばしばスランプスカーを伴い，下位の地層とシャープな境界を示す場合が多い．また，黒滝層の形成は海進期シーケンスセットの発達に伴っているため，氷河性海水準が最も上昇していった1.7～1.6 Ma前後に発達した養老川以西の黒滝層からは，当然のことながら暖流系の温かい環境を示す貝化石（大原・高橋，1975）が特徴的に産出するのである（図17.9, 17.10）．

2) スランプ堆積物の発達

上総層群の下部には数層準に明瞭なスランプ堆積

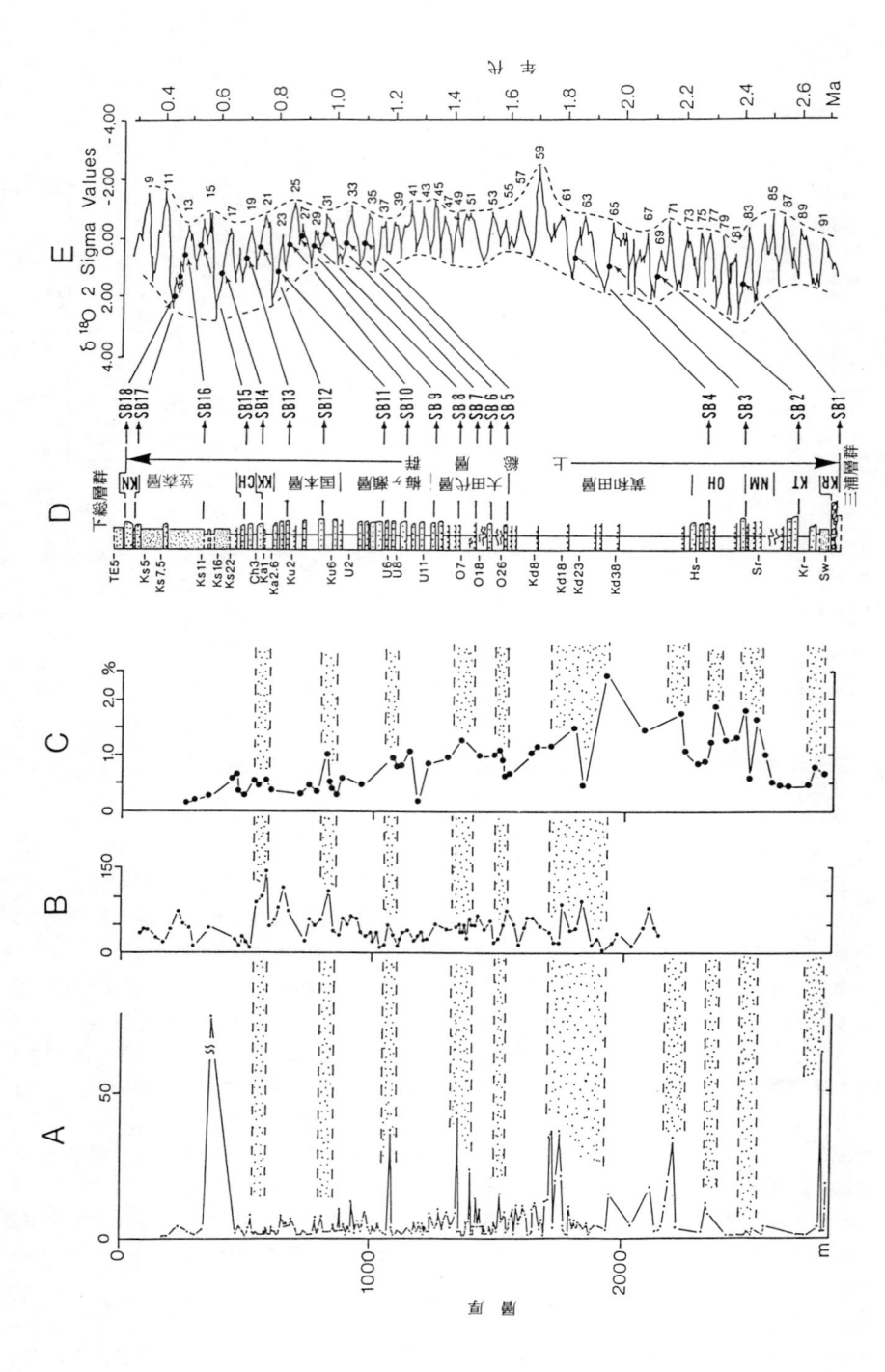

図17.10 上総層群の堆積シーケンスの発達(D)と(A)浮遊性貝化石の種数(氏原, 1986),
B:有孔虫化石の種数(Aoki, 1963), C:有機炭素量(米谷・他, 1983)の変動,
ならびにE:酸素同位体比曲線(Williams, 1990)との関係(伊藤原図). 地層名の
略語は図17.7と同じ.

物が発達し，従来から地質図に示されてきた．前節で述べたように，上総層群下部のスランプ堆積物は海進期堆積体下部に特徴的に発達しており，地質図に示されるほどの規模ではないものの，同様なスランプ堆積物が大田代層や梅ヶ瀬層の海進期堆積体下部にも多数認められる（図17.7, 17.8）．ところが，従来から地質図のうえで最も顕著に示されているスランプ堆積物の一つは黄和田層上部の火山灰鍵層Kd-18とKd-8の間の層準に存在する（図17.7）．しかし，この層準には顕著なシーケンス境界が認められない．これは，この層準付近が海進期シーケンスセットと高海水準期シーケンスセットの境界付近に相当し，堆積速度が最も小さくなっていることや，氷河性海水準が全体として高く，シーケンス境界を形成するのに十分相対的海水準が低下しなかったため，パラシーケンスのみが形成された結果と考えられる．したがって，パラシーケンス基底の海氾濫面の形成に伴う急激な海水準の上昇に伴い，海進期堆積体下部と同様，泥質堆積物の卓越する火山灰鍵層Kd-18とKd-8の間の層準にもスランプ堆積物が発達したのであろう．

3) 天然ガスの形成

茂原市周辺を中心に，房総半島中央部では上総層群のさまざまな層準から水溶性天然ガスが採取されている．一般に，有機炭素を多く含む泥層が天然ガスの根源岩として有効であり，砂層はその貯留岩の役割をなす．また，砂層の上位に発達する泥層は帽岩としての役割もなす．上総層群では，海進期シーケンスセットの形成に伴い，泥層に含まれる有機炭素量が増加し，複合シーケンスのコンデンスセクションに相当する火山灰鍵層Kd 23付近の層準に有機炭素含有量のピークが認められる（図17.10）．一方，高海水準期シーケンスセット内では，上部に向かって泥層に含まれる有機炭素量は徐々に減少していく．ところが，火山灰鍵層O-7, U-6, Ku-6などの発達する海進期堆積体上部から高海水準期堆積体にかけての層準付近にも比較的有機炭素に富む泥層が発達している．これら有機炭素含有量の多い泥層が発達する層準は，浮遊性貝化石や有孔虫化石の種数が増加する層準にほぼ一致し，海洋での生物生産量が大きかった時期の堆積物であることを示している（図17.10）．したがって，天然ガスの形成という観点から上総層群をながめた場合，根源岩の形成は，氷河性海水準の上昇に伴う海進期シーケンスセットや海進期堆積体の発達に大きく支配されていたといえよう．また，低海水準期堆積体を構成する厚いタービダイト砂層が有効な貯留岩の役目をなしている．

まとめ

シーケンス層序学は時間層序学的な枠組みのなかで地層の発達過程を解析していく方法であるため，岩相変化の著しい地層中に同時間面を認定できる火山灰鍵層の利用は，たいへん有効な手段である．シーケンス層序学の特徴は，従来の層序学と異なり，地層を成因論的に分類し，構成単位の形成過程を相対的海水準変動のサイクルと結びつけて解析することである．シーケンス層序学的に地層を解析することにより，陸域から深海域までの堆積現象や環境変化を時系列に従って統一的に理解することが可能となってきた．

〔伊藤　慎〕

参考文献

Bally, A. W. (ed.) (1987): Atlas of seismic stratigraphy, Volume 1. *AAPG Studies in Geology*, no. 27, pp. 1-124.
Cross, T. A. (ed.) (1990): Quantative Dynamic Stratigraphy, 625 p., Prentice Hall.
Ginsburg, R. N.・Beaudoin, B. (eds.) (1990): Cretaceous Resources, Event and Rhythms Background and Plans for Research, 352 p., NATO ASI Series C, Kluwer.
猪郷久義・菅野三郎・新藤静夫・渡部景隆（編）(1980)：日本地方地質誌，関東地方，改訂版，493 p., 朝倉書店．
石和田靖章・三梨　昂・品田芳二郎・牧野登喜男(1971)：日本油田・ガス田図10「茂原」．地質調査所．
市原　実・亀井節夫・熊井久雄・楡井　久・吉川周作（編）(1988)：日本の第四紀層の層序区分とその国際対比．地質学論集, no. 30, 221 p., 日本地質学会．
Miall, A. D. (1990): Principles of Sedimentary Basin Analysis, 668 p., Springer-Verlag.
三梨　昂・矢崎清貫・影山邦夫・島田忠夫・小野　暎・安国　昇・牧野登喜男・品田芳二郎・藤原清丸・鎌田清吉(1961)：日本油田・ガス田図　4「富津-大多喜」．地質調査所．
三梨　昂・菊地隆男・鈴木尉元・平山次郎・中嶋輝充・岡　重文・小玉喜三郎・堀口万吉・桂島　茂・宮下美智夫・木村政昭・楡井　久・樋口茂生・原　雄・古野邦雄・遠藤　毅・川島真一・青木　滋(1976)：東京湾とその周辺の地質，特殊地域図(20), 10万分の1地質図，地質説明書. 91 p., 地質調査所．
三梨　昂・鈴木尉元・山内靖喜・小玉喜三郎・小室裕明（編）(1990)：堆積盆地と褶曲構造―形成機構とその実験的研究―．地質学論集, no. 34, 209 p., 日本地質学会．
Nummedal, D., Pilkey, O. H.,・Howard, J. D. (eds.) (1987): Sea-Level Fluctuation and Coastal Evoluiton, *SEPM Spec Publ.*, no. 41, 267 p.
大原　隆・西田　孝（編）(1990)：地球環境の変容, 191 p., 朝倉書店．
大森昌衛・端山好和・堀口万吉（編）(1986)：日本の地質3「関東地方」, 335 p., 共立出版．
Payton, C. E. (ed.) (1977): Seismic Stratigraphy-Applications to Hydrocarbon Exploration. *AAPG Mem.* no. 26, 516p.
徳橋秀一・遠藤秀典(1984)：姉崎地域の地質. 地域地質研究報

告(5万分の1図幅), 136 p.. 地質調査所.

Wilgus, C. K. *et al*. (eds.) (1988) : Sea-Level Changes : An Integrated Approach. *SEPM Spec. Publ*., no. 42, 407 p.

Van Wagoner, J. C. *et al*, (1990) : Siliciclastic Sequence Stratigraphy in Well Logs, Cores, and Outcrops. *AAPG Methods in Exploration Series*, no. 7, 55 p.

18. 下総層群の堆積環境

　房総半島の北部には海抜40mくらいの平坦な下総台地が広く発達する．この台地の地質は厚い砂質堆積物と薄い泥質堆積物が繰返す堆積サイクルからなる下総層群と，台地の表面を覆う関東火山灰層によって構成されている．下総層群は，海生貝類などを密集する厚い化石層や火山灰の薄層を挟在しており，更新世後期の内湾浅海域(古東京湾)で堆積した(図18.1)．したがって，下総層群の堆積相は，第四紀氷河時代における全地球的規模の海水準面や海水温度の変化を反映したものである．

下総層群の層序区分と含貝化石群集

　下総層群は，その上部層準に成田層という累層単位が用いられており，成田層群に代わる層序区分として1960年ごろから使われるようになった．下総層群は，その大部分が浅海成砂質堆積物から構成されており，貝類など大形化石がいくつかの層準に多産する．このため，下総層群を細分する累層名は貝化石を多産する地域名が用いられ，下位より地蔵堂・藪・上泉・清川・横田・木下・姉崎の各層に区分されている(図18.2)．従来，下総層群の浅海生貝類を多産する厚い砂層は，汽水-淡水成の薄い泥層を上限として，層序区分されてきた．しかし，最近では，海水準変動に注目して，その低下期に形成された谷地形とそれを埋積する淡水・汽水成堆積物を下限とする層序分類が行われるようになった．

　地蔵堂層：最下部は礫質または泥質の砂層が発達し，mud drapeを挟在するsand wave堆積物を伴った河口から潮間帯にかけての堆積相があり，海進初期に形成された．この海水準が上昇した時期は，酸素同位体比層序のstage 11(図19.2参照)に対比されている．この上位の層準では，泥質砂層または砂質泥層からなり，多毛類の生痕跡(*Ophiomorpha*)が密集し，貝類を含んでおり，泉谷貝化石帯(あるいは地蔵堂第一化石帯)とよばれている．この部分は，新鮮な露頭で緑・青灰色を呈する場合が多く，植物片を含む泥炭や生物擾乱構造(bioturbation)，trough・herring-bone両型斜交葉理が目立ち，泉谷泥層ということもある．貝化石は散点的に産するが，小塊状に密集する場合もある．二枚貝類は両殻を閉じた自生的な産状を示す個体が少なくない．トウキョウホタテ(*Patinopecten tokyoensis*)，エゾヌノメアサリ(*Callithaca adamsi*)，ウチムラサキ(*Saxidomus purpuratus*)などが目立ち，マガキ(*Ostrea gigas*)が礁状に多産することもあり，寒海系で浅海区の潮間帯から上浅海帯にかけて分布した種類を産する．地蔵堂層主部は細・中粒砂の三角州堆積相からなり，模式地(木更津市地蔵堂)より西部地域でスコリア質になって粗粒化したproximalな堆積相を示すが，その東部地域で細粒化して塊状となったdistalな

図18.1　古東京湾(国土地理院原図)

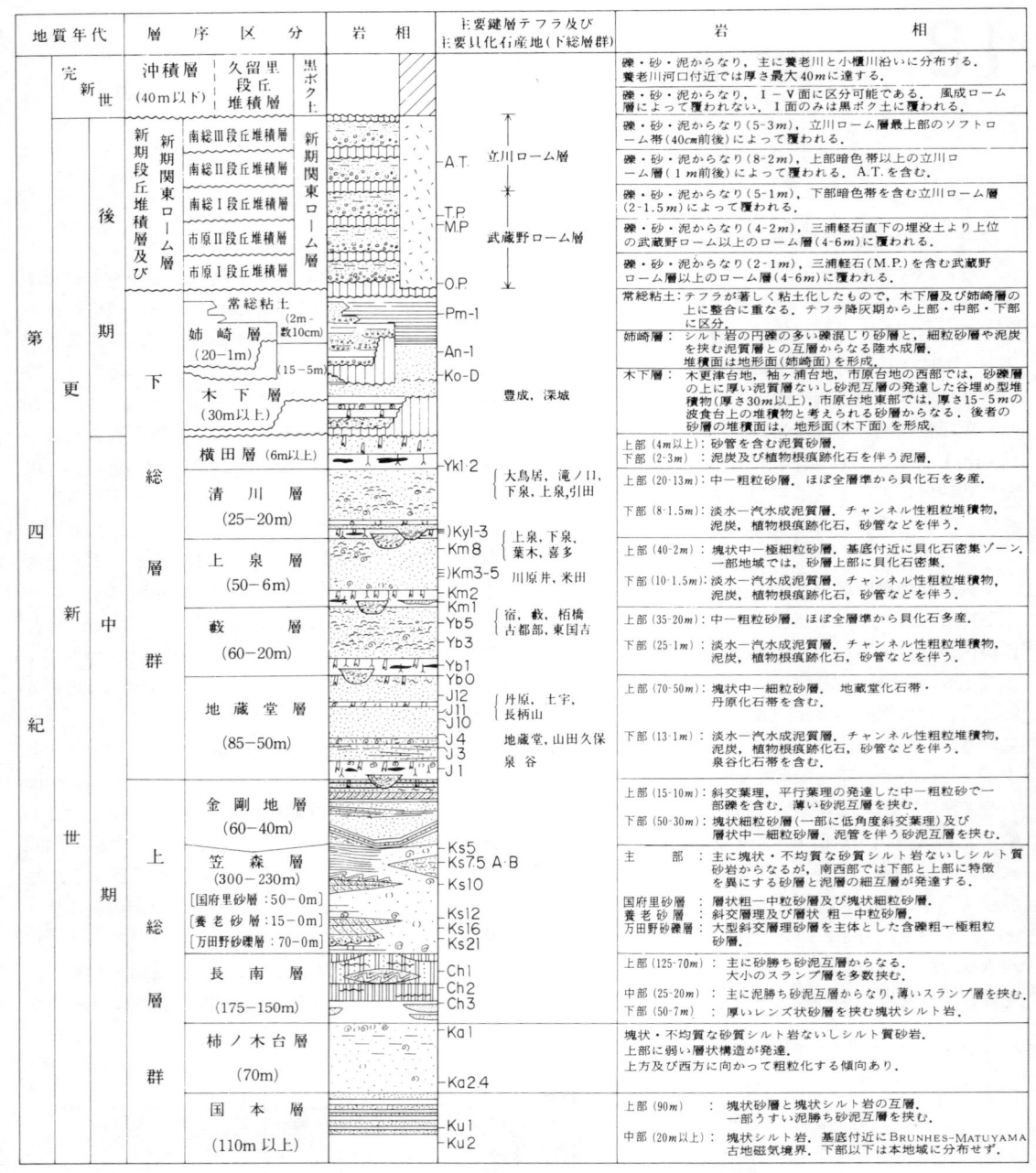

地質年代	層序区分			岩相	主要鍵層テフラ及び主要貝化石産地(下総層群)	岩相	
完新世		沖積層 (40m以下)	久留里段丘堆積層			礫・砂・泥からなり、主に養老川と小櫃川沿いに分布する。養老川河口付近では厚さ最大40mに達する。	
			黒ボク土			礫・砂・泥からなり、Ⅰ-Ⅴ面に区分可能である。風成ローム層によって覆われない。Ⅰ面のみは黒ボク土に覆われる。	
第四紀	更新世 後期	新期段丘堆積層及び新期関東ローム層	南総Ⅲ段丘堆積層 / 新期関東ローム層		A.T. — 立川ローム層	礫・砂・泥からなり(5-3m)、立川ローム層最上部のソフトローム帯(40cm前後)によって覆われる。	
			南総Ⅱ段丘堆積層			礫・砂・泥からなり(8-2m)、上部暗色帯以上の立川ローム層(1m前後)によって覆われる。A.T.を含む。	
			南総Ⅰ段丘堆積層		T.P. — 武蔵野ローム層	礫・砂・泥からなり(5-1m)、下部暗色帯を含む立川ローム層(2-1.5m)によって覆われる。	
			市原Ⅱ段丘堆積層		M.P.	礫・砂・泥からなり(4-2m)、三浦軽石直下の埋没土より上位の武蔵野ローム層上以上のローム層(4-6m)に覆われる。	
			市原Ⅰ段丘堆積層		O.P.	礫・砂・泥からなり(2-1m)、三浦軽石(M.P.)を含む武蔵野ローム層以上のローム層(4-6m)に覆われる。	
		下総層群	常総粘土 (2m-数10cm)		Pm-1	常総粘土：テフラが著しく粘土化したもので、木下層及び姉崎層の上に整合に重なる。テフラ降灰期から上部・中部・下部に区分。	
			姉崎層 (20-1m)		An-1	姉崎層：シルト岩の円礫の多い礫混じり砂層と、細粒砂層や泥炭を挟む泥質層との互層からなる陸成層。堆積面は地形面（姉崎面）を形成。	
			木下層 (30m以上) (15-5m)		Ko-D 豊成,深城	木下層：木更津台地、袖ヶ浦台地、市原台地の西部では、砂礫層の上に厚い泥質層ないし砂泥互層の発達した谷埋め型堆積物（厚さ30m以上）、市原台地東部には、厚さ15-5mの波食台上の堆積物と考えられる砂層からなる。後者の砂層の堆積面は、地形面（木下面）を形成。	
			横田層 (6m以上)		Yk1.2 大鳥居,滝ノ口,下泉,上泉,引田	上部(4m以上)：砂管を含む泥質砂層。 / 下部(2-3m)：泥層及び植物根痕跡化石を伴う泥層。	
	更新世 中期		清川層 (25-20m)		Ky1-3 上泉,下泉,葉木,喜多	上部(20-13m)：中-粗粒砂層、ほぼ全層準から貝化石を多産。 / 下部(8-1.5m)：淡水-汽水成泥質層、チャンネル性粗粒堆積物、泥炭、植物根痕跡化石、砂管などを伴う。	
			上泉層 (50-6m)		Km8 / Km3-5 川井井,米田 / Km2 / Km1	上部(40-2m)：塊状中-極粗粒砂層、基底付近に貝化石密集ゾーン。一部地域では、砂層上部に貝化石密集。 / 下部(10-1.5m)：淡水-汽水成泥質層、チャンネル性粗粒堆積物、泥炭、植物根痕跡化石、砂管などを伴う。	
			藪層 (60-20m)		Yb5 宿,藪,柏橋 / Yb3 古都部,東国吉 / Yb1 / Yb0	上部(35-20m)：中-粗粒砂層、ほぼ全層準から貝化石多産。 / 下部(25-1m)：淡水-汽水成泥質層、チャンネル性粗粒堆積物、泥炭、植物根痕跡化石、砂管などを伴う。	
			地蔵堂層 (85-50m)		J12 丹原,土宇,長柄山 / J11 / J10 / J4 地蔵堂,山田久保 / J3 / J1 泉谷	上部(70-50m)：塊状中-細粒砂層、地蔵堂化石帯・丹原化石帯を含む。 / 下部(13-1m)：淡水-汽水成泥質層、チャンネル性粗粒堆積物、泥炭、植物根痕跡化石、砂管などを伴う。泉谷化石帯を含む。	
	更新世 前期	上総層群	金剛地層 (60-40m)			上部(15-10m)：斜交葉理、平行葉理の発達した中-粗粒砂で一部礫を含む。薄い砂泥互層を挟む。 / 下部(50-30m)：塊状細粒砂層（一部に低角度斜交葉理）及び層状中-細粒砂層、泥管を伴う砂泥互層を挟む。	
			笠森層 (300-230m) [国府里砂層：50-0m] [養老砂層：15-0m] [万田野砂礫層：70-0m]		Ks5 / Ks7.5 A・B / Ks10 / Ks12 / Ks16 / Ks21	主部：主に塊状・不均質な砂質シルト岩ないしシルト質砂岩からなるが、南西部では下部と上部に特徴を異にする砂層と泥層の細互層が発達する。 / 国府里砂層：層状粗-中粒砂層及び塊状細粒砂層。 / 養老砂層：斜交層理及び層状 粗-中粒砂層。 / 万田野砂礫層：大型斜交層理砂層を主体とした含礫粗-極粗粒砂層。	
			長南層 (175-150m)		Ch1 / Ch2 / Ch3	上部(125-70m)：主に砂勝ち砂泥互層からなる。大小のスランプ層を多数挟む。 / 中部(25-20m)：主に泥勝ち砂泥互層からなり、薄いスランプ層を挟む。 / 下部(50-7m)：厚いレンズ状砂層を挟む塊状シルト岩。	
			柿ノ木台層 (70m)		Ka1 / Ka24	塊状・不均質な砂質シルト岩ないしシルト質砂岩。上部に弱い層状構造が発達。上方及び西方に向かって粗粒化する傾向あり。	
			国本層 (110m以上)		Ku1 / Ku2	上部(90m)：塊状砂層と塊状シルト岩の互層。一部うすい泥勝ち砂泥互層を挟む。 / 中部(20m以上)：塊状シルト岩。基底付近にBRUNHES-MATUYAMA古地磁気境界。下部以下は本地域に分布せず。	

図18.2 小櫃川と養老川の流域における下総層群と上総層群上部の層序区分(徳橋・遠藤，1984)

堆積相をもつ．この砂層には，種々の生物の生活構造(*Ophiomorpha*, *Rosselia*, *Skolithos* など)が全層準に含まれており，下部の地蔵堂貝化石帯(s.s.，狭義)と最上部の丹原貝化石帯がある．地蔵堂貝化石帯(s.s.)は，J-3(またはHy-4)テフラとJ-4(またはHy-3)テフラの間にあって，貝・単体珊瑚・苔虫・腕足類などを豊富に含んでいる．貝類は約200の種類に分類されており，その個体数も非常に多く，ニッポンキリガイダマシ(*Turritella nipponica*)，マツツクリ(*Siphonalia spadicea*)，ムシボタルガイ(*Olivella fulgurata*)，ビロウドタマキ(*Glycymeris pilsbryi*)，ヒヨクガイ(*Cryptopecten vesiculosus*)などが目立ち，暖海系の種類からなり，中浅海帯から亜浅海帯に分布したと考えられる．J-4テフラは多摩ロ

ーム下部の TE-5 テフラ(箱根古期外輪山噴出物)に対比され,その FT(fission-track)年代は 0.4 Ma である.したがって,地蔵堂貝化石帯(s.s.)は酸素同位体比層序で stage 11(図 19.2 参照)の高海水準期の maximum flooding surface を示唆するものと考えられる.この化石帯は君津市大谷の小糸川流域で西谷貝化石帯とよばれているが,後者の産出層準は前者より時間的に幅があって上位を占めている.西谷貝化石帯と時間的にほぼ対比される貝化石群集が君津市三舟山周辺に分布する東谷層から産する.ここでは,ムサシノアラレナガニシ(Granulifusus musasiensis),エゾタマガイ(Cryptonatica janthostomoides),エゾイソシジミ(Hiatula ezonis),トウカイシラスナガイ(Limopsis tokaiensis)などが多産し,暖・寒流両要素が混在しており,浅海区下部で生息した種類に浅海区上部で生活した種類が混合している.しかし,木更津市畑沢の国道 16 号沿いでは,西谷貝化石帯に相当する部分からヒメアサリ(Tapes variegata)を多産し,前浜潮間帯付近の堆積物が発達する.

一方,模式地域から北東の市原市牛久付近では,地蔵堂貝化石帯(s.s.)より上位にあって西谷貝化石帯の中部と対比される層準から,両殻の揃った現地性産状を示すトウキョウホタテやクロマルフミガイ(Venericardia ferruginea)が産出する.この含貝化石部は浅海区上部で堆積したものである.丹原貝化石帯は,主部砂層の最上部にあって,大形で厚い貝殻が目立ち,エゾタマガイ,エゾタマキガイ(Glycymeris yessoensis),トウキョウホタテ,バカガイ(Mactra sulcataria)を多産し,寒流系の特徴種からなり,浅海帯から潮間帯にかけて分布したものである.この貝化石帯は,模式地の小櫃川流域から君津市大谷の小糸川流域にかけて広い地域で観察される.小糸川流域では,ウミニナ(Batillaria multiformis),ヒメエゾボラ(Neptunea arthritica),ベンケイガイ(Glycymeris albolineata),ウバガイ(Spisula sachalinensis)など,潮間帯付近に生息した種類が多くなる.一般に,この貝化石帯を含む堆積物は,上方粗粒化の傾向があり,trough 型斜交葉理をもった含細・小礫の粗・極粗砂から構成され,砂鉄質で風化して鮮やかな赤褐色を呈する.

藪層:模式地は木更津市真理谷にあり,地蔵堂層の stratotype から近く,下部の砂質泥相あるいは泥質砂相と主部の砂相に分けられる.下部泥相は,その岩相と厚さが著しく変化し,基底部に含細・小円礫の粗・極粗粒砂を挟在する.この粗粒堆積物は,さまざまの規模の trough 型斜交層理や平行葉理が slump 構造をはさんで複雑に繰返し,シルトの小・中亜角礫をレンズ状にしばしば集積しており,地蔵堂層を小谷状に削剥した部分で厚くなる.このような小規模の侵食が各地で観察される.この砂礫相の上部に位置する砂質泥相は,淘汰不良の中・粗粒砂の薄層を頻繁にはさみ,砂質泥と泥質砂が互層状になり,多毛類の生痕跡と異われる太い砂管(Ophiomorpha)が葉理に直交している.また,節足類の生活跡と考えられる網状に交錯した太い砂管(Thalassinoides)が層理面に認められる.さらに,泥炭質の部分は流木を含むことがある.砂質泥相には,マガキの小さな現地性コロニーがまれに産する.模式地域では,マメウラシマガイ(Ringicula doliaris),キサゴ(Umbonium costatum),ウソシジミ(Felaniella usta),バカガイ,ヒメアサリ,ヒメマスオガイ(Cryptomya busoensis),ヌマコダキガイ(Potamocorbula amaurensis)などが,砂質泥相にはさまれた粗粒砂のレンズ状薄層から産する.このような化石産状と堆積物の性質から,下部の砂質泥相と砂礫相は淡水と汽水が混合した沿岸性環境で形成され,比較的寒冷な古水温を暗示する.この砂質泥相と砂礫相は下総台地に広く分布する.藪層主部は火山灰質の中・粗粒砂相からなり,平行葉理や小規模な斜交葉理が発達する.模式地では,全層準にわたって生痕と貝類の化石を含む.生痕化石で目立つタイプはさまざまな長さの太いシルト管(Ophiomorpha)である.貝化石は,粗粒砂の層準で密集し,中粒砂の部分で散在的に産する.主部砂相の下部には,細・小円礫を含んだ粗粒砂があって,キサゴ,エゾタマキガイ,ニッポンユキバネガイ(Limatula japonica),ウソシジミ,バカガイ,ウバガイ,クサビザラガイ(Cadella delta),トバザクラガイ(Cadella lubrica)などの貝殻片を多産する.とくに,バカガイとウバガイは非常に多く,両種の個体数頻度が貝殻サンプルの 40〜50 %になり,それぞれの貝殻内面を下に向けて層理と平行に配列する.この化石産状と堆積相は,強い潮流で繰返して再移動したことを暗示する.貝類は寒流系の種類が多く,潮間帯から上浅海帯に分布するものが大部分を占めている.藪層主部の中部には,Yb-2,Yb-3,Yb-4,Yb-5 とよばれる火山灰薄層がある.これらのテフラは藪化石帯(s.l.,広義)の細分や対比を行う際にたいへん有効な鍵層とされている.Yb-3 テフラはゴマシオ様で発泡した中・粗粒火山灰(10〜30 cm)からなり,SY テフラ(瀬又・藪軽石層)とよばれることもあっ

て，多くの地点で観察される．そして，Yb-3テフラが存在するスコリア質の中・粗粒砂相は小・中形の貝類を多産することがあり，藪化石帯(s.s.)または瀬又化石帯(s.s.)とされている．この部分には，シマモツボ(*Eufenella rufocincta*)，ホタルガイ(*Olivella japonica*)，ビロウドタマキ，ヒヨクガイ，ケシフミガイ(*Carditella toneana*)，バカガイの幼殻，アデヤカヒメカノコアサリ(*Anomalocardia minuta*)など，100～200種類の貝類が密集しており，単体珊瑚・海胆・腕足類も産する．貝殻はpot hole状(深さ10～20 cm)に密集することがあり，強い渦流のもとで堆積したことを暗示している．しかし，大部分の貝殻は破損・摩耗してないので，死後にあまり遠い距離を運搬されることなく埋積されたと推察される．同一現生貝類の生態分布から，温暖な水温の上浅海帯から中浅海帯にかけて生息した群集と考えられる．Yb-3テフラとともに広く分布するYb-5テフラは，優白色軽石様の中・粗粒火山灰(15～30 cm)で針状の角閃石("cummingtonite")と斜長石を多量に含み，多摩ローム中部のGoP 1テフラ(ゴマシオ軽石層，箱根古期外輪山噴出物)に対比される．間隔が3～10 mほどである．GoP 1テフラのFT年代は0.28 Maである．Yb-3・Yb-5両テフラの間隔は3～10 mほどであり，塊状の細・中粒砂に貝類が自生的あるいは準自生的に散在する場合と，平行葉理や斜交葉理をもった中・粗粒砂に貝類が他生的に密集する場合があり，それぞれ特徴種を異にする群集として区別される．すなわち，模式地域の木更津市真理谷では，キヌボラ(*Reticunassa japonica*)，トウイトガイ(*Siphonalia fusoides*)，ツボミキララガイ(*Acila minutoides*)，ニッポンユキバネガイ，クロマルフミガイ，マルヘノジガイ(*Nipponomysella oblongata*)，エゾイシカゲガイ(*Clinocardium californiense*)など，保存のよい個体が細・中粒砂から散点的に産して，藪貝化石帯(s.l.)の主要部分を構成する．また，市原市瀬又付近では，エゾサンショウガイ(*Homalopoma amussitatum*)，エゾタマガイ，ホタルガイ，マメウラシマガイ，エゾタマキガイ，トウキョウホタテガイ，アズマニシキ(*Chlamys farreri*)，バカガイ，ビノスガイ(*Mercenaria stimpsoni*)，サクラガイ(*Fabulina nitidula*)，サラガイ(*Peronidia venulosa*)など，異地性の個体が中粒砂に密集して瀬又貝化石帯(s.l.)の主要部分をつくる．これらの群集は，寒流系の要素からなり，外浜の上浅海帯から中浅海帯にかけて生息した種類が多く，それぞれの堆積環境が時空的に変遷したことを

暗示する．藪層主部の最上部には，平行葉理や斜交葉理が発達した含細・小円礫の粗・極粗粒相があって，大形で厚質の貝類を多産する．一般に，巻貝類はエゾタマガイやヒメエゾボラがわずかに産するだけで，エゾタマキガイ，ニッポンユキバネガイ，ウソシジミ，バカガイ，ビノスガイ，ヒメアサリ，サラガイ，エゾイソシジミ，エゾマテガイ(*Solen krusensterni*)の二枚貝類など，エゾ(蝦夷)という接頭語をもった和名の種類を多産する．したがって，これらは冷水塊の群集であり，前浜の潮間帯から上浅海帯に生息したものである．この含貝化石砂層の最上部は，ヒメスナホリムシ(*Excilolana chiltoni japonica*)の生活痕が認められ，前浜の潮間帯付近で形成されたと考えられる．

上泉層：模式地は袖ケ浦市上泉付近にあり，下位の砂質泥相あるいは砂礫相と主部の砂相に分けられる．上泉層基底に砂礫質堆積物が発達する場合，上泉・藪両層の間に明瞭な侵食性の境界面が認められる．上泉層の下部には，砂質泥相があり，垂直に長くて(0.5～1 m)太い(直径3～5 cm)砂管(*Ophiomorpha*)を密集する．この砂質泥相は，薄紫・淡桃色の細粒スコリア質火山灰(Km-1テフラ，100 cm)と灰色で細礫サイズの軽石質火山噴出物(Km-2テフラ，10 cm)をはさんでおり，広い範囲に分布する．そして，砂質泥相の下部では，古期岩類の小・中円礫とさまざまなサイズや形のシルトの亜円礫を混在した粗・極粗砂相があり，複雑に交錯した平行葉理と斜交葉理をもつ．このような堆積相から，砂礫相と砂質泥相は淡水あるいは汽水が混入した海浜地帯で形成されたと推察される．上泉層主部は塊状で均質な細・中粒砂相となっている．模式地域では，よく淘汰された細・中粒砂相の上部に，貝化石を豊富に含んでいる．多産する種類は，キサゴ，トウイトガイ，キヌボラ，ホタルガイ，マメウラシマガイ，タマキガイ，バカガイ，ヒメアサリ，ミゾガイ(*Siliqua pulchella*)，エゾマテガイなどである．大部分の貝殻は層理に沿って配列しているが，破損・摩耗した個体は非常に少ない．そして，バカガイ，ミゾガイ，エゾマテガイなどは，両殻が揃って直立した現地性産状を示す個体を含む．したがって，この化石群集は，あまり遠くから運搬されたものでないと推定される．全体的に，温暖な水塊に生息する種類と個体の数が多く，寒冷な地域に分布するものが稀に含まれ，潮間帯から上浅海帯に生活していたと考えられる．また，主部の最上部には，ヒメスナホリムシの白斑状生痕化石が中粒砂相に含まれている．こ

の部分は前浜の潮間帯付近に堆積したものである．上泉層は模式地の小櫃川流域から離れると上位層（木下層およびさらに若い地層）によって削剥され，南西部の小糸川流域で認められず，北東部の養老川流域で急激に薄くなる．

清川層：模式地は袖ケ浦市大鳥居付近にあって，下部の砂礫相あるいは砂質泥相と上部の砂相に分けられる．砂礫相は，平行葉理や斜交葉理をもった粗粒・極粗粒砂からなり，古期岩類の小・中円礫やさまざまなサイズのシルト岩亜円礫を含んでおり，明瞭な侵食面によって上泉層から区分される．その削剥量は 5〜10 m と見積もられており，清川・上泉両層の間に顕著な侵食間隙がある．この層準には，陸生哺乳動物類化石を含んでおり，ナウマン象（Palaeoloxodon naumanni）のほぼ完全な骨格が印旛沼中央水路工事で採集された．砂礫相の上部には，火山灰質の砂質泥層があり，炭質物を含む．この砂質泥層は，スコリア質の Ky-1, Ky-2, Ky-3 とよばれるテフラを挟在しており，Ky-3 は高い屈折率（$\gamma >$ 1.73）の斜方輝石を含み，広い地域に分布する．清川層の主部には，平行葉理をもった含貝化石細・中粒砂が下部にあり，斜交葉理を伴う含ヒメスナホリムシ生痕化石中・粗粒砂が上部にある．この貝化石層は，模式地域の大鳥居，滝ノ口，吉野田，上泉，養老川流域の引田，村田川流域の喜多などに好露頭がある．それぞれの露頭では，貝化石の構成種と産状が化石帯の下・中・上部で垂直的に変化する．すなわち，下部の群集は，キサゴ，キヌボラ，マメウラシマガイ，コメツブガイ（Decorifer insignis），チジミウメ（Pilucina striata），カガミガイ（Dosinia japonica），マツヤマワスレ（Callista chinensis），サラガイなどが，含細・小礫粗粒砂に含まれており，他生的産状を示す個体からなる．中部の群集は，ムギガイ（Mitrella bicincta），マメウラシマガイ，ヨコヤマキザミガイ（Crenella yokoyamai），トリガイ（Fulvia mutica），チジミウメ，シオガマガイ（Cycladicama cumingi），マルヘノジガイ，カガミガイ，マツヤマワスレ，サクラガイなどが目立ち，中粒砂に含れており，二枚貝類に両殻をもって直立した自生的産状の個体が非常に多い．上部の群集は，キサゴ，ウミニナ，マメウラシマガイ，マルヘノジガイ，バカガイ，キタノフキアゲアサリ（Gomphina neastartoides），ヒメアサリ，シオツガイ（Petricola aequistriata），ニオガイ（Barnea manilensis）などの個体が多く，粗粒砂に含まれており，葉理の方向に配列した他生的産状を示す．同一現生種の生息地域を調べると，黒潮系の種類数と個体数が優勢で，全体的に，潮間帯から上浅海帯にかけて分布するものが多い．

一方，佐倉市岩富の鹿島川流域や佐倉市酒々井付近には，下総層群の上部を占める木下層と上岩橋層が広く分布している．上岩橋層は，下部のヌマコダキガイを含む砂質泥相と上部の貝化石を産する細・粗粒相からなる．砂質泥相は 3 枚の火山灰を挟在しており，清川層の Ky-1, Ky-2, Ky-3 の各テフラと酷似した岩相的特徴をもつ．とくに，清川層の Ky-3 テフラと対比される上岩橋層の火山灰は斜方輝石を多量に含んでおり，その屈折率（γ）のモード値が 1.73 以上の高い値を示す．このことは，上岩橋層の砂質泥相の直上にある含貝化石砂相が清川層の主部砂相と対比されることを示唆する．上岩橋貝化石帯は，その特徴種と産状が下部と上部で垂直的に変化する．すなわち，下部の細・中粒砂では，キヌボラ，マメウラシマガイ，ホソミガキクチキレ（Agatha brevis），マルコメツブガイ（Decolifer globosa），エゾタマキガイ，ケシトリガイ（Alvenius ojianus），カガミガイ，ビノスガイ，サクラガイ，バカガイ，エゾタマテガイ，ヌマコダキガイなどが多産し，二枚貝類に合弁・直立で保存された個体が目立ち，巻貝類の殻頂部や口部もよく保存されており，自生ないし準自生の産状を示す．そして，上部の中・粗粒砂には，下部の細・中粒砂から多産する種類に加えて，エゾサンショウガイ，エゾタマガイ，キサゴなどの巻貝類やマルヘノジガイ，エゾイソシジミなどの二枚貝類の個体が目立つ．これらは，層理方向に配列して，殻表面の破損や摩耗が顕著であり，強い潮流のもとで移動・堆積したものと推定される．したがって，上岩橋貝化石群集の主要な構成種は，寒冷な水塊における浅海区の潮間帯から上浅海帯に分布したものである．このことは，上岩橋・清川両貝化石群集の分布地域が地理的に隔離されていたことを示唆するだけでなく，それぞれの産出層準が時間的に違うことを暗示する．すなわち，上岩橋貝化石帯が模式清川層では貝化石帯の直上にあって，ヒメスナホリムシ生痕化石を含む粗粒砂相の層準に対比できると推察される．

横田層：清川層の模式地では，清川層を整合に覆って横田層が分布する．この地層は，小櫃川流域に限って分布し，層厚さが 6〜7 m で薄く，下部の炭質物を含む砂質泥相と上部の砂管（Ophiomorpha）を密集する泥質細砂相からなり，汽水ないし陸水域で形成された三角州からエスチュアリー（estuary）の

堆積物とみられる．

木下層：模式地は印旛郡印西町木下付近にあり，下部から上部に，含細・小円礫粗・極粗の砂相，塊状細・中粒の砂相あるいは砂質泥相，含貝化石中・粗粒の砂相と細分される．木下層の最上部は後述する姉崎層と同時異相の可能性があって，上位の関東火山灰層常総粘土に整合である．印旛沼周辺や千葉市の花見・村田の両河川流域では，木下層の最下部に粗粒砂相があり，trough 型斜交葉理と平行葉理をもって，薄いレンズ状の砂質泥(mud drape)を頻繁にはさんでいる．これは，海進初期に形成された浅海堆積物であり，波食台面を基盤に広く分布した．しかし，木更津市東部の小櫃川流域では，木下層の最下部が硬質岩類(チャート，砂岩，火山岩類)などの細・小円礫を多量に含む粗・極粗粒砂相となっている．この砂礫相は，trough 型斜交層理をもって，南部に想定される隆起帯から供給された物質が沿岸潮汐三角州で堆積したもので，その周辺部で砂相に移化する．中部の塊状で淘汰された細・中粒砂相は，上方細粒化の傾向をもっており，平行葉理や小さな斜交葉理が認められ，海水準面の上昇に伴って拡大した広い内湾で形成された外浜-海浜堆積物である．そして，この層準の下部には，谷状地形を埋積した砂質泥相が認められ，太い砂管状の生痕化石(*Ophiomorpha*, *Thalassinoides* など)や強内湾性の貝類も含む．すなわち，印旛沼周辺では，砂泥堆積物に小形で薄質殻をもったヨコハマチヨハナガイ(*Raeta yokohamennsis*)やシズクガイ(*Theora lubrica*)を散在し，またマガキの小さな礁を含むことがある．また，市原市姉崎付近と木更津市桜井付近には，海進初期の谷埋め堆積物とされる砂質泥相が分布しており，コシタカエビス(*Calliostoma consor*)，ムギガイ，キヌボラガイ，モミジボラ(*Inquisitor jeffreysii*)，クチキレガイ(*Tiberia pulchella*)，マメウラシマガイ，ツノガイ(*Antalis weinkaufii*)，ゲンロクソデガイ(*Saccella confusa*)，シラスナガイ(*Oblimopa japonica*)，イタヤガイ(*Pecten albicans*)，ケシトリガイ，シオガマガイ，チヂミウメ，トリガイ，マツヤマワスレガイ，ヒメマスオガイなどの貝類を豊富に含み，有孔虫類・孤生珊瑚類・腕足類・蟹類・貝虫類・蔓脚類・耳石類も産し，豊成貝化石層や桜井貝化石層とよばれている．この貝化石群集は，暖流系で潮間帯から上浅海帯にかけて分布したものである．そして，これら貝化石層の直下には，Ko-1 テフラ(粗粒"軽石"層)があって，多摩ローム最上部に挟在される TAu-12 テフラ(箱根・新期外輪山初期噴出物)と対比されている．この示標テフラの FT 年代は 0.14 Ma である．木下層上部の中・粗粒砂相は，貝化石を多産することがあって，木下貝化石帯とされている．この貝化石帯は，香取郡多古町付近の多古貝化石層，山武郡大網白里町付近の山辺貝化石層，千葉市加曽利町付近の平山貝化石層などに対比され，海水準面上昇期を示すもので，下総台地の広い地域に分布する．模式地の木下貝化石帯では，砂相の上方粗粒化と関係して貝類の組合せや産状が下部から上部へ垂直的に変化する．すなわち，下部の中・粗粒砂相には，キヌボラ，ホタルガイ，マメウラシマガイ，ホソミガキクチキレ，クビマキコメツブガイ(*Decorifer longispirata*)，タマキガイ，ケシフミガイ，マルヤドリガイ(*Montacutona japonica*)，トリガイ，ヒメアサリ，クサビザラガイ，ニクイロザクラガイ(*Semelangulus miyatensis*)，バカガイ，エゾマテガイ，マメクチベニデ(*Varicorbula yokoyamai*)などが多産する．そして，上部の粗粒砂相では，下部の中・粗粒砂相から多産する種類に加えて，エゾサンショウガイ，シマモツボ，キタノフキアゲアサリ，サザナミガイ(*Lyonsia ventricosa*)などの貝類が目立つ．この木下貝化石群集は，同一現生種の生息地域の知識から，温暖な浅海で潮間帯から上浅海帯にかけて分布したものと考えられる．この時期は酸素同位体比層序でstage 5(図 19.2 参照)の高海水準期に対比される．そして，化石帯下部の貝殻は保存状態がよいことから生息地域付近にあまり運搬されることなく堆積したもので，上部から産する二枚貝類や巻貝類は破損・摩耗された個体が多いので強い潮流によって再移動したものと推察され，潮汐三角州堆積システムの前進・後退を暗示している(図 18.3 参照)．この砂相の上部は，ヒメスナホリムシの生痕化石を密集しており，海浜の潮間帯で堆積したと推定される．この層準には，海水準面低下と関係して海浜的環境の地域が拡大し，storm・washover・潮汐流・潮流口・地震津波など前浜から後浜にかけてのさまざまな堆積物が下総台地表層部で観察される．木下貝化石帯の層準には，下末吉ロームに挟在するKlPテフラ群(箱根新期外輪山噴出物)と対比される粗粒"軽石"がある．このKlPテフラ群のFT年代は0.11～0.12 Maと測定されている．

姉崎層：模式地は市原市引田付近とされており，清川層と不整合の関係にあって，木下層と同時異相の可能性があり，常総粘土と整合である．全体的に，砂礫相と砂質泥相が繰返して2～4サイクルにまと

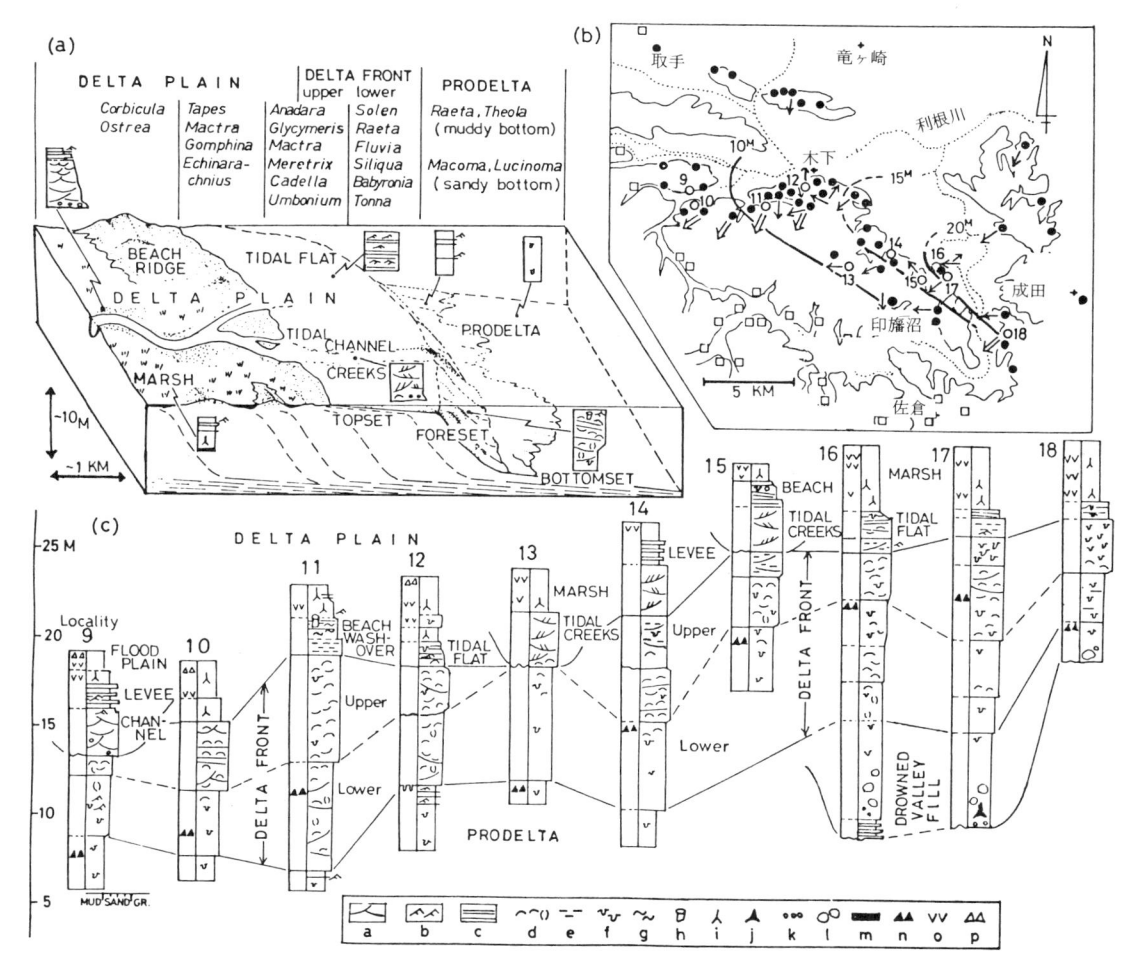

図18.3 木下貝化石帯の堆積相(Masuda・Okazaki, 1983)
a:堆積相のモデル．b:位置図，○:数字は図(c)の柱状図の番号を示す．●:三角州前置相が観察される地点，□:低置層が閉塞され潟あるいは湖沼の堆積物が形成された地点，⇦:斜交層理から推定される前置面の傾斜方向，←:三角州面における流向．c:柱状図，位置は図(b)の同じ数字の地点を示す．a:斜交層理，b:ripple葉理，c:平行層理，d:貝化石，e:カシパンウニ(*Echinarachinus*)化石，f:生物擾乱構造，g:ヒメスナホリムシ生痕，h:スナガニ(*Ocypoda*)生痕，i:茎・根痕，j:ミツガシワ(*Trapa*)化石，k:礫，l:粘土軟礫，m:亜炭，n:スコリア，o:KlPテフラ，p:Pm-1テフラ．

められ，最大の層厚は20mとなる．砂礫相はシルト岩の小・中円礫を含み，砂質泥相は火山灰鍵層を頻繁に挟在する．An-1テフラは，最大の層厚が40cmに達し，中粒のスコリアを散在しており，逆級化層理が存在することもあって，斜方輝石の屈折率(γ)に二つのモードをもち，下末吉ロームのKmPテフラ群に対比される．KmPテフラ群のFT年代値は0.1 Maである．泥質堆積物は大形植物や花粉を産し，珪藻を多量に含む．珪藻は淡水生種が優勢で汽水生種を伴う．このことから，姉崎層は陸水域の堆積物で，湖沼のような環境で形成されたと考えられる．姉崎層にほぼ対比される竜ケ崎層は，下半部で砂質泥相と泥質砂相が繰返し，上半部に砂礫相

が発達する．砂泥堆積物は，上方細粒化や上方薄層化の傾向をもち，洪水による逆級化層理構造が認められる．また，下末吉ロームのPm-1テフラ(御岳第一軽石層)に対比される火山灰層が砂質泥相に挟まれている．Pm-1のFT年代は70～90 kaとされている．砂礫相にはtrough・epsilon両型斜交層理やチャネル埋積構造が発達する．このような堆積構造は蛇行河川システムでつくられたものと考えられる．そして，礫を構成する岩石の種類やそのサイズ・形状の変化から，竜ケ崎層は古鬼怒川水系の蛇行河川と鳥趾状三角州の氾濫原で堆積したと推察される．

まとめ

下総層群は，第四紀氷河時代(0.4～0.1 Ma)の地球的規模の海水準変動と関係した堆積サイクルをもち，下部から上部へ地蔵堂・藪・上泉・清川・横田・木下・姉崎(または竜ケ崎)の各累層に区分される．

これらの累層は，古東京湾とよばれる内湾域の浅海に堆積したもので，下部から上部へ，海進初期の汽水ないし強内湾生の貝化石群集を含む砂礫相あるいは砂質泥相，海水準上昇期の浅海区上部に生息した貝化石群集を含む中・粗砂相，海水準絶頂期の浅海区下部帯に分布した貝化石群集を含む粗粒砂相，海水準低下期の浅海区上部で生活した貝化石群集を含む粗・極粗粒砂相に細分され，類似した堆積相と含化石相の垂直的変化をもつ．そして，海進期では温暖な水塊を示す種類が卓越し，海退期には寒冷な水塊を示す種類が優勢となる．とくに，地蔵堂貝化石帯(s.s.)と藪貝化石帯(s.s.)の群集は，海水準絶頂期を示すもので，暖流系要素の含有率が高く，浅海区下部に生息した種類が多く，外洋水域の指示種を混在しており，古黒潮が内湾域まで流入したことを暗示する．この堆積相や含化石相の垂直的変化は古東京湾の時空的変遷と関係があり，堆積サイクルの繰返しは氷河性海水準変動と密接な関連性をもち，各累層ごとの堆積サイクルと含貝化石群集には微妙な差異が認められる．このように，下総層群はきわめて多様な地質環境情報を記録しており，その要因を個別的かつ具体的に解明するため調査と研究が続けられている． 〔大原　隆〕

参考文献

青木直昭・馬場勝良(1973)：関東平野東部，下総層群の層序と貝化石群のまとめ．地質学雑誌，vol. 79, no. 7, pp. 453-464.

Aoki, N.・Baba, K. (1980)：Pleistocene molluscan assemblages of the Boso Peninsula, central Japan. Sci. Rep., Inst. Geosci., Univ. Tsukuba, Sec. B, vol. 1, pp. 107-148.

新井房夫・町田　洋・杉原重夫(1977)：南関東における後期更新世の示標テフラ層―特性記載とそれに関連する諸問題―．第四紀研究, vol. 16, no. 1, pp. 19-40.

Ito, M.・Masuda, F. (1989)：Petrofacies of Paleo-Tokyo Bay sands, the Upper Pleistocene of central Honshu, Japan. In Taira, A.・Masuda, F. (eds.)：Sedimentary Facies in the Active Plate Margin, pp. 179-196. TERAPUB (Tokyo).

伊藤　慎・大原　隆(1991)：君津市・富津市周辺の下総層群下部の堆積シーケンス．千葉大学環境科学研究報告, no. 16, pp. 1-8.

菊地隆男(1972)：成田層産白斑状化石生痕およびその古地理学的意義．地質学雑誌, vol. 78, no. 3, pp. 137-144.

Kondo, Y. (1989)：Faunal condensation in early phases of glacio-eustatic sea-level rise, found in the middle to late Pleistocene Shimosa Group, Boso Peninsula, central Japan. In Taira, A.・Masuda, F. (eds.)：Sedimentary Facies in the Active Plate Margin, pp. 197-212. TERAPUB (Tokyo).

小島伸夫(1958-1966)：成田層群の研究(第1-7報)．地質学雑誌, vol. 64, no. 751, pp. 165-171, no. 752, pp. 213-221; vol. 65, no. 769, pp. 595-605; vol. 68, no. 807, pp. 676-686; vol. 69, no. 811, pp. 172-183, vol. 72, no. 4, pp. 205-212, no. 12, pp. 573-584.

牧野泰彦・増田富士雄(1986)：古東京湾堆積物中のウェーブリップル．地学雑誌, vol. 95, no. 4, pp. 17-29.

牧野泰彦・増田富士雄・他(1989)：古東京湾のバリアー島．地質学会第96年学術大会見学旅行案内書, pp. 151-199. 日本地質学会.

槙山次郎(1930)：関東南部の洪積層．小川博士記念論叢, pp. 307-382.

Masuda, F. (1977)：Paleotemperature and paleosalinity during a period from 400,000 to 120,000 years B.P. in the Boso Peninsula, central Japan. Ann. Rep. Inst. Geosci., Univ. Tsukuba, no. 3, pp. 32-36.

増田富士雄(1988, 1989)：ダイナミック地層学―古東京湾域の堆積相解析から(その1, 2)―．応用地質, vol. 29, no. 4, pp. 312-321; vol. 30, no. 1, pp. 29-40.

増田富士雄・牧野泰彦(1987)：古東京湾のウェーブリップル形成の波浪条件．地学雑, vol. 96, no. 1, pp. 23-45.

Masuda, F.・Okazaki, H. (1983)：Two types of prograding delta sequecne developing in the late Pleistocene Paleo-Tokyo Bay. Ann. Rep. Inst. Geosci., Univ. Tsukuba, no. 9, pp. 56-60.

三土知芳(1933, 1935)：7万5千分の1「成田」図幅並びに説明書, pp. 1-17；7万5千分の1「千葉」図幅並びに説明書, pp. 1-25. 地質調査所.

日本地質学会(編)(1954-1965)：地層名辞典, 日本新生界の部. vols. I-IV, pp. 1-1867; vol. V, pp. 1-526. 東京大学出版会.

大原　隆(1971)：成田層の貝化石と構成物質．千葉大学教養部研報, B-4, pp. 49-79.

O'Hara, S. (1982)：Molluscan fossils from the Shimosa Group (1. Yabu and Jizodo Formations of the Makuta district). Jour. Coll. Arts & Sci., Chiba Univ., B-15, pp. 27-56.

O'Hara, S.・Nemoto, N. (1978)：Molluscan fossils from the Kami-izumi Formation (s. l.). Jour. Coll. Arts & Sci., Chiba Univ., B-11, pp. 59-89.

大原　隆・菅谷政司・福田芳生・田中智彦(1976)："桜井層"の化石．千葉大学教養部研報, B-9, pp. 77-108.

岡崎浩子・増田富士雄(1989)：古東京湾の流系．堆積学研究会報, no. 31, pp. 25-32.

岡崎浩子・増田富士雄(1992)：古東京湾地域の堆積システム．地質学雑誌, vol. 98, no. 3, pp. 235-258.

Oyama, K. (1973)：Revision of Matajiro Yokoyama's Type Mollusca from the Tertiary and Quaternary of the Kanto Area. Palaeont. Soc. Japan. Spec. Pap. no. 17, pp. 1-148, pls. 1-57.

坂倉勝彦(1935 a, b, c)：千葉県小櫃川流域の層序(その1, 2, 正誤訂正)．地質学雑誌, vol. 42, no. 506, pp. 685-712; no. 507, pp. 753-784; vol. 43, no. 510, pp. 192-195.

杉原重夫・新井房夫・町田　洋(1978)：房総半島北部の中・上部更新統のテフロクロノロジー．地質学雑誌, vol. 84, no. 10, pp. 583-600.

鈴木好一・高井冬二(1935)：千葉県香取郡多古町四近の化石層．地質学雑誌, vol. 42, no. 496, pp. 1-35.

徳橋秀一・遠藤秀典(1984)：姉崎地域の地質．地域地質研究報

告(5万分の1図幅). 126 p.. 地質調査所.

徳橋秀一・近藤康生(1989)：下総層群の堆積サイクルと堆積環境に関する一考察. 地質学雑誌, vol. 95, no. 12, pp. 933-951.

植田房雄(1969-1983)：房総半島北部の地質(堆積輪廻 その1-6). 東洋大学紀要(教養・自然), no. 11, pp. 1-30; no. 12, pp. 25-120; no. 16, pp. 57-108; no. 17, pp. 15-89; no. 20, pp. 51-82; no. 26, pp. 13-24.

宇野沢 昭・磯部一洋・遠藤秀典・田口雄作・永井 茂・石井武政・相原輝雄・岡 重文(1988)：2万5千分の1筑波研究学園都市及び周辺地域の環境地質図説明書. 139 p.. 地質調査所.

Yabe, H.・Nomura, S. (1926)：Fossil localities in the environs of Kioroshi. *Pan-Pacific Sci. Congr., Guide Book*, pp. 1-39.

山根新次(1924)：7万5千分の1「銚子」図幅並びに説明書, 43 p.. 地質調査所.

Yokoyama, M. (1922)：Fossils from the Upper Musashino of Kazusa and Shimosa. *Jour. Coll. Sci., Imp. Univ. Tokyo,* sec. 2, vol. 1, pt. 10, pp. 391-437, pls. 46-50.

Yokoyama, M. (1927)：Mollusca from the Upper Musashino of western Shimosa and southern Musashi. *Jour. Fac. Sci., Imp. Univ. Tokyo,* Sec. 2, vol. 1, pt. 10, pp. 439-457, pls. 51-52.

19. 関東平野中央部の浅部地下地質

　関東平野の地下地質のうち，構築物の支持層や地下水の揚水などの対象として利用されている主要な範囲は深度数100 m以浅である．この浅部の地下地質は，第四紀の新しい地質時代の堆積物から構成され，海水準変動とそれに伴う旧汀線の位置の変化などの古地理の変遷を反映して，層相が大きく変化したり地層が複雑な形状で分布する場合がある．また，断層などによって地層が不連続的になっている場合がある．このような地下地質を調査・研究することは，関東平野の成り立ちや現在に引続く過去の時代にどのような構造運動が進行していたのかを知ったり，また地下水など限られた資源を有効に活用したり，地震災害などについて予測しそれらに備えるためにも重要になっている．

　ここでは，関東平野の浅部地下地質の調査方法とそれに密接に関係する第四系の地質の概要について述べる．日本の平野に関しては，膨大な数のボーリングが実施されるなど，多くの調査が行われている．これら既存の地質調査資料によって地下地質についてある程度知ることができる．しかし，それらは多くの場合，限られた狭い範囲の場所を対象に，それぞれの目的に対して必要な事項のみが調査されている．層相の変化が著しい場合や堆積物が複雑な形態で分布する場合には，堆積物の層相・年代・区分・対比・連続性，および地層の具体的な時空的分布形状などを詳細に明らかにするために多数のデータが必要である．それらの各データが示す情報を総合的に検討することによって，地下地質の立体的な状況を把握することができる．

19.1. 浅部地下地質の調査手順

　浅部地下地質の調査を進める際にも，既存の文献資料や調査資料を適切に活用することは重要である．平野部において多く実施されている地下地質調査の資料として，構築物を建設する際などに実施された地盤調査ボーリングと揚水井の掘削の際のボーリングの資料がある（表19.1）．これらの資料は，各地点で地層や堆積物の境界が分布する具体的な深度を知るために役立つ．

　既存資料をもとに，対象地域の地下地質を推定し，さらに必要なデータを得るための調査が実施される．この調査で層序区分や地層対比などを主要な目的として実施されるボーリングは層序ボーリングとよばれる．浅部地質を対象とする層序ボーリングでは，層相の観察や種々の項目の分析に必要な試料を得るために，連続的にコアを採取するのが一般的である（図19.1）．掘削地点や深度，掘削方法などを決定し，コアを採取し，必要な項目の分析が行われる．さらに，このボーリング孔を用いた物理検層やその周辺部の物理探査が実施されることがある．

　これらの調査結果に基づいて，たとえば各柱状図の層序区分や対比を見直すなど，既存の調査資料を再度検討し，それらから最終的なボーリング柱状図の対比図や地質断面図あるいは各地層の等深度線図などが作成され，地下地質の立体的状況が明らかにされる．

　これら作業での問題は，地下地質の場合にも地表地質と同様に，岩相，化石および年代などの区分の境界の位置や対比結果はそれぞれなっている場合が多いことである．たとえば，岩相や各化石群集の境

表19.1 関東平野中央部の浅部地下地質調査に用いられるおもな資料および調査項目

既存資料	地盤調査ボーリング	土質柱状図
		標準貫入試験結果
	揚水井ボーリング	土質柱状図
		電気検層結果
	層序ボーリング	コアの詳細な観察結果・粒度組成・堆積構造・色調・含有物など
		絶対年代測定
		古地磁気層序
		テフラ分析
		大型化石：貝，材など
		微化石分析：花粉，珪藻，有孔虫，石灰質ナンノ化石など
物理検層		速度・密度検層など
物理探査		反射法弾性波探査など

図 19.1 層序ボーリングのコア
東京都江戸川区で実施した層序ボーリング（GS-ED-1，位置は図 19.7）のコア．内管に塩化ビニールの管を用いた三重管でコアを採取し，塩化ビニール管に入った状態のコアを縦に2分割した断面を示す．堆積構造や貝化石などの含有状況が観察できる．

界・位置は，テフラの対比結果などから明らかにされる同一時代面と斜交する場合もある．また，電気検層などの検層結果あるいは物理探査結果から得られる地下地質の境界が層序学的な地層の境界と一致しない場合も多い．したがって，各種のデータについて，それぞれの特徴に基づいて解釈し，総合的に検討することが必要になる．

19.2. 関東平野の第四系の概要

地下地質を明らかにするためには，地表露出地域のものと比較しその関係を明らかにすることが重要である．それは，これまでに露頭の地質調査によってきわめて多くの情報が得られているからである．

関東平野の第四系は，上位から大きく沖積層，新期関東ローム層・新期段丘群の堆積物，下総層群・相模層群および上総層群に大別できる．これらの層序区分は，房総半島および大磯丘陵などの関東平野南部を中心とする地域に標準層序がある．しかし，房総地域に限っても多くの調査研究報告があり，また地域ごとに地層の区分・命名が行われ，地層名だけでも多く，専門家以外にはそれぞれの関係のすべ

てを理解することがむずかしい場合がある．

ところで，関東平野の第四系，特に中期更新世以降の地層は，海水準変動の影響を受け陸域から浅海域で形成された堆積物が繰返している．図1,.2は海水準変動曲線を基準に，おもな地域の層序区分とその関係について，最近のテフラの対比や絶対年代測定，および古地磁気層序や石灰質ナンノ化石の分析結果などに基づいてまとめたものである．一部の層準に不確定な部分があるが，今後必要なデータを補充することによって，このように関東平野全体の地層の層序関係を整理することができる．

これらの各地層では同一時代のものであっても，地域ごとに地層内部の堆積物の構成や地層の重なり型が異なっている．この地層の重なり型の区分の例を図19.3に示す．ここでは段丘型，侵食・埋積型，侵食・累積型および累積型に分けて，それらの代表的な岩相を示している．

上総層群の主要な部分は，陸化による著しい侵食面を伴なわない累積型の一連の海成層からなり，岩相によって地層が区分されている．これらより上位の中・上部更新統は，海水準変動と地域的な構造運動による古地理の変遷の違いを反映した段丘型や，陸域と海域の堆積物が繰返す侵食・埋積型および侵食・累積型の地層からなる．各地層の基底は淡水成層などの陸域の堆積物の場合が多い．それらの分布の特徴について簡単にまとめると次のようになる．

関東南西部の多摩川付近から南側の地域で地表に露出して分布する相模層群はおもに侵食・累積型および段丘型の地層から構成され，これらの分布地域では隆起運動が継続している．一方，房総半島地域では，沈降運動が継続し，おもに侵食・累積型の地層からなる下総層群が分布し，薄い淡水域ないし汽水域の堆積物を基底とし，その上位におもに厚い砂層の海成層からなる地層が繰返し重なっている．この地域は，後期更新世以降に南東側ほど隆起量が大きい隆起に転じ，ほぼ木更津市と佐原市を結ぶ地域の南東側では，下総層群の下部層も地表に露出している．

関東平野の中央部を占める地域では，中・下部更新統の大部分は地下に分布している．この地域の位置は，地層が形成された主要な地質時代におもに隆起運動が継続していた南西側の相模層群と沈降していた南東側の下総層群の分布地域をつなぐ中間にあたる．さらに，この地域は北側および西側の山地から粗粒な堆積物が供給されやすい地域と，南東側の海域に近いより細粒な堆積物が卓越する地域の中間

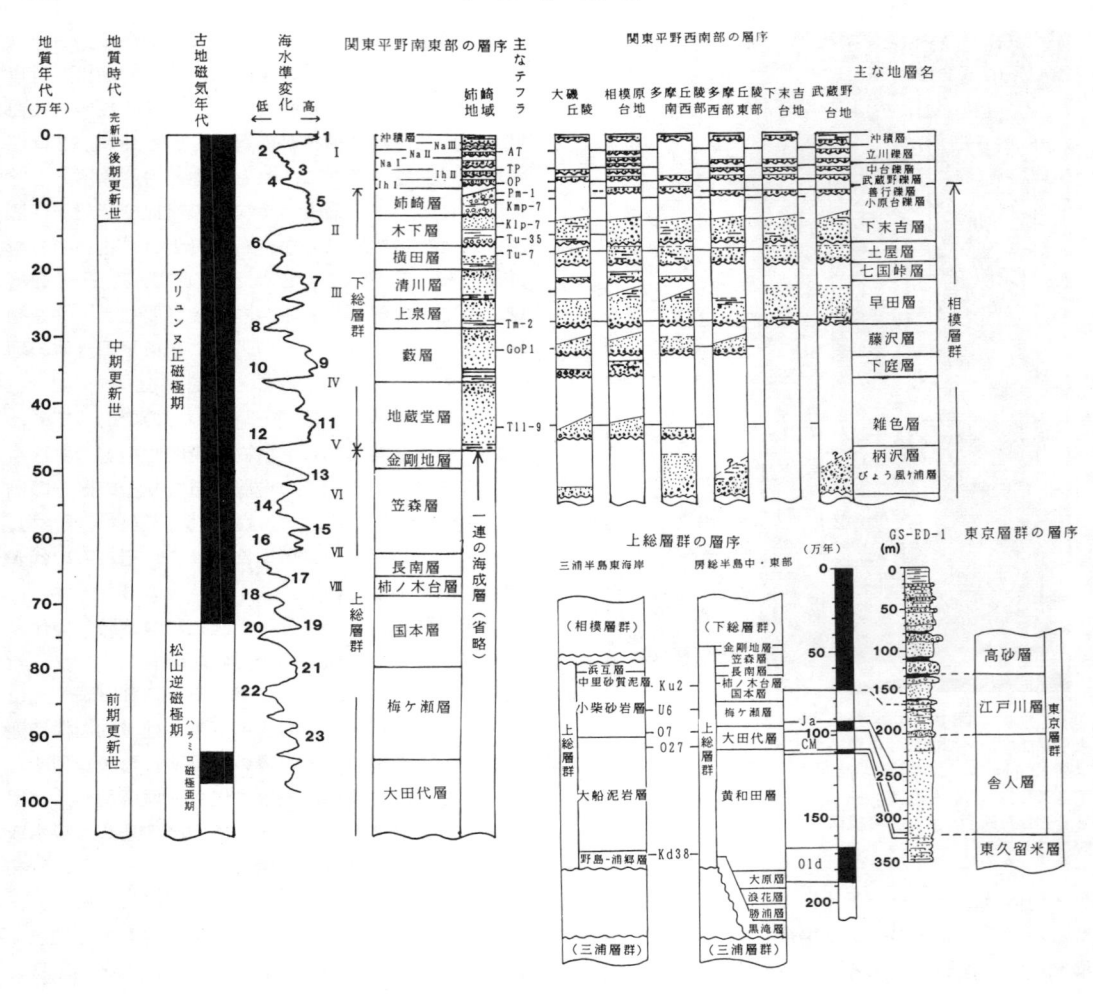

図 19.2 関東平野の第四系のおもな層序(遠藤原図)

海水準変化には，Shackleton・Opdyke(1976) の深海底コア V 28-238 の $\delta^{18}O$ による海水温変化曲線(原図の時間軸は深度)の最上部を現在に，Brunhes 期相当の磁極帯の下限を 73 万年(0.73 Ma) にして示す．1〜23 は間氷期(奇数)と氷期(偶数)のステージ番号，Ⅰ〜Ⅷは大きなサイクルの終末点番号．

関東平野南東部の層序は房総半島の「姉崎図幅」とその周辺地域の地質を示す．関東平野西南部の層序は「20万分の1地質図幅の東京」の図 19.1 に一部加筆．三浦半島東海岸の層序および房総半島中・東部の層序およびテフラの対比については地質調査所(1979)の「東京湾とその周辺の地質図」の説明書の表 19.1 に加筆．東京層群の層序区分は遠藤(1978)による．

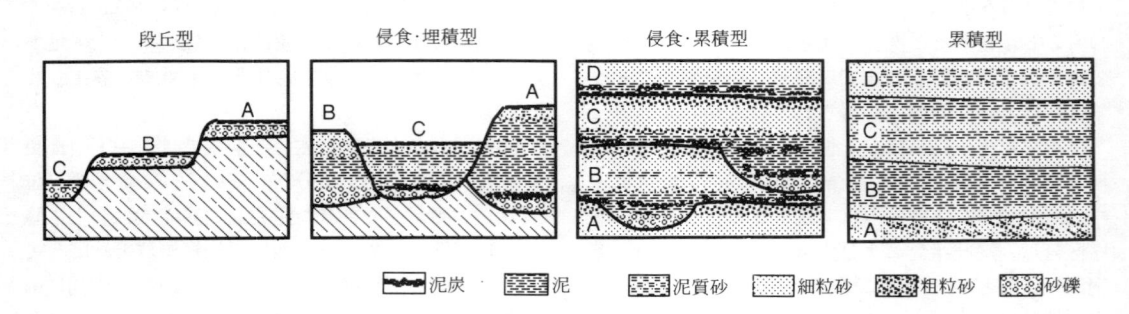

図 19.3 地層の重なり型の区分の例(遠藤原図)

地層の重なり方の区分は，関東第四紀研究会(1980)の層序型の区分による．岩相は関東平野にみられる代表的な例を示した．各地層はAからCないしDまでの順番で堆積している．

に位置しているともいえる．このため，関東平野の中央部の地下地質は，層相や地層の重なり型の変化が著しく，地域性に富む．

このことは，地層を大きくまとめた単元である層群の関係の問題にも深く関係している．従来，中・下部更新統のおもに海成層から構成される一連の地層が上総層群とされ，その上位の侵食・累積型や侵食・埋積型から始まる堆積物は，地域ごとにそれぞれ相模層群，下総層群，あるいは東京付近の地下では東京層群とよばれ，これらの層群の境界は互いに一致すると考えられてきた．ところが，最近の研究成果では図19.2に示すように，たとえば地表露出地域の相模層群の最下部は，テフラの対比結果などから，房総半島の上総層群の上部に対比される．また，東京都江戸川区で掘削されたGS-ED-1ボーリングの調査結果では，東京層群の中下部層の大部分の地層が房総半島の上総層群に対比できる．しかし，関東平野の中央部の地下地質において，地表露出地域の下総層群や相模層群あるいはより下位の上総層群の各地層との関係や分布深度などについては，不明な点が多い．従来の調査結果の再検討や，新たな調査が必要になっている．

19.3. 一般的な地下地質調査資料とその利用

既存調査資料のうち地盤調査ボーリングでは，標準貫入試験が実施されている場合が多い．標準貫入試験とは，重量63.5 kgの重錘を落差75 cmの高さから自由落下し，内径35 mmのサンプラーを孔底に打込む試験である．深度30 cm貫入するまでの打撃回数がN値とよばれ，堆積物の相対的強度の指標となっている．標準貫入試験の際に，サンプラーに採取されるコア試料の観察や掘削状況からわかる堆積物の種類（土質）などに基づいて柱状図が作成される．地盤調査では，採取試料の粒度組成や密度あるいは強度などに関する室内での測定試験（土質試験）も合せて実施されることが多い．また，載荷試験などの種々の現位置試験などが行われることもあり，これらのデータも地下地質の地質学的な検討を行ううえで有用なことがある．

低地に分布する沖積層は，一般に最終氷期の低海水準期に形成された谷を埋積した堆積物である．関東平野の中央部では典型的な侵食・埋積型の堆積物であり，未固結できわめて軟弱である．その分布形態は構築物の支持層の深度や地震の際の地表付近の振動予想をするためにも重要であり多くの地盤調査ボーリングが行なわれている．これらの既存の地盤調査ボーリングの柱状図を用いて地下地質を明らかにする場合には，おもに土質とN値に基づき，色調・貝化石や腐植物などの含有物の状況などから地層対比がなされる．

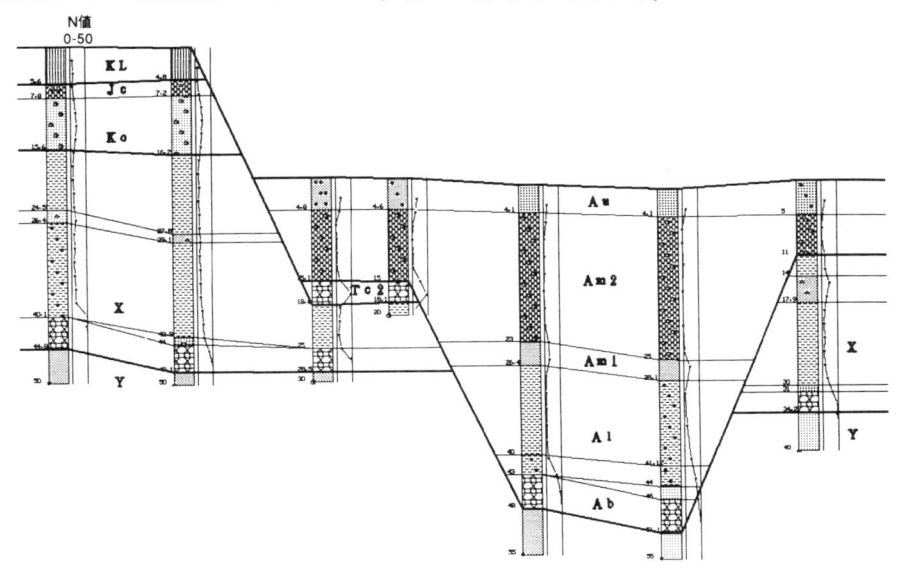

図19.4 地盤調査ボーリング柱状図の対比例
実例を簡略化して示す．左側の台地では上位からKL（関東ローム層），JC（常総粘土層），KO（木下層）およびXYの中部更新統が分布する．一方，低地側ではTC2（立川II面の段丘堆積物）が埋没段丘として分布し，沖積層（Au-Ab）に覆われている．関東平野ではX層とA1層の土質やN値が似ており左側の3，4番目および右端の柱状図のX層を沖積層に含めている例がある．しかし，この例では3，4番はそれを覆う礫層が立川段丘であることと右端ではその中部に含まれる軽石（△で示す）の含有から更新統であることがわかる．

しかし，埋没谷の谷壁の位置・形態などを正確に把握することは困難な場合がある．複雑な形態で分布する場合には十分な密度の地点の調査資料が必要になる．なお，関東平野中央部では沖積層と土質やN値がよく似た洪積層の埋谷堆積物が分布することがあり，既存資料のみでは認別が困難な場合がある（図19.4）．

より深い深度を対象とした地下地質調査資料として，揚水井のボーリング資料があり，深度300m程度以上掘削される場合がある．その結果は，一般的に土質柱状図や電気検層図としてまとめられる．揚水井の場合には，コアの採取を伴わない場合が多く，掘削中に循環させる泥水に含まれる掘屑，掘進抵抗や振動などから土質が推測され，掘削方法や担当者の経験などによって，土質の記載が必ずしも正確でない場合もある．このため近接した地点のボーリング資料を比較したり，層序ボーリングの結果から土質の記載を再検討することが必要である．

電気検層では，一般的に25cmや1m間隔の2極の電極間で，地層の比抵抗を求め，また孔内に発生する自然電位について計測される場合も多い．これらの電気検層結果は，岩種の粒度組成と相関する場合が多い．しかし，地下水の水質などによって，土質の変化と必ずしも相関しない場合もある．

電気検層断面の特徴が，マーカーとして対比に使われる．房総半島の下総層群の中下部では，サイクリックな堆積物の変化が特徴的な変化パターンを示し，それが地層対比の手がかりとして使える場合がある（図19.5）．

19.4. 層序ボーリング

関東平野の地下浅部では砂層など粗粒な堆積物が占める割合が大きく，全深度のコア採取は困難であった．しかし，近年採取技術が進み，コアの採取が比較的容易になった．採取コアは，堆積構造などの岩相や含有物，礫種などの詳細な観察とともに各種の分析が実施される（表19.1）．絶対年代測定やテフラの同定・対比，古地磁気層序や古生物の出現・消滅に関する分析が同一時間面の位置や地質年代などを明らかにするために実施される．また化石群集の解析が地層対比や堆積環境の推定などのために実施される．以下に各分析項目の概要を述べる．

絶対年代の測定としては，沖積層などの数万年以内の地層の場合には，植物片や貝殻などを用いて^{14}C年代測定が実施される．それより古い年代の測定法としてはフッショントラック（fishon track dating，FT）法や電子スピン共鳴（electron spin resonance，ESR）法などがあるが，ボーリングコアを用いて実施された例はきわめて少ない．

火山灰や軽石などのテフラの同定・対比は地層の同一時間面の位置を明らかにするうえで重要である．粒度・色調および軽石の発泡度などの肉眼的な特徴，ガラスの形態，含有鉱物組成や屈折率，主要成分組成，微量成分組成などの分析を行い，同定や対比の根拠とする．

古地磁気層序は，ボーリングコアの場合には伏角の変化に基づくが，石灰質ナンノ化石の種の出現・消滅に基づく生物層序と組合せることなどによって伏角変化と古地磁気年代との関係を明らかにできる．

貝化石や植物化石などの大型化石の分析とともに，珪藻，花粉および有孔虫化石などの微化石の分析も重要である．微化石は少量の試料でも多量に産出することがあり，群集の定量的な検討がしやすい（II-10, 12, 18章参照）．ボーリングコアではスライムの混入があり，分析の際には二次的な汚染についての検討も重要である．

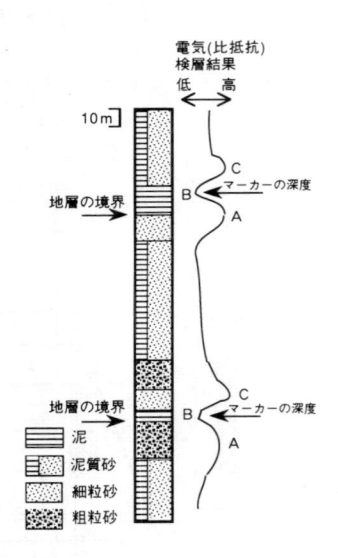

図19.5　揚水井のボーリングデータの例
房総半島の姉崎地域の下総層群の例を示す．揚水井の場合にはコアが採取されず柱状図の記載は簡略な場合が多い．一方，電気検層結果では粒度組成の変化が明らかになる場合がある．本地域では，各地層の境界付近では海水準の低下に伴い潮間帯などの粗粒な堆積物や上位層の河川の河床堆積物が分布する場合がある．それを淡水成の後背湿の泥層などの細粒な堆積物が覆い，さらに急速に海水が侵入したときの粗粒な堆積物が覆う．このような粒度変化が電気検層結果に反映され特徴的なマーカーとなり，地層の対比に用いられる場合がある．しかし，これらのマーカーの深度はかならずしも地層の境界とは一致しない．

各化石の産出状況から堆積環境についておおまかな推定が可能である．たとえば，海域に生息する有孔虫や石灰質ナンノ化石が多く産出する場合は，海成の堆積物の可能性が大きいといえる．

一方，産出種の構成からは多くの情報が得られる．たとえば，珪藻化石は，淡水域から海域まで生息し，種ごとに生息環境が限られるため，産出する種の構成から堆積物が形成された水域の環境について詳しく推定できる．中・上更新統では，淡水・汽水および海域のそれぞれの堆積物が繰返しており，それらの堆積環境を識別するためにも珪藻分析は重要である．花粉および胞子化石の分析によって，周辺地域の植生環境を復元できるが，花粉の供給地やそれらが地層に保存されるまでの過程の検討も必要である．有孔虫化石の分析も重要であるが，浅海の堆積物に含まれる有孔虫群集には堆積環境の違いを反映している場合があり，その群集構成種を地層対比に用いる場合には十分な吟味が必要である．

以上にあげた項目のひとつひとつがボーリング・コアで連続的に分析可能なことはむしろ稀である．特に関東平野では砂層などの粗粒な堆積物が卓越する場合が多く，テフラや微化石などが良好に保存されている場合は比較的少ない．また，たとえば有孔虫化石は比較的粗粒な堆積物中にも含まれるが，花粉・珪藻はより細粒な堆積物から産出する．したがって，コア全体を概査した後で重要な部分を精査するなどして各項目をできるだけ効率的に適用し，それらの結果を総合的に検討することが必要になる．

次に層序ボーリングの調査によって新しい知見を得た例について説明する．図19.6は，東京都江戸川区で実施したボーリングの古地磁気層序の検討結果の例である．石灰質ナンノ化石層序との関係から各磁極期との関係を明らかにし，房総半島の地表地質と対比したデータが図19.2に示されている．

従来この地域の地下地質については，天然ガスの採取に関連して多くの調査が実施されている．たとえば層序の解釈については，本ボーリング地点付近で深度700m付近が，産出する底生有孔虫化石のUvigerina akitaensis群集の対比に基づいて，房総半島の上総層群の梅ガ瀬層上部に対比されてきた．しかし，GS-ED-1ボーリングの結果では，図19.2に示されるように，梅ガ瀬層は少なくとも深度280mより浅い深度に対比される．また，深度320m付近が黄和田層の最上部付近に対比される．したがって，従来よりもはるかに浅い深度に，古い時代の地層が分布することになる．

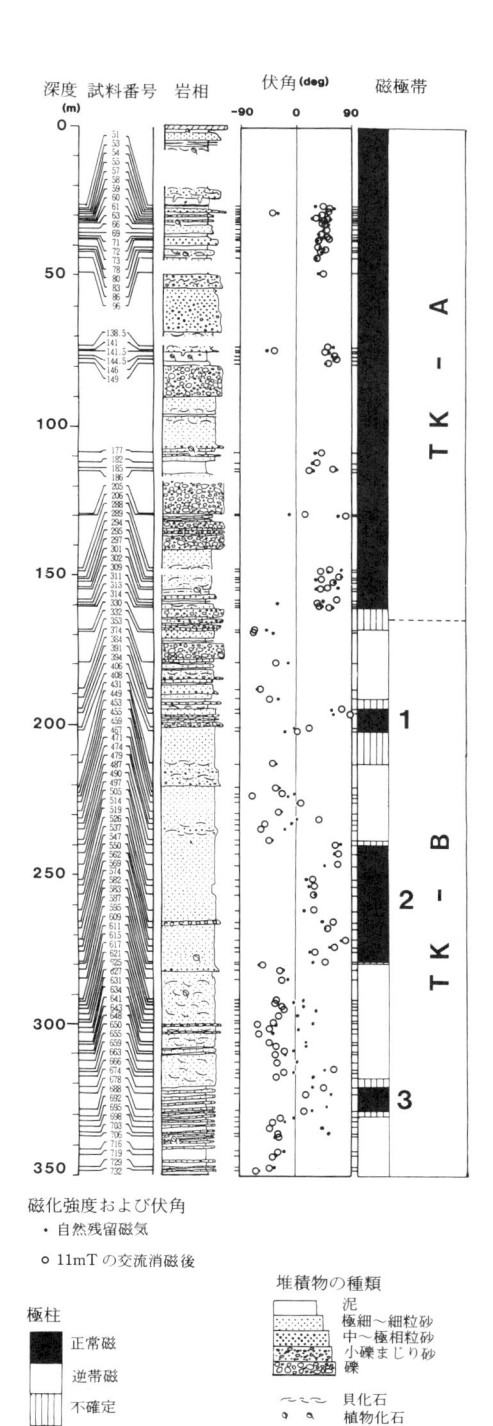

図19.6 GS-ED-1の古地磁気分析結果(遠藤・上嶋・山崎・高山，1991)

ボーリングコアを用いた古地磁気の測定結果の例を示す．可能な限り連続的な測定を試みたが室内測定では粗粒な部分の測定は困難であり未確定な部分が残されている．

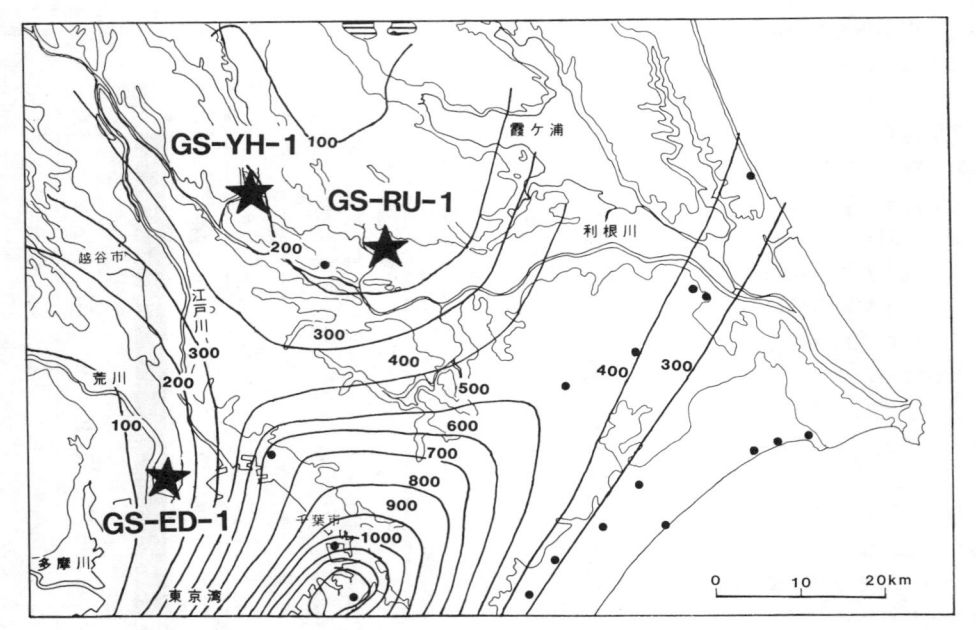

図 19.7 中部更新統の下限深度分布予想図（遠藤原図）
星印で示した地点の中部更新法統の下限（Brunhes-松山磁極期境界）の深度を基準に各周辺地域の研究報告の深度分布を連ねた．今後より多くの地点の古地磁気層序を明らかにし，本図をより正確なものとするとともに岩相の分布などとの関係を明らかにする必要がある．

このように関東平野中央部の地下地質は，従来の解釈と大きく異なるものであることが明らかになりつつある．図 19.7 は，中部更新統の下限〔ブリュンヌ（Brunhes）-松山磁極期境界〕の深度分布予想を示したものである．これは，層序ボーリングの古地磁気層序でこれまで明らかになっている地点の結果をもとに，それらの周辺の深度分布図を連ねてみたものである．従来の関東平野の地下地質の構造図では，鍋底状の形態が示されることが多いが，本図では大きく異なり，西側と北側から堆積物が供給され，その堆積面が本図の中央部に張り出しているような分布が示されている．

図 19.8 は，茨城県南西部で実施した層序ボーリングの結果の例である．本地域周辺では，一般的に厚い砂層から構成される海成層と，薄い泥層からなる陸成層が繰返して重なっている（図 19.8 の GS-RU

図 19.8 茨城県取手市周辺の岩相（遠藤原図）
位置は図 19.7 に示す．RU-1 に対し YH-1 では深度 120 m および 170 m 付近におもに淡水成の堆積物からなる厚い泥質層が分布する．この関係は図 19.3 の侵食・累積型の C 層の左側と右側（埋谷堆積物が分布する）の関係に相当すると考えられる．

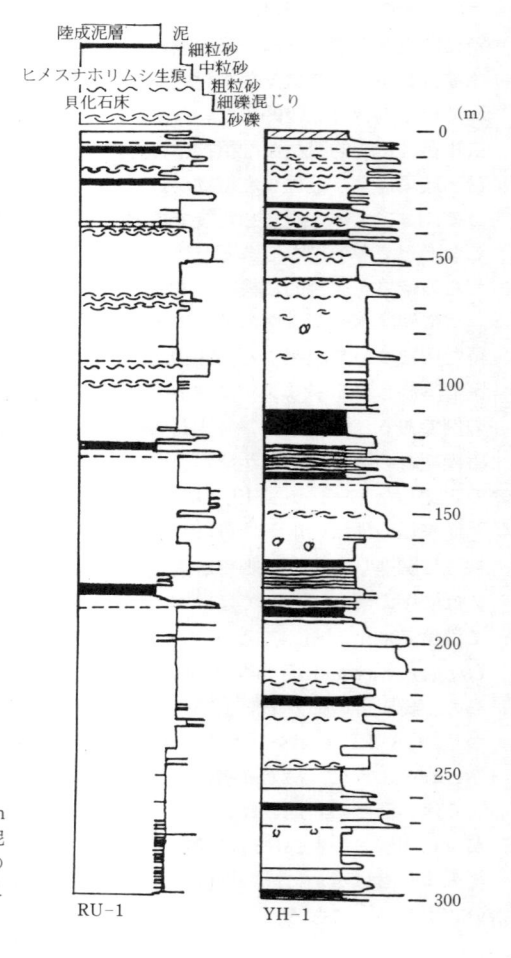

-1)．しかし，本図の GS-YH-1 では，深度 120 m と 170 m 付近に，層厚が 20 m 以上に達する厚い泥質層が分布し，これらの堆積物は珪藻化石の分析結果によると淡水域の堆積物と考えられる．つまり，中期更新世の低海水準期に谷が形成され，それを埋積した厚い堆積物が局地的に帯状に分布していることを示している．侵食・累積型の堆積物中に侵食・埋積型の特徴である埋没谷が地下に分布する例である．従来関東平野中央部では，各地層の深度や層厚の変化は少ないと考えられて来たが，数十 cm をこえる変化があることを示している．

19.5. 物理探査と物理検層

地下地質を明らかにするための手法として，このほかに物理探査や物理検層の各手法がある．これらの技術は，従来石油などの資源探査の分野で開発されてきたものである．近年これらの技術を地下浅部に適用した装置が開発され，操作上も向上している．

これらのうち，反射法弾性波探査は地下構造分解能が高い手法として期待できる．地下に分布する断層の位置や性状を明らかにしたり，沖積層などの地層の分布形状を正確に明らかにするためには，ボーリングによる地点ごとのデータでは不十分な場合があり，反射法探査と組合わせた調査が有効である．

物理検層は，地下の堆積物の状況について現位置で連続的に値を得ることができ，試料分析を効率的に進めるためにも重要である．コアの分析は，全深度を対象に連続的に実施することは困難であり，また試料の処理や化石の鑑定などには多くの労力と時間が必要である．各種の電気検層，弾性波速度検層，温度検層，密気検層，X 線スペクトル検層および磁気検層などを実施し，それらの結果に基づいて集中的にコアの分析を実施する方法が考えられる．これらの物理検層は，コアが採取されないボーリング孔を利用して地下地質に関する情報を得るためにも重要である．

従来，物理検層や物理探査は第四系を対象とする浅部地質調査の際に実施されることは少なかった．しかし，今後はその有効性や得られるデータの特徴を明らかにし，積極的に利用を進めることが重要だと考えられる．

まとめ

第四系の地質については，地表地質調査において，多種の調査手法が進展し，多くの知見が得られている．それらの成果を適用することにより，地下地質のより具体的な構造がわかるようになってきている．関東平野の浅部地下地質は，地域ごとに構造運動が進行するなかで，海水準変動の影響を受け，さまざまな古地理の変遷を遂げ，一部の地域から堆積物が削り去られ，運搬され，地層が堆積されるダイナミックな変化を記録している．その具体的な詳細については不明な点も多いが，今後，ここで述べたような各種の調査・分析手法を適用し，得られたデータを総合的に検討しながら，浅部の地下地質を早急に解明されることを期待したい．〔遠藤 秀典〕

参考文献

遠藤秀典・上嶋正人・山崎俊嗣・高山俊昭(1991)：東京都江戸川区 GS-ED-1 ボーリングコアの古地磁気・石灰質ナンノ化石層序．地質学雑誌，vol. 97, pp. 419-430.

遠藤 毅(1978)：東京都付近の地下に分布する第四系の層序と地質構造．地質学雑誌，vol. 84, pp. 505-520.

Harland, W. B., Armstrong, R. L., Cox, A. V., Craig, L. E., Smith, A. G.・Smith, D. C.(1990)：A Geologic Time Scale 1989. 263p.. Cambridge Univ. Press.

石和田靖章・樋口 雄・菊地良樹(1962)：南関東ガス田の微化石層序．石油技術協会誌，vol. 27, pp. 66-77.

関東第四紀研究会(1980)：南関東地域の中部更新統の層序とその特徴．第四紀研究，vol. 19, pp. 203-216.

河井興三(1961)：東京ガス田地帯の地質学的考察．石油技術協会誌，vol. 26, pp. 212-266.

町田 洋・新井房夫・杉原重夫(1980)：南関東と近畿の中部更新統の対比と編年—テフラによる一つの試み—．第四紀研究，vol. 19, pp. 233-261.

成瀬 洋(1982)：第四紀．p. 269, 岩波書店．

新妻信明(1976)：房総半島における古地磁気層位学．地質学雑誌，vol. 82, pp. 163-181.

佐藤時幸・高山俊昭・加藤道雄・工藤哲朗・亀尾浩司(1988)：日本海側に発達する最上部新生界の石灰質微化石層序その 4：総括—太平洋側および鮮新統/更新統境界の模式地との対比．石油技術協会誌，vol. 53, pp. 475-491.

Shackleton, N. J.・Opdyke, N. D.(1976)：Oxygen isotope and paleomagnetic stratigraphy of Pacific core V28-239：Late Pliocene to latest Pleistcene. Geo. Soc. Am. Mem., vol. 145, pp. 449-464.

杉原重夫・新井房夫・町田 洋(1978)：房総半島北部の中・上部更新統のテフロクロノロジー．地質学雑誌，vol. 84, pp. 583-600.

上杉 陽(1976)：大磯丘陵のテフラ．関東の四紀，vol. 3, pp. 28-38.

20. 関東平野の地下水系

　関東平野の地下水系について論ずる場合，その背景としての関東構造盆地の性格と，それに規定されている地下地質構造を理解しておくことは重要である．そこでまずその輪郭を概説しておく．

　関東構造盆地は矢部・青木(1927)によって初めて注目され，その後，大塚(1936)によってその輪郭が記述されたものであるが，全貌が明らかにされたのは河井(1961)以降のことである．本章の記述に重要なかかわりを有するので，図20.1, 20.2に彼の結果を引用しておく．最近いわゆる深層沈下のメカニズムの解明を目的として施工された観測井，あるいは深層地質層序の解明のために施工された試錐などの知見によって，細部の修正がなされてはいるが，ここにみる図に大きな変更はないとみてよい．

　関東平野の中央部では，上総層群(鮮新世後期〜更新世中期)から下総層群(更新世中・後期)にいたる地層群が構造盆地の沈降とともに，ほぼ連続的に堆積していると考えられているが，図によればその中心部の位置や，かたちは時代とともに変化してきたことが読取れる．さらに菊地・貝塚(1972)によって描かれた下総層群中位の連続性に富む礫層の下限の構造等高線図によれば(図20.3)，上述の傾向，つまり沈降の中心の移動と分極化は一段と著しくなってきたことが示されている．この時期，東京湾を中心とした沈降域が明確になってきた点が注目される．

　ところで，関東平野の各地の深井戸のなかで最も深いものを選び，その深度を等値線図として示したのが図20.4で，そのかたちは地下地質ときわめてよく対応しているのが注目される．帯水層の利用深度というのは，数多くの経験を経て最終的にはその地

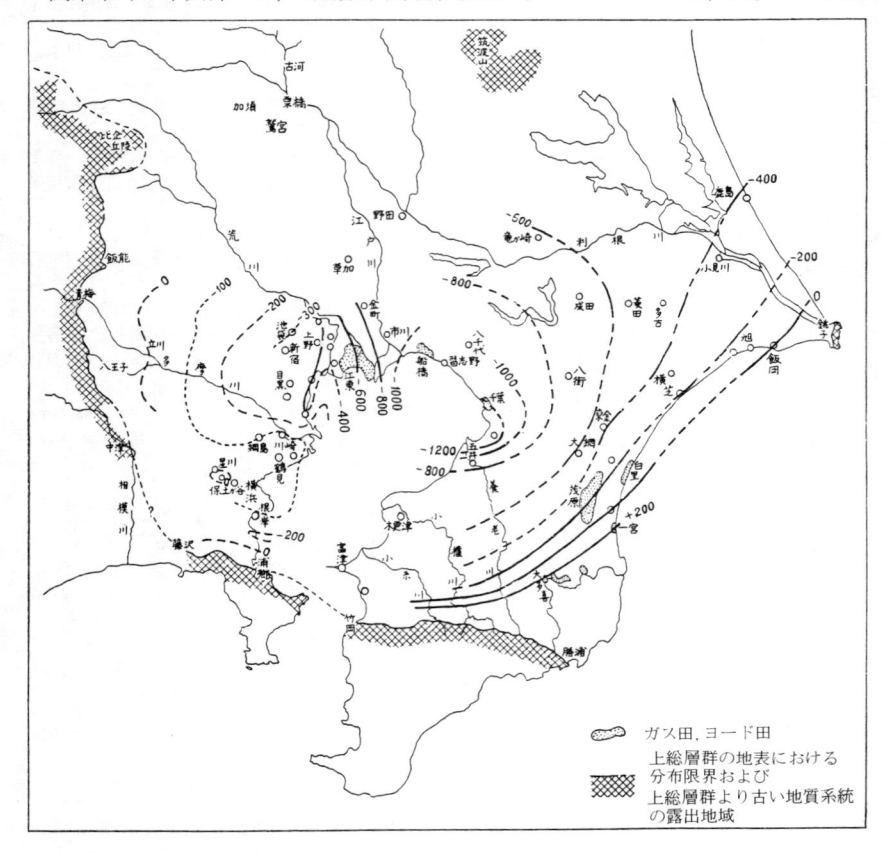

図20.1　上総層群の構造等高線図(河井，1961)

20. 関東平野の地下水系

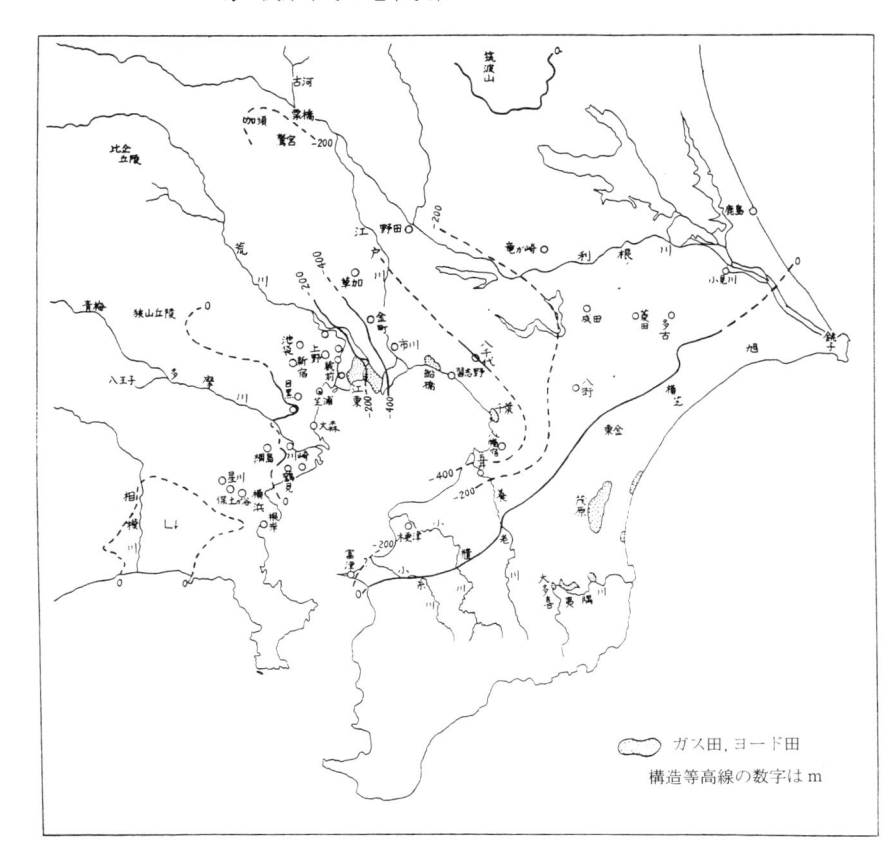

図20.2 下総層群基底の層準の構造等高線図（河井，1961）

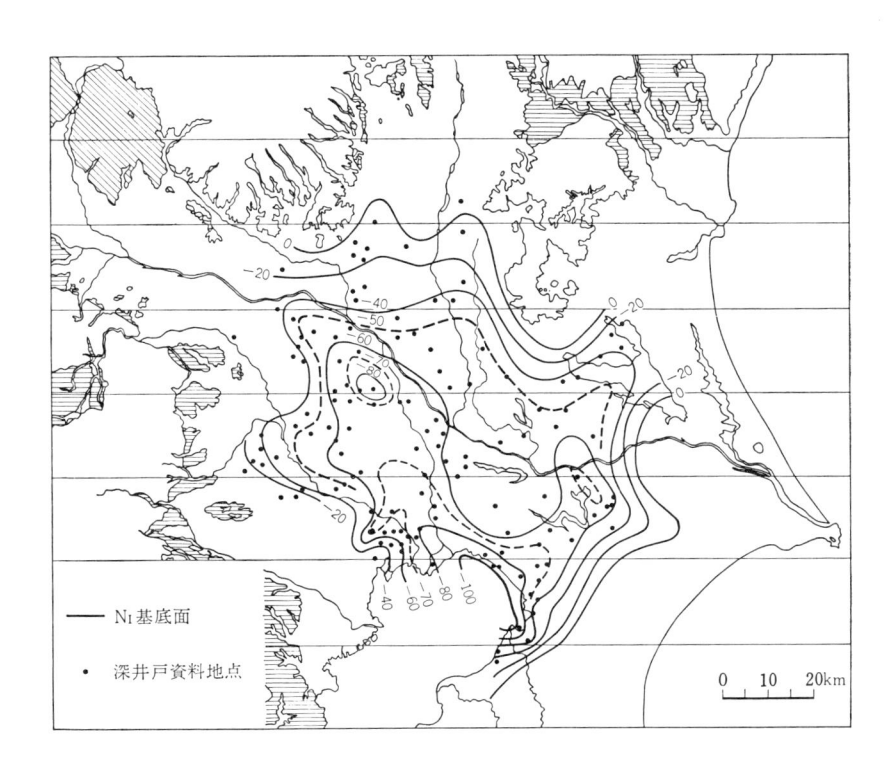

ガス田，ヨード田
構造等高線の数字はm

図20.3 下総層群N1（礫）層基底面の構造等高線図（単位m）（菊地・見塚，1972）

— N1基底面
• 深井戸資料地点

域で最も良い条件に近づくという傾向があるので，これが上述の地質学的背景をよく表しえているのは当然といえる．一方，図 20.5 は 1970 (昭和 45) 年ごろの地下水面の形状 (正確には全水頭等値線図) であるが，これも上述の地質学的背景をよく反映しているといえる．

20.1. 関東地下水盆の概要

さて，上に述べたように，関東平野はいわば巨大な地下貯水池ともいえるようなものであることがわかる．地下水学でいう地下水盆 (groundwater basin) である．また水文地質構造の上からは，関東平野は典型的なアーテシアン構造 (artesian structure) をなしているといえる．これを地下水の流動系をもとに大きく地域区分すれば，およそ図 20.6 のとおりであって，涵養域，流動域，流出域 (または滞留域) に分けることができる．おのおのについて下に記しておこう．

1) 涵養域

関東平野周辺部の丘陵地群や，扇状地群，時に台地群がほぼこれに対応する．各層準の帯水層が収斂して，見かけ上一連の厚い砂礫層が発達しているようにみえる．地層の傾斜は一般に急で，その延長が地表に露出する部分はいわば地下水の入口ともいえ，涵養域として重要な位置を占めている．図 20.7 に武蔵野台地周辺部における一例を示す．

図 20.4 関東平野における利用帯水層の下限深度 (m) (樫根，1973)

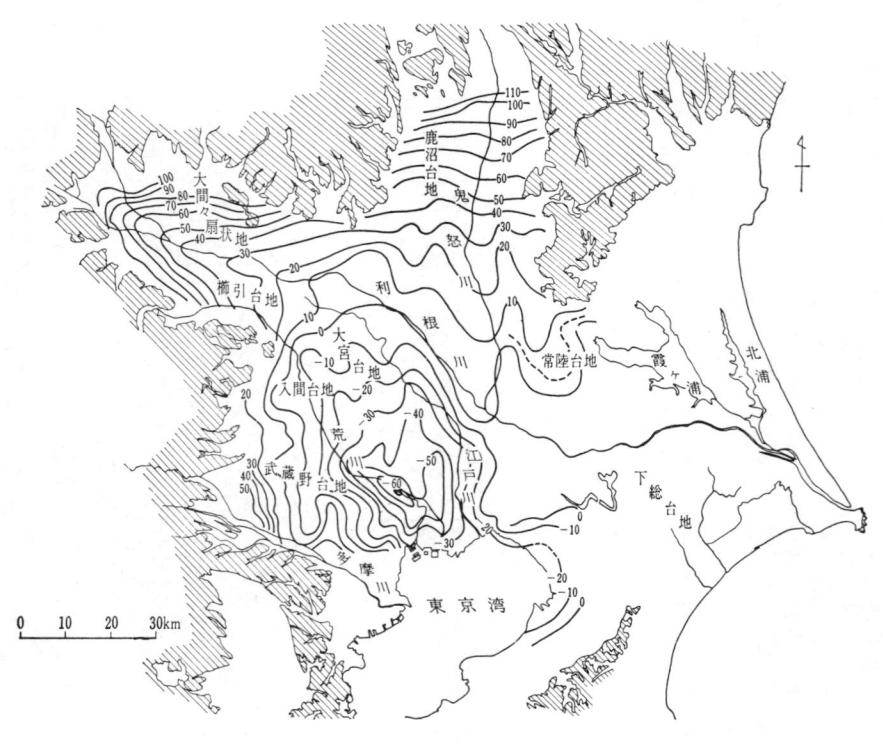

図 20.5 関東平野の地下水面 (新藤，1977)

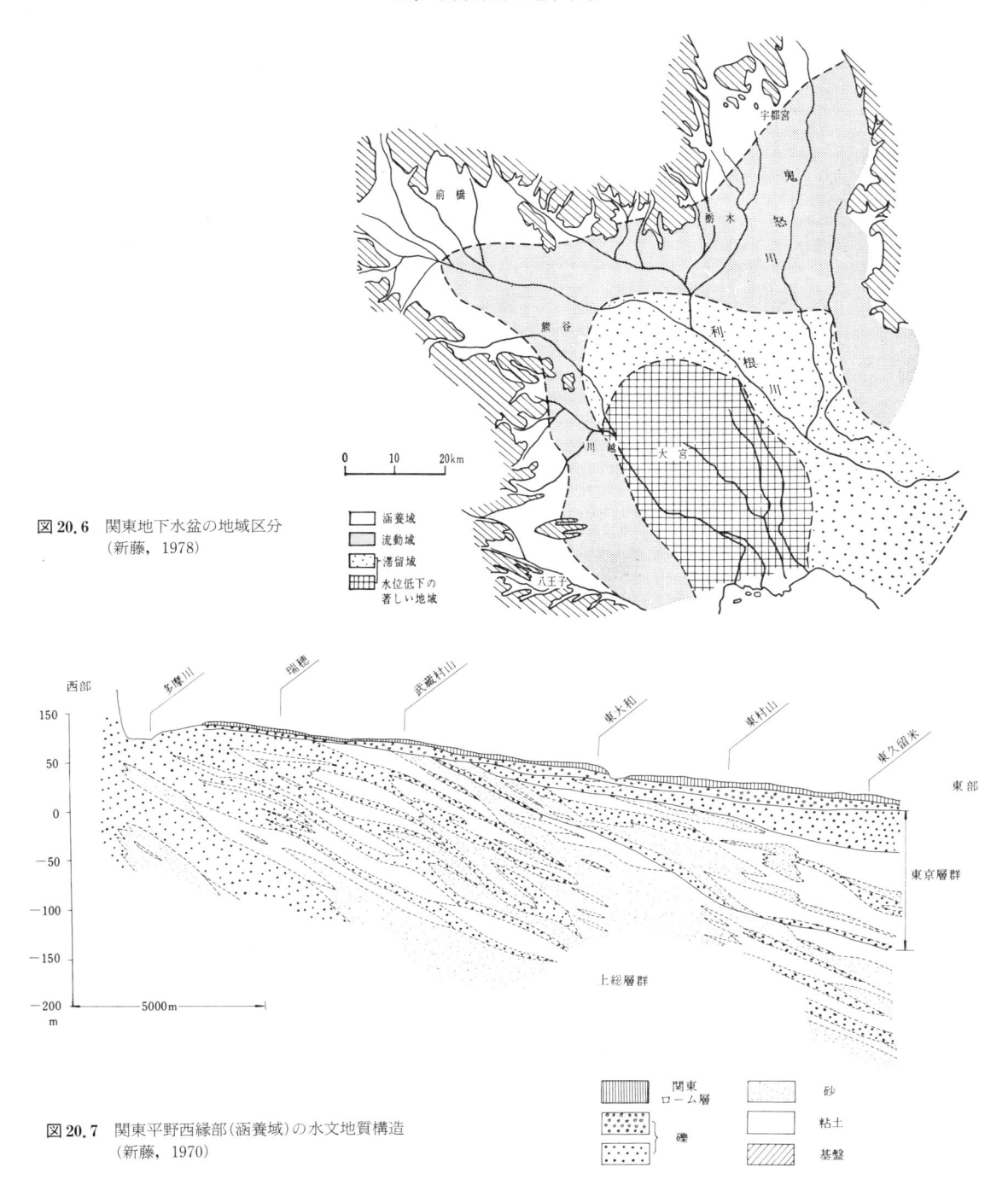

図 20.6 関東地下水盆の地域区分
(新藤, 1978)

凡例：涵養域／流動域／滞留域／水位低下の著しい地域

図 20.7 関東平野西縁部(涵養域)の水文地質構造
(新藤, 1970)

凡例：関東ローム層／礫／砂／粘土／基盤

2) 流出域(滞留域)

関東平野の中央部に当たる．揚水という外部からの作用がこれに及ばない限り，地下水はほとんど停滞しているといえる．厚い粘土層を隔てて複数の帯水層が発達しており，多層準の被圧地下水の存在で特徴づけられる．

3) 流動域

前記 2 地域の中間域に当たる．滞留域での水位低下が激しくなると，それに影響されたかたちで一種の流動帯が出現する．地下水面にみる谷状部，水質・水温にみる特異帯などが流動域の特徴として指摘される．蔵田(1960)が提唱した"浦和水脈"や，木

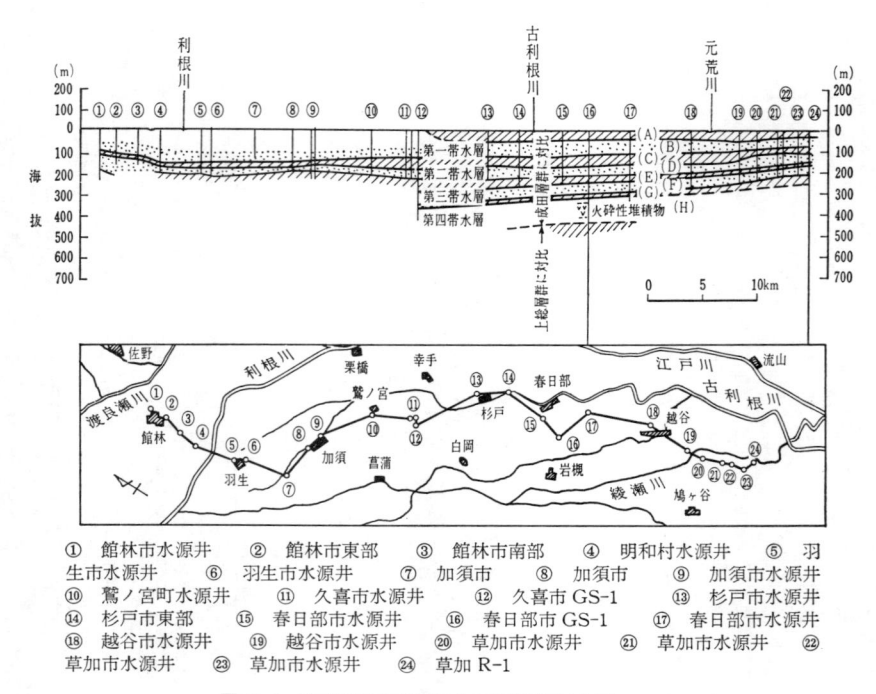

① 館林市水源井　② 館林市東部　③ 館林市南部　④ 明和村水源井　⑤ 羽生市水源井　⑥ 羽生市水源井　⑦ 加須市　⑧ 加須市　⑨ 加須市水源井　⑩ 鷲ノ宮町水源井　⑪ 久喜市水源井　⑫ 久喜市 GS-1　⑬ 杉戸市水源井　⑭ 杉戸市東部　⑮ 春日部市水源井　⑯ 春日部市 GS-1　⑰ 春日部市水源井　⑱ 越谷市水源井　⑲ 越谷市水源井　⑳ 草加市水源井　㉑ 草加市水源井　㉒ 草加市水源井　㉓ 草加市水源井　㉔ 草加 R-1

図 20.8　関東平野中央部の水文地質構造(木野, 1970)

野(1970)の提唱する"浦和流動地下水帯"などがほぼこれに近いものを指しているといえる．ただし，これらの名称が与える印象，すなわちそこにもともと地下水の自然の流れがあるというものとは異なる点に注意する必要がある．もっとも，地下の埋没谷や，透水性の大きい地帯の存在などは，このような現象が出現しやすい要因となっていることは十分考えられる．

20.2. 各地域の地下水系の特徴

1) 中央部地域

図 20.2 の下総層群基底部の形状がこの地域の地下水のあり方を規定しているといえる．木野(1970)はそのほぼ長軸にあたる羽生-久喜-春日部-草加の断面を標準に考え，図 20.8 に示したように 4 層の主力帯水層を識別した．これらの帯水層のうち，第 2 帯水層がよく連続し，また利用度も高い．木野はさらに同一層準の帯水層(主として第 2 帯水層)のものでありながら，水質上の特徴から流動性の地下水と，停滞性の地下水がかなり明瞭に区別しうることを示し，前者についてはその地域名を付して，"古河流動地下水"，"浦和流動地下水"，"熊谷流動地下水"と称し，後者を"古利根地下水塊"とよんだ．この古利根地下水塊は塩素イオン(Cl^-)濃度が 10 ppm 以上 100 ppm 前後に達する点や，塩素濃度に対応す

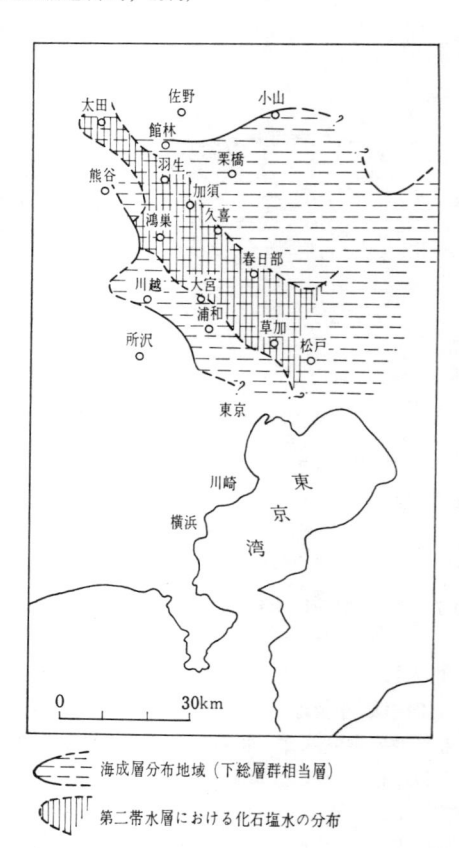

図 20.9　古利根地下水塊の輪郭(木野, 1970 に一部加筆)

る重炭酸イオン(HCO_3^-)濃度の割合が少ないこと，硫酸イオン(SO_4^{2-})濃度と溶存酸素がほとんど含まれないか，微量しか含まれないことなどの点できわめて特異性があり，化石塩水の性質を残しているものと判断される．ただし，化石塩水そのものではなく，淡水との混合希釈を受けたものと解し，彼はこれを"準化石水"といえるようなものだとしている．図20.9は塩素イオン濃度の分布状態から求めた古利根地下水塊の輪郭であるが，その形状は下総層群の堆積構造とよく対応していることから，化石塩水は下総層群の堆積時の海水の閉じ込めに起因するものと考えている．なお，この"準化石水域"は年々縮小する傾向があるが，これは中央部地域の地下水利用の増大が周辺からの淡水の流入を加速させ，これによって希釈されているものと解している．

2) 西部地域

武蔵野台地：関東平野有数の地下水利用地帯である．当地域のほぼ中央部から東～北東部ではおもに下総層群中の地下水が利用され，西部では上総層群中の地下水が利用されている．深井戸の深度は100～200 m のものが多いが，なかには300～350 m に達するものも存在する．なお，下総層群の下限の深度は武蔵野台地の東端部で250 m 以上，中央部の武蔵野市付近で150～170 m である．

比較的連続性に富む帯水層は下総層群中に5層，上総層群中に3層ほど認められ，いずれも東ないし北東に向かって傾斜している．帯水層の勾配は下位の層準のものほど大きく，上位になるにつれて小さくなる（1/50 → 1/180）．各層準の帯水層の水平断面図を描くと図20.10のようになり，上位の帯水層ほど北東側，つまり関東平野の中心部寄りに位置した弧状の配列をなす．これらの帯水層には段丘礫層と接していて，そのなかの不圧地下水の涵養通路となっているものがあり，また多摩川，秋川などの表流水の浸透を受けているものもある．

入間・坂戸台地：帯水層は武蔵野台地と同様に東部では下総層群相当層のものが多く利用され，西部では上総層群相当層の利用が主体となっている．この両者の境界深度は西方の入間市付近で海抜0 m，東部の川越市付近では−120 m に達している．下総層群相当層の基底は入間川沿いの地域を最低部とし，東に向かって大きく湾状に開いた形状をなす．また，その傾斜は西方に大きく，東方に小さい．当地域の主要帯水層は阿須山丘陵に分布する豊岡礫層（福田・髙野，1951）の延長に相当する地層である．したがって，本層の発達を欠く西部地域，および北西部の坂戸町付近では地下水の揚水量が少ないにもかかわらず，水位低下量が大きい．入間川の豊水橋から下流の河床にはこの豊岡礫層の露頭が各所に見られるが，このような部分では表流水が浸透して，地下水の供給源になっているものと考えられる．

櫛引台地：当地域は大きく新旧2段の扇状地からなる．上位のものは武蔵野面に対比され，ほぼ深谷市より寄居町方面にいたる線を境に北側に分布し，下位のものは立川面に対比され，南側に分布している．なお，荒川の河岸にはこれらの扇状地より一段と低く，新期の扇状地が形成されている．

扇状地面は 1/150～1/180 の勾配で北東に向かって傾斜しているが，地下地質構造もほぼこの方向と一致し，その勾配は下位のものほど大きい．水文地質上，大きく4ないし5層に区分されるが，このうち当地域でおもな採水層となっているのは，入間・

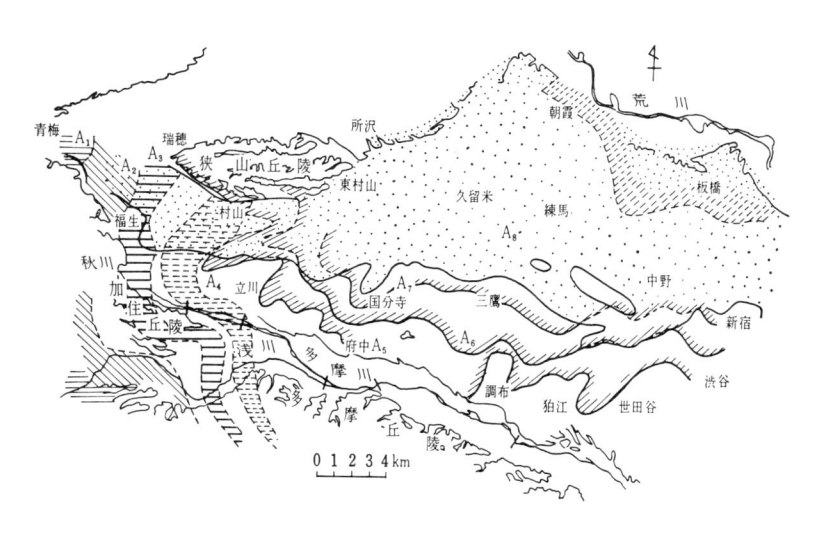

図20.10 武蔵野台地における帯水層の区分と分布（新藤，1968）

坂戸地域での主要帯水層と同層準に考えられる深度50～120mまでの第3帯水層までであって、これ以深には良好な帯水層の発達をみない．

荒川河岸の明戸付近より上流には比企丘陵をつくる中新統の泥岩が露出しており，また下流には第2ないし第3帯水層に相当する砂礫層が露出している．流量観測値から荒川の表流水が押切-久下間で伏流浸透していることが推定されるが，これらの伏流水は左岸側にあっては，先に述べた新期扇状地面下を北東方向に向かって流動し，右岸側にあっては東，ないし南東に向かって流れているものと考えられる．当地域の東方に位置する行田市や吹上市付近にはかつて自噴井が多く存在したが，その供給源は荒川の伏流水にあると考えられる．

3) 北部地域

高崎・前橋地区：当地域は地形上，大間々扇状地，利根川・烏川合流点を中心とする低地地域，赤城山南麓と榛名山東麓から南東に延びる中央部台地，南西部の藤岡地区の4地域に区分されるが，これらの地域は水文地質の上でもそれぞれ特徴がある．

大間々扇状地では水文地質上の基盤をなすものは，古生界あるいは第三系の火成堆積物(凝灰岩あるいは凝灰質泥岩)であって，この上にのる扇状地堆積物中の不圧地下水を支えている．

中央低地の地下地質は火山砕屑物をはさむ厚い砂礫層からなり，高崎・前橋台地では赤城・榛名両火山の噴出物が地下水の涵養と賦存のうえで重要な役割を演じている．南西部の藤岡地区では基盤をなすのは第三系で，地下水はこれを覆う比較的厚い砂礫層中に存在する．蔵田(1958)によれば，当地区の地下水の賦存状態は次のようである．

不圧地下水は赤城山の南麓から広瀬川・桃ノ木川の低地帯にかけて豊富に存在する．一方，その南にある中央部台地は地下浅所に火成堆積物(岩鼻泥流)が分布し，浅層地下水の不透水層となっているため，地下水面が一般に浅く，地下水は質・量ともにやや劣る．

烏川右岸の支流群，鏑川あるいは神流川などでは相当量の表流水の伏没があり，その地域の地下水を涵養している．

被圧地下水は中央部台地，榛名山東麓，烏川合流後の利根川両岸などに比較的豊富に存在し，この付近の深井戸(深度100～150m)の揚水を支えている．

なお尾崎(1968)は赤城山，榛名山の水文学的調査を行い，それぞれの山麓面からかなりの量の表流水が浸透して，当地域の地下水を涵養しているとしている．

足尾山地南麓：本地域は利根川の北側にあって，西は八王子丘陵，東は渡良瀬遊水池にあるものとする．地形上の特徴から，北西部の渡良瀬川の扇状地，秋山川・旗川のつくる田沼・佐野の扇状地，館林・大泉・太田などのある洪積台地の3地域と，これを刻む沖積地域に区分されるが，水文地質の区分もほぼこれに等しいものとみてよい．

渡良瀬川扇状地域では，不圧地下水面の形状から，かつての渡良瀬川の流路と考えられる北西-南東方向の2～3本の谷があり，渡良瀬川の表流水の伏没浸透の様子が推測される．特に顕著なものは矢場川に沿うもので，桐生川合流点付近から下流にかけて流量の減少が明らかに認められ，また旧河道と考えられる部分には，この伏流水を対象とした大量揚水の浅井戸が数多く存在する．

佐野・田沼地域には旗川，秋山川の伏流によって涵養された豊富な地下水が存在する．これらの伏流水は佐野市の南で被圧地下水に転化し，この地域の自噴井の供給源になっている．

館林-太田地域では，関東農政局(1974)の調査によれば次のようである．

層厚20m前後の沖積層の下は海抜-200mまでは洪積層である．これはシルト，砂，礫などの互層からなり，大きくA，B，Cの3層に分けられる．

A層は深度-30～-50m付近にある砂礫層を一括する．本層を覆うローム層は，ほぼ下末吉ローム層に対比されることから，本層の一部は南関東の下末吉層に相当するものと考えられる．

B層は深度-50～-130mまでの砂・シルト・粘土などの互層で，南関東の屛風ヶ浦層～籔層，地蔵堂層に相当するものと考えられる．

C層は顕著な砂礫層としてほぼ全域にわたって分布している．層厚は15～40mで，この地域で最も良好な帯水層となっている．

鬼怒川中流域：この地区は宇都宮市付近を北限とし，南はほぼJR水戸線に至る地域とする．鈴木(1967)によれば，東西の山地・丘陵地をつくる先第四系は中央部では地下深所に位置し，その表面は南北50km，東西8km，深さ500m以上に達する顕著な埋没谷をなしている．

これらの基盤地形を覆う第四系は大きく2分され，下位を安沢層，上位を川崎層群と称する．水文地質上重要なのは後者で，下野山地，八溝山地，那珂川，宇都宮丘陵，鹿沼台地にわたって広く分布する．川崎層群は礫，砂，泥からなる境林礫層とこれ

を整合に覆う館の川凝灰岩層に区分されるが，岩相変化が著しい．層厚は約220 mである．

那須野が原扇状地：この地域は農業用水としての地下水開発が早くから行われてきたところである．渡部・提橋(1957；1960 a, b)は，水文地質学上の基盤からなる分離丘陵間の低地面の地下に関東ローム層を鍵とし，上下2層準に区分できる砂礫層によって埋積された深さ約20 mに達する地下谷が存在することを明らかにし，多量の地下水の揚水に成功した．なお，この分離丘陵をつくる基盤は鈴木のいう川崎層群に当たる．また，那珂川流域の埋没谷には，上述の砂礫層と同時異層の関係で，那須火山噴出物の火山角礫岩が堆積しているのが認められる．

4） 東部地域

常総台地：千葉県北部から茨城県南部にまたがり，利根川の両岸に広く展開する洪積台地が常総台地である．ここでは利根川の北岸地域について述べる．

この地域には深度150 mまでの間に4層ほどのおもな帯水層（下総層群に相当）が発達している．それらはいずれも地表の勾配と同じように南へ傾いているが，下位の層準ほど上位のものに比べて急となっている．その地質構造は図20.11に示したように，全体として筑波山の南麓から南に延びる台地の中央部に当たるところが撓曲状に盛上がり，西側の鬼怒川，小貝川の部分，東側の桜川沿いの部分が谷状に落込んだようになっている．とりわけ鬼怒川，小貝川沿いのものが顕著で，ここには台地側との間に少なくとも数十mの地層のずれが認められる．地下水面の形状は上述の構造ときわめてよく一致し，地区の中央部が高く，周辺部が低い．

不圧地下水は台地の最上部を構成する竜ケ崎砂礫層中に存在するものを主とするが，関東ローム層の下位に当たる常総層に支えられた宙水状のもある．

養老川流域：当地域では上総層群の基底部から下総層群上部にいたる地層群が，北東方向の同斜構造をなして厚く堆積している．このような地質構造を反映して，臨海平野部から養老川沿岸の沖積谷底部にかけた地域には，いわゆる掘抜き井戸と称する自噴井が数多く分布している．このような井戸掘りの技術として，この地方で発達したのが"上総掘り"である．

5） 南部地域

多摩川下流域：多摩川下流の川崎市は，いわゆる京浜工業地帯の中核をなし，昔から地下水の利用が盛んであった．これらの地下水は，旧多摩川河道というごく限られた部分から集中して揚水されたため，地下水位の急激な低下，地盤沈下，地下水の塩水化などの障害も早くから指摘されていた．当地域が東京，大阪，四日市と並んで，いち早く工業用水法指定地域にされたのもそのためである．この地域の帯水層は，村下(1958)によれば，次のようである．

第1帯水層は沖積層の砂礫層で，地下水は不圧地下水である．

第2帯水層は洪積層の砂礫層で，地下水は溝の口付近より上流では不圧状態，下流では被圧状態である．

第3帯水層は上総層群の砂層で，地下水は被圧状態である．

第2帯水層は旧多摩川の河道に沿って分布するもので，工業用グループ(1958)によれば，およそ図20.12のように分布している．この旧河道の幅はせまいところでは300 m，広いところでも700 m程度である．また深さは上流部で10〜20 m，下流部で20〜30 mである．水質・水量ともに比較的良好で，この部分の地下水を揚水している井戸が多い．またこれから外れた部分では揚水量が極端に劣り，褐色に着色した地下水に遭遇することが多い．なお，旧河道には現多摩川の表流水がかなり伏没浸透していると考えられている．

相模川下流地区：平塚市を中心とする相模川の下

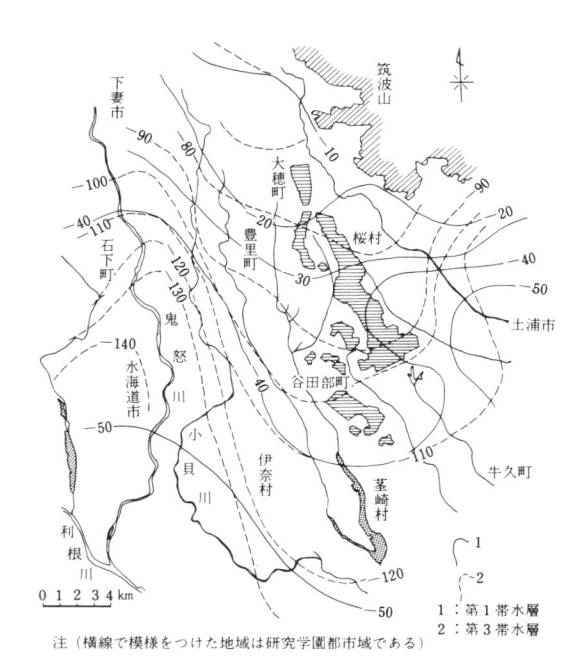

図20.11 筑波台地における帯水層の構造等高線図
（新藤，1975）

図 20.12　多摩川下流沖積低地下に認められる旧河道
（永井・村下，1973）

図 20.13　相模川下流域における地下水の塩水化状況
（平塚市，1970）

流地域は，比較的浅いところから良質の地下水が豊富に得られるため，用水型工業の立地条件として恵まれ，昔から地下水の利用が盛んであった．そのため，近年にいたって地下水位の低下が顕著になり，また海岸地域では一部に塩水化現象も認められるようになった．図 20.13 は平塚市（1970）が実施した調査結果であるが，一部に化石塩水に起源を有すると思われるところがあるものの，明らかに相模川河口付近からの海水の進入を示唆する結果も示されている．

貝塚・森山（1969）によれば，当地域の地下地質は図 20.14 のようであって，平野の地下に，かつての河成段丘や，古相模川の河道とみられる地形が認められる．この埋没谷の深さは相模川の河口付近で海抜 −90 m に達しており，その位置は現在の相模川の流路とほぼ一致する．この地区の地下水のおもな帯水層はこの埋没谷底に分布する砂礫層で，ほとんどの深井戸はこれから揚水している．この地層は基底

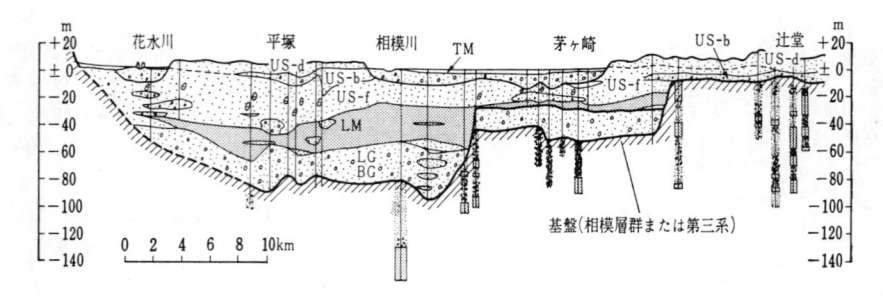

図 20.14　相模川河口部付近の地質断面図（貝塚・森山，1969）
US-d：砂丘砂
US-b：浜堤礫
US-f：三角州前置層または砂州砂　｝上部砂層
TM：頂部泥層
LM：下部泥層
LG：下部砂礫層
BG：基底礫層

20. 関東平野の地下水系　　　　　　　　　　　　　　　　　　　　　　　　*161*

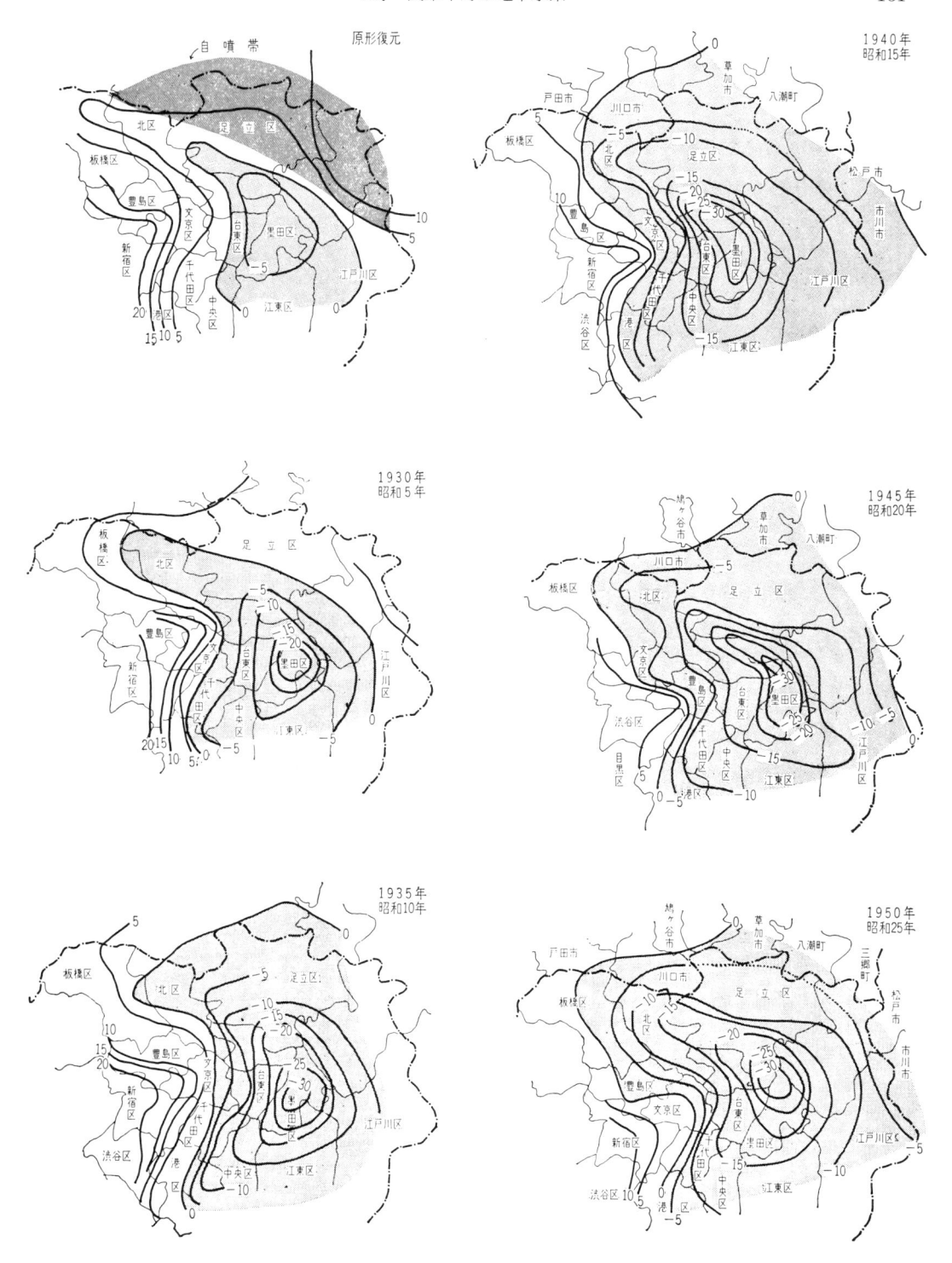

図 20.15　東京都心部における地下水面の経年変化(新藤，1972)

礫層を主体とするもので，埋没谷の中心部では，厚さは 40 m 以上に達している．

埋没谷は上流部に向かってしだいに浅くなり，相模平野の中央部より上流では現河床礫層に接している．地区北部の座間市付近から上流では，ほとんど全沖積層が扇状地性の砂礫層によって構成されており，この部分より相模川の表流水が浸透し，地下水を涵養しているものと思われる．

まとめ

わが国に初めて深井戸用の鑿井機が導入されたのは明治後期のことである．当初は井戸の深さは 100 m 前後にとどまり，また開発対象地域も東京都心部に限られていたが，工業用水として，また生活用水としての地下水の利点が広く認識されるようになるに従い，深井戸の数は飛躍的に増大した．とくに地下水の利用が集中するようになった東京下町地域では大正末期から昭和初期にかけて，早くも地下水面の低下域が出現し，それは時を経て拡大する傾向を見せるようになった．図 20.15，20.16 からその経過を読取ることができる．爾後，太平洋戦争による中断はあるものの，産業・経済の成長，首都圏の拡大などと軌を一つにしたかたちで地下水の開発が続き，南関東地方はわが国有数の地下水の高度利用地帯となった．

一般に深層地下水の自然状態での循環速度，いい換えれば更新量は，揚水という人為的に強制されたものに比べて桁違いに小さいので，関東平野は大きくみて閉じた系の地下水盆と考えたほうがよい．それを模式的に表せば図 20.17 のようになる．これは地下水の利用が続くかぎり，揚水した分だけ水位低下を起こすと考えるべきことを示している．

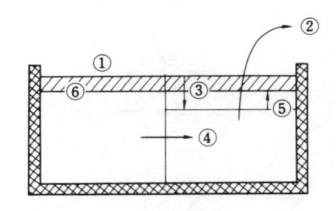

図 20.17 地下水盆における被圧地下水のモデル（新藤，1979）
① が最初の状態．② の揚水によって，③ の水位低下が惹起される．③ の水位差が補うかたちで ④ の移動が起きる．この時点で ② の揚水が停止したとすると，⑤ の水位上昇が起こり，最終的に ⑥ の水位で平衡に至るが全体として斜線の部分が減少したことになる．

1955（昭和 30）年代の後半から 1975（昭和 50）年代の前半にかけて，逐次的に行われてきた東京地区における各種の地下水揚水規制の効果によって，地下水位は回復してきているが，それが最低を示した 1970（昭和 45）～1972（昭和 47）年の時点には，東京下町の北・荒川・墨田の各区を中心とした地域での地下水位は－60～－70 m に達した．そのつけは地盤沈下によって出現した"東京 0 メートル地帯"という大きな環境問題として，いまだに残されていることは周知のとおりである．

さて地下水問題は，このような直接的な公害にかかわるもの以外に，環境要因としての側面のあることにも目を向ける必要がある．たとえば，地下水の露頭ともいえる湧水はそれを見る人に心地よさを覚えさせ，アメニティ要因となっていることなどがそれである．すでに涸渇したもの，または涸渇に瀕している湧水を復活，あるいは保存しようという動きがあるが，これは地下水のもつ環境的側面に関心が寄せられるようになったことを意味している．同じような視点として，地下水は熱や物質の運搬者であるということも忘れてはならない．最近問題となっている地下水汚染問題は，人間の健康を脅かす物質が地下水の循環とともに，移動・拡散する現象としてとらえることができる．さらに，積雪地域においては消雪のために地下水の熱が利用されている一方，東京では地下工事に起因する地下水の熱汚染という問題もあり，同一の現象が発生する場と状況によって功罪を分けている．これらをいい換えれば，地下水が環境維持機能を有しているということを意味している．

以上に述べた地下水をめぐる諸問題を検討してゆくためには，ここに紹介した地下地質構造や，そこでの地下水の流動機構の把握が基本になるというこ

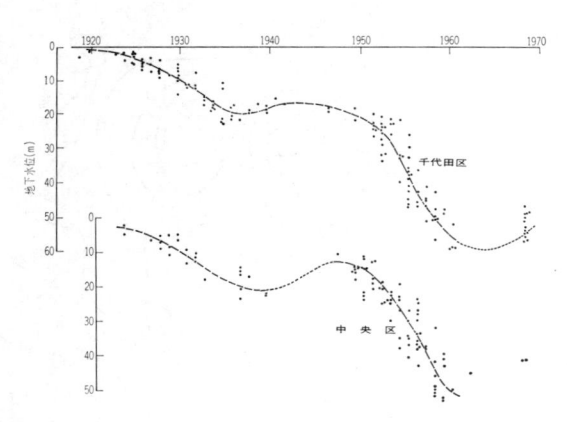

図 20.16 東京都心部における地下水位の経年変化（新藤，1972）

とを力説して本稿の結びとする． 〔新藤　静夫〕

参考文献

遠藤　毅(1978)：東京都付近の地下に分布する第四系の層序と地質構造．地質学雑誌，vol. 84, pp. 505-520．

羽鳥謙三・寿円晋吾(1958)：関東盆地西縁の第四紀地史(1), (2)．地質学雑誌，vol. 64, pp. 181-194；pp. 232-249．

堀口万吉：関東平野西部の地形区分と段丘面の変動．関東地方の地震と地殻変動，pp. 119-127．ラティス社．

石井基裕(1963)：関東平野の基盤．石油技術協会誌，vol. 27, pp. 405-430．

貝塚爽平(1964)：東京の自然史．228 p., 紀伊国屋書店．

貝塚爽平・森山昭雄(1969)：相模川沖積低地の地形と沖積層．地理学評論，vol. 42, pp. 85-105．

河井興三(1961)：南関東ガス田地帯についての鉱床地質学的研究．石油地質協会誌，vol. 26, pp. 214-266．

木野義人(1970)：関東平野中央部における被圧地下水の水理地質学的研究．地質調査所報告，no. 238, pp. 1-39．

菊地隆男・貝塚爽平(1972)：関東平野地下の成田層群．日本地質学会シンポジウム「地盤と地下水に関する公害」，pp. 99-110．

菊地隆男(1974)：関東地方の第四紀地殻変動の性格．関東地方の地震と地殻変動，pp. 129-146．ラティス社．

蔵田延男・尾崎次男・後藤隼次(1958)：中利根工業用水源地域調査報告．地質調査所月報，vol. 9, no. 12, pp. 821-837．

森川六郎(1970)：埼玉県東部の地質と地下水，文部省特定研究「水の浸透に関する水理地質学的研究」研究報告書．

永井　茂・村下敏夫(1976)：川崎市における地盤の変動と地下水との関係．工業用水，no. 215, pp. 46-69．

落合敏郎(1968)：関東平野における地下水の年代測定とその水文地質学的研究．地下水学雑誌，vol. 14, pp. 11-23．

尾崎次男・菅野敏男(1968)：赤城山および榛名山における地下水の補給量推定に関する研究．地質調査所月報，vol. 19, no. 6, pp. 365-383．

尾崎次男・岸和男(1959)：渡良瀬川流域工業用水源調査報告．地質調査所月報，vol. 12, no. 8, pp. 667-684．

柴崎達雄(1971)：地盤沈下―しのびよる災害―．205 p.. 三省堂．

新藤静夫(1968)：武蔵野台地の水文地質．地学雑誌，vol. 77, pp. 223-246．

新藤静夫(1970)：武蔵野台地の地下地質．地学雑誌，vol. 78, pp. 449-470．

新藤静夫(1972)：南関東の地下水．土と基礎，no. 667, pp. 25-36．

新藤静夫(1975)：常総台地の地下水．東洋大学工学部研究報告，vol. 12, pp. 79-108．

新藤静夫(1976)：南関東地域の地下水利用と地盤沈下．地学雑誌，vol. 85, pp. 79-108．

鈴木陽雄(1967)：栃木県の水理地質学的研究．工業用水，no. 106, pp. 44-59；no. 108, pp. 36-59, no. 110, pp. 29-36．

通商産業省(1972)：首都圏地下水理総合大規模調査報告，107 p.

東京都(1976)：東京都地盤地質図(三多摩編)．

渡部景隆・提橋　昇(1960)：那須野が原の地史(那須野が原の水理地質，3)．地質学雑誌，vol. 66, 147-156．

渡部景隆・提橋　昇(1962)：那須野が原の"関東ローム"(那須野が原の水理地質，4)．地質学雑誌，vol. 68, pp. 451-460．

21. 南関東の段丘と示準テフラ

　日本列島には大小さまざまな平野があり，海岸に面しているものが多い．われわれが日ごろ耳にするおもな海岸平野をあげると，北から石狩・仙台・新潟・関東・濃尾・大阪・筑紫の各平野などである．これらはいずれも人口稠密地域であり，古くからわれわれの生活の舞台となってきた場所である．

　ひとくちに海岸平野といっても，それはまとまりのあるいくつかの地形要素から成り立っていて，海抜約200mより低位に丘陵，台地，低地の順に配列する（図21.1）．これらがどのような地形・地質から成り立ち，どのような生い立ちをもつのだろうか．一言でいうと"地殻変動"と"火山活動"によってつくられたのが関東平野である．火山灰（テフラ：tephra）編年によって地形や地層の年代がよくわかっている関東平野南部を例に概説し，現在でも可能な観察ルートをひとつ紹介することにしよう．

　用語の解説：以下の理解を助けるために簡単に語句の説明をしておこう．

　丘　陵：明確な定義はないが，山地と平地の間にあって多少起伏のある緩斜面・急斜面や小平坦面の集合した地形単位．

　台　地：比較的高いところにあって，広い平坦な表面をもち，その外端は急斜面で低位の地形に接している地形．日本列島の場合，新期の砂礫層からなる段丘地形，火山噴出物から成る堆積地形などを一般に台地とよぶ．

　低　地：台地より低位にあって，河原，磯，砂浜，扇状地，谷底平野などを含む地形で，現在それらをつくる作用が進行中であることが多い．

　段　丘：地表面が平坦で，河川・湖・海岸に面して見られる階段状の地形を指す．平坦部を'段丘面'，段丘面を境する急崖を'段丘崖'とよぶ．河川の作用によってできたものを河岸段丘，海の作用によるものを海岸段丘という．

　テフラ：火山噴出物のうち個体として地表に出現した物質の名称．火山砕屑物ともいう．

　編　年：地形や地層を年代順に整理することをいう．地史や地形史を調べるために得られた多くの資料が必要とされる．

　もっと詳しく知りたい人は『地形学辞典』（二宮書店），『地学辞典』（平凡社），『新版地学辞典Ⅰ・Ⅱ・Ⅲ』（古今書院）などをひもといてください．

21.1. 関東平野南部の段丘地形

　よく知られているように，関東平野はわが国では面積が最も広く，関東地方1都6県にまたがる海岸平野である．流域はおもに利根川・荒川・多摩川などの水系などに分かれている．河川沿いには低地が，河間には何段かの河岸段丘・海岸段丘からなる台地がおびただしく分布し，それぞれに地域名が付けられて"××台地"，"○○低地"とよばれている．

　関東平野の特徴はほぼ段丘からなる台地の占有面積が大きい（約60％）ことである．これらの段丘群はどのような形態をもち，どのように表現されているのだろうか．関東平野南部の段丘面は海抜20〜100mの間のいくつかのレベルに分布し，高度と地形の連続さに従って高位のものから多摩面，下末吉面，武蔵野面（小原台面），立川面，沖積面（低地）

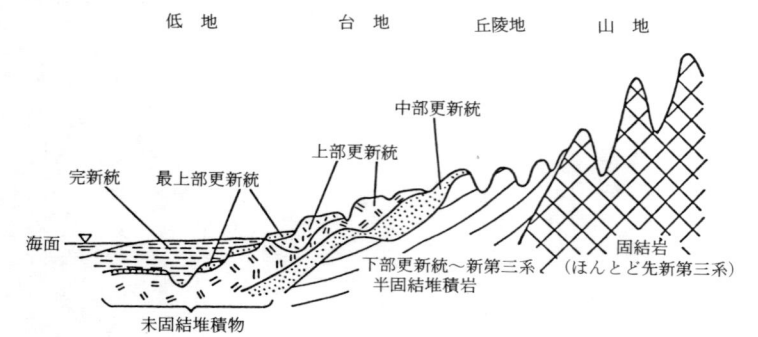

図21.1　模式的な山地-低地の地形・地質断面（田村，1982）

21. 南関東の段丘と示準テフラ

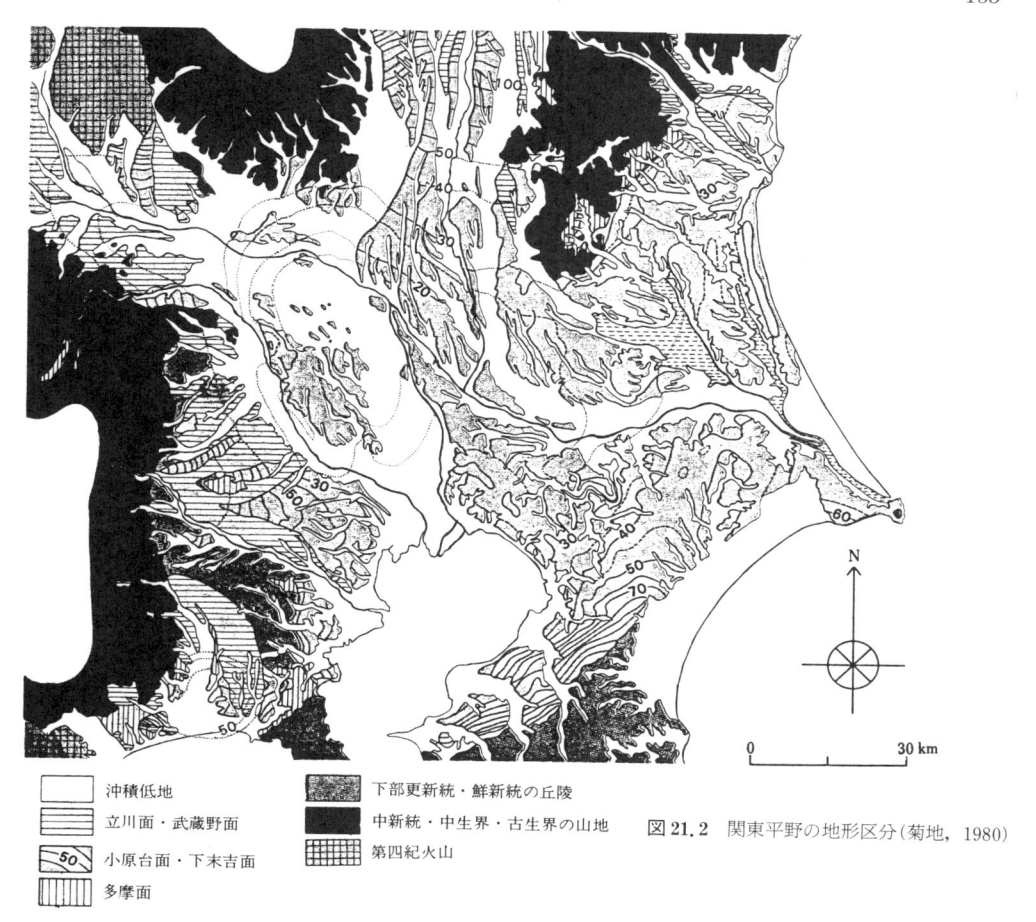

凡例:
- 沖積低地
- 立川面・武蔵野面
- 小原台面・下末吉面
- 多摩面
- 下部更新統・鮮新統の丘陵
- 中新統・中生界・古生界の山地
- 第四紀火山

図21.2 関東平野の地形区分（菊地, 1980）

に分けられている（図21.2）。なかでも下末吉面が広く分布することがよくわかる（図21.2）。また各段丘面下には海や川の作用による砂や礫の堆積層がみられ、これらの地層が段丘面をつくっていると一般に解釈する（図21.4）。

21.2. 段丘をおおう火山灰（テフラ）

どの台地を歩いても共通して観察されることは、地形の平坦さと足元の黒土やその下にある赤土である。この赤土は"関東ローム"とよばれ、褐色の風化火山灰層を主体とする風成堆積層（テフラ）である。つまり、陸化した地形の上（砂や礫の堆積層）に降り積もった地層のことである。その厚さは場所によって異なるものの、より高位の段丘面において、また火山体周辺とくに富士山・箱根両火山東方において厚く堆積している（図21.3）。関東ロームの区分と対比は1950〜1960年代に精力的に進められ、段丘面との被覆関係・ローム内の不整合関係などに基づいて上位（新期）のものから立川ローム層、武蔵野ローム層、下末吉ローム層、多摩ローム層と名付けられた（図21.4）。この一連の研究によって、段丘面が高く（古く）なるほどローム層の数が多くなるというシェーマが確立された。

ロームのなかを詳しくみると、褐色の風化火山灰層とそうではない特色のあるテフラ層（軽石、スコリア、白色系の細粒火山灰など）に大別される（図21.3）。岩相の違う個々のテフラ層の名称は研究者によって違うが、よく知られているのは鹿沼土で有名な「鹿沼軽石」（赤城火山起源）、南関東を広く覆う「東京軽石」（箱根火山起源）などである。個々のテフラ層の詳細な対比が1970年代に急速に進展し、相離れた地域において段丘形成の時代が特定されるようになった。これが示準層としてのテフラ、すなわち"示準テフラ（marker tephra）"とよばれるゆえんである。

一方、個々のテフラ層の噴出した絶対年代が、放射年代測定法（^{14}C法、フィッショントラック法、K-Ar法）の進歩に伴って解明され、関東平野は第四紀

図 21.3 関東ローム(テフラ)の代表的な柱状図(Kaizuka, 1958)

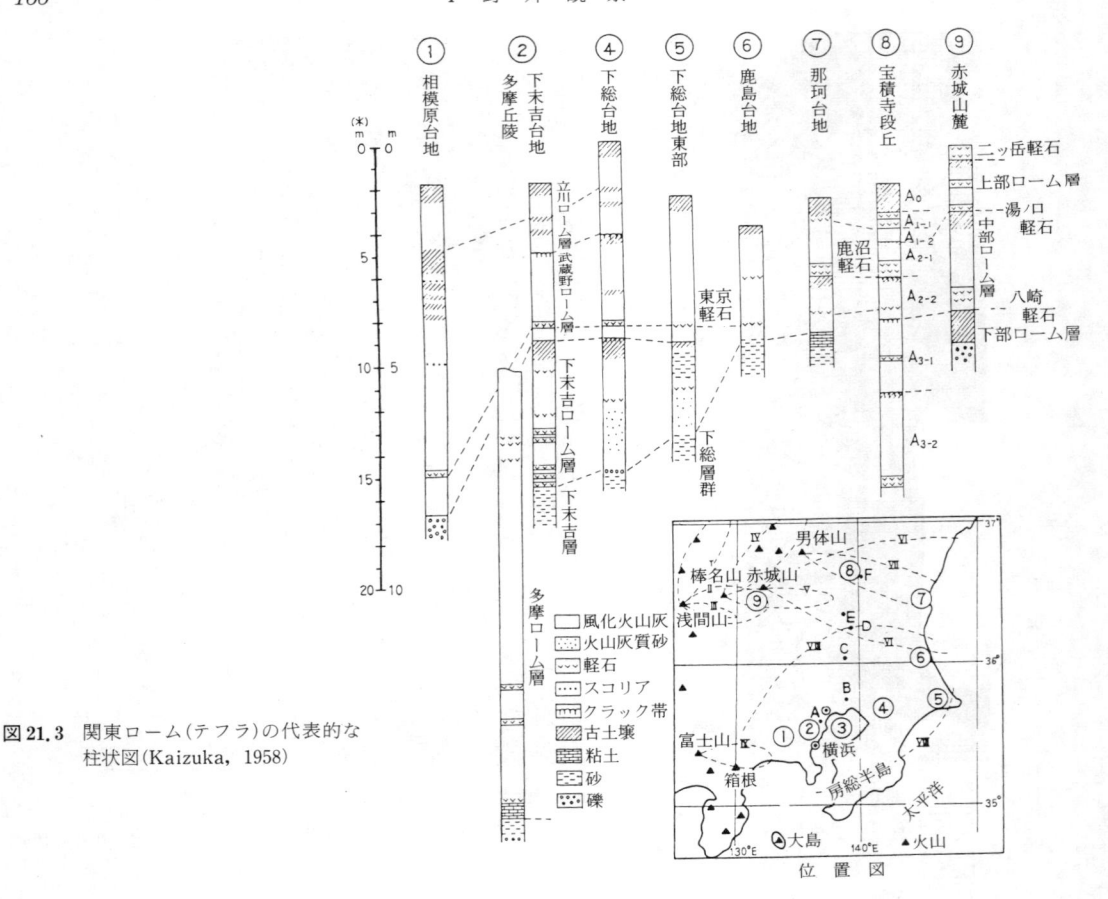

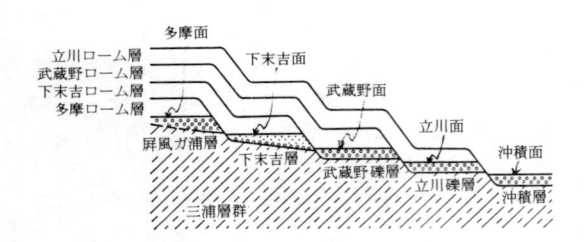

図 21.4 関東ローム層と段丘との関係(関東ローム研究グループ, 1956)
段丘面が古く(高く)なるほど, ローム層の数が累加していく関係を示す.

後期の地形や地層の年代が最もよくわかっている地域になった(図 21.5). 年代既知のテフラと段丘面・地層の被覆関係に基づいて段丘形成の時代を推定する方法は, 火山灰編年学的方法とよばれるもので, 図 21.5でわかるように, 更新世後期では1万年単位で, 更新世中期では10万年単位で地学現象を議論できる精度に達している.

段丘面をつくった作用の理解とその及んだ時代の情報に基づいて, 関東平野は間氷期-氷期の繰返し(海面の昇降)を経験しながら, 地盤(地殻)の隆起運動によって陸化を進行させつつ図 21.6のように古地理を変遷させてきたことがわかっている. それによれば関東平野の原形は, 13〜12万年(130〜120 ka)前に拡大した海域(古東京湾)の時代にほぼできあがり, われわれはその時代の名残りを下末吉面という段丘地形によって見ているのである.

21.3. 三浦半島の海岸段丘

段丘地形や示準テフラを観察できるところはいろいろあるが, 見晴らしがよく, 道路沿いに地層の見える露頭が残り, 徒歩で手軽に出かけることのできる巡検コースを紹介しよう. このコースは, 筆者が学生時代に参加し, 現在勤務先の学生を地学の野外実習を兼ねて毎年案内しているものである. 東京周辺からは日帰りが可能である.

品川から京浜急行線に乗り込み, 風景を眺めながら約70分(ボックス席の快速特急が快適で良い)で終点駅の三崎口に着く. 川崎や横浜付近では狭苦し

21. 南関東の段丘と示準テフラ

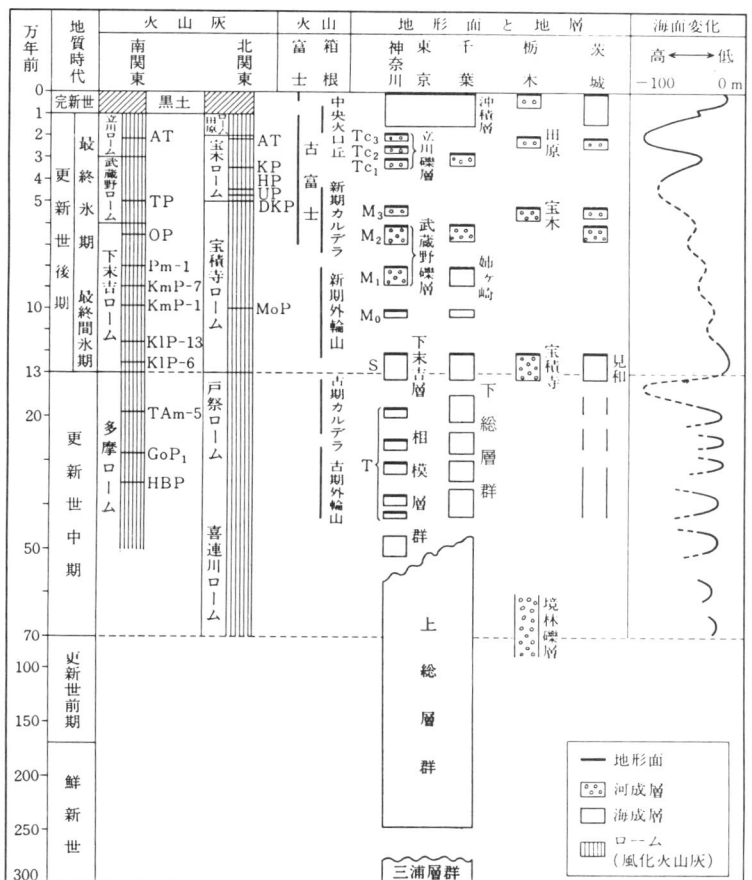

図 21.5 関東平野の地形と地層の編年表（貝塚・成瀬・太田，1985）

関東平野は大阪周辺とともに日本で第四紀層や地形の年代が最もよくわかっているところである．略号で書いた火山灰の名称と噴出火山は次のとおり．AT：姶良・丹沢火山灰（姶良カルデラ），TP：東京軽石（箱根新期カルデラ），OP：小原台軽石（箱根新期カルデラ），Pm-1：御岳第1軽石（御岳），KmP-7：親子軽石の一部（箱根新期外輪山），KmP-1：親子軽石の一部（箱根新期外輪山），KlP-13：ピンクパミス（箱根新期，外輪山），KlP-6：三色アイスの一部（箱根，新期外輪山），TAm-5：ウワバミ軽石（箱根古期カルデラ），GoP₁：ゴマシオ軽石（八ヶ岳），HBP：八王子黒雲母軽石，KP：鹿沼軽石（赤城山），HP：八崎軽石（榛名山），UP：湯ノ日軽石（赤城山），DKP：倉吉軽石（大山，この層位は竹本弘幸による），MoP：真岡軽石．

図 21.6 関東平野の地形発達史 (Kaizuka, 1979)

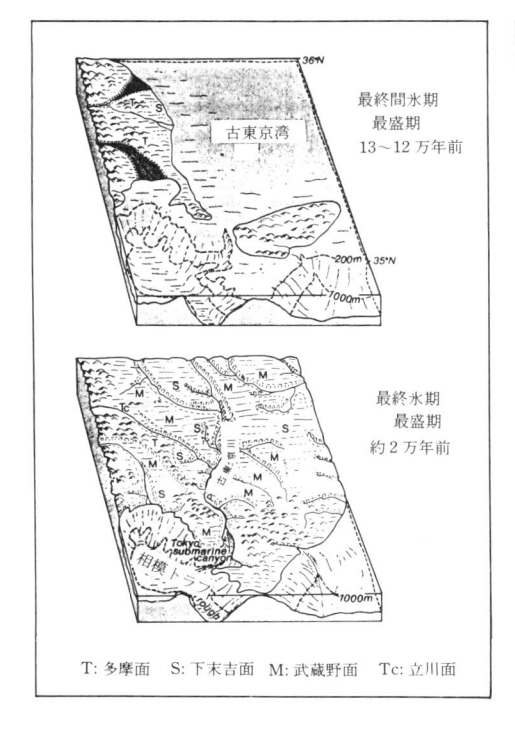

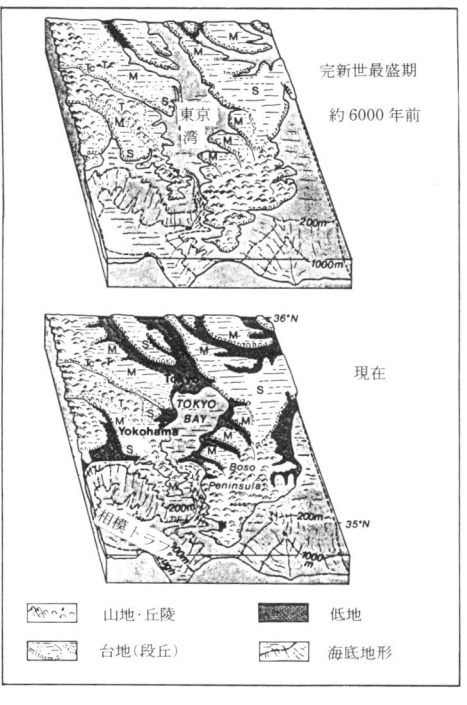

T: 多摩面 S: 下末吉面 M: 武蔵野面 Tc: 立川面

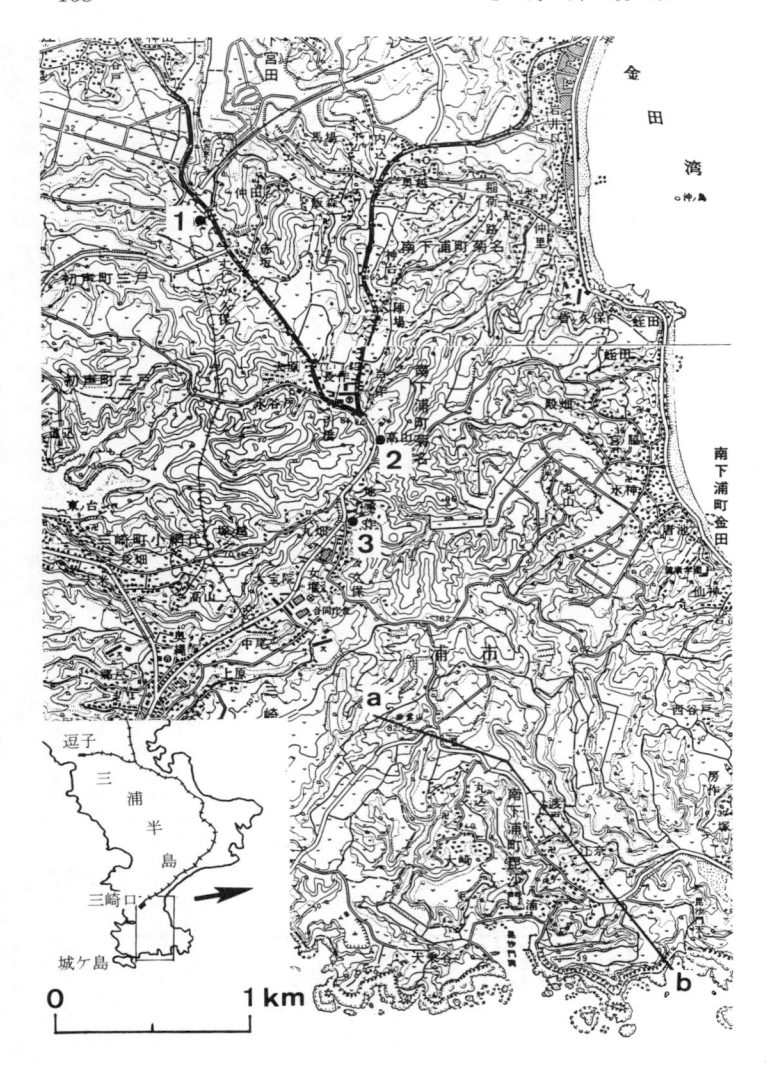

図 21.7 三浦半島南部の地形図
等高線の間隔は 10 m. 1, 2, 3 は
図 21.8 の地質柱状図の位置. a-b
は図 21.10 の断面の位置.

かった風景も，三浦海岸駅を過ぎるあたりから急に視界が開け，台地が見渡せるようになる．駅前広場から北を望んでみよう．とても平らな段丘面を見ることができる．この段丘面は高度 30〜45 m に広がり，「三崎面」とよばれている．その平坦さと高度を地形図(図 21.7)で確認してください！ 残念ながら，この付近で三崎面の段丘堆積物とそれを覆う示準テフラを一緒に観察できる場所はない．これまでの研究によると三崎面は示準テフラの東京軽石(TP：Tokyo Pumice)より上位の関東ローム層に覆われることから，約 6 万年(60 ka)前に陸化(離水)したとされている．

広場を横切ると国道 134 号線が南へ緩く上っている．この緩斜面が先ほど眺めた三崎面とそれより高い小原台面(高度 50〜80 m)を分けている．この緩やかな斜面を削ってできた駐車場横の壁に，前記した赤土すなわち関東ロームが露出している(地点 1, 図 21.8)．近づいて観察してみよう．足元から腰ほどの高さまでには少々固結した軽石・スコリア層が見られ，北へ 20 度ほど傾いている．これは関東ロームではなく，三浦半島の骨格をなす新第三紀の堆積岩(三浦層群)である(図 10.1 参照)．

関東ロームはこの地層を平らに削った段丘面(小原台面：段丘堆積物がほとんどないので正確にいうと波食面)の上にのっている部分である．草木で被覆されているため，実際に見えるのは示準テフラである白色ないし黄色の軽石層〔TP：東京軽石, OP：小原台軽石(Obaradai Pumice)〕周辺の厚さ 2〜3 m の部分である．TP, OP の直下にはひび割れのあるチョコレート色の地層があり，各示準テフラの堆積

21. 南関東の段丘と示準テフラ

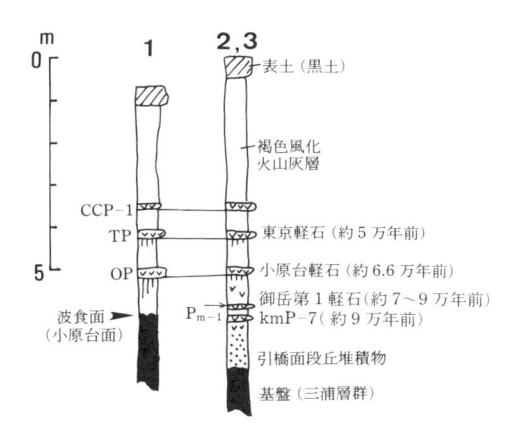

図 21.8 段丘堆積物とそれをおおう関東ローム層
地点の位置は図 21.7 に示す.

前の土壌(埋没土, 古土壌)と考えられている. OP の下位に 1 m ほどの風化火山灰層が存在することから(図 21.8), 小原台面の陸化(離水)は OP の放射年代(約 66000 年前：66 ka)より古く約 8 万年(80 ka)前と推定されている. テフラに興味のある人はここで TP, OP のサンプリングをして持帰り, 顕微鏡で造岩鉱物を調べてみるのがよい(II-4 章「偏光顕微鏡と鉱物の光学的性質」参照).

さて, 小原台面上を左右に野菜畑を見ながら国道沿いに南進していくと, 長作の集落あたりから斜面の傾斜が大きくなり登り坂になる. 比高数 m の坂を登りきると再び平らな場所に出る(引橋の交差点付近). ここが引橋面とよばれる段丘面である. 谷が左右から迫り, 少し起伏のあるやせた尾根上である

図 21.9 地点 2 でのテフラの様子

が, 平頂部の高度は 80～85 m にそろっている.

道路沿いの露頭(図 21.9 の地点 2 ないし地点 3)で引橋面のなかをのぞいてみよう(図 21.8). 地点 1 と異なる点は二つある. まず関東ロームと基盤(三浦層群)の間に厚さ 1 m ほどの海浜砂層があり, これが引橋面の段丘堆積物が見られることである. 次に段丘面をおおう示準テフラが増えていることである. すなわち小原台軽石(OP)の下位に, 御岳第 1 軽石層(P_{m-1}), KmP-7 ("親子軽石"の一部)といった白色系の軽石層が存在する. これらの事実は, 引橋面が小原台面より早く陸化(離水)したことを示しており, その離水年代は KmP-7 の放射年代〔約 9 万年(90 ka)前〕より若干古い 10 万年前と推定されている. なお, この引橋面の存否については異論も多く, 下末吉面(13～12 万年前)の一部と考えている研究者もいる.

さて, これまで三つのレベルにある海岸段丘の地形と内部構造を紹介したが, それを復習するために岩堂山(高度 82.4 m)に登ろう. 地形を頭に入れるには孤立した高所が一番である. 見晴らし台に立って, 西方を見おろしてください. 右手方から引橋面, 小原台面, 三崎面の階段状配列がわかるはずである.

岩堂山から南の毘沙門に向かっても同様の段丘配列を確認することができる. この方向に地形断面を地形図から描いてみると(図 21.10), 各段丘面の個性がよく現れている. 高くすなわち古い段丘面ほどは谷に刻まれ(開析され), 平坦な度合いが小さくなっている. 最新の三崎面は浅海底であった様子が手に取るようにわかる.

余裕のある人は毘沙門湾まで足をのばそう. 海岸段丘が高い所にある理由を考えるヒントが隠されているからである. 谷奥深くまで沖積低地が入りこみ, 縄文海進の名残りを見ることができる. 実はこの沖積低地も離水し段丘(四つのレベルが認識されている)となっているのである. さらに岩場の海岸まで出

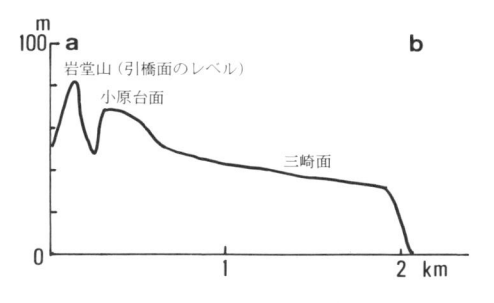

図 21.10 海岸段丘の地形断面
断面の位置は図 21.7 に示す.

図 21.11 昆沙門湾の海側に広がる離水ベンチ

てみると，海面上 1.5 m ほどに高さのそろった平坦面〔離水ベンチとよばれる（図 21.11）〕が見られる．それは明らかに離水しており，1923 年大正関東地震の時に土地（地盤）が隆起し浅海底が干上がったことによることが事実としてわかっている（ベンチの高さ≒地震隆起量）．この種の大地震は繰返し発生することが知られている．さてこれが，時代の古いものほど高所にあるという海岸段丘の年代と高度の関係を説明するひとつの理由を解く鍵である．頭を柔らかくして考えてみよう．そして友人達とそれについて議論してみよう．

まとめ

台地をつくる段丘地形の特徴・歴史を概説してきたが，身近な平野にはそのほかさまざまな構成要素がある．実際どのように現地で地学現象を学んだらよいかをひとつのルートを例示しながら段丘地形の基礎的な野外観察方法を紹介した．地形は立体的・視覚的にとらえられるので，誰でも近寄りやすい領域である．紹介した巡検コースを一度歩いて，自分なりに考え，地形をみるスケール（尺度）の感覚をぜひ養ってほしい．それはだれも教えてくれないことであり，自分なりの感覚をすばやく身につけることが観察能力を高める秘訣である．その経験的な積重ねが，地学現象のおもしろさを体得させるとともに，問題を自分で発見し洞察する力を開発していくことは疑いない．

地形の成立過程の理解は，平野という環境下で人間活動を営むことの多いわれわれに重要な情報と有効な助言を与えてくれる．また得られた成果は共通の財産として一般に還元していかねばならない．こんな大志をもちながら，地形の理解を深めて欲しいと思う．

〔宮内　崇裕〕

参考文献

Cas, R. A. F.・Wright, J. V. (1987)：Volcanic Successions. Modern and Ancient. 528 p.. Allen & Unwin.
Fischer, R. V.・Schminke, H.- U. (1984)：Pyroclastic Rocks. 472p.. Springer-Verlag.
Heiken, G.・Wohletz, K. (1985)：Volcanic Ash. 246p.. Univ. California Press.
Kaizuka, S. (1958)：Tephrochronological studies in Japan. *Erdkunde*, Bd. 12, S. 253-270.
Kaizuka, S. (1979)：Land in Torment. *The Geographical Magazine*, vol. 51, no. 5, pp. 345-352.
貝塚爽平(1983)：空からみる日本の地形．岩波グラフィックス 14, 80 p.. 岩波書店．
貝塚爽平・成瀬　洋・太田洋子(1985)：日本の自然 4　日本の海岸と平野．226 p.. 岩波書店．
貝塚爽平(編)(1985)：写真と図でみる地形学．242 p.. 東京大学出版会．
関東ローム研究グループ(1956)：関東ロームの諸問題．地質学雑誌, vol. 62, pp. 302-316.
関東ローム研究グループ(1965)：関東ローム—その起源と性状—．378 p.. 築地書館．
菊地隆夫(1980)：古東京湾．アーバンクボタ, no. 18, pp. 16-25. 久保田鉄工㈱．
成瀬　洋(1982)：第四紀．270 p.. 岩波書店．
町田　洋(1977)：火山灰は語る．324 p.. 蒼樹書房．
日本第四紀学会(編)(1987)：日本第四紀地図解説書．116 p.. 東京大学出版会．
野尻湖地質グループ(1990)：火山灰野外観察の手びき．64 p.. 地学団体研究会．
大森昌衛・端山好和・堀口万吉(編)(1986)：日本の地質 3　関東地方．336 p.. 共立出版．
田村俊和(1982)：全国的にみた大規模土地改変の実態．地理, vol. 27, no. 9, pp. 16-24.
吉川虎雄・杉村　新・貝塚爽平・太田洋子・阪口　豊(1973)：新編日本地形論．415 p.. 東京大学出版会．

22. 南関東の沖積統

　東京湾,房総半島九十九里浜,相模湾の沿岸部や,それらの背後の台地とか丘陵の間にみられる谷には,軟弱な地盤をなす泥からなる沖積層が厚く埋積して沖積低地を形成している．なかでも荒川,中川(古利根川),江戸川,渡良瀬川,鬼怒川,小貝川,多摩川や相模川などの流域に沿って著しい．これらの河川の下流部の沖積層は,貝殻を多く含むことで特徴づけられるため,広く有楽町貝層(山川,1909)あるいは有楽町層とよばれてきた．本章ではこの有楽町層あるいは沖積層が最もよく発達し,その研究が進んでいる東京湾内の3地域と,外洋に面した房総半島九十九里浜平野,館山平野を中心とする房総半島南端部と相模川平野の計6地域での,それぞれを特徴づける沖積層について取上げる．

22.1. 沖積統とは

　1923年の関東大地震は東京・横浜の沖積低地をはじめとして,南関東の沖積平野に大きな被害をもたらした．この震災復興を目的として,東京・横浜の低地では地質ボーリングを中心とした沖積層の総合調査が行われた．その結果,沖積層は厚い未固結な砂や砂泥からなることが明らかになり,軟弱地盤と地震被害とに高い相関を示すことが指摘され,沖積層と洪積層が区別され,さらに沖積層が洪積層基盤を削りこむ谷を埋積したものであることが図示された(復興局建設部,1929)．戦後になり東京湾臨海部の開発が急激に行われ,東京の下町低地を中心に膨大な数のボーリング調査が実施され,それをもとに多くの研究が進められた．その研究のなかで,それまで知られていた東京低地の沖積層は,間に埋没谷をはさんで上位の有楽町層と下位の七号地層に二分されること(青木・柴崎,1966;Shibazaki et al., 1971),沖積層下の埋没谷底には基底礫層(BG層)とよばれる礫層が広く分布すること(池田,1964;貝塚・森山,1969;Matsuda, 1974;Kaizuka et al., 1977など),沖積層の下には立川段丘に相当する埋没段丘礫層があること(羽鳥・他,1962;松田,1973;岡・他,1984など)などが明らかにされた．さらに,最近では有楽町層と七号地層とから採取された貝,木片やピートなどの^{14}C年代測定値,層序や構造によって,有楽町層が約1万年前以降の完新世,七号地層が約1万年前以前の更新世末期に形成された地層であることがわかった．そして,七号地層はBG層を基底礫層として七号地海進による汽水的環境下での谷埋め堆積物,有楽町層は七号地層上部を削り込んだ谷を埋める砂あるいは砂礫層(HBG層)を基底礫層にもつ,縄文(有楽町)海進期の内湾堆積物および海進以降の河成堆積物とからなり,両層が"二段重ねの構造"であることが明らかにされた(Endou et al., 1982;遠藤・他,1983 a, 1983 b, 1984, 1988など)．

　ところで,七号地層は^{14}C年代測定値や海面変動の経過から明らかなように,更新世末期の堆積物であって完新統でない．しかし,沖積層は復興局建設部の調査以来,近年の開発に伴う著しい地盤沈下や地震災害を起こす低地の地下を構成する軟弱地盤層として注目されてきた．この沖積層は下位の七号地層と上位の有楽町層とを一括したもので,更新世末期から完新世にかけての堆積物であり,いわゆる沖積世の堆積物として"沖積層"の名で一般に使用されている．したがって,七号地層は更新統の一部であるが,土質工学的には現在でも有楽町層とともに"沖積層"として扱われている．そこで,本章では更新世末期の七号地層を含めて沖積層として扱い,完新統ではなく沖積統とした．

22.2. 中川・荒川低地,東京下町低地

1) 中川・荒川低地,東京下町低地の地形

　中川(古利根川)および荒川の流域に発達する低地は,それぞれ中川低地・荒川低地とよばれる．両低地の表層は自然堤防,旧河道,後背湿地などが複雑に入り組んで分布する．中川低地と荒川低地は大宮台地南東で合流し,東京の下町低地へと続いている．東京下町低地は三角州面となる．湾岸の低地は,明治時代初めまでは干拓地として,それ以降は埋立地となり,現在では埋立地がさらに東京湾のかなり沖合まで広がっている．なお,利根川と渡良瀬川は近世の河道付け替えによって,人工的に鬼怒川水系

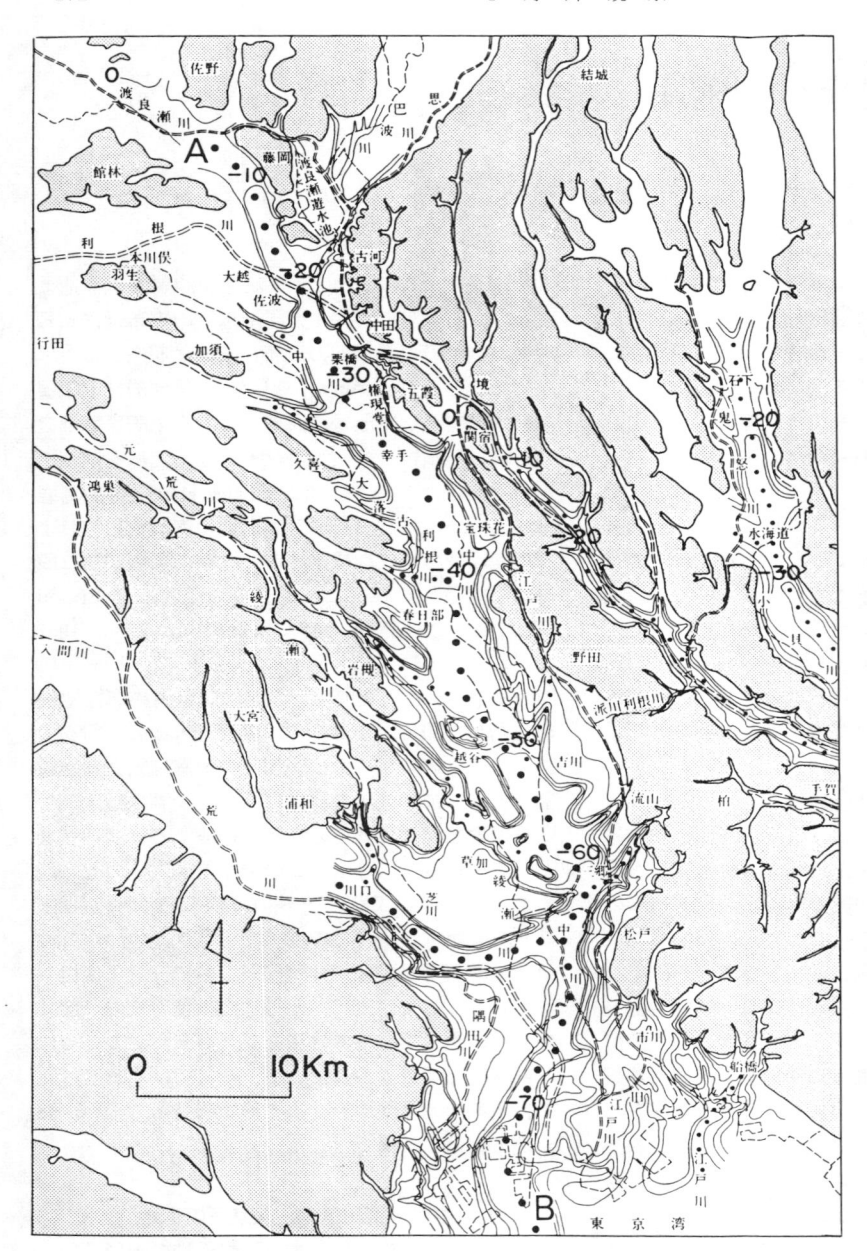

図 22.1 中川・荒川低地，東京下町低地の沖積層基底地形図（遠藤・他，1988）
A-B は図 22.2 の地質断面図の位置を示す．

へ移される前までは，大河川となって中川の谷を南流し東京湾に注いでいた（図 22.1）．

2) 中川・荒川低地，東京下町低地の地質

東京下町低地の臨海部を中心とする本地域の地下は，海成の沖積層が厚く堆積しており軟弱な地盤を構成している．前述のように，1923（大正12）年の関東大地震では大きな被害を受けたことで復興局建設部による調査が行われた．その後もボーリングなどによる地質調査が実施され，膨大な資料の蓄積となった．そのため多数の研究が行われ，沖積層の層序，軟弱層の分布，基底地形などが明らかとなり（青木・柴崎，1966；Shibazaki et al., 1971；Matsuda, 1974；Kaizuka et al., 1977；Endou et el., 1982；遠藤・他，1984，1988 など），日本の沖積層の模式地となっている．

本地域の沖積層は図 22.2 のように，沖積層の基底部にあり，BG 層あるいは七号地層の基底礫層，もう一つの中部のものは Endou et al. (1982) による HBG 層あるいは完新世基底礫層で，有楽町層の基底礫層となっている．したがって，BG 層から HBG

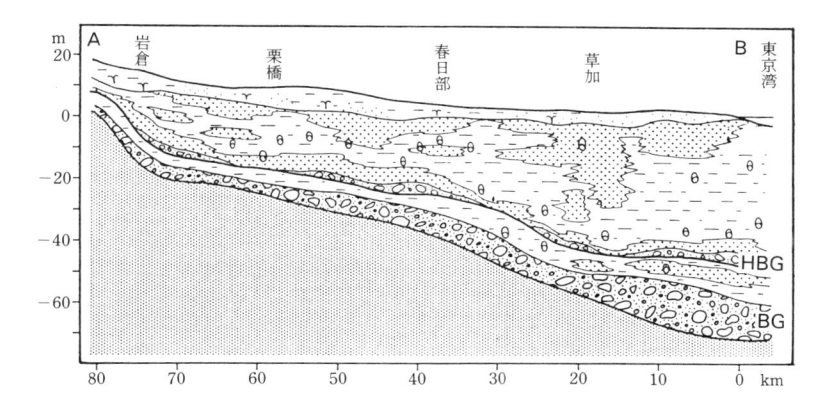

図22.2 中川低地の沖積層縦断地質断面図(遠藤・他, 1988)
BG：沖積層基底礫層, HBG：完新世基底礫層.

層に覆われるまでの地層が七号地層で, HBG層から表層までの堆積物が有楽町層である. すなわち"沖積層"は下位の七号地層と上位の有楽町層とが重なり合う「二段重ね構造」となる.

BG層に埋積される埋没谷は, 中川と東京下町低地の地下では南北方向に細長く連なる谷地形として確認でき, その基底高度が上流の古河付近で-20 m, 東京湾付近で-70 mとなり下流に向かって高度を下げる. さらに, その下流延長部は東京湾底で明らかにされている古東京川(中条, 1962)に続く. この埋没谷の両側には数段の段丘地形が認められ, 段丘をつくる礫層とその上に埋没の立川ローム層が確認されている. たとえば, 東京下町低地の本所埋没段丘(遠藤・他, 1988)とか, 草加南部, 安行台地からのびる広い埋没台地(遠藤・他, 1983)などである.

七号地層はBG層を基底礫としてそれを覆う有機質シルトと細砂層の互層によって特徴づけられる. 層厚は東京下町低地で30～50 mであるが, 最上部をHBG層によって侵食されていることから, 本来は55～60 mの厚さがあったと推定される. 本層の堆積環境は下位から上位に淡水から淡水ないし汽水性の内湾環境へと変化する一連の海進過程を示す.

有楽町層はHBG層を基底にもち, それを覆う軟弱なシルト層と砂質層によって特徴づけられ, 下部・上部に二分される. 下部は貝化石に富む青灰色のシルトからなる有楽町層下部層, 上部は砂～有機質な泥～泥炭などからなる有楽町層上部層である. 下部層は縄文海進期の内湾堆積物で, その最下部層準には海進初期に東京下町低地へ海水が侵入して形成された湾奥干潟を示すカキ礁が, -35～-49 mの深度に発見されている. その年代は9500～9000年(9.5～9.0 ka)前である. 中部～上部層準は海進前期～最高期にかけての堆積物で, その分布は中川低地沿いでは現在の海岸線から約60 kmも入った栗橋付近まで, 荒川低地沿いでは川越付近まで及んでいる(安藤・他, 1987；安藤 1988). 上部層は海進最高期以降〔約4500年(4.5 ka)前以降〕に形成された三角州成ないし河成堆積物で, 沖積低地の表層を構成

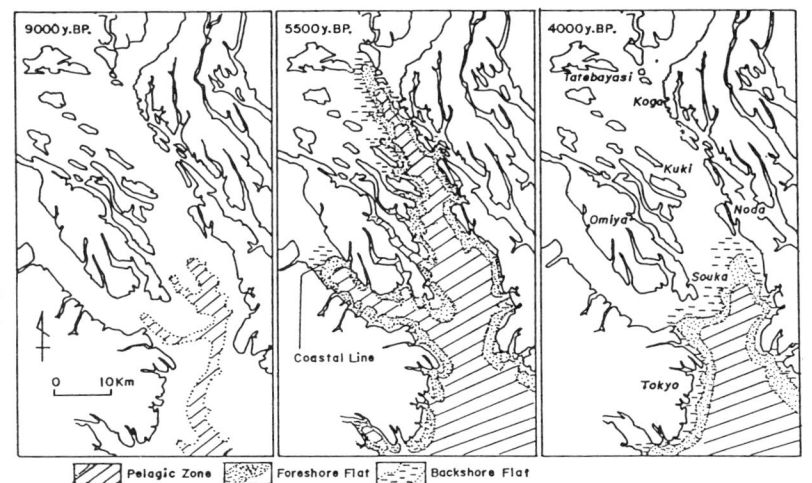

図22.3 古奥東京湾における9000年(9.0 ka)前, 5500年(5.5 ka)前, 4000年(4.0 ka), 前の海岸線とその周辺環境(小杉, 1988)

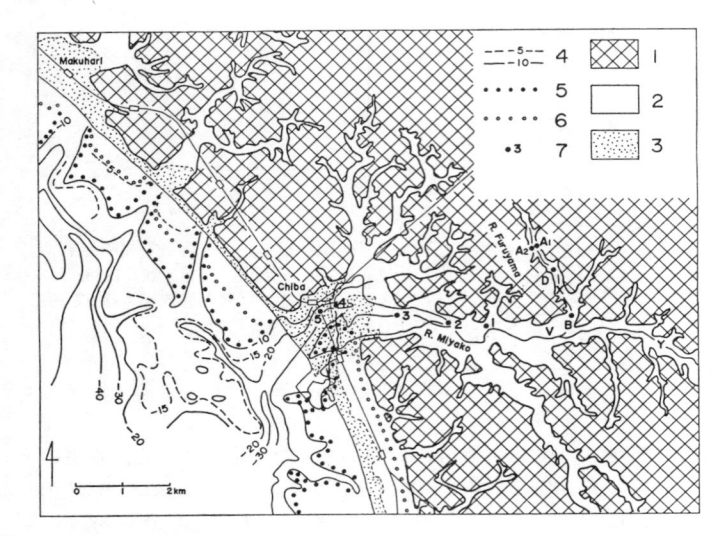

図 22.4 千葉付近の地形分類および沖積層基底の地形(貝塚・他, 1979)
1：台地, 2：谷底, 海岸低地および海底, 3：海岸の砂堆, 4：沖積層基底等深線, 5：約6000(6.ka)年前の推定海岸線, 6：約3500年(3.5 ka)前の推定海岸線.

する．層厚は5〜10 m で有機質泥，砂，礫層などからなり，層相変化に富む．このような有楽町層の堆積環境の変遷を，小杉(1989)が図22.3のように復元している．

22.3. 東京湾東岸低地
1) 東京湾東岸低地の地形
東京湾東岸低地は湾奥の東京低地より東側に発達する沿岸一帯を指し，東京湾に流れ込む諸河川の三角州および沿岸の低地からなる．おもな河川は都川，村田川，養老川や小櫃川などである．本地域は京葉工業地帯の主要部をなし，沿岸部はほとんど埋め立てられており，自然の海岸は小櫃川の河口部を除くと残されていない．

2) 東京湾東岸低地の地質
東京湾東岸低地の沖積層は，おもな河川沿いの低地地下に存在する埋没谷と上総台地の前縁に広がる沿岸低地の地下に分布する．その沖積層の典型的な層序は，養老川や小櫃川の埋没谷においてみることができ，そこでは前述のように下位の七号地層と上位の有楽町層とを確認することができる(千葉県開発局, 1969；貝塚・他, 1979)．一方，沿岸低地では有楽町上部層をつくる細砂層が，−10 m以浅の波食台を覆っている．その層厚は5〜8 mである．この様子は貝塚・他(1979)が明らかにした図22.4に示される．千葉付近の沖積層基底の地形，縄文海進最高期〔約6000年(6 ka)前〕と約3500年(3.5 ka)前の海岸線の位置が表されており，この図から海進最高期以降の沿岸流による台地前縁の海食崖の後退と海岸線の移動，上部砂層の層厚などを知ることができる．これと同様な現象は，隣接する村田川流域でも松島

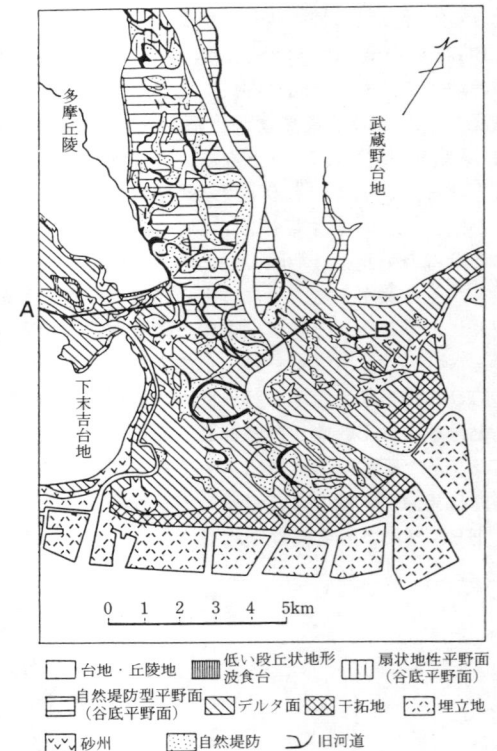

図 22.5 多摩川低地中・下流部の地形分類図(門村, 1961)
A-Bは図22.6の地質断面図の位置を示す．

(1980)や辻・他(1983)によって明らかにされている．

22.4. 多摩川低地
1) 多摩川低地の地形
多摩川は関東山地南部に源を発し，青梅で山地を離れて，関東平野に出てから武蔵野台地と多摩丘

陵・下末吉台地の間を流れ，羽田地先で東京湾に注ぐ．沖積低地は福生より下流部で形成される．この沖積低地について門村(1961)は，上流部の福生〜川崎市溝口間では多摩川の網状流路と砂礫堆の分布に特徴のある扇状地性平野面，中流部の溝口〜川崎市鹿島田間では自然堤防と後背湿地との組合せによる自然堤防型平野面，下流部の鹿島田以東では円弧状の三角州面に分類した．さらに，海岸部の低地は歴史時代から明治時代までが干拓地，大正時代以降が工場用地のため埋立地として次々に拡大した．なお，中流部と下流部との地形的な差は，砂州などの海成堆積物面の分布の地形形成環境の差による．

2) 多摩川低地の地質

本地域の沖積層については，松田(1973)，海津(1977：1984)，岡・他(1984)，松島(1987)など数多くの研究が行われてきた．松田(1973)はここの沖積層を下部層と上部層に区分した．それぞれは七号地層と有楽町層に対比される．ここの上部層は，層相とその分布から海成層と陸成層とに大別できる．本流域では東急東横線の西側，川崎市今井上町と井田仲町を結んだ線より下流域に海成層が堆積し，上流域は陸成層となる．岡・他(1984)によると，溝口付近より上流では，主として礫層が堆積し，地表付近は網状に発達する旧河道に主として粘土が堆積している．溝口より下流域では，埋積谷の基底に礫層が新川崎駅付近の古鶴見川との合流点付近まで堆積する．基底礫層の上には，主として泥層，シルト層および砂岩が堆積しており，一部に礫層をはさむ．下部の層準は泥炭や植物片が混じる陸成層で，中部から上部の層準にかけては貝化石を含む海成層が堆積し，最上部では泥炭層が優勢な陸成層となる．溝口より下流で東横線付近までの地域では，陸成層と海成層は相互に入り組んで発達しており，層相の変化も激しく，地層の形成する環境が不安定であったことを示唆する．一方，鶴見川流域では，第三京浜国道の通る横浜市川向町付近まで海成層が厚く分布する．それより上流域では陸成層，下流域では，海成の粘土層，シルト層および砂層が大部分を占める．層厚も15〜30mと厚い．このようにおぼれ谷を埋積する沖積層は，堆積環境の違いにより層相が著しく変わり，横方向への変化が激しく，ときには礫層から泥層まで同時異相として堆積している．

多摩川と鶴見川低地沿いの沖積層下には明瞭な埋積谷，埋没段丘や埋没波食台が存在する．多摩川低地の埋積谷は，古多摩川により形成されたもので，現在の多摩川の流路とかなり異なった位置を南流する．古多摩川は川崎市千年付近より下末吉台地の縁に沿って南東方向に流れ，川崎市新川崎駅付近で古鶴見川の埋積谷と合流する．合流後は曲流しながら南流し，川崎市池田町で流路を東に変え，川崎市夜光町東方で東京湾内の古東京川に合流している．鶴見川低地の埋積谷は古鶴見川によるもので，鶴見川の低地を曲流しながら，横浜市綱島東町まで現在の鶴見川流路とほぼ一致する流れをとるが，それ以東では流路を東に変え，新川崎駅付近で古多摩川に合流する．多摩川左岸の東京都側での埋積谷はそれほど発達せず，わずかに古呑川の埋積谷がほぼ現在の流路と同じ位置で南流し，川崎市伊勢町付近で，古多摩川と合流する．埋没段丘は多摩川左岸側(東京都側)に広く発達しており，現在の多摩川の流路はその

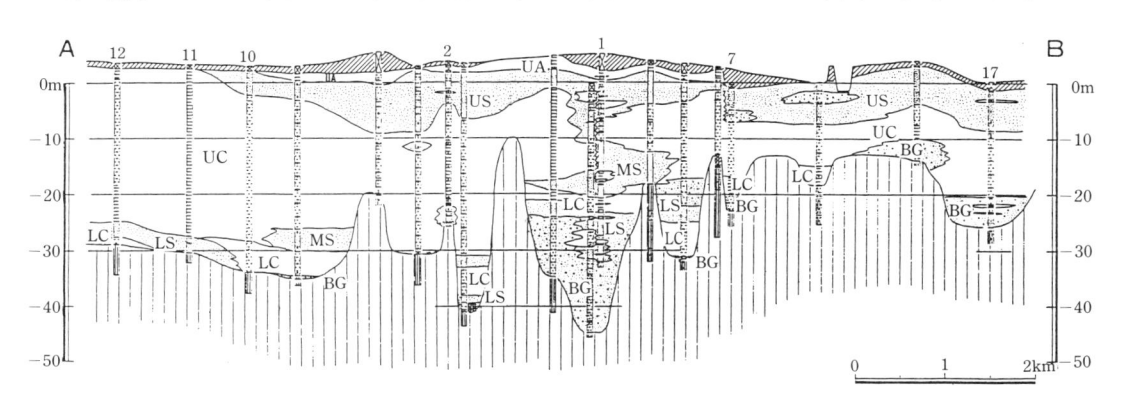

図22.6 多摩川・鶴見川低地の地質断面図(松島，1987)
1：表土，2：泥，3：シルト，4：砂，5：礫，6：基盤岩，7：埋没ローム，8：貝殻，9：ピート，US：上部砂層，UC：上部泥層，MS：中部砂層，LM：下部泥層，LS：下部砂層，BG：基底礫層．

上を流れている．海成沖積層の下には埋没立川ローム層が確認できる．埋没波食台は，下末吉台地の南東縁，さらに横浜市潮田町付近から東の川崎市小田付近にかけて形成されている．

22.5. 九十九里浜低地
1) 九十九里浜低地の地形

九十九里浜低地は，房総半島の北東部に位置し，海岸線の長さが約 60 km，幅が約 10 km の北東から南西にのびる広い低地である．この低地は南部が海抜 100 m 以上の上総丘陵，西部から北部にかけては高さ 40～100 m の下総台地で三方を取囲まれる．低地の地形は，多数の砂堤列とこれにはさまれた堤間湿地とが交互に海岸線に平行して並んでいるほか，背後の台地との間には旧潟湖，砂丘，自然堤防などが，さらに台地内には谷底低地が発達するなど変化に富む（図22.7）．砂堤は沿岸流の運んできた砂が打寄せる波によって海浜に積上げられてできた小高い地形で浜堤ともよび，形成当時の汀線を記録する地形である．本低地にはこの浜堤が 10 列以上も分布する．森脇(1979)はこの浜堤の幅，規模，堤間湿地の広さや堆積物の形成年代などから，内陸より第Ⅰ，第Ⅱ，第Ⅲ浜堤群の 3 グループに分け，それぞれが約 6000～4000 年(6～4 ka)前，約 4000～2000 年(4～2 ka)前，約 1500 年(1.5 ka)前以降に形成されたことを明らかにした．

2) 九十九里浜低地の沖積層

本低地の沖積層に関して，低地表層部の沖積層については多くの資料が得られているが，深層部の資料は少なく，特に沖積層下部の層相や基底の地形などについてまだ明らかでない．ここでは森脇(1979)による表層部を構成する沖積層，すなわち有楽町層に対比される地層について取上げる．

砂堤堆積物はいずれも砂堤列もクロスラミナをもつ均質な中～細粒砂からなる．地表から 1～2 m の深さの砂層中には潮間帯に生息するヒメスヤホリムシ(*Excilolana chiltoni japonica*)の残した白斑状生痕化石(菊地，1972)や潮間帯上部に生息するスナガニ(*Ocypoda stirpsoni*)の残したパイプ状生痕化石がよく含まれる．この砂層の下にはキサゴ(*Umbonium costatum*)，ナミノコガイ(*Latona cuneata*)，チョウセンハマグリ(*Meretrix lamarcki*)などの現在の九十九里浜の水深 10 m 前後までの海底に生息する貝を含む浅海成砂層が，30 m 以上の厚さで堆積する．現在の海岸線から約 2.5 km，陸に入った作田川河岸の砂層から得たチョウセンハマグリの^{14}C 年代値が 2190 年(2.19 ka)前であり，ここが縄文時代晩期から弥生時代の海岸線の位置を示す．

堤間湿地堆積物は砂堤と砂堤の間の低湿地に堆積した泥炭質の非海成層である．東金から八日市場にかけての第Ⅰ浜堤群付近では 1～2 m の厚さの泥炭が発達するが，これより海側の第Ⅱ・第Ⅲ浜堤群ではほとんど泥炭とならず泥質砂となる．

砂丘砂は砂堤の上に発達する風成砂で，それは古期〔約 6000～5500(6.0～6.5 ka)前に形成〕，中期〔約 2000～1500 年(2.0～1.5 ka)前〕，新期〔約 300 年(0.3 ka)前以降〕の 3 回の形成期を示し，現在では植生により固定されている．層厚はいずれも 10 m 以下で，砂堤堆積物より分級度が良い均質な中～細粒砂からなる．古期砂丘砂は最も内陸にある第Ⅰ浜堤群の砂堤堆積物の上にのり，表層には厚さ 0.5～1 m の黒色腐植層が形成される．中期砂丘砂は最も内陸

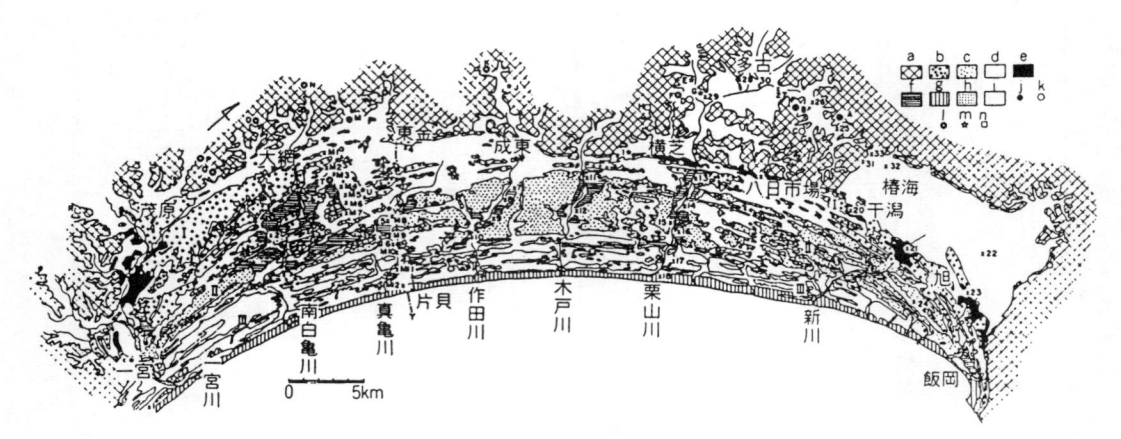

図 22.7 房総半島九十九里浜低地の地形分類図(森脇，1979)
a：丘陵・台地，b～d：砂堤，e～g：砂丘，h：自然堤防，i：湿地，j～n：先史遺跡(おもに貝塚)．

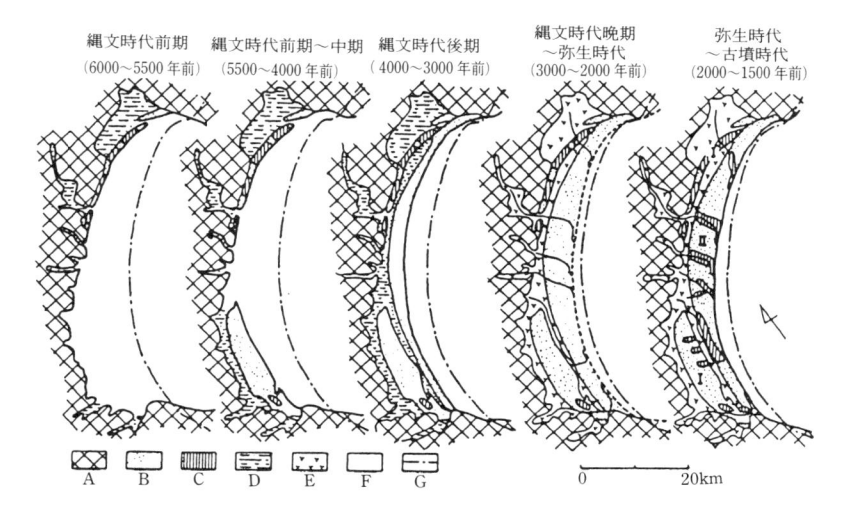

図 22.8 房総半島九十九里浜低地の古環境変遷 (森脇, 1979)
A：丘陵・台地, B：砂州・砂堤, C：砂丘, D：おぼれ谷・潟湖, E：湿地, F：湿地, G：現在の汀線.

にあって古期砂丘砂を覆う．新期砂丘砂は現在の海岸付近に分布する．

干潟層は平野北部の椿海とよばれる潟湖に分布する沖積層で，辻・他(1976)が干潟層と名づけた．本層は上部が陸成の泥炭質シルト層，下部がマガキ(Crassostrea gigas)，ハマグリ(Meretrix lusoria)，シオフキ(Mactra vaneriformis)，オオノガイ(Mya arenaria oonogai)，ヒメシラトリ(Macoma incongrua)など潮間帯砂泥底に生息する貝化石とサンゴ石のキクメイシモドキを(Oulastrea crispata)含む内湾砂層からなる．海成層から得られた多くの^{14}C年代値は約6000〜5500年(6.0〜5.5 ka)前を示し，椿海が当時内湾として存在したことを物語る(図22.8)．

栗山川低地堆積物は平野背後の台地内の栗山川低地に発達する上部沖積層である．本層は潟成〜沼沢成の泥炭質泥層と内湾性貝類を含む砂泥層が20 m以上になる．とくに多古付近の砂泥層にはオオノガイ，カガミガイ(Dosinia japonica)，アサリ(Tapes philippinarum)などの貝化石のほかキクメイシモドキが産出した．それらの^{14}C年代値は6640年(6.64 ka)前あるいは5460年(5.46 ka)前を示し，縄文海進最高期に生息していたことをあらわす．ここのキクメイシモドキは椿海のものとともに太平洋海岸側の黒潮域における分布の北限(辻・他, 1978)として注目される．

22.6. 房総半島南端部
1) 房総半島南端部の地形

房総半島南端部は，三浦半島・大磯丘陵南西部とともに完新世において最も地殻変動の激しいところとして知られる(松島, 1984；Kumaki, 1985 など)．そのためここでは，サンゴや貝化石を含む海成完新統の分布高度が海抜20 m以上にも達し，しかも3〜4段の完新世海成段丘が形成されている点で，琉球列島喜界島とともに全国的にみて特異な場所である．本地域の完新世段丘は，館山湾を中心に沼Ｉ〜Ⅳ面の4段の海成段丘に区分されている(横田, 1978；中田・他, 1980 など)．そのなかで最高位面の沼Ｉ面は約6000年(6.0 ka)前の縄文海進最高期に形成され，高さ海抜23 mに達する．海抜5.5 mの沼Ⅳ面は1703年の元禄地震により隆起した海食台とされている(松田・他, 1974)．

2) 房総半島南端部の沖積層

館山平野を中心に分布する沖積層は，サンゴ化石を含むことで特徴づけられる．横山が1911年と1924年に館山市沼の化石サンゴ礁を見つけ，沼サンゴ層と名づけて以来注目され，南関東にも立派な化石サンゴ礁が形成されていたことに関心がもたれた．最高位の沼Ｉ面およびその構成堆積物は，大きな河川の流域では，内陸まで入り込んで分布している．そのようなところでは多量の礫や内湾性貝化石含む泥質堆積物が厚さ20 m以上に発達する(成瀬・杉村, 1953；横田, 1978；Frydl, 1982)．本層は沼層と再定義し下位から下部泥層，サンゴ層，上部泥

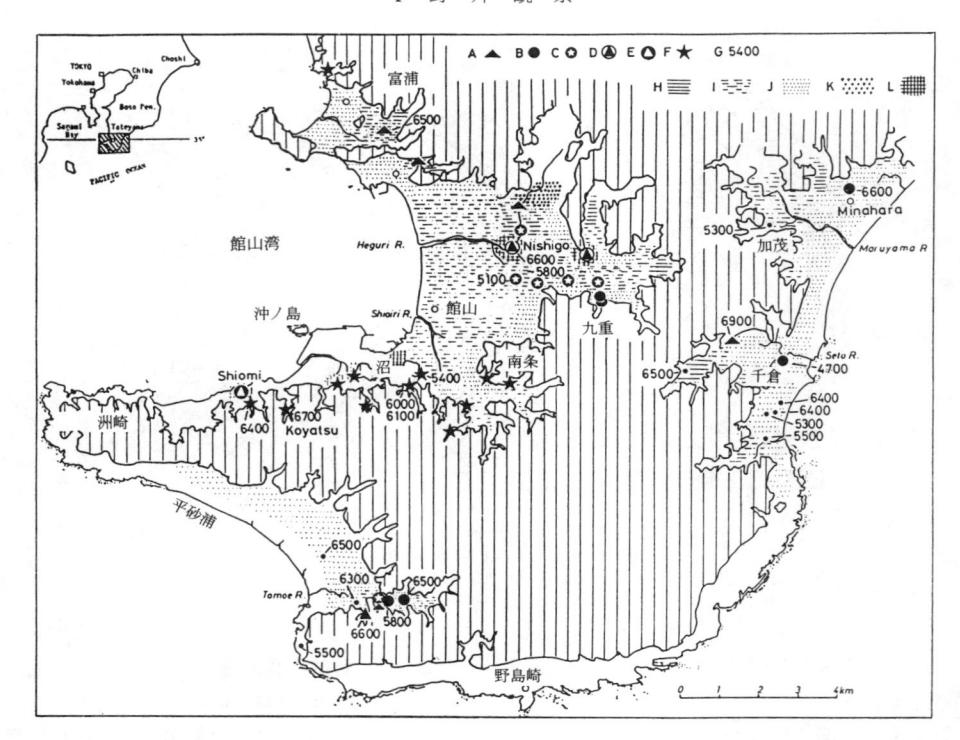

図22.9 房総半島南端部における縄文海進最高期の貝類群集とサンゴ礁の分布（松島，1979に加筆）
A：干潟群集，B：内湾砂底群集，C：内湾泥底群集，D：内湾岩礁性群集，E：外洋岩礁性群集，F：造礁性サンゴ，G：^{14}C年代測定値，H：泥相，I：シルト相，J：砂相，K：砂礫相，L：波食台．

層に細分される(松島・吉村，1979)．これらの地層の形成年代は，多くの^{14}C年代値により下部泥層が約7000年(7 ka)前までの縄文海進前期，サンゴ層が約6000～5500年(6.0～5.5 ka)前の海進最高期，上部泥層が約5000年(5 ka)前以降のものであることがわかった．沼層は有楽町層に対比される．そのなかでサンゴ層は館山湾南岸の館山市塩見から南条付近にかけ約6 kmわたり，小さな谷奥の海抜10～18 mの高さに小規模ながら本格的なサンゴ礁として分布する(浜田，1963)．本層にかかわる資料は豊富で，本層形成時の房総半島南端部の環境が図22.9のように復元された．館山湾は現在よりずっと内陸まで侵入し，出入りの激しい複雑な海岸線をもつ内湾となっていた．平久里川の河口から約3 km奥まった館山市西郷付近では大規模なカキツバタカキ(*Pretostrea imbricata*)の礁が形成され，黒潮の影響を強く受けていたことを示唆する．半島最南端の巴川や東海岸の瀬戸川，丸山川沿いのおぼれ谷の沖積層は粘土やシルトからなる．外洋に直接面しているにもかかわらず，内湾を埋積する堆積物は内湾性貝化石を含む強内湾性堆積物となっている．地形的に外洋水の影響を受けそうな位置にありながら，著しい内湾性貝類群集が産出するのは，湾口部が狭まった狭長なおぼれ谷であったのか，湾口部に岩礁が発達したのか，あるいは沿岸流で湾口部に砂堆が形成され，局所的に内湾の環境になったことによるものかなどが考えられる．したがって，これらの地域では内湾堆積物中にサンゴ化石が全く含まれない．

22.7. 相模川低地

1) 相模川低地の地形

相模川は富士山山麓に源を発し，城山町小倉橋で山地を離れて，相模平野に出てから相模原台地と愛甲台地の間を流れ，平塚で相模湾に注ぐ．沖積平野は城山町小倉橋より下流部で形成される．この沖積平野は貝塚・森山(1969)により，上流部の扇状地帯，中流部の自然堤防地帯，下流・沿岸部の砂州・砂丘地帯に3区分される．上流部は小倉橋～座間付近で扇状地の性格をもつ．氾濫原の幅が段丘崖に限られて狭いが，下流より急勾配で礫径も大きく複雑な網状流路をなしている．中流部は座間付近(海抜30 m)～厚木市域南方の海抜8 mまでの地域で，自然堤防

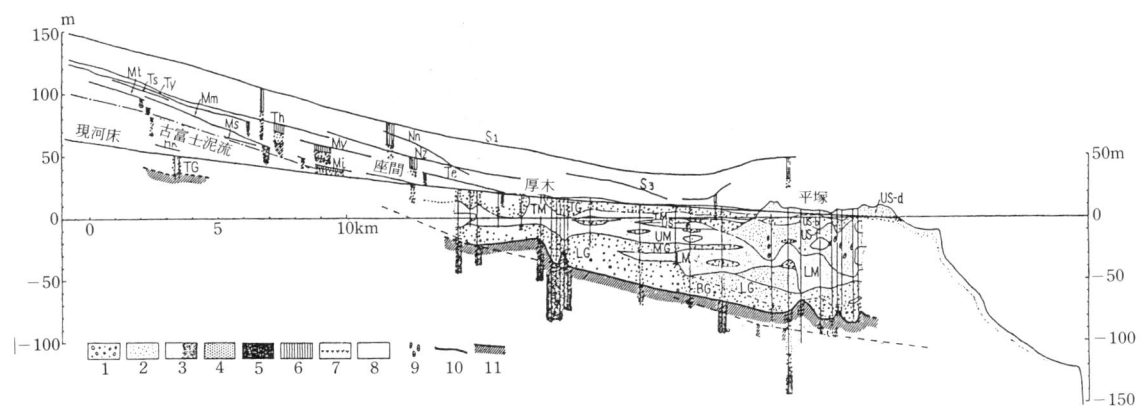

図22.10 相模川下流部の縦断面形と沖積層の構造(貝塚・森山, 1969)
1:砂礫, 2:砂, 3:泥, 4:腐植質泥, 5:泥炭土, 6:火山灰, 7:泥流堆積物, 8:埋土, 9:貝化石, 10:沖積層の基底, 11:沖積層の基盤.

と後背湿地および旧河道の分布域である．自然堤防の間や背後にある湿地は，砂礫の混ったシルト・粘土・泥炭となる排水不良な微凹地である．下流・沿岸部は幅4〜5kmにわたる砂丘列(湘南砂丘)で特徴づけられる．しかし，寒川以南ではこの砂丘列を切って流れる相模川沿岸に旧河の曲流を示す流路跡が多い．

2) 相模川低地の地質

本地域の地質については，大塚(1929)の平塚市街地で実施した厚さ84.5mの沖積層の記載が最初である．池田(1964)が東海道新幹線建設に伴うボーリング資料により相模平野を横断する沖積層を明らかにした後，貝塚・森山(1969)は平野全域にわたる多数のボーリング資料から，本地域の沖積層について岩相層序区分を行い，層相の特徴を表22.1のようにまとめた．それによると，沖積層は下位により基底礫層，下部礫層，下部泥層，中部礫層，上部砂層および河成堆積物から構成される．基底礫層は約2〜1.5万年(20〜15 ka)前の海面最大低下期の急勾配の相模川が河口付近まで運び出した礫である．下部礫層はその後の海面上昇に伴って形成された扇状地性の堆積物である．さらに，平塚付近にできた砂州の背後には，下部泥層が堆積した．この下部礫層から下部泥層は一つの海進によるものであり，七号地海進に対比される．中部礫層は約1万年(10 ka)前ごろの小規模な海退期のものらしい．これを覆う上部砂層は1万年前から始まった急激な海面上昇(縄文海進)による三角州の前置として堆積したものである．この上部砂層の上には数列の砂州と後背湿地に生じた頂部泥層や頂部砂礫層がみられ，これらはいずれも相模川氾濫堆積物である．なお，沖積層の下には相模埋没谷をはじめとするいくつかの埋積谷と埋没段丘，さらに波食台などの埋没地形の存在することが明らかにされている．

まとめ

南関東に分布する沖積層の研究は，1923(大正13)年の関東大地震後の復興局建設部による東京・横浜低地のボーリング調査に始まった．本地域の沖積層は厚い軟弱な砂や泥からなり，低地の軟弱地盤が地

表22.1 相模川沖積層の岩相的層序区分と層相の特徴(貝塚・森山, 1969)

層序区分	記号	層相の特徴（カッコ内は層厚, m）
頂部砂礫層	TG	現河床および旧河床砂礫(5〜10)
頂部泥層	TM	粘土〜シルト〜砂質シルト(0〜18)
上部砂層	US	US-b(砂丘砂)細〜中砂(0〜15) US-b(浜堤礫)小礫(0〜20) US-f(三角州前置層の砂または砂州砂)中砂〜小礫混り粗砂(0〜40)
上部泥層	UM	粘土〜シルト〜砂質シルト(0〜20)
下部砂層	MG	粗砂混り礫〜中礫(0〜10)
下部泥層	LM	粘土〜シルト〜砂混りシルト(0〜20)
下部砂礫層	LG	礫〜玉砂利(0〜20)
基底礫層	BG	玉砂利(0〜10)

震災害と強い相関を示すことがわかった。そして，沖積層と洪積層が区別され，沖積層が洪積層基盤を削り込む谷を埋積した地層であることが明らかにされた。

沖積層の本格的な研究は，戦後の東京湾臨海部の開発に伴う。東京下町を中心に膨大な数のボーリング調査が実施され，それをもとに多数の研究が行われた。低地の沖積層は間に埋没谷をはさんで上位の有楽町層と下位の七号地層に二分され，両層が"二段重ねの構造"となっている。その形成年代は，有楽町層が約1万年(10 ka)前の完新世の縄文海進に，七号地層が更新世末期の七号地海進によるものであることがわかった。

本地域の沖積層の堆積場は，東京湾に流入する各河川流域と外洋に面する沿岸域とに大別できる。前者は中川・荒川低地，東京下町低地に代表されるごとく，古東京川およびそれに合流する河川域でまとめられる。そこではいずれも低海面期に形成された谷を埋積する七号地層と有楽町層あるいは有楽町層相当層が広く分布する。後者は九十九里浜と房総半島南端部で明らかなように，有楽町層に対比される完新統がよく発達している。この堆積物中には現在の南関東には生息してないサンゴや熱帯性貝化石が含まれており，現在より黒潮の影響を強く受けていたことを物語っている。〔松島　義章〕

参考文献

青木　滋・柴崎達雄(1966)：海成"沖積層"の層相と細分問題について. 第四紀研究, vol. 5, nos. 3-4, pp. 113-120.

安藤一男・和田　信・高野　司(1987)：珪藻群集からみた埼玉県荒川低地の古環境の検討. 第四紀研究, vol. 20, no. 2, pp. 111-127.

Endou, K., Sekimoto, K.・Takano, T. (1982): Holocene stratigraphy and paleoenviroments in the Kanto Plain, in relation to the Jomon Transgression. *Proc. Inst, Nat. Sci., Nihon. Univ.*, no. 17, pp. 1-16.

遠藤邦彦・高野　司・関本勝久(1984)：関東平野の軟弱地盤. 月刊地球, vol. 6, no. 11, pp. 672-676.

遠藤邦彦・小杉正人・菱田　量(1988)：関東平野の沖積層とその基底地形. 日本大学文理学部自然科学研究所「研究紀要」, no. 23, pp. 37-48.

復興局建設部(1929)：東京及び横浜地質報告. 144 p.. 東京都.

浜田隆士(1963)：千葉県沼サンゴ層の諸問題. 地学研究特集号, pp. 94-119.

井関弘太郎(1983)：沖積平野. 145 p.. 東京大学出版会.

門村　浩(1961)：多摩川低地の地形. 地理科学, no. 1, pp. 16-26.

貝塚爽平・阿久津純・杉原重夫・森脇　広(1979)：千葉県の低地と海岸における完新世の地形変化　付. 都川・古山川合流点付近の沖積層の珪藻群集. 第四紀研究, vol. 17, no. 4, pp. 189-205.

貝塚爽平・森山昭雄(1969)：相模川沖積低地の地形と沖積層. 地理学評論, vol. 42, no. 2, pp. 85-106.

Kaizuka, S., Naruse, Y.・Matsuda, I. (1977): Recent formation and their basal topography in and around Tokyo Bay, central Japan. *Quaternary Rsearch*, vol. 8, no.1, pp. 32-50.

小杉正人(1989)：完新世における東京湾の海岸線の変遷. 地理学評論, vol. 62, no. 5, pp. 359-374.

松田磐余(1973)：多摩川低地の沖積層と埋没地形. 地理学評論, vol. 46, no. 5, pp. 339-356

Matsuda, I. (1974): Disturibution of the Recent deposition and buried landforms in the Kanto Lowland, central Japan. *Geograph. Rep. Tokyo Metropolitan Univ.*, no. 9, pp. 1-36.

松田時彦・太田陽子・安藤雅孝・米倉伸之(1974)：元禄関東地震(1703年)の地学研究. 関東地方の地震と地殻変動, pp. 175-194, ラテイス.

松島義章(1979)：南関東における縄文海進に伴う貝類群集の変遷. 第四紀研究, vol. 17, no. 3, pp. 243-265.

松島義章(1984)：完新世段丘からみた相模湾・駿河湾沿岸地域のネオテクトニクス. 第四紀研究, vol. 23, no. 2, pp. 165-174.

松島義章(編)(1987)：川崎市内沖積層の総合研究, 145 p.. 川崎市博物館資料収集委員会.

松島義章・吉村光敏(1979)：館山市西郷の平久里川における沼層の^{14}C年代. 神奈川県立博物館研究報告(自然科学), no. 11, pp. 1-9.

森脇　広(1979)：九十九里浜平野の地形発達史. 第四紀研究, vol. 18, no. 1, pp. 1-16.

中田　高・木庭元晴・今泉俊文・曹　華龍・松本秀明・菅沼　健(1980)：房総半島南部の完新世海成段丘と地殻変動. 地理学評論, vol. 52, no. 1, pp. 29-44.

岡　重文・菊地隆男・桂島　茂(1984)：東京西南部地域の地質. 地域地質研究報告, 148 p.. 地質調査所.

Shibazaki, T., Aoki, S.・Kuwano, Y. (1971): Significance of buried valleys and other topographies in elucidating the Late Quaternary geohistory of Japanese coastal plains. *Quaternaria*, vol. 14, pp. 217-236.

辻　誠一郎・南木睦彦・小池裕子(1983)：縄文時代以後の植生変化と農作－村田川流域を例として－. 第四紀研究, vol. 22, no. 3, pp. 251-166.

海津正倫(1977)：メッシュマップを用いた多摩川下流域の古地理の復元. 地理学評論, vol. 52, no. 10, pp. 596-606.

横田佳世子(1978)：房総半島南東岸の完新世海成段丘について. 地理学評論, vol. 51, no. 12, pp. 349-364.

23. 関東平野の河川地形

　河川の堆積作用によってできた沖積平野(沖積低地)は、一般に上流から下流に扇状地帯、自然堤防帯、三角州(delta)帯に区分できる。関東平野全体の河川地形を概観すれば(Ⅰ-1章図1.3参照)、関東造盆地運動(Ⅰ-2章)の影響を受けて平野の中央部に洪積台地と沖積低地とが入り組んだ状況はあるものの、周囲を取り巻く山地との接合部に扇状地帯があり、洪積台地を刻んで流れる部分に自然堤防帯が、東京湾に臨む最下流部に三角州帯が広がっているとみることができる。

　ここでは特に身近な河川地形として自然堤防帯に焦点をあてることにする。微高地上に集落を配置させて洪水から守り、後背湿地は水田として開発することによって、自然堤防帯は人々に豊かな生活の場を提供してきた。

　"自然堤防(natural levee)"とはその定義にもどれば、洪水時に河道から溢流した氾濫水に含まれる土砂が堆積することによって生ずる河岸沿いの微高地(Lobeck, 1939；岡山, 1953；中野, 1956；Leopold et al., 1964など)である。すなわち、微高地を生じさせた営力(河川で洪水時に生じている土砂輸送とその堆積)によって区別された用語であった。

　ところがわが国では、"自然堤防"は低地のなかで形態的に高い部分を指す言葉として使われてきた。それは、国土調査法による地形分類や科学技術庁資源調査会による水害地形分類図の作成作業が空中写真の判読や大縮尺の地形図の利用などによってなされ、実用的な面から発達した用語であったためといえる。

　従来より自然堤防帯の地形に触れた出版物は多い。地形図を使った読図による自然堤防帯の解説書も数多くある(たとえば籠瀬, 1975, 1990)。しかし、いずれも沖積平野上の微高地として分布論に主題が置かれており、自然堤防帯の地形を河川プロセスから論じた普及書は筆者の知る範囲ではない。そこで本章は、現実の河川で起こっている洪水時の土砂輸送と堆積とから自然堤防を解説することを目的とする。そして、それらが実際にどのように河川地形に現れるかを、利根川中流低地を事例に取り上げて述べることにする。なお、前半は伊勢屋(1981)、Iseya (1984)およびIseya・Ikeda(1990)の、後半は大河原・他(1992)による成果を骨子としている。

23.1. 砂床河川における洪水時の土砂輸送と河床形

　扇状地帯を流れる河川は一般に礫床であり、低水時には水流が分派していわゆる網状流をなす。自然堤防帯より下流では砂床となり、流水は一本の蛇行河道に集中する。ここではまず、砂床河川において洪水時にどのような土砂運搬が生じているかをみることにする。

　大雨が降ると河川は増水し、ついには河道(樋状の凹地)から溢れて氾濫する。昔の堤防は集落を氾濫水から守るために集落の周りを囲っており、したがって堤内地が集落であり、河川側を堤外地とよんでいた。ところが、堤防が河川を完全に囲って連続堤となった現在では、河川側を堤内地とよぶことが新聞用語では定着した。時代の流れで呼称が逆転した事例である。氾濫時に水に浸かる部分を地形学では"氾濫原(floodplain)"とよぶが、河川が連続堤で囲まれた状態では洪水流は人工堤防の内側に限定される。以下では"高水敷"という河川工学の用語を使うことにする。

1) 増水初期にウォッシュ・ロードが流出

　河川が増水すると水が濁る。濁りが強い河川とそうでない河川があることに気づくし、同一の河川でも雨の降り方によって濁りの大小は異なる。鬼怒川と小貝川は隣合って流れるが、荒廃した日光山地を上流にもつ鬼怒川はきわめて濁りが強く、台地から流れ出る小貝川の濁りは小さい。台風が集中豪雨をもたらした場合には、鬼怒川は黄色い水となって流れる。

　このような濁りは、細粒な砂泥が水流中を浮遊して運搬されているもので、"浮遊土砂(suspended load)"とよばれる。浮遊土砂は、水流中を常に浮遊した状態で流れ続ける成分と、流水の上向きの乱れに支えられて一時的に浮遊し、水流中を再び沈降して河床物質中に取り込まれる、ということを繰返し

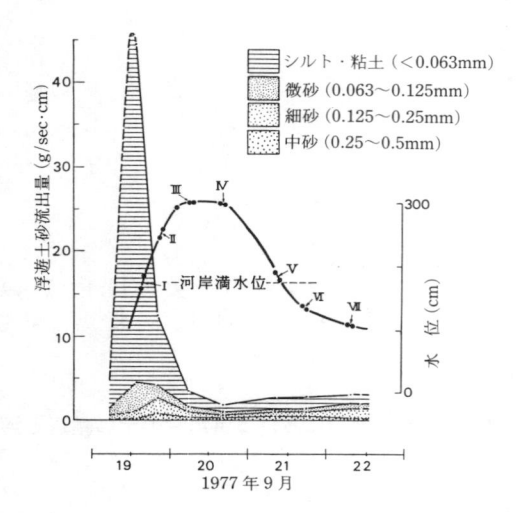

図 23.1 増水期に高い浮遊土砂流出(茨城県桜川における観測例)(原図 Iseya, 1984)
測定地点は図 23.6 上端の河道中央部. 河床物質は花崗岩の風化岩屑起源で河床勾配約 1/1000.

ながら流れる成分とに分けられる．前者は相対的に軽く(粒径小)，後者は重い(粒径大)．両者を分ける粒径は流れの条件で異なるが，砂床河川の場合には便宜的にシルトと砂との境界である 0.063 mm を採用することが多い．

濁りの大半はシルト・粘土が占め，この部分は流域から供給された成分と考えて"ウォッシュ・ロード(wash load)"とよぶ．したがって，砂の部分が河床物質中から浮遊した狭義の"浮遊砂"である．降雨時に山に入ると林床には地表流が発生していないのに対して，踏み固められた地面では水流が盛んに地表を侵食し，濁った水が林道に怒濤のように集中して，その水が林道をさらに深く掘込んでいくのをよくみかける．これらが河岸の崩壊や上流支谷の渓岸崩壊とともにウォッシュ・ロードの大きな供給源となる．

図 23.1 は，筑波山の西麓を流れて霞ヶ浦に注ぐ桜川で浮遊土砂を観測した事例である．採水した試料を乾燥させて浮遊土砂の濃度を算出し，それに流速を乗じることによって，浮遊土砂の流出量を計算した．これをみると，ウォッシュ・ロード(シルト・粘土)の流出量が浮遊砂のそれに比較すると格段に大きく，しかも増水の初期に流出のピークがあることに気づく．

これは桜川という小河川で例外的に起こる土砂輸送の型ではない．水位の上昇・下降が 1 週間以上の規模で起こる利根川中流部でも類似のパターンが観測されている．水面で濁りを継続して観察してみてほしい．水位の上昇時に濁りが強く，洪水のピーク時から減水時にかけては水が澄んでくる状況が観察できる．ウォッシュ・ロードが多いことによって増水期の水は黄褐色を呈し，減水期の水は黒くみえる．

2) 河床を覆う砂堆

それでは川の水を透かして河床(河底)をみることができたらどんな状態が見えるだろうか．魚群探知機として一般にも使われている音響測深器によって，その一部をうかがうことができる．図 23.2 は桜川での観測例であるが，波長 3 m，波高 30 cm 程度の規則的な起伏がみられる．これが"砂堆(dune)"とよばれる河床形である．砂堆は砂床河川の代表的な河床形であり，千葉県の養老川(目崎，1973)や石狩川・天塩川などで種々の大きさのものが測定されている．

図 23.3 は実験水路上に桜川と同規模の砂堆をつくりだしたもので，桜川で洪水時に瞬時に流水を剝ぐことができるとすれば，このような砂堆群が河床を覆っているのが見えるに違いない．

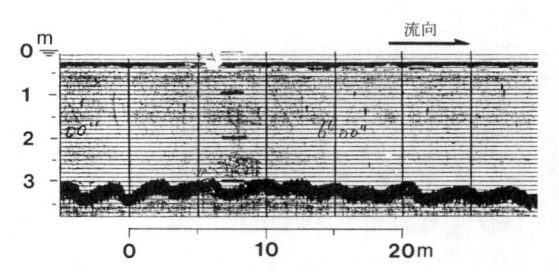

図 23.2 音響測深器の記録紙上でみる砂堆
桜川において洪水ピーク時(図 23.1 のⅢ)に観測した事例

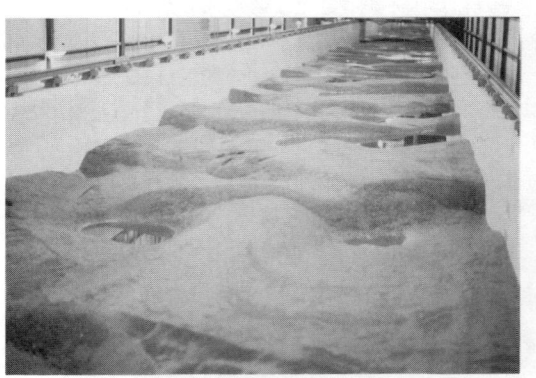

図 23.3 幅 4 m の大型水路(筑波大学水理実験センター)上につくりだした砂堆
流量 1.5 m³/秒，勾配 1/400，底質は混合砂礫で中央粒径約 0.6 mm．停水後に河床に立って上流を見たところ．

23. 関東平野の河川地形

砂堆はその場所に固定されたものではなく, 常に下流に動いている. 一つの砂堆上で観察すると, 砂堆の背面が削られてそこから供給された砂礫が砂堆の平頂部を運搬され, 砂堆の先端で崩れ落ちて前方斜面に堆積する. このような砂礫の流れが間断なく繰返されて砂堆は前進していく. 砂礫は砂嵐のように集団となって砂堆床を運搬されるが, 粒子個々の動きに注目すれば運搬様式は転動(rolling)および躍動(saltation)であり, 粒径の数倍の高さでしか上方には上がらない. こういう砂嵐の層を"掃流層"といい, 浮遊土砂に対して河床表面を運搬されている物質は"掃流砂礫(bed load)"とよばれる.

洪水時の水面をもう一度しげしげと見つめてほしい. 砂堆という大起伏の河床形で一面が埋め尽くされていて, それら砂堆の表面では砂礫がけなげに動いて砂堆を絶え間なく前進させている状況が想像できるであろうか.

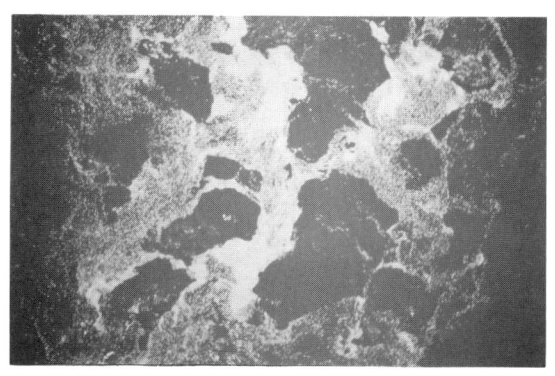

図23.4 ボイルとごみ・泡がつくる水面の模様
大型水路で撮影. 手前が下流.

水面を見つめるともう一つ大切なことに気づく. それは図23.4のような規則的な模様が判別できることである. この模様は泡やごみがボイル(boil)とボイルの間に寄せ集められることによってつくられる. "ボイル"は砂堆床上で特徴的に生じる局所的かつ周期的な湧昇流が水面に達したもので, トマトの輪切りが水面下から次々と飛び出してくるように感じるほど強いことがある.

水を透かして河床をみることはできないが, ボイルが発生していることによって, 逆に河床には砂堆があることがわかる. 洪水時に発達した砂堆は, 減水期に変形はするものの残る場合が多い. 洪水後に水面上に出ている州の上で砂堆(起伏)を観察することができる.

23.2. 砂床河川における氾濫堆積物の観察
1) 逆グレーディングをした氾濫堆積物

関東平野の河川では近年河川敷の利用が進み, 市民の運動場や公園, あるいはゴルフ場になっている所が多い. これらは洪水で水をかぶるたびに泥が堆積して維持・管理に多大の費用を要している. この泥が"氾濫堆積物(flood deposits)"である. 図23.5は, 氾濫堆積物が乾燥して収縮し亀の甲羅型に割れた状況で, 洪水後の高水敷に普通にみられる.

氾濫堆積物は洪水流に含まれる浮遊土砂が堆積したものである. とすれば, 粒径が大きいほど沈降速度は速いという法則に従って, 砂粒子が最下部に粘土分は最上部にきてしかるべきである. ところが事実は図23.5が示すように逆であり, 最も細粒な粘土分が最下部にあって, 上方に向かってしだいに粒径が大きくなり, 最上部が最も粗い. このような堆積構造を"逆グレーディング(inverse grading)"という.

日本の砂床河川では, 氾濫堆積物の逆グレーディングは, 長期にわたって連続する融雪洪水を例外として, 共通してみられる堆積構造である. 表面が砂で強固に感じられるため, うっかり足を踏み入れると, 砂層と泥層との間で剪断が起こってツルッと滑ったり, 下部の泥層が予想外に厚くて足を取られることがあるので用心されたい.

逆グレーディングはなぜ起こるのだろうか. 図23.1が答を示している. すなわち, 増水初期にウォッシュ・ロードが大量に流出することに最大の原因がある. 高水敷に水が溢れてくるとき, 氾濫は低所より始まる. 高水敷にはカナムグラ(*Humulus japonicus*)やヨシ(*Phragmites communis*)をはじめとする草本類やときには牧草が茂っており, 流れをよどませる. このとき, 氾濫水には細粒なウォッシ

図23.5 逆グレーディングをした氾濫堆積物
下部の泥層は最下部が最も細粒な粘土であり, 上方にシルト質になる. 上部の砂層はこの写真では薄い. 茨城県桜川で撮影.

ュ・ロードがきわめて高濃度で含まれており，これが沈降して下部の泥層となる．上部の砂層は浮遊砂が堆積したもので，ウォッシュ・ロードの濃度が急減することに加えて，氾濫水の流速が増大することによる．したがって，砂層もわずかながら上方粗粒化を示す．

ここで新たな疑問が起こる．なぜ最も粗い状態で堆積が終わり，砂層内に減水期に対応する細粒化がみられないのだろうか．これは洪水のピーク～減水期には，氾濫水に浮遊砂がほとんど含まれないこと―浮遊運搬のヒステリシス(hysteresis)(Iseya, 1984)のためと考えられる．

2) 自然堤防をつくる氾濫堆積物

図23.6は桜川で氾濫堆積物の分布を調べたもので，逆グレーディングをした氾濫堆積物が何枚も重なっている状況を示す．下部の泥層が厚い場所と，逆に泥層はほとんどなくて上部の砂層が厚い場所とがあることに気づく．

このような不均等な分布は高水敷の微地形によって説明できる．すなわち，泥層が厚い場所は高水敷のなかで低い所である．ここはウォッシュ・ロードの濃度が最も大きいときに氾濫水に覆われる．しかし，高さが低くても河道から遠ざかると堆積物の厚さは薄い．これはウォッシュ・ロードが次々に供給される河道沿いでは泥層が厚くなり，河道から遠ざかるとウォッシュ・ロードの濃度の薄まった水が供給されることによる．

一方，砂層が厚い場所は，高水敷のなかで最も高い場所である．ここがいわゆる自然堤防である．自然堤防はわずかに蛇行した河道のなかで，攻撃斜面側の河畔に顕著に発達している．攻撃斜面側の河畔では，草をなぎ倒して砂が厚く堆積し，砂はいち早く乾くために，洪水直後にはそこだけが白く浮かび上がってみえる．左岸(下流に向かって左手側)上流寄りの自然堤防は，洪水のたびに砂層が厚く堆積してますます高まっている状況を示す．しかし，自然堤防はある高さまで成長すると堆積速度は減少する．この状況が右岸下流寄りの自然堤防でみられる．

それではなぜ攻撃斜面側が最も高まるのだろうか．質問を変えれば，なぜ最も高い場所に砂が届くのであろうか．氾濫水の挙動を想像して欲しい．浮遊砂の供給源は河床にある．浮遊砂を含んだ水が高

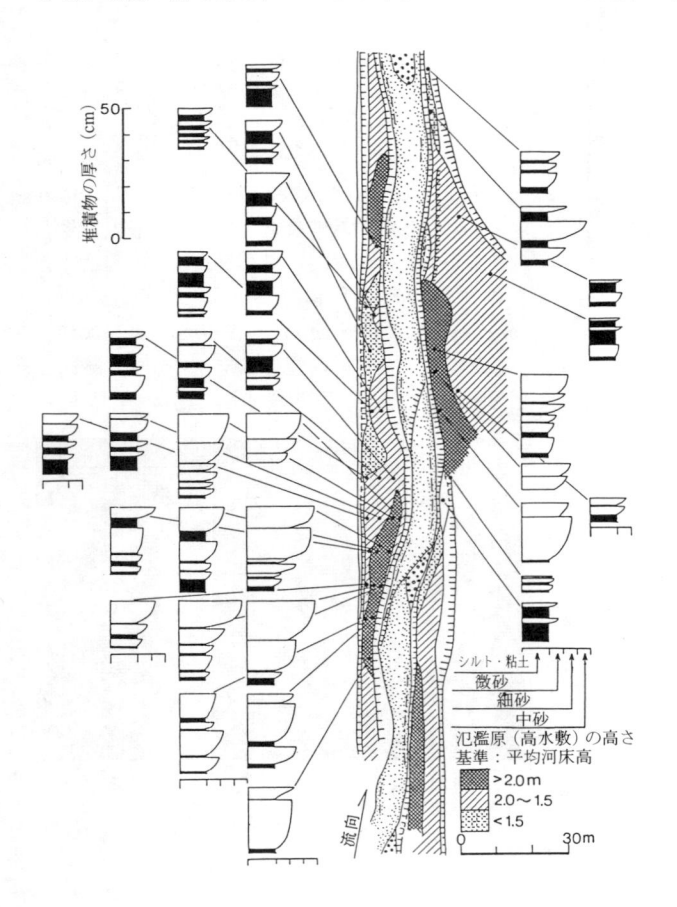

図23.6 桜川の河道周辺における逆グレーディングをした氾濫堆積物の繰返し(原図Iseya・Ikeda, 1990)
平面図は1982年4月に測量，堆積物の調査は同年5月．

水敷に入り込むことができるのは，攻撃斜面側の河岸（流れに対して上流側を向いた河岸）に限られている．そして，河畔で急激な砂の沈降が生じる．滑走斜面側の河岸は，浮遊砂を途中で失ってしまった氾濫水が河道内に再びもどって行く側である．

泥層は低所より，砂層は高所より，それぞれ堆積する．物質の供給がない限り堆積は起こらない．この2点に集約される．したがって，人工堤防がない時代に氾濫水が広く広がったとしても，堆積物が厚いのは物質供給が絶え間なく行われる河道沿いのごく限られた範囲であり，ここでは地形変化が顕著に生じても，堆積物をほとんど含まない水に覆われる後背湿地上の堆積速度—地形変化速度は遅かったといえよう．こうして自然堤防帯の地形がつくられていく．

3) 地層への応用

砂床河川の堆積物は，掃流砂礫に起源する河床堆積物と，浮遊土砂に起源する氾濫堆積物とに，二分できる．河床堆積物は砂堆の前進に伴うトラフ（trough）型の堆積構造をもつ．氾濫堆積物は逆グレーディングによって特徴づけられる．日本のような湿潤気候のもとでは，ミミズ（*Pheretima* spp.）やモグラ（*Mogera* spp.）などの小動物による攪乱，および植物の根の進入によって，時間がたつと逆グレーディングは不明瞭になってしまう．しかし，下部の泥層が厚い場合，特に粘土分に富んでいる層は保存され，地層中に明瞭に記録される．このような泥層を手がかりとして過去にさかのぼって大洪水を追跡することも可能である．

洪水時に浮遊物質の運搬を観測するのは容易なことではない．氾濫堆積物に逆グレーディングの構造があれば，逆に増水期にウォッシュ・ロードの流出が高かったことを裏付ける証拠として使える．過去の河川堆積層から古水文を推定する道具としても有効である．

図23.6では氾濫堆積物に中砂より細粒な物質しか含まれていない．多数の砂床河川で氾濫堆積物を調べた経験では，氾濫堆積物は河川の大小にかかわらず中砂を粒径の上限（0.5 mm以下）としている．ときに大粒子が混入することがあるが，これは生物活動によってもたらされたか，あるいは風による飛砂である．飛砂の層が氾濫堆積物中に入っている場合，関東地方ではその層は冬を示す可能性が高い．冬の渇水期に州が広く現れて季節風が砂を吹上げるためである．ただし，冬に河川が雪や氷に覆われる地域では夏を示すので注意を要する．

23.3. 利根川中流低地の地形と堆積物
1) 関東平野における自然堤防帯

関東平野の地形分類作業は，中川低地は小野・他(1961)が，荒川低地は籠瀬(1981)が，加須低地は平井(1983)が行っている．読者が現地を歩く場合には，建設省国土地理院発行の土地条件図の利用を薦める．2万5千分の1の地形図上に微地形が美しく色分けされている．また，空中写真と地形図を併用した優れたガイドブックとして堀・他(1980)による『地図の風景』シリーズがあり，本を片手に現地を歩くのも楽しいだろう．

とはいえ低地の地形が形成当時の状況で保存されている場所は現代ではまれである．古くは人手による新田開発や干拓事業に始まり，近年の機械力を駆使した基盤整備事業，さらには都市近郊農村にまで宅地開発の波が及んでいる．したがって，地形調査には，古い地形図がかかせない．なかでも「第一軍管地方迅速測図」は，正式な地形図に先行して明治時代に関東地方一円について測図された地図で，河川や湖沼・湿地，植生や土地利用などの諸情報を細密画像によって豊かに表現した第一級の資料である．元図は2万分の1であったが，2万5千分の1地形図と対照できるよう編集されて最近出版になった（地図資料編纂会，1989）．

関東平野では，最終氷期後半の海退最盛期には現在よりも100～140 mの範囲で海面が低下したといわれている（貝塚・他，1985）．その時代には利根川水系が現在の荒川低地に，渡良瀬・思川水系が現在の中川低地に，それぞれ深い谷を刻み古東京川へと続いていた．これらの谷は後氷期の海進期（いわゆる縄文海進期）に埋積され，浅くなった水域に最終的な仕上げとして河川が延長してきた，という地形発達史をもつ．現在われわれが眺めている関東平野の河川地形は，このような延長河川がつくった地形である．なお，海進によって古東京湾が埋積されていく状況は，遠藤・他(1983)が関東平野の中央部で約5万本にのぼるボーリング資料を検討して見事に描いているので参照されたい．

2) 利根川東遷と利根川中流低地

河川が浅い水域へ延長する状況が解読できる素晴らしい地域として利根川中流低地がある．すなわち，江戸時代初頭に行われた利根川東遷事業（詳しくは大熊，1981；利根川百年史編集委員会，1987）は，赤堀川を開削して現在の位置に利根川を導入したが，当時そこには藺沼とよばれる大沼沢地が広がっていた．利根川東遷の目的は，物資運搬のための舟運路

の完備，江戸の洪水防御，新田開発，北に対する防衛上の外壕などの説があるが，地学的には自然堤防帯の地形が成立する過程を調べるための壮大な実験場ととらえることができる．

赤堀川の開削は1621年に始まったが，古文書によると1689年から1707年の短期間に，赤堀川に接続する地域で築堤が集中している(石橋,1991)．これは1688年に行われた同川の拡幅以降，この区間で利根川の洪水に対する備えが早急に迫られたことを意味する．したがって，利根川が本格的に蘭沼に流入するのは1600年代の終りごろと推定できる．1629年には下流側で鬼怒川の瀬替えが着手され，鬼怒川の水と土砂も流入した．

3) 迅速測図でみた利根川中流低地の地形

図23.7は迅速測図を使って利根川中流低地の土地利用状態を分類したものである．蘭沼への利根川流入後この地図がつくられた明治中期1880年代に至る，約200年間の土砂堆積が残した地形環境を示す．すなわち，土地利用は微地形を強く反映する．最も高い部分に畑地が，次いで高い部分には水田があり，これらは場所によっては輪中堤で囲って開発された．一方，大半は低湿地であるが，なかでも広いのは草地でここは共同の草刈地(秣場)として利用された．常時水のある沼地が周囲で最も低い場所である．

利根川の流入なしに水位だけが縄文海進以降現在の海水準に向かって低下したとしたら，蘭沼(現在の利根川中流低地)は周縁部が離水して水田化され，その内側に低湿な草地があって，中央部には沼地が広がっているものと思われる．蘭沼にはもともと常陸川とその支谷が流れ込んでいたが，これらの谷底は水田化が図られたに違いない．これは図23.7右下部にみられる現在の手賀沼の状態から推定される地形配列である．

ところが，図23.7では低地の上流側半分で支谷がことごとく沼地となっている．これは利根川による土砂運搬量が台地から流れ出る周辺支谷からの量よりもはるかに大きいために，本川側の低地が埋積されて上昇し支谷は出口をふさがれた格好で排水不良地となったことを示す．それに対して下流側では，台地との接合部および小規模な支谷の谷底にも水田がみられる．すなわち，利根川によって新しくもたらされた堆積物の量は少なく，台地寄りまで上昇させるにはいたらないで，元の高度(沼底)がほぼそのまま残っているといえる．

自然堤防が教科書的に美しくみられるのは，野木崎の下流約10kmの区間である．河道に沿って両側に畑すなわち自然堤防が配列し，その後側は後背湿

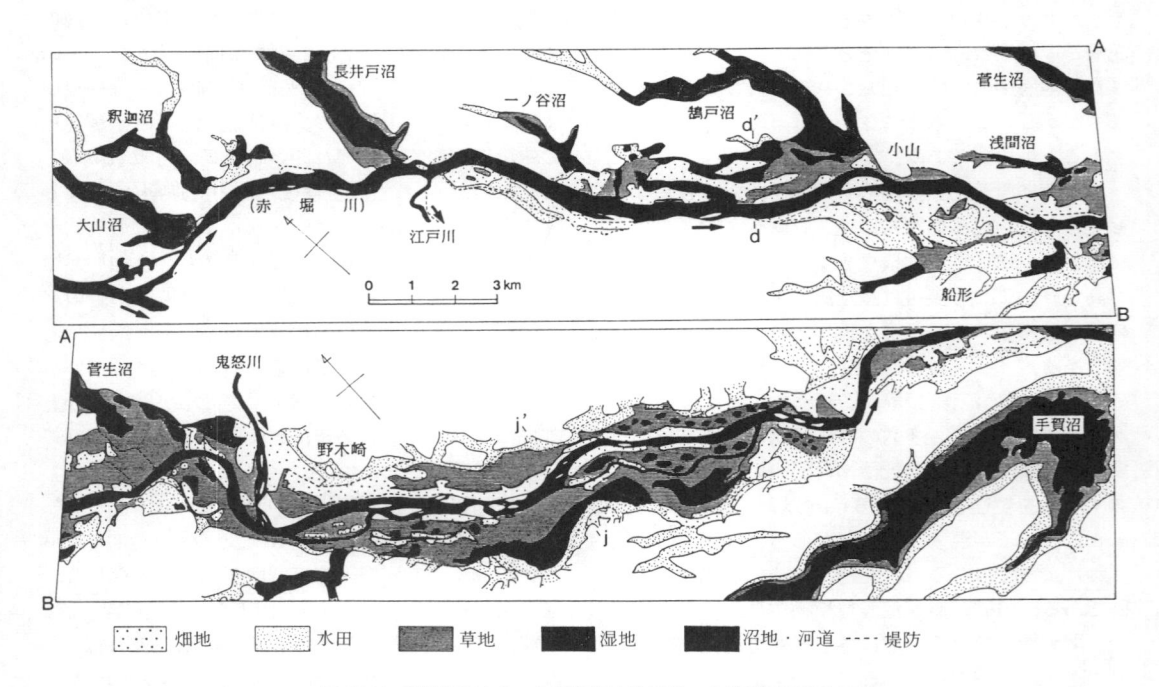

図23.7 迅速測図を使った利根川中流低地の土地利用(地形)区分
大河原・他(1992)を一部改変．河道の中の白抜き部分は州が水面上に現れている所．鬼怒川合流点から下流約5kmの区間に州が広く観察される．

23. 関東平野の河川地形

地として草地となっている．台地基部にある水田との間には右岸側には広い沼地が，左岸側には湿地が散見されることから，河道から離れた部分が最も低いことがわかる．

4) 表層堆積物からみた利根川中流低地の形成過程

表層の地質は検土杖を使って掘ることも可能だが，深くまでは掘れない．そこで既存のボーリング資料に頼ることになる．河川の場合には，橋や道路(含高速道路)と高圧線の鉄塔に沿って，連続するボーリング資料があり関係機関で入手することができる．図23.8はこのようにして集めた資料を使って，海退時にできた谷が埋積された部分の地質断面を描いたものである．低地の横断形はボーリング調査当時のもので，図23.7の約100年後の地形断面ということになる．

まず明瞭な自然堤防をなすj-j'断面で表層部をみると，現在の利根川河床下に粗砂層が分布し，その上位に腐植物の入った中砂層がある．すなわち，前者が本章2.3節で述べた河床堆積物であり，後者が氾濫堆積物である．表面は人手が加わっているが，氾濫堆積物起源であることには違いない．このように河川が流れた部分には必ず，河床堆積物と氾濫堆積物が対になって存在する．低地の中央に河道があって，その河道の位置はほぼ固定されて現在に至っていること，したがって周囲は腐植物とシルト・粘土しか供給されない後背湿地の環境下にずっとあっ

たことがわかる．

j-j'断面では河床堆積物の最下端は現在の河床最深部よりも3.5 mほど深く，貝殻や腐植物を含む砂層，さらにはその下位にある厚いシルト・粘土層のなかに掘れ込んでいる．沼地の底にしだいに澪筋があらわれ，ついには固定された河道となり，河道がいったん定まればさらにそこに流量が集中して深くなるという，正のフィードバックが繰返された結果，河道が掘り込まれたためと考えられる．図23.7で野木崎の低地にある2本の平行する堤防は，台地側が1660年代に，河川側が1740年代に築かれたものである(石橋，1991)．河道に水が集中して流れるようになった結果，岸側から離水して開発が可能になったことを示す．河道が固定されたことによって，河道周辺には洪水のたびに氾濫堆積物が厚くもたらされてしだいに高まり，最終的には河道沿いが最も高くなって，逆に台地寄りに低所が残り，沼になっているというわけである．

それでは低地全体が上昇した上流側ではどのような堆積層がみられるだろうか．一ノ谷沼の下流側左岸の低地上には，流路沿いではない別の場所に畑地が平行している(図23.7)．これらも自然堤防であり，主流路が別の場所にあったときに土砂が運搬されたことの名残である．d-d'断面(図23.8)をみると，畑の地下には約4 mの厚さのパミス(pumice)粒を含む砂層がある．この砂層が河床堆積物とみられ，ボーリング資料で隣合った砂層をつなげると，現在

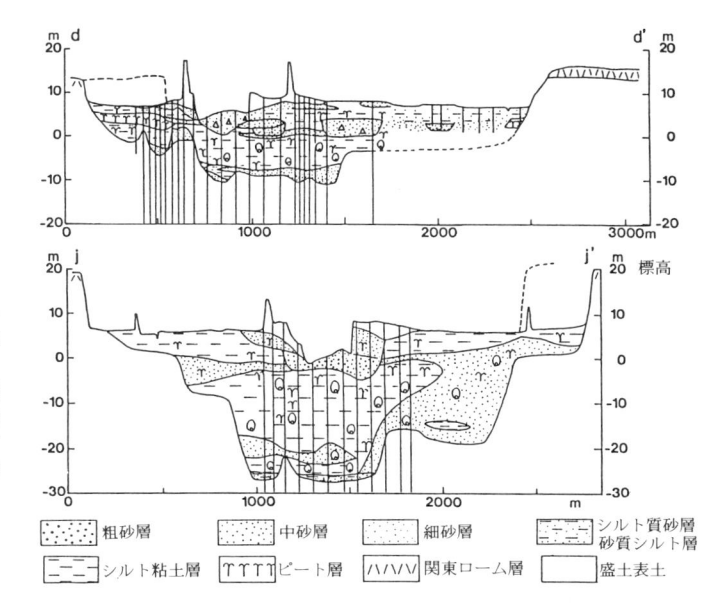

図23.8 図23.7のd-d'およびj-j'に沿った地形断面と地質断面〔大河原・他(1992)から編集〕
d-d'は下総利根大橋地点の，j-j'は新大利根橋地点の断面で，縦線の部分にボーリング資料(茨城県道路公社)がある．j-j'でボーリング資料のない部分の地下構造は遠藤・小杉(未発表)による．

凡例: 粗砂層／中砂層／細砂層／シルト質砂層・砂質シルト層／シルト粘土層／ピート層／関東ローム層／盛土表土

の河道幅と同規模の幅約 300 m の河道が復元できる．この位置に河道があったことは1700年代の絵図（下総国利根川通両側絵図）でも裏付けられている．

d-d' 断面では右岸側の地表面下に明瞭なピート（peat）層が存在する．このピート層が利根川導入以前の堆積物の上面高度を示すとみられる．それより上位の腐植物混じりのシルト・粘土層は後背湿地性のもので，この層の厚さ約2mが利根川の導入によって新しくもたらされた堆積物である．本川側低地の縦断形と沼地になっている支谷の縦断形との比較からは，上流側の区間では台地寄りでも最低2〜3mの堆積があったと推定できる（大河原・他，1992）．

以上をまとめると，利根川中流低地では図23.7の範囲の下流側半分に，浅い水域へ河川が延長していくときの地形と堆積物の配置をみることができ，上流側半分に谷底が全体として上昇したときの状態をみることができる．澪筋が固定されて河道となり，固定された河道の周辺で堆積が進むことによって河道沿いが高まるが，後背湿地では堆積速度は遅い．これによって自然堤防状の地形が顕著となる．堆積の進行した上流側をみると，河道変遷は蛇行河川でみられる連続的な側方移動という形ではなく，河道の付け替えという形で起こっている．洪水をきっかけに別の澪筋に流れと土砂が集中することによって河道の付け替えが起こったと考えられる．

まとめ

本章は自然堤防帯の地形を，前半では現実の河川で生じている河川プロセスによって解説し，後半では延長河川として浅い水域へ出てきたという関東平野の置かれた場の条件を踏まえて，地形発達史の見方を組込んで解説した．

現在では河川は大規模な堤防に囲まれてしまい，われわれから完全に分離された世界となっている．大雨が降れば堤防の上まで出かけて流れの様子を観察し，水が引けば高水敷に降りて，洪水流が残した氾濫堆積物にさわってみることを読者に期待する．このような現実の河川プロセスを観察することによって河川地形の起源の理解が進み，いわゆる沖積層の最上部（I-22章参照）を構成する河川堆積物の堆積過程より具体的にイメージできるであろう．

〔伊勢屋ふじこ〕

参考文献

地図資料編纂会(1989)：明治前期関東平野地誌図集成．p.. 柏書房．
遠藤邦彦・関本勝久・高野 司・鈴木正章・平井幸弘(1983)：関東平野の〈沖積層〉．URBAN KUBOTA, no. 21, pp. 26-43．久保田鉄工．
平井幸弘(1983)：関東平野中央部における沖積低地の地形発達．地理学評論, vol. 56, pp. 679-694.
堀 淳一・山口恵一郎・籠瀬良明(編)(1980)：「地図の風景」関東編II 埼玉・栃木・群馬他20巻．そしえて．
伊勢屋ふじこ(1981)：茨城県桜川における逆グレーディングをした洪水堆積物の成因．地理学評論, vol. 57, pp. 597-613.
Iseya, F. (1984): An experimental study of dune development and its effect on sediment suspension. Environmental Research Center Papers (Univ. Tsukuba), no. 5, 56 p..
Iseya, F.・Ikeda, H. (1990): Sedimentation in coarse-grained sand-bedded meanders: Distinctive deposition of suspended sediments. In Taira, A.・Masuda, F. (eds.): Sedimentary Facies in the Active Plate Margin. Terra Pub., Tokyo, pp. 81-112.
石橋幸子(1990 Ms)：茨城県西部の利根川低地における近世以降の環境変遷. 56 p..筑波大学環境科学研究科修士論文．
貝塚爽平・成瀬 洋・太田陽子(1985)：日本の平野と海岸．226 p.. 岩波書店．
籠瀬良明(1975)：自然堤防―河岸平野の事例研究. 308 p.. 古今書院．
籠瀬良明(1981)：谷地田・台端・自然堤防．URBAN KUBOTA, no. 19, pp. 10-17．久保田鉄工．
籠瀬良明(1990)：自然堤防の諸類型―河岸平野と水害―．202 p.. 古今書院．
Leopold, L. B., Wolman, M. G.・Miller, J. P. (1964): Fluvial Processes in Geomorphology. 522p.. Freeman, San Francisco.
Lobeck, A. K. (1939): Geomorophology. 731p.. Mc-Graw Hill.
目崎茂和(1973)：千葉県・養老川安須における河床形態．地理学評論, vol. 46, pp. 516-532.
中野尊正(1956)：日本の平野―沖積平野の研究―. 320 p.. 古今書院．
大河原弘美・池田 宏・伊勢屋ふじこ(1992)：利根川・鬼怒川の瀬替えによる利根川中流低地の地形環境変化．筑波大学水理実験センター報告．no. 16, pp. 79-91．
岡山俊雄編(1953)：自然地理学地形篇．256 p.. 地人書館．
大熊 孝(1981)：利根川治水の変遷と水害. 393 p.. 東京大学出版会．
小野久彦・川島良文・大矢雅彦(1961)：中川流域低湿地の地形分類と土地利用付図．p.. 科学技術庁資源局．
阪口 豊・高橋 裕・大森博雄(1986)：日本の川．248 p.. 岩波書店．
利根川百年史編集委員会(1987)：利根川百年史―治水と利水．2303 p.. 建設省関東地方建設局．

II 室内実験

1. 地球磁場測定

地球磁場はその99％が地球の中心にある核のなかでつくられている。残りの約1％は地球の最も外側の地殻でつくられて、通常地磁気異常とよばれている。この地磁気異常は、地表近くの地殻構造の情報を担っているため、鉱物資源探査や地球科学的研究に頻繁に利用されている。地球磁場測定には古くからフラックス-ゲート(flux-gate)型磁力計が使用されてきたが、1954年にプロトン(proton)磁力計が発明されてからは、この磁力計がその使いやすさからよく使用されている。ここではプロトン磁力計による地球磁場測定を行い、地磁気異常の原因物体の磁化率を求める実験を扱うことにする。

1.1. プロトン磁力計の原理

1954年にPackardとVarianは、約500 ccの水を含む容器の周りにコイルを巻き、コイル軸に直交して地球磁場程度の弱い磁場(F、以後Fはベクトルを表す)をかけ、コイル軸方向に1000 A/mほどの強い磁場(Hp)をかけて磁場の強さを求めることができたと発表した。この装置が後にプロトン磁力計とよばれることになった。

水のなかには水素の原子核である陽子(proton)が存在する。陽子は1個のスピン(自転)によって磁気モーメントをもつ。水中の磁気モーメントの方向は、HpがないときはFのなかでランダムに分布している(図1.1a)。Hpが加わると磁気モーメントはHpの方向に整列する(図1.1b)。Hpが急になくなるとFの方向を軸として歳差運動(precession)を始める(図1.1c)。この歳差運動の周波数fとFとの間には

$$|F|=\gamma \cdot f, \quad \text{ただし} \quad \gamma=23\cdot4874$$

という関係があり、これからfを測定すればFの大きさ(強さ)がわかる。fはコイルのなかで磁気モーメントが回転することによってコイルに誘導起電力が発生するから、これを増幅して周波数カウンターで計ればよい。歳差運動は熱擾乱の影響で数秒で減衰して、図1.1aの状態に戻る。図1.1cをみてもわかるように、歳差運動の回転半径が大きければ大きいほど誘導される起電力の強さは大きいので、コ

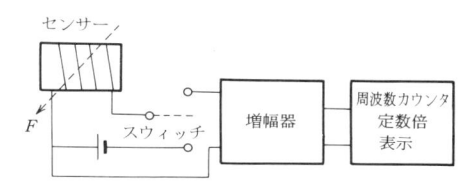

図1.2 プロトン磁力計

イルの軸はFに直交するようにするとよい。プロトン磁力計の概念図を図1.2に示した。Hpを数秒かけた後スウィッチは増幅器側に移り、コイルに発生した誘導起電力を増幅し、その周波数を計数して定数倍し表示する。

1.2. 実験の目的

地磁気異常の原因物体として鉄棒を用いる。自然においては地殻上部の磁気モーメントの強い岩石(鉱物)に対応する。一般に火山岩は強い磁気モーメントをもっているので、火山(海底火山もそうである)の周囲には強い地磁気異常が発生している。また海底拡大に伴って、海上では地磁気異常縞模様が観測されるが、その原因物体は二次元的な細長い形をしている。鉄棒はこの原因物体にも対応するだろう。つまり、鉄棒の周りの地磁気異常から、鉄棒の磁化率を求めることは、陸上・海上で観測された地磁気異常から原因物体の磁化率を求めることと同じである。この実験では、二次元物体を扱うが、三次元物体に応用することは簡単である。

プロトン磁力計は、上で述べたように、地球磁場の強さ(全磁力という)を測定する装置である。磁場はベクトルであるから、方向をもっている。しかしその方向はこの装置では測定できない。よって、プ

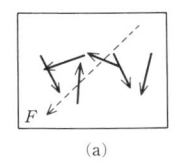

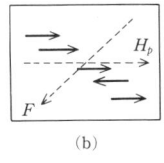

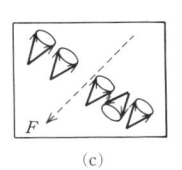

図1.1 磁気モーメントの分布

ロトン磁力計で求められる地磁気異常は全磁力異常である．

この実験の目的は，鉄棒の周りに発生する全磁力異常がどのような分布をするのかを知り，それを最小二乗法で解析して，鉄棒の磁化率を求めることにある．

1.3. 全磁力異常とは

図1.3に示されているように地球磁場の強さ($|F|$)を全磁力とよんでいる．これを T と表す($T=|F|$)．測定場所周辺の平均的(標準的)全磁力を T_0 とすると，全磁力異常 ΔT は，

$$\Delta T = T - T_0$$

で定義される．

一方，$F = F_0 + \Delta F$ と表すことができる．ただし，F_0 は測定場所周辺の平均的(標準的)地球磁場，ΔF は地球磁場の(真の)異常である(図1.3参照)．ここで，$T_0 = |F_0|$，$T = |F|$ である．

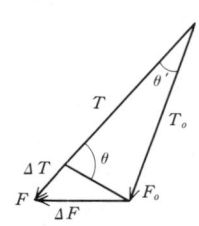

図1.3 全磁力と全磁気異常の関係

一般に ΔF は F の1％程度であるので，F を F_0 に投影したときの角度はほとんど90度である(θ' がほとんど0といい替えてもよい)．よって F を F_0 に投影した F' の大きさ $|F'|$ は $|F|$ に等しいとすることができる．すなわち，

$$\Delta T = T - T_0 = |F| - |F_0|$$

とすることができる．また，いい替えると ΔF を F_0 に投影したものが ΔT となる．

ここで全磁気異常の特徴の一つをみることができる．もし，ΔF が F_0 に直交している場合，

$$|F| = |F_0|$$

となって，$\Delta T = 0$ となる．これは地磁気異常が存在しても，その向きによっては全磁気異常に現れないことを示している．地磁気異常を完全に知るためには，独立した3成分を測定しなければならないことがわかる．

1.4. 地磁気異常の理論

（1） 鉄棒のような強磁性体が磁場 F のなかにあると，鉄棒の端に $+$(N極)と $-$(S極)の磁極が現れる．これを分極という．磁極の強さを q，両磁極間の距離を l とすると，磁気モーメント p の大きさは

$$|p| = q \cdot l$$

と定義できる．磁気モーメントはベクトルであり，その向きはS極からN極の方向が正の向きである．

（2） また単位体積当たりの磁気モーメント q を m とすると

$$m = p/v$$

となり，これを磁化(magnetization)と定義する．これもまたベクトルである．ただし v は磁性体の体積である．

（3） 磁化 m が原点にあったとき点(x, y, z)での磁場のポテンシャル W は

$$W = (x \cdot m_x + y \cdot m_y + z \cdot m_z)/(x^2 + y^2 + z^2)^{3/2}$$

（4） 点(x, y, z)での磁場 $F(F_x, F_y, F_z)$ は

$$F_x = -\frac{\partial W}{\partial x}$$

$$F_y = -\frac{\partial W}{\partial y}$$

$$F_z = -\frac{\partial W}{\partial z}$$

と表せる．

（5） 鉄棒が x 軸の $(-a, +a)$ にあったとすると(長さ $2a$ の鉄棒に線上に磁化が分布しているとする)，上記の磁場を x 軸に沿って $-a$ から $+a$ まで積分すればよい．

$$F_x = \frac{(x-\xi) \cdot m_x}{\{(x-\xi)^2 + y^2 + z^2\}^{3/2}} \bigg|_{-a}^{a}$$
$$+ \frac{y \cdot m_y + z \cdot m_z}{\{(x-\xi)^2 + y^2 + z^2\}^{3/2}} \bigg|_{-a}^{a}$$

$$F_y = \frac{y \cdot m_x}{\{(x-\xi)^2 + y^2 + z^2\}^{3/2}} \bigg|_{-a}^{a}$$
$$+ \frac{(x-\xi) \cdot m_y}{(y^2+z^2)\{(x-\xi)^2+y^2+z^2\}^{1/2}} \bigg|_{-a}^{a}$$
$$- \frac{3y(y \cdot m_y + z \cdot m_z)}{(y^2+z^2)^2} \bigg[\frac{(x-\xi)}{\{(x-\xi)^2+y^2+z^2\}^{1/2}}$$
$$- \frac{(x-\xi)^3}{3\{(x-\xi)^2+y^2+z^2\}^{3/2}} \bigg] \bigg|_{-a}^{a}$$

$$F_z = \frac{z \cdot m_x}{\{(x-\xi)^2+y^2+z^2\}^{3/2}} \bigg|_{-a}^{a}$$
$$+ \frac{(x-\xi) \cdot m_z}{(y^2+z^2)\{(x-\xi)^2+y^2+z^2\}^{1/2}} \bigg|_{-a}^{a}$$
$$- \frac{3z(y \cdot m_y + z \cdot m_z)}{(y^2+z^2)^2} \bigg[\frac{(x-\xi)}{\{(x-\xi)^2+y^2+z^2\}^{1/2}}$$
$$- \frac{(x-\xi)^3}{3\{(x-\xi)^2+y^2+z^2\}^{3/2}} \bigg] \bigg|_{-a}^{a}.$$

上式は ξ を $-a$ から $+a$ まで定積分するという表現である．

1. 地球磁場測定

1.5. 実験の準備
（1） 必要な計器，道具
　① プロトン磁力計(本体，センサー，ポール，ポールに巻く布，ビニール袋)
　② トランシット
　③ 巻尺，地面に印をつけるための木片
　④ 鉄棒
（2） 上記のものを持って空き地へ行く．
（3） 基準点(座標のゼロ点)を決めてその上にトランシットを設置し，地磁気北と東をマークする．
（4） 1 m のごと格子点を地面につくり，木片を打込む(約 10 m 四方の地面を使う)．

1.6. 実験の順序
（1） 鉄棒を置かずに格子点上の地磁気全磁力を測定する．各格子点で少なくとも 3 回以上測定し，特別に異常な値がない場合それらを平均をしてその点の値とする．
（2） 格子点をつくった座標の中央に南北に鉄棒を置く．そして各格子点上の地磁気全磁力を測定する．
（3） 鉄棒を完全に逆転させて各格子点上の全磁力を測定する．
（4） 上記(2)と(3)では鉄棒の周辺は少なくとも 50 cm 間隔で測定すること．

1.7. データの整理
（1） 地磁気の北を x 軸，東を y 軸，鉛直上向きを z 軸とする．ポールの長さが z の値となる．
（2） 図 1.4 を見てわかるように，地磁気北を x 軸としているから F_y は図 1.2 未完……

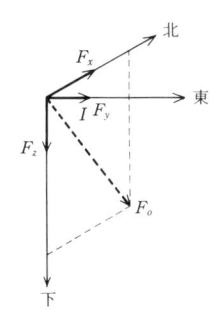

図 1.4　全磁力と伏角の関係

（3） 全磁力異常 ΔT は図 1.3 で説明したように，F_x, F_z を F_0 に投影して足し合わせたものとなるから，

$$\Delta T = F_x \cdot \cos I + F_z \cdot \sin I$$

ここで I は伏角である．

（4） 磁化 m は F_0 によって発生するから y 成分 m_y はない．よって，F_x, F_z は

$$F_x = m_x \cdot g_1(x, y, z) + m_z \cdot g_2(x, y, z)$$
$$F_z = m_x \cdot g_3(x, y, z) + m_z \cdot g_4(x, y, z)$$

と表せられるから

$$\Delta T = m_x \cdot g(x, y, z) + m_z \cdot h(x, y, z)$$

となる．ただし，m_x, m_z はそれぞれ磁化 m の北向きと鉛直下向き成分である．

また $g_1 \sim g_4, g, h$ は，上記理論で述べた F_x, F_z を m_x と m_z でまとめて得られる関数である．

（5） 上記 $\Delta T, g(x, y, z), h(x, y, z)$ は格子点の数だけあるから最小二乗法によって，m_x, m_z を求める．

（6） F_0 によって発生した磁化 m は，鉄棒のなかの磁場 F_e に比例するが，棒のなかの反磁場のために F_0 と F_e は異なる．しかし，ここでは簡単のために無視し，外部磁場の F_0 と同じと仮定する．この場合，

$$m = \chi_m \cdot F_0$$

となる．よって

$$m_x = \chi_{mx} \cdot F_x = \chi_{mx} \cdot F_0 \cdot \cos I$$
$$m_z = \chi_{mz} \cdot F_z = \chi_{mz} \cdot F_0 \cdot \sin I$$

ここで，χ_{mx}, χ_{mz} は鉄棒の x と z 方向の磁化率である．

（7） m_x, m_z は単位長さ当たりの磁気モーメントであるので，上記の式から求められた m_x, m_z は鉄棒の x と z 方向の長さ lx, lz で割る必要がある．

$$m_x = m_x / lx$$
$$m_z = m_z / lz$$

この m_x, m_z を用いて χ_{mx}, χ_{mz} を求める．

1.8. ΔT の求め方
（1） 1.6 節の(2), (3)で求めた全磁力の値を足して 2 で割る．これは鉄棒がもともともっている磁化(F によって誘導された磁化ではない磁化)による磁場を差引くためである．
（2） 1.6 節の(1)で求めた値を引く．これは鉄棒以外の地下に原因をもつ磁場を差引き，鉄棒が発生する磁地のみを得るためのものである．これを ΔT とする．

1.9. 報告すべき事項
（1） 格子点上の地磁気全磁力の値のリスト(1.6 節，(1), (2), (3) の 3 種類)．
（2） それぞれの等値線図．

（3） ΔT の等値線図．
（4） $g(x, y, z)$, $h(x, y, z)$ の具体的な表現．
（5） χ_{mx}, χ_{mz} の値．

1.10. 注意すべき事項

（1） SI単位系では，磁場の強さはT(テスラ)であり，磁力計の値はnT(ナノテスラ：nanotesla, 10^{-9}テスラ)である．この値はそのまま磁束密度の値(単位はA/m)としてよい．

（2） 磁化の単位は磁束密度と同じA/mである．

（3） χ_{mx}, χ_{mz} は，無次元の定数である．

まとめ

この実験は地球磁場のなかで鉄棒が発生する磁場を観測するものであるが，鉄棒を自然界の火山その他のものと置換えれば容易に実際の地磁気異常を理解できるだろう．特に鉄棒の周りの ΔT の正と負の分布は，自然界でよくみかけるものである．測定にかなり体力を必要とし，解析にも意外に時間がかかる実験である．この実験から地球に関するデータを取り，結果を得ることがどれだけ大変なことかも理解されると思う． 〔伊勢崎修弘〕

参考文献

高橋秀俊(1959)：電磁気学，428 p.．裳華房．
力武常次(1972)：地球電磁気学，472 p.．岩波書店．
森口繁一・宇田川銈久・一松 信(1956)：数学公式Ⅰ―微分積分・平面曲線―，348 p.．岩波全書．岩波書店．

2. 地震波の測定と解析

地震波の記録方法を理解し，地震波記録を解析することによって地殻のなかを地震波が伝わる速さを推定し，さらに地震の発生した場所を推定する（震源決定）方法を理解する．観測された地震波から波の相を見出すことは，いろいろな地震波の解析に共通する基本的な作業である．

2.1. 地震計の原理

自然の地震や人工的につくられた地震（制御地震）によって発生した地震波を計測するためには地震計（seismograph）が用いられる．地上のある一点（観測点）を地震波が通過すると地表は振動（地震動）する．地震計とは，この振動を計る装置である．振動は地表の一点の運動であるからベクトル量である．ふつう，地動の上下動成分（Z），東西成分（E），南北成分（N）に分けて記録される．異なる3方向の振動を記録できれば計算によって好きな方向の成分を得ることができる．地震動を記録するためには，地表が振動している間，基準となるべき点（不動点）が必要である．一般には完全な不動点をつくることはできない．しかし，加速度運動する地表に固定した質点には慣性力が働くので，たとえば振り子の重りと振り子の支点（地表）の間には相対運動が生じる．このずれは，振動の速さによって地表の運動の変位に比例したり，速度あるいは加速度に比例する．地震計の記録と実際の地震動との関係は地震計の周波数特性，あるいは伝達関数といわれる．使用する地震計の特性をよく理解しておかなければならない．

2.2. 地震波の伝わる速さの測定
―制御震源実験―

1) 実験の目的

地震波は地球内部を伝わる弾性波である．人工的に地震を起こし，波の伝わるのに要する時間を計ることによって，地震波の伝播の速さを推定する．この実験は，地震の発生する場所（震源）と時刻（震源時）を実験を行う人によって制御できるので，制御震源実験といわれる．

等方な弾性体を伝わる波には縦波（P波）と横波（S波）がある．一般にP波の伝わる速さ（V_P）はS波の速さ（V_S）より速い．ここではV_Pを求める実験を計画する．簡単な道具を用いた制御地震によって生じる波は，地下数mの所まで伝わる．

2) 使用する道具

(1) 地震計（換振器と記録器をあわせたもの）最低2台，記録器には時刻のデータも同時に記録できる必要がある．時間分解能は1000分の1秒．
(2) 杭打ち用の大きな木づち
(3) 巻尺

3) 実験

震 源：人工地震を起こす場所（震源）を決め，木づちで地面を勢いよくたたく．地震の発生した時刻（震源時）は震源のごく近くの地震計（地震計1）の記録から読取る．

観測点：震源から一定の間隔（1m程度）で直線上に地震計を並べる．地震計が2台しかないときは，地震計2をまず震源から1m離して人工地震を起こし記録を取り，次に地震計2を2mの所に移動させて地震を起こす．これを繰返して20～30m程度まで記録する．

実験上の注意：P波の伝わる速さは表層で200～300m/秒である．木づちや重りを用いた実験では，P波は30mくらいで減衰して観測がむずかしくなる．30mの距離の差は0.1秒であるので，記録の時刻精度は1000分の1秒（ms）は必要である．地震計1と地震計2は同一の時計を用いたほうがよい．

4) 記録の整理と解析

図2.1には学校のグラウンドで行った実験のデータの例を示した．波形記録の一本一本が異なる震央距離（震源と観測点との水平距離）で記録したものである．No.1の記録は震源での記録（地震計1），No.2は震央距離1mで観測した記録（地震計2）である．この例では，同一の時計の信号を地震計1と地震計2に記録して，地震計1で振動が始まった時刻を時間の原点にしてある．No.3以降の記録は地震計2を次々と移動して得たものである．横軸は震源

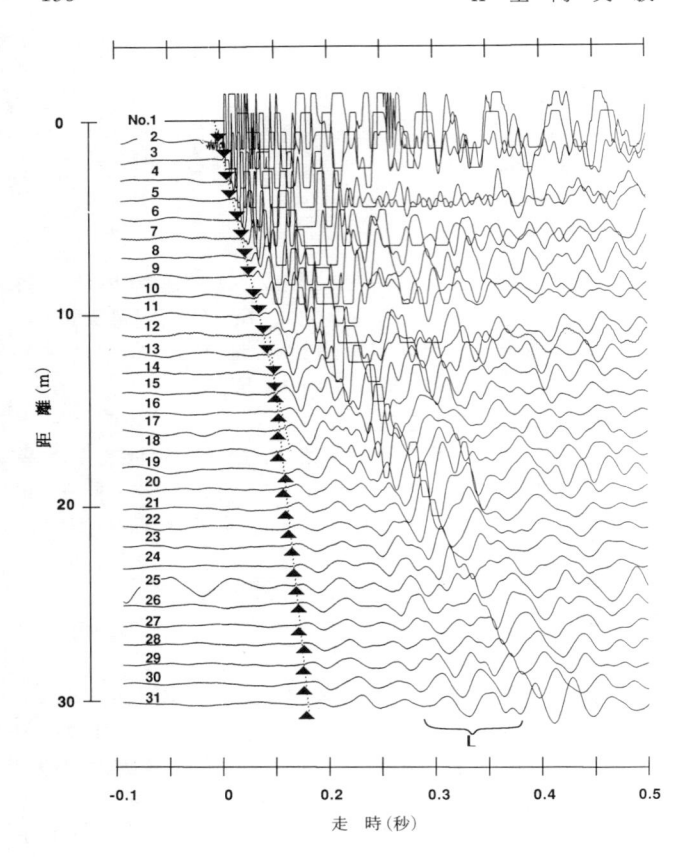

図 2.1 制御震源実験データ
横軸は震源時を原点にした走時(秒)．縦軸は震央距離(m)．記録の番号は地震の番号．▼印は地表付近を伝わった P 波の到着時(発震時)，▲印は下層を伝わった P 波の発震時を読取った．L 印は表面波の到着．

時を原点とした時間(走時)である．

験　測：地震波の到着によって記録上に特徴的な波形(相，phase)が現れる．相の現れ始める時刻を発震時あるいは到着時(arrival time)という．1本の記録上にはいろいろな経路を経て観測点に到着する波があるので，記録中には複数の相が含まれる．観測点に最初に到達する波の相は他の相にじゃまされることがないので判読しやすい．この相は，**初動の相**といわれ，**後続の相**と区別する．初動の相は図2.1で▲印を付けた所に現れている．これらは距離(x)と走時(t)の領域(x-t平面)でほぼ直線上に並ぶ．つまり，距離と走時が比例していることがわかる．しかし，震央距離15mを越えるあたりより遠い記録の初動の相は，近いところの初動の相とは異なる直線上に並ぶ．このことから，この例では，少なくとも2種類の速さの波が記録されていることがわかる．これらの相はどちらも地表付近の二つの層を伝わる P 波である．No. 20〜30 の記録の 0.2〜0.3 秒に現れた振幅の大きい後続の相(L)は地表面を伝わる波(表面波)である．

2本の線上に並ぶ初動の相の走時を読取り，震央距離(x)と走時(t)のデータをつくり整理しておく．読取り値は表にまとめ，さらにグラフにプロットしておくとよい．

構造解析：走時データから地震波の伝わる速さと層の厚さを求めることを考えよう．得られた2本の走時曲線(直線)は図2.2のA, Bの波の経路に対応

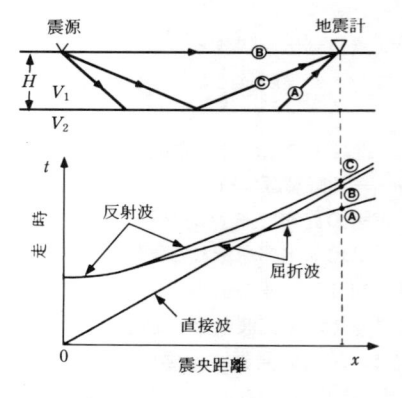

図 2.2 波の経路(上)と走時曲線(下)
図2.1の記録で初動となるのは，直接波(B)と臨界屈折波(A)である．

すると考え，表層のP波の速さ(V_1)と層の厚さ(H)，下層のP波の速さ(V_2)を求めよう．

波の伝播に関する理論（地震波線理論）によると，一様な媒質では波が直進し，異なる伝播の速さをもつ媒質の境界ではスネルの法則(Snell's law)に従って屈折する．表層を伝わる直接波(direct wave)の走時をT_1，上層から下層に臨界屈折して下層を伝わる屈折波(head wave)の走時をT_2とすると次の式で表せる．

$$T_1 = \frac{x}{V_1} \quad (1)$$

$$T_2 = \frac{x}{V_2} + T_{20} \quad (2)$$

ただし，T_{20}は原点走時(intercept time)とよばれ，

$$T_{20} = 2H\sqrt{\frac{1}{V_1^2} - \frac{1}{V_2^2}} \quad (3)$$

で与えられる．V_1とV_2は走時曲線の傾きから求められる．読取ったデータから最小二乗法によって直線の傾きを求めれば，求められたP波の速さの推定誤差も評価できる．V_1，V_2，Hを求めてみよう．

2.3. 自然地震の記録の解析

1) 目的

地震計で観測した地震波の記録(seismogram)から波群を選び出し，波の種類を判断し，地震波の相の発震時，振幅，周期を計測する．

2) 用いるデータ

地震計によって記録された自然地震の波形記録を用いる．地震記録は最終的には紙の上にインクなどで，目で見える形で記録されるが，中間的な記録媒体としては，磁気テープや計算機用の磁気ディスク（フロッピーディスク）などが用いられる．特に最近では，パーソナルコンピュータ（パソコン）を利用した記録装置の利用が盛んになり，迅速にさまざまな解析を行うにはコンピュータで処理できる記録が重要となってきた．これから例として用いる記録は，いずれもパソコンによって表示されたり，処理されたものである．パソコンが利用できる場合には積極的に活用してみよう．しかし，身近に紙書きの記録かそのコピーがある場合にはそれらを用いて解析してもよい．また，この章の地震記録の例をコピーして解析してもよいだろう．

3) 地震とノイズの区別

地震計に記録された振動が，自然に発生した地震によるものか人工的な原因，たとえば自動車の通過などによるもの（ノイズ）なのかを区別することは，

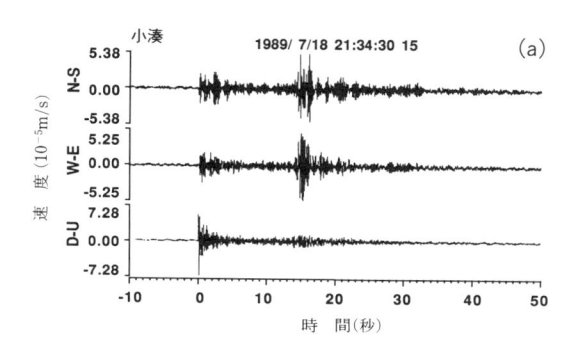

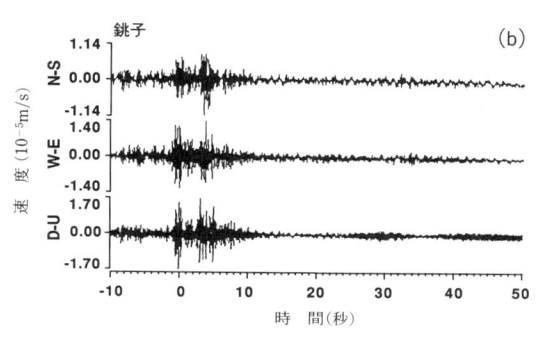

図 2.3 短周期(固有周波数1Hz)速度型地震計の記録例
a：千葉大学理学部小湊実験場で観測され，ディジタルテレメータシステムで千葉市の理学部に電話回線を通じて転送された．横軸はP波の発震時を原点とした時刻(秒)．この例では，1989年7月18日，21時34分30.15秒がP波発震時．3成分の記録（上から南北成分，東西成分，上下動成分）を示した．縦軸は速度振幅であり，単位はmkine($=10^{-3}$cm/秒)．
b：銚子実験場で観測されたノイズの例．

地震波の解析の第一歩である．ここでは，比較的近くに発生した地震（近地地震）の波形とノイズを比較してみよう．図2.3には千葉県の房総半島小湊にある地震観測所で記録された波形を比較してある．これらの記録は，地震計を接続したパソコンによって自動的に記録したものである．パソコンは常に地震計の振動を監視し続け，振動の振幅が一定の値を越えると記録を始める．したがって，地震計の近くを大型のトラックが通過したり，観測所の建物が強風によってあおられても大きな振動が生じてパソコンは記録を開始してしまう．

図2.3の(a)は近地地震の例であり，(b)は人工的な振動によるノイズの例である．地震の記録をみなれると，(a)と(b)を区別して地震を判別することはたやすい．(a)の記録には，はっきりとした振動の始まりがあり徐々に振動がおさまっていく．つまり，この記録には時間の流れがあり，時間軸に目盛りがふっていなくとも左から右へと時間が経過していくことが理解できる．一方(b)の記録の振動は徐々に始

まり，始まったかと思うと突然に振動が終わり再び始まるといった具合いで，たいへん不規則である．

それぞれの記録は，南北，東西，上下の3成分の振動を組にしてある．記録(a)では最初の波群(0秒付近)は上下動成分の振幅が一番大きい．15秒付近の波群は南北，東西の水平動成分の振幅が大きく，上下動成分の振幅は小さい．この特徴は，最初の波群はP波，次の波群はS波であることを示している．一般に地震波は地表に下から到達し，P波は波の進行方向に平行に振動するので，上下動地震計に記録されやすい．S波は進行方向に垂直な面内で振動するので水平面内の振動が大きくなる．実際の地震波は完全に真下から地表に到達せず，少し斜めの方向から到着するのでP波も水平動の成分，S波も上下動の成分をもつ．P波とS波が区別できればその振動が地震によるものと判断する有力な手掛かりとなる．実際の記録では，遠方からの地震波のP波がノイズに埋もれてみえず，S波だけが観察されることもあるので，振幅の小さい地震波をノイズから区別するには，ある程度の経験を必要とする．

4) 発震時の計測

地震記録から地震波の相がみつかったら，まずP相とS相の出現時刻(発震時)を計る．この時刻は，他の地震計によって得られた発震時と総合して地震の発生した場所(震源)を求めたり，地球の内部構造を研究したりすることに用いられる．他の地震計の記録と比較するためには，地震記録を得るときに用いる時計の精度(刻時精度)が重要である．地震計の時計はふつう標準時刻信号と比較して遅れや進みを補正する．JJYという短波ラジオ放送は24時間日本標準時を放送している．NHKなどの時報を地震記録と同時に記録することもよく行われる．地震計の時計を標準時に対して0.1秒程度の精度で維持することは比較的簡単だが，1000分の1秒(ms)の絶対時刻を得るためには特別の装置を必要とする．2.2節の実験では，人工地震の震源時(発生時刻)と観測点での波の発震時(到着時刻)との差(相対時刻)が重要であった．地震計の間を電気的な信号で結び付けることによってミリ秒(ms)の相対時刻精度を得ることはたやすい．

もし，地震記録がパソコンで処理できれば，P波の発震時刻はパソコンの画面上でカーソルをP相の始まりのところに移動させることによって，簡単に計測できる．紙書きの記録の場合には，地震波形記録と時間の目盛りを見比べて時刻を読取る．図2.3の記録からP相とS相の発震時を読取ってみよう．

5) 振幅

P相やS相の振幅は，地震の大きさと地震までの距離の関数であるから，多数の観測点で振幅のデータを得ることは地震の性質と地球内部構造を研究するうえで重要である．波の減衰は媒質のもつ非弾性の効果や不均質による散乱によって生じるので，地球内部が弾性体からどのくらいずれているかを研究するためになくてはならない．

振幅を計測するには，地震計の倍率をあらかじめ調べておく必要がある．図2.3の記録では，パソコンに記録するときに地震計と増幅器の倍率を計算して縦軸の目盛りをふってある．この例では，速度型地震計の記録なのでmkine(10^{-5}m/秒)の単位をもっている．

震源の距離がほぼ同じである地震の振幅を調べ，地震の大きさ(マグニチュード，magnitude)と振幅の関係を調べよう．また，同じくらいの大きさの地震を集め，振幅と震源の距離との関係を調べよう．

6) 周期(周波数)

地震波は波動であるから振動の周期(T)あるいは周波数(f)を計ることによって，地震と地球内部構造を知る手掛かりになる．P相やS相の周期を計るには，波群のなかから周期的に振動している部分を選び出して，波の嶺と嶺あるいは谷と谷の間の時間を計ればよい．図2.4の(a)には図2.3(a)に示した地震波形(上下動成分)の初動から5秒間だけを拡大して示してある．最初の振動の嶺と次の嶺の間隔は0.1〜0.15秒程度であることがわかる．周期の逆数を周波数という．つまり，この例では周波数は10 Hzよりやや小さい．

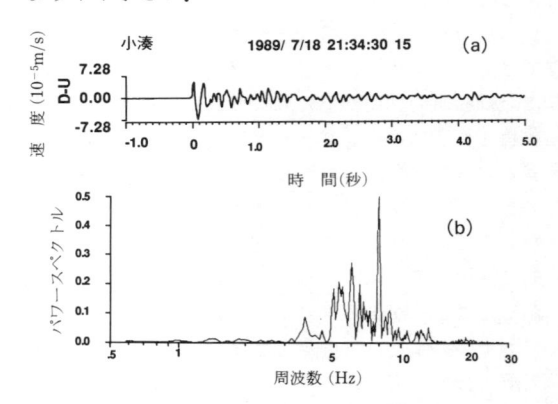

図2.4 地震波の周期の測定のために，時間軸を拡大した記録(a)とFFTで周波数領域に変換して計算したスペクトル(b)
(a)は図2.3(a)の記録のP波初動部5秒間を示した．(b)の横軸には周波数(Hz)を対数目盛で示した．縦軸は波形記録のフーリエ変換の絶対値の2乗(パワー)．

パソコンでこの波形データを処理することができれば，容易に周波数解析を行うことができる．高速フーリエ変換（FFT：Fast Fourier Transform）のアルゴリズム（algorithm）を適用すると時間領域の波形データを周波数領域にすばやく変換できる．この変換によって，時間の関数である波形データはいろいろな周波数をもつ単振動（三角関数）の重ね合わせとしてあらわされる．横軸に周波数，縦軸に単振動の振幅の2乗（パワー）をとって表したグラフ〔図2.4(b)〕を振動のスペクトルグラフという．〔図2.4(b)〕は〔図2.4(a)〕に示した6秒間の波形データ全部を変換して得たスペクトルである．8 Hzの所にスペクトルの山（ピーク）のあることがわかる．つまり，0.125秒の周期をもつ波（成分）がこの記録には多く含まれていることを示している．ピークをつくる周波数を卓越周波数，それに対応する周期を卓越周期という．

図2.5には移動周波数解析の例を示した．波形記録の約2秒間のスペクトルを計算し，計算に用いる場所（時間の窓，time window）を1秒ずつずらしてある．たとえば，この図の横軸0秒付近の縦の線は，0秒から2秒までの間の記録から計算されたスペクトルを縦軸に周波数，横軸にパワーをとったグラフに表示した．右に振れているほどパワーが大きい．最下部の横軸（時間軸）の原点はP波の到着時刻にした．この例ではP波がくるまでは1 Hz程度の比較的低周波のノイズが多いが，P波の到着によって8 Hzの成分が多くなることがわかる．P波到着後5秒から10秒までの波には4〜6 Hz程度の成分も含まれていることがわかる．つまり，ノイズの部分，初動部分，初動からしばらく時間が経過した部分では異なる周波数成分をもつことがわかる．

いろいろな地震記録を解析して，ノイズの部分のスペクトルとP波，S波の周波数を比較してみよう．地震のマグニチュードと卓越周波数の関係，震源距離と卓越周波数の関係について調べてみよう．

2.4. 震源の推定（1）―制御震源の震源―
1) 実験の目的
人工的に制御震源を起こして地震波を観測することにより，観測データから人工地震の位置（震源）を推定することを試みる．この実験では真の答がわかっているので，推定された値と比較することによって推定値の精度を考察できる．実験の前に，表層の地震波の伝播の速さを知っておく必要があるので，前もって2.2節の実験（地震波の伝わる速さの測定）を行っておくとよい．

2) 使用する道具
2.2節の実験に用意したものと同じ．ただし，この実験では地震計を4台用いる．4台の地震計には共通の時計の信号が記録されている必要がある．

3) 実　験
縦横20 m程度の広場に地震計3台を1直線にならないように設置する．この3台の地震計のデータから人工地震の震源を推定する．残りの1台は人工地震を起こす地点のそばに設置して，人工地震の震源時を記録する．人工地震は木づちで地面を勢いよくたたくことによって発生させる．

震源と観測点の位置関係によって，震源の推定精度が異なることを理解するために，いろいろな場所で地震を起こしてみよう．たとえば，3台の地震計で囲まれた領域の外側・内側，あるいは1台の地震計の比較的そばなどで地震を起こす実験計画を立ててみよう．

4) 解析のために準備しておくデータ
（1）地震を起こす前に整理しておくデータ
- 観測点の位置 (x_1, y_1)，(x_2, y_2)，(x_3, y_3)．適当な直交座標系で地震計の位置を計っておく．
- 表層のP波伝播の速さ（V_p．2.2節の実験での解析結果）．

（2）観測データ
- 各観測点でのP波の発震時（到着時刻）t_1，t_2，t_3．波形データより験測する．絶対時刻は必要ない．震源のそばの地震計と観測点の地震計に共通の時計で計った時刻で整理する．この実験では100分の1秒の精度が必要．

（3）実験結果を評価するために必要なデータ

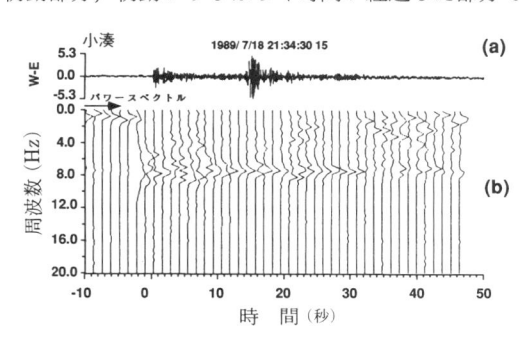

図2.5　移動周波数解析の例
時間領域の記録波形(a)を2秒間の時間窓によって取出し，スペクトルを計算して(b)に示した．時間窓の始まる時刻は約1秒間隔でずらした．たとえば，時刻0秒の所に示したスペクトルは(a)の記録のうち0〜2秒の部分を用いて計算した．縦軸の周波数は下に行くほど高い周波数になる．パワースペクトルは右に振れているほど大きい．

・人工地震の位置(x_0, y_0)

・人工地震の震源時(t_0)

5)　解　析

(1)　4)で用意した(1)と(2)のデータから人工地震の位置(x_0, y_0)を推定する．この場合まず，震源時(t_0)は既知として解析する．

(2)　次に震源時(t_0)も未知量として解析する．

(1)の解析法(図解法)：震源時とP波到着時を用いて，各観測点までのP波走時(T_1, T_2, T_3)を計算する．

$$T_i = t_i - t_0 \ (s), \qquad (i=1,2,3) \qquad (4)$$

表層のP波の速さV_pをもちいて，震源と観測点の距離r_1, r_2, r_3を計算する．

$$r_i = V_i \cdot T_i \ (m), \qquad (i=1,2,3) \qquad (5)$$

グラフ用紙に観測点の位置をプロットし，観測点から半径r_iの円を描く．三つの円の交点が震源の位置である．

(2)の解析法(計算による解法)：観測データと未知量の間には次の関係がある．

$$t_i = t_0 + \frac{\sqrt{(x_i - x_0)^2 + (y_i - y_0)^2}}{V_{\mathrm{P}}} \qquad (i=1,2,3) \qquad (6)$$

この式で(x_0, y_0)と(t_0)が未知量で他は観測データと実験の前に知っている量である．三つの式より三つの未知数を解くことができる．みかけは二次方程式であるが，適当な変形によりx_0とy_0の連立一次方程式に帰着できる．

6)　結果の考察

5)で解析して求めた値と真の値を比較して，震源と観測点の位置関係によって誤差の大小に差があるかを調べよう．自然地震は地下で起こっているので地震の深さも未知量になる．また，地殻の地震波の速さは深さとともに変わっているので，この実験より複雑な計算をしなければならない．

2.5.　震源の推定(2)—自然地震—

1)　目　的

多数の地震計(地震観測網)のデータから自然地震の震源を求める原理を理解して，推定された震源の精度について考察する．

2)　用いるデータ

気象庁によって観測され整理された地震データを用いる．気象庁は『地震月報』に月ごとに観測データ，解析結果をまとめて出版している．『地震月報』には，(1)地震観測点の位置(緯度，経度，高さ)，(2)震源(hypocenter あるいは focus)と震源時(origin

```
   1D 18H 03M 13.3S±0.2S  NORTHERN IBARAKI PREF    R=(3, 86) MAXI=3
  36°27.9'N±0.5' 140°35.4'E±0.8' H= 55KM±2KM MAG=4.3

STATION I PHA   TIME       RES I.M PHA  TIME     RES    DELTA  AZI  VEL(Z)    MAG
                (JST)                   (JST)            KM    DEG  MKINE
                H  M   S    S            M   S    S

MITO    3 IP    18 03 22.4  0.6  U S     03 28.9  0.8    14.3 227 213.4      4.4
                                (N  200μ 0.3 E  400μ 0.3 Z                  )3.8
KAKIOK  3 EX    18 03                                    44.0 234
                                (N  200μ 0.8 E  300μ 0.8 Z   100μ 0.8)4.6
KAKIO2    IP    18 03 24.0 -0.1  U S     03 31.4 -0.7    47.2 232  0.S.
ONAHAM  1 IP    18 03 25.2 -0.2N U S     03 33.8 -0.6    60.3  27 32.18      4.9
                                (N  121μ 0.8 E  145μ 0.6 Z    26μ 0.5)4.5
UTSUNO  2 IP    18 03 25.8 -0.1 ED S     03 34.5 -0.8    64.9 277 41.61      5.0
                                (N   46μ 0.4 E   68μ 0.6 Z    29μ 0.7)4.2
SHIRAK  0 IP    18 03 27.8  0.2S D S     03 38.0 -0.2    79.5 335 83.5       5.3
CHOSHI  0 IP    18 03 27.7 -0.5  U IS    03 38.2 -1.0    84.4 163
                                (N   10μ 0.7 E   21μ 0.7 Z    12μ 0.3)3.9
CHOSH2    IP    18 03 28.2 -0.4  U S     03 38.7 -1.3    88.1 163 10.22      4.4
NIKKO   2 EX    18 03                                   102.0 287
KUMAGA  1 IP    18 03 31.9  0.1  D S     03 45.1 -0.4   113.8 252 20.5       4.9
                                (N   35μ 0.9 E   27μ 0.8 Z    14μ 0.7)4.4
TOKYO   0 IP    18 03 32.0  0.2    S     03 45.3 -0.3   114.3 221
                                (N   48μ 0.4 E   62μ 0.5 Z    12μ 0.5)4.6
MAEBA2    IP    18 03 33.8  0.4  D S     03 48.6  0.3   126.6 274  0.S.
YOKOHA  0 P     18 03 36.0  0.6    S     03 51.9  0.1   141.9 216  7.7       4.6
                                (N   23μ 0.5 E   23μ 0.7 Z     7μ 2.8)4.4
FUKUSH  X EP    18 03 36        0.4    ES    03 51   -1.2   143.7 355
                                (N    -      E    -      Z     -      )
CHICHI  1 X     18 04                                   145.4 249
KATSUU  0 P     18 03 35.9 -0.3                         148.2 189
CHICH2    IP    18 03 35.8 -0.7  D S     03 51.9 -1.8   150.6 252  0.S.
BS40BS    P     18 03 39.0  0.6                         165.2 187  0.53      3.8
NIIGA2    IP    18 03 38.3 -0.1  D                      165.7 301  0.S.
TATEYA  0 EP    18 03 41.6  1.7                         176.9 201  3.2       4.4
BS30BS    P     18 03 40.8 -0.1                         184.7 182  0.37      3.7
BS20BS    P     18 03 41.4 -0.2                         190.7 175  0.39      3.8
YAMAG2    IP    18 03 42.2 -0.1  D ES    04 03.0 -1.0   195.8 345  1.53      4.4
YAMAGA  0 IP    18 03 42.7 -0.1  D X     03 57.5        199.6 353  7.3       4.9
KOFU    0 EP    18 03 42   -1.3    S     04 09.7  4.0   203.4 244
                                (N   17μ 0.7 E   22μ 0.8 Z     8μ 1.3)4.6
BS10BS    P     18 03 43.1 -0.3                         204.0 169
AJIRO   0 P     18 03 43.3 -0.5                         207.6 221  0.S.
NIIGAT  0 EP    18 03 44.7  0.5                         210.6 320  1.12      4.3
MATSUS  0 IP    18 03 44.0 -0.6  U                      213.7 272
NAGANO  0 IP    18 03 45.4  0.6  D                      215.3 276
KAMATA    P     18 03 44.2 -0.8    S     04 08.9  0.1   216.8 219  0.S.
TAKADA  0 P     18 03 45.7  0.2                         220.6 289
ISHINO  0 P     18 03 45.6 -0.7    S     04 08.9 -2.1   226.5  15  3.6       4.6
FUJIGA    P     18 03 48.1  0.2    ES    04 16.8  2.9   239.2 235  1.51      4.3
MATSU2    P     18 03 49.4  0.2                         249.8 273  0.S.
SHIZU2    P     18 03 49.9  0.3    ES    04 17.9  1.0   252.7 231  1.38      4.3
IIDA2     P     18 03 51.9  0.7    ES    04 21.8  2.0   265.1 246  0.S.
IIDA    0 P     18 03 52.6  0.7                         270.1 247
AIKAWA  0 P     18 03 51.0 -0.9                         270.5 310  1.2       4.3
SAKAT2    P     18 03 52.4  0.4                         271.0 348  2.9       4.7
OMAEZA  0 P     18 03 56.5  1.0                         298.5 226  0.17      3.7
TAKAYA  0 P     18 03 56.1  0.2                         301.5 264  0.8       4.2
OFUNAT  0 EP    18 03 54.9 -1.4    ES    04 26.3 -2.5   304.9  18  2.3       4.7
OFUNA2    P     18 03 54.4 -2.0    ES    04 27.1 -1.8   305.4  17  1.45      4.7
HAMAM2    P     18 03 57.5 -0.1                         315.1 236  0.54      4.0
HONJO     P     18 03 58.1 -0.3    ES    04 31.6 -0.8   321.0 353  0.5       4.0
TK40BS    EP    18 04 00.2 -0.3                         337.6 227  0.49      4.3
WAJIMA  0 P     18 04 00.2 -1.1                         344.5 288  0.5       4.1
TK30BS    EP    18 04 02.2  0.2                         349.4 223  0.46      4.3
MORIOK  0 P     18 04 02.4 -1.2    S     04 40.8 -1.0   362.3   7  1.8       4.7
GIFU    0 EP    18 04 04.0  0.1                         364.8 252  0.6       4.2
MIYAKO  0 P     18 04 02.5 -2.5    ES    04 41.9 -2.3   373.1  18  1.1       4.5
HACHIJ  0 EP    18 04 06.2  0.3                         380.2 191  0.47      4.1
TK20BS    P     18 04 05.7 -0.2                         380.2 223  0.25      4.1
FUKUI   0 EP    18 04 10.3  2.6                         394.7 264
TK10BS    P     18 04 08.4 -0.7                         405.5 223  0.22      4.1
TSU2      P     18 04 11.9  0.3                         425.1 243  0.35      4.1
TSURU2    P     18 04 12.1  0.2                         427.8 257  0.59      4.5
AOMOR2    EP    18 04 15.6  0.3                         455.0 357  0.11      3.8
HACHIN  0 EP    18 04 14.8 -0.9    ES    05 02.4 -1.0   458.1   9  0.4       4.2
NARA    0 EX    18 04 27.9                              473.9 246
OWASE   0 P     18 04 17.8 -0.7                         480.2 237
MAIZUR  0 P     18 04 19.5 -0.0                         488.5 258  0.1       3.6
OSAKA2    P     18 04 19.2 -0.8                         492.0 246
WAKAY2    P     18 04 22.2 -1.0                         517.9 242  0.09      3.8
TOKUS2    P     18 04 39.2 -1.5                         657.0 247  0.03      3.5
YONAG2    P     18 04 40.5 -0.4                         659.0 259  0.03      3.5
URAKAW  0 P     18 04 38.1 -2.9    ES    05 47.0 -1.7   659.8  15  0.3       4.3
MUROR2    P     18 04 38.3 -3.1                         663.1   3  0.14      4.2
HIROO2    EP    18 04 41.5 -4.2    ES    05 50.8 -6.3   696.9  18  0.25      4.5
OBIHIR  0 P     18 04 49.2 -3.2    ES    06 02.9 -6.3   751.3  16  0.2
HIROS2    EP    18 04 53.4 -0.4                         762.4 255
KUSHIR  0 P     18 04 53.6 -4.0    S     06 07.9-10.6   792.8  23  0.2
UWAJIM  0 EP    18 05 01.4  0.7                         817.3 246
KUSHI2    P     18 04 56.4 -4.6    S     06 13.9-10.6   819.9  24  0.12
ASAHI2    P     18 05 02.5 -4.3                         866.7  10  0.03
NEMURO  0 P     18 05 03.1 -4.5    S     06 24.3-12.1   873.6  27  0.1
```

図 2.6　『地震月報』に載っている地震観測データ

図の上の2行には観測データに基づいて気象庁によって計算された震源と震源時，マグニチュード(MAG)が示されている．その下には各観測点(STATION)のデータと計算値が載っている．それぞれの意味は以下のとおり．I：震度．気象庁震度階級による．PHA：相名．XはPともSとも判定できなかったもの．TIME：P相とS相の発震時(H：時，M：分，S：秒)，日本標準時による．RES：P相とS相の走時残差，観測値と理論走時(計算された震源，震源時を用いて計算された)との差．I.M：南北，東西上下各成分のP波の初動方向．DELTA：震央距離(km)．AZI：方位，震央から観測点の方向を，北から時計回りに計った．単位は度．VEL(Z)：上下動成分の最大振幅．MAG：観測点ごとの最大振幅によるマグニチュード．

time)，(3)験測データなどが載っている．ここでは験測されたP相とS相の発震時を用いて震源を求める．

図2.6には，『地震月報』の観測データの表のコピーを示した．この地震は1990年1月1日午後6時ごろ，茨城県北部で発生した．水戸では震度3の有感であった．この表のデータを用いて，次のいくつかの方法で震源を推定してみよう．

震度分布による震央の推定：白地図上に観測点の位置と震度を書込み，等震度線を推定する．最も震度の大きい地点のそばに震源(地震の位置)がある．この方法では地震の深さはわからないので，正確には震源の真上の地表の点(震央，epicenter)を推定することになる．おおよその震央をすばやく求めるのに適している．

P相発震時の分布：白地図上に観測点とP相発震時を書込み，等発震時線を推定する．最も早くP波の到着した地点が震央である．(1)の方法よりは，震央のある範囲をせばめることができる．

S-P時間を用いた作図法：初期微動継続時間τ(S相とP相の発震時の差，S-P時間)は，観測点と震源の距離(震源距離R)に比例している．もし，地殻が一様でP波とS波がそれぞれV_P, V_Sの速さで伝われば，τとRには，

$$R = k\tau \qquad (7)$$

の関係がある．この式を大森公式という．kは比例定数で，

$$k = \frac{V_P V_S}{V_P - V_S} \qquad (8)$$

である．大森(1918)によると，$k = 7.42$ km/sであるが，場所によって4〜9 km/sの範囲で変わりうる．$k = 7.4$ kmを仮定すれば，(7)式により各観測点からの震源距離を計算することができる．作図法によってτから震源を求める方法は，次のとおりである．

まず(7)式より求めたRを半径とした円を地図に書込む．円の交点を結んだ線分を引く．すべての線分の交点に印を付ける．もし誤差のないデータを用いて，地殻が一様ならば，交点は一点に集まるが，実際にはある範囲のなかにばらつく．点の集中しているところが震央である．比較的浅い地震については，この方法で深さもある程度推定できる．

最小二乗法：深さ方向にP波の伝播の速さが変化する場合にも，理論的に走時を計算することができる．理論走時を得るためには，多少複雑な計算がいるので，コンピュータの使用が不可欠である．また，一般に観測データの数も多くなるので，最小二乗法によって観測データ(PとS相の発震時)を最もよく説明できる震源と震源時をみつける必要がある．この目的に，最小二乗法を用いた計算機プログラムが開発されている．『地震月報』に載っている震源はこうして求められたものである．

和達ダイアグラムと震源時：P波とS波の伝播の速さの比(V_P/V_S)はおおよそ一定(約1.7)である．この性質を使うとS-P時間(τ)とP相発震時t_Pとの間には一次の関係があることがわかる．つまり，

$$\tau = \left(\frac{V_P}{V_S} - 1\right)(t_P - t_0) \qquad (9)$$

ここでt_0は震源時である．多くの観測点のτとt_Pのデータを横軸(t_P)，縦軸(τ)のグラフにプロットしたものを和達ダイアグラム(Wadati diagram)という．(9)式が成り立てば，(t_P, τ)の点は直線上に並ぶ．直線が横軸(t_P)と交わる時刻が(t_0)である．

図2.6のデータから和達ダイアグラムをつくって，t_0を推定してみよう．パソコンが使用できる場合には，最小二乗法で直線をあててみよう．

まとめ

地震波を観測して，P波やS波を観察・測定して地球内部の構造を推定することは地震学の基本的なテーマである．一方，地震の発生した場所を推定することも地震の性質を研究する第一歩である．一般に，地震波を使って地球内部を研究するには正確な地震の位置(震源)を知っていることが必要であり，そのためには実は地球の内部構造についての詳しい知識がいる．これは一見，循環論法のようであり自然の地震波を用いた研究方法の弱点であるかもしれない．本章で解説したいくつかの方法は，あるときは地球の内部構造についての知識に基づいているし，あるときは震源の知識を既知であるとして論じている．これらは，本当は両方とも研究の対象であり，未知の性質であることを忘れてはならない．

〔平田　直〕

参考文献

宇津徳治(1984)：地震学(第2版)，310 p.，共立出版．
力武常次・山崎良雄・田中秀文(1978)：地球物理—実験と演習—，200 p.，学会出版センター．
気象庁(1971)：地震観測指針，観測編，125 p.，気象庁．
気象庁(1971)：地震観測指針，解析編，125 p.，気象庁．
気象庁(1971)：地震観測指針，参考編，125 p.，気象庁．
気象庁(1990)：地震月報　平成2年1月，88 p.，気象庁．

3. 岩石鉱物薄片作製

偏光プリズム(偏光板)は,エジンバラ大学の物理学者 W. Nicol によって 1829 年に発明された.その後 1858 年に H. C. Sorby が岩石薄片を用いて研究発表を行ったとされている〔黒田・諏訪(1983)ほか〕.日本においては,外国人の B. S. Lyman や E. Naumann などがわが国の地質学の基礎を築き,小藤文次郎らによって確立されたといわれている.こうしたわが国の地質学の発展において,薄片を作製する技術が必要とされたのはいうまでもないことである.そうした状況のなかで,技術者として日本の地質学の発展の一端を担った人物が近藤虎吉である(矢部,1970).

その後,各大学地質学科の開設が行われ,それに伴って岩石薄片技術者が養成されることになった.1958 年には岩石薄片技術者の会である「日本岩石鉱物特殊技術研究会」の設立をみることとなり,地質学会と歩みを共にし今日に至っている.

3.1. 薄片作製方法

岩石鉱物試料の一般的(基礎的)な薄片作製方法と,劈開・裂開の発達した岩石鉱物および未固結砂の不攪乱定方位薄片のように,一般的な方法では作製が困難な試料の薄片作製方法について,それぞれ実例と留意点をおり混ぜながら,順を追って説明する.

1) 岩石鉱物の薄片作製

i) 試料切断 試料となる岩石鉱物を切断するためにダイヤモンドカッター(岩石・鉱物用切断機)を使用する.まず,試料を厚さ 7 mm 前後の平行な板に切断する.それを縦約 3.5 cm,横約 2.5 cm のチップに切り出しをする.瑪瑙やチャートのような硬質な岩石などは,ハンマーで割って小さくしてから切断する方法もある.しかし,割ることのできない重要な資料は,自動切断機で切断作業を行った方がよい.

ii) 粗研磨から基礎面研磨 薄片作製するためには,試料の基礎面研磨(平滑に研磨した面,すなわちスライドグラスに接着する面)を作製する必要がある.

切断した試料は初めにグラインダーで #180 カーボランダムを使って粗研磨する.次に机上に設置した平滑面の鉄板を使って #800 カーボランダムで手動研磨によって平面をつくる.この工程は特に重要であり,これを行うためのいろいろな機械もあるが,現在でも筆者は手動研磨による作業を行っている.通常薄片(3.5 cm×2.5 cm)より大型の薄片を作成する場合でも同様であり,最終仕上状態を常に考慮したうえで基礎平滑面を作製する必要がある.

良好な薄片に仕上げるためには常に平滑な鉄板を使用する必要がある.そこで,鉄板の修正を常に心掛けなければならない.

修正方法は,図 3.1 に示したように 15 cm 大の硬質の岩石(たとえばチャート)あるいは 10 cm 大の鉄円板に #180 カーボランダムを付けて手動研磨するものである.しかし,鉄板がくぼんで手動研磨でも修正が不可能になった場合には,機械による修正が可能な専門店に依頼するのが得策であろう.

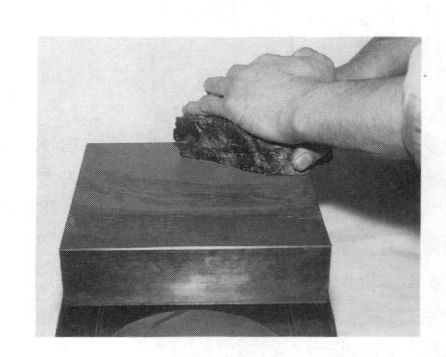

図 3.1 チャート岩塊を用いた鉄板修正
鉄板の周辺部と中央部分が平行で平らになるよう心掛ける.

iii) ガラス板による平滑な基礎面の研磨 スライドグラスへ接着するためには,先に行った鉄板による研磨以上の平滑面が必要となるため,平面度の良いガラス板を準備し,#2000 のフラワー粉〔アルミナ(Al_2O_3)系研磨剤〕または,#2000 カーボランダムに水または試料によってはポリッシングオイルを使って最終研磨する.ガラス板の平滑を保つため各試料ごとにガラス板を 90 度ずつ回転させて使用

3. 岩石鉱物薄片作製

し，#2000メッシュ(mesh)なりの光沢面が得られるまで行う．そして，研磨作業後に試料に付着した研磨剤を水で洗い落す．その際，超音波洗浄をするといっそう効果的である．

iv) スライドグラスへの試料接着

ボンド・Eセットを使用した場合：試料の接着剤にはいろいろな種類があるが，筆者が一番多く使用しているのがボンド・Eセットである．ボンド・EセットはA剤とB剤をそれぞれ1対1によく調合して使用する．その際，ホットプレート(自動保温制御電熱器)で，30～40°Cに加熱しながら接着すると気泡を抜きやすい．また，試料をスライドグラスに接着する場合には，試料とスライドグラスの間に気泡が残らないように，さまざまな方向から力を入れ，気泡を追い出しながら接着する．接着後は30～35°Cで保温しながら固結させる．固結に要する時間は約24時間である．

ペトロポキシ154を使用した場合：ペトロポキシ(Petropoxy)154で接着する方法は，試料とスライドグラスの接着作業時に気泡が出ないので接着しやすいという利点を有している．しかしその反面，固結中に気泡が発生しやすいので，試料には事前にペトロポキシ154を試料によく浸み込ませることが必要であり(基礎面研磨以前の固結作業)，このようにするとスライドグラスに接着する場合，比較的気泡が入らないで接着できる．固結処理中試料が動かないようにアルミホイルで包んで固定し，ホットプレートなどを用いて80°Cで12～18時間を要して硬化させる．

v) 二次切断　スライドグラスに接着し硬く固結した試料を，二次切断機によって0.9 mm前後の厚さに残し切断する．試料をそれ以下に薄く切断する場合には，刃によって試料内部の破損を招く恐れがあるので注意が必要である．

vi) 粗研磨から仕上げ研磨

① 粗研磨(#180カーボランダム)：グラインダーを使用して，#180カーボランダムと水を適当量付け，試料の厚さを約0.17～0.15 mmにする．しかし，現在ではデスコプラン(Discoplan-TS)，ペトロシン(Petro-thin)などの研磨機や切断機がこの作業を円滑に代行するまでに進展している．

② 補助中間研磨(#400カーボランダム)：粗研磨から次に#800カーボランダム工程で研磨する際に，試料が厚過ぎる場合などは#400カーボランダムを使ってグラインダー研磨をすると効果的に作業が進められる．#400カーボランダムは#180カーボランダム(粗すぎる)と#800カーボランダム(細かすぎる)の中間的な要素があり，両方の研磨力を兼ね備えていることから試料の厚さを0.15～0.12 mm前後まで研磨するのに適している．

③ 鉄板による中間仕上げ研磨(#800カーボランダム)：グラインダーを使用して研磨を行う場合，専門的に使用する平面な鋳鉄旋盤が必要であるが，それが準備できない場合は，机上に設置した鉄板でも十分に作業が可能である．この研磨工程においては，試料の厚さが0.12 mmから0.1 mmを超えるころより一粒でも粗い研磨剤が混入することは精巧な薄片作製を妨害することになる．したがって，粗い粒子をつぶすために瑪瑙でつくった合わせ砥石(鉄板用の専門的な道具)が必要になってくる．この砥石はカーボランダムの粒子をそろえ，粗い粒子の混入を防止する目的を果たしている．

この#800の作業工程では岩石鉱物薄片が「厚からず，薄すぎない」ように作製することが重要になるため，厚さ約0.12 mmから研磨を始め，厚さ0.06 mm前後で終了することが安全であるといえよう．

④ ガラス板による最終仕上げ(#2000フラワー粉，または#2000カーボランダム)：この段階では残りの厚さが約0.06 mmとなったときから研磨を始めて，試料の厚さが約0.03 mmになるまで研磨する．この場合にも中間仕上げと同様に，ガラス板専用の瑪瑙を準備し，常にフラワー粉の粒子をそろえて研磨をする．これによってきずが入らない薄片に仕上げることができる．

通常であれば，この工程をもって研磨が完了するわけであるが，研究の目的によってはより細かな#3000カーボランダムによる研磨が必要とする場合もある．

ただし，その際には先の工程中で，完了時より約1～2μm厚い時点(試料の厚さ32μm)で，#3000カーボランダムに切り換えて，仕上げ(EPMA用試料などの準備仕上げ)研磨を行い，その後，ダイヤモンドペースト(3, 1, 1/4μm)でおのおの約10分間ずつ約900 rpmの研磨機で薄片を研磨する．

こうした仕上げ工程のなかで，他の粗いサイズのカーボランダムの混入は大きな失敗に結び付く原因となるため，衣服および手や爪などにカーボランダムの付着がないよう，洗浄などに心掛ける必要がある．

vii) カバーグラス貼付と準備

① 試料周辺の樹脂のみをナイフ(鉄切り鋸の一部分を切断して作製した切り出しナイフ)を使って

削り取る．

② カバーグラス貼付用のカナダバルサムを前もって一度加熱・冷却し，いくぶん堅めにしておく．具体的にはビーカー中に(生)カナダバルサム(Canada balsam)を7割入れ，ヒーター200Wまたはホットプレート(180℃)で加熱する．その際，加熱しすぎないように注意し，小粒の気泡から大粒の気泡になった時点で直ちに熱源から外し，冷却させた後に使用する．

③ カバーグラスの貼付：冷却したカナダバルサムを鉄針を使って適当量取り，キシレン液〔$C_6H_4(CH_3)_2$〕を少量つけ，速やかに試料上に置き，同時にその上にカバーグラスをのせる．ここで試料とカバーグラス間のカナダバルサム中に，気泡を混入させずに貼付する方法を図3.2に示す．

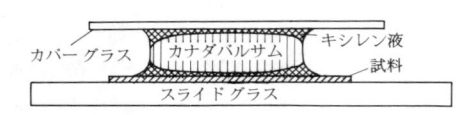

図3.2 試料とカバーグラス間のカナダバルサム中に気泡を混入させずに貼付する方法

その後，ガスバーナーなどの弱火で加熱しながら気泡を出して平均的に貼り付ける．その際，スライドグラスは手で持って作業した方が適当な温度での貼付ができるうえ，加熱し過ぎ(試料の分解)を防止することができる．また，カバーグラス周辺の不要となったカナダバルサムは，鉄へらを加熱しながら取除く．

④ キシレン液で洗浄：完成した薄片をキシレン液で洗浄し，布で素速くふき取り，試料採取地およびナンバー用のラベルを貼って完成とする．

3.2. 劈開・裂開の発達した岩石鉱物の薄片作製

劈開・裂開の発達した岩石鉱物は，それぞれ特異な性質を有していることが多いため，おのおのの性質に合った処理作製方法を見出さない限り，良好な薄片を得ることは困難である．

そこで，固結処理を施す前の状態で切断が可能な試料の場合と，困難な試料の場合の作製方法について説明する．

1) 切断可能な試料

i) **試料の切断** 岩石鉱物を固結処理する前に厚さ約7mm，大きさ3.5cm×2.5cmに切断する．

ただし，切断する場合に最初から粗い粒子のダイヤモンドソーは避けるべきである．筆者はおもにアイソメット(Isomet)切断機を使用しているため，現在のところ，劈開・裂開の発達した試料も，破壊を起こさずに切断できている．こうした切断機を所有していない場合にはダイヤモンドカッターでも切断することは可能であるが，その場合には試料を厚めに切断することが必要である．また，岩石試料がより脆弱な場合はさらに厚く(1.5～2cm)切断しなければならない．

ii) **ペトロポキシ154の固結方法** ホットプレートまたは恒温器を用いて切断した試料全体を約70℃で12時間乾燥させ，試料をペトロポキシ154混合液の入ったビーカーに浸す．その試料の入ったビーカーを真空装置に入れ，充分に浸透させる．その後アルミホイルの上に試料のみを置き，恒温器を用いて80℃で12～18時間程度で固結させる．

真空装置がない場合には，小ビーカーにペトロポキシ154混合液を少量つくり，50℃にセットしたホットプレート上に置き2～3時間かけて試料に混合液を浸透させる．その後，試料をビーカーより取り出し，アルミホイル上に置き，80℃にセットした恒温器で12～18時間乾燥固結させる．状況によっては，アルミホイル容器(試料一つが入る大きさ)をつくり，そのなかで最初から処理する方法もある．

iii) **グラインダー研磨** 劈開・裂開の発達した岩石鉱物試料の研磨は，平面度の高いグラインダーを用いて#800カーボランダム(#180カーボランダムは使用しない)で研磨し，切断時の刃跡が取れ，平面になるまで続ける．

iv) **鉄板による手動研磨** 机上に設置した鉄板で再度#800カーボランダムによる手動研磨を行う．iii)と重複した作業にはなるが，試料面をより正確な研磨精度に修正をするために行うものである．

v) **ガラス板による研磨** #2000フラワー粉で研磨し，さらに#3000カーボランダムで平滑に研磨する．

vi) **試料の接着工程** 3.1節1).iv)で述べた方法と同様であるので省略する．

vii) **二次切断** スライドグラスに接着後，アイソメット切断機で約0.8mmに切断する．

viii) **粗研磨工程**(#800カーボランダムを使用) 切断後の作業はグラインダーを用いて，#800カーボランダムによる粗研磨段階から，鉄板仕上げ研磨段階(試料の厚さ約0.8mmから約0.08mm)まで研磨を行う．これが，劈開・裂開の発達した試料の基本的な研磨方法の一つである．

この後，机上に設置した鉄板を用いて#800カー

ボランダムで手動研磨し，試料の厚さを約0.08〜0.06 mmにまで研磨する．その後さらに，#2000フラワー粉や，#3000，#4000のカーボランダムを使って試料の厚さが約 0.03 mm になるまで研磨し，カバーグラス貼付工程を経て完了となる．

2） 切断が困難な試料

雲母，石綿，弱固結の岩石鉱物，泥岩などは，切断の際に試料が分解する可能性が強いので，通常の工程とは異なって，切断する前に試料を固結させなければならない．

このような種類の試料を扱う場合，筆者は塊として(約5 cm×7 cmくらい)処理を行なうが，ときには採取した状態の試料(たとえば約10 cm×15 cm)をそのまま固結処理する場合もある．

i） 固結処理　試料を固結させる際，試料中の水分を除去することが重要な課題であり，従来より自然乾燥，真空装置による吸引脱水乾燥などさまざまな方法が用いられてきた．最近では上述の方法以外にも脱水処理が行われているので，それらについて紹介する．ただし，これらの方法には加熱，非加熱のそれぞれの異なった処理過程が含まれているため，研究の目的に応じて選択すべきである．

エチルアルコール処理：この処理方法は田崎・野一色(1979)が粘土鉱物の研究を行うために使用した方法である．これは試料を水とエチルアルコール($CH_3CH_2OH_2$)の混合液(50, 75, 100 %)に順次浸して試料中の水とエチルアルコール置換する方法である．

エチルアルコールとペトロポキシ154による処理：この処理方法は筆者が考案した方法で，エチルアルコール7にペトロポキシ154混合液3を加え，未乾燥状態の試料を溶液中に投入する．

その後，溶液温度が70〜80℃の状態で48〜60時間程度の加熱処理を行う．

処理のすんだ試料をビーカーから取り出して，アルミホイルでつくった容器に入れ，新たにペトロポキシ154混合液を流入して，本来の固結作業に入る．

この処理は恒温器を80℃にセットした中で24〜48時間行い，電源を切った後に冷却するのを待ち，試料の固結度合いを調べ完了する．この方法の最大の利点は，試料中の水分置換と樹脂浸透が同時に行えるうえに，劈開・裂開の多い岩石・鉱物などの試料内部までペトロポキシ154を浸透させることができることである．

ii） 試料の切断から完了までの工程　これらの工程については，先述した内容〔3.1.1)節．i)からvii)まで，または〔3.1.1)節．i)からviii)まで〕と同様に行われるため省略する．

3.3. 未固結砂層の不攪乱定方位薄片作製法

現世および第四紀の未固結砂層を対象に，不攪乱状態の定方位薄片作製方法について須崎(1984)が，また，未固結砂の定方位薄片作製とその堆積学的意義について増田・須崎(1984)の紹介がある．そこで，研究を基に，ここでは未固結砂層の試料採取から薄片作製までの過程について述べることにする．

i） 試料　使用した試料は茨城県つくば市近郊の第四紀成田層中の砂層，茨城県鉾田町大竹海岸，および旭村野田海岸の砂質堆積物からそれぞれ採取したものである．

ii） 試料採取方法　試料採取に際しては，クリノメータで方位を正確に明記する(磁北方向を示す矢印状板を貼り付けるか，または試料自体を図3.3のように採取時に矢印状に切り取る)．また同時に，試料の組織を攪乱したり破壊しないように配慮もしなければならない．

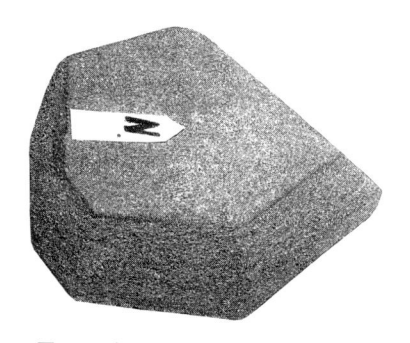

図3.3　未固結砂層試料の採取状況一例

試料の採取の方法には，自然状態のままブロック状に採取し，室内において処理する方法(「自然採取法」とよぶ)と，必要な部分のみを瞬間接着剤などで固定し採取する方法(「現地瞬間固定法」とよぶ)が挙げられる．

これらの方法は，試料採取量および固結時間などに差異が生ずるため，研究の目的に応じて選択すべきである．

iii） 自然採集法による試料の仮固結処理および本固結処理工程　自然採取法によってブロック状に採取した試料を室内に持ち帰り，キシレン液5に対してカナダバルサム液5の割合を加えて作った混合液を準備する．次に図3.4のように，ブロック状

図3.4 未固結砂層試料の切断状況一例
採取状態（未処理）のままダイヤモンドワイヤーでいくつかのブロックに切断する．

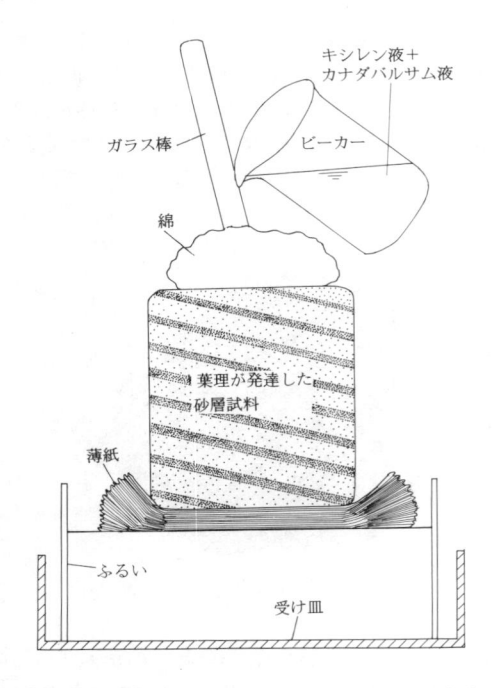

図3.5 試料の攪乱を防止とした混合液の注入方法の一例
混合液の過剰注入は試料の崩壊を招く原因となる．

図3.6 仮固結完了後の砂層試料
葉理が発達した砂層試料を切断して内部を観察すると，樹脂浸透が十分であることがわかる．

の作業を3～5回程度繰返し，試料が手で持てるくらいに乾燥が進んだ後に，薄紙の台紙の一部を静かに切り取り，底面部分の一部を出す．底面部分より瞬間接着剤（α-cyanoacrylate；Aron Alpha）を充分に浸透させる．試料内が乾燥状態になっているので，瞬間接着剤の浸透が良く，試料全体が丈夫に仮固結できる．その後，リゴラック（Rigorac）樹脂またはエポキシ（Epoxy）樹脂（Epofix）などを用いて本固結処理を行なう．

この方法の注意点として恒温器の温度を最初から60℃以上にしないことである．温度を80℃にした場合は試料内部が乾燥し過ぎ，わずかの隙間から砂がこぼれ落ちて試料内部が空洞化してしまうことがある．

この方法の利点は採取時および運搬時に起こりがちな，試料の崩壊などに留意さえすれば一度に多量の薄片作製ができ，堆積構造の立体的観察などに有効であると考える．なお，キシレン液とバルサム液の混合液の比率については，増田・須崎（1984）のものに改良を加えたものである．また，その後の実験で判明したことは，中粒砂程度以上の粒径を有する試料では，瞬間接着剤が試料の内部深くまで達し，仮固結処理およびリゴラック樹脂による本固結が完全にできることである．しかし，細粒砂程度以下のブロック試料の場合は，瞬間接着剤で試料を覆うと，試料内部への樹脂の浸透がしにくくなる．そのため，最初にカナダバルサムをできるだけ多く浸透させてから，乾燥固結させ，その後に瞬間接着剤で試料全体を補強した方がよい．その際，特に底面から浸透させると補強が良好になる．図3.6はカナダバルサムの浸透状態を調査するために仮固結後に切断した試料の一例であり，カナダバルサムがほぼ全体に浸透していることがわかる．

試料を採取状態（未処理）のままダイヤモンドワイヤーを用いて数枚の板（厚さ約5 cm×横15 cm×縦10 cm）に切断する．

続いて図3.5に示したように，切断した試料上に薄紙または綿を置き，上から静かに混合液を浸透させる．これは混合液が試料面に直接落ちることによって生じる攪乱を防止するためである．その後，約60℃に保温された恒温器の中に入れ乾燥させる．こ

iv） 現地瞬間固定法 瞬間接着剤（α-cyanoa-

図3.7 現地瞬間接着固定法の一例
試料に含水量が多いとこのように片状になる．写真は片状固結した試料の裏面(上)と断面(下)を撮影したもの．

crylate；Aron Alpha)を使用し，現地において仮固結処理完了させる方法である．その際には，試料が攪乱しないように，接着剤を低い位置より垂らすことが重要となる．この方法は初心者でも試料採取が比較的に簡単にできるうえに，運搬も容易であるという利点がある．しかし，海浜などの堆積物のように含水量の多い試料の場合には，薄い片状(図3.7参照)に固結してしまうという欠点も見られる．

この後，試料を室内に持ち帰り，再び試料の裏面などにも瞬間接着剤を塗布し全体を固定する．さらに，ペトロポキシ154とキシレン液1対1に混合した溶液をビーカーに作り，ホットプレート上で加熱処理する．その際60°Cから始め，5～6時間後に70°Cに昇温する．12時間ほど加熱処理した後に，ビーカーより試料を取り出し，恒温器のなかで80°Cに乾燥させ，最終的にペトロポキシ154で本固結処理する．この固結補強をすることによって，完全な試料固結ができるうえに，切断・研磨作業を支障なく進められる．試料の固結作業から薄片完了までは先述した方法〔(3.1.1)項．ⅰ)からⅶ)まで，または3.1.1)項ⅰ)からⅷ)まで〕と同様なので省略する．

まとめ

岩石・鉱物などの薄片作製方法について，基礎的方法から始まり，作製が困難な劈開・裂開の発達した試料および未固結砂試料を例に挙げて述べてきた．こうした方法は筆者の経験に基づく例に過ぎず，試料の数だけ作製方法があるといっても過言ではない．つまり，研究の目的に応じた薄片の作製をしなくてはならないということである．

近藤虎吉から始まった岩石鉱物薄片作製の歴史を振返ったとき，その間には，薄片作製に携わった技術者達のたゆまなる創意と工夫の結果が，今日まで引継がれているものと確信している．

〔須崎　和俊〕

参考文献

藤山家徳・浜田隆士・山際延夫(監)(1982)：学生版 日本古生物図鑑，574 p.，北隆館．

日野　功・松権五郎(1970)：角閃石斑糲岩(黒雲母角閃石閃緑岩)の薄片作成について．地殻，no. 5, pp. 3-6．

日野　功(1979)：南極産，チャーノカイトの薄片作成について．地殻，no. 9, pp. 27-30．

平岩五十鈴・與語節生(1971)：岩石薄片製作のための岩石の処理方法の問題点．名古屋地学，nos. 28/29, pp. 5-13．

石原呉朗(1932)：軟質岩の薄片製作法に就て．地質学雑誌，vol. 39, no. 461, pp. 85-89．

化石研究会(編)(1971)：化石研究法，710 p.，共立出版．

蟹江康光(1971)：未固結堆積物の採取．博物館展示への応用．横須賀市博雑報，no. 16, pp. 26-28．

黒田吉益・諏訪謙位(1983)：偏光顕微鏡と岩石鉱物，第2版，343 p.，共立出版．

小高民夫(編)(1980)：大型化石研究マニュアル，190 p.，朝倉書店．

増田富士雄・岡崎浩子(1983)：筑波台地およびその周辺台地の第四系中に見られる方向を示す構造．筑波の環境研究，no. 7, pp. 99-110．

増田富士雄・須崎和俊(1984)：未固結砂の定方位薄片作製とその堆積学的意義．筑波大水理実験センター報告，no. 8, pp. 17-28．

宮本　誠(1988)乾式研磨法による粘土鉱物を含む試料の薄片作製．筑波大技報，no. 8, pp. 1-3．

大野正一(1985)：薄片と共に，36 p.(自費出版)

力田正一(1983)：岩石薄片の作り方，グリーンブックス，no. 106, 77 p.，ニュー・サイエンス社．

砕屑性堆積物研究会編(1983)：堆積物の研究法―礫岩・砂岩・泥岩―．地学双書，no. 24, 377 p.，地学団体研究会．

庄司力偉(1971)：堆積岩石学，285 p.，朝倉書店．

庄司力偉(1971)：堆積学，284 p.，朝倉書店．

須崎和俊(1981)裂開の発達した杢地ヘデン輝石(神岡鉱山産)の両面研磨薄片作製について．筑波大技報，no. 1, pp. 15-18．

須崎和俊(1984)：未固結砂層からの不攪乱試料の定方位薄片作製．筑波大技報，no. 4, pp. 125-131．

須崎和俊・宮本　誠(1991)：河床に産する断層破砕帯角礫部の薄片作製．筑波大技報，no. 11, pp. 1-5．

田崎和江・野一色泰晴(1979)：粘土鉱物の超薄切片試料の作製法と高分解能電子顕微鏡による観察．岡山大温研報告，no. 48, pp. 1-6．

渡部景隆・須崎和俊・宮本　誠(1980)：大型薄片作製法とその効用．地学研究，vol. 31, nos. 4-6, pp. 171-176．

矢部長克(1970)：日本地質学の思い出と，わが生いたちの記．日本古生物学会の回想．pp. 9-33．日本古生物学会．

與語節生・野呂春文(1982)：カリウム飽和処理と膨潤性岩石の薄片製作．粘土科学，vol. 22, no. 4, pp. 174-178．

與語節生(1988)：炭質物を含む弱固結堆積岩試料の大型薄片作製法．瑞浪市化石博研報，no. 15, pp. 69-76．

4. 偏光顕微鏡と鉱物の光学的性質

　地球表層部やそれに近い部分は，いろいろな鉱物の集合体である岩石で構成されている．鉱物は，水晶の結晶でおなじみのように，時として肉眼でも見えるほどの大きな結晶として産することがある．しかし，岩石中に含まれる鉱物の多くは，大きくても数mm程度であり，顕微鏡を使い拡大して見ることによって初めてその実体がわかる．

　偏光顕微鏡の下で鉱物の織りなす微細な組織や彩りは，自然の造り出した芸術作品ともいえるような美しさである．その美しさのなかには岩石や鉱物の生成に関する情報が刻み込まれている．偏光顕微鏡による岩石・鉱物の観察とは，その情報を正しく読取ることである．一般に，同じ物を見ても見る人の予備知識の度合いによって，そこから引き出しうる情報量は異なる．このことは偏光顕微鏡の観察でも同様であり，偏光顕微鏡の機能と鉱物の光学的性質を前もって十分理解して観察することによって，より多くの情報が引き出せるようになる．この章では偏光顕微鏡の構造と使い方・鉱物（結晶）の光学的性質および偏光顕微鏡を用いた岩石・鉱物観察の仕方について簡単に説明する．実際に岩石・鉱物の薄片を準備して，観察と平行して以下の説明を読んでいただきたい．

4.1. 光と結晶について
1）　光の基本的性質

　波としての光の性質を表す量には波長と振幅とがある．振動数は，光の波が1秒間に振動する回数である．単色光（一定の波長をもつ光）がいろいろな媒質を通る場合，その光の振動数は媒質にかかわらず一定している．しかし，光の速さは媒質によって異なり，真空中での速さ（3×10^8 m/秒）より必ず遅くなる．光の速さ＝振動数×波長という関係が成り立っているので，単色光が異なる媒質を越えて進むとき，その波長も媒質ごとに変わる（図4.1）．

　異なる媒質の境界を越えて光が進むとき，光は境界部で反射や屈折を起こす．たとえば，空気中を進んできた光が水との境界面に達すると，光の一部はそこで入射角と同じ角度に反射する（図4.2）．同時に，一部の光は水中に入って屈折する．光の速さは空気中より水中でのほうが遅いため，屈折した光は境界面から離れる方向に進む．このとき，入射角をθ，屈折角をϕとすると，それらの角の間にはスネルの法則（$\sin\theta/\sin\phi = n$）とよばれる関係が成り立っている．このnの値を屈折率という．物質の屈折率は，一方の媒質を真空あるいは空気としたときのn値として決められている．

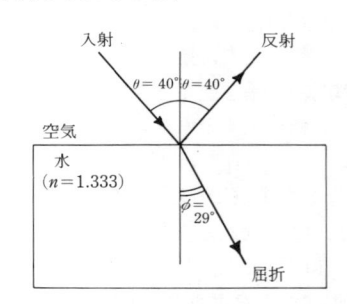

図4.2　空気中を進んできた光が水との境界で反射・屈折する様子

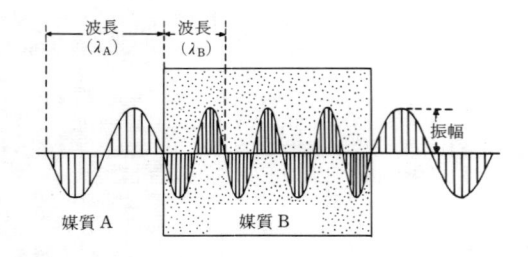

図4.1　光の波が異なる媒質を通過するときの波長の変化

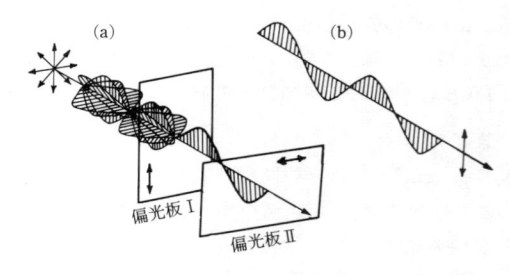

図4.3　(a)偏光していない光がそれぞれ直交する2枚の偏光板を通過するときの振動方向の変化．(b)偏光している光（平面偏光）．矢印は光の振動方向を示す．

表 4.1 光学的性質による結晶の分類

光学的等方体 ─┬─ 非晶質物質（例：ガラス）
　　　　　　 └─ 立方晶系の結晶（例：ホタル石）

光学的異方体 ─┬─ 一軸性 ─┬─ 正方晶系の結晶（例：ジルコン）
　　　　　　 │　　　　　 └─ 六方晶系の結晶（例：石英）
　　　　　　 └─ 二軸性 ─┬─ 斜方晶系の結晶（例：かんらん石）
　　　　　　　　　　　　├─ 単斜晶系の結晶（例：オージャイト）
　　　　　　　　　　　　└─ 三斜晶系の結晶（例：斜長石）

光の強度(明るさ)は，光波の振幅の二乗に比例する．

光は進行方向に垂直な平面内で振動しながら進んでいる．太陽光や光源ランプの光を進行方向に垂直な平面で見ると，図4.3(a)に示すように，あらゆる方向に振動する光の集まりである．一方，偏光した光では，その振動は一方向に限られている．偏光にはいろいろな種類があるが，最も簡単な偏光は平面偏光とよばれるものである．振動数が一定の平面偏光は，正弦型の波として表すことができる．

2) 結晶の光学的性質

光学的性質に基づいて結晶を分類すると，表4.1のようになる．物質の光学的性質が物質内で方向にかかわらず同じであるとき，その物質は光学的等方体(以下等方体と書く)とよばれる．ガラスのような非晶質物質や立方晶系の結晶がこれに属す．そのほかの大部分の結晶は，一般に方向によって性質に違いがあり，このような物質は光学的異方体(以下異方体と書く)とよばれる．異方体は，さらに一軸性結晶と二軸性結晶とに区別される．正方・六方両晶系の結晶と斜方・単斜・三斜の各晶系の結晶がそれぞれ一軸性結晶と二軸性結晶に属している．

結晶内での屈折率の分布を表す屈折率曲面を図4.4〜4.6に示す．等方体では，屈折率の値は方向にかかわらず一定であるから，その屈折率曲面は一つの球面で表される．一方，異方体では，一般に一つの方向に二つの屈折率が存在する．換言すれば，異方体に入射した光は，異なる速さをもつ二つの偏光に分かれて進む．方解石のように異方性の顕著な(二つの屈折率の差が非常に大きい)結晶では，その結晶を文字の上にのせてみると，文字が二重に見える．また，結晶内で二つに分かれた偏光の振動方向は互いに直交している．

4.2. 偏光顕微鏡の構造と使い方

図4.7は学校の実習などでよく使われる偏光顕微

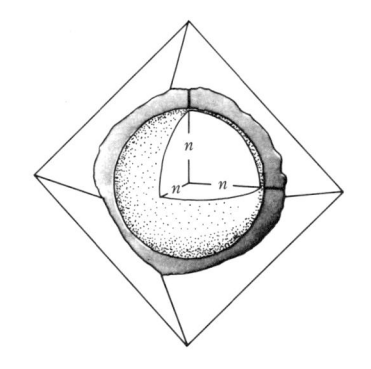

図 4.4 光学的等方体の屈折率曲面

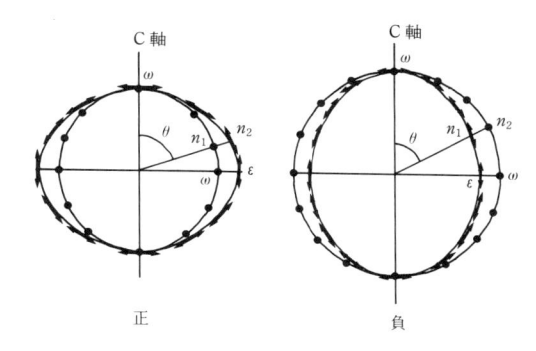

図 4.5 一軸性結晶の屈折率曲面の断面と各点での振動方向
●は紙面に垂直な振動方向を表す．ε, ω は一軸性結晶の主屈折率，n_1, n_2 は θ 方向における屈折率を表す．

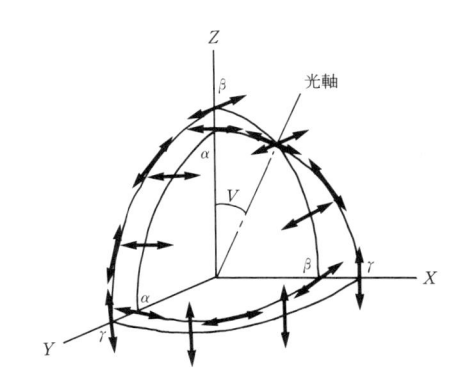

図 4.6 二軸性結晶の屈折率曲面（8分の1）と各点での振動方向
α, β, γ は二軸性結晶の主屈折率を表す．V は光軸角の半分の角度である．

鏡の構造を示している．主要部分の機能は表4.2にまとめてある．偏光顕微鏡がふつうの光学顕微鏡と異なる点は，前者には2枚の偏光板が付属していることである．偏光板を通過した光は，特定の方向に振動する偏光となる．そこで，2枚の偏光板をそれぞれの振動方向が直交するように重ね合わせ，そこに

II 室内実験

表 4.2 偏光顕微鏡の各部の名称と機能

名 称	機 能
反射鏡	平面鏡と凹面鏡があり，ふつうの観察には平面鏡を使用し，凹面鏡はコノスコープによる観察のとき使用する
コノスコープ用コンデンサーレンズ	これは，光学系に入れたり除いたりすることができ，コノスコープによる観察のとき使用する
ポラライザー	二つ付属している偏光板のうち，下方にあるもの
ステージ	薄片を載せる台であり，左右どちらにも回転できる．ステージの周囲には測角のための目盛りが刻んである
対物レンズ	たいていの偏光顕微鏡には3種類の対物レンズが付属しており，目的に応じて自由に交換できる．そのうち，ふつうの観察では10倍のレンズを使用し，40倍のレンズはコノスコープによる観察に使用する
検板差し込み穴	偏光顕微鏡には，鋭敏色検板とよばれる検板が付属しており，鏡筒ついている穴に差込まれる
アナライザー	二つ付属している偏光板のうち，上方にあるもの．これは，ポラライザーと違って，光学系に自由に出し入れできる．一般に，偏光顕微鏡のアナライザーとポラライザーは回転できるようにつくってある．しかし，実際の観察では二つの偏光板の振動方向は互いに直交しておくことが必要であり，偏光板についている目盛りを両方ともゼロに固定しておく．こうしておくと，ふつうの偏光顕微鏡では，ポラライザーの振動方向は観察者の前後の方向と一致し，アナライザーの振動方向は観察者の左右の方向と平行になる
ベルトランレンズ	コノスコープ像を観察するときに使用する
接眼レンズ	ふつうの接眼レンズには十字糸が張ってある．このレンズは，十字糸がポラライザーとアナライザーの振動方向のいずれかと平行になるように鏡筒に差込まれる．そのほか，マイクロメーターの入った接眼レンズでも付属しており，鏡下で長さを測ることができる

光を通してみると，光は通過せず，真っ暗になる．このことは，1枚目の偏光板を通過したあとの偏光が，2枚目の偏光板を通過する際に，振動方向が直交しているため，前の偏光は2枚目の偏光板にすべて吸収されて通過できなくなったことによる〔(図4.3(a)参照)〕．

このような機能をもつ偏光板が付属する偏光顕微鏡を用いた鉱物の観察は二つに大別される．コノスコープ(conoscope)用コンデンサーレンズとベルトランレンズ(Bertrand lens)を光学系から取除いた状態をオルソスコープ(orthoscope)といい，両者が入った状態をコノスコープという．オルソスコープの状態のとき，さらにアナライザー(analyzer)を取除いて，ポラライザー(polarizer)だけで観察する場合(開放ポーラ)と，両方の偏光板を入れて観察する場合(直交ポーラ)がある．開放ポーラは，鉱物の形，大きさ，屈折率，吸収，色などの観察に用いられる．直交ポーラは，消光や干渉色などを観察し，鉱物中を通過する光の振動方向や複屈折(バイレフリンゼンス：birefringence)を知るのに用いられる．コノスコープの状態では，鉱物の一軸性と二軸性の識別，光学的正・負の決定，光軸角などの観察ができる．

観察を始める前に，偏光顕微鏡において二つのことを調整しておく必要がある．一つは，ステージの回転の中心を視野中に見える十字糸の交点と一致させること．もう一つは，ポラライザーの振動方向を十字糸の縦方向と平行にすることである．これらの調整を行うためには，黒雲母を含む花崗岩の薄片を用いるのが便利である．

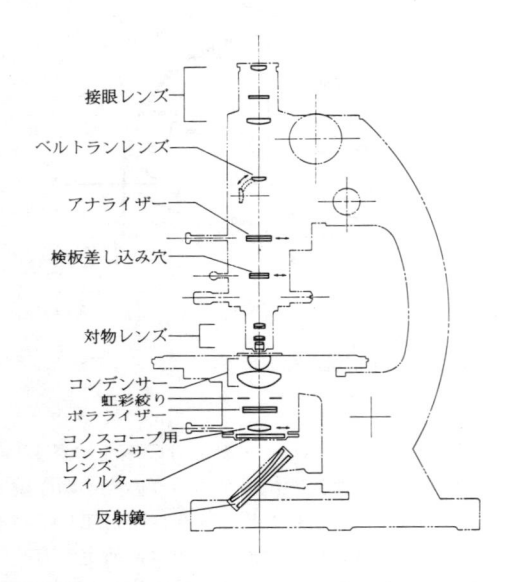

図4.7 偏光顕微鏡の構成(オリンパス POS 型偏光顕微鏡取扱い説明書 p.3, Fig. 2 より)

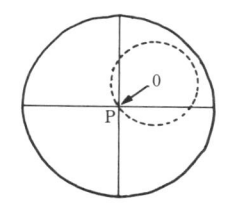

図4.8 センタリング

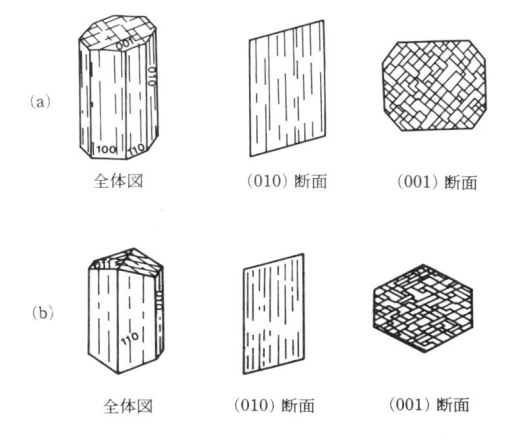

図4.9 (a)オージャイトに見られる劈開
(b)ホルンブレンドに見られる劈開
全体図　(010)断面　(001)断面

まず，開放ポーラの状態で，花崗岩の薄片をステージに載せ，そのなかの適当な一点P(図4.8)を視野の十字糸の交点に合わせる．そしてステージを回転させながら点Pの動きを観察する．このとき，正しく調整されていれば点Pは動かないが，そうでないときには，図4.8に示すように円を描いて動く．そういう場合には，対物レンズ用調整ねじを使って，その円の中心Oを十字糸の交点にもってくる．この調整をセンタリングという．

次に，平行な劈開線(後の項を参照)の見られる黒雲母を探して視野に置く．黒雲母は，劈開線がポラライザーの振動方向と平行になると濃い色を呈し，直角になると淡い色を呈するという性質をもつ．この性質を利用して，ポラライザーの目盛りをゼロに合わせたとき，黒雲母の色の変化が上に述べたように変化するかどうかを確認する．違った変化をする場合には，ポラライザーの目盛りを調整する．この調整がすんだあと，ステージ上の薄片を除き，アナライザーの目盛りをゼロに合わせ光学系に入れてみる．このとき，視野が真っ暗で何も見えなければ，偏光板の調整は正しく行われていることを示している．

4.3. 偏光顕微鏡による鉱物の基本的観察
1) オルソスコープによる観察
i) 開放ポーラで観察されること
a) **劈開角の測定**：鉱物のなかには，ある特定の方向に沿って割れやすい性質を示すものがある．たとえば，方解石はマッチ箱をつぶしたような形に割れ，雲母は薄い板状に剥げやすい．このような性質を劈開という．劈開は結晶構造における結合の異方性を反映して起こる．この劈開の方向は，しばしば結晶の方位を表す基準線として使われる．

劈開が2方向に発達している鉱物をある特定の方向で切った薄片上では，図4.9に示すような，それぞれの鉱物に固有の多角形が観察される．このとき，二つの劈開線のなす角を劈開角という．劈開角を測定する場合，ステージについている角度目盛りを利用する．まず，十字糸の一つに多角形の一辺を合わせステージの目盛りを読む．次に多角形の他の辺が同じ十字糸と一致するまでステージを回転し，そのときのステージの目盛り差を読取る．

b) **鉱物による光の吸収と色**：光は物質のなかを通過するとき吸収されて，明るさはしだいに減少する．吸収の程度は物質によって異なり，また同一物質でも光の波長によって異なる．開放ポーラ下で見える鉱物の色とステージを回転したとき起こる色の変化は，鉱物による光の吸収と関係する．

鉱物の色について考えてみる．たとえば他の色に比べ青い色を多く吸収する鉱物に白色光を通すと，透過した光では青い色が減少するので，その余色に近づき，赤味を帯びる．つまり，透過光を使って観察される開放ポーラ下での鉱物の色は，その鉱物によって吸収され残った余色を見ていることになる．

等方体では，光に対する吸収は方向によらず一様である．一方，異方体では，一般に一つの方向に進む二つの偏光の吸収の度合いは異なり，振動方向が違うと吸収の程度も異なる．このような異方体に白色偏光を通すと，偏光の振動方向によって違った色を呈する(ポラライザーの調整の際に利用した黒雲母での色の変化を思い出せ)．この性質を多色性という．黒雲母のほかに，ホルンブレンド(hornblende, 角閃石)，電気石などが顕著な多色性を示す鉱物である．

c) **屈折率の大きさ**：透明な二つの物質(たとえば，ふつうの窓ガラスと光学ガラス)を水に浸して観察すると，光学ガラスと水との境界ははっきり区別できるが，窓ガラスと水との境界は不明瞭で，水中

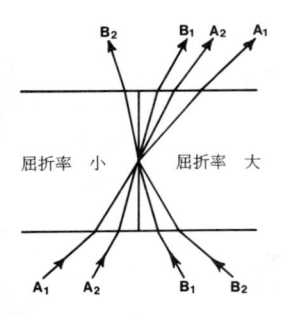

図4.10 屈折率の異なる物質が接する境界部に進んできた光の挙動

に窓ガラスが存在していることを認識しにくい．この違いは，二つのガラスの屈折率の違いによる．図4.10に示すように，屈折率の異なる物質が接する境界部に平行でない光が入射してきたとき，境界部での光の挙動として2通りの場合が考えられる．図4.10の光Aのように屈折率の小さい側から入射した光は，境界部で一部は反射するが，大部分は屈折率の大きい側に曲がって進む．一方，屈折率の大きい側から入射した光Bは，境界部で大部分反射されて，屈折率の大きい側へ進む．AとBの光を合わせて考えると，光線密度は屈折率の大きい側で大きくなる．その結果，屈折率の小さい側に比べて屈折率の大きい側がより明るく見える．このような効果によって，周囲と屈折率の異なる物質が存在する場合，その物質は屈折率の大小に応じて浮き上がって見えたり，沈んで見えたりする．

薄片を固定しているレークサイドセメント(lakeside cement, 接着剤の一種)の屈折率は，約1.54である．そこで，顕微鏡下において1.54に近い屈折率をもつ鉱物(たとえば，石英)，ナトリウム長石は，表面が平滑で，その輪郭もあまりはっきりしない．これに対して，1.54より大きな屈折率をもつ鉱物(たとえば，かんらん石)は，表面がざらざらに見え，輪郭もくっきりと浮かび上がって見える．

石英の薄片観察で，ステージの下についている絞りを細くして視野を暗くすると，石英と接着剤の境界線に沿って明るい線が見える．この線をベッケ線という．ジャストフォーカスの位置からピンセットをわずかに上下にずらしてみると，ベッケ線(Becke line)は境界線を越えて次のように移動する．ピントをジャストフォーカスの位置より上に合わせたとき，ベッケ線は屈折率の大きい側へ移動する．逆に，ジャストフォーカスの位置より下に合わせたとき，ベッケ線は屈折率の小さい側へ移動する．接着剤と鉱物の屈折率が同じである場合，ベッケ線は観察されない．鉱物の屈折率は，このベッケ線の変化を利用し，周囲の媒体として屈折率のいろいろ異なる浸液とよばれる液体を用いることによって，精密に決めることができる．

異方体では，図4.5と4.6に示したように，屈折率の値は方向によって違っている．実際に異方体の屈折率を測定するときには，まず薄片の結晶を消光位(後の項を参照)に置き屈折率を測る．それから，ステージを90度回転してもう一度屈折率を測る．この操作を多数の鉱物粒子について繰返し行い，その測定値のなかから最大値と最小値を決めるようにする．

ii) **直交ポーラで観察されること**

a) **消光と消光角**

図4.11は，アナライザーを入れた状態で，ステージの上の鉱物に光を入れたときの偏光の変化を示している．

直交ポーラ下では，等方体は常に真っ暗であるが，異方体はたいてい明るく見える．その明るさはステージを回転させると変化し，360度回転する間に4回明暗の変化が起こる．その真っ暗になる現象を消光(extinction)という．これは次のように説明される．

図4.11に示すように，ポラライザーを通り結晶に入る前の光は，観察者に対して前後の方向(図では上下の方向)に振動する偏光である．その偏光は結晶中に入ると，互いに振動方向が直交する二つの偏光成分に分かれて進む．この二つの偏光波は，それぞれ

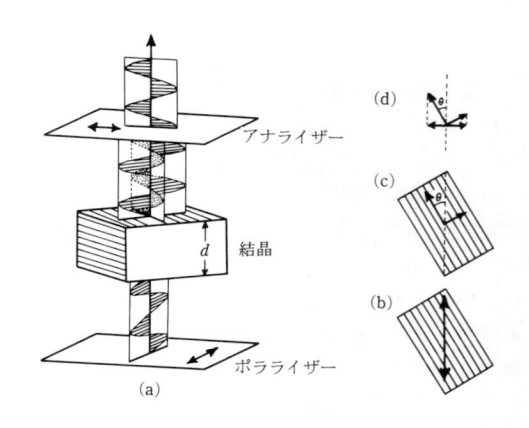

図4.11 (a)直交ポーラの状態で結晶に光を入れたときの偏光の変化．(b)ポラライザーを通過後，結晶に入る前の偏光．(c)結晶内部を通過する二つの偏光成分．(d)結晶を通過した偏光のうちアナライザーを通過できる成分．

表4.3 おもな造岩鉱物の光学的性質

鉱物名	薄片での色	結晶系	屈折率 n, ω または α	屈折率 ϵ または γ	光軸角（光学性）	光学的方位	その他の性質
ガラス	無色, 褐色	非晶質	1.49〜1.63				不規則な割れ目
ホタル石	無色, 淡緑色, 淡紫色	立方	1.433〜1.435				自形, 顕著な劈開(111)
ざくろ石	無色, 淡桃色, 褐色	立方	1.675〜1.887				自形, 劈開なし, ときどき弱い複屈折を示す
ジルコン	無色, 淡褐色	正方	1.923〜1.960	1.968〜2.015	(+)		短柱状, 自形, メタミクト
方解石	無色	六方	1.658	1.846	(−)		顕著な劈開($10\bar{1}1$)
電気石	青, 緑, 黄色	六方	1.635〜1.675	1.610〜1.650	(−)		顕著な多色性, c軸に垂直な弱い劈開
石英	無色	三方	1.544	1.553	(+)		劈開なし
トパーズ	無色	斜方	1.606〜1.629	1.616〜1.638	(+)48°〜68°	$X=a, Y=b, Z=c$	(001)に平行な劈開
かんらん石	無色, 黄緑色	斜方	1.635〜1.827	1.670〜1.879	(+)82°〜(−)52°	$X=b, Y=c, Z=a$	不規則な割れ目
シソ輝石	無色, 淡青色	斜方	1.688〜1.710	1.700〜1.726	(−)52°〜63°	$X=b, Y=a, Z=c$	($2\bar{1}0$)と($2\bar{1}0$)に平行な劈開 劈開角87°, 弱い多色性
オージャイト	無色, 淡緑色	単斜	1.671〜1.735	1.703〜1.761	(+)25〜55°	$Y=b, Z\wedge c=35°〜54°$ $X\wedge a=-20°〜35°$	(110)と($1\bar{1}0$)に平行な劈開 劈開角87°
ホルンブレンド	緑色, 褐色	単斜	1.613〜1.705	1.632〜1.730	(−)52°〜85°	$Y=b, Z\wedge c=12°〜34°$ $X\wedge a=3°〜19°$	(110)と($1\bar{1}0$)に平行な劈開 劈開角124°, 顕著な多色性
黒雲母	茶褐色, 緑色	単斜	1.565〜1.625	1.605〜1.696	(−)0°〜25°	$Y=b, Z\wedge c=0°〜-9°$ $X\wedge c=-10°〜-9°$	(001)に平行な劈開 顕著な多色性
白雲母	無色	単斜	1.552〜1.574	1.587〜1.616	(−)30°〜47°	$Z=b, Y\wedge a=1°〜3°$ $X\wedge c=0°〜-5°$	(001)に平行な劈開
正長石	無色	単斜	1.518〜1.529	1.522〜1.539	(−)33°〜37°	$Z=b, X\wedge a=5°〜12°$ $Y\wedge c=14°〜21°$	双晶を示すことが多い
斜長石	無色	三斜	1.529〜1.574	1.539〜1.587	(−)45°〜(+)17°		双晶・累帯構造を示すことが多い
マイクロクリン	無色	三斜	1.518〜1.522	1.525〜1.530	(−)60°〜90°		細かい格子状の双晶を示す

速さが異なるため，厚さ d の結晶を通過する間におくれ（位相差）を生ずる．このような状態で結晶中を通過した二つの偏光波がもう一度偏光板を通過するとき，アナライザーでは二つの偏光波のうち左右方向の成分（横軸に投影した成分）だけが通過できる．このアナライザーを通過したあとの二つの偏光波は，どちらも振動方向が同じであるため，互いに干渉し合って合成される．

結晶と2枚の偏光板を通過したあと，最終的に観察者の目に到達する光の明るさは，合成波の振幅の二乗に比例した量で表される．ポラライザーを通過した光に正弦型の単色平面偏光波（波長 λ_0）を仮定すると，明るさ（I）は，

$$I = A^2 \sin^2 2\theta \sin\delta$$
$$\delta = \pi d(n_2 - n_1)/\lambda_0 \qquad (1)$$

と表される．ここで，A はポラライザーを通過した偏光波の振幅，θ は光の入射方向と光学軸のなす角，δ は入射方向における屈折率がそれぞれ n_2，n_1 で表されるとき，二つの偏光波が厚さ d の結晶を通過する際に生ずる位相差である．上式から，明るさは薄片での結晶の方位（θ）と位相差（δ）の二つに関係して変化することがわかる．

薄片での結晶の方位（θ）を考えると，消光が起こるのは，結晶内で分かれた二つの直交する偏光成分の振動方向が，ポラライザーあるいはアナライザーのどちらかの振動方向と一致したときであることがわかる．このため，ステージを回転すると，90度ごとに消光が起こる．結晶が真っ暗に消光する位置を消光位とよぶ．その位置から45度回転した位置で明るさは最大となり，この位置を対角位とよぶ．鉱物

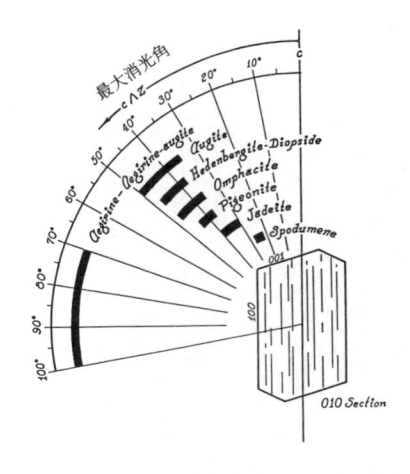

図4.12 いろいろな単斜輝石における最大消光角の変化（Phillips・Griffen, 1981）

を消光位に置いたとき，視野の十字糸とある結晶学的方位（劈開線や結晶面など）のなす角を消光角という．消光角の値は同じグループに属する鉱物でもいろいろ違っている（図4.12）．

b）干渉色と複屈折：式(1)に示したように，明るさは位相差（δ）にも関係している．二つの偏光成分が結晶内を通過する際のおくれの程度を表す量として，ふつうレターデーション（retardation）（R）が用いられる．

$$R = d(n_2 - n_1) \qquad (2)$$

$(n_2 - n_1)$ の値を複屈折（バイレフリゼンス）という．この値は結晶の方向によって違っている（図4.5と4.6）．

式(1)において，結晶を単色光（波長 λ_0）で観察す

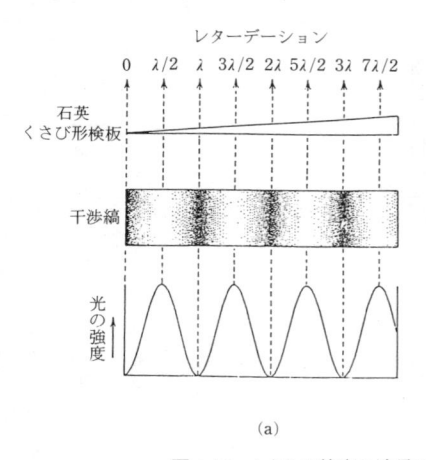

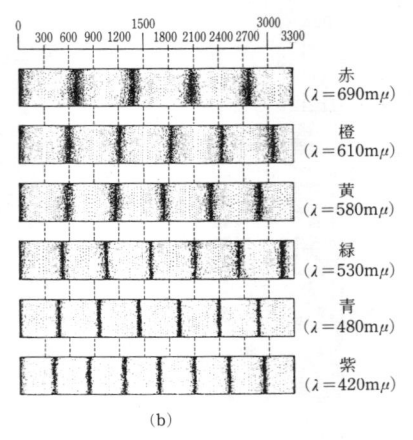

図4.13 (a)ある特定の波長の光を使ったとき，石英のくさび形検板上に見られる干渉効果．(b)いろいろの波長の光を使ったとき，石英のくさび形検板上に見られる干渉効果の変化（Gay, 1967）．

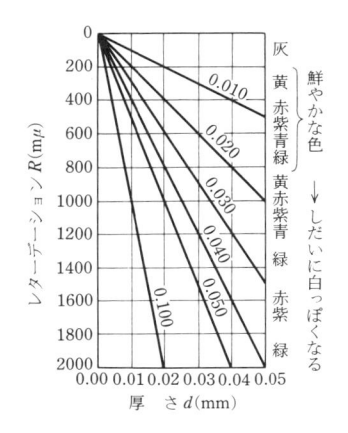

図4.14 ミシェルレヴィの干渉色図表(都城・久城, 1972) 斜めの線上の数字は複屈折(n_2-n_1)を表す.

る場合, レターデーションが波長の整数倍になるときには, $\delta=m\pi$ (mは整数)となり, 明るさはゼロになる. レターデーションが波長の$(2m+1)/2$倍になるときには, $\delta=\pi(2m+1)/2$となり, 明るさは最大となる.

このような位相差による明るさの変化は, 石英のくさび形検板を単色光で観察するとよくわかる〔図4.13(a)〕. くさび形検板の厚さは連続的に変化する. そこで, 特定の波長の偏光を用いてその検板を観察すると, 検板上にはレターデーションがその波長の整数倍になる厚さの位置ごとに暗部のある干渉縞を見ることができる. いろいろな色の光を使って石英のくさび形検板を観察して, 干渉縞の変化する様子を比較してみるとよい〔図4.13(b)〕.

偏光顕微鏡の観察では, ふつう蛍光灯のような白色光を光源として使う. 白色光はいろいろの色を含む光であるから, そのような光でくさび形検板を見ると, 図4.13(b)に示したような, それぞれの色の波長に対応した干渉効果がすべて合成された複雑な干渉色縞を観察することができる. この干渉色を試料の厚さと複屈折の大きさに関係づけた図をミシェルレヴィの干渉色図表(Michel-Lévey's color chart)とよんでいる(図4.14, 口絵2). 鉱物の薄片は, ふつう0.02〜0.03mmの一定の厚さに作製される. したがって, ミシェルレヴィの干渉色図表より, 薄片での鉱物の干渉色を見ることによって, その方向での鉱物の複屈折のおおよその値を知ることができる.

c) 結晶内での光の振動方向の決定: 結晶を消光位に置いた場合, 結晶内を通過する二つの偏光波の振動方向は, ポラライザーあるいはアナライザーの振動方向のいずれかと一致している. この二つの偏光波のうち, いずれの方向が速く進む光の振動する方向(X'の方向という)か, あるいは遅く進む光の振動する方向(Z'の方向という)かを決める必要がある. これを行うには, 顕微鏡に付属している鋭敏色検板を利用する.

鋭敏色検板を見ると, 530 mμという数字のほかに検板の長辺と平行にX', 短辺と平行にZ'という矢印が刻んである. これは, この鋭敏色検板に埋め込んである結晶内を光が通過するとき, 二つの偏光波のうち速く進む光は検板の長辺の方向に振動し, 遅く進む光は検板の短辺の方向に振動することを意味している. そして, 二つの偏光波のレターデーションR_pは530 mμである. この検板は顕微鏡に対して45度の方向に差し込むようになっており, 常に対角位にあるように置かれる.

実際の操作は次のようである(図4.15). まず, 薄片の結晶を消光位に置く. このとき結晶内を通過する光は, 実際には二つの偏光波に分かれることなく進み, レターデーションR_mはゼロである. そこで鋭敏色検板を差し込むと, 真っ暗だった視野が干渉色図表で530 mμに相当する赤紫色に変わる. 次に, ステージを左右どちらかに45度回転して, 薄片の結晶を対角位に置く. このときのレターデーションR_mはゼロでない. あるおくれ(R_m)をもって薄片の結晶を通過した光は, 次に検板の結晶内を通過する. 薄片と検板の二つの結晶を通過したあとの光の最終的なレターデーションRは, R_pとR_mが合わさった効果となる. その大きさは薄片の結晶でのX', Z'の方向と検板でのX', Z'の方向の位置関係によって決まる. たとえば, 図4.15の例のように, ステージを左に45度回転したとき, 薄片の結晶でのX'の方向と検板のX'の方向が一致する場合を考えてみる. このとき, 同時に薄片の結晶でのZ'の方向と検板のZ'の方向も一致している. そこで, X'方向に振

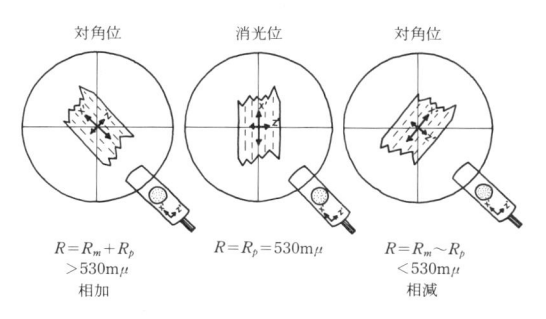

対角位 / 消光位 / 対角位

$R=R_m+R_p$
$>530{\rm m}\mu$
相加

$R=R_p=530{\rm m}\mu$

$R=R_m\sim R_p$
$<530{\rm m}\mu$
相減

図4.15 鋭敏色検板を用いた薄片の結晶におけるX'とZ'の決定

動する偏光の速さは，光が二つの結晶を通過する間にますます加速される．逆に，Z'方向に振動する偏光の速さはますます減速される．その結果，レターデーション R は R_m+R_p となる．この R の値は 530 mμ より大きくなり，青色ないし緑色味を帯びた色を呈する．これをレターデーションが相加的に変化したという．反対にステージを右に 45 度回転すると，薄片の結晶での Z'（あるいは X'）の方向と検板の X'（あるいは Z'）の方向が一致するようになる．このときには，偏光の速さは二つの結晶を通過する間に互いに相殺され，最終的なレターデーション R は $R_m \sim R_p$ となる．この値は，530 mμ より小さくなり，黄色味を帯びた色を呈する．これをレターデーションが相減的に変化したという．このように，鋭敏色検板を用いて相加・相減の変化を調べることによって，薄片の結晶内を通過する二つの偏光の振動方向を決めることができる．

2) **コノスコープによる観察**

i) **一軸性結晶と二軸性結晶の識別**　オルソスコープによる観察は，薄片に垂直な平行光線を通し，結晶の特定の方向の性質を知ることを目的としている．一方，コノスコープによる観察では，薄片に対してあらゆる方向から光を当て，いろいろ違った方向の性質を同時に調べることができる（図4.16）．

コノスコープの状態で見られる像をコノスコープ

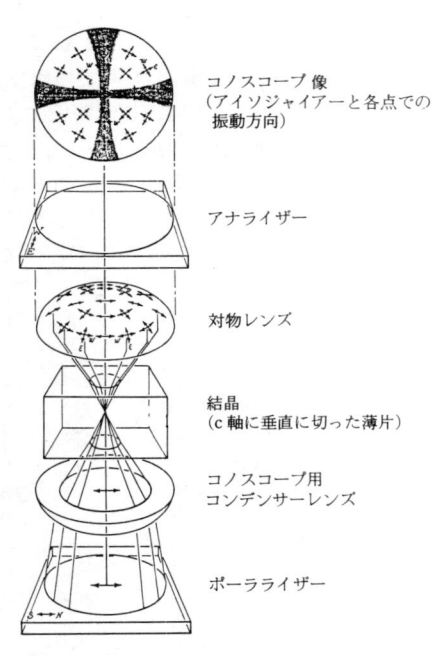

図4.16　コノスコープ像の原理 (Phillips, 1971)

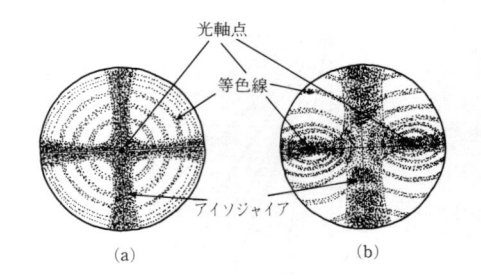

図4.17　(a) 一軸性結晶の c 軸に垂直に切った薄片でのコノスコープ像．(b) 二軸性結晶の光軸を 2 等分する方向に垂直に切った薄片でのコノスコープ像．

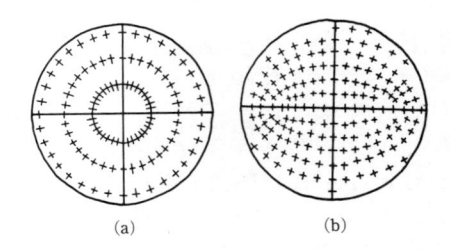

図4.18　(a) 一軸性結晶の c 軸に垂直に切った薄片でのコノスコープ像における各点での振動方向．(b) 二軸性結晶の光軸を 2 等分する方向に垂直に切った薄片でのコノスコープ像における各点での振動方向．

像 (conoscopic figure) という．それはアイソジャイアー (isogyre) とよばれる十字の暗い帯と等色線とよばれる同心円状の干渉色縞 (interference figure)（単色光では単なる明暗の干渉縞）から成る（図4.17）．コノスコープ像の各点は薄片におけるおのおのの方向を代表しており，そこでの明るさはその点におけるレターデーションと偏光波の振動方向によって決まる．

一軸性結晶の結晶軸 c の方向には，ひとつの屈折率しかない（図4.5）．この方向を光軸という．一軸性結晶では，結晶軸 c と光軸とは常に一致しており，結晶中にただ一方向に存在する．二軸性結晶では，この光軸が 2 方向に存在し，その方向は必ずしも結晶軸と一致しない．

一軸性結晶（たとえば石英）の結晶軸 c に垂直に切った薄片で見られるコノスコープ像を考えてみよう．このときのコノスコープ像上の各点における偏光波の振動方向は，図4.18(a) に示すように分布している．消光の項で説明したように，結晶内の二つの直交する偏光の振動方向が，ポラライザーあるいはアナライザーの振動方向のいずれかと一致している個所は暗くなる．そこで，図4.18(a) で暗くなる個所は十字の帯状に分布し，図4.17(a) のアイソジャ

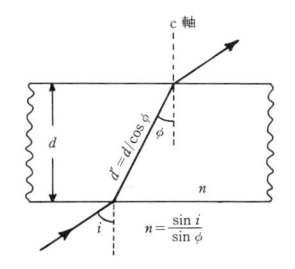

図 4.19 結晶軸 c と角 φ だけ傾いた方向に進む光の行路

イアーと一致する．

次に，図 4.19 に示すような結晶軸 c と角 φ だけ傾いた方向から入射した光のレターデーションを考えてみる．薄片の厚さは d であるが，実際に光が通過する距離 d' は，$d' = d/\cos\phi$ となり，d より大きくなる．φ 方向における複屈折の値は，円と楕円の方程式を解くと，近似的に $(\omega \sim \varepsilon)\sin^2\phi$ となる．したがって，φ 方向におけるレターデーション R_ϕ は，(2) 式にそれぞれの値を代入して，

$$R_\phi = d'(n_2 - n_1)$$
$$= (d/\cos\phi)(\omega \sim \varepsilon)\sin^2\phi$$
$$= d(\omega \sim \varepsilon)\sin\phi\tan\phi \quad (3)$$

となる．特定の波長 λ_0 の光で観察するとき，R_ϕ の値がちょうど波長の整数倍になるような入射角 φ が視野中で同心円状にいくつか存在する．そのような方向から入射してきた光に対しては，式 (1) で明らかなように，明るさはゼロになる．コノスコープ像での干渉縞は，このようにして現れる．白色光でコノスコープ像を観察すると，干渉縞はミシェルレヴィの干渉色図表で表される干渉色縞となり，これがこの干渉色縞を等色線とよぶゆえんである．アイソジャイアーの交差した点あるいは等色線の中心は，一軸性結晶の光軸の方向に対応している．この点を光軸点 (melatope) とよぶ (図 4.17)．

二軸性結晶では，光学軸 (X, Y, Z 軸) と光軸とが一致していないため (図 4.6)，薄片の切り方によって複雑なコノスコープ像が見られる．最も簡単な例は，Z あるいは X 軸 (これらの軸は，2 方向にある光軸を 2 等分する方向である) に垂直に切った薄片で見られるコノスコープ像である．二軸性結晶の Z または X 軸に垂直に切った薄片のコノスコープ像上の各点における偏光の振動方向は図 4.18(b) に示してある．図 4.17(b) に示したコノスコープ像で等色線の核心をなす点は二つあり，これが光軸点である．さらに，二つの光軸点間の角距離を光軸角 ($2V$) とよぶ．

ii) 光学的正・負の決定 一軸性結晶の c 軸に垂直に切った薄片でのコノスコープ像は，アイソジャイアーによって四つの象限に分けられている．おのおのの象限は対角位にあり，鋭敏色検板を差し込んだときのレターデーションの変化は，各象限で異なる．この変化の組合せは 2 通りあり，その違いによって光学的正号結晶と負号結晶とに区別されてい

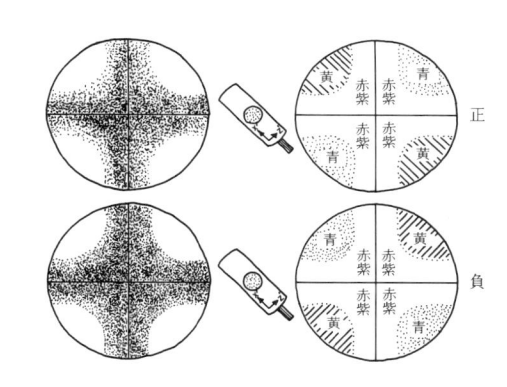

図 4.20 一軸性結晶の c 軸に垂直に切った薄片でのコノスコープ像に鋭敏色検板を差込んだときの効果

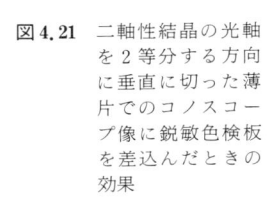

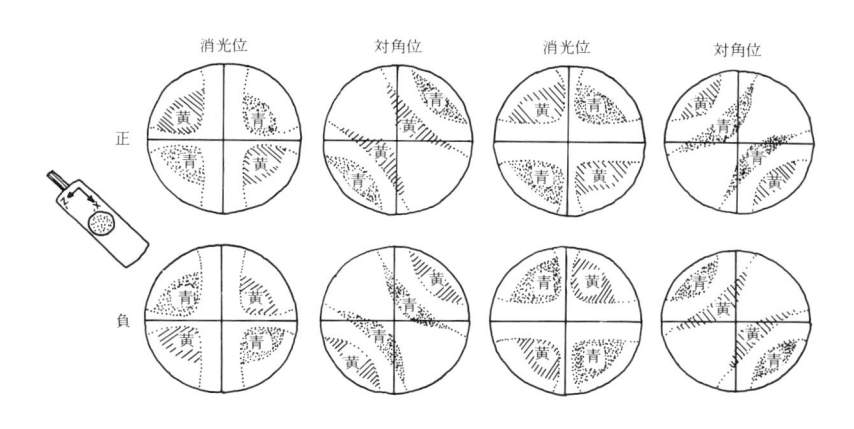

図 4.21 二軸性結晶の光軸を 2 等分する方向に垂直に切った薄片でのコノスコープ像に鋭敏色検板を差込んだときの効果

る(図4.20).

二軸性結晶では，前述のように，薄片を切る方向によって複雑なコノスコープ像が見られ，光学的正・負の決定もむずかしくなる．Z または X 軸に垂直に切った薄片でのコノスコープ像に鋭敏色検板を重ねたときに見られるレターデーションの変化は比較的簡単である(図4.21)．二軸性結晶の光学的正・負を決める場合には，都合よく X あるいは Z 軸に近い方向に垂直に切られた結晶を薄片内で探すほうがよい．

まとめ

岩石を構成しているおもな鉱物(造岩鉱物)の光学的性質を表4.3にまとめておいたので観察の参考にしてほしい．ここでは紙面の関係で岩石の観察については省略した．しかし，岩石に見られるいろいろの特徴的な組織は，その岩石の起源や岩石が生成されたときの履歴を表しているので，偏光顕微鏡による観察事項としては重要である．もっと結晶光学の理解を深めたい人，また個々の鉱物の光学的性質・岩石の特徴を詳しく知りたい人は，章末に挙げてあるそれぞれの専門書を読んでいただきたい．

〔井上　厚行〕

参考文献

〔結晶光学に関する参考書〕
Fowles, G. R. (1975)：Introduction to Modern Optics, 2nd ed., 328p.. Dover Pub.
Gay, P. (1967)：An Introduction to Crystal Optics, 262p.. Longman.
Jenkins, F. A.・White, H. E. (1976)：Fundamentals of Optics, 4th ed., 746p.. McGraw-Hill Intern. Student ed.
小川智哉(1976)：結晶物理工学(応用物理学選書1)，250 p.. 裳華房.
Phillips, W. R. (1971)：Mineral Optics - Principles and Techniques, 249p.. W. H. Freeman & Co.
坪井誠太郎(1959)：偏光顕微鏡，298 p.. 岩波書店.
Wahlstrom, E. E. (1979)：Optical Crystallography, 5th ed., 488p.. John Wiley & Sons.

〔鉱物の光学的性質に関する参考書〕
Deer, W. A., Howie, R. A.,・Zussman, J. (1966)：An Introduction to the Rock-Forming Minerals, 528p.. Longman.
Winchell, A. N. (1951)：Elements of Optical Mineralogy. Part II-Descriptions of Minerals, 551p.. John Wiley & Sons.

〔結晶光学と鉱物の光学的性質の両方について説明した参考書〕
黒田吉益・諏訪兼位(1983)：偏光顕微鏡と岩石鉱物，第2版，343 p.. 共立出版.
都城秋穂・久城育夫(1972)：岩石学 I (共立全書189)，219 p.. 共立出版.

5. 花崗岩類の鉱物組成と化学組成

岩石を構成する鉱物のことを造岩鉱物という。火成岩は造岩鉱物の種類と割合によりさまざまに分類されている。天然には3000種に及ぶ鉱物が知られているが、火成岩を構成するおもな鉱物は10種類程度であり、個々の火成岩に限れば、その9割以上は3～5種類の鉱物で占められている。岩石の鉱物組成(鉱物の容量比)はモード(mode)とよばれ、火成岩を分類する重要な指標となっている。また火成岩はその化学組成によっても分類可能で、SiO_2量と$Na_2O + K_2O$量との関係やFeO/MgO比などは火成岩の広域的変化(岩石区という)を示すよい指標となっている。岩石の化学組成の決定は、正確には機器分析によらなければならないが、岩石のモードと鉱物の化学組成がわかれば、ある程度の推定が可能である。ここでは花崗岩類を例にとり、そのモードおよび化学組成の推定を行うことを通して、花崗岩類の多様性について理解してみよう。

5.1. 花崗岩類の分類

火成岩の造岩鉱物の大部分は珪酸塩鉱物であり、それらはMgやFeに富むマフィック(mafic)鉱物(苦鉄質鉱物)とSi, K, Naに富むフェルシック(felsic)鉱物(珪長質鉱物)に分けられる。前者は黒色～褐色～緑色を呈することから有色鉱物ともよばれ、かんらん岩、輝石、角閃石、黒雲母、ざくろ石といった鉱物がこれに入る。これに対し、後者は長石、石英に代表され、一般に白色～灰色に近い色調を呈し、無色鉱物ともよばれる。火成岩はマフィック鉱物の割合(色指数)により、苦鉄質岩(70～40%)、中性岩(40～20%)、珪長質岩(<20%)の3群に大別される。マフィック鉱物が非常に多い火成岩(>70%)は、特に超苦鉄質岩とよばれる。各群は構成する鉱物とその割合により、さらに細分されている。

珪長質岩を構成するマフィック鉱物の多くは黒雲母、角閃石であるが、これらの量比は20%以下と少ないため優白質を示す場合が多い。花崗岩類の多くは珪長質マグマが地下深部でゆっくり固結したもので、鉱物は粗粒で肉眼により同定できることが多い。主要鉱物は石英・長石であり、長石はさらに斜長石(Na, Caに富みKに乏しい)とカリ長石(Kに富みCaを含まない)の2種類に分けられる。したがって、花崗岩類は、石英・斜長石・カリ長石の3種類のケイ長質鉱物でその70～90%程度の容積を占められており、これら3鉱物の割合で細分されている。図5.1に国際地質学連合による花崗岩類の分類を示す。

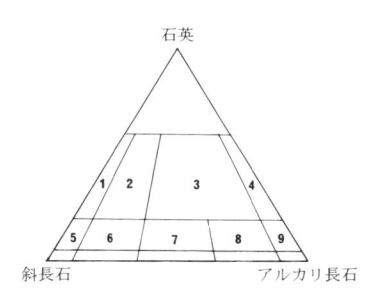

図5.1 花崗岩類の分類命名(国際地質学連合, 1973)
1:トーナル岩, 2:花崗閃緑岩, 3:花崗岩, 4:アルカリ長石-花崗岩, 5:石英-閃緑岩, 6:石英-モンゾニ閃長岩, 7:石英-モンゾニ岩, 8:石英-閃長岩, 9:アルカリ長石-石英-閃長岩, 3の花崗岩のうち斜長石に富むものをアダメロ岩とよぶことがある。

1) 花崗岩類の鉱物組成

花崗岩類を構成する鉱物を表5.1に示すが、一般的な鉱物組合せは、石英・斜長石・カリ長石・黒雲母・角閃石である。黒雲母・角閃石は黒色、石英は灰色、斜長石は白色を呈する。カリ長石は桃色～赤褐色の色調のこともあるが、一般には白色～淡黄色であり、この場合には斜長石との識別はむずかしい。しかし、両長石は染色により容易に区別できるので、染色試料を用いれば、4種類の鉱物の同定が可能である。染色は岩石の表面を弗化水素酸(HF)を用いて腐食したあと、コバルチ亜硝酸ナトリウム$[Na_3Co(NO_2)_6]$の液を滴下して行う。カリ長石は黄褐色～やまぶき色に染色されるのに対し、斜長石はカリ含有量が少ないため染色されにくく、白色～淡黄色である。染色法の詳細については吉村(1981)などを参照されたいが、弗化水素酸を用いる

表5.1 花崗岩類の造岩鉱物と化学組成

石英	SiO_2
カリ長石	$(K, Na)Si_3O_8$
斜長石	$(Na, Ca)(Si, Al)AlSi_2O_8$
黒雲母	$K_2(Fe^{2+}, Mg, Al)_{6-5}(Si, Al)_8O_{20}(OH)_4$
角閃石	$Na_{0-1}Ca_2(Mg, Fe^{2+})_{3-5}Al_{2-0}Si_{6-8}Al_{2-0}O_{22}(OH)_2$
白雲母	$K_2(Al, Fe^{3+}, Mg, Fe^{2+})_4(Si, Al)_8O_{20}(OH)_2$
ザクロ石	$(Mg, Fe^{2+}, Mn, Ca)_3(Al, Fe^{3+})_2Si_3O_{12}$
磁鉄鉱	Fe_3O_4
チタン鉄鉱	$FeTiO_3$
リン灰石	$Ca_5(PO_4)_3(OH)$
ジルコン	$ZrSiO_4$

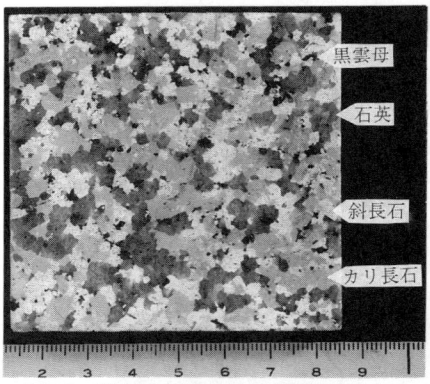

図5.2 花崗岩の染色試料(茨城県筑波地方の稲田型花崗岩)

ので,実験は必ずドラフト内で,耐酸用の手袋・マスクをして行う必要がある.

花崗岩類のように粗粒な岩石のモードの測定は,岩石をカット研磨した(長石の区別が難しい場合はさらに染色した)試料面上で行う.細かいメッシュを刻んだ透明な板を試料に重ね合わせ,メッシュの交点を積算することにより求めるのが簡便な方法である.最近ではスキャナーなどで試料のパターン画像をパソコンに読込み,測定する方法も可能となっている.こうして求めた値は鉱物の面積比に相当するが,花崗岩のように均質な岩石の場合には容量比に等しくなる.

図5.2に石材として有名な茨城県筑波山の稲田型花崗岩の染色試料を示す.この岩石に含まれる黒雲母のモードは5%であり,珪長質岩に分類されることがわかる.また,石英(35%)・斜長石(30%)・カリ長石(30%)の割合はほぼ同じ程度で,図5.1の分類基準に基づけば狭義の花崗岩に分類されることがわかる.

2) 花崗岩類の化学組成

火成岩の化学組成は,一般にSi, Ti, Al, Fe, Mg, Mn, Ca, Na, Kといった主成分元素の酸化物の重量比で表現される.苦鉄質岩から珪長質岩に向かうにつれ,FeO, MgO, MnO, TiO_2量は減少し,SiO_2, Na_2O, K_2O量は増加するが,これはマフィック鉱物に対するフェルシック鉱物の割合が増大することに起因している.このように火成岩の鉱物組成と化学組成の間には密接な関係がある.表5.2に花崗岩類の化学組成の例を示す.

表5.1に示してある造岩鉱物のうち,石英(SiO_2)を除いて多くは固溶体を形成している.固溶体の組成は結晶分化作用や花崗岩タイプなどにより変化する.たとえば,斜長石の組成はNa長石($NaAlSi_3O_8$)-Ca長石($CaAl_2Si_2O_8$)の2成分固溶体で表現さ

表5.2 花崗岩類の化学組成

	(1)	(2)	(3)	(4)	(5)	(6)	(7)	(8)
SiO_2	70.40	73.04	75.14	74.63	69.17	70.27	73.81	67.24
TiO_2	0.47	0.22	0.16		0.43	0.48	0.26	0.49
Al_2O_3	14.10	14.03	13.44	13.52	14.33	14.10	12.40	15.18
FeO*	3.44	1.71	1.73	1.61	3.23	3.37	2.70	4.10
MnO	0.08	0.02	0.03		0.07	0.06	0.06	0.11
MgO	1.01	0.36	0.23	0.45	1.42	1.42	0.20	1.73
CaO	3.10	1.14	1.84	1.81	3.20	2.03	0.75	4.27
Na_2O	3.71	2.78	3.26	3.19	3.13	2.41	4.07	3.97
K_2O	2.70	6.07	4.41	4.59	3.40	3.96	4.65	1.26
H_2O	0.65	0.51	0.26	0.20				

FeO*:Fe_2O_3はFeOとして計算
(1):花崗閃緑岩,(2):アルカリ-花崗岩,(1),(2)は牛来・周藤(1982)より引用,
(3):筑波地方,稲田型花崗岩,(4):稲田型花崗岩のモード組成からの推定値,
(5):Iタイプ花崗岩,(6):Sタイプ花崗岩,(7):Aタイプ花崗岩,(8):Mタイプ花崗岩.
(5)〜(8)は各花崗岩系列の平均組成でWhalen et al.(1987)より引用.

れるが，苦鉄質岩から珪長質岩に向かい，Ca長石成分が減少しNa長石成分が増加する．図5.2に示した花崗岩の場合，斜長石はNa長石70％，Ca長石30％程度，黒雲母はTiO_2やMnOなどを少量含むが$K_2Fe_4Mg_2Al_2Si_6O_{22}H_2O$として，またカリ長石はNa長石10％，K長石($KAlSi_3O_8$)90％程度でその組成を近似できる．造岩鉱物の比重も固溶体組成により変化するが，その程度はわずかで石英は2.67(g/cm³)，長石は2.7，黒雲母は2.9と鉱物によりほぼ一定の値をとる．鉱物の比重と岩石のモードから鉱物の重量比〔これをモードということもある〕が計算できるので，鉱物組成のデータと合わせることにより，岩石全体の化学組成〔全岩組成あるいはバルク(bulk)組成という〕を計算できる．このような計算により求めた稲田型花崗岩のバルク組成を実際に機器分析で求めた組成と比較して表5.1に示してあるが，全体的な組成の傾向は一致している．実際には花崗岩類のバルク組成は，随伴鉱物や固溶体組成により変化する．特に，FeO量などは角閃石（この場合にはCaO，MgO量も変化する）や，磁鉄鉱の割合によって変化する．しかし，モードのデータからでも，花崗岩類の主成分組成をある程度推定できることがわかるだろう．

このような岩石組成と鉱物組成の間に見られる関係を利用して，化学組成から逆にモードを推定することも可能である．たとえば，鉱物組合せが同じ花崗岩類の場合，FeO，MgO，H_2Oなどはマフィック鉱物に含まれるから，その濃度の違いから黒雲母量などの多少を判断できるだろうし，Na_2OやCaOが多ければ斜長石が多いと推測できるだろう．K_2Oはおもに黒雲母とカリ長石に含まれるが，FeO，MgO，H_2Oから黒雲母の割合について見当がつくから，それらのデータと比較することによりカリ長石の量についてもある程度の推定ができるだろう．表5.1には，花崗閃緑岩とアルカリ長石花崗岩の化学組成を例として示してある．図5.1を参照すれば両者の間にみられるK_2O，CaO＋Na_2O量の違いはカリ長石と斜長石の違いに，前者がFeOやMgO量に富むのはマフィック鉱物量が多いことによる，といったことが読取れるだろう．

5.2. 累帯花崗質深成岩体

花崗岩類の組成や組織は一つの岩体内部でも不均質なことが多いが，しばしば岩体周辺から内部に向かい系統的に変化することがあり，累帯深成岩体(zoned pluton)とよばれている．米国のシェラネバ

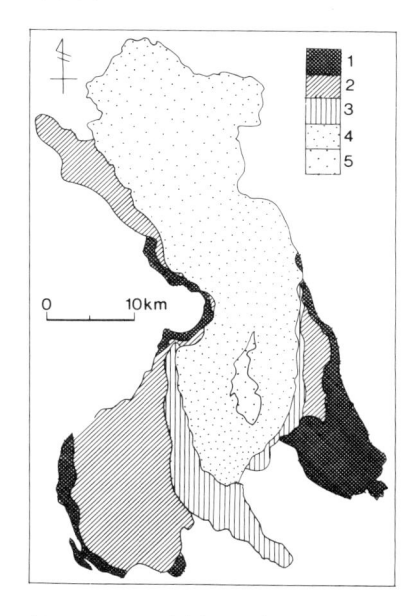

図5.3 米国シェラネバダ地方に発達するTuolumne zoned plutonの産状(Bateman・Chappell, 1979)
1：石英閃緑岩，トーナル岩，花崗閃緑岩，2：等粒状花崗閃緑岩，3：斑状花崗閃緑岩，4：花崗閃緑岩，5：花崗斑岩．

ダ地方にはzoned plutonがよく発達している．図5.3は，そのうちの一つであるTuolumne zoned plutonの例を示したもので，周辺から中心部に向かいトーナル岩(tonalite)質から花崗岩質と，斜長石の減少とともにカリ長石・石英が系統的に増加している(Bateman・Chappell, 1979；久保，1989)．このようなフェルシック鉱物の変化に対応して，マフィック鉱物の量や組合せも変化しており，周辺から中心に向かい，角閃石＋黒雲母の量は減少(30％→1％)し，黒雲母／角閃石の割合は増加している．花崗岩類の組織も，周辺部では細粒で面構造が発達しているが，中心部に向かうにつれ，粗粒で等粒状な組織から斑状組織へと変化している．全岩組成もモード組成の変化に対応して，周辺部はFe，Mg，Caに富み，中心部ではK，Na，Siに富んでいる．

zoned plutonにはいくつかのタイプが存在するが，珪長質マグマの結晶分化作用，マグマと周囲の岩石との混合作用，さらにマグマの冷却速度といった種々の因子が関与していると考えられている．図5.3のzoned plutonの場合には，周辺部を構成するトーナル岩〜石英閃緑岩質マグマの結晶分化作用により岩体内部にみられる多様性が生じた，とされていた．しかし，そのような単純な作用によるものでないことが，近年，元素や同位体を用いた地球化学

的研究により明らかになってきた．Kistler et al. (1986)は，Tuolumne zoned pluton はマントルに由来する CaO, FeO, MgO に富んだ玄武岩マグマと SiO_2, Na_2O, K_2O などに富んだ地殻物質がさまざまな割合で混合することにより生じたマグマが，さらに結晶分化作用や混成作用を経た結果生じたものであると主張している．zoned pluton はマグマの固結過程をよく追跡できるので，火山作用を解析するうえでも重要なマグマ溜りの化石である．

5.3. 花崗岩系列

花崗岩類は，上記したように単一の岩体内でも不均質である．しかし，組成や産状などを広い範囲にわたり統計的に検討してみると，形成した地質環境の相違を反映して共通した特徴が認められる．そのような特徴は，苦鉄質マグマにおけるマグマ系列（ソレアイト系列，カルクアルカリ系列，アルカリ系列など）と同等な意味をもつと考えられ，花崗岩系列〔I(igneous source)タイプ，S(sedimentary source)タイプ，A(anorogenic)タイプ，M(mantle source)タイプ，磁鉄鉱系，チタン鉄鉱系〕とよばれている（高橋，1985）．これら花崗岩系列に認められる相違は，花崗岩活動に伴われるさまざまな熱水性鉱床の性質にも認められている．表5.2に各花崗岩タイプの平均化学組成を示す．

1) I, S, A, M タイプ花崗岩

IタイプおよびSタイプ花崗岩は，Chappell・White(1974)がオーストラリアの古生代花崗岩類の研究から提唱した，造山帯に特徴的な花崗岩系列である．Iタイプは捕獲岩として角閃石に富む苦鉄質火成岩類を含むのに対し，Sタイプは変成した泥質岩類を含んでいる．またIタイプはSタイプに対して高 CaO 量，高 Na_2O/K_2O 比，低 $Al_2O_3/(Na_2O+K_2O+CaO)$ モル比（>1.05）で特徴づけられる（表5.2）．Chappell らは，Iタイプは苦鉄質火成岩類，Sタイプは泥質堆積物と互いに異なる地殻物質の部分溶融により生じたと考えた．しかし，苦鉄質マグマと地殻物質との混合を重視する見方もあり，成因についてはいくつかの可能性が残されている．

Aタイプ花崗岩はカリ長石に富み，花崗岩〜アルカリ長石花崗岩からなっている．組成的には高 K_2O，高 $(Na_2O+K_2O)/Al_2O_3$ 比，低 CaO で特徴づけられる．Aタイプ花崗岩を形成したマグマは，比較的高温（>900℃）で，水に乏しい環境下で形成したと考えられている．大陸リフトなどの非造山帯におもに分布するが，それらの地域におけるマグマ活動の最末期に生じている．特にIタイプ花崗岩の形成後に活動している場合が多いことから，Aタイプは Iタイプのマグマが生じた後に，溶け残った残渣が再び溶融して生じたと考えられている．しかし，最近ではトーナル岩〜花崗閃緑岩の部分溶融（Creaser・他，1991），あるいはモンゾニ岩(monzonite)質マグマの結晶分化作用などによっても生じうるといわれている．

Mタイプは，Iタイプよりさらに火成岩的な性質が強い花崗岩系列である．すなわち，カリ長石，黒雲母に乏しく斜長石，角閃石に富んでおり，トーナル岩的な性質を示すものが多い．こうした鉱物組成を反映して，化学組成も K_2O が低く，CaO, Na_2O が高くなっている（表5.2）．Sr, O 同位体組成も低く，最もマントル的な化学的性質を示すことから，Mタイプ花崗岩は苦鉄質マグマの結晶分化作用により生じたと考えられている．

2) 磁鉄鉱系-チタン鉄鉱系花崗岩

花崗岩類には，副成分鉱物として鉄酸化鉱物〔磁鉄鉱(Fe_3O_4)・赤鉄鉱(Fe_2O_3)・チタン鉄鉱($FeTiO_3$)など〕が伴われている．石原(1981)は，花崗岩類に含まれる鉄酸化鉱物に注目して，磁鉄鉱を含む磁鉄鉱系花崗岩と，含まないチタン鉄鉱系花崗岩の2種類の花崗岩系列に区別できることを明らかにした〔図5.4(A)〕．鉄酸化鉱物はふつう，黒雲母や角閃石などマフィック鉱物の内部あるいはその周辺に存在している．ひもに付けた磁石（あるいは市販のペンシル型磁石）をマフィック鉱物に近づけ，磁性があれば磁鉄鉱が存在するとしてよく，野外で容易に磁鉄鉱系花崗岩を判定できる．帯磁率計を用いれば磁鉄鉱の量をかなりの精度で簡単に求めることができる．

鉄酸化鉱物の性質はマグマの酸化状態に強く影響され，磁鉄鉱系花崗岩のほうがより高い酸化状態（Ni-NiO バッファー以上）で形成したものである．微量元素（Sn, Rb, F）濃度や同位体組成（S, O, Sr）も両花崗岩系で異なっている．たとえば，スズは花崗岩中に数 ppm 程度含まれるが，日本の場合，磁鉄鉱系花崗岩（<2 ppm）に比べ，チタン鉄鉱系花崗岩で明らかに高くなっている（2〜8 ppm）．このような両花崗岩系の性質は，それらに伴われる金属鉱床の性質にも強く反映されている．日本ではモリブデン鉱床は磁鉄鉱系花崗岩類に，タングステン-スズ鉱床はチタン鉄鉱系花崗岩に密接に伴われている〔図5.4(B)〕．特にスズ鉱床は，世界的にみてもチタン鉄鉱系花崗岩に多く伴われており，これは同花崗岩系

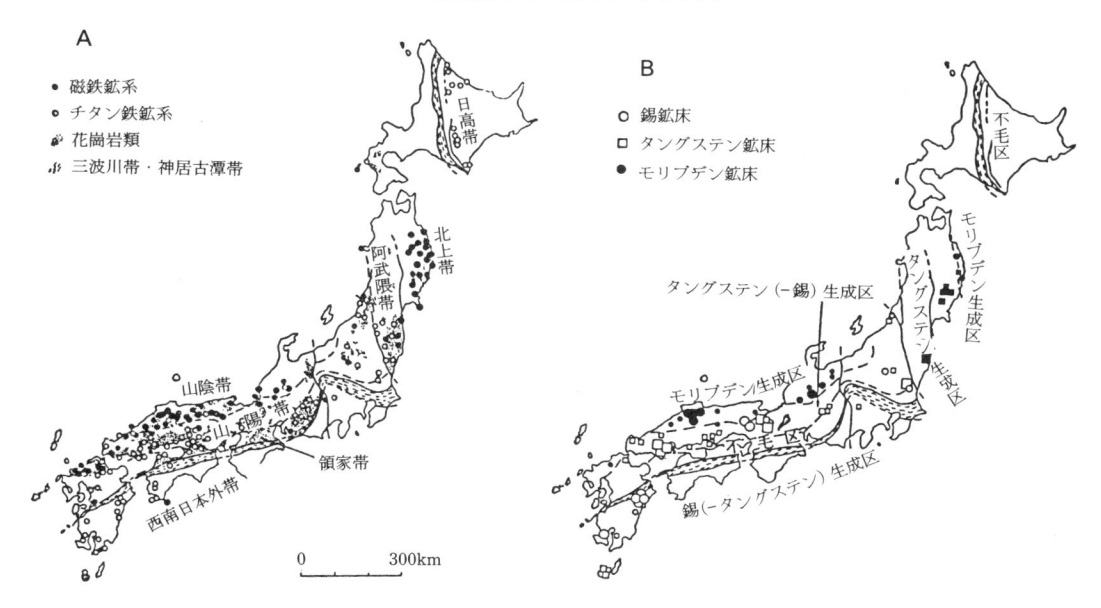

図5.4 日本の磁鉄鉱系花崗岩，チタン鉄鉱系花崗岩の分布(A)とタングステン-スズ鉱床，モリブデン鉱床の分布(B)（石原・津末，1977）．

のスズ濃度が高いことと調和的である．

I, S, A, Mタイプと磁鉄鉱系-チタン鉄鉱系花崗岩との関係は1：1に対応していない．しかし，チタン鉄鉱系花崗岩は，砂岩・頁岩などの堆積岩類の部分溶融，ないしはそれらとの同化作用の影響を強く受けた花崗岩類で，Chappell et al. (1974)のSタイプ花崗岩と共通する点が多い．このようなチタン鉄鉱系花崗岩-泥質堆積岩-スズ鉱床の間にみられる密接な関係を考えると，スズ鉱床のスズは花崗岩マグマよりもたらされたとしても，チタン鉄鉱系花崗岩のスズは堆積岩に由来した可能性が強く，したがってスズ鉱床のスズの由来は究極的には堆積岩に求められることになるかもしれない．花崗岩系列の立場からみると，花崗岩類と鉱床の間には強い関係が認められるが，地球内部での物質循環という観点からながめると，スズにみられるように，両者が互いにどのような成因的関係をもっているのか今後明らかにすべき点が多い．たとえば，花崗岩マグマ活動に伴う熱水性の銅・鉛・亜鉛鉱床などについては，必ずしも花崗岩系列との対応は一致しておらず，銅・鉛・亜鉛が花崗岩マグマに由来するのかどうか不明である．

まとめ

火成岩の多様性はモード組成や化学組成に反映されている．花崗岩類の鉱物組成と化学組成は，花崗岩マグマが発生する時の岩石の種類や部分溶融の程度，結晶分化作用，マグマと周辺の岩石との同化作用などの影響を受けて，広域的にも，単一の岩体内でも変化している．広域的にみられる花崗岩類の多様性は，花崗岩系列としてとらえることが可能で，花崗岩類が形成した地質環境の違いを反映している．花崗岩系列の違いは，花崗岩類に伴う金属鉱床の性質にもよく現れており，花崗岩類の理解は地殻表層部で起こる現象を解明するうえで，重要な役割を担っている．　　　　　　　　　〔中野　孝教〕

参考文献

Bateman, P. C.・Chappell, B. W. (1979)：Crystallization, fractionation, and solidification of the Tuolumne intrusive series, Yosemite National Park, California. Geol. Soc. Am. Bull., vol. 90, pp. 465-482.

Chappell, B. W.・White, A. J. R. (1974)：Two contrasting granite types. Pacific Geol., vol. 8, pp. 173-174.

Creaser, R. A., Price, R. C.・Wormald, R. J. (1991)：A-type granites revisited：Assessment of a residual-source model. Geology, vol. 19, pp. 163-166.

牛来正夫・周藤賢治(1982)：地殻・岩石・鉱物，218 p.，共立出版．

Ishihara, S. (1981)：The granitoid series and mineralization, Econ. Geol., 75-th anniv. vol., pp. 458-484.

石原舜三・津末昭生(1977)：花崗岩系列と鉱床生成区，立見辰雄(編)：現代鉱床学の基礎, pp. 60-73, 東京大学出版会．

Kistler, R. W., Chappell, B. W., Peck, D. L.・Bateman, P. C. (1986)：Isotopic variation in the Tuolumne intrusive suite, central Sierra Nevada, California. Contrib. Mineral. Petrol., vol. 94, pp. 205-220.

久保和也(1989)：深成作用，大原　隆・西田　孝・木下　肇(編)：地球の探究, pp. 109-115. 朝倉書店.

久城育夫・荒牧重雄・青木謙一郎(編)(1989)：日本の火成岩, 206 p.. 岩波書店.

高橋正樹(1985)：花崗岩系列の提唱と発展，地質学論集, no. 25, pp. 225-244. 日本地質学会.

Whalen, J. B., Currie, K. L.・Chappell, B. W. (1987)：A-type granites: geochemical characteristics, discrimination and petrogeneis. *Contrib. Mineral. Petrol.*, vol. 95, pp. 407-419.

吉松敏隆(1981)：染色による造岩鉱物の観察, 地学団体研究会(編)：土と岩石, pp. 81-83. 東海大学出版会

6. 結晶の形と内部構造

　地殻を構成している岩石(rocks)は一般に構成単位としての何種類かの鉱物(minerals)の集合体である．鉱物は，自然界において無機的過程によって生成された，一定の化学成分と結晶構造をもった物質として定義されており，その大部分は固体である．固体であると同時に，それらのほとんどは結晶(crystals)状態で存在しているので，その物理的化学的特徴は同時に結晶としての特性を備えていることになる．

　われわれは鉱物を調べるとき，まずその外形を観察する．肉眼で識別できるようなマクロな美しい形態の結晶もあれば，微細な結晶子の集合体が特徴的な組織を形づくっている場合もある．結晶の形態はその内部構造，すなわち結晶構造の特徴が巨視的に発現した結果であり，その結晶を特定するための重要な要素の一つである．さらに，その形態や集合状態を表す組織は，その結晶が成長した環境を敏感に反映した結果でもあるので，その生成条件を知る手掛かりとしてたいへん重要である．

6.1. 結晶状態

　固体には二つの状態，非晶質(amorphous, glass)と結晶質(crystalline)が存在しうるが，実際の岩石中の鉱物の多くは結晶質である．それは三次元的に規則正しく原子が配列している結晶状態の方が，内部エネルギーがより低く安定に存在しうるからである．黒曜石のようなガラス質の岩石やオパール(opal)のように，ガラス質と結晶質の中間的な構造をもつものも量的には少ないが存在する．しかし，それらは特殊な生成条件でできたものである．

　結晶質のもので，おのおのの結晶軸の方向を同じくする1個の粒子または領域を単結晶(single crystal)という．各単結晶の大きさは，その生成条件，特に結晶核生成時の条件により大きく左右され，それらの違いが多様な結晶組織をつくる結果となる．同種の結晶粒子の集合体は多結晶(polycrystal)とよばれている．その粒子の大きさは，肉眼で識別できるものから電子顕微鏡によってはじめて判別可能なものまでさまざまである．また，互いの結晶粒子の方位が各結晶種に固有の規則的関係で接合している双晶(twin)の組織もしばしば観察される．

6.2. 結晶の形

　気体や溶液のような周囲が自由な空間のなかで結晶が成長する場合には，平らな結晶面で囲まれたその結晶種に固有の対称をもつ多面体(自形)となる．一方，マグマのような多成分系の融液では，晶出順序の遅い結晶は，すでに周りを他の結晶で占められている場合が多く，そのすき間を埋めるように成長するので固有の外形をとることができない．このような結晶形を他形という．自形の結晶が平坦な結晶面で囲まれた多面体になるということは，成長速度が方向によって異なる結果であり，これは結晶がもっている異方性の目にみえる一つの証拠である．

1) 面角一定の法則

　結晶面間のなす角を面角といい，各結晶面に立てた法線間の角度で表すことができる．同種の結晶であれば，各結晶面の発達の程度によって外形が一見異なっているようにみえても，それぞれの相当する面角は同じである．この関係を面角一定の法則(law of constancy of interfacial angles)という．

　たとえば，等軸(立方)晶系に属する結晶で，立方体として産する結晶の外形も，実際にはおのおのの結晶面が正確に正方形であることはむしろまれである．その周りの成長環境の違いによって結晶面の発達の程度が異なる．それぞれの結晶が個性をもっており，その結晶形はおのおのの成長の履歴を表している．これが一般にみられる成長形である．これに対して，その結晶構造自身より予想される結晶形は理想形といわれている．成長形において各結晶面の発達程度による外形の違いを晶癖(crystal habit)という．形状の違いにより板状(tabular)，長柱状(long-columnar)，短柱状(short-columnar)，針状(acicular)などと形容される．さらに，その程度が進むと結晶面の組合せが異なってくるが，これを晶相(appearance)の変化という．結晶面の大小はいろいろの方向での成長速度の違いの結果である．相対的に成長速度の速い結晶面の面積は小さく，やがて消

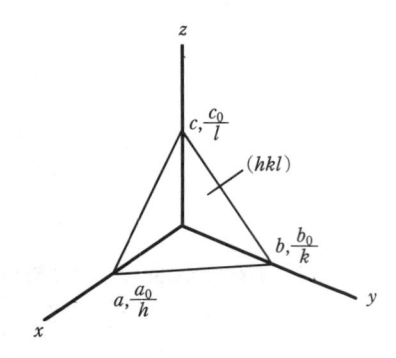

図6.1 結晶面(hkl)と定数a_0, b_0, c_0の関係

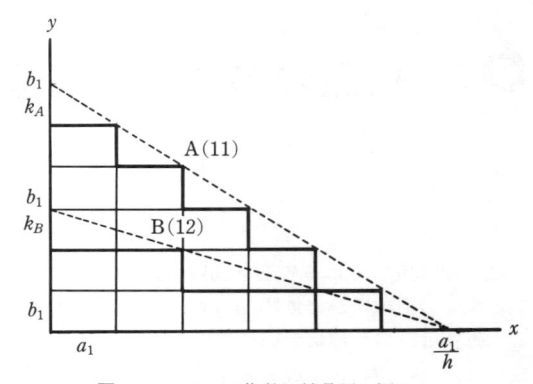

図6.2 ミラーの指数と結晶面の傾き

失してしまう．一方，成長速度の遅い結晶面は，エネルギー的に安定な境界面であり，結果的に大きな結晶面となって残る．結晶面の発達の程度は，成長時の過飽和度や過冷却度の大きさ，溶け込んでいる不純物の濃度や種類など，成長速度を決める各要素によって敏感に左右される．結晶の外形はその結晶の生成環境を知るための重要な指標となっているのである．

2) 有理指数の法則

結晶の種類による形態の違いを理解するために，結晶形態に関するもう一つの法則，有理指数の法則(law of rational indices)について考えてみよう．結晶軸に平行にx, y, z軸の3軸をとり，結晶を中心においたとき，ある結晶面がこの3軸から切り取る切片をa, b, cとすると，この平面は

$$\frac{x}{a}+\frac{y}{b}+\frac{z}{c}=1$$

で表せる(図6.1)．
いま，各軸について，その結晶種に固有の適当な定数a_0, b_0, c_0を選び，上式を

$$\frac{h}{a_0}x+\frac{k}{b_0}y+\frac{l}{c_0}z=1$$

と書き改めたとき，各切片の係数$\frac{1}{h}, \frac{1}{k}, \frac{1}{l}$または$h, k, l$はすべての結晶面に対して簡単な有理数となる．そして各結晶面はこの係数の逆数(hkl)として表現され，このhklをミラーの面指数(Miller indices of face)という．面指数は実際には簡単な整数として表される．定数a_0, b_0, c_0はその比に意味があり，$\frac{a_0}{b_0}:1:\frac{c_0}{b_0}$を軸率といい，それぞれの結晶の種類により決まっている．軸率は結晶構造が不明の時代には，同種の結晶の多数の結晶面を測定した結果から決定されたが，現在では，特殊な例を除き単位格子の各軸の長さの比に相当する数値であることがわかっている．

結晶面は単位格子の三次元的な積重ねの結果として出現する．図6.2のように二次元において，x軸，y軸の長さが各a_1, b_1の単位格子として，前記の関係を検証しよう．1段ごとの階段でできる結晶面Aにおいては，各軸の切片の長さは同数の単位格子よりなるので，$\frac{a_1}{h}, \frac{b_1}{k}$の係数$\frac{1}{h}, \frac{1}{k}$は同じ値であり，その逆数であるミラーの指数($hk$)も，最も簡単な値(11)で表される．結晶面Bでは，x軸の切片はy軸の2倍の単位格子が並んでおり，その係数の逆数の比$h:k$は1:2となり，その結晶面は(12)と表される．すなわち，各軸の切片の長さは，それに相当する単位格子の長さの比を単位として測定することにより，その係数は簡単な整数の逆数になる．各結晶軸の単位の取り方に異方性を取入れることにより，結晶面の方位をミラーの指数という簡単な数値で表現することができるということは，結晶形態にミクロな結晶構造の異方性の特徴が表れている証拠といえよう．

6.3. 結晶面の記載

結晶面はそれに立てた法線の方位として表現され，ステレオ投影により結晶面の方位関係が記載される．ステレオ投影法(stereographic projection)は三次元の方位関係を二次元に投影する有効な方法として結晶形態の投影をはじめ広く用いられている．図6.3のように球の中心に結晶をおくと，各結晶面に立てた法線は，まず球面に投影される．このような投影を球面投影(spherical projection)という．球面との交点を結晶面の極(pole)という．地球の南極，北極に相当する点をそれぞれA, BとするとA

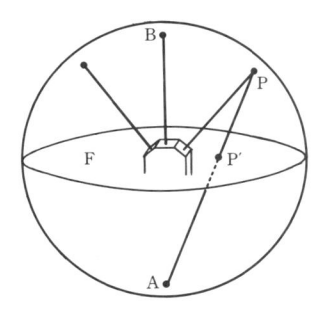

図 6.3 球面投影とステレオ投影

点から見通した面の極 P 点は赤道(基円)を含む平面 F の P′点に投影できる．このように北半球上のすべての点は F 面上に投影される．同様に南半球の点は北極 B 点より見通して投影できるので，すべての天球上の交点，すなわち極が F 面上に投影されることになる．北半球，南半球の交点，極は×，○で区別する．円内に 2°ごとの緯度，経度に相当する大円，小円を投影した図(図 6.4)はウルフ(Wulff)のネットとよばれステレオ投影の作図のために使用される．三次元の関係を二次元に投影する場合，投影法によりその歪み方が異なるが，ステレオ投影法における特徴は次の 2 点である．

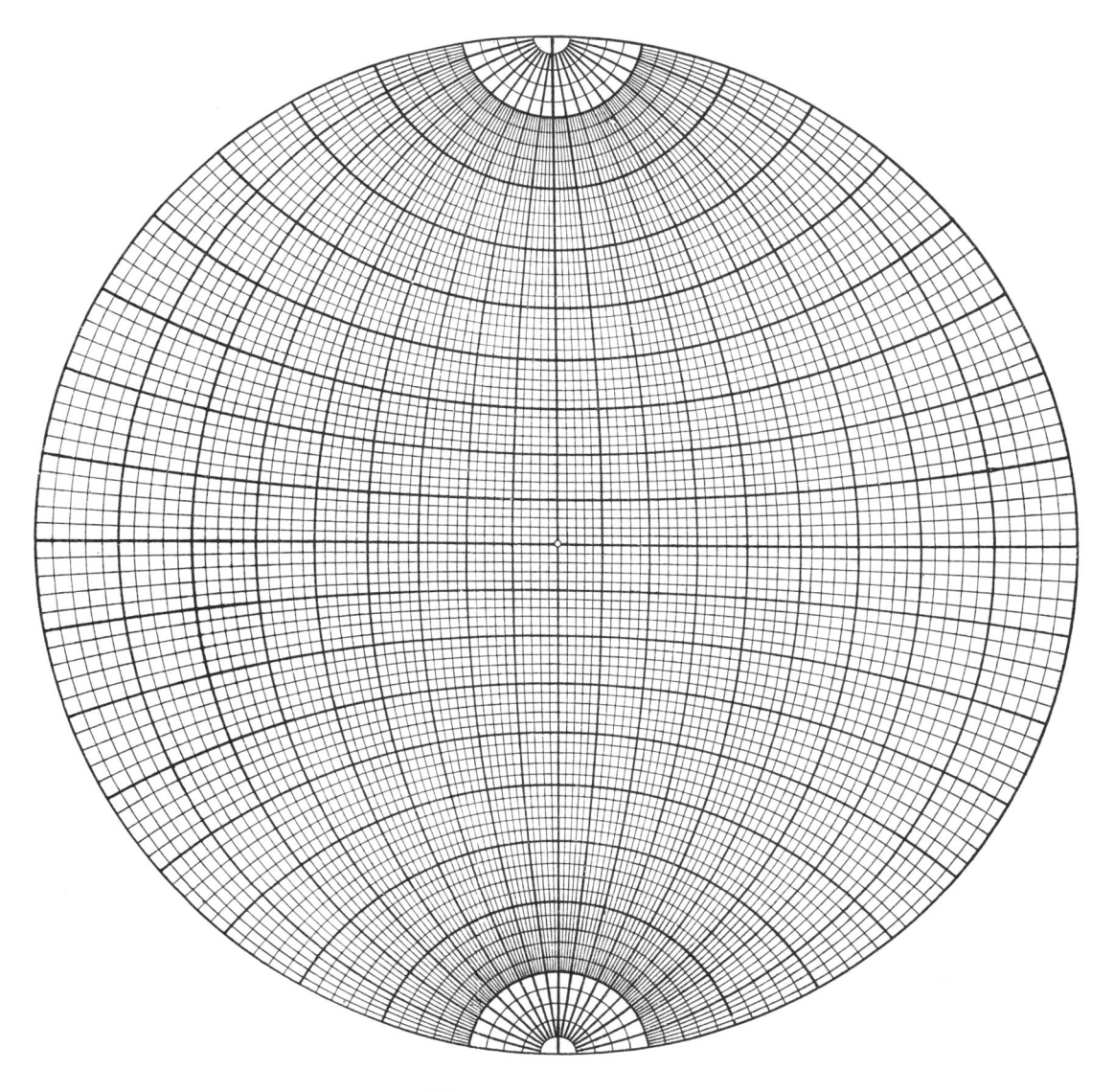

図 6.4 ウルフ(Wulff)のネット

（1）球面投影が円であれば，ステレオ投影図上でも円になる．
（2）球面投影における二つの大円の間の角度は，ステレオ投影図上でも二つの大円の間の角度として表される．

6.4. 結晶の対称性

結晶形態の特徴を把握するには，その対称性に着目することが最も有効な方法である．結晶は原子が三次元の周期性をもって規則正しく配列したものであり，その結果，配列の対称性に強い制限が加えられる．各周期の最小の単位のなかで，どこか一点同じ場所を代表点として選び，それらの点を隣どうし，できるだけ短い距離の方向で三次元的に結んでいくと空間格子(space lattice)ができる．各交点を格子点(lattice point)といい，空間格子の最小の単位が前述の単位格子に相当している．空間格子であるための対称性の制限について，次に述べる．

いま，隣どうしの格子点A，B(図6.5)を選び，各点での $\frac{2\pi}{N}$ 回転の対称操作によって，A，B点が隣の格子点列C，Dに一致したとする．$\overline{AB}$ をこの方向での単位長さ a とすると，各点が格子点上にのるという条件により

$$\overline{DC} = na \quad (n \text{ は整数})$$
$$\overline{AB} /\!/ \overline{DC}$$

でなければならないので

$$\overline{DC} = na = a + 2a\cos\left(\pi - \frac{2\pi}{N}\right)$$

が成立する．上式を満足する N は

	$\cos\frac{2\pi}{N}$	$\frac{2\pi}{N}$	N（回転軸）
$n=3$	-1	$180°$	2
$n=2$	$-\frac{1}{2}$	$120°$	3
$n=1$	0	$90°$	4
$n=0$	$\frac{1}{2}$	$60°$	6
$n=-1$	1	$360°$	1

となる．すなわち結晶格子においては，回転軸の対称要素のなかで，1，2，3，4，6回回転軸のみが可能である．この制限は，ミクロな二次元平面を周期的に隙間なく埋めるための条件であるが，三次元空間においても同様に成立する．マクロな結晶形態にも，そのまま適用される．

1) ブラベイ格子：結晶格子において，繰返しの単位となる単位格子の可能な型は14種類あり，これ

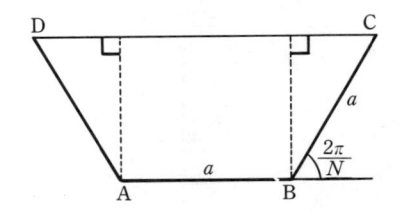

図6.5 二次元格子の格子点と回転対称の制限

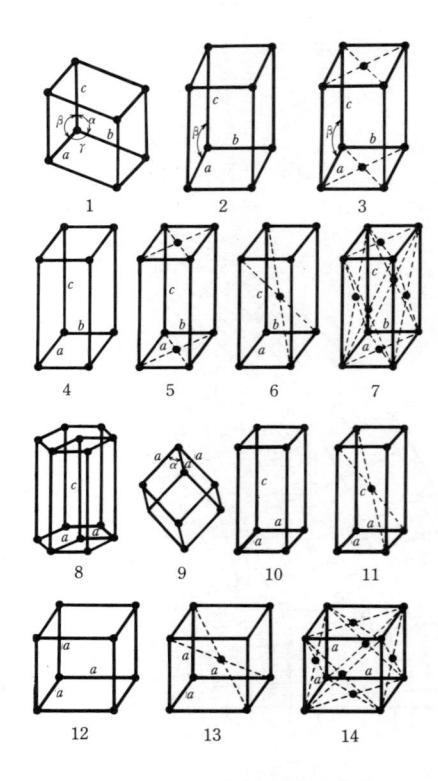

図6.6 14種のブラベイ格子
1：三斜単純格子，2：単斜単純格子，3：単斜底心格子，4：斜方単純格子，5：斜方底心格子，6：斜方体心格子，7：斜方面心格子，8：六方単純格子，9：菱面体格子，10：正方単純格子，11：正方体心格子，12：立方単純格子，13：立方体心格子，14：立方面心格子．

を考えた人の名にちなんでブラベイ格子(Bravais lattice)とよばれている(図6.6)．ブラベイ格子は，結晶軸を基準にして設定されている．そのため，直交する軸の取り方が可能な場合には，これを優先するために，各格子が必ずしも単位格子に対応しているわけではない．たとえば，図6.6の立方面心格子(14)は単位格子の4倍の体積になっており，それはこの立方体のなかに4個の格子点を含んでいることによって明らかである(12の立方単純格子は1個の

2) 7晶系と32晶族

結晶形は結晶軸の取り方によって，三斜，単斜，斜方，菱面体(三方)，六方，正方，等軸(立方)の7晶系(crystal system)に分けられる(表6.1)．それは結晶軸の交わる角度〔軸角(axial angle)という〕と軸率の違いによる．ミクロな結晶構造においても同様に7種であるが，この場合には，軸率の代わりに，前述のとおり各軸の単位格子の長さになっている．各晶系には，それぞれ対称要素の組合せの異なる数種類の晶族(crystal class)が属しており，前述のとおり対称要素の制限のため全部で32種類存在する．

各晶族はヘルマン-モーガン(Hermann-Mauguin)記号，またはシェーンフリース(Schönflies)記号によって表される(表6.1)．前者は主要軸における対称要素を列記して表現するが，軸の方向は必ずしも結晶軸とは限らない．対称要素としては，

回転軸 1, 2, 3, 4, 6，対称面 m

対称心 i，回反軸(回転とそれに引続く対称心の操作)$\bar{1}, \bar{2}, \bar{3}, \bar{4}, \bar{6}$

の組合せである．たとえば，$\frac{4}{m}\frac{2}{m}\frac{2}{m}$ は主軸(c軸)に4回回転軸，他の2軸に2回回転軸があり，さらに各軸に垂直な対称面をもっていることを表している．対称要素の組合せにより必然的に生ずる新たな対称要素は省略される．

表6.1 7結晶系と32晶族の対称

結晶系 (crystal system)	各軸の長さ，軸角	各晶族の対称の記号	
		ヘルマン-モーガン	シェーンフリース
三斜晶系 (triclinic system)	$a \neq b \neq c \neq a$ $\alpha \neq \beta \neq \gamma \neq 90°$	1	C_1
		$\bar{1}$	$C_i = S_2$
単斜晶系 (monoclinic system)	$a \neq b \neq c \neq a$ $\alpha = \gamma = 90°, \beta \neq 90°$	2	C_2
		m	C_s
		$2/m$	C_{2h}
斜方晶系 (orthorhombic system)	$a \neq b \neq c \neq a$ $\alpha = \beta = \gamma = 90°$	222	$D_2 = V$
		$2mm\ (mm)$	C_{2v}
		$2/m\ 2/m\ 2/m\ (mmm)$	$D_{2h} = V_h$
菱面体晶系 (rhombohedral system)	$a_1 = a_2 = a_3$ $\alpha \neq 90°$	3	C_3
		$\bar{3}$	$C_{3i} = S_6$
		32	D_3
		$3m$	C_{3v}
		$\bar{3}2/m\ (\bar{3}m)$	D_{3d}
六方晶系 (hexagonal system)	$a_1 = a_2 = a_3 \neq c$ $\beta = 90°,\ a_1 \wedge a_2 = 120°$	$\bar{6}$	C_{3h}
		$\bar{6}m2$	D_{3h}
		6	C_6
		$6/m$	C_{6h}
		622 (62)	D_6
		$6mm$	C_{6v}
		$6/m\ 2/m\ 2/m\ (6/m\ mm)$	D_{6h}
正方晶系 (tetragonal system)	$a = b \neq c$ $\alpha = \beta = \gamma = 90°$	4	C_4
		$\bar{4}$	S_4
		$4/m$	C_{4h}
		422 (42)	D_4
		$4mm$	C_{4v}
		$\bar{4}2m$	$D_{2d} = V_d$
		$4/m\ 2/m\ 2/m\ (4/m\ mm)$	D_{4h}
立方(等軸)晶系 (cubic system)	$a = b = c$ $\alpha = \beta = \gamma = 90°$	23	T
		$2/m\ \bar{3}\ (m3)$	T_h
		432 (43)	O
		$\bar{4}3m$	T_d
		$4/m\ \bar{3}\ 2/m\ (m3m)$	O_h

対称操作の集合において，任意の二つの操作の合成の結果が，常にその集合のいずれかに同等であるとき，この操作の集合は数学で群とよばれているものに相当する．各晶族における対称操作の組合せは群の条件を満たしているため，32晶族を32点群ともいう．ここでいう点はある中心点を固定した対称であり，並進を伴わないことを意味する．

ヘルマン-モーガン記号は，結晶構造の対称性を表す空間群の記載によく用いられる．この場合にはさらにらせん軸（回転とその軸に平行な並進），映進面（対称面の操作とその面に平行な並進）の並進を含んだ対称要素が加わるために，その可能な組合せが230種に増える．

シェーンフリース記号では
C_n(Cyklisch)：n 回回転軸のみ
D_n(Diedergruppe, 二面体群)：n 回回転軸および，それに垂直な n 本の2回回転軸
S_n(Sphenoidisch, くさび形)：n 回回転軸
V(Vierergruppe, 4元群)：3本の互いに垂直な2回回転軸
T(Tetraeder, 4面体)：4本の3回回転軸
O(Oktaeder, 8面体)：3本の4回回転軸
そのほか添字として
v(vertikal)：回転軸を含む対称面
h(horizontal)：回転軸に垂直な対称面
d(diagonal)：2本の回転軸の二等分の所に対称面がある
i(Inversion)：対称心あり
s(Spiegelung)：対称面あり

を用いる．空間群を表す場合には，同じ晶族の記号の右上に番号を付けて区別しており，その対称要素の内容がわからないのであまり使用されない．

6.5. 内部構造とX線回折

結晶における原子配列の状態はX線の波長とその大きさが同程度であるので，そのため結晶にX線が当たると結晶は三次元回折格子として作用し，散乱，干渉現象が起こり，回折像が現れる．それらの回折パターンを解析することによって結晶構造を知ることができる．X線回折の原理の概略と，現在，鉱物の確実な同定法の一つとして広く用いられている粉末X線法について述べる．

1) X線回折

原子が直線上で間隔 a で並んでいる線格子を考える（図6.7）．入射角 α_0 で A, B に入射した X 線が散乱角 α の方向では，行路差 AA′−BB′ は

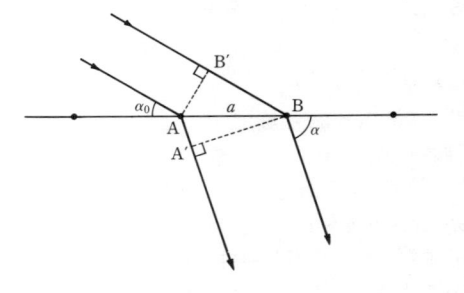

図6.7 線格子におけるラウエの方程式の関係

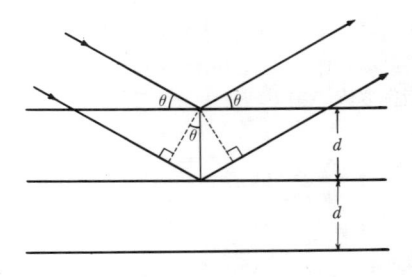

図6.8 原子網面とブラッグの方程式の関係

$a(\cos \alpha - \cos \alpha_0)$ である．この値が入射X線の波長 λ の整数倍のとき，α 方向の回折X線は互いに干渉して強め合う．三次元格子の場合，各格子点の長さを a, b, c とし，入射角 $\alpha_0, \beta_0, \gamma_0$，散乱角 α, β, γ とすれば，

$$a(\cos \alpha - \cos \alpha_0) = h\lambda$$
$$b(\cos \beta - \cos \beta_0) = k\lambda \quad (h, k, l \text{ は整数})$$
$$c(\cos \gamma - \cos \gamma_0) = l\lambda$$

の3式が成立しなければならない．これは，ラウエ(Laue)の方程式といわれている．

一方，ブラッグ(Bragg)は図6.8のように間隔 d の原子網面を考え，X線の入射角を θ とすれば，各網面での散乱波が強め合うのは，入射したX線があたかも反射したような方向であることを示した．その条件は，入射角を θ とすれば

$$2d \sin \theta = n\lambda \quad (n \text{ は整数})$$

である．この方程式をブラッグの式という．

ラウエの式は図6.9において，格子点 a, b, c で散乱されたX線が0点のものより，それぞれ h, k, l 波長分進んでいることを示している．そして $\frac{a}{h}$, $\frac{b}{k}$, $\frac{c}{l}$ の各点では，0点に比べそれぞれ1波長だけ進んでいて同位相であることを意味し，このことは $(h\,k\,l)$ 面に平行な格子面での反射の条件を示して

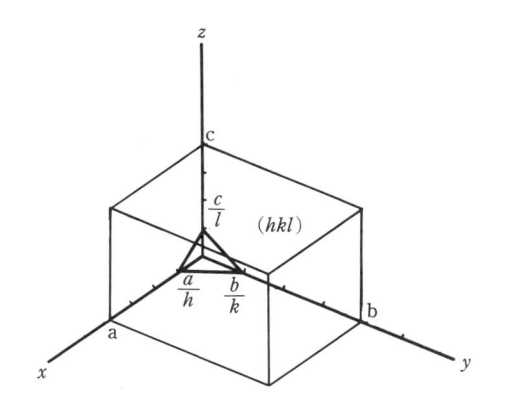

図6.9 各点におけるX線による散乱の波長のずれの関係

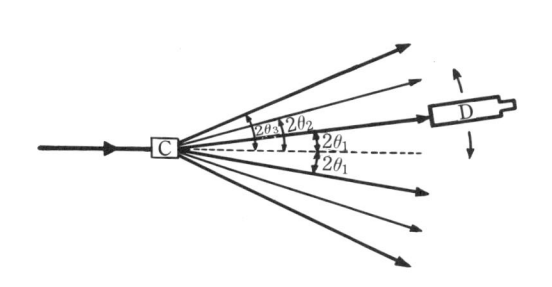

図6.10 粉末法(C：試料, D：X線検出器)

おり，ブラッグの式と同等であることがわかる．ただし，ここでの h, k, l は波長の次数を示しているのであるから，公約数をもっている指数も意味がある．X線の反射面は hkl としてかっこを付けないでミラーの指数と区別している．

以上の2式は回折像の模様，すなわち位置関係を示すもので，これは結晶格子の形によって決まる．もう一つの重要な要素である各点における強度は結晶構造に起因するが，それらのくわしい解説は専門書に譲る．

2) 粉末法(powder method)

試料としての結晶はミクロンオーダーの粉末にする．図6.10のように，波長の決まった特性X線を当てると，無数の小結晶のなかには，ブラッグの式の条件を満たすものが，必ず存在するので，各指数の回折線は d の値に従って，それぞれ 2θ の円錐となる．X線回折計(X-ray diffractometer)では，この回折円錐を横切るようにX線計数管を走査させ，2θ の角度と回折強度を記録する．2θ より面間隔 d を計算できれば，回折線の指数や格子定数を決定することができる．また，微小結晶しか得られない試料の結晶構造解析もこの方法で行われる．

まとめ

結晶の外形には，内部要因としての結晶構造の特徴が現れる理想形と，その結晶が成長した外的環境によって影響を受けた成長形が知られている．しかし，現実の結晶形の多くは，その生成条件を敏感に反映した成長形からなるものがほとんどである．それゆえ，結晶の外形は，その生成条件を知るうえでの重要な指標となりうるものである．

最近では，走査型電子顕微鏡などの計測装置によって，容易にミクロな結晶の形を解折できるようになっている．そのような多数の微小結晶の外形における特徴の統計的処理を行うことができれば，その外形をより確実な生成条件の指標として活用することが可能となるだろう． 〔西田 孝〕

参考文献

カリティ(松村源太郎訳)(1961)：X線回折要論，517 p., アグネ．
黒田登志雄(1984)：結晶は生きている―その成長と形の変化のしくみ，265 p., サイエンス社．
三宅静雄(1988)：X線の回折，334 p., 朝倉書店．
桜井敏雄(1983)：X線結晶解析の手引き，284 p., 裳華房．
定永両一(1986)：結晶学序説，315 p., 岩波書店．
ハンスプルツラフ，ヘルムートツィンマーマン(川田 功訳)(1988)：結晶学―その基礎と応用 第1巻 対称論，276 p., 水雲社．

7. 砕屑性堆積岩の組織と組成

　堆積岩は地表に分布する岩石の 70〜80％の面積を占め，石油や石炭をはじめとする重要な地下資源の多くを含んでいる．堆積岩は，地表付近の常温・常圧下で，気候変動・海水準変動・火山活動・構造運動などさまざまな地学現象に支配されて発達した未固結の堆積物が，その後地下に埋没し，温度・圧力の上昇に伴う続成作用によって固化したものである．したがって，堆積岩の種類・組織・鉱物組成などの特徴は，過去に地表付近で発生したさまざまな地学現象の変化を記録している．

　堆積岩は成因によって砕屑岩，生物岩，化学岩，火山砕屑岩に大別される．砕屑岩は，風化作用によって分解された既存の岩石の破片(砕屑物)が水や風，あるいは氷河などによる運搬・堆積作用によって集積したものである．生物岩は生物の遺骸が物理的に集積したり，生化学的な分泌物が集合することによって形成される(II-9章参照)．化学岩はおもに無機化学的な沈殿作用によって形成されたものであり，火山砕屑岩は火山活動に伴って噴出した火山砕屑物が集積したものである．堆積岩のなかにはこれら 4 種類の中間的な成因を示す物も多く存在する．ここでは特に砕屑岩の組織と組成について解説する．

　砕屑岩は地表に最も広く分布し，堆積岩全体の 80〜90％を占める．砕屑岩は構成粒子の大きさによって，礫岩・砂岩・泥岩に分類される．泥岩はさらにシルト岩と粘土岩に細分される(図 7.1)．砕屑岩はその形成過程に対応して，特徴的な堆積構造，組織ならびに鉱物組成をもつ．

7.1 砕屑岩の組織

　砕屑岩や砕屑物の組織とは，構成粒子の粒度・形態・配列様式(II-8 章参照)などの特徴をさし，砕屑物が運搬・堆積し，さらには続成作用によって固化するまでの間に構成粒子に作用したエネルギーの積算を記録したものである．このエネルギーの積算の大きさは，組織の成熟度(textural maturity)という概念で表現される(図 7.2)．

1) 粒度組成

i) 粒度区分　　砕屑岩や砕屑物の粒度を表現するのに，現在最も一般的に用いられている粒度区分は Udden(1898) と Wentworth(1924) によるものである(図 7.1)．粒径は mm 単位で直接表現されることもあるが，地質学の分野ではしばしばファイスケール(ϕ)が用いられている．粒径を d(mm) とした場合，ファイスケールは以下のように定義される．

$$\phi = -\log_2 d \quad \text{(Krumbein, 1934)}$$

　砕屑岩の多くは粒径の異なる粒子がさまざまな割合で集合したものである．砂-シルト-粘土あるいは礫-砂-泥の割合によって砕屑岩は図 7.3 のように細

図 7.1　堆積物の粒度区分(Udden, 1989 と Wentworth, 1924 による)

	名称		mm	μm	ファイスケール ϕ
礫 gravel	boulder	巨礫	4,096		−12
	cobble	大礫	256		−8
	pebble	中礫	64		−6
	granule	細礫	4		−2
			2		−1
砂 sand	very coarse sand	極粗粒砂	1		0
	coarse sand	粗粒砂	0.5	500	1
	medium sand	中粒砂	0.25	250	2
	fine sand	細粒砂	0.125	125	3
	very fine sand	極細粒砂	0.063	63	4
泥 mud	coarse silt	粗粒シルト	0.031	31	5
	medium silt	中粒シルト	0.016	16	6
	fine silt	細粒シルト	0.008	8	7
	very fine silt	極細粒シルト	0.004	4	8
	clay	粘土			

7. 砕屑性堆積岩の組織と組成

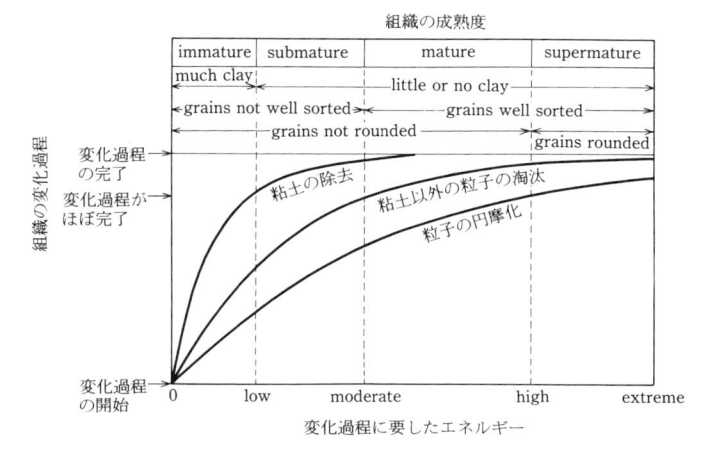

図7.2 堆積物の組織の成熟過程(Folk, 1951)

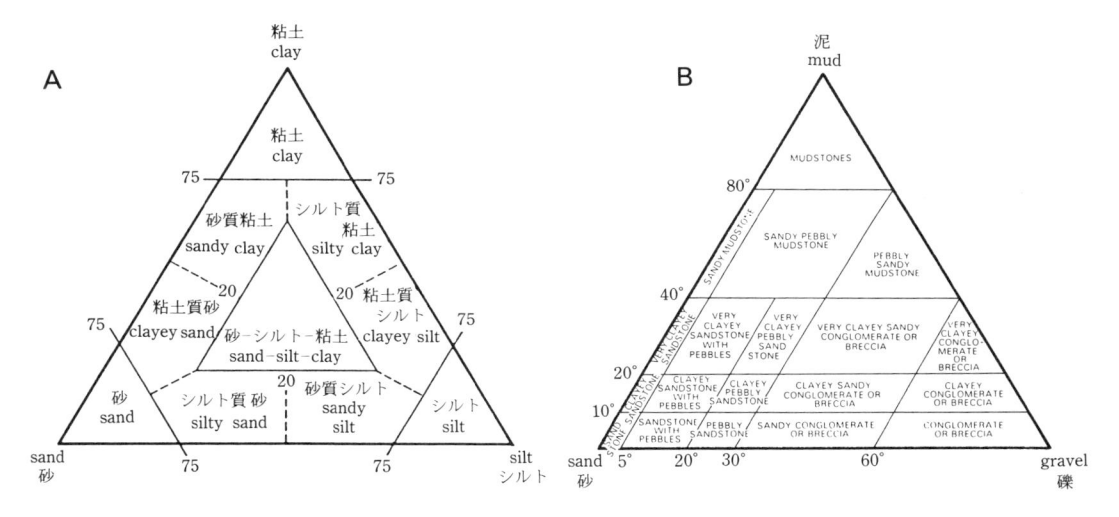

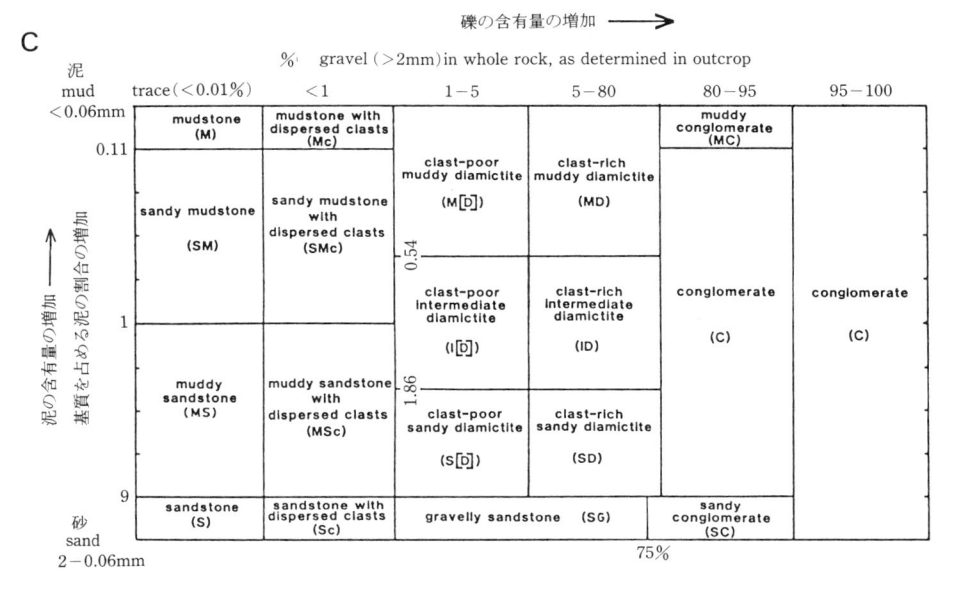

図7.3 堆積物の分類(A：Shepard, 1954, B：Piper・Rogers, 1980, C：Moncrieff, 1989)

ii) **粒度分析**　粒度の測定にはいろいろな方法がある．未固結の砕屑物の粒度を測定する場合，礫などの大きい砕屑粒子に対しては，ノギスなどで一つ一つの粒径が直接計測されることもあるが，多くの場合，標準粒度分析用篩や沈降管を使った方法が広く用いられている．また，最近ではレーザー回折法やコールタ・カウンター法などの新しい粒度分析法が開発されている．固結した砕屑岩の粒度組成は薄片によって測定される．

礫の大きさを直接計測する場合は，直交する3軸，すなわち長軸(a)・中軸(b)・短軸(c)，の平均値 $d_m=(a+b+c)/3$ で粒径を表したり，礫の体積 V をメスシリンダーなどで測定して，礫と同体積の球の直径 $d_n=\sqrt[3]{\dfrac{6V}{\pi}}$ を粒径として求める．固結した礫岩の場合には，露頭の断面で測定できる見かけ上の長軸や短軸の長さが計測される．

未固結の砂の粒度分析を行うには標準粒度分析用篩が有効である．この場合は砂粒子の中軸の大きさが粒度組成に反映され，各メッシュ〔d(mm)〕にたまった粒子の中軸〔b(mm)〕の大きさは $b=1.32\,d$ で近似される(Komar・Cui, 1984)．

沈降管を使った粒度分析法は，水中での粒子の沈降速度と粒径との関係を一般化したストークスの法則(Stoke's law)ならびにインパクトの法則(Impact law)(図7.4)を利用したものである．ストークスの法則はおもに中粒砂より小さい粒子の粒度分析に適用されるのに対して，それより大きい粒子にはインパクトの法則が適用される．これらの法則は以下のように表される．

$$v=(\rho_s-\rho)d^2g/18\,\eta \quad \text{(ストークスの法則)}$$

$$v=2\frac{\sqrt{(1/6)g\rho(\rho_s-\rho)d^3+9\,\eta^2+3\,\eta}}{\rho d}$$

(インパクトの法則)

(ただし，g：重力加速度，ρ_s：粒子の密度，ρ：流体の密度，d：粒子の直径，η：流体の動粘性係数である．)

これらの法則では粒子を球形と仮定している．また，実際の測定に当たっては，粒子の密度として石英の密度 $\rho_s=2.7\,\text{g/cm}^3$ が一般的に使われている．

固結した砕屑岩の粒度組成を薄片を使って求める場合，固結した礫岩の場合と同様に，構成粒子の見かけ上の長軸や短軸の長さを偏光顕微鏡にマイクロメーターをセットして計測していく．構成粒子の種類に関係なく，ある一定間隔で存在する粒子の長軸や短軸の長さを計測する場合と，石英など特定の粒子に注目して，その長軸や短軸だけを計測する場合とがある．薄片での見かけ上の長軸や短軸の長さを真の長さに近づけるためには，堆積構造と粒子配列との関係を考慮した定方位のサンプルを採取する必要がある．たとえば，層理面に平行につくられた薄片では，真の中軸の長さに最も近い見かけ上の短軸の長さの計測が可能である．薄片を用いた粒度分析では，各粒径の頻度にその粒径で近似できる球形の体積を掛けて，ふるいや沈降管で行った結果と同様に，最終的には粒径ごとの重量比を求めてやる．

iii) **粒径分布特性値**　粒度分析の結果は，各粒度の重量比のヒストグラム(histogram)や累加曲線などによって表現される．最も一般に行われている表現方法は，粒度をファイスケールで表し，累積重量比を正規確率紙にプロットしたものである(図7.5)．この表現方法は粒径分布が正規分布曲線で近似できるという仮定に基づいている．

粒径分布の特徴を客観的に表現するための特性値がある(図7.5)．各特性値は粒径分布曲線に基づいて求められる．このほか直接計算によって粒径分布特性値を求めるモーメント方法(moment measure)もある．ただし，モーメント法を用いる場合には，すべての大きさの粒径に関してその粒径分布をあらかじめ測定しておく必要がある．粒径分布特性値は，堆積相解析とともに，過去の堆積環境を復元するための尺度としてたいへん有効である．たとえば，分級度(σ_1)は砕屑岩や砕屑物の組織の成熟度を表す尺度として有効であり，堆積環境に作用するエネルギ

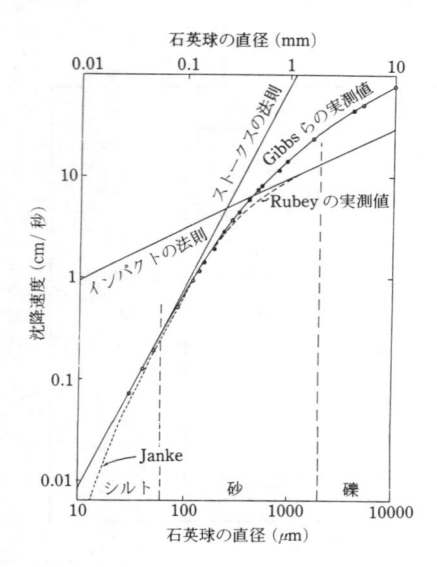

図7.4　石英球の沈降速度(Gibbs *et al.*, 1971)

7. 砕屑性堆積岩の組織と組成

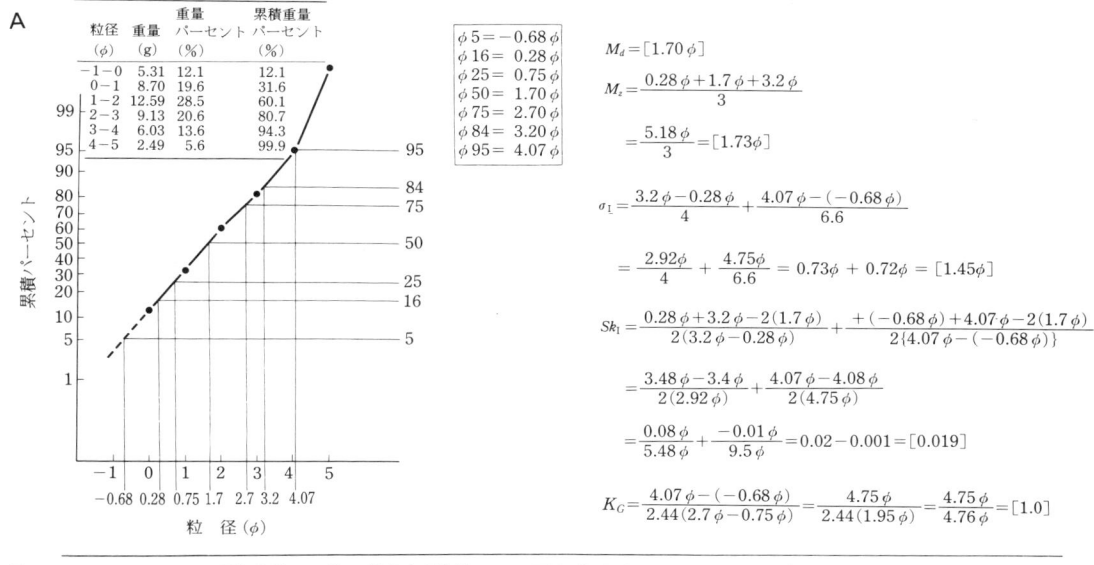

A

粒径 (φ)	重量 (g)	重量パーセント (%)	累積重量パーセント (%)
−1−0	5.31	12.1	12.1
0−1	8.70	19.6	31.6
1−2	12.59	28.5	60.1
2−3	9.13	20.6	80.7
3−4	6.03	13.6	94.3
4−5	2.49	5.6	99.9

$\phi 5 = -0.68\phi$
$\phi 16 = 0.28\phi$
$\phi 25 = 0.75\phi$
$\phi 50 = 1.70\phi$
$\phi 75 = 2.70\phi$
$\phi 84 = 3.20\phi$
$\phi 95 = 4.07\phi$

$M_d = [1.70\phi]$

$M_z = \dfrac{0.28\phi + 1.7\phi + 3.2\phi}{3}$

$= \dfrac{5.18\phi}{3} = [1.73\phi]$

$\sigma_1 = \dfrac{3.2\phi - 0.28\phi}{4} + \dfrac{4.07\phi - (-0.68\phi)}{6.6}$

$= \dfrac{2.92\phi}{4} + \dfrac{4.75\phi}{6.6} = 0.73\phi + 0.72\phi = [1.45\phi]$

$Sk_1 = \dfrac{0.28\phi + 3.2\phi - 2(1.7\phi)}{2(3.2\phi - 0.28\phi)} + \dfrac{+(-0.68\phi) + 4.07\phi - 2(1.7\phi)}{2\{4.07\phi - (-0.68\phi)\}}$

$= \dfrac{3.48\phi - 3.4\phi}{2(2.92\phi)} + \dfrac{4.07\phi - 4.08\phi}{2(4.75\phi)}$

$= \dfrac{0.08\phi}{5.48\phi} + \dfrac{-0.01\phi}{9.5\phi} = 0.02 - 0.001 = [0.019]$

$K_G = \dfrac{4.07\phi - (-0.68\phi)}{2.44(2.7\phi - 0.75\phi)} = \dfrac{4.75\phi}{2.44(1.95\phi)} = \dfrac{4.75\phi}{4.76\phi} = [1.0]$

B

中央粒径 (median)　累加曲線で50%に相当する粒径

平均粒径 (graphic mean)　$M_Z = \dfrac{\phi 16 + \phi 50 + \phi 84}{3}$

分級度 (inclusive graphic standard deviation)

$\sigma_1 = \dfrac{\phi 84 - \phi 16}{4} + \dfrac{\phi 95 - \phi 5}{6.6}$

< 0.35	very well sorted	非常に良い
0.35 to 0.50 φ	well sorted	良い
0.50 to 0.71 φ	moderately well sorted	やや良い
0.71 to 1.0 φ	moderately sorted	普通
1.0 to 2.0 φ	poorly sorted	悪い
2.0 to 4.0 φ	very poorly sorted	非常に悪い
> 4.0 φ	extremely poorly sorted	極めて悪い

歪度 (inclusive graphic skewness)

$Sk_1 = \dfrac{\phi 16 + \phi 84 - 2\phi 50}{2(\phi 84 - \phi 16)} + \dfrac{\phi 5 + \phi 95 - 2\phi 50}{2(\phi 95 - \phi 5)}$

1.0 to 0.3	very fine-skewed	著しい細粒側への歪み
0.3 to 0.1	fine-skewed	細粒側への歪み
+0.1 to −0.1	near-symmetrical	ほぼ対称
−0.1 to −0.3	coarse-skwsed	粗粒側への歪み
−0.3 to −1.0	very coarse-skewed	著しい粗粒側への歪み

尖度 (graphic kurtosis)　$K_G = \dfrac{\phi 95 - \phi 5}{2.44(\phi 75 - \phi 25)}$

< 0.67	very platykurtic	非常に扁平
0.67 to 0.90	platykurtic	扁平
0.90 to 1.11	mesokurtic	中間的
1.11 to 1.50	leptokurtic	突出
1.50 to 3.00	very leptokurtic	非常に突出
> 3.00	extremely leptokurtic	極めて突出

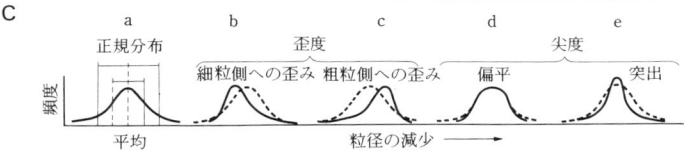

C

a 正規分布　b, c 歪度（細粒側への歪み／粗粒側への歪み）　d, e 尖度（偏平／突出）

図7.5　粒度分析結果の解析法(Lindholm, 1987)
A：累加曲線とそれを用いた粒径分布特性値の求め方，B：粒径分布特性値の定義(Folk・Ward, 1957にもとづく)．C：粒径の頻度分布図を用いた粒径分布特性値の意見づけ．aの実線ならびにb〜eの点線は粒径分布が理想的な正規分布を示す場合を表し，b〜eの実線は実際の分析結果例を示す．

一の大きさや堆積プロセスの違いを反映している(図7.6)．

2) 粒子形態

砕屑岩や砕屑物の構成粒子の形態は，供給源の岩石の種類や運搬・堆積過程で粒子が受けた削磨の大きさなどを反映している．粒子形態を表現する尺度として，粒子形状，円磨度および球形度がある．粒子形状は粒子の形をいくつかの理想的な形状と比較するものであり，円磨度ならびに球形度はそれぞれ粒子の角張りの程度と丸さの程度を表現するための指標である(図7.7)．

本来不規則な外形を示す粒子の形状や球形度を定量化するためには，粒子を回転楕円体と仮定して，その直交する3軸の比を使って表現する方法が一般的にとられている(図7.7)．円磨度を定量化する方法として，内接する最大の円の半径と各角の曲率半

径との比を使う方法がある(第8章 図8.7).また,円磨度や球形度を半定量的に取扱うには,図7.8を使って肉眼的に分類する方法もある.

最近では,粒子形態をフーリエ解析やフラクタル解析によって定量化する研究も行われている(図7.9).これらの研究のおもな目的は,単に砕屑岩や砕屑物を構成する粒子の形態を分類するだけではなく,特定の粒子,たとえば石英粒子などに注目して,後背地の岩石を構成する石英粒子と形態的な特徴を比較することによって,砕屑岩や砕屑物の供給源を推定することにある.

粒子の表面形態も堆積環境によって特徴的なものが認められる.礫や礫岩の場合には,肉眼で構成粒子の表面形態を詳しく観察できる.たとえば,氷河成堆積物の礫には削痕が特徴的に発達するのに対し,河川や海浜で堆積した礫には三日月状の凹みが認められる.電子顕微鏡の発達によって,砂や砂岩あるいはシルトやシルト岩の構成粒子の表面形態も詳しく観察できるようになった.特に最も一般的な構成粒子の一つ石英粒子の表面形態は堆積環境によって特徴的なものが認められる(図7.10).たとえば,氷河成堆積物中の石英粒子の表面は角張っており,貝殻状の割れ目が発達する.砂丘堆積物中の石英粒子にも貝殻状の割れ目が認められるが,表面がくもりガラス状で緩い凹みが特徴的に発達する.一方,海浜堆積物中の石英粒子の表面にはV字型の衝

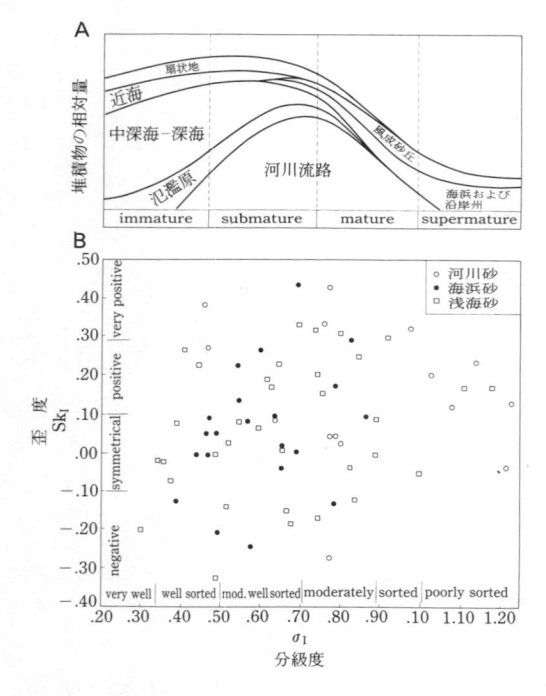

図7.6　A:堆積環境に伴って変化する堆積物の組織の成熟度(Blatt, 1982),B:堆積環境と粒径分布特性値との関係(伊藤原図).

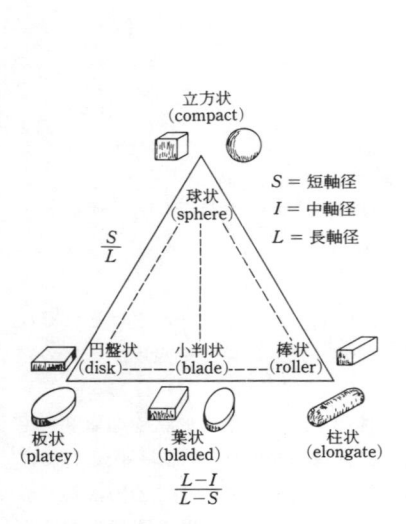

図7.7　堆積物の粒子形態の分類（Fritz・Moore, 1988）

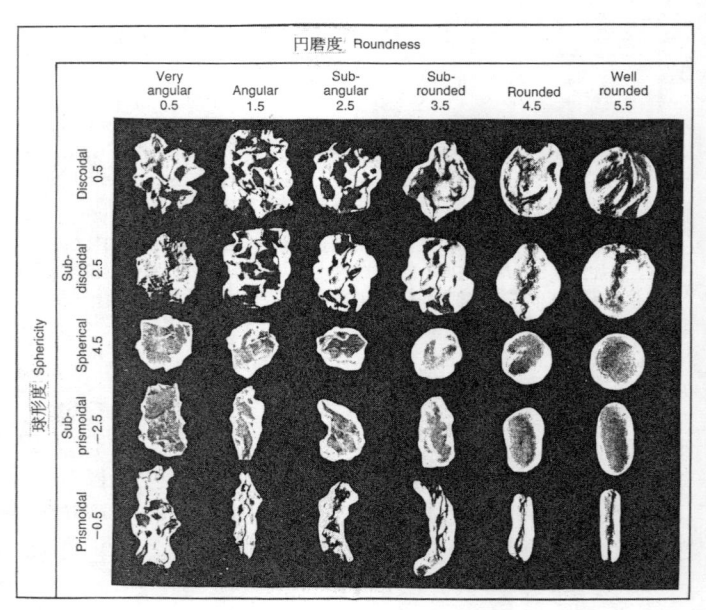

図7.8　堆積粒子の円磨度ならびに球形度を肉眼的に分類するためのチャート(Powers, 1982).

7. 砕屑性堆積岩の組織と組成　　237

撃孔(etch pit)が認められる．構成粒子の表面形態は続成作用によっても変化するので，固化の進んだ砕屑岩については観察の際十分注意する必要がある．

7.2. 砕屑岩の組成

砕屑岩や砕屑物の粒子組成は後背地の地質条件や運搬距離，堆積環境あるいは続成作用などさまざまな要因によって変化する．ここでは，これらの要因と砕屑岩の組成変化について解説しよう．

1) 礫　岩

礫岩は粒径が 2 mm 以上の礫とそれ以下の砂や泥から成る基質によって構成されている．礫の形態が角張っているものは，特に角礫岩とよばれている．礫岩は，基質の相対量や礫どうしの接触のしかたによって分類される．これらの特徴は，礫の運搬・堆積のメカニズムを推定するうえでもたいへん重要である(図 7.11)．また，礫は運搬過程で急激に粒径を減少させたり，円磨されたりする．このような変化は礫種組成にも反映される(図 7.12A)．

礫種組成と後背地の岩石の種類やその量比とを比較することにより，砕屑岩の供給源を推定することができる．さらに，礫種組成の時空変化に基づいて後背地の上昇過程や堆積盆縁片での断層運動を復元することができる(図 7.13)．

ところで，礫種組成は後背地の風化条件とそれに対する岩石の強度，岩石に発達する割れ目の程度やその間隔，運搬距離，粒径などにも大きく左右され

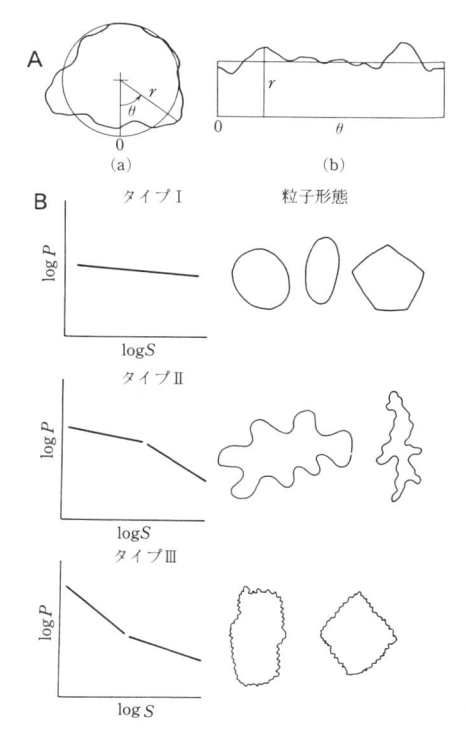

図 7.9　堆積粒子の形態を定量化する方法
A：極座標の中心から粒子の外縁までの距離(r)と基準線からの回転角(θ)を測定し(a)，その波形の特徴(b)をスペクトル解析によって求めていく方法を示す概念図(Davis, 1986)，B：フラクタル解析によって三つの代表的な粒子形態(タイプ I～タイプ III)の特徴を求めた例(Orford・Whalley, 1987)．$S=$粒子の輪郭の長さを測定するときの単位とした長さ，$P=$粒子の輪郭の長さ．

図 7.10　石英粒子の表面形態の特徴と堆積環境との関係(Higgs, 1979)

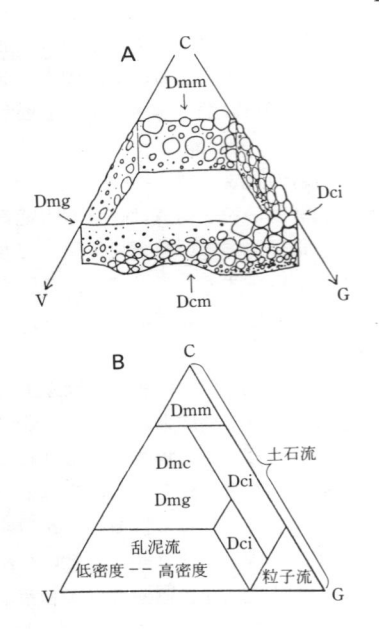

図 7.11 礫質堆積物に認められる組織(A)とその堆積メカニズム(B) (Shurtz, 1984)
C：凝塑性．　V：粘性流．　G：粒子衝突．
Dmm : massive matrix-supported diamictite
Dmg : graded matrix-supported diamictite
Dci : inversely graded clast-supported diamictite
Dcm : massive clast-supported diamictite

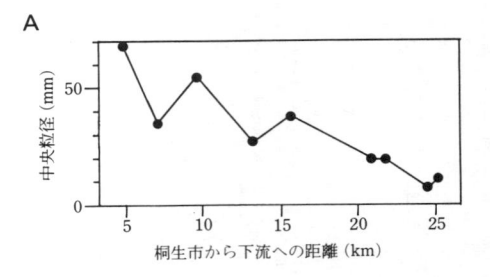

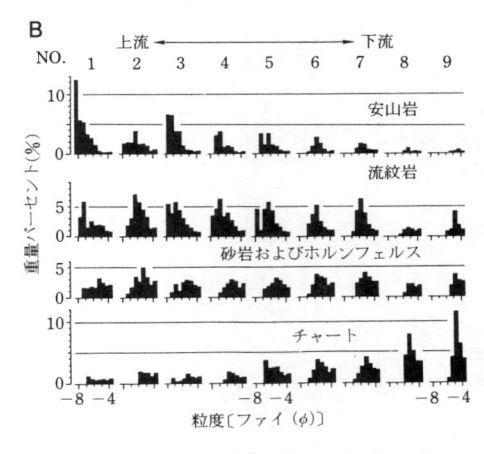

図 7.12 渡良瀬川流域の河川堆積物に認められる最大礫径(A)と礫種組成(B)の下流への変化(小玉, 1989) NO. 1〜9 は測定地点．

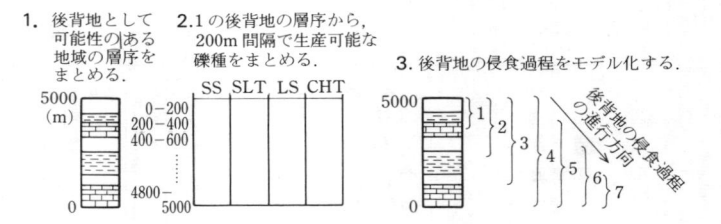

図 7.13 礫種組成から後背地を決定するためのプロセス (DeCelles, 1988)

る(図 7.12B)．たとえば，チャートやベインクォーツ(vein quartz)などの硬い岩石は礫として保存されやすいのに対して，花崗岩や安山岩の礫は運搬の途中で分解されてしまうことが多い．石灰岩の礫も運搬・堆積過程で溶解によって分解されてしまうことがある．ただし，日本列島のように急峻な山々が海域に迫っている地域では，河川による礫の運搬距離が短いため，大陸地域に比べると，礫種組成は後背地の地質環境に関する情報をより多く保存している．

2) 砂　岩

砂岩は堆積岩のおよそ 4 分の 1 をしめ，さまざまな種類の鉱物片や岩石片によって構成されている．砂岩の構成鉱物の種類や大きさは，火成岩や変成岩

7. 砕屑性堆積岩の組織と組成

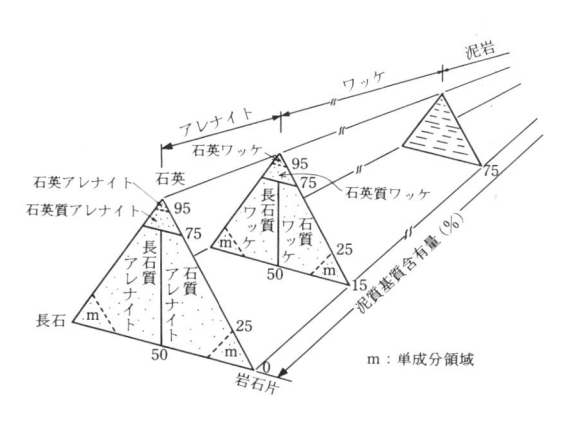

図7.14 砂岩の分類(Dott, 1964；Okada, 1971を改変)

の場合のように化学平衡で存在しうる組合せとは異なり，後背地の地質環境や堆積・運搬過程の違いなどによってさまざまな組合せを示す．砂岩の構成粒子の間は基質や続成作用で粒子間に無機化学的に沈殿した炭酸カルシウム($CaCO_3$)や珪酸(SiO_2)から成る膠結物(セメント)によって満たされている．

i) 砂岩の分類 砂岩の構成粒子で最も一般的に存在するのは，石英(約65%)，長石(約10〜15%)，岩石片(約10〜15%)である．砂岩はこれら3種類の構成粒子の相対量と基質の割合によって分類されている(図7.14)．まず，基質が15%以下の砂岩をアレナイト(arenite)，15〜75%までのものをワッケ(wacke)とよぶ．基質が75%以上のものは泥岩に分類される．次に，3種類の構成粒子の相対量によってアレナイトとワッケが細分される．細分にはいろいろな方法が提案されている．日本ではOkada(1971)の分類が広く利用されている(図7.14)．最近では，研究目的に応じて端成分の取り方や領域の分け方などに関してさまざまな方法が試みられている．また，基質の割合は，供給源で生産される砕屑物の種類や運搬・堆積のメカニズムに左右されるほかに，続成作用によって構成粒子の接触関係が密になったり，不安定な岩石片が分解したり変形したりすることなど，二次的に大きく変化する(Pettijuhn *et al*., 1987)．したがって，現在ではアレナイトとワッケを特に区別しないことも多い．

ii) モード分析 砂岩の構成鉱物の量比を測定する場合，ポイントカウンターを用いたモード分析が最も一般的に行われている．これは，偏光顕微鏡にポイントカウンターをセットし，一定間隔で薄片を移動させながら特定の場所，たとえば視野の中央部にやってきた構成鉱物の種類とその回数を測定

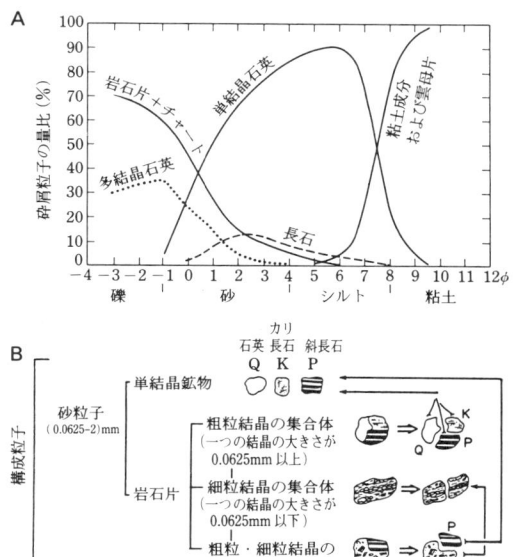

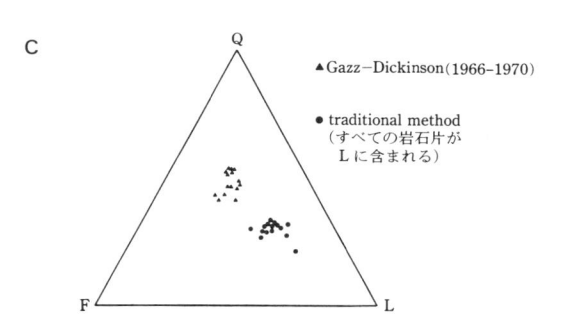

図7.15 A：堆積物の粒度と鉱物組成との関係(Blatt *et al*., 1980)．B：粒度の変化に伴う砂岩組成の変化を取除くための構成鉱物の認定法(Gazzi-Dickinson法)(Zuffa, 1985)．粒径が0.0625mmより大きい鉱物の集合体は，岩石片と認定せず，構成鉱物一つ一つを単結晶鉱物として認定する．C：Gazzi-Dickinson法と従来の方法で同一試料の砂岩組成をモード分析した場合の分析結果の違い(Zuffa, 1985を改変)．Bの方法に従って構成鉱物を認定した場合，Gazzi-Dickinson法で測定した場合の方が岩石片の相対量が少なくなる．

していく方法である．ところが，構成鉱物の種類は粒度に大きく依存しているため，粒径が大きいほど結晶鉱物の集合体である岩石片の相対量が増加する傾向にある(図7.15A)．したがって，従来から行われてきたポイントカウント法で砂岩の鉱物構成を検討する場合には，鉱物組成に対する粒度の効果をできるだけ無視できるようにするため，一定の粒度組成をもつ試料を比較検討する必要があった．これに対し，Gazzi-Dickinson法とよばれるモード分析法

がある．この方法は，粒径が0.063 mm以下の結晶の集合体のみを岩石片と認定し，粒径が0.063 mm以上の単体結晶で構成される従来岩石片として同定されてきた集合体は，構成する単体結晶の種類別にポイント数を与えるものである．たとえば，粒径が0.063 mm以上の石英，斜長石，カリ長石で構成される岩石片は，従来の方法では岩石片一つとしてポイントされるが，Gazzi-Dickinson法では石英，斜長石，カリ長石それぞれが一つずつポイントされる（図7.15B）．また，図7.15Bに示されている火山岩片の例では，従来の方法では火山岩片一つとしてポイントされるが，Gazzi-Dickinson法では火山岩片一つと斜長石一つがポイントされることになる．したがって，同一試料のモード分析の結果を従来の方法とGazzi-Dickinson法で比較した場合，従来の方法のほうがより多いポイント数を岩石片に与えることになる（図7.15C）．比較する試料の粒度組成がさまざまな場合，Gazzi-Dickinson法のほうがより実用的であるといえよう．

 iii) **砂岩組成と堆積環境**　砂岩や砂の鉱物組成は運搬・堆積過程で砂粒子に作用したエネルギーの大きさによって変化する．特に，破壊や分解に対する構成粒子の安定度や比重の差による分散に伴って砂の組成変化が生じる（図7.16）．

 河川砂と海浜砂との間には明瞭な組成の違いが認められる．後背地で生産された土砂にはさまざまな種類の鉱物片や岩石片が含まれている．特に，日本列島のような火山弧では，多量の火山岩片が存在する．河川による運搬・堆積過程で破壊や分解に対して不安定な鉱物や岩石片，特に火山岩片の相対量が徐々に減少し，安定な石英粒子の相対量が増加して行く．海浜域にもたらされた河川砂は波や潮汐あるいは沿岸流などによって繰返し攪拌され，不安定な岩石片は急速に破壊されて行く．長石粒子もしだいに破壊され，安定な単結晶石英の相対量が増加して行く．外浜や沖合の砂はストーム時の暴浪や洪水流に伴って河口や海浜域からもたらされる．その結果，外浜から沖合にかけての堆積環境で形成された砂の組成は，河川砂と海浜砂の中間を示すことになる（図7.16）．波のエネルギーの減衰に伴い，砂粒子が分散・分化され，軽くて安定な石英や長石粒子がより沖合まで運搬されていく．その結果，沖方向の砂ほど石英や長石粒子をより多く含むようになる．このように，同一の後背地からもたらされた砂岩の鉱物組成は，堆積環境の違いに伴って系統的に変化する．これは組成の成熟過程を示すものである．砂組成の系統的変化は，日本列島のように後背地から不安定な火山岩片が多量に供給される地域で特に顕著に認められるものである．これに対し，安定大陸地域では，河川砂にもすでに多量の石英粒子が含まれているため，河川砂と海浜砂との間に顕著な組成変化が認められない．

 iv) **砂岩組成と供給源**　砂岩組成を分析することの最大の目的はその供給源を推定し，堆積盆の発達と後背地の地質環境の時空変化をとらえることである．供給源を推定するには大きく二つの方法がある．一つはいくつかの端成分を使って砂岩組成の特徴や変化を総合的にとらえる方法である．もう一つは特定の構成鉱物の化学組成や光学的特徴に基づく方法である．しかしながら，砂岩の構成粒子のなかには何世代にもわたって侵食-堆積を繰返したものが多く存在するため，供給源を厳密に特定することはむずかしい．

 砂岩組成から供給源や後背地の地質環境を推定するためには，現世の河川砂と砂岩のなかでも河川堆積物中の砂岩の鉱物組成を比較することが最も有効である（図7.17）．これはすでに述べたように，河川砂は最も未成熟の鉱物組成を示し，後背地の地質環境に関する情報をより多く保存しているからである．

 最近，Dickinson *et al.* (1983)は砂や砂岩の鉱物組成とプレートテクトニクスに基づいた後背地の地質環境との関係をまとめた（図7.18A）．図7.18Bは関東地方に分布する古生代から第四紀までの砂岩や砂の鉱物組成の変化を示したものである．Dickin-

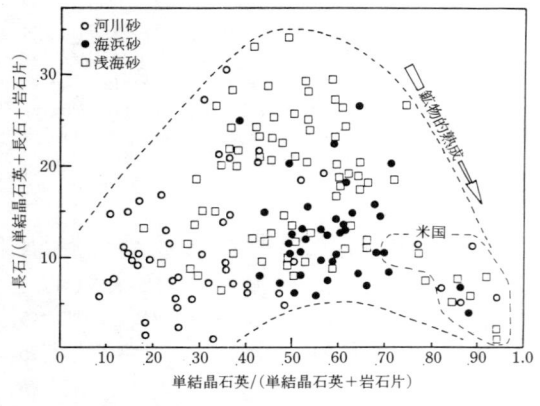

図7.16　古東京湾の砂質堆積物の鉱物組成と堆積環境との関係(Ito・Masuda, 1989)
アメリカ大陸東海岸の砂質堆積物では，古東京湾の砂質堆積物ほど堆積環境によって明瞭な鉱物組成の変化は認められない．

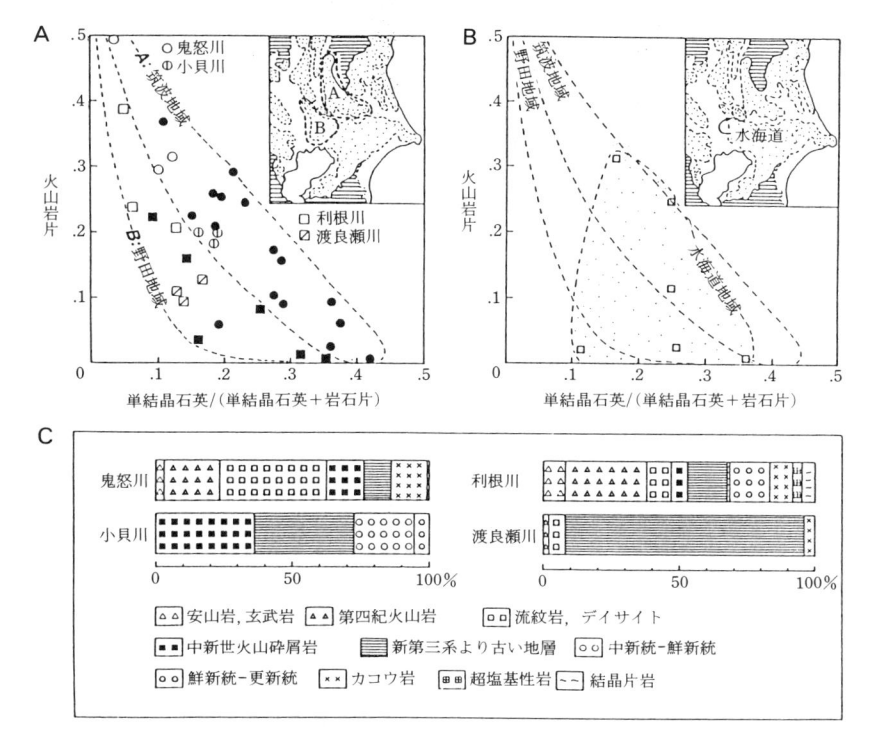

図7.17 A：現世河川堆積物と古東京湾域に発達した河川堆積物の砂組成(Ito・Masada, 1989)．
●＝筑波地域の古東京湾域に発達した河川堆積物の砂組成，■＝野田地域の古東京湾域に発達した河川堆積物の砂組成，B：水海道地域の古東京湾域に発達した河川堆積物の砂組成(□)．C：現世河川の上流地域に発達する岩石の露出面積の割合．

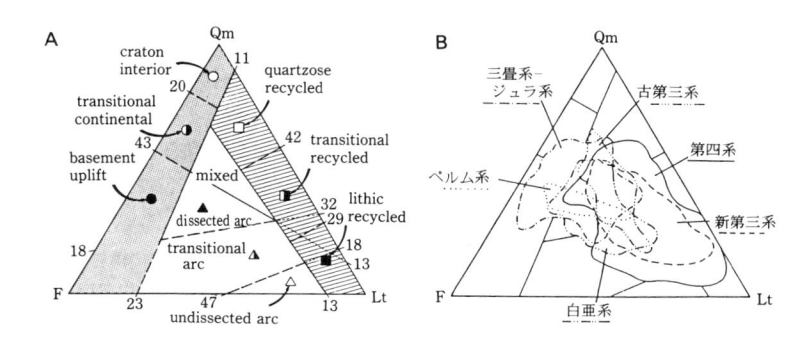

図7.18 A：砂岩組成から求められる後背地の地質環境(Dickinson et al., 1983)．B：関東地域の砂岩ならびに砂の鉱物組成の時代的変化(Ito・Masuda, 1989)．

son et al. (1983)に示された後背地の地質環境の区分と比較すると，白亜紀以降に関東地方が火山弧として発達してきたことが読取れる．これは白亜紀に始まった酸性火山活動，北関東を中心とした第三紀のグリーンタフ(green tuff)活動，そして第四紀の火山活動と，後背地の地質環境の変化が砂岩や砂の鉱物組成に反映された結果といえよう．

特定の構成鉱物の特徴から供給源を推定する方法にも大きく二つの方法がある．一つは量的にはたいへん少ない特殊な鉱物に注目する方法である．たとえば，変成岩に特徴的に含まれる珪線石や藍晶石によって特定の岩体を推定したり，重鉱物の組合せや化学組成の特徴によって供給源を推定する方法である．また，運搬・堆積過程での破壊や分解に対して

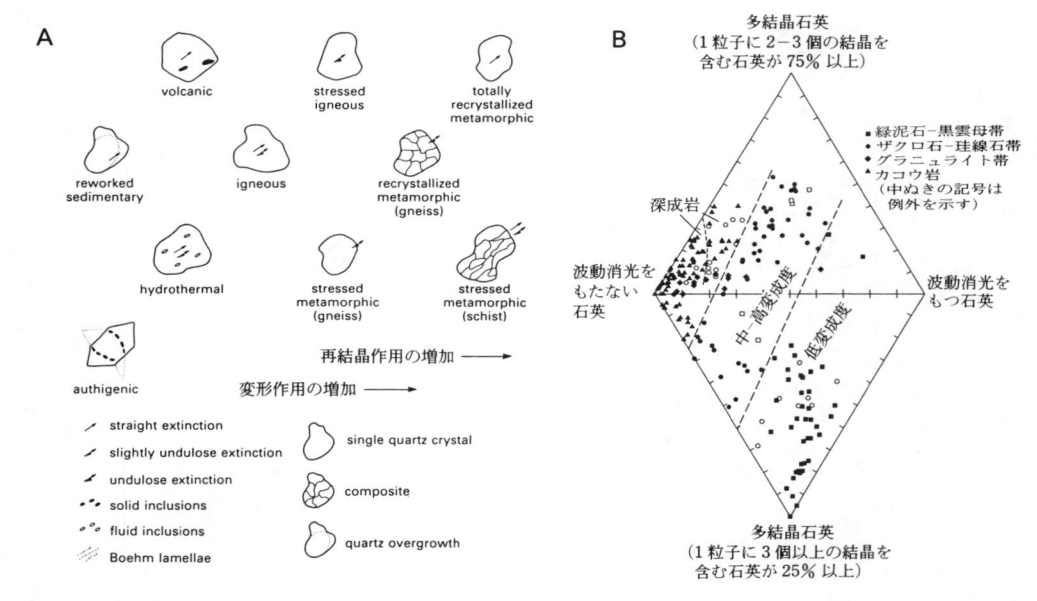

図7.19　A：石英粒子の光学的特徴とその起源(Harwood, 1988)．B：石英粒子の集合様式ならびに光学的特徴と源岩との関係(Basu et al., 1975)．

安定なジルコン(zircon)に注目して，その結晶の大きさや形態の特徴から供給源を推定する研究も古くから行われている．もう一つの方法は，堆積岩に頻繁に含まれる石英や長石に注目する方法である．石英は供給源の岩石の種類によって結晶の大きさや集合のしかた，包有物の有無，波動消光の程度に特徴が認められる(図7.19A)．図7.19Bは，これらの性質を利用して，石英粒子の種類から後背地の地質環境を推定するためのものである．同様に，火山岩に由来する斜長石には ocillatory zoning が発達するのに対し，深成岩や変成岩に由来するものにはまれであることから，斜長石の光学的性質を利用して供給源を推定することもできる．岩石片は礫岩の場合と同様に直接後背地の岩石の種類と比較することができるため，供給源の推定にたいへん有効である．

最近，砂岩の全岩や特定の構成粒子の詳しい化学組成，同位体組成ならびに年代測定などのための機器分析法やカソードルミネッセンス(cathodoluminescence)を測定するための顕微鏡が開発され，これまでの偏光顕微鏡を中心とした研究とともに，砕屑物質の供給源を復元する新しい方法が取入れられるようになってきた．

3) 泥岩

泥岩は堆積岩全体の 45〜55％を占め，さまざまな堆積環境で形成される．泥岩はシルトならびに粘土サイズの粒子がさまざまな割合で混合したもので，厳密には外観が塊状のものをさすことが多い．続成作用により剥離構造の発達した泥岩は特に頁岩とよばれる．さらに変成作用によって劈開の発達した泥岩はスレートとよばれている．

泥岩の平均的な鉱物組成は，粘土鉱物(61％)，石英＋チャート(31％)，長石(4.5％)，炭酸塩鉱物(3.6％)，有機物(1％)，鉄の酸化物(0.5％以下)である(Blatt et al., 1980)．含有量は少ないものの鉄の酸化物の種類や炭素の量によって，泥岩の色は大きく支配されている(図7.20)．泥岩に最も多く含まれる粘土鉱物の種類は後背地の地質条件のほか，気候条件，堆積環境，続成作用などに支配される．

最も一般的に存在する粘土鉱物は，カオリン(kaolin)，モンモリロナイト(montmorillonite)，イライト(illite)である．これらの鉱物は主としてX線回折法によって同定される．カオリンは花崗岩の風化に伴って生産されることが多いのに対し，モンモリロ

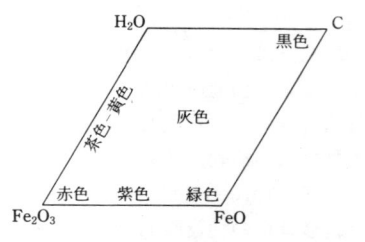

図7.20　泥岩の色と化学組成との関係(Blatt et al., 1980)

7. 砕屑性堆積岩の組織と組成

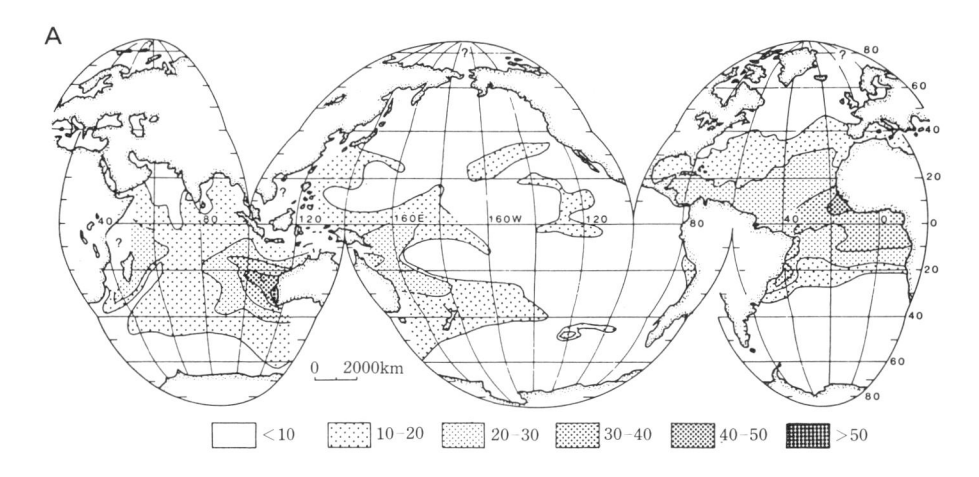

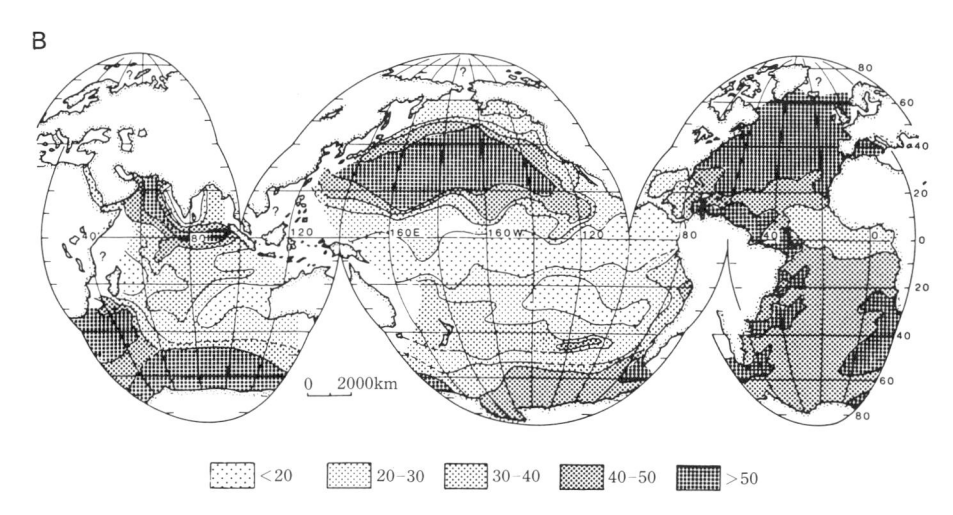

図 7.21　A：海洋底堆積物中の粘土に含まれるカオリンの割合(Windom, 1976). B：海洋底堆積物中の粘土に含まれるイライトの割合(Windom, 1970).

ナイト類は斑れい岩(gabbro)の風化によって特徴的に形成される．このような違いは，原岩に含まれるNa, K, Ca, Mg, Fe などの元素の量に依存している．また，カオリンは低緯度の亜熱帯地域で多く生産されるのに対し，イライトは亜乾燥地域でより特徴的に生産されている．こうした原岩の種類や気候条件の違いは，現在の海洋底に分布する粘土鉱物の種類にも影響を与えている(図7.21)．たとえば，モンモリロナイトは塩基性の火成岩の風化に伴って特徴的に生産されるため，現在の海洋底では中央海嶺付近に多く分布している．

海浜から沖合に向かって粘土鉱物の分布に系統的な変化が認められることがある(図7.22A)．これは砂の場合と同様に，河口付近から沖合に向かって粘土鉱物が運搬されていく過程で，結晶の大きさの違いによる分別・分化がはたらくためである．すなわち，結晶の大きいカオリンはより陸側に，小さいモンモリロナイトはより沖側に分布する傾向が認められている．ただし，河口から海域へ分散した粘土鉱物はしばしば凝集(flocculation)によって粒径が見かけ上大きくなってしまうことがあるため，例外的にモンモリロナイトが海岸近くに多く分布することもある．

粘土鉱物は，続成作用はもとより運搬・堆積過程でもしばしばその種類が変換する．最も一般的に認められるのは，カオリンがイライトやモンモリロナイトへ変換することである．たとえば，地質時代をさかのぼるにつれて，泥岩を構成する粘土鉱物のう

ちカオリンの相対量が減少し，代わってイライトの相対量が増加していくことが知られている（図7.22B）．

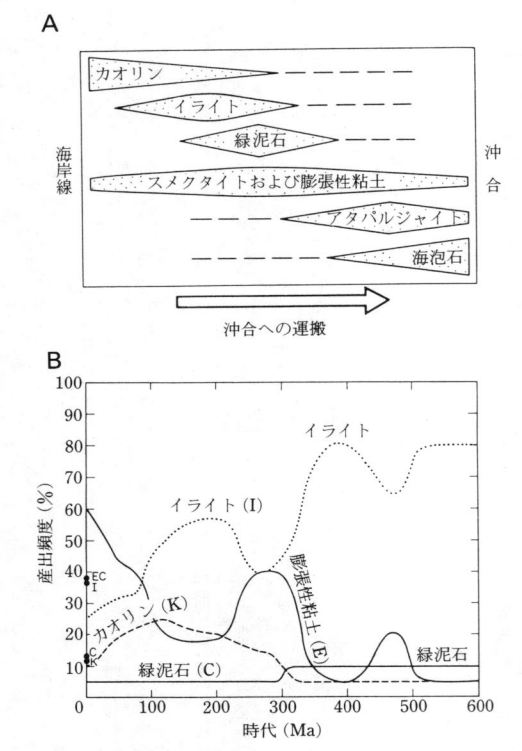

図7.22 A：沿岸から沖合に向かって変化する粘土鉱物の種類（Potter *et al.*, 1980）．B：時代とともに変化する堆積岩中の粘土鉱物の割合（Blatt *et al.*, 1980）．

まとめ

堆積岩の組織や組成は堆積環境や後背地の地質環境の特徴を示している．したがって，堆積岩の組織や組成の時空変化の特徴を解析することにより，堆積盆の発達過程や地表付近で発生したさまざまな地学現象の変遷を復元していくことができる．

〔伊藤　慎〕

参考文献

Blatt, H. (1982)：Sedimentary Petrology, 564p.. W. H. Freeman & Co.
Blatt, H., Middleton, G. G. V.・Murray, R. C. (1980)：Origin of Sedimentary Rocks, 782 p.. Prentice-Hall.
Carver, R. F. (ed.) (1971)：Procedures in Sedimentary Petrology, 653 p.. John Wiley & Sons.
Chamley, H. (1989)：Clay Sedimentology, 623 p.. Springer-Verlag.
Folk, R. L. (1980)：Petrology of Sedimentary Rocks, 182 p.. Hemphill.
Lindholm, R. C. (1987)：A Practical Approach to Sedimentology, 276 p.. Allen & Unwin.
Marshall, J. R. (ed.) (1987)：Clastic Particles, 346 p.. Van Nostrand Reinhold.
Pettijohn, F. J. (1975)：Sedimentary Rocks, 3rd ed., 628p.. Harper & Row.
Pettijohn, F. J.. Potter, P. E.・Siever, R. (1987)：Sand and Sandstone, 2nd ed., 553 p.. Springer-Verlag.
Potter, P. E., Maynard, J. B.・Pryor, W. A. (1980)：Sedimentology of Shale, 306 p.. Springer-Verlag.
砕屑性堆積物研究会編(1983)：堆積物の研究法—礫岩・砂岩・泥岩—．地学双書，no. 24, 377 p.. 地学団体研究会．
Tucker, M. E. (ed.) (1988)：Techniques in Sedimentology, 394 p.. Blackwell.
Zuffa, G. G. (ed.) (1984)：Provenance of Arenites, 408 p.. Reidel.

8. 粒子配列

　河原の石や浜辺の砂がきれいな構造をつくって配列していることがあるのを知っていますか．図8.1は福井県の九頭竜川の支流の河原の様子である．礫がそれぞれ左側の礫に寄りかかるように，右に傾いて並んでいる．ここでは川の流れは向かって右から左である．これらの礫は洪水などの増水時に移動してここに堆積したもので，上流からの流れに対して抵抗が少なくなるような姿勢をとって安定したものである．このような粒子の配列は，礫だけでなく，小さな砂の粒子にもみられる．図8.2は茨城県鹿島郡荒野海岸のやや粗い砂の堆積物の断面である．右に傾いた砂粒子が多いことがわかる．断面の方向は海岸線と直交した方向で，写真の右側が海側にあたるから，これらの粒子は打上げ波に対して抵抗が小さくなるように配列している．海岸で観察すると，粒子は寄せ波によって移動するが，返し波は粒子と粒子の間のすきまにしみ込んでしまい，粒子を動かすほどの力がない．その結果，寄せ波によってだけ動かされた粒子配列をとることになる．

　地層や堆積物には，流れや波によってつくられた礫や砂などの粒子配列が記録されており，その解析から堆積時の流れの方向（古流向）や流れの様子を推定することができる．ここでは，砕屑粒子の形と粒子配列の解析方法を具体例をあげながら紹介する．

8.1. 粒子の形
1) 粒子の3軸

　図8.1や図8.2でわかるように，礫や砂の粒子はさまざまな形をしている．粒子の形を簡単な要素で表現してみる．たとえば，図8.3Aで示したように，粒子を回転楕円体を上からつぶしたような形として近似してみると，粒子に，長軸（a軸），中軸（b軸），短軸（c軸）を決めることができる．長軸は粒子の最も長いところを通る軸で，これに直交する方向で最も長い軸が中軸で，短軸は長軸と中軸の両方に対して直交する方向で最も長い軸になる．球形の粒子では，この3軸は同じ長さになる．回転楕円体や球体の場合は，3軸は互いに1点で交わるが，自然界でみられる不規則な形の粒子（図8.3B）では，互いの軸

図8.1 河原の礫の配列の様子
上流（向かって右側）へ傾いて並んでいる．インブリケーション構造とよばれる（福井県九頭竜川支流）．

図8.2 海浜（前浜）堆積物にみられるインブリケーション
極粗粒砂～細礫からなる．向かって右側が海側で，打上げ波によって形成された（茨城県鹿島郡荒野海岸）．

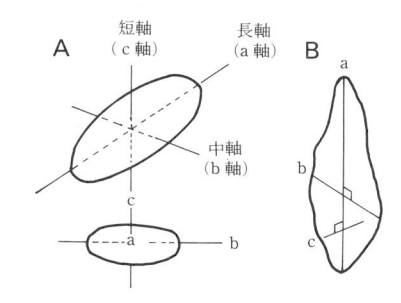

図8.3 粒子の3軸
3軸は互いに直交する．3軸は一点で交差することもある（A）が，自然界の粒子の場合では交点が一致しないことが多い（B）．

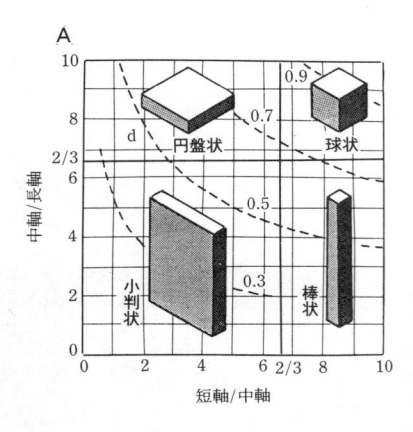

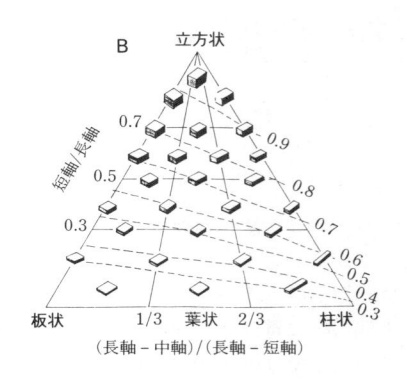

図 8.4 粒子の形状を記述するダイアグラム
A：短軸/中軸比-中軸/長軸比のダイアグラム (Zingg, 1935)．点線の数字は Krumbein (1941) による等球形度曲線．
B：短軸/長軸比-長軸・中軸差/長軸・短軸差比のダイアグラム (Sneed・Folk, 1958)．

が1点で交わらないことが多い．

粒子の軸長は，礫の場合はノギスで，粗粒な砂の場合は顕微鏡下でマイクロメーターを使って測定する．

2) 粒子形状

長軸，中軸，短軸の長さの比をつかって粒子の形を表現する．図 8.4A は中軸/長軸比と短軸/中軸比で表現する方法で，球状・円盤状・棒状・小判状に形状が分類できる．図 8.4B は短軸/長軸比と，長軸と短軸および長軸と中軸の長さの差の比をつかって，粒子の形状を立方状・板状・葉状・柱状に分類する．

これらの方法はおもに礫の形状分類につかわれる．たとえば，図 8.5 は茨城県行方郡牛堀町の下総層群の礫の分析結果である．この場合，礫の種類によって特徴的な形状を示すものがある．板状の礫は安山岩などの一部にみられる．偏平な葉状の形態は片岩に多く，溶結凝灰岩やチャートや砂岩には立方状のものがある．これらは岩石や鉱物が破断した特性に支配される．粒子の形状が違うと運搬様式が異

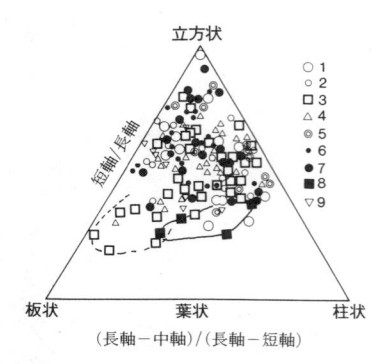

図 8.5 礫種と形状特性（茨城県行方郡牛堀町の下総層群）．
1："白亜紀" 溶結凝灰岩，2："白亜紀" 非溶結凝灰岩，3："第四紀" 安山岩，4："第三紀" 凝灰岩，5："中・古生代" 砂岩，6："中・古生代" 頁岩，7："中・古生代" チャート，8：片岩，9：珪岩．

図 8.6 イギリス南部の Gilestone 海岸
石灰岩や砂岩などの大礫からなる．海浜の下部(b)には球状の礫が，上部(a)には波で打上げられやすい円盤状の礫が多く集まる．スケールは 20 cm．

8. 粒子配列

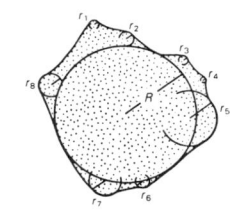

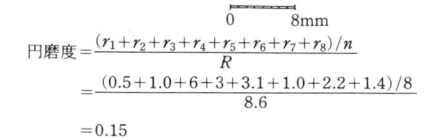

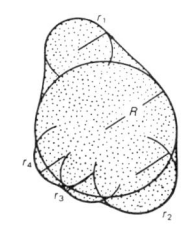

図 8.7 円磨度の求め方 (Lindholm, 1987) r は角に内接する円の半径, R は粒子に内接する最大円の半径.

$$\text{円磨度} = \frac{(r_1+r_2+r_3+r_4+r_5+r_6+r_7+r_8)/n}{R}$$
$$= \frac{(0.5+1.0+6+3+3.1+1.0+2.2+1.4)/8}{8.6}$$
$$= 0.15$$

$$\text{円磨度} = \frac{(r_1+r_2+r_3+r_4)/n}{R}$$
$$= \frac{(4.1+4.8+3.9+3.8)/4}{8.7}$$
$$= 0.48$$

なり，このことがさらに粒子の磨耗の進行速度を違わせる．

イギリス南部の海岸では，波打ちぎわに球体の礫が多く，打上げられた礫には円盤状のものが多い場所がみられる（図8.6）．これは円盤状の礫の方が波に打上げられやすいためである．砂岩は円盤状に，石灰岩は球体になりやすいので，海浜の上部と下部で構成礫の種類や割合が異なってくる．

3) 円磨度

粒子がどのくらい角がとれて丸いか，すなわち，球体や回転楕円体に近いかを円磨度(roundness)で表す．円磨度は図8.7のように，粒子を平面に投影し，それぞれの角に内接する円の半径の平均値を，粒子全体に内接する最大円の半径で割った値で示す．粒子が丸くなればなるほど円磨度の値が大きくなり，完全な球体では1になる．この方法もおもに礫の分析に用いられる．

この方法は煩雑なので，簡便な方法として図8.8のような円磨度を示すイメージ図と比較して，円磨度を見積もることもある．砂粒子の場合はこの方法で円磨度を決めることが多い．一般には，超角，角，亜角，亜円，円，超円の6段階に分ける．

粒子の円磨度の違いは，供給地からの距離，運搬様式，粒子の種類，粒径などで決まる．たとえば，河川の砂に比べて海浜や砂丘の砂の円磨度が高いのは，海浜の砂の方がより長い時間，円磨される作用を受けてきた結果であると同時に，粒子の磨耗が河川での運搬過程でよりも，海岸の波や風によって効率よく行われる結果でもある．砂漠の砂粒子(図8.9)の円磨度がよいのは，風による砂移動によって効率よく円磨されるからである．

図8.10は茨城県牛堀町の下総層群の礫の円磨度を示したものである．この図では礫の種類によって円磨度が違うのがよくわかる．硬く壊れやすいチャートは円磨度が低い．軟かい第四紀の安山岩や白亜紀の流紋岩は円磨度が高い．この場合，円磨度は削られやすさと壊れやすさとの兼ねあいで決まる．第四紀の安山岩は軟らかいが壊れにくいのでよく円磨される．白亜紀の流紋岩(非溶結凝灰岩)は均質で硬く壊れにくいが，何回となく再堆積し運搬されるうちに円磨されたものであろう．片岩や砂岩は軟らかいが割れやすいため，円磨度が最高にはならない．また，最も近い供給源である筑波山地の花崗岩の礫がみられないのは，花崗岩が崩れやすくすぐに砂に

図8.8 円磨度を示すイメージ図
同じ枠内の上下の粒子は円磨度は同じだが，球形度が違う．球形度は上の方が高い(Pettijohn et al., 1987).

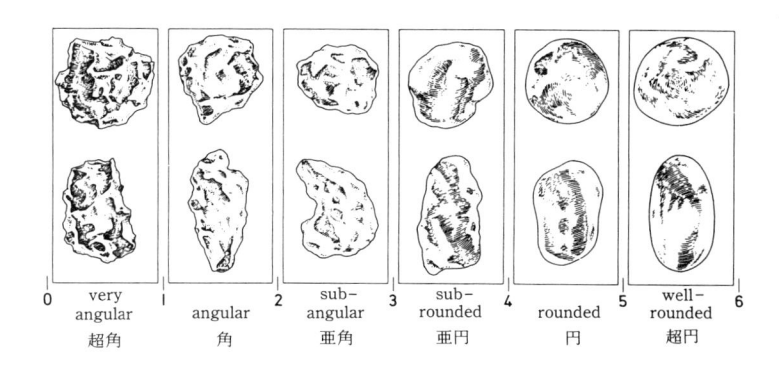

0	1	2	3	4	5	6
very angular 超角	angular 角	sub-angular 亜角	sub-rounded 亜円	rounded 円	well-rounded 超円	

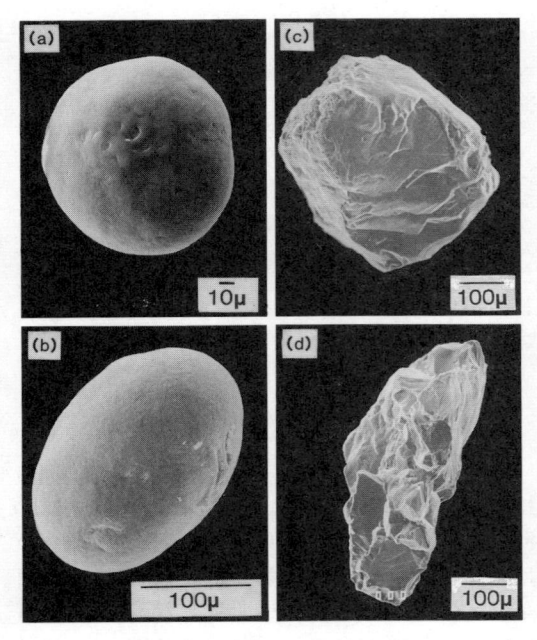

図 8.9 砂漠と河川の砂粒子
a,b はアラビア半島ルブアリハーリー(Rub Al Khali)砂漠 と c,d は石川県手取川の砂粒子の走査型電子顕微鏡写真.

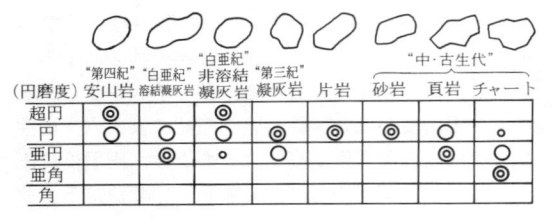

図 8.10 礫種による円磨度の違い
茨城県行方郡牛堀町の下総層群の細礫〜中礫
記号は頻度を表す. ◎:多い, ○:普通, ○:少ない.

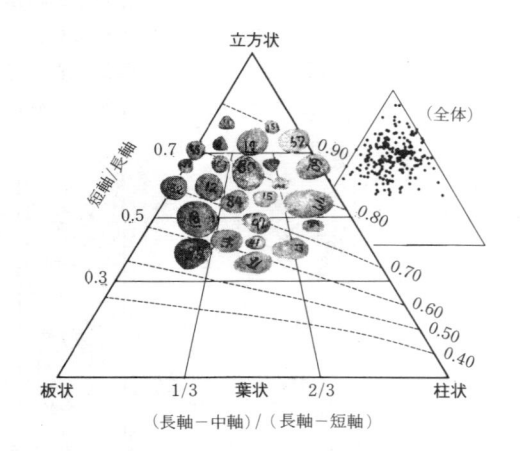

図 8.11 石川県白峰村の白亜系手取層群赤岩層のオーソクォーツァイト礫の形状(石川県教育委員会, 1978)

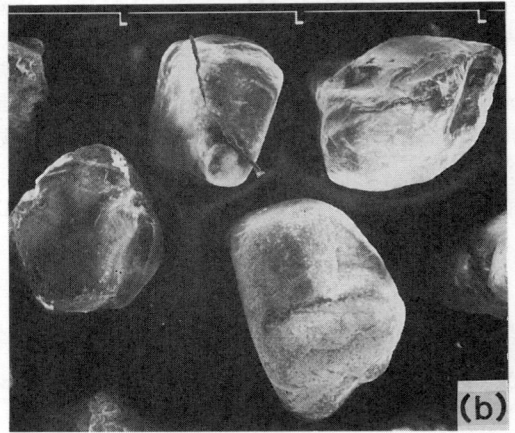

図 8.12 海浜砂の粒径による形態の違い
茨城県鹿島郡荒野海岸. 真上部のスケールはともに 1 mm.

なってしまうからである.

白亜紀の流紋岩の例でも述べたように, 硬くて壊れにくい礫でも, 長い時間の運搬作用を受ければ円磨度が高くなる. 日本各地のいろいろな時代の地層に, 再堆積されて取込まれた円磨度が高い先カンブリア時代のオーソコーツァイト礫はこの例である. 図 8.11 は石川県の手取層群中のオーソコーツァイト(orthoquartzite)礫で, 円〜超円礫と円磨度が高いことがわかる.

同じ環境の同じ種類の粒子でも, 粒度の違いで円磨度は違う. 図 8.12 は茨城県行方郡玉造町でみられる下総層群の海浜堆積物の石英粒子の様子で, 大きい粒子より小さい粒子の方が円磨度が低く, 磨耗されにくいことがわかる.

4) 球形度

粒子がどのくらい球体に近いかを示す指標が, 球

形度(sphericity)である．球形度を算出するには次の三つの方法がある．

$$\sqrt[3]{\frac{V_p}{V_s}} \quad \text{(i)}$$

$$\sqrt[3]{\frac{b \cdot c}{a^2}} \quad \text{(ii)}$$

$$\sqrt[3]{\frac{c^2}{a \cdot b}} \quad \text{(iii)}$$

ここで，V_p は粒子の容積，V_s は粒子に外接する最小円の容積，a，b，c はそれぞれ粒子の長軸，中軸，短軸を示す．(i)式と(ii)式はほぼ同じ意味をもつ．一般には(ii)式が使われることが多い．(ii)式で計算した球形度の等しい値を図8.4に破線で示してある．これは粒子の形状によって，とりうる球形度の値の範囲がある程度決まることを示す．(iii)式は，粒子の長軸と中軸を含む面の大きさが，流体のなかでの粒子の動きを規制することを考慮して定義されており，粒子の挙動に対する指標になるとされている(Sneed・Folk, 1958)．

固結した岩石や砂などの球形度を求める簡便法として，イメージ図(図8.13)を使うことも多い．ちなみに，図8.11の手取層群のオーソコーツァイト礫は球形度0.5～0.9である．

図8.13 球形度を示すイメージ図(Lindholm, 1987)

円磨度や球形度は運搬距離がどのくらいであったかという，いわゆる成熟度の指標としても，鉱物組成と組合せて利用される．しかし，円磨度や球形度はごく上流では河川の流下方向に大きくなるが，その後はほとんど変化しないことが知られている(Krumbein, 1941)．球形度は運搬距離よりも粒径に影響され，磨耗に関する指標は球形度ではなく円磨度だけであると考えられている．

5) 統計処理

円磨度や球形度の測定値は，その分布曲線をもとに統計処理して地層や試料の値として表示する．この方法は粒度組成の解析と同じである(II-7章参照)．すなわち，中央円磨度・中央球形度(X_{50})，平均円磨度・平均球形度($\frac{1}{2}(X_{84}+X_{16})$)，円磨度標準偏差・球形度標準偏差($\frac{1}{2}(X_{84}-X_{16})$)などを用いて表現する．

8.2. 粒子の配列

1) オリエンテーションとインブリケーション

粒子が堆積するとき，粒子は特定の方向に配列することが多い．堆積面での粒子の定向配列をオリエンテーション(orientation)とよぶ．また，堆積物の断面で粒子をみると，図8.1や図8.2で示したような構造，すなわち，粒子の平らな面(長軸と中軸に平行な面)が流れの上流側に低角で傾いて並んだ構造がみられることがある．この構造をインブリケーション(imbrication)とよぶ．粒子がインブリケーションを示すときにはオリエンテーションも現れる．

図8.14は実験水路でつくった大型の砂堆の上面(トップセット(topset)面)における砂粒子のオリエンテーションである．流れに対して直交した長軸配列が特徴である．

図8.15は茨城県荒野海岸の前浜の中粒砂層に記録されたインブリケーションで，上下で反対方向に傾いた粒子列からなる．これは1回の寄せ波と返し

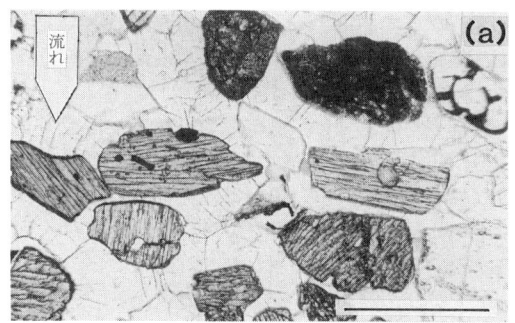

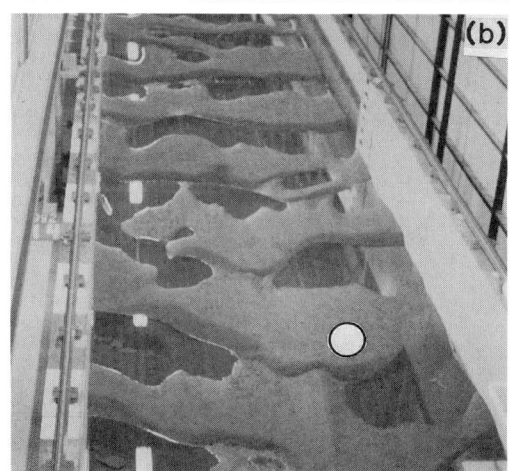

図8.14 大型砂堆の上面の砂粒子のオリエンテーション (a)流れに直交した粒子配列をするものが多い．輝石，火山岩片，石英などの粒子からなる．スケールは0.5mm．(b)筑波大学水理実験センターの大型水路．水路幅は4m．○印はサンプル採取点．

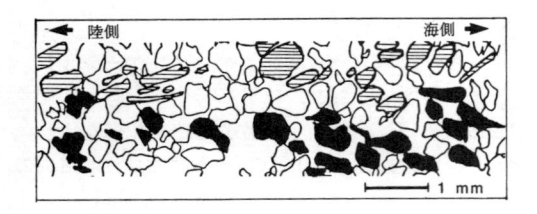

図8.15 海浜堆積物中の2方向のインブリケーション
前浜堆積物の海岸線に直交した断面での粒子配列で、1回の寄せ波・返し波でつくられた構造（茨城県鹿島郡荒野海岸）．

波で形成された構造である（横川・増田，1988b）．図8.2のインブリケーションも同じ場所のもので，波の荒いときの粗粒堆積物にみられたものであった．中粒砂層では返し波も粒子間に浸透しないで粒子を移動させるので，2方向のインブリケーション（図8.15）ができる．

2) 粒子配列の測定法

未固結の礫層では，一つ一つの礫の長軸の方位と，長軸および中軸と平行な面の走向・傾斜をクリノメーターなどで測定する．また，層理面の走向・傾斜や，斜交層理ではフォーセット（forset）葉理面の走向・傾斜も測定しておく．

固結した礫岩では，測定要素が制限される．この場合，露頭面（層理面か，古流向に平行で層理面に垂直な面が望ましい）で，みかけの長軸が短軸の1.5倍以上ある礫について，伸びの方向やその傾斜角を測定する．露頭写真を利用したり，露頭にビニールシートを張り，礫をトレースする方法など，能率を上げる工夫もなされている．

礫層全体の代表値を知るには，露頭面にメッシュをかけたり，一定の長さの折れ線を引いて，その線上の礫について測定する．統計的に有意な結果を得るためには，少なくとも100～200個の測定が必要である．

砂岩の場合には，野外で直接測定したりすることはできない．そこで，定方位のサンプルを採って持ち帰り，ラミナ面に平行，または古流向に平行でラミナ面に直交する面の薄片（研磨片）を作成する．そして，顕微鏡下で粒子のみかけの伸びの方向と，基線とのなす角を回転ステージを利用して測る．この場合は顕微鏡写真を撮って，写真上で測定する方法が使われることもある．また，未固結の砂の場合には，粒子配列を乱さずに樹脂や接着剤などで固定してから，上記の作業を行う．未固結砂を固める方法は，増田・須崎（1984）や横川・増田（1988a）を参照されたい（II-3章参照）．

固結した堆積物の粒子測定では，みかけの長軸の方向を，その断面での最大長の方向ではなく，"粒子全体としての"伸びの方向にとることが行われている（図8.16）．すなわち，粒子に外接する二つの平行線の間隔が最小となる平行線の方向と定められる．これは粒子が流れのなかで，流れに直交する断面が最小になるように運搬され，停止するのが最も安定するからだと考えられているためである．

砂の粒子配列を測定する際には，ふつう，統計的に意味をもたすには300個以上の測定個数が必要とされている．こうした測定は時間と手間がかかるので，2～3cm角の立方体のサンプルをとって，その帯磁率の異方性から粒子配列を推定する方法（Rees，1965；Taira・Lienert，1979）なども利用されている．

3) 表現法と統計処理

粒子配列の測定結果は，ローズダイアグラムを用いて表現されることが多い．これは長軸の方向を

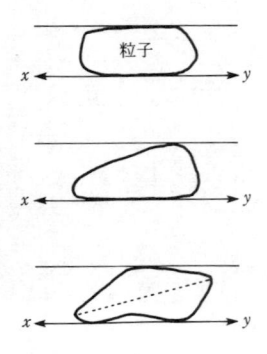

図8.16 二次断面での粒子のみかけの長軸の方向（x-y）
断面での最大長（点線）の方向ではなく，粒子の伸びの方向を使う．

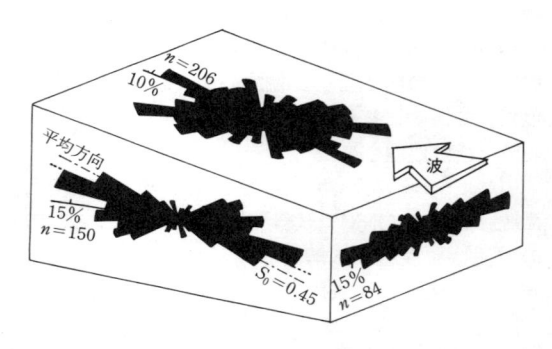

図8.17 造波水槽でつくった海浜の平行葉理の粒子配列
堆積面でのオリエンテーションと，波と平行な断面でのインブリケーションがみられる．n は測定粒子数．

8. 粒子配列

5～20度ごとのグループに分けてその頻度分布を表す.

図8.17は造波水槽で作成した海浜（前浜）の平行葉理砂層の粒子配列をローズダイアグラムで示したものである（横川・増田，1988a）. 堆積面では波の進行方向と平行および約20度で斜交して長軸を配列させるオリエンテーションが特徴である. 一方, 波の振動方向と平行な断面では, 海側に約20度で波の入射方向に傾斜した粒子が卓越する. これは前浜面で平滑床がつくられるときに, 粒子がきれいな海側へのインブリケーションを形成していたことによる. すなわち, 入射波に影響された粒子配列である. この造波水槽による実験は, 図8.2で示したやや粗粒な砂からなる波の荒い海浜のインブリケーションをシミュレートしている.

長軸の三次元分布は, ウルフネットやシュミットネットで表す（II-6章参照）. ウルフネットは直線や平面の向きと相互の位置関係を, シュミットネットはそれらの集中度を表現するのに使われる. 集中度はコンターマップで表すことも多い. 図8.18は, 渥美半島の更新統の砂礫層のフォーセットに沿って並ぶ礫の長軸と中軸を含む面の極を, ウルフネットに下半球投影したものである. 大型の礫質デューン（dune）のフォーセットでは, フォーセット面の最大傾斜に粒子の長軸が平行なものが多く, フォーセット面に対して多くの粒子が20～23度で傾いており, 礫がインブリケーションしていることを示している.

粒子配列の集中の方向や度合いを表すのに, 平均ベクトルとその分散を用いることが多い. 平均ベクトルは, それぞれの粒子の長軸が基線となす角度をθ_i, 平均ベクトルが基線となす角を$\overline{x_0}$, 分散度をS_0とすると, 次の式で求められる.

$$\overline{C} = 1/n \Sigma f_i \cos\theta_i$$
$$\overline{S} = 1/n \Sigma_i \sin\theta_i$$
$$\overline{R} = (\overline{C}^2 + \overline{S}^2)^{1/2}$$

ここで, nは測定個数, f_iは頻度である.

$$\cos\overline{x_0} = \overline{C}/\overline{R}$$
$$\sin\overline{x_0} = \overline{S}/\overline{R}$$
$$S_0 = 1 - \overline{R}$$
$$\overline{x_0} = \overline{x_0}' \quad (\overline{S}>0, \overline{C}>0 \text{の場合})$$
$$\overline{x_0} = \overline{x_0}' + \pi \quad (\overline{C}<0 \text{の場合})$$
$$\overline{x_0} = \overline{x_0}' + 2\pi \quad (\overline{S}<0, \overline{C}>0 \text{の場合})$$
$$x_0' = \arctan(\overline{S}/\overline{C})$$
$$-\pi/2 < \overline{x_0}' < \pi/2$$

普通, これらの値は360度の分布をとるが, 粒子配列の場合の範囲は0～180度なので, 角度を2倍にして計算する方法を用いる. この場合は, ベクトルではないので, 平均"方向"とその分散度を求めていることになる.

$\theta_i' = 2\theta_i$とする. またこのθ_i'を使って求められた平均方向の角度とその分散をそれぞれ$\overline{x_0}'$, S_0'とする

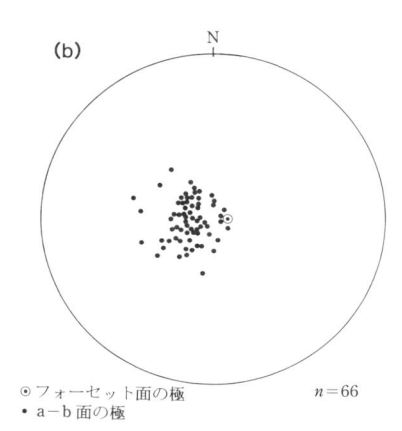

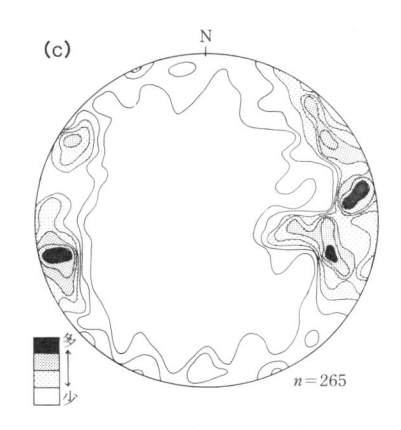

図8.18 愛知県の更新統渥美層群の礫の配列
a：大型の斜交層理のフォーセット部の様子. フォーセット面は右上から左下にかけてみられる. スケールは20 cm. b：フォーセット部における礫の長軸と中軸を含む面の極. 下半球投影. c：長軸の方向と傾斜. 下半径投影.

図 8.19 前浜面の砂粒子のオリエンテーション 茨城県鹿島郡荒野海岸付近．○印はサンプル採取点．n は測定粒子数．

と，真の値は
$x_0 = \overline{x_0}/2$
$S_0 = 1 - (1 - S_0')^{1/4}$

で，求められる(Mardia, 1972)．この方法で求めた平均方向は図 8.17 に示してある．

4) 粒子配列と水理条件

オリエンテーション：細長い棒状の粒子はある程度の強さをもつ一方向の流れのなかでは，流れに平行にその長軸が並ぶ．この状態で粒子は回転モーメントがゼロになり最も安定する．流速が小さいときや波などの振動する流れのなかでは，伸びの方向が流れまたは波の進行方向に直交して転がる．一般には，流水中を移動する粒子間の密度が低く粒子が自由に独立して堆積面に沈積する状態では，粒子配列の卓越方向と流れの方向が平行になる．また反対に，粒子間の密度が大きく粒子間で衝突が起こるような状態でも，粒子配列の卓越方向と流れの方向が一致する．この状態では，衝突が起こっても密度が大きいため粒子に生じる回転モーメントはごく小さくなって，安定方向が得られる．さらに密度が高く相対位置も変化しないような流れの場合にはランダムなオリエンテーションをとるとされている．一方，粒子間の密度が中間の場合，流れに直交したオリエンテーションが現れると考えられている．このようにオリエンテーションは流れのタイプや状態を推定する材料を与えてくれる．

一方向流によって形成された斜交層理のフォーセット面のオリエンテーションは，粒子が掃流状態で運ばれて堆積するときには，傾斜方向に対して長軸を直交させる粒子が多い．一方，浮遊状態で運ばれてきたものでは傾斜に対して長軸が平行になる粒子が多いことが知られている(八木下, 1988)．

図 8.19 は茨城県荒野海岸で調べた前浜面での砂のオリエンテーションである．海岸線の伸びはここではほぼ南北であるから，砂粒子の長軸が波に対して平行なものと直交するものがあることを示している．振動流であっても，流れの強さによって粒子配列に違いが生じるのであろう．

地層面(層理面)に化石が定向配列をしていることがある．化石も粒子として挙動するから，そのオリエンテーションの様式から，一方向流(ストーム流)か振動流によるものかの区別や，その古流向を知ることができる(図 8.20)．

インブリケーション：砂床面に礫があると，その上流側が流れで掘込まれて，底に礫が落込んで上流側に傾く．一つの礫がこのように傾くと，次から次へと礫が寄りかかるように堆積し，インブリケーションが形成される(図 8.21 A の 1A, 1B)．浮遊している粒子の場合は，流速の深度勾配に従って，ある

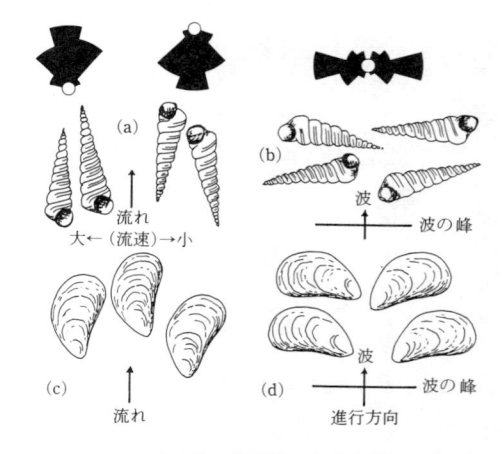

図 8.20 貝殻の一方向流と振動流によるオリエンテーションの違い(Allen, 1982 ; Lindholm, 1987)

8. 粒子配列

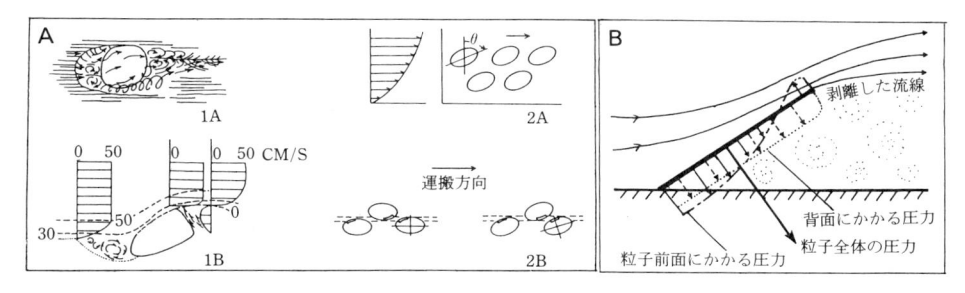

図 8.21 インブリケーションの形成と粒子の挙動
1Aは礫の上流側が洗掘されて粒子が傾く様子を示す平面図．1Bは断面図．2Aと2Bは浮遊粒子が傾いて停止する様子．Bはインブリケーション構造をとった粒子が動きにくいわけ．説明は本文参照．(Johansson, 1976；Rees, 1968；Middleton *et al.*, 1978；Yagishita, 1989)．

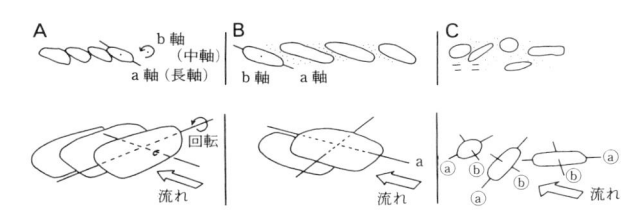

図 8.22 礫のインブリケーションの様子
A：長軸は流れに直交して，中軸がインブリケーション構造をとる．転動運搬される河川堆積物などにみられる．B：長軸が流れに直交してインブリケーション構造をとる．低粘性流体から堆積した礫質タービダイトなどに多い．C：ランダムな配列をする．沈降粒子や高密度・高粘性流体からの土石流堆積物などにみられる(Collinson・Thompson, 1982)．

角度で上流側に傾く．粒子どうしが長軸を含む面で衝突しあうのが最も回転モーメントが小さく安定した状態なので，粒子が傾いた状態で堆積してインブリケーション構造をとる(図8.21Aの2A, 2B)．

一度インブリケーション構造ができるとその粒子は動きにくくなる．たとえば，板状の粒子が傾いた状態では，流線が粒子の上流側の面の上部に集中するので，それとは逆の下向きの圧力が粒子に働いて上向きの力が働きにくくなるからである．

インブリケーションには2種類がある．それは長軸が流れと直交するものと，長軸が流れと平行になるものである(図8.22 A, B)．前者は粒子が転動して運搬され，長軸の周りを回転してインブリケーションをつくって堆積した河川堆積物などに多く，後者は粒子間の衝突で流れに対する抵抗が最小になる配列で，礫質のタービダイトなどの密度流の堆積物に多いとされている(Rust, 1972；Walker, 1975)．粒子が配列するためには，おのおのの粒子がある程度独立して動けることが必要である．したがって，非常に多量の粒子が高粘性・高密度で互いに動けないような状態の流れ，たとえば土石流などから堆積したものでは粒子配列はみられないと考えられてい

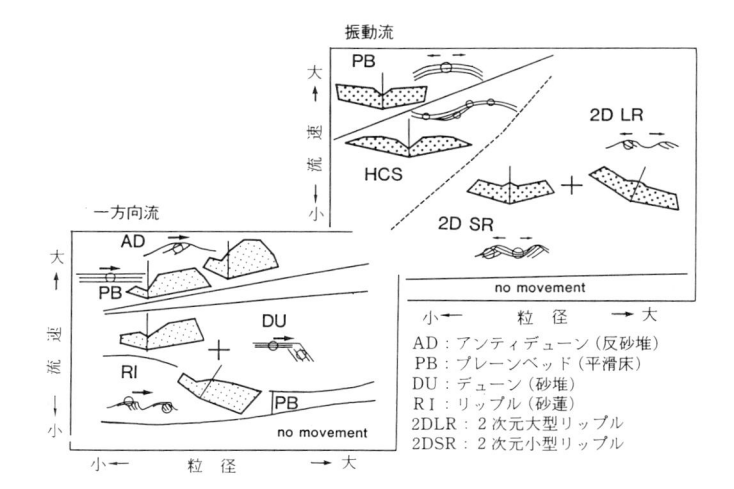

図 8.23 一方向流と振動流で形成されるベッドフォームのインブリケーション

AD：アンティデューン(反砂堆)
PB：プレーンベッド(平滑床)
DU：デューン(砂堆)
RI：リップル(砂蓮)
2DLR：2次元大型リップル
2DSR：2次元小型リップル

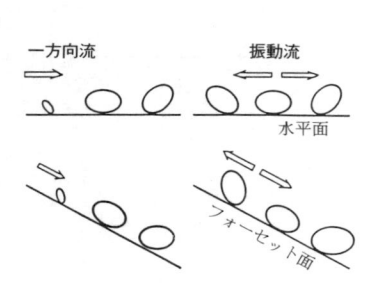

図 8.24 流れ様式とインブリケーションとの関係
粒子の傾いた方向の頻度が大きさで模式的に示してある．一方向流では一方向に傾いた，振動流では両方向に傾いた粒子が多い（横川・増田，1990）．

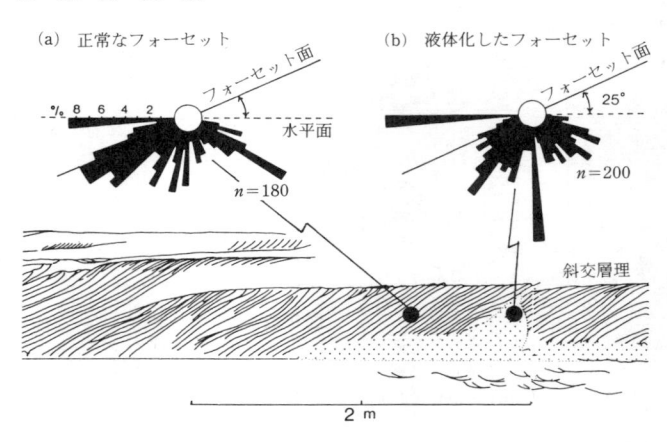

図 8.25 斜交層理のフォーセット部での粒子配列
a：正常な部分．b：液状化した部分．液状化した部分では水平および垂直に伸びた粒子が多くなっている．茨城県行方郡北浦村内宿の下総層群．n は測定粒子数（増田・他，1988）．

る（図 8.22 C）．
　Taira(1989)はさまざまなベッドフォームや流れの堆積物の粒子配列を報告している．その結果，自由落下した粒子以外の流れのなかで堆積した粒子ではどの部分でもインブリケーションがみられ，掃流で運ばれたものより，高粘性での浮遊さらに，粒子が衝突するような流れでのほうが，インブリケーションの層理面に対する角度が大きくなることを示している．
　横川・増田(1988 a, b，1990)，増田・横川(1988)，Yokokawa and Masuda(1990，1991)は，実験水路や造波水槽でつくったいろいろなベッドフォームや，地層や現世のさまざまな営力でできた堆積物の流れに平行な鉛直断面での粒子配列を明らかにした．その結果，各ベッドフォームで特徴的なインブリケーションがみられることがわかった（図 8.23）．さらに，一方向流のベッドフォームの粒子配列は一方向に傾く，すなわち上流側へのインブリケーションを示すものであること，これに対して，振動流のベッドフォームの粒子配列は，両方向に傾く配列を示すという二つのパターンがあることがわかった（図 8.24）．この二つの粒子配列のパターンは流速や粒径に関係なく，一方向流か振動流かという流れのタイプに支配されている．

5) 変形構造と粒子配列
　粒子配列の解析は，初生堆積構造を対象にしたものだけでなく，変形構造に対しても行われている．変形の初期過程の理解には粒子の地層内での回転やずれなどの運動が重要であることが知られている．
　図 8.25 は茨城県北浦村内宿における下総層群の斜交層理のフォーセット部の粒子配列で，液状化した部分と正常な部分での違いがわかる．粒子間での

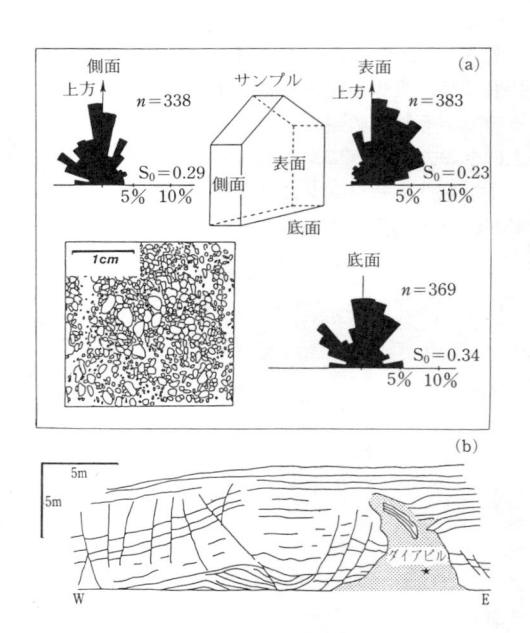

図 8.26 ダイアピル中の粒子配列（岸・増田，1991）
千葉県富津市高溝の上総層群大塚山層．a：粒子配列とその様子．b：凝灰質砂岩と泥岩との互層からなるスランプ層や滑動層中にみられるダイアピル構造とサンプル採取点（★印）．

8. 粒子配列

図 8.27 堆積性褶曲層における粒子配列 (Fuseya, 1989)
褶曲の翼部では地層面にほぼ平行な粒子が多いのに対して，軸部の内側では地層面に高角度で斜交する粒子が多い．これは褶曲が形成されるときに粒子が回転して変形を可能にした結果である．徳島県の古第三系室戸半島層群奈半利川層．

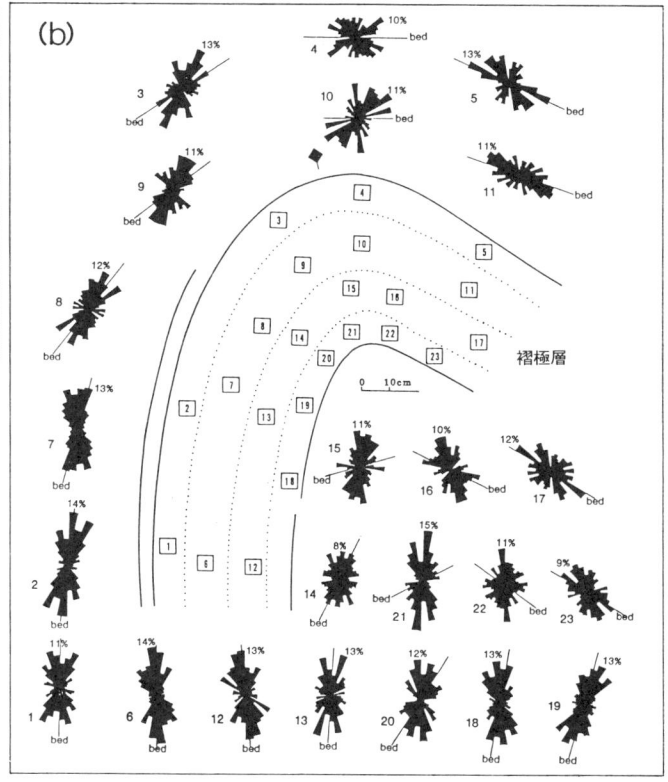

液状化に伴って，粒子は上下方向（脱水の方向）に卓越方向を示すことがわかる．図8.26は千葉県富津市高溝の上総層群大塚山層にみられる，ダイアピル (diapir) とよばれる荷重などの圧力による大規模な流動状態のなかでの，粒子配列を示したものである．粒子は変形していない部分とは違った上下の卓越方向を示し，流動に支配された配列と思われる．

堆積性の断層や褶曲が形成される場合にも，地層内で粒子の回転が起こっていることが粒子配列から知られている．図8.27は，徳島県の古第三系室戸半島層群奈半利川層のタービダイト砂層中にみられる堆積性褶曲層内での粒子配列を示している．褶曲の軸部，特に内側の圧縮部で粒子の配列が変化していることがわかる．これらの変化は褶曲形成時に粒子の回転による体積減少が起こったことを示している．

まとめ

礫や砂などの粒子の形やその配列をどのように調べるかを，具体例を挙げながら述べてきた．ここで紹介した粒子の形を記述する方法は古くから多くの人々によって改良され，利用されてきたものである．

今後，粒子の形を記述するだけでなく，その粒子の形を決定する物理過程についての研究が進められる必要がある．また，粒子配列の研究は，これまではおもに地層の古流向を決定するために用いられてきた．しかし，今後は堆積過程を解明するために粒子配列が使われることも多くなろう．

図8.28 はアメリカ石油地質協会 (AAPG, 1984) のスライドセットにある写真で，インブリケーションという構造を学習するときによく使われる写真である．この写真をみた人々は一度でこの構造を覚え

図 8.28 "インブリケーション" (AAPG, 1984)

てしまう．ちなみに，この写真の車はすべてエンジン部分が下側にきている．フォルクスワーゲンだけはエンジンが後部にあるから反対を向いている．インブリケーションでしかも重い部分が下にくるのは，力学的にも理にかなっている．水流がこれをつくったとすると，流れは向かって右から左である．

〔増田富士雄・横川　美和〕

参考文献

Allen, J. R. L. (1982)：Sedimentary Structures：Their Character and Physical Basis. vol. 1, 598 p.. Elsevier.

Collinson, J. D. and Thompson, D. B. (1982)：Sedimentary Structures. 194 p.. George Allen & Unwin.

Fuseya, M. (1989)：Synsedimentary folding of a sandstone layer：paleoslope deduced from the folding process. In Taira, A. and Masuda, F. (eds.)：Sedimentary Facies in the Active Plate Margin. pp. 43-77. Terra Sci. Pub. Co. (TERRAPUB).

石川県教育委員会(1978)：手取川流域の手取統珪化木産地調査報告書．301 p..

Harms, J. C., Southard, J. B. and Walker, R. G. (1982)：Structures and Sequensces in Clastic Rocks. SEPM Short Course, no. 9, 249 p.. SEPM

岸　誠一・増田富士雄(1991)：上総層群大塚山層のスランプ堆積物．堆積学研究会報，no. 34, pp. 71-74.

Lindholm, R. C. (1987)：A Practical Approach to Sedimentology, 276p.. Allen & Unwin.

Mardia, K. V. (1972)：Statistics of Directional Data. pp. 18-38. Academic Press.

増田富士雄・須崎和俊(1984)：未固結砂の定方位薄片作成とその堆積学的意義．筑波大学水理実験センター報告，no. 8, pp. 17-28.

増田富士雄・横川美和(1988)：地層の海浜堆積物から読み取れるもの．月刊地球，vol. 10, pp. 523-530.

増田富士雄・中山尚美・池原　研(1988)：茨城県行方郡北浦村内宿の更新統にみられる 9 日間の潮流によって形成された斜交層理．筑波の環境研究(筑波大学)，no. 11, pp. 91-105.

Pettijohn, F. J., Potter, P. E. and Siever, R. (1987)：Sand and Sandstone. 2nd ed., 553p.. Springer-Verlag.

砕屑性堆積物研究会(編)(1983)：堆積物の研究法―礫岩・砂岩・泥岩―．地学双書，no. 24, 377 p.. 地学団体研究会．

Taira, A. (1989)：Magnetic fabrics and depositional processes. In Taira, A. and Masuda, F. (eds.)：Sedimentary Facies in the Active Plate Margin. pp. 43-77. Terra Sci. Pub. Co. (TERRAPUB).

八木下晃司(1988)：堆積粒子の配列について．地学雑誌，vol. 97, pp. 697-709.

Yagishita, K. (1989)：Gravel fablic of clast supported resedimented conglomerate. In Taira, A. and Masuda, F. (eds.)：Sedimentary Facies in the Active Plate Margin. pp. 43-77. Terra Sci. Pub. Co. (TERRAPUB).

横川美和・増田富士雄(1988 a)：現世海浜堆積物の粒子配列解析用試料の作成法．筑波大学水理実験センター報告，no. 12, pp. 31-36.

横川美和・増田富士雄(1988 b)：前浜堆積物の粒子配列―茨城県鹿島郡荒野海岸での観察例―．月刊地球，no. 10, pp. 452-457.

横川美和・増田富士雄(1990)：流れタイプと粒子配列の関係についての実験的研究．筑波大学水理実験センター報告，no. 14, pp. 91-98.

Yokokawa, M. and Masuda, F. (1991)：Grain fabric of hummocky cross-stratification. Jour. Geol. Soc. Japan, vol. 97, pp. 909-916.

9. 炭酸塩岩類の分類

　地球表面の75％を覆う堆積岩のうち，炭酸塩岩は10〜20％を占めると考えられている(Pettijohn, 1975)．堆積岩は未固結の堆積物を構成する粒子がこう結・圧密などの続成作用により岩石化したもので，構成する粒子やこう結物の内容に注目して分類を行う．炭酸塩岩は石灰質の化石が主要な構成物であるものが多く，主として $CaCO_3$（方解石，calcite），$CaMg(CO_3)_2$（ドロマイト，dolomite）などの炭酸塩鉱物からなる．現在の地球上では，海洋底の有孔虫軟泥，珊瑚礁，温泉沈殿物，乾燥地域での蒸発岩などが主要な炭酸塩堆積物である．

9.1. 南関東の炭酸塩岩

　主として方解石からなる石灰岩(limestone)はセメント原料・鉄鉱用として，ドロマイトからなる苦灰岩(dolostone)は製鉄用耐火材，農薬・肥料などの原料としてそれぞれ用いられ，日本で唯一自給できる鉱産資源である．

　南関東では，関東山地や八溝山地に分布する中・古生層中に石炭紀からジュラ紀にわたる大小さまざまな石灰岩体があり，フズリナ・珊瑚・コノドント・巻貝・二枚貝などの化石を産する(猪郷・他，1980；大森・他，1986にまとめられている)．特に秩父市付近に分布する武甲山では，山の形が変わるほど大規模に採掘されている．

　そのほかの時代のものはみな小規模な岩体で，第三系では千葉県中部に分布する嶺岡層群(中嶋・他，1981；Watanabe・Iijima, 1989)，三浦半島に分布する三浦層群(猪郷・他，1980)にまれにみられ，特に丹沢山地に分布する丹沢層群には断片化した珊瑚礁が確認されている(門田・末包による1977-1989の一連の研究)．第四系では館山市沼に分布する5000〜6000年(5〜6 ka)前の沼珊瑚礁などがある(濱田，1963 など)．そのほか，特に第三系の泥質岩中には石灰質団塊(nodule)がみられ，その中心核には，しばしば化石を伴う．

9.2. 炭酸塩鉱物の種類

　自然界に産するおもな炭酸塩鉱物には以下のようなものがある．方解石〔$CaCO_3$〕，アラゴナイト(aragonite)〔アラレ石，$CaCO_3$〕，ドロマイト〔$CaMg(CO_3)_2$〕，マグネサイト(magnesite)〔$MgCO_3$〕，シデライト(siderite)〔菱鉄鉱，$FeCO_3$〕，ロードクロサイト(rhodochrosite)〔菱マンガン鉱，$MnCO_3$〕，ストロンチアナイト(strontianite)〔$SrCO_3$〕，ウィザライト(witherite)〔$BaCO_3$〕など．アラゴナイトは方解石と同質異像(多形)の関係にあり，常温・常圧条件下では方解石に比べ不安定である．これら以外にも，方解石には Ca の一部を Mg が置き換えた高 Mg 方解石-低 Mg 方解石(high-magnesian calcite - low - magnesian calcite)の固溶体がある．また，Mg と Fe は互いに同形置換し，dolomite - ferroan dolomite-ankerite〔$Ca(Fe, Mg)CO_3$〕固溶体をつくる．さらに，シデライト-マグネサイトの間にも様々な割合の Fe, Mg をもつ固溶体が存在する(図9.1)．このうち堆積岩中に最も普遍的な鉱物は方解石とドロマイトである．

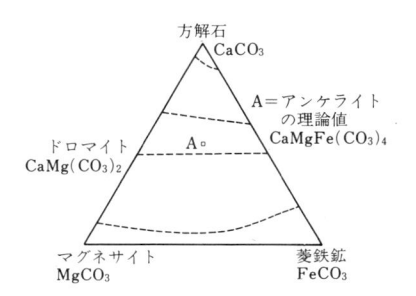

図9.1 主な炭酸塩鉱物の化学組成を示す三角ダイアグラム 破線は自然に産する組成の境界(Dunbar・Rodgers, 1957 をもとに Wolf, K., 1978 が改変)

9.3. 炭酸塩鉱物の鑑定

1) 岩石薄片

　炭酸岩塩の分類や各種鉱物の産状，化石の鑑定などに通常用いられる．方解石は劈開面の筋がみられる．ドロマイトは自形の菱形で屈折率が高い．一般に，屈折率・複屈折・自形を呈するかなどの特徴から，経験を積むことにより偏光顕微鏡下で両者を見

表9.1 炭酸塩鉱物の主要な回折線の反射角と相対強度

	d 値	2θ	I/I_1
ankerite	2.899	30.9	100
	2.199	41.0	6
	1.812	50.4	6
	1.792	51.0	6
aragonite	3.396	26.2	100
	1.977	45.9	65
	3.273	27.2	52
calcite	3.035	29.4	100
	2.285	39.4	18
	2.110	42.9	18
dolomite	2.886	31.0	100
	2.192	41.2	30
	1.786	51.2	30
	1.781		30
magnesite	2.742	32.7	100
	2.102	43.0	45
	1.700	53.9	35
rhodochrosite	2.840	31.5	100
	3.660	24.3	35
	1.763	51.9	35
siderite	2.790	32.1	100
	1.734	52.8	80
	3.590	24.8	60
strontianite	3.535	25.2	100
	3.450	25.8	70
	2.053	44.1	50
	2.458	36.6	40

d 値は結晶格子値, 2θ は回折角度(CuK_α線使用), I/I_1 は最強ピークを100としたときのピークの強さ.

分けることができる.しかし,この鑑定はX線粉末回折法や染色法を用いて確認する必要がある.

2) X線粉末回折法

岩石を構成する炭酸塩鉱物の種類を決定するのに最も有効である.炭酸塩鉱物があることがわかっており,その種類を決めたいときは,最強回折線3～4本の反射角(2θ)を回折図から読取り,結晶格子間隔(d値)を計算し,JCPDSカードで検索する(表9.1).さらに,方解石のMgの半定量的な量比はd値の変動により(反射角が高角度へ移動する)決定できるが,炭酸塩鉱物の存在状態(産状)はわからないので,岩石薄片,染色法などを併用するとよい.

3) 染色法 (Friedman, 1959)

岩石薄片,アセテート・ピール(acetate peal)法,研磨面,破断面上などで,アラゴナイト-方解石-ドロマイトの見分けに有効である.染色法は構成する各鉱物の産状を観察できるという利点がある.

染色法は,原理的には炭酸塩鉱物の各種溶液に対する溶解度の差とCa,Mgのイオン半径の相違を利用したもので,鉱物の結晶度や結晶構造により腐食時間は相違する.より良い染色結果を得るためには対象とする試料により試行錯誤が必要である.

〔手 順〕

① 試料を切断し,② #800程度のカーボランダム(研磨材)で研磨する.岩石薄片の場合はカバーグラスを付けないでおく.③ 8～10%程度の塩酸(HCl)に2～3分浸したあと,水洗により腐食を停止させる.

〔Alizarine red-S染色法による方解石-ドロマイトの見分け〕

④ 0.2%の塩酸100ccに0.1gのalizarine red-Sを溶解した溶液中に2～3分浸した後に蒸留水で静かに水洗する.アラゴナイト,方解石は赤色に染まり,ドロマイトは染まらない.しかし,長く浸しすぎるとドロマイトも染まることがある.岩石薄片の場合は溶液に浸す時間を短くするとよい(1分以下).

〔Titan yellow染色法による方解石-ドロマイトの見分け〕

④ 0.2gのtitan yellowを25ccのメタノールに溶解させる.⑤ 30%水酸化ナトリウム(NaOH)溶液15ccを加え煮沸する.ドロマイトは黄色味を帯び,方解石は染まらない.

〔Feigl溶液によるアラゴナイト-方解石の見分け〕

④ 100ccの蒸留水に11.8gの硫酸マンガン($MnSO_4 \cdot H_2O$)を溶かした1gの硫酸銀(Ag_2SO_4)を溶液に加え,煮沸する.⑤ 冷却後,懸濁物を濾紙で除去し,蒸留水で薄めたNaOH溶液1～2滴を加える.⑥ 1～2時間後,再び沈殿物を濾紙で除去して染色溶液とする.⑦ この溶液に試料を浸した後,蒸留水で静かに水洗する.アラゴナイトは黒く染まるが,方解石は染まらない.

4) アセテート・ピール法(Katz・Friedman, 1965)

染色した岩石試料をさらに詳しく顕微鏡などで構造を確認する際,岩石薄片をつくらず,簡単に行う方法として,アセテート・ピール法がある.アセテート・ピール法は,野外で岩石試料を採取せずに化石を鑑定する場合にも応用できる.

① 染色した岩石片をアセトンに2～3秒を限度に浸す.② アセテート・ピールを手早く試料に貼り付け,気泡が入らないように均等にしっかりと指で押付ける.③ 40分ほど放置したあと,試料からピールを丁寧に剥がす.④ 剥がしたピールはスライドガラスの間にはさみ保存する.

9.4. 炭酸塩岩の分類
1) 鉱物組成で分類する方法

炭酸塩岩の中で最も産出頻度の高いのは，主として方解石から成る石灰岩と主としてドロマイトからなる苦灰岩である．石灰岩と苦灰岩はそれぞれ伴う方解石，ドロマイトの量に応じて，苦灰岩質石灰岩，石灰質苦灰岩などと分けられる．野外においては，石灰岩は風化面がすべすべしているが，苦灰岩はしばしば象皮構造とよばれるざらざらした表面にしわの多い構造を示すことで見分けることができる．また，新鮮な破断面に薄めた塩酸をたらし，激しく発泡する石灰岩とほとんど発泡しない苦灰岩とに見分けることもできる．

2) 石灰岩の分類

石灰岩の堆積岩石学的分類方法はいくつかあるが，成因を考慮にいれた分類，あるいは単純に記載的分類に大別される．後者の例としては，たとえば，フズリナ化石を多く伴う石灰岩を，フズリナ石灰岩などと野外で簡単によぶこともある．さらに，Grabau(1904)は砕屑性の石灰岩を構成物の内容を考慮せず，粒径のみで砕屑岩と同様に，calcirudite，calcarenite，calcilutite〔シルトサイズのものをcalcisiltiteと区分することもある〕に分類した．それぞれ，砕屑物の分類における礫(2 mm以上)，砂(1/16～2 mm)，シルト一粘土(1/16 mm以下)に相当する(Schreiber・Weiss, 1978)．石灰岩の成因を考慮にいれた特殊な名称(分類)としては，以下のようなものがある．

caliche：乾燥地帯において地下水中から析出した炭酸塩鉱物が，土壌をこう結した皮殻状の物．

chalk：おもにココリス(coccolith)(方解石からなる殻をもつ50～60 mμ程度の大きさの植物性プランクトン)からなる，白色・細粒・多孔質の石灰岩をいう．最も有名なものはドーバー海峡の両岸の崖をつくる白亜紀層．

coquina：二枚貝・巻貝・腕足貝などの貝殻やその粗粒な破片が，弱いこう結化作用を受け固結した，多孔質な石灰岩．

marble：熱変成などにより再結晶した石灰岩．大理石．

marl：特に泥質な石灰岩については泥灰岩とよぶこともある．

travertine：無機的な温泉沈殿物に対して用いるが，鍾乳洞などの石灰沈殿物に対しても用いることがある．多孔質のものを **tufa** とよぶこともある．

次に，特に顕微鏡下で石灰岩を分類・記載するも

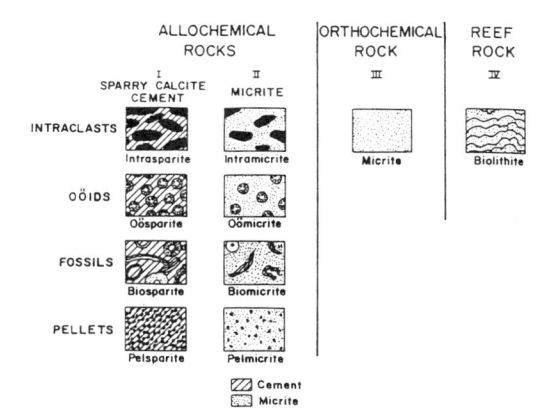

図9.2 Folk(1958)による石灰岩の分類
(Friedman・Sanders, 1978)

のとして代表的な2例をあげる．

Folk(1959, 1962)による方法：基本的には，構成粒子の種類とその間を埋める物質の種類(こう結物あるいは基質)と大きさの組合せで分類する(図9.2)．

(1) 構成粒子としては(異化学的成分，allochem)，intraclast, oöids, skeletal grain, pelletなど，そして，(2) 粒子の間を埋めるものとしては(正化学的成分，orthochem)細粒な微結晶質の方解石(4 mμ以下)である micrite と，一般に化学的沈殿物と考えられている孔隙を埋めるこう結物の sparry calcite がある．そのほかに，micrite のみの岩石をmicrite，生物の骨格のみのものとして biolithite (reef rock) がある．

intraclast は同じ堆積盆起源の固化した岩石から由来する砂サイズ(2 mm)以上の砕屑粒子．

oöid(oölite)は球形あるいは偏平球形で，しばしば化石片や石英粒子などの中心核をもち，同心円状構造をもつもの．径2 mm以下のものをいい，2 mm以上のものは pisolite とよぶ．

skeletal grain は生物の化石である．

pellet は砂サイズの球形あるいは偏平球形で，特別な内部構造をもたないもの．多くの pellet は泥を食べる生物の糞起源である．

用法としては，intraclast は intra, oöid は oö, skeletal grain は bio, pellet は pel とそれぞれ省略し，頭につけ，後に micrite, あるいは sparry calcite の場合は sparite をつける．たとえば，oölite とその間をこう結する sparry calcite からなるものは oösparite, pellet と間を埋める細粒の石灰泥からな

異化学的成分パーセント	石灰泥マトリックスが2/3以上				スパー質と石灰泥がほぼ同量	スパー質こう結物2/3以上		
	0〜1%	1〜10%	10〜50%	50%以上		淘汰度悪い	淘汰度良い	円磨され磨耗している
代表的な岩石名	MICRITE & DISMICRITE	FOSSILI-FEROUS MICRITE	SPARSE BIOMICRITE	PACKED BIOMICRITE	POORLY WASHED BIOSPARITE	UNSORTED BIOSPARITE	SORTED BIOSPARITE	ROUNDED BIOSPARITE
Folk(1959)による用語	Micrite & Dismicrite	Fossiliferous Micrite	Biomicrite			Biosparite		
陸源砕屑岩との比較	粘土岩	砂質粘土岩	粘土質あるいは未熟成砂岩			半熟成砂岩	熟成した砂岩	超熟成した砂岩

■ 石灰泥マトリックス
▨ スパー質方解石のこう結

図9.3 Folk(1962)による石灰岩の分類(Wolf, K., 1978)

るものを pelmicrite とする．また，micrite のなかに生物化石片とその間を少量の sparite がこう結したものは biosparmicrite とする．さらに，礫サイズ以上の allochem の場合は micrite, sparite の代わりに，micrudite, sparrudite を用いることがある．たとえば，intrasparrudite など．

また，基質とこう結物の量，生物化石の量とその淘汰度(sorting)，円磨度に注目した分類も Folk(1962)により提唱されている(図9.3)．

Dunham(1962)**による方法**：この方法は石灰岩を砕屑岩と同様に扱い，基本的分類には構成粒子の種類は問わず，石灰岩の 20 mμ 以上の粒子(grain, 細粒シルト-粘土サイズ)と，それより小さい石灰泥(lime mud)に区分し，さらに粒子が泥に浮いているか(mud support)，粒子同士が接触しているが(grain support)に注目して分類した(表9.2)．
（1）構成粒子が堆積時から互いに固結している
　→ **boundstone**(たとえば reef rock，ストロマトライトなど)
（1）′堆積時には固結していないものはさらに二分される．
　→（2）石灰泥を伴わず，grain support のもの
　　　→ **grainsotne**
（2）′石灰泥を伴うものはさらに二分される．
　→（3）grain support のもの → **packstone**
（3）′mud support のものはさらに二分される．
　→（4）堆積粒子が 10 %以上 → **wackestone**
　　（5）堆積粒子が 10 %以下 → **mudstone**

Dunham の分類の用い方は，構成する粒子の内容を頭につけ，次に lime をいれ，最後に基本的分類の名称を記す．たとえば，fusulinid lime packstone など．

Dunham の分類は，対象とする石灰岩の堆積した環境が静穏な環境(low energy)か，擾乱した水の環境(high energy)か，というような堆積場のエネルギーを表現するに適している．

表9.2 Dunham による炭酸塩岩の分類(Friedman・Sanders, 1978)

堆 積 構 造				
堆積時に堆積粒子同士は固結していない				堆積時にすでに構成する粒子同士が互いに固着していると考えられるものたとえばさんごが互いにからみあって成長したものなど
石 灰 泥 を 伴 う		石灰泥を伴わずに堆積粒子同士が接触している		
堆積粒子間は石灰泥に埋められて互いに接触していない		堆積粒子同士が接触しあう		
堆積粒子が10 %以下	堆積粒子が10 %以上			
mudstone	wackestone	packstone	grainstone	boundstone

以上のようなそれぞれの石灰岩分類では，続成作用による次のような問題があげられ，その解釈には注意が必要である．① low energy 堆積物の石灰泥が high energy 堆積物の孔隙に堆積後に移動してしまうことがある．② 方解石のこう結物も常に sparry とならず cryptocrystalline のものもあり，micrite と見分けられない．③ micrite が再結晶したものは，sparry calcite と見分けられなくなる．④ sparry calcite の micrite 化が起きると，もとの micrite と見分けられなくなる．

まとめ

世界の石油の貯留岩における 50％以上は炭酸塩岩であり，その資源的価値から堆積岩石学的研究，特に続成作用に関する研究が盛んである．また，その分類のしかたも多く，ここに述べた方法と比較して，より細分された記載的分類も提唱されている．すでに述べたように，炭酸塩岩(石灰岩)は，構成粒子とこう結物の種類・産状について，続成作用による現象に留意して分類・記載する必要がある．

炭酸塩岩は先カンブリア時代から現在に至るまで地球上に堆積し続け，地球大気の進化過程，そして地球の温暖化に密接に関係する大気中の CO_2 濃度など地球規模での炭素の大循環における CO_2 の固定能力の点からも注目されている．〔角和　善隆〕

参考文献

Dunbar, C. O.・Rogers, J. (1957)：Principles of Stratigraphy. 356p.. John Wiley & Sons.
Dunham, R. J. (1962)：Classification of carbonate rocks according to depositional texture. *Amer. Assoc. Petrol. Geolog. Mem.*, no. 1, pp. 108-121.
Folk, R. L. (1959)：Practical petrographic classification of limestones. *Bull. Amer. Assoc. Petrol. Geol.*, vol. 43., pp. 1-38.
Folk, R. L. (1962)：Spectral subdivision of limestone types. *Amer. Assoc. Petrol. Geol. Mem.*, no. 1, pp. 62-84.
Friedman, G. M. (1959)：Identification of carbonate minerals by staining methods. *Sediment. Petrol.*, vol. 29, pp. 87-97.
Friedman, G. M.・Sanders, J. E. (1978)：Principles of Sedimentology. 792p.. John Wiley & Sons.
Grabau, A. W. (1904)：On the classification of sedimentary rocks, *Am. Geol.*, vol. 33., pp. 227-247.
濱田隆士(1963)：千葉県沼サンゴ層の諸問題．地学研究 特集号 pp. 94-119．
猪郷久義・菅野三郎・新藤静夫・渡部景隆(編)(1980)：日本地方地質誌，関東地方改訂版．493p.. 朝倉書店．
門田真人・末包鉄郎(1977)：丹沢に分布する石灰岩—その1 南部地域．東海紀要 第14輯, pp. 185-218．
門田真人・末包鉄郎(1989)：丹沢に分布する石灰岩—その8．東海紀要 第26輯. pp. 41-58．
Katz, A.・Friedman, G. (1965)：The preparation of stained acetate peels for the study of carbonate rocks. *Sediment. Petrol.*, vol. 35, pp. 248-249.
Milliman, J. D. (ed.) (1974)：Marine Carbonates, Part 1. 375p.. Springer-Verlag.
中嶋輝允・牧本　博・平山次郎・徳橋秀一(1981)：鴨川地域の地質．地域地質研究報告(5万分の1地質図幅), 107 p.. 地質調査所．
大森昌衛・端山好和・堀口万吉(編)(1986)：日本の地質 3, 関東地方, 335 p.. 共立出版．
Pettijohn, F. J. (1975)：Sedimentary Rocks, 3rd ed., 628p.. Harper & Row.
Schreiber, B. C.・Weiss, M. P. (1978)：The Encyclopedia of Sedimentology. pp. 87-88. *In*, Fairbridge, R. W.・Bourgeois, J. (eds.)：901p.. Dowden, Hutchingson & Ross.
Watanabe, Y.・Iijima, A. (1989)：Evolution of the Tertiary Setogawa-Kobotoke-Mineoka forearc basin in central Japan with emphasis on the lower Miocene terrigenous turbidite fills. *Jour. Fac. Sci., Univ. of Tokyo,* sec. II, vol. 22, no. 1, pp. 53-88.
Wolf, K. (1978)：The Encyclopedia of Sedimentology. pp. 434-446. *In*, Fairbridge, R. W.・Bourgeouis, J. (eds.), 901p.. Dowden, Hutchingson & Ross.

10. 珪藻の分類と利用

　珪藻は，現在の海洋や湖沼における多彩な水生生物を食物連鎖の底辺で支えているとともに，地質時代に生産した有機物が石油天然ガスの根源物質の一部となったと考えられている．また，珪藻の遺骸が大量に集積したものは珪藻土として各種の工業原料としても役立っている．このように珪藻は人間生活にも深くかかわっていることから，その研究は古くから多方面にわたっているが，地質時代の決定や古環境の推定などに非常に有効に利用されるようになってきたのは比較的最近のことである．この章では，それらの地質学的な利用法とその根拠となる珪藻（化石）の諸特徴について紹介する．

10.1. 珪藻とは

　珪藻(diatom)は，珪質の殻をもつ微細な単細胞の藻類であり，150〜200 m以浅の真光帯で光合成を行う主要な第一次生産者である．その生息域は淡水，汽水，そして海水とあらゆる水塊に及んでおり，その広い生息域に応じて，浮遊性または底生の形で，群体または単体で生活している．その外形は，円盤状・長方形・多角形・線形・釣鐘状などきわめて多様である(図10.1)．しかし，その基本的な構造はいずれも同一であり，珪質(非晶質シリカ，オパールA)の被殻が細胞の外側を包んでいることで特徴づけられる(図10.2)．珪藻の分類は，現生種でも化石

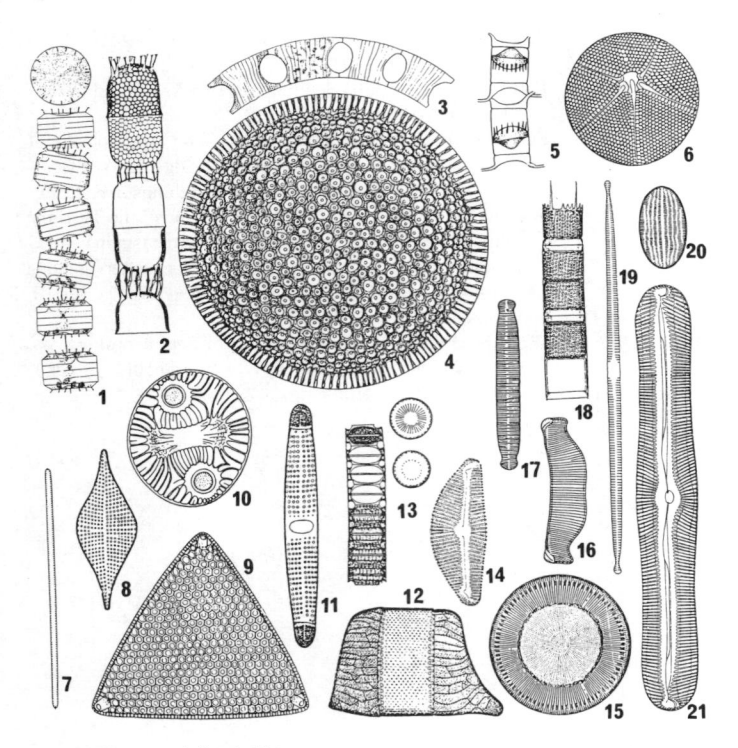

図10.1　珪藻の各種(Hustedt, 1930, 1927-1966；Hendey, 1964)
1-7：海生浮遊性，8-13：海生底生，14-21：淡水生．1：*Thalassiosira*，2：*Stephanopyxis*，3：*Hemiaulus*，4：*Coscinodiscus*，5：*Chaetoceros*，6：*Asteromphalus*，7：*Thalassionema*，8：*Rhaphoneis*，9：*Triceratium*，10：*Auliscus*，11：*Grammatophora*，12：*Isthmia*，13：*Paralia*，14：*Cymbella*，15：*Cyclotella*，16：*Eunotia*，17：*Diatoma*，18：*Aulacoseira*，19：*Synedra*，20：*Cocconeis*，21：*Pinnularia*．

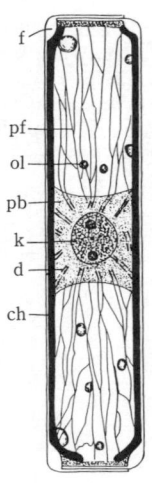

図10.2　生きている珪藻(淡水種 *Pinnularia major*，約1/600)の断面図(Hustedt, 1927)
f：細胞殻，Pf：原形質糸，ol：油粒，pb：中央原形質塊，d：二重かん，ch：色素体．

種でも，この殻の形態を基準として行われる．珪藻化石の最古の記録はジュラ紀であるが，珪藻化石を含む堆積物が世界的に分布するのは白亜紀以降であり，また日本ではおもに第三紀中新世以降である．

珪藻は「植物プランクトン」の一種である，と説明されることが多いが，底生種も多数認められる．浮遊性種と底生種はほぼ属レベルで識別されるが，浅海性の珪藻のなかには浮遊性生活と底生生活を一定サイクルで繰返すものが多く，生息条件の良好な季節には栄養細胞の形で浮遊性となり，それ以外の季節には休眠胞子を形成して底生となる．また，底生種が波浪などで巻上げられて，一時的に浮遊性生活をおくるものもある．このように珪藻の場合は，同一種が浮遊性または底生の双方の生活型をもつ場合がある．

珪藻の大きさは，わずか10～500 μm程度であるが，珪藻が生産する有機物および珪質の殻の集積量は非常に大きい．現在の海洋における有機物の生産量は陸上植物全体のそれにも匹敵するとされており，珪藻は動物性プランクトンや小さな魚介類などの直接的な餌となり，間接的にはマグロや鯨などの大型海洋生物をも養っている．海洋で特に生産量が大きいのは，異なった海流系が交わって湧昇流が発達している北太平洋の中高緯度地域，東熱帯太平洋地域および南氷洋地域であり，これらの地域には珪藻の殻が大量に集積した珪藻軟泥が厚く発達している．この海洋状況は新第三紀を通じてほぼ同一であり，この時代の珪藻土(diatomite)または含珪藻堆積物もこれらの地域に広く分布しており，後述する珪藻化石帯による時代決定が有効な地域となっている．また，地質時代に生産された有機物は，そのほとんどは分解されてしまうが，還元的な環境に堆積したものは保存されて，石油や天然ガスの根源物質の重要な一部となったと考えられている．珪藻土は古くはギリシア・ローマ両時代の建築材をはじめとして，ダイナマイトや濾過剤などの各種の工業原料として使われてきた．なお，オパールAからなる珪藻の殻の大半は，続成作用によってオパールCTに変化した段階でその形態を消失する．上記の珪藻土や含珪藻堆積物が続成変化を受けたのがいわゆる硬質頁岩である．

10.2. 珪藻の分類

珪藻の属レベルの分類は1960年代までは非常に安定していると考えられていたが，その後半に走査型電子顕微鏡(SEM：scanning electron microscope)が導入された結果，属レベル以上の珪藻分類の本質にかかわる重要な微細構造が初めて明らかにされた．その結果，従来の属概念にはかなり人為的な部分が多いことが判明して，それ以来分類体系の再編成の研究が継続されてきた．その大きな成果の一つが，最近Round et al. (1990)の大冊として結実しており，属レベルの分類が従来よりも形態的かつ系統分類学的に理解しやすいものとなっている．分類基準の詳細については，小泉(1976)，Hustedt (1927-1966, 1930)，Hendey (1964) および Round et al. (1990)などのテキストを参照されたい．

以下には，具体的な分類に密接に関連した珪藻殻の特性のいくつかについて述べる．重要な点の一つは，観察される殻は一般に生体の殻の一部分であることである．珪藻の細胞を包んでいる細胞殻(frustule)は，ちょうど重箱のように組合された上下二つの被殻(theca)からなる．さらに，被殻は一般に複数の構成要素，蓋殻(valve)と複数の中間帯が組合されている場合が多く，それらも互いに容易に分離する(図10.3)．したがって，分離不可分な単体となっ

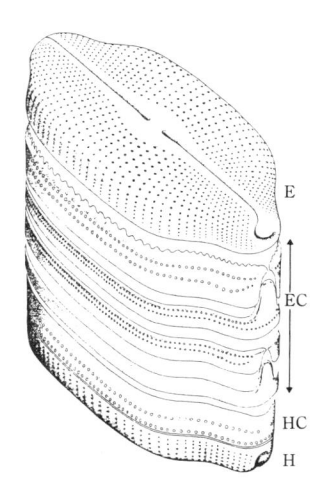

図10.3 珪藻の細胞殻の構成 (Round et al., 1990)
E：上被殻，EC：上帯(4個の中間帯から構成される)，HC：下帯，H：下被殻．

ている有孔虫化石や放散虫化石の殻と異なって，観察される珪藻殻は必ずしもその種の殻全体を表しているわけではない．一般には蓋殻の形態を分類の対象としているが，種類によっては中間帯が重要なものもある．また，上下二つの蓋殻は一般にはほぼ同形であるが，著しく異なった形態・構造をもつものもある．さらに，前述の浅海性種が形成する休眠胞子の形態は通常の栄養細胞と大きく異なる場合が多

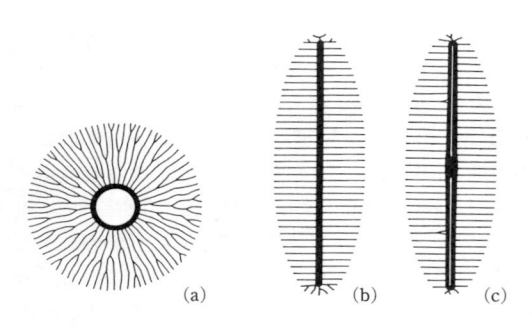

図10.4 珪藻の3大グループの殻形態の対称性（Round *et al.*, 1990）
a：中心綱：中心の円状構造（annulus）から放射状に点対称形の殻が形成される．
b：無縦溝綱：中央の帯状構造（sternum）から左右に線対称形の殻が形成される．
c：縦溝綱：上と同じ．ただし中央の帯状構造に縦溝（raphe）がある．

い．そのほかに，珪藻殻の大きさの回復を図るために形成される増大胞子の形態も通常のものとは異なる．このように珪藻殻には異殻現象または多形現象がさまざまなレベルで認められる．

また，珪藻の殻の表面と内部には各種の微細構造があり，繊細で幾何学的な模様を形成している．殻の外形とともに，この表面模様の配列様式が珪藻の種レベルの分類の大きな基準となる．この幾何学的模様は対称性と規則性が非常に高いことが特徴であり，殻全体の1/10程度，またはそれ以下の破片でも種を正確に同定できる場合が多い．この形態の対称性の高さは，珪藻の大分類の基準ともなっている．すなわち，珪藻は従来から中心目（Centrales）および羽状目（Pennales）の二つのグループに大別されてきたが，両者は点対称および線対称の形態でそれぞれ特徴づけられるものである（図10.4）．なお，最近 Round *et al.*（1990）は，スリット状の構造，縦溝，の有無により後者をさらに2分して，珪藻全体を3グループに大別するとともに，これらを綱に昇格している．すなわち，40科121属からなる中心綱（Centric diatoms），14科53属からなる無縦溝綱（Araphid），そして36科114属からなる縦溝綱（Raphid）である．

10.3. 試料採取・処理および観察法
1） 試料の採取

化石試料の採取時に注意すべき点は現生種の混入を防ぐことである．珪藻は河床面にはもちろんのこと，道路脇の露頭表面にも現生種が大量に付着しているので，必ず地層の表面を削ってそのなかから試料を採取することが大事である．

化石試料は一般に爪で傷がつく程度の柔らかさの泥質岩を対象とする．硬質の岩石には珪藻化石はほとんど残されていないが，例外的に石灰質団塊には良好に保存されている場合が多い．たとえば，房総半島の南部に分布している下部中新統の保田層群に認められる石灰質団塊には，現世の珪藻遺骸群集よりも保存度の良好な珪藻化石群集が認められることが多い．なお，珪藻化石は風化には非常に強いので必ずしも新鮮な試料を必要としない．また，分析に必要な量はわずか数gで十分なので，保存分も含めて10g程度でよい．したがって，できるだけ数多くの地点からの試料採取に努めたい．その理由は，珪藻土と細粒凝灰岩との識別にみられるように，珪藻化石の有無は検鏡して初めてわかる場合が多いからであり，また多数の試料を採取していれば，化石帯境界の位置やハイアタス（hiatus）の大きさなどを正確に把握できるからである．

なお，現生種については，たとえば公園の池の底の泥とか河川の小石の付着物，またはホヤの消化器の内容物などを採取すれば，豊富な淡水生または海生の群集を簡単に観察できる．

2） 前処理およびスライド作成

試料の前処理で大事なことは，試料の採取時と同様，現生種の混入を防ぐことである．珪藻は水道水のなかにも混入しているので，その処理には必ず蒸留水を使用する．また，試料が粉末になって混入することにも注意が必要である．

珪藻試料の標準的な処理法とスライド作成法については谷村（1990）に詳述されているので参照されたい．以下には，unprocessed strewn slide（"未処理"散布スライド）（Akiba, 1986）の作成法を紹介する．この方法は，標準的な処理法における酸処理と水洗を省略したもので，短時間に多数のスライドを作成でき，しかも微細な種が失われないという利点がある．したがって，大量の試料を扱う生層序学的調査，および珪藻化石の有無や保存状態を確かめる予察調査には非常に有効である．

（1） 小豆大に砕いた乾燥試料約1gを100ccビーカーに入れる．

（2） 試料が浸る程度に熱湯（蒸留水）を注ぎ入れ，1昼夜（急ぐ場合は数十分でも可）放置する．この過程で試料は半ば以上泥化する．未泥化部分についてはミクロスパテールを使って水中で静かに泥化を促進する．

（3） 蒸留水を注いで懸濁液をつくり，約20秒間放置したあと，底に沈んだ鉱物粒子などの粗粒物質を除去する．

（4） 上記の操作を2～3回繰返して得られた懸濁液から半分に切断したストローで約1ccを取り出して，ホットプレート上のカバーグラス（18mm×18mm）に載せて，低温（約60℃）で乾燥させる．

（5） 試料乾燥後，封入剤（"Pleurax"，"Hylax"，"Stylax"など）を数滴載せて再び加熱して溶媒を除去したあと，スライドグラスに貼付して検鏡に供する．

なお，この処理法においても，均質なスライドを作成するために粗粒物質を除去しているので，"大型"の珪藻化石（約200μm以上）の大部分も除去されていることに注意する必要がある．近年の珪藻化石層序学は散布スライドに載る"小型"の珪藻化石の分類と利用により促進されてきた．大型の珪藻化石の分類と利用は今後の大きな課題の一つである．

3） 観察および算定

珪藻の観察は生物顕微鏡で500～1000倍の倍率で行う．殻の微細構造が種を識別する基準になることが多いので，高解像力のレンズを備えた顕微鏡が望ましい．珪藻はスライドに固定されたものを観察対象とするので，焦点の上下によって構造を把握するとともに，珪藻の殻は複数の構成要素に分離していることが多いので，どの部分をどの方向から観察しているかを常に念頭において分類することが大事である．

算定数は，100個体または200個体が一般的であり，算定後，さらに数百個体，またはスライド全域を検鏡して，稀産種の有無をチェックする．珪藻化石の殻は破片になることが多いが，前述のように小さな破片でも種を正確に認定できる場合が多いので，群集構成の把握には個体数をどのように認定するかが大事である．一般には殻の1/2以上保存されているもののみを1個体として認定する．ただし，属によっては常に殻のごく一部分しか残されていない場合があり，それぞれの属の形態に応じた認定が必要となる．たとえば，線形の長い殻をもつ仲間についてはほとんどが破片となっているので，殻の最先端部分が2個認められた場合には1個体と認定する，というような処置である．

10.4. 地質学への利用
1） 珪藻化石層序

珪藻の存在が顕微鏡で確認されたのは18世紀初頭であり，また日本産の珪藻（化石）が初めて記載されたのは約100年前（Brun・Tempere，1889）であるが，珪藻化石層序による時代決定や堆積環境の推定などの研究が開始されたのはごく最近になってからである．すなわち，有孔虫化石などの成果を背景に，珪藻生層序に関する先駆的な研究が1950～1960年代に精力的に行われた．その成果は，深海掘削計画などによる豊富なコア試料の入手によって一気に開花し，1970年代に入ると各地で広域対比に有効な珪藻化石帯区分が相次いで設定されるようになった．まず，Donahue（1970）が太平洋の両極地域で更新統の化石帯区分を行ったのに続いて，Burckle（1972）が東熱帯太平洋地域で，またKoizumi（1973 a, b）が北太平洋中高緯度地域で，それぞれ中期中新世から現世にいたる珪藻化石帯区分を設定して，珪藻化石が太平洋地域の新第三系珪質堆積物の時代決定に非常に有効であることを示した．その後これらの化石帯は増補・改訂が加えられ，解像力と信頼性を増大しており，各地に分布する珪質堆積物の時代決定にはなくてならない手段の一つとなっている．現在では，大西洋や南氷洋でも，また古第三系から後期白亜紀までの化石帯区分も提唱されている（Barron，1985；Fenner，1985）．

日本を含む北太平洋の中高緯度地域における第三系珪藻化石層序は，上記のようにKoizumi（1973 a, b）によって初めて中部中新統から現世までの連続的な化石層序区分の設定がなされ，その帯区分は1970年代を通じてこの地域全域に適用できる標準層序として有効に利用されてきた．しかし，その後その層序の大幅な増補や改訂が繰返し行われた結果，研究者間で異なった化石帯区分が使用される一時期があったが，最近になってほぼ統一された層序区分が使用されるようになっている（Koizumi，1985；Akiba，1986）．

現在使用されている珪藻化石帯区分は，1970年代のものに比べると飛躍的に解像力が増加しており，低緯度地域における浮遊性有孔虫化石層序にも匹敵するほどであり，化石帯そのものだけでも100万年（1 Ma）単位で，そのほかの基準面を使用すればもっと小さな単位で地質時代を決定したり，地層の対比を行うことができる（図10.5）．このように解像力が増大した理由は，良好な地質セクションの調査もさることながら，既存種の細分や新種の発見などの分類学の進歩に負う部分が大きい．特に，いわゆるDenticula属の細分の果たした役割が大きい．たとえば，1970年代には二つの化石帯にしか区分されて

266　　　　　　　　　　　　　　　Ⅱ　室内実験

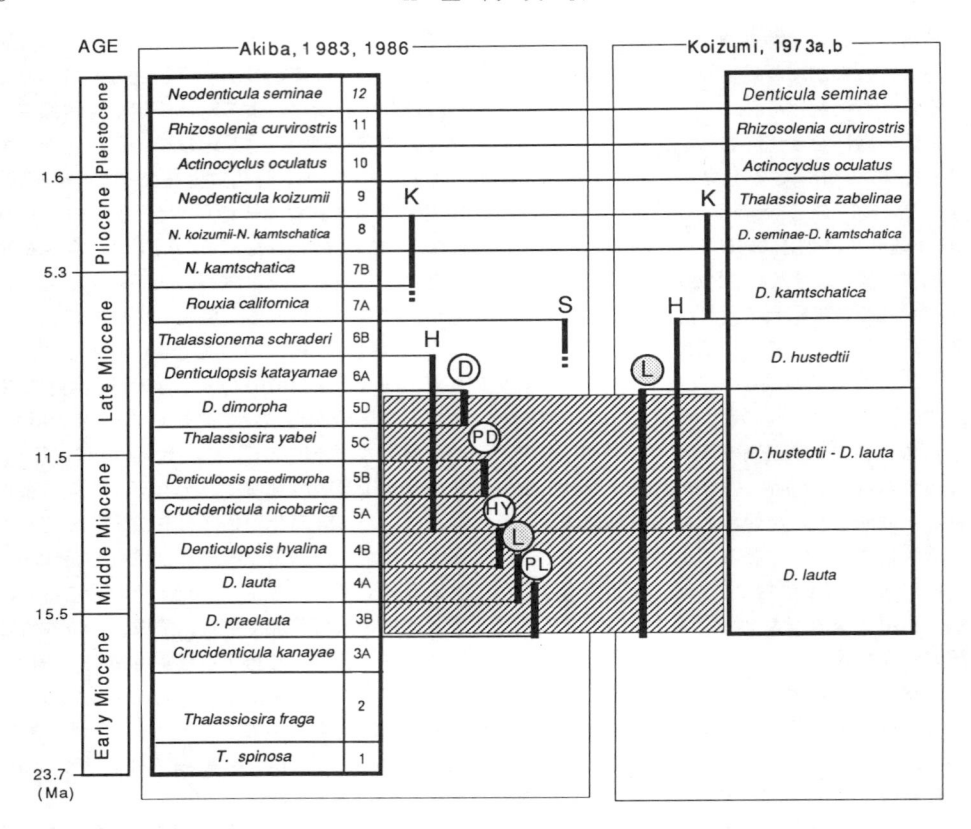

図10.5　北太平洋中高緯度地域における新第三系の珪藻化石帯区分の"進化"―1970年代（右側）と1980年代（左側）との比較―（秋葉原図）
1970年代の "*Denticula*" *lauta*（図のL）は1980年代には *Denticulopsis dimorpha*（D），*D. praedimorpha*（PD），*D. hyalina*（HY），*D. lauta*（L）および *D. praelauta*（PL）などに細分され，その結果，化石帯の解像力も増加した．その他の鍵種：K：*Neodenticula kamtschatica*，S：*Thalassionema schraderi*，H：*Denticulopsis hustedtii*.

いなかった中部中新統〜上部中新統の区間（図10.5の斜線部分）について，1980年代には七つもの化石帯が設定された理由は，*Denticula lauta* とよばれていた種が複数の種に細分され，それぞれ異なった生存期間をもつことが判明したことによる．いわゆる *Denticula* 属の仲間は，現在では属そのものが三つに細分されているが，その分類の変遷と現状および生層序学的意義については Akiba・Yanagisawa (1986) および Yanagisawa・Akiba (1990) に詳しいので参照されたい．

これらの化石帯は，上記のように非常に高い解像力をもっていることのほかに，次のような特徴をもっている．

（1）鍵種の産出頻度がきわめて大きく，かつ日本海側と太平洋側で群集差がほとんど認められないこと．これはこの化石帯が中高緯度種で定義されていることによる．各化石帯の鍵種または特徴種の産出頻度は一般に群集全体の数十％以上を占める場合が多い．したがって，化石帯の認定はきわめて短時間に行うことができる．また，連続セクションでなくとも，単一の試料でも，珪藻化石帯の認定と時代判定が可能である．各化石帯の群集組成は，ほぼ関東地域以北の東北日本において日本海側と太平洋側の間で基本的に同一であり，また遠くベーリング海やカリフォルニア地域などでもほぼ共通の内容となっている．

（2）単位試料に含まれる珪藻化石の含有量が非常に大きいこと．これはこの地域に珪藻化石を主体とする珪質堆積物が広く分布していることによる．たとえば，図10.6に示したように，珪藻化石は堆積物の30〜80％を占めることもあり，これらの堆積物には数百万〜数千万個体/g もの珪藻化石が含まれている．スライド上には数千〜数万個体も載ってくるので，この特徴も各化石帯を短時間で容易に認定

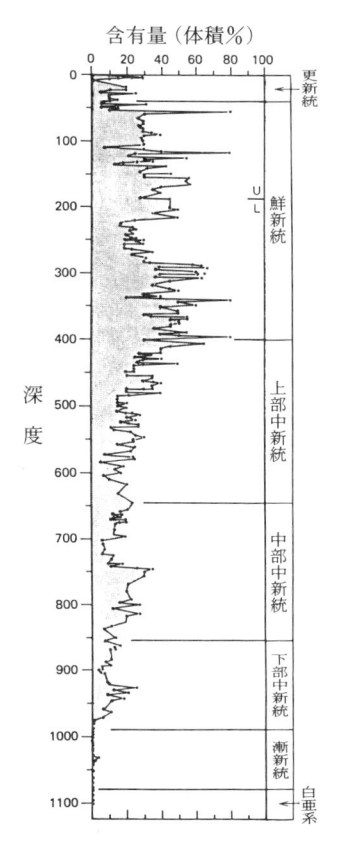

図10.6 八戸沖の深海掘削計画（DSDP），第57節，438地点および493地点における堆積物の珪藻化石含有量（体積％）（Arthor *et al.*, 1980）

することを可能にしている．

（3）風化作用に強いこと．これによって，風化した露頭の試料でも十分に分析が可能なので，化石帯の分布を平面的に追跡することもでき，地質調査において広域に同時代面を把握することが可能となる．

一方，珪藻化石の短所は，前述したように，続成作用に弱いことであり，珪藻の殻をつくっているオパールAが埋没続成作用の結果オパールCTに変化する段階で，珪藻の殻のほとんどが消滅してしまう．したがって，堆積量の大きい堆積盆の中心部などでは珪藻化石の利用は限られる．

2）環境解析その他

珪藻化石は，その多様な生態や生活型に基づいて以下のような古環境解析にも利用することができる．

まず，地層が淡水成か海成かの推定を行うことができる．おもに海岸平野の更新統の堆積物の解析などに使われており，海水準面変動を反映した海進海退の動きを淡水生，汽水生または海生のそれぞれの珪藻種の出現頻度で推定する．特に，主要な微化石（有孔虫，石灰質ナンノプランクトン，放散虫など）のなかでは淡水生の微化石は珪藻以外にはないので，淡水成の地層を認定する際のほとんど唯一の積極的な証拠となる．たとえば，日本海の大和堆から得られたピストンコアからは約4mの厚さの淡水成珪藻土が発見されているが（Burckle・Akiba, 1976），これは日本海が拡大する16 Ma前後またはそれ以前に大きな湖があった証拠と考えられている．古水深についても，底生種や沿海種の比率を調べることによって，ある程度の推定が可能である．底生種の生息深度が高々200 m以浅に限られるので，底生有孔虫によるもののような詳しい古水深解析はできないが，この解析にはこれまでほとんど記録されることのなかった浅海性の休眠胞子の含有量が今後有効に使えるのではないかと考えられる．

また，海生浮遊性種のなかの温暖種（低緯度種）と寒冷種（中高緯度種）の産出比率によって，海流系の変遷に基づいた古気候の推定を行うことができる．この手法はKanaya・Koizumi（1961）によって開発されたもので，その後で他の微化石にも応用されている．この手法は現存種の卓越する更新世でしか現在は利用されていないが，将来は絶滅種の古生態を推定することによって，鮮新世以前の地層にも適用されることが期待される．

その他にも，氷山に付着して生活する仲間を使って更新世における氷床の発達状況や海洋における過去の生産量の変化の推定など，各種の環境解析にも珪藻化石は利用されている．

まとめ

珪藻化石は少量の試料と簡便な処理で，短時間に多くの地質情報を収集できるので，深海堆積物の時代決定に不可欠な微化石であるとともに，東北日本に分布する新第三系の含珪藻化石層準の地質調査などにも今後ますます日常的に活用されると考えられる．また，淡水から海水までの水域に多産する性質を利用して，各種の環境解析にも利用できる．

〔秋葉　文雄〕

参考文献

秋葉文雄（1983）：北太平洋中高緯度地域の新第三系珪藻化石帯区分の改訂―基準面の評価と時代―．月刊海洋科学，vol. 15, no. 12, pp. 717-724.

Akiba, F. (1986) : Middle Miocene to Quaternary diatom

biostratigraphy for Deep Sea Drilling Project Leg 87 in the Nankai Trough and Japan Trench, and modified Lower Miocene through Quaternary diatom zones for middle-to-high latitudes of the North Pacific. *In* Kagami, H.・Karig, D.・Coulbourn, E. *et al*.: *Init. Repts. DSDP,* vol. 87, pp. 393-481.

Akiba, F.・Yanagisawa, Y. (1986): Taxonomy, morphology and phylogeny of the Neogene diatom zonal marker species in the middle-to-high latitudes of the North Pacific. *In* Kagami, H.・Karig, D.・Coulbourn, E. *et al*.: Init. Repts. DSDP, vol. 87, pp. 483-554.

Barron, J. (1985): Miocene to Holocene planktic diatoms. *In* Bolli, H. M.・Saunders, J. B.・Perch-Nielsen, K. (eds.): Plankton Stratigraphy, pp. 763-810. Cambridge Univ. Press.

Burckle, L. H.・Akiba, F., 1978: Implications of late Neogene fresh-water sediment in the Sea of Japan. *Geology*, vol. 6, pp. 123-127.

Brun, J.・Tempere, J. (1889): Diatomées fossiles du Japon, Espèces marines & nouvelles des calcaires argilex de Sendai et de Yédo. *Phy. d'Hist. Nat. Genève, Mem.*, no. 30, pp. 1-75.

Donahue, J. G. (1970): Pleistocene diatom as climatic indicators in the North Pacific sediments. *In*, Hays, L. D. (ed.): Geological Investigation of the North Pacific. *Geol. Soc. Amer., Mem.*, no. 126, pp. 121-138.

Fennner, J. (1985): Late Cretaceous to Oligocene planktic diatoms. *In* Bolli, H. M.・Saunders, J. B.・Perch-Nielsen, K. (eds.): Plankton Stratigraphy, pp. 713-762. Cambridge Univ. Press.

Hendey, N. I. (1964): An introductory account of the smaller algae of British Coastal Waters. Fishery Investigation Series IV, part V, Bacillariophyceae (Diatoms), 317 p.. Her Magesty's Stationary Office, London.

Hustedt, Fr. (1927-1966): Die Kieselalgen Deutschlands, Oestreichs und der Schweiz. *In* Rabenhorst: Kryptogamen-flora von Deutschland, Oestreich und der Schweiz. Bd. 7, 2581 S.. Akademische Verlagsgesellschaft.

Hustedt, Fr. (1930): Bacillariophyta (Diatomaceae). *In* A. Pascher: Die Süsswasser-flora Mitteleuropas, Heft 10, 466 S., Gustav Fischer Verlag.

巌佐耕三(1976):珪藻の生物学. UPバイオロジー・シリーズ, 136 pp. 東京大学出版会.

Kanaya, T.・Koizumi, I. (1966): Interpretation of diatom thanathocoenoses from the North Pacific applied to a study of core V20-130 (Studies of a deep-sea core V20-130. Part IV). *Tohoku Univ. Sci. Rep.,* 2nd Ser. (*Geol.*), vol. 37, no. 2, pp. 89-130.

Koizumi, I. (1973a): The stratigraphic ranges of marine planktonic diatoms and diatom biostratigraphy in Japan. *Mem. Geol. Soc. Japan*, no. 8, pp. 35-44.

Koizumi, I. (1973b): The Late Cenozoic diatoms of sites 189-193, Deep Sea Drilling Project. *In* Creager, J. S.・School, D. W., *et al*.: *Init. Repts. DSDP,* vol. 19, pp. 805-855.

小泉 格(1976):珪藻. 浅野 清(編):微古生物学, 中巻, pp. 138-221. 朝倉書店.

小泉 格(1979):珪藻類. 小畠郁生(編), 化石鑑定のガイド, pp. 181-187. 朝倉書店.

小泉 格(1980):海底に探る地球の歴史, 108p.. 東京大学出版会.

Koizumi, I. (1985): Diatom biochronology for Late Cenozoic Northwest Pacific. *Jour. Geol. Soc. Japan*, vol. 91, no. 3, pp. 195-211.

谷村好洋(1991):化石の採集法と処理法―珪藻・珪質鞭毛藻―. 日本古生物学会(編):古生物学事典, p. 389. 朝倉書店.

山路 勇(1972):日本プランクトン図鑑, 238 pp. 保育社.

Yanagisawa, Y.・Akiba, F. (1990): Taxonomy and phylogeny of the three marine diatom genera, *Crucidenticula, Denticulopsis* and *Nedenticula. Bull. Geol. Surv. Japan*. vol. 41, no. 5, pp. 197-301.

11. 有孔虫の観察と利用 (1)

　有孔虫は，単細胞のアメーバや有殻アメーバ類に近縁な原生動物である．その殻は，美しいさまざまな形や模様を示し，光学顕微鏡で観察することができる．カンブリア紀に地球上に出現した有孔虫は，その後海域に広く適応しながら進化した．中生代になると浮遊生活を営む有孔虫が出現し，底生有孔虫と浮遊性有孔虫とよばれる異なる環境に生活するものからなる微化石として，活発に研究されている．現生種も数多く存在する．

　有孔虫の殻は，普通 1 mm 以下の大きさであるが，野外で肉眼やルーペによって地層や堆積物中にその存在を確認することができる．有孔虫は少ない試料中に多く含まれ，岩石の処理によって一個体ずつ取り出すことができるので，おのおのの個体を顕微鏡下で大形化石と同様に自由に観察することができる．このように，有孔虫に関する実験などの作業は，肉眼や顕微鏡で確認しながら比較的容易に進めることができるといえよう．

11.1. 岩石試料の採取

　有孔虫は，海成層ないし汽水成層の堆積岩または堆積物中に産出する．研究に適した保存のよい有孔虫化石を得るには，有孔虫を露頭で確認すること以外にも，他の化石の存在や保存状態，岩石の粒度，岩石の風化状態や変質の程度などに注意して，岩石試料を採取することが必要である．

　岩石試料を採取するときに最も気になることは，はたして有孔虫化石がそのなかに含まれているかということであろう．岩石の表面に 1 ないし数個体の有孔虫の殻を確認することができれば，その岩石を処理することによって，十分な数の有孔虫を得ることができる．有孔虫の殻を岩石試料中に確認するには，露頭からなるべく新鮮な岩石片をハンマーで取り出し，その表面に見える有孔虫を探す．大きさが 0.5 mm 程度の，白またはあめ色がかった石灰質の粒状の殻をさがし，ルーペで観察すると，球状・円盤状・棒状などの有孔虫に特有な形を認めることができる．

　有孔虫は，堆積物として運搬作用を受けるので，有孔虫の殻の大きさよりある程度以上の粒度の堆積物には含まれない．泥岩や細粒〜中粒砂岩中には有孔虫が存在するが，粗粒砂岩や礫岩中には含まれない場合が多い．したがって，なるべく細粒の岩石試料を採取することが望ましい．露頭が砂岩泥岩互層からなる場合は，砂岩には運搬作用を受け二次的に堆積した異地性の有孔虫が含まれる可能性があるので，泥岩の試料を採取した方が研究の目的に合うであろう．また，火山灰層または火山灰質層には，有孔虫は含まれないかまたは少ないことが多い．

　岩石試料を採取するときに，他に考慮することは，できるだけ保存状態のよい化石を得ることである．保存状態が悪いものは，岩石処理の過程で殻が破壊されることが多く，有孔虫の観察を満足に行えない結果になる．有孔虫の殻は，微小な方解石またはアラレ石が集まってできている．これらの鉱物は，変質作用や変成作用を受けやすいので，露頭の岩石がそのような作用を受けていない場所や，できるだけその程度の少ない場所を選ぶとよい．また，露頭の周辺部は風化作用を受けているので，その影響が少ない所から岩石を採取する．露頭の表面から数十 cm 掘って岩石を採取したり，河床から試料を得ることもある．露頭で，有孔虫と同じ石灰質の殻からできている貝類などの大形化石の保存状態を調べることも参考になる．岩石試料中に有孔虫化石を見つけた場合は，その殻をルーペで観察したり，針や指先などで壊してみると，保存状態をある程度知ることができる．

　岩石試料を採取する場合に考慮すべき事項について記述したが，有孔虫化石の産出と保存状態は，一般に，地質年代が古くなるほど悪くなる傾向を示す．第四紀〜新第三紀鮮新世の時代の地層は，比較的保存のよい有孔虫化石を多く産する．その例としては，関東地方南部の房総半島や三浦半島に分布する下総層群，上総層群，三浦層群などをあげることができる．新第三紀中新世の地層になると有孔虫化石の産出と保存状態は徐々に悪くなり，たとえば，前期中新世の地層から有孔虫化石を得ることは，上記の地層などに比べて，よりむずかしいことといえる．野

外において岩石中に有孔虫化石が確認できない場合でも，有孔虫は本来地層中にたいへん多く含まれているので，十分注意して試料採取を行えば，目的に合った試料を得ることができる．岩石試料の採取量は，研究の目的によって異なるが，一つの試料につき300～500g程度をその目安にするとよい．

11.2. 岩石試料の処理

野外で採取した岩石試料は，次に実験室で有孔虫化石を岩石から分離するための処理が行われる．岩石を処理する作業は，岩石の粉砕，化学処理および水洗で，この順序で行う．この過程では，硬い岩石から壊れやすい有孔虫化石を取り出すので，できるだけ有孔虫の殻を破損しないよう注意深く行うことが必要である．

岩石試料は，まず一定の大きさ以下の細かい破片にする．未固結の砂や泥の試料の場合は，手でほぐし，大型化石やその破片または礫などの不要なものを取り除く．固結した岩石の場合は，鉄乳鉢を用いて粉砕する．試料を一定の大きさ以下にするには，岩石を鉄乳鉢で粉砕しながら適宜ふるいにかけて，ふるいの目を通らない試料を再び鉄乳鉢で粉砕する作業を繰返す．ふるいは，試料に含まれる有孔虫の殻が網の目を通過できるものを選び，通常，網の目の大きさが2mm程度かそれ以上のものを用いる．

次に，有孔虫化石と岩石を分離する作業を行う．岩石試料はその硬さなどの岩石学的な性質がそれぞれ異なるので，おのおのの試料に適した方法で処理する．ここでは，試料を未固結の堆積物，軟らかい岩石，硬い岩石に分けて，その処理方法について説明する．

1) 未固結の堆積物

第四紀の未固結堆積物や現生堆積物の試料では，有孔虫の殻のよごれや付着物および不要な泥の成分を取り除くため，ふるいを用いて水洗を行う．直径15cm，深さ5cm程度の大きさの金属製の網ふるいに試料を入れて，水道に付けたシャワー用の蛇口などからのある程度流れの強い水によって水洗する．ふるいを通った水が濁らなくなるまで水洗を続ける．次に，ふるいに残った残渣を電球の光に当ててその熱で乾燥させるか，または，電気乾燥器で有孔虫の殻をいためない50～80℃程度の温度で乾燥させる．使用するふるいの網の目の大きさは，研究者や研究目的によって異なり一定ではないが，250メッシュ(mesh)(網の目の大きさ0.063mm)，200メッシュ(0.074mm)，120メッシュ(0.125mm)，100メッシュ(0.149mm)などが使われている．試料中の小さい有孔虫を洗い流すことのないサイズを選ぶことが理想的である．本邦の地層からの試料の場合，筆者は200メッシュのふるいを使用している．

乾燥した残渣に含まれる有孔虫が少ない場合や，残渣中の堆積物の量が多い場合，または有孔虫の存在を簡単に調べたい場合などには，四塩化炭素(CCl_4)を使った処理を行うことができる．四塩化炭素は，比重1.6のやや重い液体で，有孔虫の殻をその液体中に浮かせて堆積物から分離することができる．そのやり方は，水洗して乾燥済みの残渣をビーカーに入れ，四塩化炭素を十分に注ぎ，ガラス棒で攪拌する．四塩化炭素の液体の表面に浮いた有孔虫や軽い堆積物などを，ガラスロートにセットした濾紙に注ぎ分離する．この作業を数回繰返したあと，濾紙をしばらく放置すると，四塩化炭素が残渣から蒸発する．四塩化炭素はその扱いに注意が必要であるが，使用した液を回収して何回も使うことができる．有孔虫のなかには，四塩化炭素中に浮かないものがあるので，研究目的によってはビーカー内に残った試料をよく調べる必要がある．

2) 軟かい岩石

第四紀の固結した岩石や，鮮新世のそれほど硬くない岩石の処理について，ここで説明する．岩石試料は，すでに述べたように，鉄乳鉢で一定の大きさ以下に粉砕する．その試料を，未固結の堆積物と同様に，ふるいを用いて水洗する．固結している試料を分解するために，指と指の間で試料をこすりつぶしながら，念入りに水洗を行う．扱う試料の分解をさらに助ける簡単で適当な方法があれば試みるとよい．たとえば，水洗前に試料に水を加えて手鍋などで一定時間煮沸することや，試料に水を浸み込ませて冷蔵庫で凍らせることなどがあろう．最後に，ふるいに残った残渣を乾燥させて処理を終わる．

3) 硬い岩石

鮮新世や中新世の地層から採取された硬い岩石は，上記の方法ではうまく処理できないので，水洗する前に薬品などを用いた処理を行う．いくつかの異なる処理方法があるが，ここでは効果が比較的高く特別な実験設備などを必要としない，硫酸ナトリウム(Na_2SO_4)を用いる方法を記す．この方法は，溶解度の高い硫酸ナトリウムの過飽和水溶液を岩石中に滲みこませたあと，岩石内で結晶させて，その物理的な力によって岩石を砕く方法である．

岩石試料は，すでに述べたように，鉄乳鉢で一定の大きさ以下に粉砕する．試料を蒸発皿かアルマイ

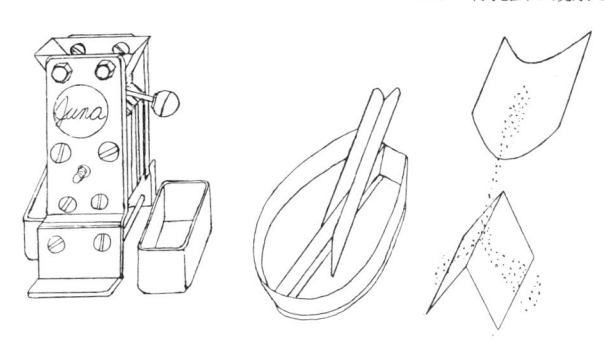

図 11.1 試料を分割するための器具（栗原原図）
左より試料分割器，簡易型試料分割器，および紙を折ったもので分割する方法．

ト製などの壊れにくい容器に入れて，電気乾燥器内の約 100°C くらいの温度で半日〜1 日間熱して脱水させる．脱水が終わったら，三角フラスコなどの容器に硫酸ナトリウムと水を入れ，沸騰するまで徐々に熱して過飽和水溶液をつくる．その液を約 100°C に熱した状態の試料に注意深く注ぎ，十分に浸るようにする．そのまま室内に 1〜3 日間放置しておくと，岩石試料が硫酸ナトリウムの白い結晶に覆われてくる．次に，試料に熱湯を注いで手鍋などに移し，湯を加えて 10 分〜数十分間程度煮沸して，結晶を再び水に溶解させる．その後，ふるいを用いて 2) で述べた通りに水洗すると，岩石試料が細かく分解される．

硫酸ナトリウムを使う処理法は，関東地方を例にあげると，前期中新世以降の岩石にかなり有効な方法であり，銚子地域の白亜系のようにさらに古い地層に効果がある場合もある．しかし，この方法が効果的でない場合やより古い時代の古第三紀〜中生代の地層に対しては，他の薬品などを用いる方法を試みる必要がある．ナフサ(naphtha)を用いる方法(米谷・井上，1973；尾田，1978 b)や"カリボール"(テトラフェニルほう酸ナトリウム：$C_{24}H_{20}BNa$)を用いる方法(安田・他，1985)などの文献を参照して試みると，良い結果が期待できるであろう．なお，岩石試料の処理の過程で異なる試料が混じり合わないように，使用器具は 1 回ごとによく水洗するとよい．得られた残渣は管瓶や小さいビニール袋などに入れて保存する．

11.3. 有孔虫のひろい出し

岩石試料を処理して得られる残渣は，有孔虫と堆積物が混じりあったものである．試料に含まれる有孔虫を分類するには，この残渣を双眼顕微鏡下で観察しながら有孔虫の種名を決め，それぞれの種の頻度を記録していく方法と，有孔虫を残渣からひろい出した後に行う方法がある．残渣を直接観察するやり方の方が一般的な研究方法と思われるが，日本ではあとの方法が普通に行われているようである．有孔虫を残渣からひろい出すやり方は時間と手間が余計にかかるが，実験の精度の点からは望ましい方法であろう．その手順は次の通りである．

岩石を処理して得られた残渣試料には，多数の有孔虫が含まれている場合が多い．したがって，試料の分割をまず行い，ひろい出すのに適した分量にする．試料の分割は，均等に 2 分割し，得られた一方の試料をさらに 2 分割することを続けて，もとの試料の 1/2, 1/4, 1/8, 1/16, ……に分割された部分にする．この分割には，試料分割器(sample splitter, microsplitter)を使うと容易に均等分割ができる．簡易型の分割器や紙を山型に折ったものなどを用いても，注意深く分割を行えばかなり良い結果が得られる．なお，試料の取扱いにはブラシを使い，器具の掃除にはブラシや写真用のブロワーを用いる．

次に，分割した試料から適当なものを選び，ひろい出し用の皿に試料をできるだけ均等に散布する．ひろい出し用の皿は，真鍮製のもの，ガラス製のシャーレ型のものなどがあり，ボール紙でつくることもできる．どれもバックを黒にして，5 mm 程度の間隔で直線ないし方眼の線を書いたものである．

有孔虫を残渣からひろい出す作業は，双眼実体顕

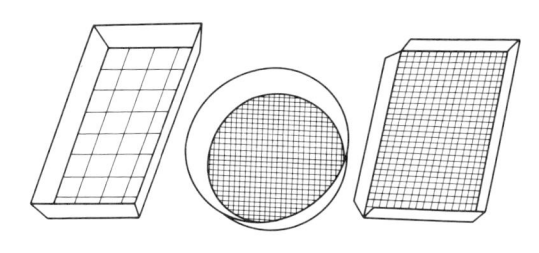

図 11.2 有孔虫ひろい出し用皿（栗原原図）
左より真鍮製，ガラス製，厚紙でつくったもの．

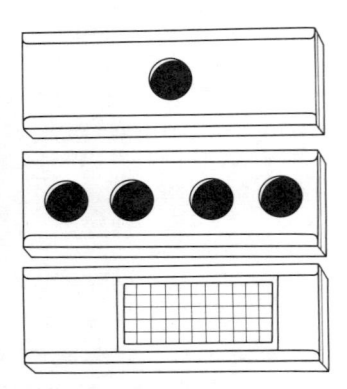

図 11.3　有孔虫用スライド（栗原原図）

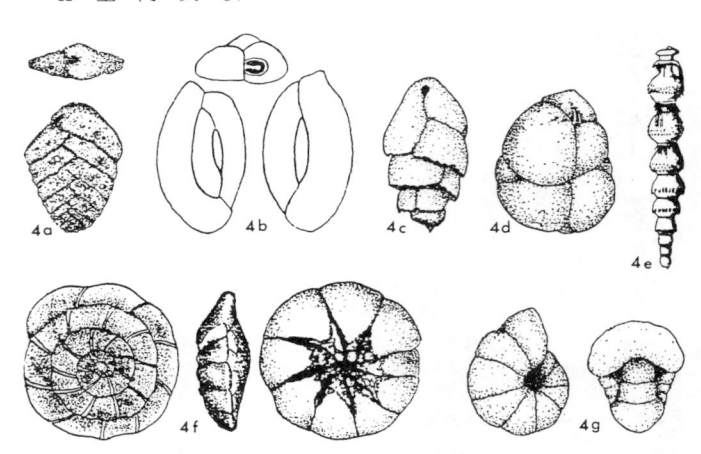

図 11.4　底生有孔虫（Asano, 1950-1952）
4 a：*Textularia lythostrota*，4 b：*Quinqueloculina seminula*，4 c：*Bulimina marginata*，4 d：*Cassidulina subglobosa*，4 e：*Stilostomella lepidula*，4 f：*Ammonia takanabensis*，4 g：*Melonis pompilioides*.

顕微鏡下で試料が散布された皿を端から上下に移動させて行う．有孔虫を見つけたら，水に湿した面相筆の先で有孔虫用スライドに移す．有孔虫のひろい出しでは，研究目的によって，群集全体をひろい出す場合と，特定の種やグループをひろい出す場合がある．有孔虫群集を研究する場合は，底生有孔虫と浮遊性有孔虫は別々の群集として扱われるので，目的のものを200個体かそれ以上を一つのサンプルからひろい出す．分割された試料より必要量を適宜選んで必要な数の有孔虫をひろい出す．底生有孔虫をひろい出す場合，できれば共存する浮遊性有孔虫もひろい出しておくと，役に立つ場合がある．有孔虫かどうか判断しかねる個体もいちおうスライドに移しておくとよい．ひろい出しの終わった残渣を保存しておくと，この過程の再チェックができる．この有孔虫をひろい出す作業では，見落としがないよう十分注意し，試料の散布とひろい出しの作業を2～3回繰返すことが望ましい．

11.4.　有孔虫の分類

現在知られている化石および現生の有孔虫は，約1000属で，種の数は4万種に達するともいわれている．その分類については，Loeblich・Tappan（1964, 1988）によって属以上の分類がまとめられている．また，高柳（1970, 1973），高柳・他（1975）によって有孔虫について詳説されているので，これらの本を参考にして有孔虫の分類について理解することが望ましい．ここでは，実際に有孔虫を分類する作業の手順に従いながら，有孔虫の分類について説明する．

ひろい出された有孔虫が集められたスライドを双眼実体顕微鏡で観察すると，有孔虫以外に堆積物や他の微化石などが認められるであろう．まず，不要な堆積物を顕微鏡で観察しながら水に湿した筆を使って取り除く．次に，有孔虫ではないと判断した微化石などをスライドの端に集めてのりづけしておく．のりづけは，トラガント（tragacanth）を水にといて熱し，防腐剤を加えてつくった液状のトラガントのりを筆先につけて行う．こののりは，筆先に水をつけて触れると，すぐのりづけがとれるもので，以下の有孔虫の分類でも適宜使用する．さらに，浮遊性有孔虫と底生有孔虫を分けてのりづけしておくとよい．浮遊性有孔虫は薄い殻と球状の室などで特徴づけられる有孔虫である．以上のような準備が整ったら，次に有孔虫を分類する作業を行う．

有孔虫類は有孔虫目に分類され，殻の構成物とその構造により五つの亜目に分けられ，Allogromiina 亜目（類キチン質の殻），Textulariina 亜目（砂質），Fusulinina 亜目（微粒方解石），Miliolina 亜目（石灰質で磁器質），Rotaliina 亜目（石灰質で多孔質）からなる．そのうち新生代の試料中にみられるのは，堆積物の砂粒などを集めて殻をつくり，砂質有孔虫ともよばれる Textulariina 亜目（図 11.4 a）と，石灰質の磁器質殻で無孔質の構造である Miliolina 亜目（図 11.4 b），および多孔質のガラス状石灰質殻の Rotaliina 亜目（図 11.4 c～g）で，スライド中の有孔虫の殻を観察してそれぞれのグループに分類する．おそらく，Rotaliina 亜目の有孔虫が群集の大部分を占める試料が多いであろう．各亜目の有孔虫は，殻を構成する室の配列・隔壁の構造・口孔の形態その他の特徴により，さらに上科，科，亜科，属に分

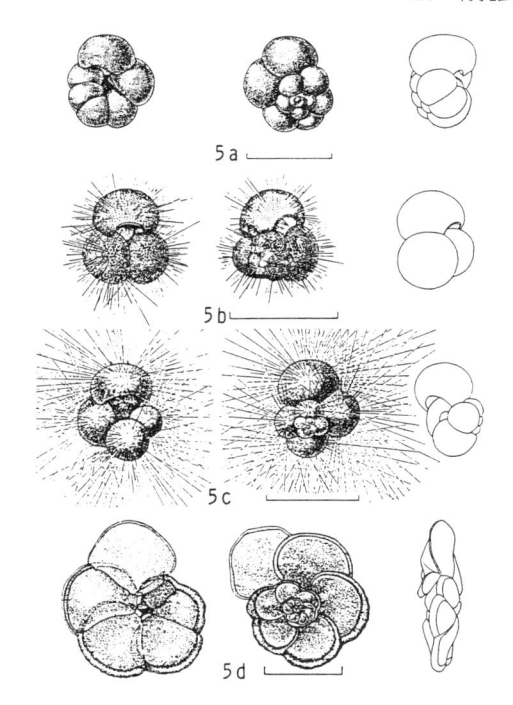

図 11.5 浮遊性有孔虫(Bé, 1967)
5a：*Globoquadrina dutertrei*, 5b：*Globigerinoides ruber*,
5c：*Globigerina bulloides*, 5d：*Globorotalia menardii*.
横棒は 0.5 mm の長さを示し，標本はすべて現生有孔虫．

有孔虫の殻の細かい形態をよりはっきりと顕微鏡で観察するために，面相筆を使ってスライド中の殻を水またはひまし油に浸して見ることや，食紅で殻を染めることなどが行われる．走査型電子顕微鏡(SEM)写真は，光学顕微鏡では見えない部分まで鮮明に写し出し，有孔虫を分類するうえで大変重要な役割を果たしている．なお，産出する有孔虫のおもな種をひろい出して，それぞれの種の標本スライドをつくっておくと，分類を進めるうえで便利であろう．

11.5. 有孔虫の利用

有孔虫の研究はさまざまな目的をもって行われ，その成果は地球科学の多くの分野で利用されている．特に有孔虫の研究において重要な分野としては，有孔虫に関する生物学的な研究，地質学的な研究，海洋学的な研究のそれぞれの分野をあげることができる．

生きている有孔虫は原形質と殻からできていて，それぞれの構成物・その働き・生活様式，その他について，おもに現生有孔虫を対象にして研究が行われている．一部の種は実験室で飼育して，その生態を実際に観察して研究が進められている．有孔虫の海における分布については，堆積物中の遺骸群集を統計的に処理することによって調べられ，また，殻の形態や表面の装飾の変化などについても統計的な分析が行われ，生態や進化との関連が探られている．これらの研究は，有孔虫の生物としての姿を明らかにし，また系統分類や生物の進化の理解に役立っている．海底における底生有孔虫群集の一般的な特徴を図 11.6 に示した．

有孔虫の多様性・広い分布・早い進化・豊富な産出などの特徴は，化石層位学における重要な位置を示し，地層の対比や年代の決定に大きな役割を果たしている．たとえば，人類が石油とともに生きてき

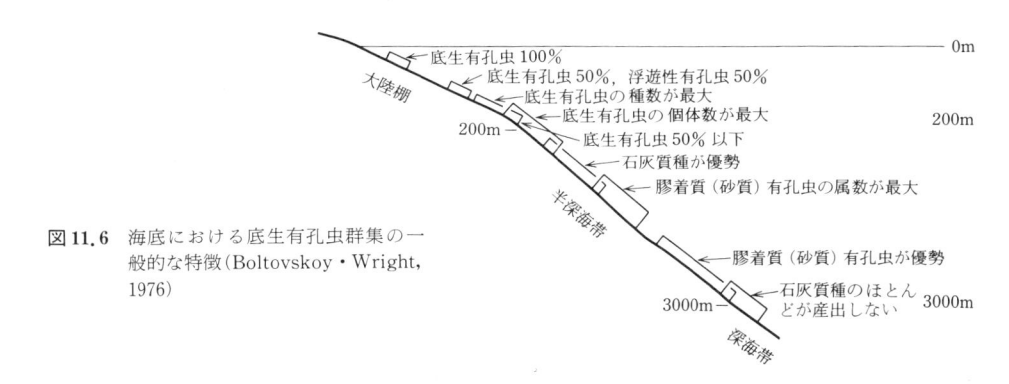

類される．前記文献に各属についてその特徴が記載され，また日本産の主要な属やその検索表なども示されているので，それらを参考にして有孔虫を分類し，それぞれの属名を調べる．なお，浮遊性有孔虫は Rotaliina 亜目 Globigerinacea 上科に属する有孔虫のグループで，そのおもな属を図 11.5 に示した．種名については，研究対象と関連の深い公表された有孔虫の論文を調べたり，有孔虫のカタログ，たとえば Asano(1950-1952)，Ellis・Messina(1940-)，Saito *et al.* (1981)などを参照する．

図 11.6 海底における底生有孔虫群集の一般的な特徴(Boltovskoy・Wright, 1976)

底生有孔虫 100%
底生有孔虫 50%，浮遊性有孔虫 50%
底生有孔虫の種数が最大
底生有孔虫の個体数が最大
底生有孔虫 50% 以下
石灰質種が優勢
膠着質(砂質)有孔虫の属数が最大
膠着質(砂質)有孔虫が優勢
石灰質種のほとんどが産出しない

大陸棚　半深海帯　深海帯
0m　200m　3000m

たこの130年あまりの近代石油産業の歴史のなかで，油田の発見には有孔虫が常に大きな役割を果たしてきた．1960年ごろになると浮遊性有孔虫の分類と層位学的産出の検討が広く行われて，浮遊性有孔虫化石帯区分が行われ，世界の新生代の地層の対比と年代決定に関する研究が飛躍的に進歩した．そして，浮遊性有孔虫化石帯のそれぞれに古第三紀はP1-P22，新第三紀はN1-N23とナンバーが付けられたことによって，このナンバーが地層の年代を詳しくまた手軽に示すものとして地質学の各分野で広く使われている．この化石帯をナンバーで表す方式は，他の微化石の分野でも現在用いられている．

一方，有孔虫は環境に対してたいへん敏感な生物であり，過去の地球の環境を知るうえでも重要なものである．化石有孔虫の群集組成・優勢種・種数・個体数，浮遊性有孔虫と底生有孔虫の比，殻の形態や装飾，その他のデータを現生有孔虫のものと比較することによって，堆積環境を詳細に知ることが可能である．このような研究は日本や世界の各地で活発に行われていて，たとえば，関東地方房総半島の上総層群では底生有孔虫群集と浮遊性有孔虫群集の詳細な研究によって古環境の復元が行われている（青木，1964，1968；Oda，1978a など）．

有孔虫は地球の約3/4を占める海洋において，底生有孔虫と浮遊性有孔虫の生態と分布が示すように広い範囲にわたる地理的分布と深度分布を示す．このことは，現在の海洋に関するさまざまな問題の解決に寄与するだけでなく，過去の海洋の歴史を明らかにするうえで，有孔虫がたいへん貢献できることを示している．古海洋に関する問題，たとえば，水塊の変化，古水温，古気候，古生物地理区，海水準の変化，海峡などの歴史と変遷については，1968年に始まった深海掘削計画（DSDP，ODP）の採取試料を使って大きな成果があげられている．また，このような古海洋に関する課題に対しては，有孔虫の殻の酸素同位体比（$^{18}O/^{16}O$）と炭素同位体比（$^{13}C/^{12}C$）を質量分析計で測定することによって，別の立場から問題の解決にたいへん貢献している．さらに，有孔虫の殻に含まれる微量元素の分析によって同様な試みがなされている．

まとめ

実験の手順に従って有孔虫の取り扱いについて説明した．十分に説明できなかった点もあるので，必要に応じて有孔虫に関する参考書を調べたり，大学・研究所・博物館などの研究室に尋ねてほしい．

有孔虫化石を岩石から時間をかけて取り出して顕微鏡で観察すると，殻の形や表面の模様の複雑さと多様性にきっと驚かされるであろう．このような美しい世界が，ふだん人間の目の届かない地球上の広い地域に展開していることに目を向けることは意義のある楽しいことであろう．〔栗原　謙二〕

参考文献

青木直昭(1964)：房総半島の鮮新世一更新世浮遊性有孔虫化石群．地質学雑誌，vol. 70, pp. 170-179．

Aoki, N. (1968)：Benthonic foraminiferal zonation of the Kazusa Group, Boso Peninsula. Trans. Proc. Palaeont. Soc. Japan, N. S., no. 70, pp. 238-266.

Asano, K. (1950-1952)：Illustrated Catalogue of Japanese Tertiary Smaller Foraminifera, Pts. 1-15 & Supplement no. 1. Hosokawa Printing Co..

Bé, A. W. H. (1967)：Foraminifera, Families：Globigerinidae and Globorotaliidae. Fiches d'Identification du Zooplancton. Conseil permanent international pour l' exploration de la mer, Zooplankton Sheet 108, 8 p..

Bolli, H. M., Saunders, J. B.・Perch-Nielsen, K. (eds.) (1989)：Plankton Stratigraphy, vols. 1・2, 1006 p.. Cambridge Univ. Press.

Boltovskoy, E.・Wright, R. (1976)：Recent Foraminifera. 515 p.. Dr. W. Junk B. V. Publishers, The Hague.

Ellis, B. F.・Messina, A. (1940 et seq.)：Catalogue of Foraminifera. vols. 1-45 & supplement vols., Am. Mus. Nat. Hist., New York.

Hemleben, C., Kaminskii, M. A., Kuhnt, W.・Scott, D. B. (eds.) (1990)：Paleoecology, Biostratigraphy, Paleoceanography and Taxonomy of Agglutinated Foraminifera, 1015 p.. Kluwer Academic Publ.

Loeblich, A. R., Jr.・Tappan, H. (1964)：Sarcodina chiefly "Thecamoebians" and Foraminiferida. Treatise on Invertebrate Paleontology, Part C, Protista 2, vols. 1 & 2, pp. 1-900. Geol. Soc. Amer. & Univ. Kansas Press.

Loeblich, A. R., Jr.・Tappan, H. (1988)：Foraminiferal Genera and their Classification. 970p., 847pls.. Van Nostrand Reinhold Co., New York.

米谷盛寿郎・井上洋子(1973)：微化石研究のための効果的岩石処理法について．化石，nos. 25・26, pp. 87-96．日本古生物学会．

Oda, M. (1978a)：Planktonic foramimiferal biostratigraphy of the late Cenozoic sedimentary sequence, central Honshu, Japan. Sci. Rep. Tohoku Univ., 2nd Ser. (Geol.), vol. 48, pp. 1-72.

尾田太良(1978 b)：試料処理と標本の作成．有孔虫・貝形虫．微化石研究マニュアル，pp. 33-46．朝倉書店．

Saito, T., Thompson, P. R.・Breger, D. (1981)：Systematic Index of Recent and Pleistocene Planktonic Foraminifera. 190 p.. University of Tokyo Press.

高柳洋吉(1970)：有孔虫．微古生物学，上巻，pp. 34-200．朝倉書店．

高柳洋吉(1973)：有孔虫類．新版古生物学 I, pp. 65-95．朝倉書店．

高柳洋吉・他(1975)：有孔虫類．古生物学各論，vol. 2, pp. 9 -128．築地書館．

安田尚登・高柳洋吉・長谷川四郎(1985)：NaTPBによる硬質岩石分解法．化石，no. 39, pp. 17-27, 日本古生物学会．

12. 有孔虫の観察と利用 (2)

　有孔虫類は古生代初期のカンブリア紀(570〜510 Ma)に出現した．これらは小型のきわめて簡単な形態の殻を備えていたが，しだいに進化し，シルル紀(439〜409 Ma)あたりからやや複雑な形態の殻をもったものが現れた．古生代後期の石炭紀に入ると有孔虫は急激に進化し，形態が複雑化し大型の殻をもったものも現れ，多くの属種に分化した．石炭紀後期末(322〜290 Ma)にはフズリナ上科の出現と相まって，ペルム紀(290〜245 Ma)にかけて古生代有孔虫は繁栄の極に達し，示準化石として重要な役割を果たすようになった．わが国では古生代有孔虫，特にフズリナ類の研究は古くから盛んに行われ，石炭・ペルム両系の石灰岩の化石層位学的分帯が確立された．しかし，フズリナ類以外の有孔虫の研究は著しく遅れていたが，近年注目されるようになり，その研究が進展しつつある．

12.1. 研究法

　採集法：野外で古生代有孔虫化石を採集するにあたっては，一般に次のような点に留意する必要がある．

　古生代有孔虫は一般に石灰岩に含まれているが，ときには石灰質砂岩・頁岩や凝灰岩などから産出することもある．これらは肉眼あるいはルーペで十分その存在が確かめられる程度の大きさのものが大部分であるが，なかには薄片にして顕微鏡下で初めて見出されるような小型のものもある．野外で岩石の表面やハンマーなどの破断面で化石が見えにくい場合には，水で濡らすと明瞭に見える場合がある．外国では有孔虫が石灰岩などから風化作用によって洗い出されて単体として大量に採集できることがある．わが国でもときにそのような標本が得られるが，顕著な風化作用を受けていなくても石灰岩を割ったときに直接個体で取り出せる場合もある．砂岩や頁岩などに有孔虫化石が含まれている場合には，岩石の表面では有孔虫の石灰質の殻が溶けて，単なる穴のように見えることがある．しかし，岩石の内部では殻が溶解をまぬがれて保存されていることがあるので注意を要する．

　野外でサンプルを採集するときは，その研究目的に応じてルートマップや柱状図を作成し，産出層準などを詳細に記録する必要がある．

　室内作業：野外で採集した有孔虫を室内で詳細に研究して鑑定をするには，いろいろな作業が必要である．その作業は大きく分けて二つの方法がある．その一つは薄片にする方法で，最も普遍的に広く行われている．有孔虫を薄片で鑑定するには少なくとも直交する2方向の断面が必要で，野外で採集した岩石片から岩石チップを切断する際にその方向に注意する必要がある．さらに，これらをスライドガラスに貼る段階まで研磨していく際にも，初房(初室)の中心まで研磨が進んでいるか，切断面が旋回軸に対してどのような角度にあるかなど双眼実体顕微鏡で確認しながら研磨面を微調整し，細心の注意を払って作業を進めなければならない．薄片の厚さは一般の岩石薄片と同じか，それよりやや厚めが見やすい場合もある(p. 278 図 12.3, 4, 5 はフズリナ類の例)．

　有孔虫の個体を石灰岩などから酸を使って溶解し，分離する方法も研究上たいへん有効なことがある．石灰岩を酢酸(CH_3COOH)，場合によっては希塩酸(HCl)で溶解すると，他の微化石とともに母岩から分離できることがある．酸の種類や濃度，溶解の時間などは化石の種類や保存状態でそれぞれ一義的に特定できないので，いろいろと条件を変えて試す必要がある．分離された有孔虫はそのまま外部形態を双眼実体顕微鏡や走査型電子顕微鏡で観察する．また必要に応じて定方位薄片にして検鏡するが，微小な個体のものは樹脂などに埋め，作業を進めると薄片にしやすい(II-3章参照)．

　有孔虫化石の鑑定には，殻の外部形態・旋回のパターン・殻壁や隔壁などの微細構造などを詳細に観察しなければならない．このため，作成した薄片や分離した個体の検鏡とともに，拡大撮影した写真を使うのが便利である．このため，有孔虫の研究には顕微鏡写真の撮影技術をマスターしておく必要がある．

12.2. 古生代の有孔虫

有孔虫は多くの科に分類されているが，古生代に関係する科の層位学的分布を示したのが図12.1である．

カンブリア系からすでに産出した有孔虫は，古生代末には6亜目71科に及ぶ．特にシルル紀に出現し古生代末には姿を消すFusulinina亜目は特徴的である．Fusulinina亜目のなかでもFusulina上科は石炭紀からペルム紀の間に分化し大発展した．フズリナ類は，世界的にみて主要な分布地域で非常に

亜目	上科	科	地質年代					
			カンブリア紀	オルドビス紀	シルル紀	デボン紀	石炭紀	ペルム紀
Allogomiina		Maylisoriidae		───				
		Allogromiidae	───────────────────────					
Textulariina	Astrorhizacea	Astrorhizidae	───────────────────────					
		Bathysiphonidae	────────────					
		Dryorhizopsidae					──	──
		Hippocrepinellidae					───	───
		Psammosphaeridae	───────────────────────					
		Saccamminidae	───────────────────────					
		Hemisphaeramminidae	──────────					
		Diffusilinidae				───	───	───
	Hippocrepinacea	Hippocrepinidae	────────					
		Hyperamminoididae	───────────────────────					
	Ammodiscacea	Ammodiscidae	───────────────────────					
	Hormosinacea	Hormosinidae	───────────────────────					
	Lituolacea	Oxinoxisidae		────────				
		Lituolidae			───────────────			
	Spiroplectamminacea	Spiroplectamminidae		───────────────────				
	Trochamminacea	Trochamminidae		───────────────────				
	Verneuilinacea	Verneuilinidae		────────────				
Fusulinina	Parathuramminacea	Archaesphaeridae			─────			
		Parathuramminidae			─────			
		Chrysothuramminidae			─────			
		Ivanovellidae				──		
		Marginaridae				──		
		Uralinellidae				──		
		Auroriidae				──		
		Usloniidae				──		
		Eovolutinidae				──		
		Tuberitinidae				─────		
	Earlandiacea	Earlandiidae				───────		
		Pseudoammodiscidae					──	
		Pseudolituotubidae					──	
	Archaediscacea	Archaediscidae					──	
		Lasiodicidae					──	
	Moravamminacea	Caligellidae			───────────			
		Moravamminidae				───		
		Paratikhinellidae				───		
	Nodosinellacea	Earlandinitidae				───────────		
		Nodosinellidae				───────────		
	Geinitzinacea	Geinitzinidae				───────		
		Pachyphloiidae				───────		
	Colaniellacea	Colaniellidae						──
	Ptychocladiacea	Ptychocladiidae					──	
	Palaeotextulariacea	Semitextulariidae				──		
		Palaeotextulariidae					────	────
		Biseriamminidae					────	────
	Tournayellacea	Tournayellidae				──	──	
		Palaeospiroplectamminidae				──	──	
	Endothyracea	Endothyridae				──	────	
		Bradyinidae					────	
	Tetrataxacea	Pseudotaxidae					────	
		Tetrataxidae					────	
		Valvulinellidae					────	
		Abadehellidae						──
	Fusulinacea	Loeblichiidae				───	────	
		Ozawainellidae					────	────
		Schubertellidae					────	────
		Fusulinidae					────	────
		Schwagerinidae					────	────
		Staffellidae					────	────
		Verbeekinidae						────
		Neoschwagerinidae						────
Involutinina		Involutinidae						──
Miliolina	Cornuspiracea	Cornuspiridae					────	────
		Hemigordiopsidae					────	────
		Baisalinidae					────	────
	Soritacea	Milioliporidae						──
Lagenina	Robuloidacea	Syzraniidae				─── ───	────	
		Ichthyolariidae						──
		Robuloididae						──
		Partisaniidae						──

図12.1 古生代に関係する有孔虫の科の層位学的分布
(Loeblich・Tappan, 1988に基づき作成)

類似した傾向で進化し，それぞれの地域で同じような層位学的順序のフズリナ化石帯があり，広域的な対比に役立っている．

日本では，古生界上部の石炭・ペルム両系の石灰岩や石灰質岩層に，フズリナ類をはじめ，その他の小型有孔虫もしばしば多産する．古生代に特徴的なFusulinina亜目のうち，特に古生代後期の石灰岩中にみられるものをいくつか次に紹介する．

Fusulinina 亜目

殻壁は微粒状の方解石からなり，進化した形態では2ないしそれ以上に分化した層より構成される．

Parathuramminacea 超科

Tuberitinidae 科：付着型，1ないしそれ以上の半球状室よりなる．微粒状石灰質殻壁，表面には一般に小斑点，明瞭な口孔はみられない（Tuberitina 属，図12.2-1, 2）．

Earlandeacea 超科

Earlandiidae 科：単室で仕切りのない管状（Earlandia 属，図12.2-3）．

Archaediscacea 超科

Archaediscidae 科：円盤状から球形，初室に管状室が続く．殻壁内層は微粒状，進化型ではなくなる傾向がある．外層は明瞭な放射状の構造をもつ（Archaediscus 属，図12.2-4；Asteroarchaediscus 属，図12.2-5）．

Lasiodicidae 科：円盤形ないし円錐形．仕切りのない管状室が初室に続く．殻壁は微粒層状と放射繊維状層からなる．放射繊維状層は，部分的にこぶ状あるいは柱状物をつくる臍部に集中し，脈管により貫通することもある．口孔は管

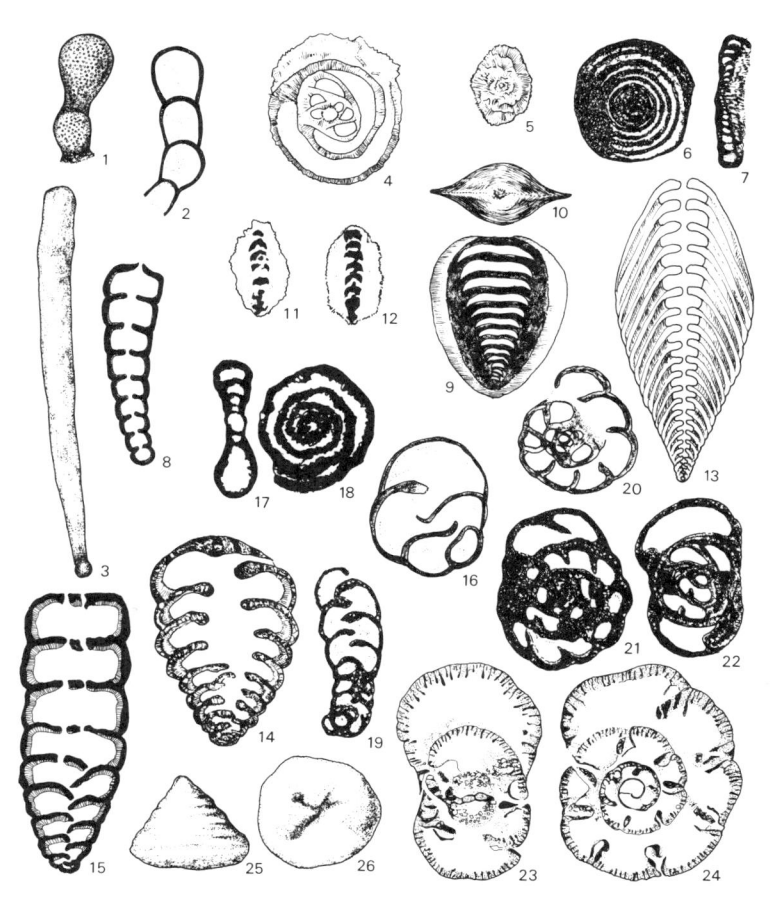

図12.2 古生代有孔虫，Fusulinina 亜目の代表的属
1, 2：*Tuberitina*，3：*Earlandia*，4：*Archaediscus*，5：*Asteroarchaediscus*，6, 7：*Monotaxinoides*，8：*Nodosinella*，9-12：*Pachyphloia*，13：*Colaniella*，14：*Climacammina*，15：*Deckerella*，16：*Globivalvulina*，17, 18：*Tournayella*，19：*Palaeospiroplectammina*，20：*Endothyra*，21, 22：*Globoendothyra*，23, 24：*Bradyina*，25, 26：*Tetrataxis*．

状室の末端，縫合線部に開口する補口孔をもつ（*Monotaxinoides* 属，図12.2-6,7）．

Nodosinellacea 超科

　Nodosinellidae 科：単列配列．殻壁は微細状の外層と，繊維状あるいは有孔質内層の二層構造．口孔は殻端部にある（*Nodosinella* 属，図12.2-8）．

Geinitzinacea 超科

　Pachyphloiidae 科：単列配列で偏平な殻．高さのない平べったくしだいにそるような室形．殻壁は微粒状石灰質，殻の両側に二次的に薄層が厚く加わる（*Pachyphloia* 属，図12.2-9〜12）．

Colaniellacea 超科

　Colaniellidae 科：単列配列殻，各室は極端に重なりあう．内部は垂直で放射状の仕切り壁で分けられる．ガラス状の外層と微粒状の内層からなる殻壁．口孔は円形ないし放射状となる（*Colaniella* 属，図12.2-13）．

Palaeotextulariacea 超科

　Palaeotextulariidae 科：2列状配列，のち単列となる．一般に放射繊維状の内層と無数の小さい外来物質を含む微粒状の外層からなる，石灰質微粒状殻壁．口孔は2列状の形態部では室面内縁部に弓状，単列状の形態部では円形ないし篩状となる（*Climacammina* 属，図12.2-14, *Deckerella* 属，図12.2-15）．

　Biseriamminidae 科：2列旋回状，ときにのち非旋回．殻壁は石灰質微粒状で，1層以上．口孔は室面内縁部にある（*Globivalvulina* 属，図12.2-16）．

Tournayellacea 超科

　Tournayellidae 科：初室を管状の第2室が平面旋回で取り巻く，ときにのち非旋回．ときどき内側へ壁の成長あるいは小突起が生じ，室状に仕切りがみられる．殻壁は微粒状石灰質，外来物質を含むこともある．口孔は単数ないし篩状となる（*Tournayella* 属，図12.2-17, 18）．

　Palaeospiroplectamminidae 科：初期はねじれ旋回から平面旋回へ，最終的には2列配列．殻壁は微粒状石灰質，仕切りはみられないが膠着物質がみられることもある．口孔は最終室の基底部にある（*Palaeospiroplectammina* 属，図12.2-19）．

Endothyra 超科

　Endothyridae 科：平面旋回またはねじれ旋回状，多少なりと包旋回．後に非旋回で単列直線状のものもある．殻壁は微粒状，1層以上に区分される．ときに alveolar 構造．進化した形態では補足的沈着物がある．口孔は単純，基底部ないし室面部，進化した形態では篩状，ときに補足的に縫合線に複数となる（*Endothyra* 属，図12.2-20；*Globoendothyra* 属，図12.2-21, 22）．

　Bradynidae 科：平面包旋回，まれに2列状開旋回．1旋回当たりの室数は少ない．殻壁は微粒状，tectum または tectum を伴う alveolar 構造，ときに細かな孔のある微粒状．隔壁は隔壁ラメラ層を伴う．基底部に補足的沈着物はない．口孔は初期に単純，成体の後期の数室では篩状．補足的に縫合線で開口することもある．（*Bradyina* 属，図12.2-23, 24）．

Tetrataxacea 超科

　Tetrataxidae 科：円錐形，1旋回当たり高さのない室が少数，何旋回もする．円錐の基底では中心の臍部がへっこんだ状態となる．殻壁は石灰質，微粒状で2層．口孔は，室の臍側に張り出した縁の下中央にあり，臍に向かって開いている（*Tetrataxis* 属，図12.2-25, 26）．

Fusulinacea 超科（図12.3，12.4，12.6）

　Loeblichiidae 科：平面開旋回状，旋回軸は短い．室多数，序々に室高を増す．口孔は基底部にあ

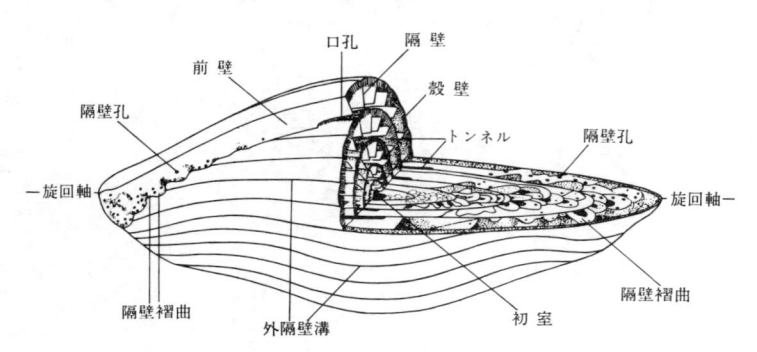

図12.3　フズリナ類の殻の構造

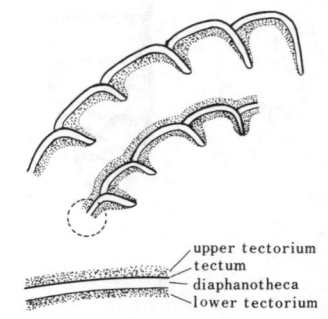

図12.4　*Fusuliniella* 属の殻壁構造

12. 有孔虫の観察と利用 (2)

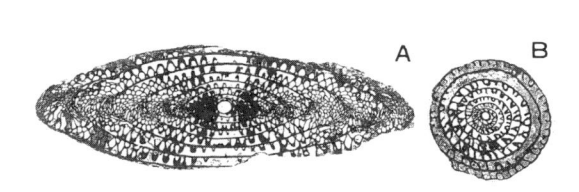

図 12.5 *Parafusulina* 属の定方位断面
A：正縦断面(axial section), B：正横断面(sagittal section).

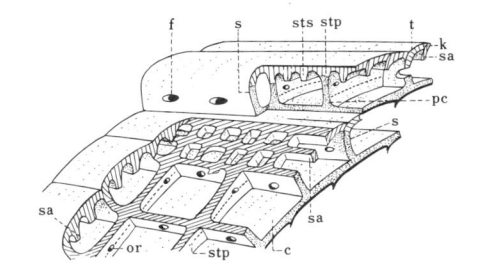

図 12.7 Neoschwagerinidae 科の殻壁構造
s：隔壁(septum), sa：軸副隔壁(axial septulum), stp：正旋回副隔壁(primary transverse septulum), sts：副旋回副隔壁(secondary transverse septulum), c：小室(chamberlet), f：フォラミナ(foramen), of：小室間の連絡孔(connecting orfice), t：tectum, k：keriotheca, pc：準コマータ(parachomata)

る(5属).

Ozawainellidae 科：円盤形, 球形, あるいは卵型. 地質学的に初期のものは平面開旋回, 後期のものは包旋回で不規則に巻く. 旋回軸は短い, のち多少長くなる. 初期の形態の殻壁は tectum と, 上下の tectoria からなる. 後の形態では tectum と, 下の tectorium の間に diaphanotheca ができる. トンネルは単数, 不明瞭ないし塊状のコマータがある (27 属).

Schubertellidae 科：紡錘形からやや長円形. 進化型では後期は旋回せず, 直線的かフレアー状になる. 初期はねじれ旋回, あるいは初めのころの旋回とあとの旋回では明瞭にその位置が変わる. 初期の隔壁は平ら, 進化型では褶曲がみられる. 殻壁は多様, tectum と上下 tectoria からなる, tectum と diaphanotheca からなる, tectum と下の tectorium だけからなる, また 1 層だけのものさらにそれに tectum と alveolar keriotheca が加わるものといろいろである. トンネルは単数, コマータは低いないし大きく,

非対称となる (22 属).

Fusulinidae 科：紡錘形から亜円筒形. 終始平面旋回をするものもあるが, 初めの幾旋回かの旋回面とあとの旋回面と角度がはっきり違うものがある. 隔壁は平らないし少し褶曲. トンネルは単数, コマータは弱いものから塊状のものまで. 殻壁は tectum と上下の tectoria, あるいは tectum と diaphanotheca からなる (37 属).

Schwagerinidae 科：殻は大きく, 紡錘形から不規則な円筒形. ふつう平面包旋回, 後期に巻きがゆるんだり非旋回となるものもある. 隔壁は褶曲が強く, ときに cuniculi や phrenotheca がある. 隔壁は厚く, tectum と alveolar keriotheca からなる. トンネルは一般に単数, コマータはあるなし不明瞭なものから塊状まで, 軸充填物はないものからよく発達するものまである (40 属) (*Parafusulina* 属, 図 12.5-A, B).

Staffellidae 科：殻は小型, 半球形から円盤形. 隔壁は密で単純, 褶曲はしない. トンネルは単数. コマータは明瞭で非対称. 殻壁は tectum と

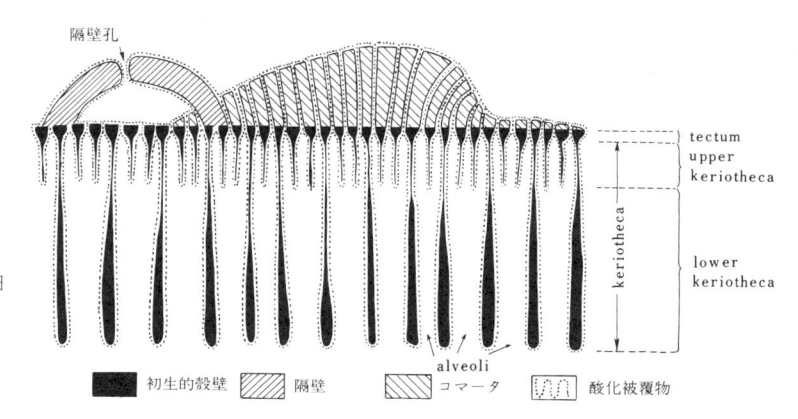

図 12.6 Keriotheca の微細構造

初生的殻壁　隔壁　コマータ　酸化被覆物

diaphanotheca よりなり，ときに tectoria をもつ．二次的沈着物はふつうにみられる．殻壁は二次的に珪化を受けていることが多く，構造がはっきりしないこともある(16属)．

Verbeekinidae 科：殻は大きい，半球形から亜円筒形．平面旋回で，完全な包旋回．殻壁は tectum と alveolar keriotheca からなり，ときに二次的な層をもつ．トンネルは複数，foramina も多数．準コマータもときによく発達する(9属)．

Neoschwagerinidae 科：紡錐形から亜円筒形．旋回副隔壁をもつ．ときに軸副隔壁が現れる．副旋回副隔壁あるいは副軸副隔壁のどちらか，または両方が現れることもある．殻壁は tectum と alveolar keriotheca から，あるいは密な単層からなる．foramina は隔壁の端から端までみられる．準コマータは顕著である(11属)．

まとめ

古生代の有孔虫について，非常におおざっぱであるが紹介した．1億年程度の間に多彩な進化をとげたフズリナ類に関しては，化石層位学的にもたいへん重要で，その複雑な殻の構造や分類，また化石帯等についても詳しく解説する必要があるが，その内容は別項をたてるほどもあるので，これは参考文献としてあげた本や論文を読んでいただきたい．

〔安達　修子〕

参考文献

Adachi, S. (1985): Smaller foraminifers of the Ichinotani Formation (Carboniferous-Permian), Hida Massif, central Japan. *Sci. Rep., Inst. Geosci., Univ. Tsukuba*, sec. B, vol. 6, pp. 59-139, pls. 8-23.

浅野　清(編)(1973)：新版古生物学 I，pp. 65-117．朝倉書店．

浅野　清(編)(1976)：微古生物学，上巻，278 p.. 朝倉書店．

半沢正四郎(1968)：大形有孔虫，300 p.. 朝倉書店．

Loeblich, A. R., Jr.・Tappan, H. (1964): Protista 2, Sarcodina chiefly "Thecamoebians" and Foraminiferida, 2 vols., 900p., *In* Moore, R. C. (ed.): Treatise on Invertebrate Paleontology, Part C., Geol. Soc. Am. & Univ. Kansas Press.

Loeblich, A. R., Jr.・Tappan, H. (1988): Foraminiferal Genera and their Classification, 2 vols., 970p.. 847pls., Van Nostrand Reinhold.

高柳洋吉(編)(1978)：微化石研究マニュアル，161 p.. 朝倉書店．

Toriyama, R. (1967): The Fusulinacean zones of Japan. *Mem. Fac. Sci., Kyushu Univ.*, Ser. D, Geol., vol. 18, no. 1, pp. 35-260, 11 figs.

13. 単体サンゴの分類と利用

一般にサンゴといえば，指輪やネックレスなどの装飾品としての宝石サンゴが連想されることが多い．しかし，サンゴにはさまざまな種類がある．ここで取扱うのは，中生代三畳紀中期（241〜235 Ma）に出現し，現在の海にも生息している単体の六放サンゴである．単に単体サンゴとよぶときには，古生代に繁栄した四放サンゴにも単体のものがあってまぎらわしいが，ここでは単体四放サンゴを省略する．

六放サンゴには群体をつくるものと，単体のものとがある．前者は浅海に生息し，その大部分はサンゴ礁を構成する一員であるのに対し，後者は浅海から数千mの深海まで生息し，同じ六放サンゴでありながら，その生息域には大きな違いがある．これらの単体サンゴは化石としても産出し，南関東一帯の第四系にもよく知られている．ここでは単体六放サンゴの分類と生態について概説し，その問題点を紹介する．

13.1. 単体サンゴの形態

単体六放サンゴの外見は，イソギンチャクによく似ている．サンゴ個体の中央部には口があって，これは口道を経て胃腔に通じている．口の周辺には多くの触手が発達している．サンゴは刺胞動物ともよばれるように，触手には刺胞細胞があり，動物プランクトンなどの摂取や外敵からの防御の役目を果たしている．しかし，単体サンゴはイソギンチャクと異なり，炭酸カルシウム（アラゴナイト）の骨格を形成し，これが化石として保存される．

単体サンゴの外形は種属によってさまざまで，円盤状，円筒状，扇状，杯状，コップ状などの形をつくる（図 13.1）．その大きさも種属によって違いがある．造礁性群体サンゴと共存し，浅海に生息するク

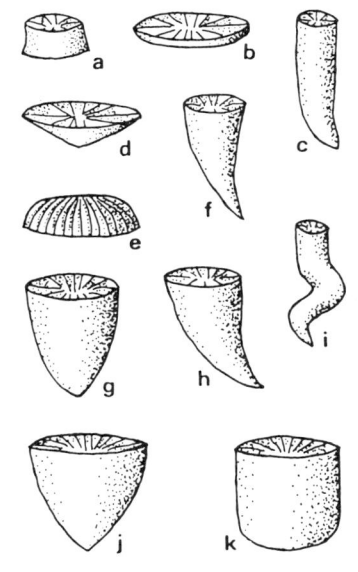

図 13.1 単体六放サンゴの外形（森，1980）
a：太鼓状（tympanoid），b：円盤状（discodi），c：円筒状（cylindrical），d：傘貝状（patellate），e：円屋根状（cupolate），f：細円錐状（ccratoid），g：円錐状（turbinate），h：こま状（trochoid），i：曲円筒状（scolecoid），j：扇状（flabellate），k：くさび状（cunciform）

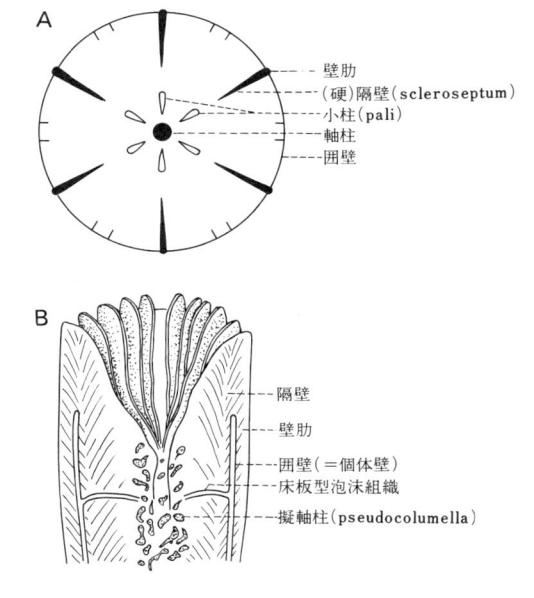

図 13.2 六放サンゴ個体の骨格構造（Hiatt，1954）
A：横断面，B：縦断面．

サビライシ類（*Fungia scutaria* 等）は直径10 cm以上に達するものもあるが，これはむしろ例外で，一般には直径数cmから数mmのものが多い．

単体サンゴの生活史は，造礁性サンゴに比べてまだよくわかっていないことが少なくない．これは単体サンゴの大部分は生息深度が深いために生きているのを直接観察できないこと，室内の飼育が困難なことなどに起因している．しかし，基本的には造礁性サンゴと類似していると推定される．有性生殖によって生じた受精卵はプラヌラ（pranula，幼生）となって海中を浮遊し，やがて海底において骨格の形成を開始する．初め薄い底盤をつくり，引続き隔壁を形成し始める．隔壁は胃腔を放射状に区切り，サンゴ体を支える．この隔壁は基本的には放射状に六つ同時に形成される．これを原隔壁とよんでいる．個体成長とともに囲壁がつくられ，隔壁も原隔壁の間に6（第二次隔壁），さらにその間に12（第三次隔壁）と数が増加して行く．第一次・第二次・第三次などの隔壁の識別は，一般には隔壁の長さと幅の違いによっている．このように六放サンゴの"六"は，隔壁が6の倍数で増えることに由来している．しかし例外もあって，6の倍数となっていないサンゴも少なくない（後述）．サンゴ体の中央部には軸柱が発達する種属も多く，その形は種によって違っている．また，隔壁の内方先端部と軸柱との間にパリ（pali，単数はpalus）とよばれる柱状の構造をもつものもある．

13.2. 単体サンゴの生態

単体サンゴは，そのほとんどが非造礁性で，密集しても礁をつくることはない．一般に生息深度が深いため，深海サンゴともよばれてきた．前述のように，単体サンゴは造礁性群体サンゴに比べて，その分布域ははるかに広く，その生育条件も以下のように大きな幅がある．

1) 水温

単体サンゴは熱帯から寒帯まで，その生息域は広く，温度条件もさまざまである．造礁性群体サンゴと共存する大型の単体サンゴ，クサビライシのように年平均水温25〜29℃の熱帯，亜熱帯のサンゴ礁に生きているものもあるが，大部分は造礁性サンゴと共存することはなく，より低温の所に生息している．例を本州沿岸にとると，造礁性サンゴは親潮などの寒流に支配される地域では生息できないが，単体サンゴは多く生息している．極端な例は，南極の昭和基地近辺の単体サンゴで，0℃前後の水中に生息している．この南極のサンゴ群集のなかには，日本近海に生きている種も含まれており，同一種でも生息水温に幅のあることがうかがえる．しかし，現生の単体サンゴのそれぞれの種についての資料は少なく，全容はわかっていない．

2) 水深

水温と同様，単体サンゴの生息深度にも大きな幅がある．これまでの最深記録は，アリューシャン海溝の深度6300mの所から採取された円盤状のオキクサビライシ（*Fungiacyathus symmetricus*）である．数千mの深海に生きているサンゴは，全般的に骨格が薄く，繊細である．一般に高緯度になるにつれて，単体サンゴは浅い所にも生息する傾向がある．青森県の陸奥湾では，ムツサンゴ（*Rhizopsammia minuta*）が水深数mの所に生きている．このように，単体サンゴ全体を深海サンゴとよぶのは好ましくない．現生のサンゴは，採取時の記録によって，その生息深度は明確であるが，個々の種がどれだけの水深の幅をもっているかについてのデータは少ない．したがって，化石単体サンゴからその古水深を推定するには，その分解能にまだ問題を残している．

3) 底質

単体サンゴの多くは，波浪のない静かな環境に生息している．これらのサンゴには，岩盤や固形物に固着するものと，砂や泥の海底で，他物に付着しないものとがある．後者の場合，泥底に下半部の骨格を埋めて，上面の口の部分（莢の部分）だけを表面に出しているものも多い．このような単体サンゴが化石として産出するとき，それが現地性か異地性かの判断は，化石群体サンゴよりも困難な場合が少なくない．しかし，サンゴ体の保存状態や共産する他の化石（二枚貝など）の産出状況などによって類推が可能である．

4) 日光と共生藻類

前述のように，単体サンゴのクサビライシ類は，他の群体サンゴとともにサンゴ礁地域の浅海に生息している．このサンゴは軟体部に単細胞藻類が共生している．この藻類は光合成を行い，サンゴに酸素を供給するなど，代謝に不可欠なパートナーである．しかし，ほとんどの単体サンゴは共生藻類を体内にもつことはなく，その生育に日光を必要としない．暗黒な海底での単体サンゴは，もっぱら微小な動物性プランクトンを触手によってとらえ，食物としていると考えられる．

13.3. 単体サンゴの分類形質

単体サンゴの同定には，以下の骨格形質が重要である．

1) 外形と大きさ

すでに述べたように，単体サンゴはさまざまな形をもっているが，その外形は種によって一定であり，大きく変化することはない．まず外形がどのようなものであるかの識別が種属同定の第一歩である．サンゴ個体の直径の大きさは隔壁数に比例してその径が大きくなる．採集される単体サンゴには個体成長のさまざまの段階のものが含まれる可能性があり，観察する個体が成体かどうかを判断しなければならない．成体の大きさは，種によってほぼ一定であるものから，かなり変異をもつ種もあるので，同定には細心の注意が必要である．一方，サンゴ個体の高さは，生息する場所の環境に支配されることがあり，同一種でも変異をもつものがある．

2) 隔壁配列の基本様式

単体六放サンゴの隔壁は，6の倍数が基本で，多くの種はこの配列様式をもっているが，6以外の数の倍数を基本とするものも存在する．これまで，8や10の倍数の配列様式をもつものは，6の倍数のものと種や属が異なると考えられてきた．しかし最近の研究(Mori, 1987)では，鹿児島県喜界島の第四系産単体サンゴの一つ，ムシバサンゴ *Caryophyllia* (*Premocyathus compressa*)のように，同一種でもさまざまな異なる配列様式をもつ個体群であることが明らかとなった種もある．この種は従来，10の倍数を基本とする配列様式が特徴とされていたが，これ以外に6の倍数から14までの倍数をもつ個体が含まれている．7や9を倍数の基本とする配列様式はムシバサンゴの研究で初めて明らかになった．この事実は，六放サンゴを支配する隔壁配列の基本様式はこれまで考えられていたよりも複雑であることを物語っている．

3) 隔壁数

隔壁の数も単体六放サンゴ同定の主要な要素である．6の倍数で隔壁数が増加するといっても，その総数は種によって一般に定まっている．つまり，ある種はそのサイクルが第三次まで発達し，6(原隔壁)＋6(第二次隔壁)＋12(第三次隔壁)で合計24の隔壁からなり，別の種は6＋6＋12＋24で合計48の隔壁から構成される，といった具合である．この規則性は，多くの単体サンゴにあてはまるが，種内変異をもつ種もあるので，同定に当たって隔壁数のみの機械的比較は危険である．

4) パリの有無

一般にパリが発達しているかいないかも，種属決定の一つの重要な要素である．またパリは二重に発達する種もあり，さらにそのパリが第何次目の隔壁の前にできているかも種識別の基準となる．ムシバサンゴのように，パリをもつ個体ともたない個体が共存する場合もあるが，現在のところこのようなケースはほかに知られていない．

5) 軸柱の有無

サンゴ個体中央部に軸柱が発達するかどうかは，種属によって明瞭で大きな分類基準の一つである．その存在の有無だけでなく，軸柱の構造は種属によって異なっており，単純な突起から複雑な形態をもつものまでさまざまである．

図13.3 本邦第四系産化石単体六放サンゴの代表例(鹿児島県喜界島，琉球層群湾層層産)
1～2：*Trochocyathus hanzawai* Yabe and Eguchi, ×1
3～4：*Caryophyllia* (*Premocyathus*) *compressa* Yabe and Eguchi, ×1
5～6：*Caryophyllia paucipaliata* Yabe and Eguchi, ×1
7～8：*Stephanophyllia fungulus* Alcock, ×2
9～10：*Truncatoflabellum* sp., ×1

13.4. 分類上の問題点

これまで，現生・化石を問わず多くの単体サンゴが報告され，記載されてきた．これらの分類学的研究をふりかえると，個々の種の記載に際して扱われた個体数は非常に限られている場合の多いことに気づく．なかには，たった1個の標本で，新種が報告された例も少なくない．これは，現生の単体サンゴの場合，生息深度が深いために，一度に多くの個体を集めることが困難なことに起因している．個体数が少ないための問題は，はたして扱われた個体(模式標本)の形質が，その種全体の個体群をどの程度代表しているかどうかはっきりしない点であり，後の分類学的研究の混乱の一因ともなっている点である．この点において，化石の場合は，多くの個体を集めうる可能性があり，一つの種の個体群の形態変異を調べることができるので，今後この分野において化石単体サンゴの研究は大いに注目される．

いずれにせよ，同定に当たっては，これまでに報告された種の特徴を認識する必要がある．新種として報告するに当たって研究された標本(模式標本)を直接比較検討することが理想的であるが，世界各地に収蔵されている標本をひとつひとつ当たるのは，多大な時間と経費と労力を必要とする．これを望むのは無理としても，これまでに記載を扱った論文を網羅して，同定に遺漏のないよう心がけることが大切である．

以上述べたことは，あくまでも分類の研究上の問題であって，中学校や高等学校における理科の実習や，生涯教育における野外観察に当たって要求されることではない．ただし，どのようにしてサンゴ(サンゴに限定される問題ではないが)に正式な名前(学名)が付けられるかの過程に関しての基礎知識には留意する必要がある．

13.5. 教材としての化石単体六放サンゴ

南関東地域には広く海成の第四系が分布しており，単体六放サンゴを多産するところがある．地層は未固結の場合が多く，サンゴ個体そのままを採集することが可能である．また保存状態も一般には良好で，現在生きているものと同等の標本を採集できる．従来，中学や高校で化石単体サンゴを授業や実習で使っているところは，きわめて少ないと思われるが，格好の教材として推薦できる．さらに，化石産地が身近に足を運べる場所であれば都合がよい．以下は，中学校・高等学校の教師が生徒を指導することを念頭においた，観察マニュアルの要約である．

表13.1 房総半島産化石単体六放サンゴ一覧表(浜田, 1963)

Balanophyllia aff. *imperialis* Kent
Balanophyllia affinis (Semper)
Bathyactis kikaiensis Yabe and Sugiyama*
Caryophyllia cf. *japonica* Marenzeller(チョウジガイ)
Caryophyllia sp.
Caryophyllia(*Premocyathus*) *compressa* Yabe and Eguchi (ムシバサンゴ)
Caryophyllia(*Premocyathys*) sp.
Ceratotrochus ? sp.
Cylindrophyllia minima Yabe and Eguchi* (コツヅミサンゴ)
Flabellum cf. *distinctum* M. Edwards and Haime (センスガイ)
Flabellum distinctum angustum Yabe and Eguchi
Flabellum rubrum(Quoy and Gaimard)*
Flabellum transversale Moseley(クサビサンゴ)
Flabellum transversale conicum Yabe and Eguchi
Fungiacyathus palifera Alcock
Fungiacyathus ? sp.
Heterocyathus aequicostatus M. Edwards and Haime (ムシノスチョウジガイ)
Heterocyathus japonicus (Verrill)(スチョウジガイ)
Heteropsammia cf. *ovalis* Semper
Heteropsammia ovalis japonica Yabe and Eguchi
Micrabacia fungulus (Alocock)*
Micrabacia japonica (Yabe and Eguchi)*
Notophyllia japonica (Yabe and Eguchi)(タマサンゴ)
Notocyathus(*Paradeltocyathus*) *orientalis* Duncan*

注：種名に*を付けたものは，近年の研究によって種名あるいは属名が変わっているものを指しているが，混乱をさけるためもとのままのせてある．

1) 予備知識

一般に，サンゴという名前は知っていても，その内容となると知識が曖昧になることが多い．前述のように，サンゴで連想するのは宝石サンゴ(八放サンゴ)であろう．一口にサンゴといってもいろいろの種類があること，宝石サンゴは硬い骨格の一部を加工したものであること，単体サンゴの骨格をいくらみがいても宝石サンゴのようにはならないこと，サンゴは生き物であり，れっきとした動物で，生きているときは，イソギンチャクのような触手をもち，微小な動物プランクトンを補食していることなど，一定の知識をもたせることが肝要である．またあらかじめ単体サンゴはどのようなものか，写真や実際の標本を見せておくのもよいと思われる．

2) 予備調査

採集に出かける前に，化石産地に関しての情報を集め，事前に調査しておくことも大事である．化石を産出する地層について，その堆積した年代につい

て等地質学的側面の知識は必須である．南関東一帯は，宅地造成が進み，私有地も多く，以前のように，誰への断わりもなく採集できたころと比べて状況が変化している．また，化石産地が天然記念物に指定されていて，採集に制約のある場所もあるので注意が必要である．

3) 採集

単体六放サンゴは，直径数mmから数cmと小型である．これらは一般に二枚貝などと共産することが多く，単に化石採集となると，大型の化石が目につきやすく，小さいサンゴはみのがされるので，野外において，特に注意を喚起しなければならない．保存は良いといっても，サンゴの骨格は壊れやすいので，小さいびんを用意して，二枚貝などの大きいものと区別して採集した方がよい．

4) 室内研究

野外における自然観察のなかでも，化石採集の体験は，理科の楽しさを味わううえでも大きなウエイトをもつであろう．体験は体験として重要であるが，採集した標本は，しばしばそのままになって埋もれてしまう傾向があるのは残念である．室内に採集標本を持ち帰って，水洗し（超音波洗浄装置があればさらによい），堆積物を取り除き，標本を並べて形によって区分けさせ，分類について，増殖の仕方について，生態について，生きていた場所の深度など基礎的なことについて解説すれば，教育効果はさらに高まるものと期待される．

13.6. 分類の手引

これまでに述べた分類形質を要約し，大まかな単体六放サンゴの分類の目安をあげると，以下の通りである．

(1) サンゴ個体を上から見たときの形
  Ⅰ．円形あるいはほぼ円形のもの．
  Ⅱ．楕円形あるいは円形以外のもの．
(2) サンゴ個体全体の外形（図13.1）
  a．太鼓状，b．円盤状，c．円筒状，d．傘貝状，e．円屋根状，f．細円錐状，g．円錐状，h．こま状，i．曲円筒状，j．扇状，k．くさび状．
(3) パリの有無
  i．パリの発達するもの．
  ii．パリの発達しないもの．
(4) 軸柱の有無
  A．軸柱の発達するもの．
  B．軸柱の発達しないもの．

(1)〜(4)にあげた特徴によって本邦産単体サンゴをあげると以下のように分類される．

Caryophyllia paucipaliata Yabe and Eguchi
.... Ⅰ-g-ⅱ-A
Flabellum distinctum Edwards and Haime
.... Ⅱ-j-ⅱ-B

注：上記の分類基準はあくまで大きな目安であって，種の細かい識別には，隔壁配列の様式，隔壁数，壁の構造などを詳細に検討しなければならない．

まとめ

近年サンゴに関する図鑑，解説書，普及書は増えてきているが，これらはサンゴ礁に生息する造礁性群体サンゴを扱ったものがほとんどで，単体サンゴについては，きわめて限られているのが現状である．研究の面からみても，化石としての試料は多いにもかかわらず，わが国では今後の研究にまつところが大きい．研究課題は単に分類に限らず，群集解析，地理的分布の解明，隔壁発達様式の法則性，成長輪，他の動物との共生関係など，未解決の問題が山積している．単体サンゴが研究の側面にとどまらず，教育普及の視点からもとりあげられ，活用されることを期待するものである．　　　　　　　〔森　啓〕

参考文献

Durham, J. W.・Barnard, J. L.(1952): Stony corals of the eastern Pacific collected by the *Velero III* and *Vellero IV*. *Allan Hancock Pacific Expeditions*, vol. 16, no. 1, pp. 1-110, pls. 1-16.

江口元起(1965)：石珊瑚目，岡田　要（監）：新日本動物図鑑（上），pp. 270-301．北隆館．

江口元起(1968)：相模湾産ヒドロ珊瑚類および石珊瑚類，pp. C 1-C 43．丸善．

浜田隆士(1963)：千葉県地学図集，第4集，サンゴ編．119 p.．千葉県地学研究会．

浜田隆士(1973)：六放サンゴ目．浅野　清（編）：新版古生物学 I，pp. 254-264．朝倉書店．

羽鳥謙三・江口元起(1951)：房総西部の化石単体珊瑚．地質学雑誌，vol. 57, no. 670, p. 287.

小高民夫（編）(1980)：大型化石研究マニュアル，190 p.．朝倉書店．

槇山次郎(1926)：相利共棲弧生珊瑚三種の化石．地質学雑誌，vol. 33, no. 388, pp. 1-13．

森　啓(1975)：六射サンゴ類．高柳洋吉・大森昌衛（編）：古生物学各論，第2巻，pp. 230-240．築地書館．

森　啓(1986)：サンゴ，ふしぎな海の動物．197 p.．築地書館．

Mori, K. (1964): Some solitary corals from off Aomori Prefecture, Japan. *Trans. Proc. Palaeont. Soc. Japan*, N. S., no. 56, pp. 309-316.

Mori, K.・Minoura, K. (1983): Genetic contorol of septal numbers and species problem in a fossil solitary scleractinian coral. *Lethaia*, vol. 16, no. 3, pp. 185-191.

Mori, K. (1987): Intraspecific morphological variations in a Pleistocene solitary coral, *Caryophyllia* (*Premocyathus*) *compressa* Yabe and Eguchi. *Jour. Paleont.*, vol. 61, no. 1, pp. 21-31.

Schindewolf, O. H. (1959): Würmer und Korallen als Synöken zur Kenntnis der Systeme *Asidosiphon/Heteropsammia* und *Hicetes/Pleurodictyum*. *Abh. Akad. Wissensch. Liter. math.-naturwiss. Kl. für* 1958(No. 6). S. 263-327, Taf. 1-14.

Squires, D. F. • Keyes, JI. W. (1967): The marine fauna of New Zealand : Scleractinian corals. *NZ Oceanogr. Inst. Mem.* no. 43, pp. 9-46, pls. 1-6.

Vaughan, T. W. (1907): Recent Madreporaria of Hawaiian islands and Laysan. *US Nat. Mus. Bull.*, no. 59, pp. 1-427, pls. 1-96.

Vaughan, T. W. • Wells, J. W. (1943): Revision of the suborders, families and genera of the Scleractinia. *Geol. Soc. Am., Spec. Pap.*. no. 44, pp. 1-361, pls. 1-51.

Wells, J. W. (1956): Scleractinia, *In* Moore, R. C. (ed.) : Treatise on Invertebrate Paleontology, Part F Coelenterata, pp. F328-F444. Geol. Soc. Am. & Univ. Kansas Press.

Yabe, H. • Eguchi, M. (1932a): Some Recent and fossil corals of the genus *Stephanophyllia* H. Michelin from Japan. *Sci. Rep. Tohoku Imp. Univ.* 2nd Ser. (*Geol.*), vol. 15, no. 2, pp. 55-63.

Yabe, H. • Eguchi, M. (1932b): A new species of *Endopachys, Endopachys japonicum*, from a younger Cenozoic deposit of Japan. *Japan. Jour. Geol. Geogr.*, vol. 10, nos. 1-2, pp. 11-17.

Yabe, H. • Eguchi, M. (1934): Probable generic identity of *Stephanophyllia* Michelin and *Micrabacia* M. Edwards & J. Haime. *Proc. Imp. Acad.*, vol. 10, no. 5, pp. 278-281.

Yabe, H. • Eguchi, M. (1937): Notes on *Deltocyathus* and *Discotrochus* from Japan. *Sci. Rep. Tohoku Imp. Univ.* 2nd ser. (*Geol.*), vol. 19, no. 1, pp. 127-147.

Yabe, H. • Eguchi, M. (1942a): Fossil and Recent *Flabellum* from Japan. *Sci. Rep. Tohoku Imp. Univ.*, 2nd Ser. (*Geol.*), vol. 22, no. 2, pp. 87-103.

Yabe, H. • Eguchi, M. (1942b): Fossil and Recent corals from Japan. *Sci. Rep. Tohoku Imp. Univ.*, 2nd Ser. (*Geol.*), vol. 22, no. 2, pp. 104-178.

14. 群体サンゴの分類と利用

　房総半島最南端の館山付近には，完新世の段丘群が発達する．これらのなかで最高位に位置する沼Ⅰ面は，堆積物中に造礁サンゴや貝類の保存のよい化石を多量に含み，古くから古生物学者の興味を引いてきた．化石の^{14}C年代はおよそ5400〜8000 yrBP (5.4〜8.0 ka)を示し，群集が縄文海進時に生息していたことが判明している．従来の研究では，造礁サンゴの種・属構成や多様性からこの時期の海水温が現在よりも温暖であったと考えられている．

　この章では，沼の造礁サンゴ群集の分類学的な特徴を概説し，本州南部のサンゴ群集や典型的なサンゴ礁の発達する沖縄の群集と比較する．そして，造礁サンゴの地理的分布・多様性・形態・年輪といった生物学的な情報から，過去の環境に関してどのようなことが言及できるかについて検討する．

14.1. 沼層の地形学的・層位学的特徴

　千葉県南部の館山市周辺（北緯34°50′）には第四紀完新世の海成段丘群が広く発達する．中田・他(1980)は，これらを上位から順に沼Ⅰ〜沼Ⅳの4面に区分し，大規模地震によって離水した海成堆積段丘と考えた．彼らは段丘面の旧汀線高度をそれぞれ23, 17.5, 12〜13.5, 5.5 mと推定している．これらの段丘面は，一部では河成堆積物や砂丘堆積物の場合もあるが，おもに海成の砂岩・礫岩・シルト岩によって構成される(Frydl, 1982)．これらの段丘構成層はYokoyama(1911)によって沼層と命名され，その後は沼層とよばれている．

　最上位の段丘面，沼Ⅰに含まれる貝類・サンゴ化石を^{14}C法によって年代測定した結果，約7900〜5400 yrBP(7.9〜5.4 ka)の年代値が得られ，この面が縄文海進時に形成されたことが明らかになった(中田・他，1980)．また，沼Ⅱ，Ⅲ，Ⅳの年代は，それぞれ約5500〜3600(5.5〜3.6 ka)，4400〜2900(4.4〜2.9 ka)，2700〜820 yrBP(2.7〜0.82 ka)であり，先に述べた各面の標高を考慮すると，この地域の平均隆起速度は約3 mm/年となる．この値は世界的にみてもきわめて早い速度である．

　沼層の海成層のなかにはサンゴ・貝類・有孔虫・オストラコーダ(ostracoda)などの底生生物の化石が多数含まれており，今世紀初頭より分類学・古生態学的な研究が行われてきた〔たとえばサンゴについてはYabe・Sugiyama, 1935；浜田，1963；江口・森，1973；貝類についてはNomura, 1932；オストラコーダはFrydl(1982)を参照〕．これらの群集は，沼層が内湾・開放された海などを含む現在の館山湾に相当する環境で堆積したことを示している．また，浜田(1963, 1975)は造礁サンゴの構成種と種数を比較して，この地域の当時の気候を現在の紀伊半島南端串本付近（北緯33°30′）と同じ温暖な気候であったと推定している．

14.2. 造礁サンゴ群集

　造礁サンゴの化石は，標高15〜20 mの沼Ⅰと山裾が接する部分で特に多く認められる（図14.1）．現在の地形から判断すると，造礁サンゴは細く入組んだ湾の最奥部に生息していたものと考えられ，現在の館山湾の閉鎖されていない生息状況とは異なる．これらの化石は，細片状に破壊されたものもあるが，大部分は生息していた状態で砂岩・シルト岩に埋もれているため，当時の環境を推定するうえで重要な群集である．

　Yabe・Sugiyama(1935)，浜田(1965)，江口・森(1973)の成果をもとにして，化石造礁サンゴ群集の種(属)構成・種(属)数・形態を現在の琉球列島から本州南岸に分布する群集と比較した結果，当時の環境は次のように推定される．なお，沼層から産出す

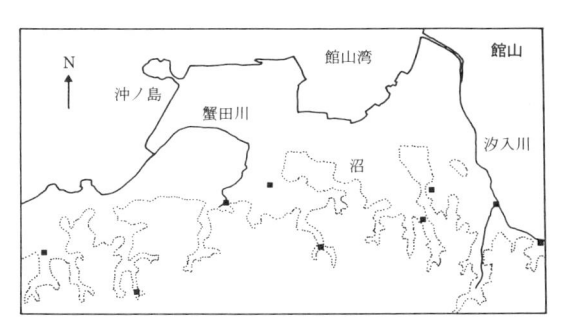

図14.1 千葉県館山市の沼層造礁サンゴ化石産地(■)

表14.1 沼層から報告された造礁サンゴのリスト

Family Astrocoeniidae (ムカシサンゴ科)
　Stylocoeniella armata (ヒメムカシサンゴ)

Family Pocilloporidae (ハナヤサイサンゴ科)
　Pocillopora damicornis (ハナヤサイサンゴ)
　Stylophora pistillata (ショウガサンゴ)

Family Acroporidae (ミドリイシ科)
　Montipora cf. *digitata* (エダコモンサンゴ)
　M.　　　　hispida (トゲコモンサンゴ)
　M.　　　　informis (ノリコモンサンゴ)
　M.　　　　verrilli
　Acropora cf. *angulata*
　*A.　　　*cf. *studeri*
　*A.　　　*sp.

Family Poritidae (ハマサンゴ科)
　Porites cf. *bernardi*
　*P.　　　*cf. *discoides*
　*P.　　　*cf. *hawaiensis*
　Goniopora aff. *bernardi*
　*G.　　　*spp.
　Alveopora japonica
　*A.　　　*cf. *verrilliana*

Family Siderastreidae (ヤスリサンゴ科)
　Psammocora japonica (アミメサンゴ)
　P.　　　　profundacella (ベルベットサンゴ)
　P.　　　　superficialis
　Coscinaraea columna (ヤスリサンゴ)
　*C.　　　*sp.

Family Agariciidae (ヒラフキサンゴ科)
　Pavona cf. *cactus* (サオトメシコロサンゴ)
　P.　　　　danae
　P.　　　　decussata (シコロサンゴ)
　*P.　　　*sp.
　Leptoseris mycetoseroides (アバタセンベイサンゴ)

Family Fungiidae (クサビライシ科)
　Cycloseris cyclolites
　*C.　　　*cf. *patellata*
　Diaseris fragilis (オオワレクサビライシ)
　Lithophyllon elegans (カワラサンゴ)

Family Pectiniidae (ウミバラ科)
　Echinophyllia aspera (キッカサンゴ)
　*E.　　　*sp.
　E. ?　　sp.
　Pectinia　lactuca (スジウミバラ)
　*P.　　　*sp.
　Physophyllia ayleni (ウミバラ)

Family Mussidae (オオトゲサンゴ科)
　Acanthastrea echinata (ヒメオオトゲキクメイシ)
　A.　　　　hemprichii (ヒラタオオトゲキクメイシ)
　Lobophyllia costata
　L.　　　　hataii
　L.　　　　hemprichii (オオハナガタサンゴ)
　*L.　　　*sp.
　Symphyllia radians (ダイノウサンゴ)

Family Merulinidae (サザナミサンゴ科)
　Hydnophora exesa (トゲイボサンゴ)
　H.　　　　grandis

Family Faviidae (キクメイシ科)
　Caulastrea tumida (タバネサンゴ)
　Favia pallida (ウスチャキクメイシ)
　*F.　　　*cf. *ehrenbergi*
　Favites abdita (カメノコキクメイシ)
　F.　　　　favosa
　*F.　　　*cf. *halicora* (マルカメノコキクメイシ)
　*F.　　　*cf. *flexousa* (オオカメノコキクメイシ)
　F.　　　　virens
　*F.　　　*sp.
　Goniastrea pectinata (コカメノコキクメイシ)
　Platygyra rustica
　P. ?　　*gigantea*
　*P.　　　*sp.
　Leptoria phrygia (ナガレサンゴ)
　Montastrea curta (マルキクメイシ)
　M.　　　　magnistellata (オオマルキクメイシ)
　*M.　　　*cf. *felixi*
　Oulastrea crispata (キクメイシモドキ)
　Plesiastrea versipora (コマルキクメイシ)
　Leptastrea purpurea (ルリサンゴ)
　Cyphastrea chalcidicum (コトゲキクメイシ)
　C.　　　　chalcidicum tanabensis
　C.　　　　japonica (ニホントゲキクメイシ)
　C.　　　　microphthalma (トゲキクメイシ)
　C.　　　　serailia (フカトゲキクメイシ)

Family Caryophyllidae (チョウジガイ科)
　Euphyllia fimbriata

Family Trachyphylliidae (ヒユサンゴ科)
　Trachyphyllia geoffroyi (ヒユサンゴ)

Family Dendrophylliidae (キサンゴ科)
　Turbinaria brueggemanni
　T.　　　　contorta
　T.　　　　peltata (オオスリバチサンゴ)

14. 群体サンゴの分類と利用

る造礁サンゴの同定は，最近出版された図鑑類（西平，1988 b；内田・福田，1989；Veron，1986 他）を参照されたい．

1) 種（属）構成

沼層の造礁サンゴ化石は露頭ごとに異なった種の組合せが認められるが，個々の露頭が小規模であり，群集全体を表現しているとは考えられない．したがって，この地域から産出する種を一括してひとつの群集と考える．群集の構成種を表14.1に示した．

沼層のサンゴ群集の卓越種は，*Echinophyllia aspera, Lithophyllon elegans, Caulastrea tumida, Favites* spp. *Platygyra* spp. *Lobophyllia* spp. *Trachyphyllia geoffroyi, Turbinaria* spp. で，*Stylocoeniella armata, Psammocora* spp., *Cyphastrea* spp. も普通に認められる．琉球列島で最も卓越する属である *Acropora, Montipora, Porites, Pocillopora* などは比較的少ない．また，九州南部から串本にかけての地域に特徴的な卓状種 *Acropora solitaryensis* が認められない．

以上の卓越種の組合せを現生の館山付近の群集（Yabe・Sugiyama，1932；江口・森，1973）と比較すると，化石群集に多い *L. elegans, C. tumida, Lobopyllia* spp., *T. geoffroyi* などが現生群集では認められない．琉球との比較では，化石群集に卓越する種は琉球列島でも認められるが，特に優勢な種ではない．一方，館山と琉球の間に位置する本州南部-四国・九州の群集と比較すると，*A. solitaryensis* がいない点を除いて，串本や宇和島付近の群集に類似する．

紀伊半島南方-四国南方の海域の平均表面海水温は17℃（2月）〜27℃（8月）であり，館山付近よりも1〜2℃高い．したがって，種構成が温度によって決定されると仮定すると，当時の海水温は現在よりも1〜2℃高かったことが推定される．

沼層の化石群集の卓越種は琉球列島にも分布するが，琉球ではサンゴ礁外縁の礁斜面深部（水深10〜50 m）に分布する種（*E. aspera, Fungia cyclolites, Diaseris fragilis, T. geoffroyi*）や日陰部分に生息する種（*S. armata., Turbinaria* spp.）が多い．沖縄近海の水深30 mにおける7月の海水温は26.6℃であり（西平，1974），串本付近の8月の表層水温に近い．したがって，比較的温度の低い環境を好む種が琉球列島では深い環境（10〜50 m）に，館山付近では浅い環境（5〜10 m）に生息することを示している可能性がある．

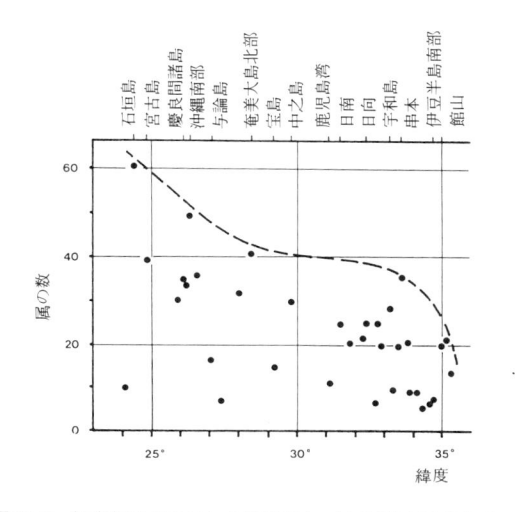

図14.2 従来報告されている造礁サンゴの属数と緯度との関係（破線は推定最大属数）

2) 種（属）多様度

Yabe・Sugiyama（1935）は，それまでの沼層の造礁サンゴ化石に関する研究を総括して，47種を報告した．さらに，浜田（1965）と江口・森（1973）は，以前の研究も含めて90種以上を報告し，串本付近に生息する造礁サンゴの種数に匹敵する多様な群集が分布していたことを明らかにした．彼らの同定した種を最近の分類体系（Veron・Pichon，1976 など）に従って再検討した結果が表14.1であり，亜種も含めて36属66種が確認された．この属数・種数は，現在の館山が造礁サンゴの分布の北限近くに位置することを考えると，かなり大きい値であるといえよう．

沼層の化石群集の多様性を現生の日本近海の造礁サンゴ群集に比較するために，各海域における従来の研究を編集した．その際，研究者によって種レベルの分類が異なるため，多様性を表す指数として種数は使用できなかった．ここでは，比較的分類上の混乱の少ない属について検討し，緯度に沿った属数の分布を求めた（図14.2）．なお，本稿では亜属も属数のなかに含めている．

属数は，石垣島・沖縄・串本などの研究例の多い海域で突出する傾向が認められるが，大局的には低緯度の琉球列島で多く高緯度の本州付近で少ない傾向にある．前後の調査地点と比較して著しく属数の少ない地点は調査が不十分と仮定し，突出した地点だけを結んで最大属数を推定した（図14.2，点線）．この曲線は，緯度の増加に対して単調減少であり，直感的な属数の分布と調和的である（Veron，1986）．近年の調査では，石垣島近海で70属以上分布する可

能性もあり，勾配はより高角になると考えられる．また，宝島から串本にかけての海域では属数はほとんど変化しないが，館山以北では急減する．この属数のパターンは冬季の水温の分布と一致する．すなわち，温暖な黒潮と寒冷な親潮の分布が造礁サンゴの属数の分布を決定するといえよう．

現在までに知られている沼層の化石サンゴ群集の属数は 36 属である．この値は，先に述べた最大属数の緯度分布と比較すると，現在の宇和島から伊豆半島に分布するサンゴ群集の属数に相当する．したがって，属数からも当時の気候は現在よりも 1〜2°C 温暖であったことが予想される．

3） 群体形

造礁サンゴの群体形は生息場所の物理的環境（明るさ・水の営力・堆積作用など）を反映するため，古環境を復元する上で重要な検討項目である．江口・森 (1973) は，沼層の化石サンゴ群集に *Echinopora aspera, Physophyllia ayleni, Pectinia lactuca* などの薄い葉理状の群体が多く認められるため，当時の海を静かな入り江と推定している．

沼層の化石群集には次の三つのものが認められる．ひとつは *E. aspera, Montipora informis, Leptoseris mycetoseroides, L. elegans, P. ayleni, Turbinaria* spp. などの葉理状の群体であり，この形態が最も多い．二つめは，*S. armata, Goniopora* spp., *Lobophyllia* spp., *Hydnophora exesa, Favites* spp., *Montastrea curata, Cyphastrea* spp. に代表される半球状の群体であるが，群体の周辺部分は葉理状のものと同様に広く底質を覆う傾向にある．最後のものは，*Acropora* spp., *Pocillopora damicornis, Montipora digitata, Caulastrea tumida* などの枝状の群体であるが，この群体形は比較的少ない．また，琉球列島の浅海部に多い卓上・葉状のものはほとんど認められない．このような群体形の組合せは琉球列島のサンゴ礁の礁斜面深部（水深 30〜50 m）や九州から本州南部にかけての海域の水深 5〜20 m に多い組合せである（中森・井龍，1990；浜田，1975）．

葉理状の群体は，単位面積当たりの骨格の現存量が最も少ない群体形であり，日照量の少ない環境にも生息可能な群体と考えられる（中森・井龍，1980）．沖縄県石垣市と東京の全天日射量の平年値は，それぞれ 16.4 と 11.4 MJ/m² である．沼層の化石サンゴ群集あるいは本州南岸の群集に葉理状の群体が多いことはこの効果を反映している可能性がある．また，化石群集のなかに枝状や薄い葉理状の群体が存在することは，当時の流れや波による力学的な作用が弱かったことを示していると考えられる．このような静かな環境は地形から推定される内湾的な位置づけと矛盾しない．

4） 年 輪

Porites 属や *Favia* 属などの塊状の造礁サンゴ骨格から厚さ約 5 mm の板を切り出してソフト X 線写真を撮影すると，密度の高いバンド（黒い部分）と低いバンド（白い部分）が同心円状に交互に繰返すパターンが認められる（図 14.3）．黒と白のバンドは 1 年 1 組ずつつくられていることから，これらのバンドは年輪であることは明らかである．

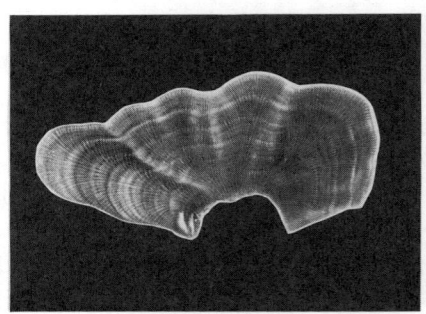

図 14.3 沖縄県石垣島産 *Porites australiensis* のソフト X 線写真（×1/3）

馬 (1934) は台湾から本州に生息する *Favia pallida*（論文中では *Favia speciosa*）の年輪の間隔を調べ，低緯度海域のものほどその幅が広いことを発見した．馬は沼層の *F. pallida* についても年輪幅を測定し，その平均値が 4.6 mm であることから，縄文海進時の館山の気候を現在の奄美大島付近に比較した．最近の研究では，年輪幅は水深とも深い関係にあることが判明している (Nakamori, 1986)．琉球列島の *Porites* spp. の年輪幅は，水深が増加するに従って指数関数的に，光の減少に対しては線形的に減少する．したがって，水深・水温のいずれかが定まらないと他方の値も決められない関係にある．種構成と属数による群集の類似性の比較が正しいと仮定し，沼層堆積時の水温を現在の串本付近と同程度であったとすると，串本付近に生息する *F. pallida* の年輪幅は 4.2 mm であることから，化石サンゴの生息環境はきわめて浅いことになる．

まとめ

造礁サンゴ群集のさまざまな特徴を用いて，沼層にみられる縄文海進時の化石サンゴ群集の生息環境について推定を試みた．その結果を整理すると次の

4項目が結論できる．

(1) 化石サンゴ群集の種(属)構成は現在の宇和島から串本にかけて分布する群集に類似する．その時期の水温は現在よりも1～2℃高かったと推定される．

(2) 化石サンゴ群集の属数は36属であり，属多様度からも現生の宇和島から串本にかけての海域に分布する群集に比較できる．

(3) 化石サンゴ群集の群体形は，葉理状のものが卓越し，縄文海進時の日照量は現在の沖縄より低い値であった可能性がある．枝状・葉理状の群体が存在することは，当時の生息場所が力学的な攪乱の少ない静かな環境であったことを示す．

(4) 当時の気候が現在の串本付近と同程度であったと仮定すると，沼層の $Favia\ pallida$ の年輪幅は串本付近で採取された標本の幅より大きな値であり，きわめて浅い水深に生息していたことが推定される．

これらの結論は，浜田 (1963, 1975) や江口・森 (1973) がすでに述べた結果と同じであり，沼層の化石群集の生息環境として一般的なものといえよう．

〔中森 亨〕

参考文献

Darwin, C. R. (1950)：珊瑚礁〔永野為武(訳)〕, 343 p., 改造社．

江口元起 (1968)：相模湾産ヒドロ珊瑚および石珊瑚類. 80 p., 丸善

江口元起・森 隆二 (1973)：千葉県館山市およびその付近の化石珊瑚と千葉県沖現生動物群について，東京家政大研究紀要，no. 13, pp. 41-57.

Frydl, M. P. (1982)：Holocene ostracods in the southern Boso Peninsula. Univ. Mus., Univ. Tokyo, Bull. no. 20, pp. 61-140.

浜田隆士 (1963)：千葉県地学図集，第4集，サンゴ編，119 p., 千葉県地学教育研究会．

浜田隆士 (1973)：腔腸動物，浅野 清(編)：新版古生物学 I．pp. 164-272. 朝倉書店．

浜田隆士 (1975)：日本の化石サンゴ礁—最古と最新の2, 3の例を中心として—．月刊海洋科学, vol. 7, pp. 23-30.

堀 信行 (1980)：日本のサンゴ礁．科学, vol. 50, pp. 111-122.

Jones, O. A.・Endean, B. (eds.) (1973-1977)：Biology and Geology of Coral Reefs, vols. I -III, 1252 p., Academic Press.

本川達雄 (1985)：サンゴ礁の生物たち—共生と適応の生物学，214 p., 中央公論社．

馬 廷英 (1935)：造礁サンゴの一種 $Favia\ speciosa$ (Dana) の成長に表れたる気候的変化およびこれより推定されたる最近地質時代における日本群島各地の海水温度．地質学雑誌, vol. 41, pp. 370-373.

中田 高・木庭元晴・今泉俊文・曾 華龍・松本秀明・菅沼 健 (1980)：房総半島南部の完新世海成段丘と地殻変動．地理学評論, vol. 51, no. 1, pp. 29-44.

Nakamori, T. (1986)：Community structures of Recent and Pleistocene hermatypic corals in the Ryukyu Islands, Japan, Sci. Rep. Tohoku Univ., 2nd Ser. (Geol.), vol. 55, pp. 71-133.

中森 亨・井龍康文 (1990)：サンゴ礁の地形区分と造礁生物の礁内分布，サンゴ礁地域研究グループ(編)：日本のサンゴ礁地域 1, 熱い自然, pp. 39-56. 古今書院．

西平守孝 (1974)：瀬底島周辺の海況，文部省科研費特定研究報告書，琉球列島の自然とその保護に関する基礎的研究，I, pp. 195-200.

西平守孝 (1988 a)：サンゴ礁の渚を遊ぶ，299 p., ひるぎ社．

西平守孝 (1988 b)：フィールド図鑑，造礁サンゴ，241 p., 東海大出版会．

Nomura, H. (1932)：Mollusca from the raised beach deposits of the Kwanto Region. Sci. Rep. Tohoku Imp. Univ., 2nd Ser. (Geol.), vol. 15, pp. 65-141.

沖村雄二 (1987)：サンゴ礁のなぞ，116 p., 青木書店．

琉球大学公開講座委員会(編) (1986)：沖縄のサンゴ礁，196 p.

高橋達郎 (1988)：サンゴ礁，258 p., 古今書店．

内田紘臣・福田照雄 (1989)：沖縄海中生物図鑑，サンゴ，新星図鑑シリーズ，vol. 9, 241 p.; vol. 10, 248 p., 新星図書出版(那覇)．

Veron, J. E. N. (1986)：Corals of Australia and the Indo-Pacific, 644p., Angus & Robertson Pub.

Veron, J. E. N.・Pichon, M. (1976)：Scleractinia of eastern Australia, Part I. Austr. Inst. Mar. Sci., Monog. Ser., vol. 1, pp. 1-86.

Veron, J. E. N., Pichon, M.・Wijsman-Best, M. (1977)：Scleractinia of eastern Australia. Part II, Aust. Inst. Mar. Sci., Monog. Ser., vol. 3, pp. 1-233.

Veron, J. E. N.・Pichon, M. (1979)：Scleractinia of eastern Australia, Part III. Aust. Inst. Mar. Sci., Mong. Ser., vol. 4, pp. 1-422.

Veron, J. E. N.・Pichon, M. (1982)：Scleractinia of eastern Australia, Part IV. Aust. Inst. Mar. Sci., Monog. Ser., vol. 5, pp. 1-157.

Veron, J. E. N.・Wallace, C. C. (1984)：Scleractinia of eastern Australia, Part V. Aust. Inst. Mar. Sci., Monog. Ser., vol. 6, pp. 1-485.

Yabe, H.・Sugiyama, T. (1932)：Reef corals found in the Japanese seas. Sci. Rep. Tohoku Imp. Univ., 2nd Ser. (Geol.), vol. 14, pp. 143-168.

Yabe, H.・Sugiyama, T. (1935)：A study of Recent and semifossil corals of Japan. Sci. Rep. Tohoku Imp. Univ. 2nd Ser. (Geol.), vol. 16, pp. 119-134.

Yokoyama, M. (1911)：Climatic changes in Japan since the Pliocene Epoch. Jour. Sci. Rep. Tokyo Univ., Ser. II, vol. 15, pp. 1-77.

山里 清 (1991)：サンゴの生物学，150 p., 東京大学出版会．

15. 貝の分類と利用

　貝類は軟体動物に属し，その石灰質貝殻が堆積物に保存されており，相対年代を知るための標準化石や地質環境を調べるための示相化石として有用である．貝類として最も原始的な二枚貝はシベリアの古生代カンブリア紀最前期(Tommotian期，560〜570 Ma)石灰岩から産し，古生代に発生した大部分のグループは古生代末期から中生代初期で滅亡したが，中生代から新生代にかけて数多くの分類群が新たに分化・発展した．

　軟体動物は，扁形・環形・節足の動物などと共通した先カンブリア時代の海生動物から分化したと考えられ，その trochophore 幼生の形態から環形動物に最も近い．この祖先とされる動物は現生の無板綱と単板綱に比較され，さらに原始的な体制をもっていた．

　ここで貝類というのは，貝殻がない無板綱を除く，軟体動物門の6綱に属する多様な貝殻と種々の生活様式をもつ大群である．この大群のなかで，単板綱はスプーン状の貝殻をもち，古生代前期に繁栄したが，Costa Rica 沖合の太平洋の深海底から現生種が1952年に採集され「生きた化石」とされている．多板綱はヒザラガイ類とよばれることもあり，その背側に8枚の殻板がある．腹足綱は巻貝類のことで，螺層の形態や装飾に識別しやすい多くの形質をもち，古生物学でよく利用されるグループである．掘足綱はツノ貝類ともよばれ，その貝殻が単純な円筒状になる．二枚貝綱は左・右に一組の貝殻をもち，含貝化石層で他の貝類グループより個体数が卓越するため，巻貝類とともに地質学では重視される．頭足綱はアンモナイト類・ヤイシ類・イカ類・タコ類などを含み，アンモナイト類は古生代後期から中生代にかけて繁栄し，地層の区分・対比および海域環境の復元に利用されており，II-16章で記述する．

15.1. 貝殻の内部構造と生成機構

　貝殻は有機質(硬タンパク，多糖類，色素)の外皮と無機塩結晶に微量の有機基質が混合した石灰質層でつくられている．石灰質層の主要な構成物質となっている鉱物相は，$CaCO_3$の多形結晶であるアラレ石(aragonite)または方解石(calcite)，あるいは両鉱物で構成され，これらのサイズが $10\,\mu m$〜$1000\,\text{Å}$ である．$CaCO_3$は，その重量比で 97〜99.95% を占め，$Ca_3(PO_4)_2$，$CaSO_4$，$MgCO_3$ などを少量だけ含む．そして，Sr，Fe，Cu，Al，Ti，V，Mn，Ba，B，Na，Cl，I，F，U などの元素も検出され，結晶格子や有機基質に結合している．微量元素や酸素同位体比($^{18}O/^{16}O$)は水温や塩分濃度の変化を知るのに利用される(図15.1)．有機相の conchiolin と総称

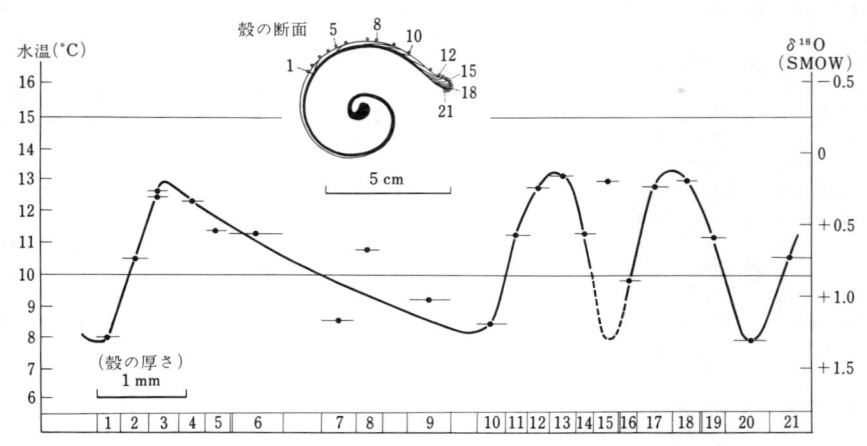

図15.1　掛川層群産巻貝(ニクイロヒタチオビガイ，*Musashia hirasei*)の酸素同位体比($\delta^{18}O$)と古水温の変化(青島・鎮西，1972)

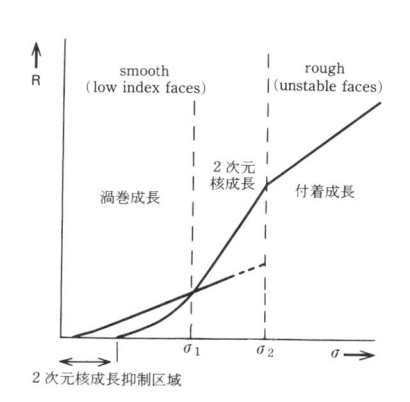

図15.2 結晶のモルフォロジーと過飽和度との関係
(Sunagawa, 1983)
縦軸 R は成長速度,横軸 σ は過飽和度.

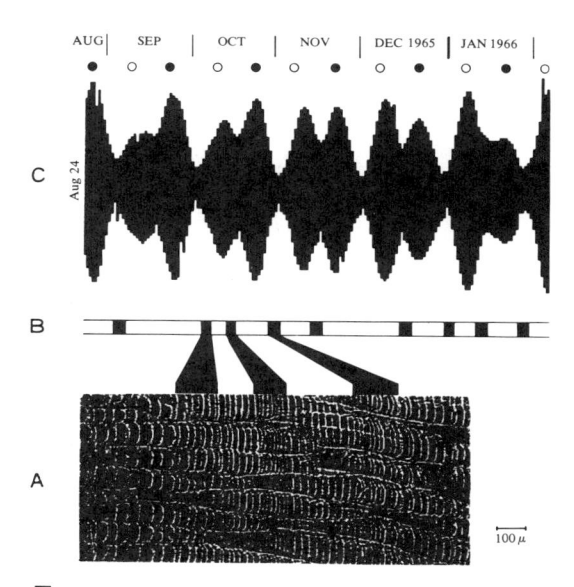

図15.3 Massachusetts 州 Barnstable 港産二枚貝(*Mercenaria mercenaria*)の成長線と潮汐現象の関係
(Pannella・McClintock, 1968)
A と B は成長線のパターン,C は潮汐現象の周期.

される硬タンパクは薄膜あるいは繊維状に鉱物の間を充填しており,その重量比が 0.02〜7％である.石灰質層は鉱物-conchiolin の幾何学的構造をもち,その構築構造・殻層構造・成長(線)構造に,種・属ごとで共通したパターンが認められる.アラレ石は常温のもとで方解石に変化し,化石標本にアラレ石が残っているケースは少ない.また,Ca が Mg, Si, Fe などで置換された化石も多い.

貝殻の生成は,外套膜のなかで有機質マトリクスから無機塩結晶をつくる代謝作用,無機塩結晶を外套膜から殻質部に沈殿させる分泌作用,さらに結晶成長と殻質構造の形成という順序になる.結晶物質は外套膜の外面上皮細胞と殻質との間に存在する幅が数十 μm くらいの狭い部位で分泌される.結晶成長を規制する溶液の量・pH・粘性などは,種類・生活様式・季節と昼夜による生理代謝・外套膜の位置の違いなどさまざまな要因によって一定でない.一般に,新しい固相が溶液から生ずる場合は,溶液のイオン濃度が結晶に対して過飽和状態となり,原子・イオンあるい分子が集合して,その集合体のサイズが臨界値を越すと,結晶核が形成される.

$$Ca^{2+} + CO_3^{2-} \rightleftarrows CaCO_3 \cdots\cdots イオン反応$$
$$(CaCO_3) + (CaCO_3) \rightleftarrows 2(CaCO_3)$$
$$\vdots$$
$$(n-1)(CaCO_3) + (CaCO_3) \rightleftarrows n(CaCO_3)$$
$$\cdots\cdots 分子の臨界集合$$

$$n(CaCO_3) \rightleftarrows (CaCO_3)_n \cdots\cdots 結晶核の形成$$
$$\left.\begin{array}{l}(CaCO_3)_n + Ca^{2+} \rightarrow (CaCO_3)_n Ca^{2+} \\ (CaCO_3)_n + CO_3^{2-} \rightarrow (CaCO_3)_{n+1}\end{array}\right\} \cdots 結晶の成長$$

結晶の成長速度とモルフォロジーは,結晶母液の過飽和状態に関係して,固-液相境界面の "roughness" とその異方性,結晶成長を促進する化学ポテンシャル差などでコントロールされ,平面で囲まれた多面体,骸晶,樹枝状結晶,球晶に変化する(図15.2).さらに,結晶成長の環境場で "自由度" と "不自由度" により,結晶モルフォロジーが異なる可能性も指摘されている.したがって,殻質内部構造の観察は,系統進化・分類・環境変化などに関する諸問題を解く大きな鍵となる(図15.3).

15.2. 貝類の分類

単板綱:このグループは笠形の貝殻をもち,その内面に多対の筋痕があり,古生代カンブリア紀-デボン紀の浅海成堆積物から産する.1952 年,このグループに含まれる 13 個体(うち 3 個体は殻質のみ)の現生種が,Costa Rica 沖合の深海底(深さ 3590 m)からデンマークの調査船 "Galathea" によって採集された.これら標本類の腹面には,大きな円形の足があり,その周囲の浅い外套溝に 5 対の鰓がある.口部に辰弁をもつが,眼や触角は認められない.口から消化管がゆるく回転して肛門に通じている.心臓は 2 心室をもつ.貝殻は 8 対の収足筋をもち,こ

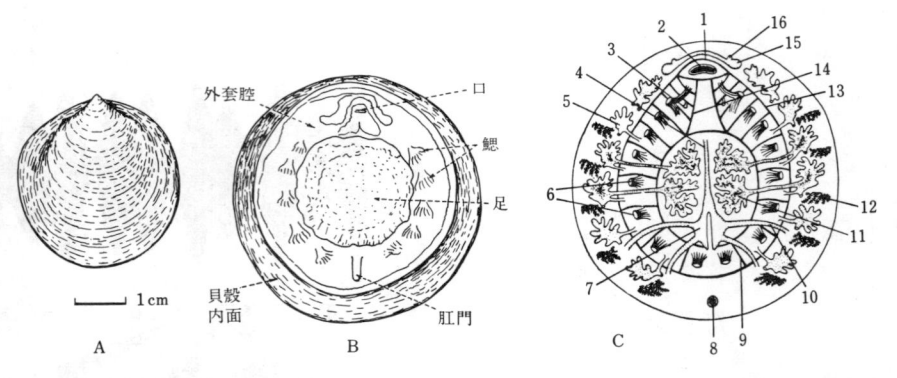

図15.4 Costa Rica 産現生 *Neopilina galatheae* の貝殻と軟体部（Lemche・Wingstrand, 1959）
A：背面，B：腹面，C：解剖模式図．1：頭部神経，2：口，3：平衡器，4：動脈，5：腎臓，6：筋肉，7：囲心腔，8：肛門，9：足側神経，10：動脈，11：生殖腺，12：鰓，13：側神経，14：足神経，15：縁膜，16：口前触手．

れに対応して足側神経連合が8対ある．腎管が6対，鰓が5対で，体節構造をもった解剖学的知見が得られている．また，1958年，Lamont 地質研究所の調査船"Vema"がペルー沖合の深海底(5700 m)から同じような形態の現生種(4個体)を採取した．さらに，1961年，Vema はカリフォルニア沖合いの深海底(2700 m)から腹面に6対の鰓をもった標本を拾い上げた．そして，このような現生種は大西洋，インド洋，南極海などからも見つかり，合計で11種類となり，独立した綱として取扱われている(図15.4)．

多板綱：古生代カンブリア紀後期に出現し，古生代から新生代古第三紀までの地層から知られた種類は少なかったが，新生代中新世から現世にかけて多くのグループに分化した．この綱に属する種類はすべて海生であり，岩礁や貝・珊瑚類などの硬い物質に付着し，藻類を主食とするが，コケ虫・ヒドロ虫類やフジツボの幼殻を食べることもあり，雑食性食餌とされるものがある．大部分の種類は沿岸の潮間帯から浅海区上部にかけて分布するが，深海底(約4000 m)で生息することもある．体制はねじれ屈曲がなく左右相称となり，2対の縦走神経幹をもち，腹面の頭部に眼や触角を欠くが，多数の鰓が中央部の大きて平坦な足の側面外套溝に発達する．歯舌が発達するため，その配列は属や種のレベルで分類に利用される．殻板の数は大部分の数が8枚であり，稀に6，7，9枚の種類もある．その配列と形状から，頭板(初板殻)，中間板(中板殻)，尾板(終板殻)と区分される(図15.5)．殻板の断面は，背面から腹面に向かって，殻皮層，上層(表層)，連接層，殻質下層の4層からなり，殻質中層が上層と連接層の間に存

在することもある．このうち，上層の表面には，成長線，顆粒，肋，殻眼などの装飾が観察される．また，連接層と殻質下層より長く発達して外套の肉中に挿入される場合には頭板の前縁部，中間板の両側面部，尾板の後縁部などに挿入板をもち，これらの末端部が肥厚になり歯状となる．また，歯隙とよばれる切れ込みをもつタイプがある．

二枚目綱：最古の二枚貝は，オーストラリア，北アメリカの北東部，デンマーク，シベリアなどに分布するカンブリア紀(Tomotian 階)の地層から産し，その内面に多数の筋痕らしい装飾があり，単板類から分化したと考えられる．二枚目類の分類群を地史的にみると，オルドビス紀と三畳紀，次いでデボン紀と白亜紀に適応放散が進んだ時期があり，ペルム紀末期や白亜期末期に絶滅した種類が多い．一般に，二枚貝類の貝殻は鉸面の歯と靱帯および閉殻筋で接合している．靱帯は両殻を開く働きをしており，殻体の外側についた外靱帯と内側につく内靱帯(弾帯)がある．靱帯と鉸歯の構造様式は化石種を分類する場合に重要である(図15.6，15.9)．軟体部を包む筋肉質袋は足とよばれる斧状の突出部をもつことがある．足は底質に潜るため収縮するが，この足が退化した種類は足糸を分泌して他物に付着する．内臓部は背面にあり，水管から吸入された食物が鰓で濾過され，口から食道と胃を経て腸で消化される．血管は開放系となり，心耳が鰓に対応して1対あり，その中間に位置する心室は終腸で貫かれているものが多い．心室から前後に大動脈がでる．また，体内の血液が足部などの血洞に流れている．腎臓は囲心腔の直下にあり，U字形の Bajanus 器官をつくり，囲心腔の前で Keber 器官をつくる．神経節は脳・内

15. 貝の分類と利用

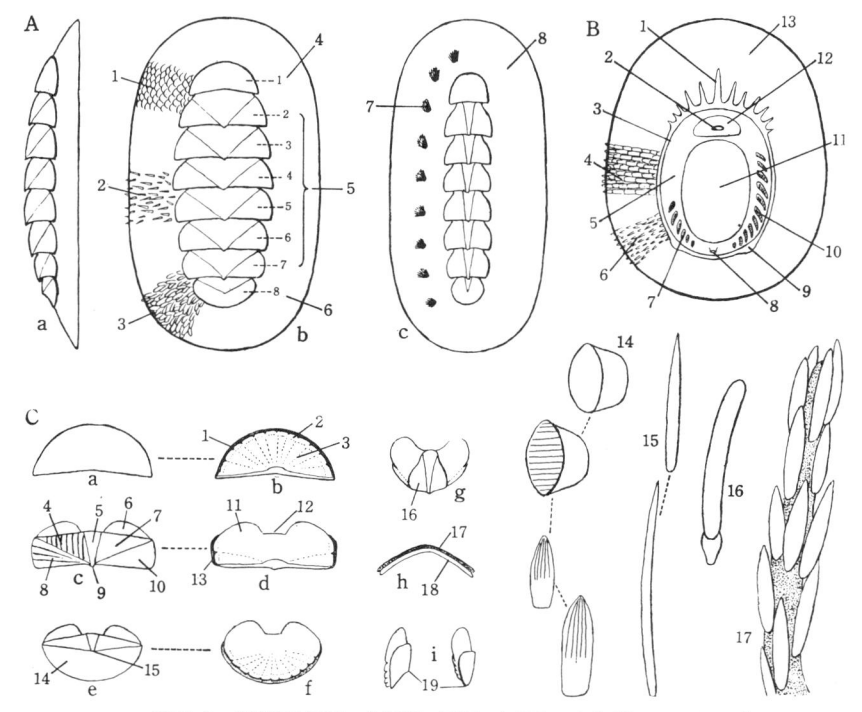

図15.5 多殻類の頭板・中間板・尾板の各部位の名称(瀧, 1931)
A：多殻類背面(1：鱗片, 2：針, 3：棘, 4：頭皮, 5：中間板, 6：尾板, 7：棘束, 8：肉帯). B：多殻類腹面(1：触手状突起, 2：口, 3：外套襞, 4：小鱗, 5：外套溝, 6：小針, 7・10：鰓, 8：肛門, 9：肛門葉). C：頭板・中間板尾板の各方面(a：頭板背面, b：同腹面, c：中間板背面, d：同腹面, e：尾板背面, f：同腹面, g：中間板背面面, h：同前面, i：尾板左側面, 1：歯隙, 2：歯, 3：歯隙溝, 4：縦肋, 5：背域, 6：縫合板, 7：肋域, 8：放射肋, 9：嘴, 10：側域, 11：縫合板, 12：弯入, 13：檐部, 14：後域, 15：尾殻頂, 16：肋側域, 17：表層, 18：連接層, 19：尾殻頂).

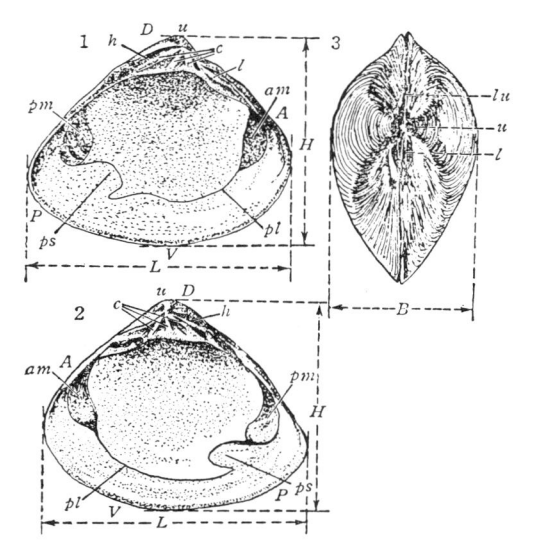

図15.6 タイワンハマグリ(*Meretrix meretrix*)の貝殻各部位の名称(細井, 1954)
1：左殻, A：前縁, D：背縁, H：殻高, L：殻長, P：後縁, V：腹縁, c：主歯, l：側歯, h：靱帯, u：殻頂, am：前肉柱痕, pm：後肉柱痕, pl：套線. 2：右殻, 3：背面, B：殻幅, l：楯面, lu：小月面, u：殻頂.

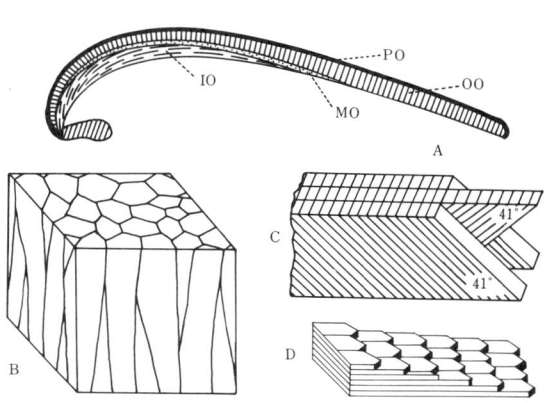

図15.7 二枚貝の貝殻内部構造(小林, 1964)
A：断面, B：稜柱構造, C：交叉板構造, D：葉状構造.
PO：殻皮, OO：外殻層(outer ostracum)(稜柱または交叉板構造をもつことが多い), MO：中殻層(myostracum), IO：内殻層(inner ostracum)(葉状・真珠または複合構造をもつことが多い).

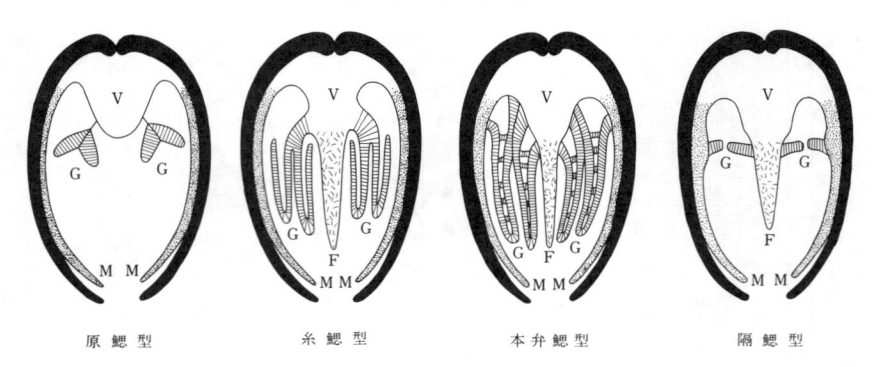

図 15.8 二枚貝類の鰓(速水, 1974)
F：足, G：鰓, M：外套膜, V：内臓部.

臓・足の3対となる．足は挙足筋・収足筋・伸足筋によって収縮するが，その発達や程度に変化がある．大部分の種類は雌雄異体で，一部に同体があり，性転換することもある．貝殻と軟体部の間には，呼吸と摂餌をつかさどる鰓がある．鰓は，それぞれの種類の進化段階や適応形態と関係して，いくつかのスタイルに分けられ，現生種を分類する重要な基準となる(図15.8)．貝殻の内面には，閉殻筋痕と外套線があり，前筋痕が退化的になり単筋となる．外套線は軟体部から硬組織を分泌するため殻質に接合した部分である．この外套線の後部に彎曲をもつ種類は，この部分に入水管と出水管という器官がある．しかし，化石種は鰓が残らないので，鉸歯の形式が分類の基準とされる(表15.1)．

隠歯亜綱：殻体は左右対称となり前後端が閉じる．殻頂は後方にある．鉸歯は小歯を数本もつ種類と欠くものがある．靱帯は外在する種類と内在するものがある．筋痕は前後に存在する場合と前部だけのことがある．外套線は彎入しない．原鰓型．足は発達して足裏がある．

古多歯亜綱：殻体は左右相称となり前後端が閉じる．鉸面に多数の小さな歯がある．靱帯は外在する種類と内在するものがある．筋痕は前後にある．原鰓型．外套線は彎入しないが水管をもつ種類がある．

翼形亜綱：殻体が左右相称な種類と非相称になるものがある．一般に前後端が閉じる．鉸面は1対の強い歯，多数の小歯，鉸歯を欠くなど種々のタイプがある．靱帯は外在する種類と内在するものがある．筋痕は2個または後部のみに存在する．足は発達した種類と退化して足糸を分泌するものがある．糸鰓型．外套線は彎入しない．

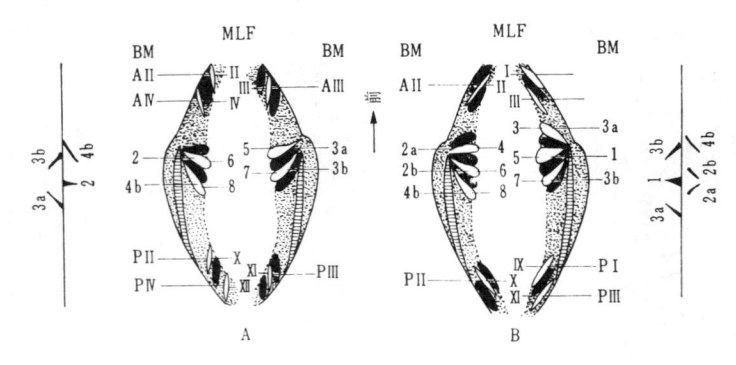

図 15.9 Bernard・Munier-Chalmas(BM) と Moore, Lalicker・Fischer(MLF)の二枚目鉸歯式 (大森, 1971)
A：Lucinoid タイプ，B：Cyrenoid タイプ．右殻の主歯を奇数，中央主歯を1とする．左殻の主歯を偶数，中央主歯を2とする．そして，前方の主歯にa，後方の主歯にbをつける．右殻の側歯は外側から1，3，5…の奇数，左殻の側歯は外側から2，4，6…の偶数をつける．さらに，前方の側歯にA，後方の側歯にPをつける．また，右殻の歯を分子，左殻の歯を分母として示す．

15. 貝の分類と利用

表 15.1 二枚貝類の分類に用いる形質 (速水, 1967)

形　質	分類単位				形　質	分類単位			
	目	科	属	種		目	科	属	種
大きさ	−	−	−	●	殻頂の向き	−	−	●	●
長さと高さの比率	−	−	−	●	靱帯の位置	●	●	●	●
殻片の非対称性	○	○	●	●	靱帯の性質	○	●	●	●
殻頂角	−	−	−	●	弾帯受の発達	−	●	●	●
傾　度	−	−	−	●	肉柱痕の不等の程度	●	●	●	●
外　形	○	○	●	●	套線弯入の有無	●	●	●	●
腹縁の刻みの有無	−	○	●	○	套線弯入の形	−	−	●	●
背稜の有無	−	−	●	●	鉸歯の配列型式	●	●	●	●
小月面の状態	−	−	●	●	鉸歯の形	−	●	●	●
楯面の状態	−	−	●	●	殻の構造	●	●	●	●
翼状部の形	−	−	−	●	殻皮の発達	−	●	●	●
放射肋の有無とその状態	−	○	●	○	生態の相違	●	○	●	●
その他の殻表の装飾	−	−	●	●	鰓の構造	●	○	−	−
放射内肋の有無とその状態	−	●	●	−	胃の構造	●	●	●	−
殻頂の位置	−	−	−	●	胚殻の形態	−	○	○	−

●：普通にとりあげられる，　○：まれにとりあげられる．

古異歯亜綱：殻体が左右相称で前後端が閉じる．殻頂が前方に位置し前傾する．鉸面には主歯と側歯をもつ種類と両者を欠くものがある．外靱帯が殻頂の後部にある．弁鰓型．外套線は弯入しない．

異歯亜綱：殻体は左右相称で前後端の開かないタイプが多い．鉸面には主歯と側歯がある．殻頂は前方を向き，小月面と楯面が発達する．筋痕は前後にあり，ほぼ同じサイズである．弁鰓型．外套線は弯入する種類と弯入しないものがある．大部分の種類が水管をもつ(図 15.9)．

異靱帯亜綱：殻体は左右相称または非相称で，前後端を閉じない種類がある．鉸面に弱い歯をもつか，歯をもたない種類が多い．靱帯は殻頂の後部に外在し，弾帯に殻帯をもつ種類が多い．隔鰓型．外套線は浅く湾入する(p.304 表 15.3)．

腹足綱：最も原始的な貝殻をもつ Bellerophontoidea 上科は，単板類からカンブリア紀中期に分化した．腹足類の分類群は，その出現率が絶滅率より下回った古生代中・後期を除き，順調に分化・発展して動物界で昆虫に次ぐ大きなグループとなった．

腹足類の軟体部は頭・足・外套膜・内臓の各部に分化し，螺旋状の貝殻をもつ．通常，頭部と足部は貝殻から外部に伸ばして生活するか，他物からの刺激で貝殻のなかに退縮させる．頭部には触角，眼，口がある．口部には顎板と歯舌があり，歯舌の性質は系統・分類・食性を検討するうえで重視されている(図 15.13)．足部のスタイルは生活様式によって変化し，浮遊性の種類は鰭状になる．また，足部の後背面には角質(革質)や石灰質の蓋をもつ種類が多く，その形や大きさはさまざまであり，蓋を欠くこともある．

外套膜は内臓塊と殻質の間を内張りするように発

図 15.10 腹足類三亜綱の体制(首藤, 1973).
1：有肺亜綱，2：後鰓亜綱，3：前鰓亜綱，a：心耳，c：鰓，o：嗅検器，p：肺．

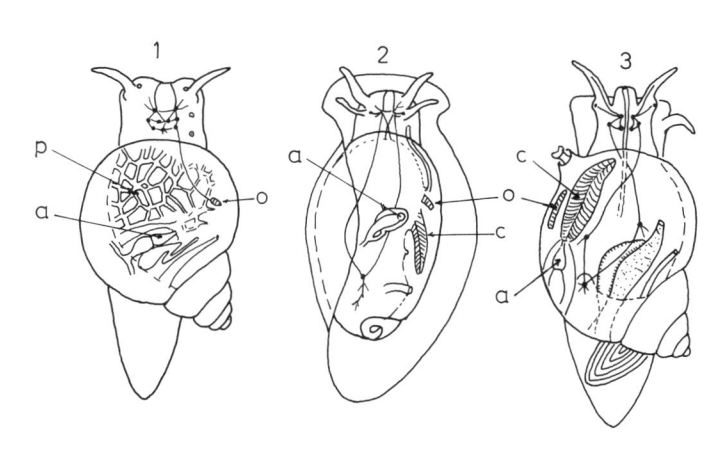

達する．外套腔は前方または右側にあり，鰓，嗅検，生殖腺，肛門，排出口がある．鰓と内臓の構造は，亜綱ごとに特徴があり，分類単位ごとに説明する（図15.10）．

貝殻は，幼生期に生成された原殻と，変態の後で形成された終殻に分けられる．原殻と終殻は，溝・肋・周縁角などで区別され，両者の形態が異なる．しかし両者とも平滑になって，区別できないこともある．一般に，原殻の形態（外形，巻き数，装飾など）は属レベルで安定した特徴が認められ，それぞれの属単位の進化系統を考えるのに注目される．終殻は，変態した後で生活様式に適応しながら，螺管の巻き方，外形，殻質表面の装飾，殻口の形など，さまざまな形質に特徴が認められる．特に，殻口部は，頭部・足部・水管溝があり，運動・吸排水・摂餌・生殖などの活動に関与する器官があり，科や属の単位で分類する場合に重要な部位である（図15.11）．貝殻の内部構造は外皮と石灰質層に分けられる種類が多い．外皮は硬質タンパク質からなり，石灰質層の溶解を防いでいる．しかし，Cypraeidae 科は外套膜が殻質を被って生活しており，Olividae 科は足部が殻質を包むように発達するため，外皮をもたない種類がある．また，Trichotropidae 科の殻質表面には剛毛があり，外皮を欠く．石灰質層は3層になっている種類が多く，Gibbula 属で4層，陸生有肺類の一部に6層となるものが知られている．それぞれの石灰質の薄層には，アラレ石や方解石の結晶がconchiolin の膜をはさんで束状や互層状に集合している（図15.12）．

前鰓亜綱：頭・足部の方向と内臓部の配置が180°ねじれている．そして，螺旋軸側の鰓・腎臓・心房・嗅検器などが退化している．内臓神経節と側神経節をつなぐ側内臓神経連鎖が腸の上下でクロスして8字形となる．鰓は心臓の前にある．鰓条の発達程度や心房の数によって，原始的な種類と高等なものに分けられる．腹足類の現生種は8500より多いとされ，これに化石種類を加えると数十倍の種類に達し，その大部分（90％以上）が前鰓亜綱に属する．このグループは原始腹足目，中腹足目，新腹足目，異腹足目に分類される．原始腹足目は殻口に水管溝がなく，外唇に排出管を出し入れする細長い切れ込みや孔があり，貝殻内面は真珠層となる．中腹足目は，原始的な種類の殻口に水管溝を欠くが，分化した種類の殻口に水管溝が発達する．歯舌がtaenioglossa 型で，7歯が横一列となり，中歯(1)・側歯(2)・縁歯(4)に分けられる．新腹足目の殻口には必ず長い水管溝

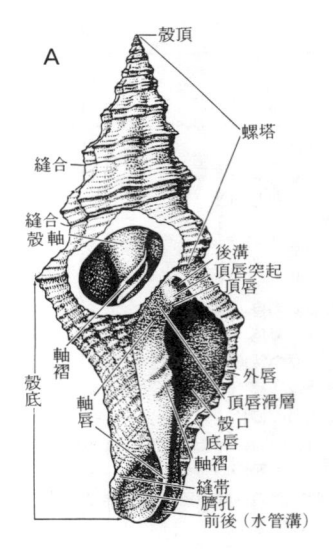

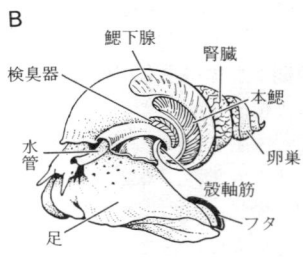

図15.11 *Latirus lynchi*(A)の貝殻各部位の名称と *Buccinum undatum*(B)の軟体部の外観(Cox, 1960)

図15.12 腹足類の貝殻内部構造(都郷・鈴木，1988) 1：柱状真珠構造が認められる原始腹足類，2,3：柱状真珠構造が認められない原始腹足類，4：中・新腹足類，5：後鰓類，6：有肺類．agr：アラレ石質粒状構造，bl：ブロック構造，ccl：複合交叉板構造，cl：交差板構造，cnac：柱状真珠構造，cpr：混合稜柱構造，fo：葉状構造，ho：均質構造，ipr：不規則稜柱構造，pcl：原交叉構造．

が発達する．歯舌が rachiglossa 型で中歯(1または0)と側歯(2または0)をもつグループと toxoglossa 型で中歯(1または0)・側歯(2)・縁歯(2または0)をもったグループがある．中腹足目と新腹足目は新生腹足目にまとめられることがある（図15.13）．

後鰓亜綱：大部分の種類はナメクジ様の形態をもち，発生初期に螺旋状の殻質をもち，成体になると

15.4).

掘足綱：オルドビス紀に出現して，石炭紀以後から分類群がゆっくりと増加し，新生代後半から現世にかけて多数の種類が知られる．このグループは細長い角笛状の殻体をもち，前端に太くて殻口があり，後端は細くなり，外套腔が前端から後端に通じている．殻口から足部を出し入れしながら底質に潜る．頭部には頭糸とよばれる感覚系があり，摂餌活動に用いられる．口部の歯舌は明瞭で発達する．消化管はU字形となり，肛門が外套腔のなかにある．鰓がなく心臓に心房は認められない．神経系は脳・側・足・内臓の神経節があり，口球神経節があって連鎖構造をつくる．すべてが海産であり，浅海から深海まで分布し，両極地域の寒冷な水塊には少ない．約500種の現生種は，ツノガイ科(Dentaliidae)とクチキレツノガイ科(Siphonodentaliidae)に分類され，後者は小形で，殻の表面が平滑となり，殻の中央部から口部に最大径をもつ．

15.3. 貝化石のデータ処理

化石個体群は，一定の時空的範囲に分布した生活集団を把握して復元するための基本的な概念となる．その低次分類群(属・種)の識別，個体変異とその時空的分布，成長速度などを量的に解析するため，数値化しやすい部位を精密に測定して，そのデータを統計学的に処理する方法がある．この方法は，できるだけ無作為に採集した理想的な確率標本について，異種が混入しないよう慎重に選別し，多数の遺伝子と環境要因に起因する連続的変異を解析するものであり，性的2型現象や少数の遺伝子などと関係した多型現象を的確に抽出するためにも有効である．

相対成長：成長に関係する任意の2形質(x, y)と時間(t)の関係は，

$$\frac{dy}{dx}\bigg/\frac{dx}{dt} = \alpha\frac{y}{x} \quad (\alpha \text{ は定数})$$

となる．tについて積分すると，$\log y = \alpha \log x + \log \beta$(または$y = \beta x^{\alpha}$，$\beta$は定数)となり，相対成長の理論式が得られる．そして，$\alpha = 1$を等成長，$\alpha \gg 1$を優成長，$\alpha \ll 1$を劣成長と分けられる(図15.14)．

同様にして，1変異形質・3変異形質・多変異形質の連続的な変化を調べることができる．そして，それぞれの変異が対等または従属関係にない場合，最小二乗法でその勾配(α)を最小二乗法で求める．すなわち，

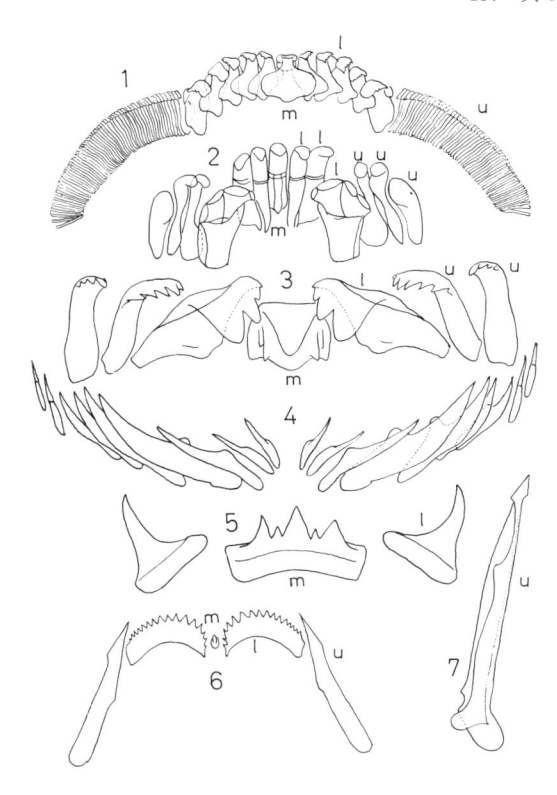

図15.13 前鰓類の歯舌(首藤，1973)
1：扇舌(rhipidoglossa)タイプ，2：梁舌(docoglossa)タイプ，3：紐舌(taenioglossa)タイプ，4：翼舌(ptenoglossa)タイプ，5：尖舌(rachiglossa)タイプ，6：紐舌に近い矢舌，7：矢舌(toxoglossa)．l：側歯，m：央歯，u：縁歯．

殻質が退化したグループを含む．足部が発達して，頭楯と側足葉をもつ．鰓は心臓の後部にあり，一部の種類は体壁が形成体となり二次的な鰓をもち，また鰓を欠くこともある．大部分の種類は神経交叉が認められず，内臓神経が側神経の近くに存在する．トウガタガイ科(Pyramidellidae)は，左巻き胎殻と頭楯をもち，歯舌を欠き，雌雄同体であり，前鰓亜綱から後鰓亜綱に移された．

有肺亜綱：貝殻の形態と装飾はあまり変化しない．陸上で生活する種類は外套膜の内壁に血管が集まって肺をつくり，外套膜の襟に呼吸口がある．神経節はすべて前部に位置しており，内臓連繋が短縮され，ねじりの圏外となり，左右相称で前後に圧縮されたような配置となる．陸上で生活する種類は雌雄同体で石灰質の殻におさまった卵を産み，坦輪子・被面子の幼生が認められず，幼体が発生する．この亜綱は，広い触角の基部に眼をもつ基眼目と長い触角の先端に眼をもつ柄眼目に分類される(表

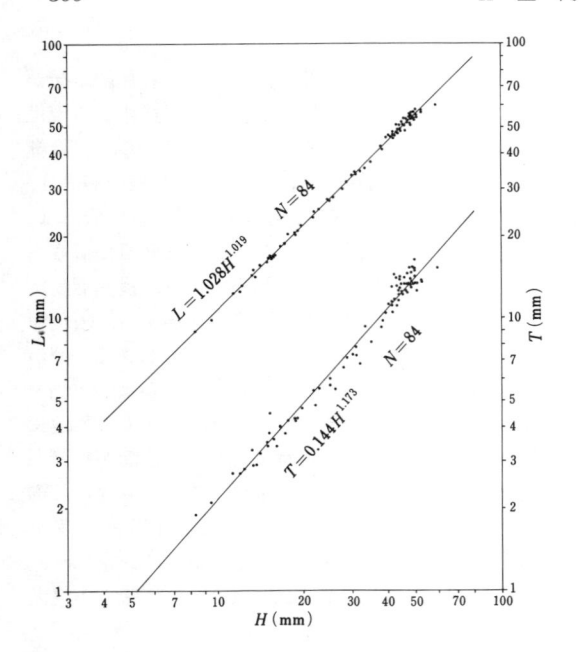

図15.14 下総層群上岩橋(かみいわばし)化石帯産エゾタマキガイ
(*Glycymeris yessoensis*)の相対成長(速水, 1974)
L：殻長, H：殻高, T：殻幅, N：個体数.

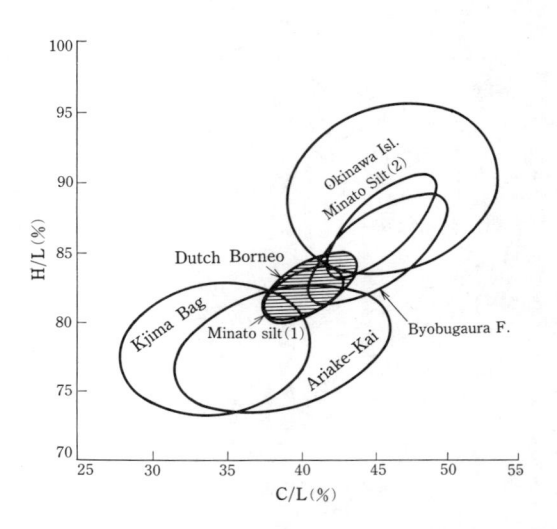

図15.15 ハイガイ(*Anadara granosa*)の形態変異
(Ko-taka, 1953)
H(殻高)/L(殻長)とC(殻幅)/L(殻長)の相関関係からハイガイの形態を3タイプに分類した.

$$\alpha = \frac{\Sigma(Y_i-\bar{Y})(X_i-\bar{X})}{\Sigma(X_i-\bar{X})^2} = \frac{S_{xy}}{S_{xx}}$$

(XとYは2変量の自然対数値, S_{xx}は分散値, S_{xy}はxとyの共分散値). そして, 変異形質の分布を示す場合, 棄却楕円法の計算式により散布図の点群を描く方法がある. すなわち, 信頼区域(F_0)は

$$F_0 = \frac{(N-2)N}{2\varDelta(N+1)}\{\phi_{11}(x-\bar{x})^2 \\ -2\phi_{12}(x-\bar{x})(y-\bar{y})+\phi_{22}(y-\bar{y})^2\}$$

ここで, $\phi_{11}=\Sigma(x-\bar{x})^2$, $\phi_{12}=\Sigma(x-\bar{x})(y-\bar{y})$, $\phi_{22}=\Sigma(y-\bar{y})^2$, $\varDelta=\phi_{11}\phi_{22}-\phi_{12}^2$, $N=$個体数とする.
また, $a_{11}(x-\bar{x})^2+2a_{12}(x-\bar{x})(y-\bar{y})+a_{22}(y-\bar{y})^2=0$
として,

勾配(θ)は $\tan 2\theta = \dfrac{2a_{12}}{a_{11}-a_{22}}$,

長・短軸の長さは, $\lambda^2-(a_{11}-a_{22})\lambda+(a_{11}a_{22}-a_{12}^2)=0$

から求める(図15.15).

数量分類法：等価で独立した生物学的意味をもつ単位形質について, 分類単位間で変化するものを選び, 比較に用いた形質の数で共通した形質の数を除した単純一致率を求める. そして, 各組合せの単純一致率を大きい順から結合し, 全体が一つの群(cluster)となるよう樹状図(dendrogram, phenogram)にまとめる方法である(図15.16).

化石群集の規則性と多様性：化石群集は, 生活集団あるいはその一部が死後に分解・運搬・堆積・続成などの作用を受けたもので, 両者の関係を種構成・産状・堆積物・堆積構造などから観察しなければならない. 遺骸が生活圏のなかに分布する場合を自生または現地性として, 遺骸分布圏と生活圏が異なる場合を他性または異地性とする. 一般に, 化石群集は, 死後から堆積までの複雑な過程に加えて, 標本採取の際に限定される条件のため, その生活集団を完全に復元することはきわめて困難である. このため, 化石群集を埋没・死骸・遺棄・残留・運搬・混合などのタイプに分類し, 生活群集から区別する. 自生の個体を認定するには, 現生種の生活型や行動・習性が参考になる(図15.17).

水生動物の生活型は底生・自由遊泳生・浮遊生に分けられる. このうち, 底生は外生(または表生)と内生に細分され, さらに底生固着型と底生移動型に区分される. このような生活型は, 摂餌様式と密接な関係をもっており, 体内器官の機能を通じて貝殻の形態にも深い関係がある. 食性は, 濾過食・

図15.16 三角貝類の数量分類(速水・中野, 1968)
分類に用いる39の形質を等価として, その741の組合せの単純一致率を求めた.

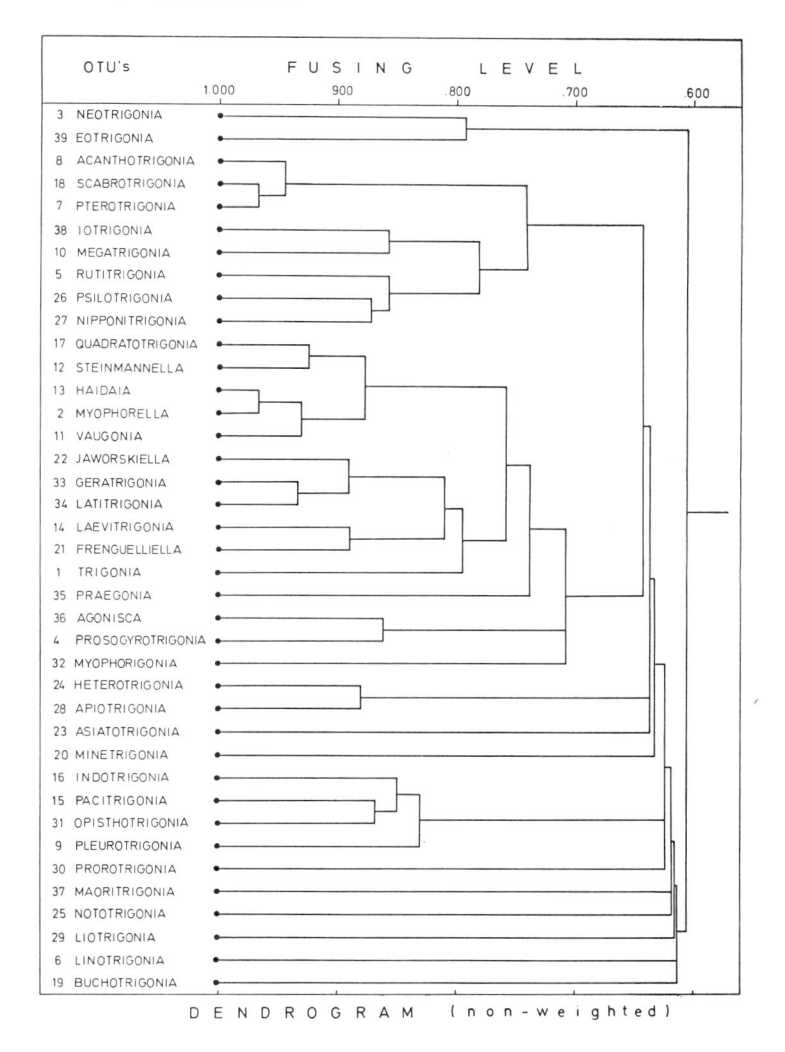

```
OTU's           FUSING LEVEL
            1.000  .900  .800  .700  .600
 3 NEOTRIGONIA
39 EOTRIGONIA
 8 ACANTHOTRIGONIA
18 SCABROTRIGONIA
 7 PTEROTRIGONIA
38 IOTRIGONIA
10 MEGATRIGONIA
 5 RUTITRIGONIA
26 PSILOTRIGONIA
27 NIPPONITRIGONIA
17 QUADRATOTRIGONIA
12 STEINMANNELLA
13 HAIDAIA
 2 MYOPHORELLA
11 VAUGONIA
22 JAWORSKIELLA
33 GERATRIGONIA
34 LATITRIGONIA
14 LAEVITRIGONIA
21 FRENGUELLIELLA
 1 TRIGONIA
35 PRAEGONIA
36 AGONISCA
 4 PROSOGYROTRIGONIA
32 MYOPHORIGONIA
24 HETEROTRIGONIA
28 APIOTRIGONIA
23 ASIATOTRIGONIA
20 MINETRIGONIA
16 INDOTRIGONIA
15 PACITRIGONIA
31 OPISTHOTRIGONIA
 9 PLEUROTRIGONIA
30 PROROTRIGONIA
37 MAORITRIGONIA
25 NOTOTRIGONIA
29 LIOTRIGONIA
 6 LINOTRIGONIA
19 BUCHOTRIGONIA
             DENDROGRAM (non-weighted)
```

detritus食・泥食・擦食・腐食・捕食・肉食・植食などがあり, 底質のサイズとその分布にも関係がある. 一般に, 自生個体の含有率は, 種々の環境要因(水温・深度・塩分濃度・栄養源・酸素溶存量・内湾度など)に対する耐忍度(tolerability)が小さい種類ほど高くなる傾向にあり, 同種または異種の間の相互作用[共同・相害・搾取(exploitation), おれ合い(toleration), 競争]と関係した利益・不利益の差異にも関係がある.

これら群集構造の規則性を解析する方法として, 種数と個体数に関する等比級数則があり, $\log n + ax_n = b$ で与えられる. n は x_n 番に多い種類の個体数, a と b は正の定数であり, 群集を構成する要素の個体数とその順位に一定の規則性を検討する元村のモデルである(図15.18). このような構造的規則性にアプローチする方法として, Corbetの調和級数則, Williamの対数級数則, Prestonの対数正規則, Brianによる負の2項級数則, MacArthurの級数則, PielonのPoisson対数正規則など, 統計学的モデルがある.

また, 群集構成の多様性を分析する方法として, 種数と個体数に関するSimpsonの多様度指数(λ)や森下の繁栄指数($\beta=1/\lambda$)があり,

$$\lambda = \sum_{i=1}^{s} \frac{n_i(n_i-1)}{N(N-1)}$$ と定義され,

Nは総個体数, Sは総種数, n_iは第i番目の種に属する個体数である. このような構造的変化を解析する方法として, McIntoshの多様度指数, Hurlbertの種間遭遇確率, McNaughtonの優占度指数など, 計算モデルが提案されている.

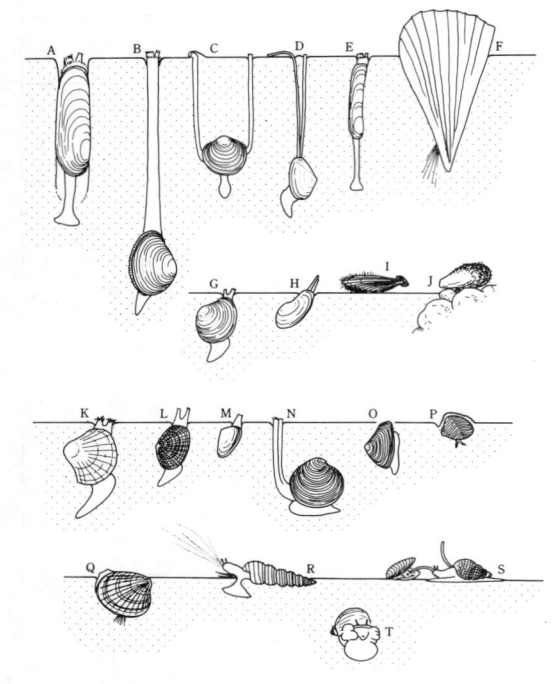

図15.17 貝類の生活型(首藤, 1981)
A: *Phaxas*, B: *Mya*, C: *Lucinoma*, D: *Tellina*, E: *Solen*, F: *Pinna*, G: *Pitar*, H: *Portlandia*, I: *Pecten*, J: *Modiolus*, K: *Cardium*, L: *Tapes*, M: *Donax*, N: *Dosinia*, O: *Crassatella*, P: *Acila*, Q: *Venericardia*, R: *Turritella*, T: *Natica*, S: *Nasarrius*.

さらに，群集の種類組成に関する類似度を比較するため，Jaccardの共通係数(CC)があり，$CC = \dfrac{c}{a+b+c}$ となり，a と b はそれぞれの群集の種数

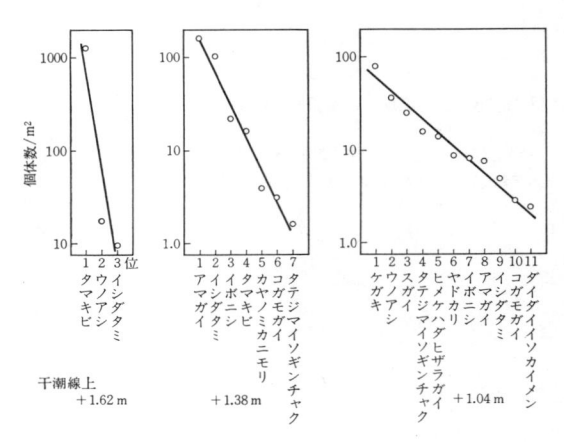

図15.18 三浦半島油壺湾における潮間帯群集の多様性 (元村, 1935)

c は両群集に共通する種数である．そして，野村と Simpsonの指数，正宗の相関率，大塚の親和係数，Sørensenの類似係数，Odumの差分百分率，Whittakerの類似度百分率，森下の随伴度など，群集の類似度を表現する数値モデルがある(図15.19)．

緯度別と深度別の分布：化石群集が現生種を含む場合，その現生種の生態学的データから，生活・堆積環境を推察する．この方法で作成したグラフとして HDM(Horizontal Distribution Mean)特性曲線や VDM(Vertical Distribution Mean)特性曲線がある(図15.20, 15.21)．

中央値法：この方法は，現生種の地理的分布(緯度の数値)から中央値を求め，化石群集が生息した水塊

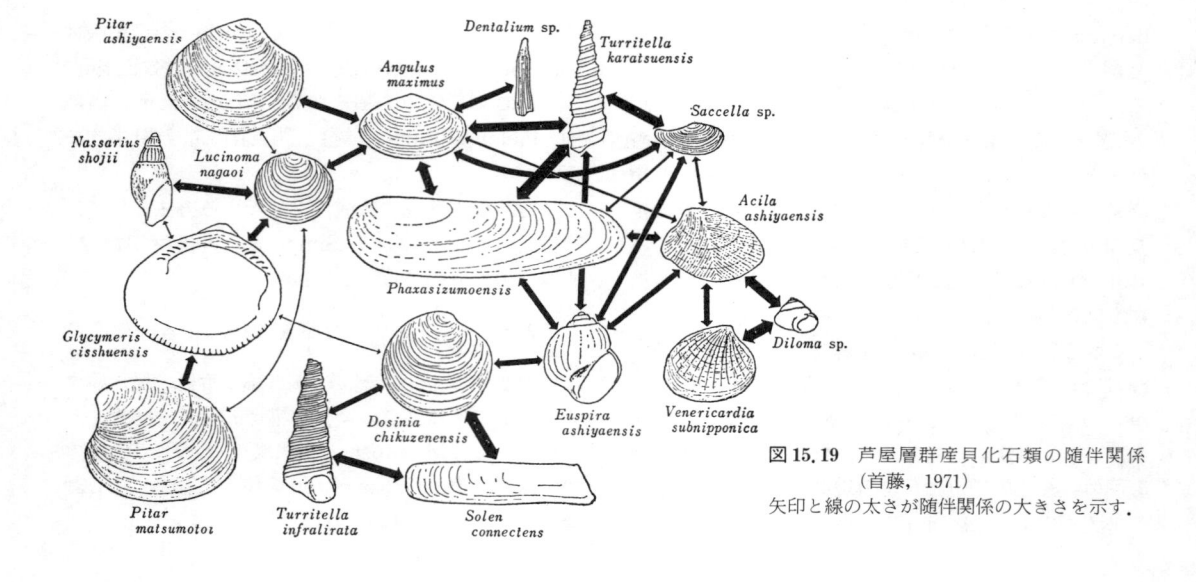

図15.19 芦屋層群産貝化石類の随伴関係 (首藤, 1971)
矢印と線の太さが随伴関係の大きさを示す．

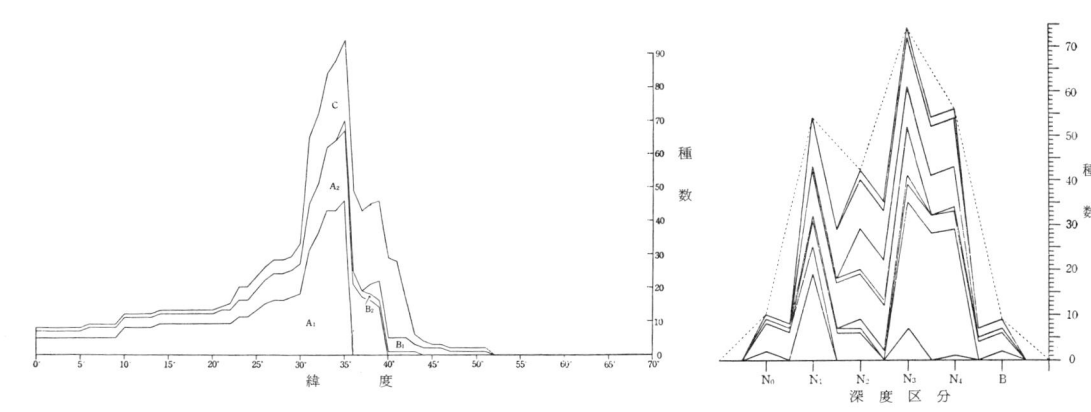

図15.20 下総層群地蔵堂化石帯の貝化石群集 HDM 特性曲線(Ogose, 1961)

図15.21 下総層群地蔵堂化石帯の貝化石群集 VDM 特性曲線(生越, 1963)

表15.2 深度区分(大山, 1952)

深度区分		略号	だいたいの深度
浅海区	潮間帯	N_0	高高潮線から低低潮線
	上浅海帯	N_1	低低潮線から 20〜30 m
	中浅海帯	N_2	20〜30 m から 50〜60 m
	亜浅海帯	N_3	50〜60 m から 100〜120 m
	下浅海帯	N_4	100〜120 m から 200〜250 m (陸棚上)
深海区	半深海帯	B	100〜120 m から 200〜250 m (陸棚崖)
	中深海帯		200〜250 m から 800〜1200 m
	大深海帯		800〜1200 m 以深の亜洋性沈殿物の分布地域
遠洋底区			赤粘土および各種軟泥などの洋性沈殿物の分布地域

の性質(水温)を推定するものである．たとえば，北緯33°付近に中点をもった次のような26種を採集した場合，

緯度の値	30	32	34	36	38	40
種数		7	8	5	4	2

$$中央値 = 32° + \frac{2(\frac{26}{2} - 7)}{8} = 33.25°.$$

この方法は，ただ一つの数値で複雑な生息環境を表現するため，化石産状・種別頻度・形態変異など十分に検討して利用すべきである．

まとめ

貝類は地球上のあらゆる環境に適応し，その形態や生活様式が千差万別であり，石灰質の硬い殻をもち，人の目につきやすいため，古生代初期から現世まで膨大な数の種類が知られている．一般に，変化が遅い形質は系統をよく反映して科や目など大きな分類に使用され，変化が速い形質は種のような低次の分類群を分けるのに利用される．現生種の分類体系は軟体部と個体発生の様式に重点がおかれ，化石種の分類体系は貝殻の形態とその系統発生に基準があり，それぞれの分類群に異なった名称を用いることもある．しかし，両者の分類方法には，共通した点が多く，本質的な違いは少ない．このため，化石標本の不完全性を補うには，化石産状に関する地質学的・堆積学的な観察・調査のほかに，類似した現生種の発生・成長・生理・生態・機能形態などに関するデータが是非とも必要である．〔大原　隆〕

参考文献

Bottjer, D. J., Hickman, C. S.・Ward, P. D. (eds.)(1985)：Mollusks. Notes for a short course. pp. 1-305. *Univ. of Tennessee, Dept. of Geol. Sci., Study in Geology*, no. 13.

Habe, T. (1964)：Fauna Japonica：Scaphopoda (Mollusca). pp. 1-59, pls. 1-5. Biogeogr. Soc. Japan.

渡部忠重(1977)：日本産軟体動物分類学，二枚貝綱/掘足綱，372 p.. 北隆館.

速水　格(1969)：化石の計測と統計—古生物学実習の1例—．九大理研報(地質)，vol. 10, no. 2, pp. 67-90.

速水　格(1974)：軟体動物，二枚貝綱．松本達郎(編)：新版古生物学II, pp. 1-62. 朝倉書店.

表15.3 二枚貝の分類と検索 (Keen, 1958；増田・小笠原, 1980)

1.	肉柱痕は殻の中央で癒着合体して, 1個となる		2 (下の2を見る)
	肉柱痕は殻の前後両端に1個ずつある		4
2.	殻には耳があり右殻に足糸が出る弯入がある ………Pectinacea：*Pecten, Plicatula, Spondylus, Chlamys, Swiftopecten, Limatula*		
	殻に耳はない		3
3.	殻の一方の蝶番付近に大きな開口部がある ………Anomiacea：*Anomia, Monia*		
	両殻がぴったり合わさる ………Ostreacea：*Ostrea, Crassostrea*		
4.	前・後両肉柱痕の大きさはほぼ等しく違う ………Mytilacea：*Mytilus, Musculus, Septifer*		
	前・後両肉柱痕の大きさは著しい (形は同じでなくともよい)		5
5.	靱帯は長く,弯曲した殻の背縁に沿ってのびる ………Pteriacea：*Pteria, Pinctada*		
	靱帯は短く,殻の背縁中央にあるか,弾帯窩内にある		6
6.	鉸歯は多歯型である		7
	鉸歯は多歯型でない		8
7.	靱帯の一部は内在し, ほとんどの殻は真珠質である ………Nuculacea：*Acila, Sarepta, Nuculana, Yoldia*		
	靱帯は殻外にあり, 山形の溝におさまり, 殻は磁器質である ………Arcacea：*Glycymeris, Anadara, Trisidos*		
8.	背縁に弯入がない		9
	背縁に弯入がある		19
9.	殻表彫刻は主として放射状である		10
	殻表彫刻は主として放射状ではない		12
10.	蝶番にはっきりした鉸歯はない ………Solemyacea：*Solemya*		
	蝶番にはっきりした鉸歯がある		11
11.	両殻に前後2個の著しい主歯がある ………Cardiacea：*Clinocardium*		
	後主歯は前主歯より長い ………Carditacea：*Cardita, Venericardia*		
12.	殻表彫刻は不明瞭ないし弱い		13
	殻表彫刻は原則として同心円状である ………Dreissensiacea：*Mytilopsis*		
13.	殻は扁平で高い三角形, 殻頂の下にスプーン状の弾帯受がある		14
	殻は卵形ないし, 蝶番には1個またはそれ以上の歯がある		
14.	前肉柱痕は長く狭い ………Lucinacea：*Lucinoma, Thyasira, Axinopsida*		
	前後両肉柱痕はほぼ同形で丸い		15
15.	殻は小型ないし微小型で殻皮が発達しない ………Corbiculacea：*Corbicula*		
	殻は中型で殻皮がよく発達する		16
16.	殻の前端はとがり, 一方の殻の端にある歯は, 反対側の殻の窪みにおさまる ………Gaimardiacea：*Gaimardia*		
	殻の前端は丸みをおび, 殻頂から放射状に鉸歯が発達する ………Eryciacea：*Kellia, Mysella*		
17.	殻表彫刻は不規則か殻表全体に均等に発達する ………Lucinacea：14参照		
	殻表彫刻は規則的である		18
18.	同心円状彫刻が殻表全体に強く発達する ………Astartacea：*Astarte, Crassatella, Bathytormus*		
	同じ円状彫刻は殻頂付近は弱い		
19.	両殻の殻頂内部にスプーン状の棒状突起がある ………Pholadacea：*Barnea, Penitella*		
	棒状突起がない		20
20.	弾帯受が両殻または一方の殻にある		21
	弾帯受がない		23
21.	弾帯受が片方の殻にのみある ………Myacea：*Mya, Anisocorbula*		
	弾帯受が両殻にある		22
22.	両殻の鉸歯ともにある ………Mactracea：*Tresus, Spisula, Mactra*		
	真の鉸歯はない ………Pandracea：*Agriodesma, Myadora*		
23.	殻は長い筒状で, 殻頂は殻の末端にある ………Solenacea：*Solen, Siliqua*		
	殻は主として筒状ではなく, 殻頂も殻の末端でない		24
24.	蝶番には1個だけ主歯があり, 殻は真珠質である ………Poromyacea：*Cuspidaria*		
	蝶番には2個だけ主歯があり, 殻は磁器質である		25
25.	殻の一方に2個の主歯がある ………Veneracea：*Protothaca, Saxidomus, Cyclina, Mercenaria, Bassina, Placamen, Callista, Meiocardia*		
	殻の一方または両方に3個の主歯がある ………Myacea：*Mya*		
26.	両殻の後縁部によく発達した開口部がある		
	両殻はよく合さるか, 小さなすき間があるだけである ………Tellinacea：*Macoma, Tellina, Peronidia*		

表 15.4 巻貝類の分類と検索 (Keen, 1985；小高・小笠原, 1980)

1. 殻は笠形である ......A 群（下記 A 群の検索を見る）
   殻は巻いており，笠形ではない ......2（下の 2 に移る）
2. 軸柱には脈状の螺襞（軸襞）があり，殻口内唇までのびている ......B 群
   軸柱には脈状の螺襞（軸襞）は発達せず，内唇は平滑，または
   小歯状の列があるだけである 3
3. 殻口の後部または上部に切れ込みがある ......C 群
   殻口の後縁部は丸く，切れ込みはない 4
4. 殻口は完全で，その前後に切れ込みがない ......D 群
   殻口の前縁部に切れ込み，または溝がある ......E 群

[A 群の超科と科の検索]
1. 殻の内側に隔壁または隔板がある ......Calyptraeacea : Capulus, Calyptraea, Crepidula
2. 殻の内側は空洞で，隔壁や隔板はない 2
2. 筋痕は一部分断されている ......Siphonariidae : Siphonaria
   筋痕は分断されていない 3
3. 殻頂またはその付近に排水孔がある ......Fissurellidae : Emarginula, Puncturella, Fissurella
   殻頂またはその付近に孔も突もない 4
4. 殻は軟体部に収納し，著しく薄く，平板でない 5
   殻は軟体部に包まれ，薄く，平板状である ......Umbraculidae : Umbraculum Hipponicidae : Hipponix
5. 筋痕は後方に開いている 6
   筋痕は前方に開いている ......Phenacolepadidae : Phenacolepas
6. 殻頂は殻の後縁部にある ......Patellacea : Patella, Acmaea
   殻頂は殻のほぼ中央部にある

[B 群の超科と科の検索]
1. 殻口は完全である 2
   殻口の前部に切れ込みや溝をもつ 3
2. 殻口は殻長の 1/2 以上である ...Acteocinidae : Acteocina, Acteon, Pupa, Cylichna,
   殻口は殻長の 1/2 以下である ......Pyramidellidae : Pyramidella, Turbonilla, Chemnitzia, Odostomia
3. 殻表は平滑である 4
   殻表にはっきりした彫刻がある 5

4. 螺塔は低く，殻口は長く狭く，殻は小型である
   ......Marginellidae : Marginella, Hyalina
   螺塔は高く，殻は下方に張り出し，殻は主として中～大型である
   ......Olividae : Oliva, Ancila, Olivella, Baryspira
5. 殻表彫刻は格子目状である ......Cancellariidae : Cancellaria, Sydaphera
   殻表彫刻は螺状または不規則である 6
6. 水管溝は長く狭い ......Fasciolariidae : Fasciolaria
   水管溝は短く，切れ込み状である 7
7. 殻は重厚で，螺塔は低い ......Vasidae : Vasum, Tudicla
8. 殻は目立って重厚ではなく，螺塔は高くそびえる 8
   螺塔は細くとがり，縫合線は殻の色彩の境に一致する ......Terebridae : Terebra
   螺塔は高くも低くもなく，縫合線は色彩の境と一致しない 9
9. 軸襞は上部のものが強い ......Mitridae : Mitra, Vexillum
   軸襞は下部のものが強い ......Volutidae : Fulgoraria, Psephaea, Alcithoe, Volutomitra

[C 群の超科と科の検索]
1. 殻口外唇の切れ込みは，縫合線直下にある成長線の彎と一致する ...Turridae : Turris, Leucosyrinx, Inquisitor, Antiplanes, Lophiostoma, Gemmula, Crassispira
   殻口外唇の切れ込みは，縫合線直下にある成長線の彎入と同形でない 2
2. 螺塔は低く，平板状で，殻表に彫刻がある ......Conidae : Conus, Asprella
   螺塔は高く，殻表に彫刻がある 3
3. 縦張肋（結節，棘など）はある 4
   縦張肋（結節，棘など）はない 5
4. 縦張肋は一螺層に 3～6 ある ......Muricidae : Murex, Columbarium, Rapana
   縦張肋は一螺層に 3 以下である ......Bursidae : Bursa
5. 水管溝帯がない，殻は小型である ......Columbellidae の一部 : Columbella, Pyrene, Mitrella
   水管溝帯がよく発達し，殻は中型である ......Buccinidae の一部 : Buccinum, Neptunea, Siphonalia, Kelletia, Phos, Babylonia

(表 15.4 のつづき)

[D 群の超科と科の検索]

1. 貝殻の内層は真珠質である Trochacea : *Trochus, Turcicula, Turcica, Monodonta, Calliostoma, Umbonium, Astraea, Turbo*
   貝殻の内層は磁器質である 2
2. 螺塔は高く，螺層数は多い 3
   螺塔は中ないし低い
3. 殻表装飾には強い縦張肋がある .... Epitoniidae : *Epitonium*
   殻表装飾は螺脈または螺状小粒列である .... Turritellidae : *Turritella*
4. 殻口は長く，殻は薄い .... Opisthobranchia : B 群 2 参照
   殻口は丸く，殻は比較的厚い 5
5. 螺塔はとがり，殻は小〜中型である
   .... Littorinacea, Rissoacea, Cerithiacea の一部 : *Littorina, Rissoina, Assiminea, Cerithiopsis, Bittium*
   螺塔は半球形または低く，殻は中〜大型である 6
6. 内唇の縁に小歯列がある .... Neritidae : *Nerita*
   内唇は平滑である 7
7. 殻は紫〜深紅色で，外唇に刻入がある .... Janthinidae : *Janthina*
   殻は白〜茶褐色で，外唇はなめらかな弓形である .... Naticacea : *Natica, Tectonatica, Polinices, Neverita*

[E 群の超科と科の検索]

1. 螺塔は高い 2
   螺塔は低い 4
2. 縫合部は帯（バンド）または色帯で仕切られ，螺層は多い .... Terebridae : B 群 8 参照
   縫合部は帯（バンド）または色帯で仕切られず，螺層は少ない 3
3. 水管溝がある .... Nassariidae : *Nassarius, Niotha, Zeuxis, Hinia*
   水管溝がない .... Cerithiacea の一部 : *Cerithium, Proclava, Cerithium*
4. 外唇の前端に切れ込みがあるか，屈曲する
   .... Strombacea : *Strombus, Canarium, Tibia, Aporrhais, Drepanocheilus*
   外唇は完全でなめらかな弓形である 5

5. 殻口は殻長とほぼ同じ長さで，ほとんどのものは .... Cypraeacea : *Cypraea, Trivia*
   殻口が狭い 6
   殻口は殻長より短い 7
6. 殻は薄く，球根状またはふ，ふくらんでいる
   殻は著しく薄くもなく，ふくらんでもいない 8
7. 殻は球形で，水管溝はくびれている .... Tonnidae : *Tonna, Cassis, Semicassis, Phalium, Galeodea*
   殻は洋梨形で，水管溝は幅広い .... Melongenidae, Ficidae : *Melongena, Ficus*
8. 規則的な縦張肋がある 9
   規則的な縦張肋がない 10
9. 縦張肋は一螺層に 3 以上ある .... Muricidae : C 群 4 参照
   縦張肋は一螺層に 3 以下である
   .... Buccinidae の一部, Cymatiidae : *Distorsio, Argobuccinum, Apollon*
10. 水管縫帯がなく，殻は小型である .... Columbellidae : C 群 5 参照
    水管縫帯があり，殻は中型である 11
11. 前方水管溝末端に割目または割目のくびれがある .... Nassariidae : E 群 3 参照
    前方水管溝末端に割目または割目のくびれがない 12
12. 水管溝は長い 13
    水管溝は短い 14
13. 殻は暗色を呈する .... Melongenidae : E 群 7 参照
    殻は淡色または白色を呈する .... Fasciolariidae : B 群 6 参照
14. 殻は大きさのわりには軽い .... Buccinidae : *Volutharpa*
    殻は大きさのわりには重厚でしっかりしており重い
    .... Muricidae の一部 : *Thais, Nucella*

速水　格(1979)：化石鑑定のこつ　貝化石．小畠郁男(編)：化石鑑定のガイド，pp. 37-101．朝倉書店．

速水　格・松隈明彦(1971)：化石の計測と統計―アロメトリーと個体変異の解―．九大理研報(地質)，vol. 10, no. 3, pp. 135-160．

速水　格・中野光雄(1968)：古生物の数量分類についての考察―三角貝化石を実例として―．九大理研報(地質)，vol. 8, no. 4, pp. 191-236．

House, M. R. (ed.) (1979) : The Origin of Major Invertebrate Groups. The Systematics Association Special Volume, no. 12, 515p.. Academic Press.

Hyman, L. H. (1967) : The Invertebrates : Mollusca I. 792p.. McGraw-Hill Book Co.,

Kaas, P.・Van Belle, R. A. (1985a, b ; 1987 ; 1990) : Monograph of living chitons (Mollusca : Polyplacophora). vol. 1, pp. 1-240 ; vol. 2, pp. 1-198 ; vol. 3, pp. 1-302 ; vol. 4, pp. 1-298, E. J. Brill/Dr. W. Backhuys.

Keen, A. M.・Coan, E. (1974) : Marine Molluscan Genera of Western North America. A Illustrated Key. 208p.. Stanford Univ. Press.

Kidwell, S. M. (1991) : The stratigraphy of shell concentration. In, Allison, P. A.・Briggs, D. E. G. (eds.) : Taphonomy. Releasing the Data locked in the Fossil Record, pp. 211-290. Plenum Press.

Kidwell, S. M.・Bosence, D. W. J. (1991) : Taphonomy and time-averaging of marine shelly faunas. In Allison, P. A.・Briggs, D. E. G. (eds.) : Taphonomy. Releasing the Data locked in the Fossil Record, pp. 115-209. Plenum Press.

小林　啓(編)(1985)：バイオクリスタル特集号．日本結晶成長学会誌，vol. 12, nos. 1・2, pp. 1-150．

小高民夫(編)(1980)：大型化石研究マニュアル．190 p.. 朝倉書店．

小高民夫・大森昌衛(編)(1981)：古生物学各論，vol. 3，軟体動物．146 p.. 築地書館．

松本達郎・小高民夫・首藤次男(1973)：軟体動物，概論，単殻綱，無殻綱，多殻綱，腹足綱，掘足綱．浅野　清(編)：新版古生物学 I，pp. 277-384．朝倉書店．

Moore, R. C. (ed.) (1960 ; 1969a, b ; 1971) : Treatise on Invertebrate Paleontology. Mollusca 1, pp. 1-351 ; Mollusca 6, pp. 1-1224. Geol. Soc. Am., Inc. & Univ. Kansas Press.

大森昌衛・須賀昭一・後藤仁敏(編)(1988)：海洋生物の石灰化と系統進化．305 p.. 東海大学出版会．

Portmann, A., Fischer-Piette, E., Franc, A., Lemche, H., Wingstraad, K. G., Manigault, P.・Dechasseaux, C. (1960, 1968) : Embrachement des Mollusques. In Grasse, R.-P. (eds.) : Traite de Zoologie, tom. V, fac. 11, pp. 1625-2165 ; tom. V, fac. III, pp. 1-1022. Masson & Cie.

Purchon, R. D. (1977) : The Biology of the Mollusca. 560p.. Pergamon Press.

Taki, Is. (1983) : Report of the biological survey of Mutsu Bay. 31, Studies on chitons of Mutsu Bay with general discussion on chitons of Japan. Sci. Rep. Tohoku Imp. Univ., Ser. IV, vol. 12, no. 3, pp. 323-423. pls. 14-34.

Thiele, J. (1931 ; 1935) : Handbuch der Systematischen Weichtierkunde. Bd. 1, S. 1-778 ; Bd. 2, S. 779-948. Gustav Fischer.

Trueman, E. R.・Clarke, M. R. (eds.) (1985 ; 1988) : Evolution, Form and Function. In Wilbur, K. M. (ed.) : The Mollusca, vol. 10, pp. 1-491 ; vol. 11, pp. 1-504. Academic Press.

Valentine, J. W. (1973) : Evolutionary Paleoecology of Marine Biosphere, 511p.. Prentice-Hall, Inc..

Wenz, W. (1938-1944) : Gastropoda. In Schindewolf, O. H. (ed.) : Handbuch der Palaozoologie, Bd. 6, Teil 1, S. 1-1639. Gebruder Borntraeger.

Wenz, W.・Zilch, A. (1959-1960) : Gastropoda. In Schindewolf, O. H. (ed.) : Handbuch der Palaezoologie, Bd. 6, Teil 2, 834S.. Gebruder Borntraeger.

Yonge, C. M.・Thompson, T. E. (1976) : Living Marine Molluscs. 288p.. William Collins Sons & Co. Ltd..

16. アンモナイトの分類と利用

　アンモナイト(ammonite)とは軟体動物門頭足綱の一亜綱である．頭足綱は，アンモナイト類，オウムガイ類，鞘型類の3亜綱から構成される海生動物の一群で，アンモナイト亜綱(Subclass Ammonoidea)だけがすでに絶滅した地質時代の古生物である(図16.1)．古生代デボン紀(408-362 Ma)に，オウムガイ類のバクトリーテス(*Bactrites*)類の一系統に，棒状の殻体から徐々に平面螺旋型に巻くものが現れ，きちんと巻くようになってから直ちにその分布が地球規模に広がった．これがアンモナイト亜綱の先祖で，最初に栄えた一群をGoniatitida目(次節参照)という．以後アンモナイト類は古生代ペルム紀末(245 Ma)，中生代三畳紀末(208 Ma)などに絶滅寸前の危機を経験しつつも白亜紀末(65 Ma)まで約3億年間にわたって続き，65 Maに完全に絶滅した．記載された種の総数は1万種をこえるといわれるが，研究の歴史が長く，世界各地で記載されているため，正確な種数を数えることは困難である．

16.1. アンモナイトの系統

　3億年間にわたって繁栄と絶滅の危機を繰返したアンモナイト亜綱は，その形態学的特徴，地理的・層序的分布などから今ではかなり詳しい系統図が描かれている(図16.2)．高次分類群は，研究者による若干の見解の違いがあり，以前は古生代のアンモナイト類はGoniatitida目として一括されることが多かったが，最近は，Anarcestida・Goniatitida・Clymeniida・Prolecanitidaの4目(order)に分けられている．これらはデボン紀後期(377-362 Ma)の事変とペルム紀末の事変でほとんど絶滅した．すなわち，三畳紀(245-208 Ma)にCeratitida目とAmmonitida目のPhylloceratina亜目となって発展する先祖種だけを残してあとは絶滅した．

　三畳紀を通じてCeratitida目は世界の海に繁栄したが，三畳紀末に絶滅した．したがって，ジュラ紀(208-145 Ma)・白亜紀(145-65 Ma)のアンモナイト類の先祖はPhylloceratina亜目のいずれかの種

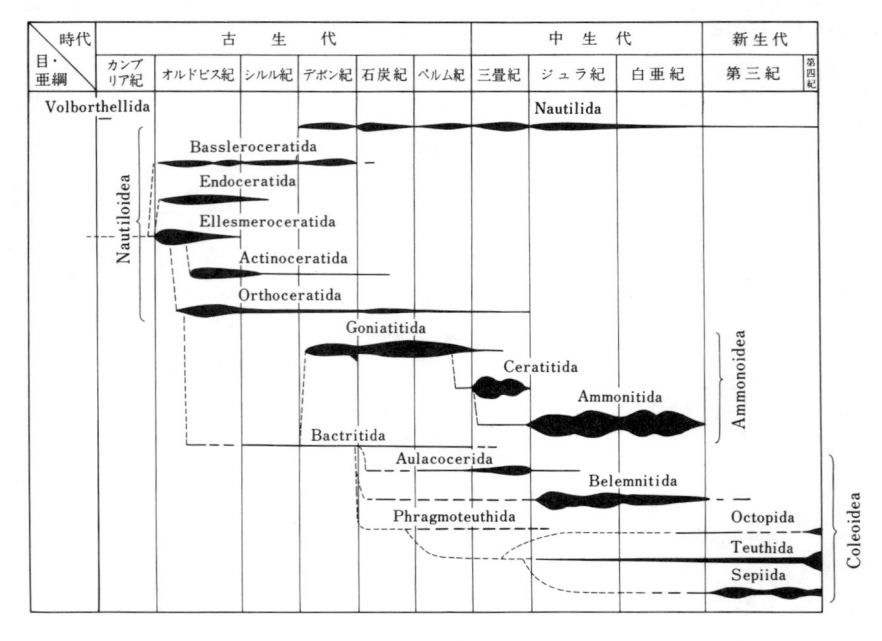

図16.1　頭足綱の高次分類，系統および地質時代分布(小林・松本，1974)
(注：この図では古生代のアンモナイト類はGoniatitida目として一括されている)．

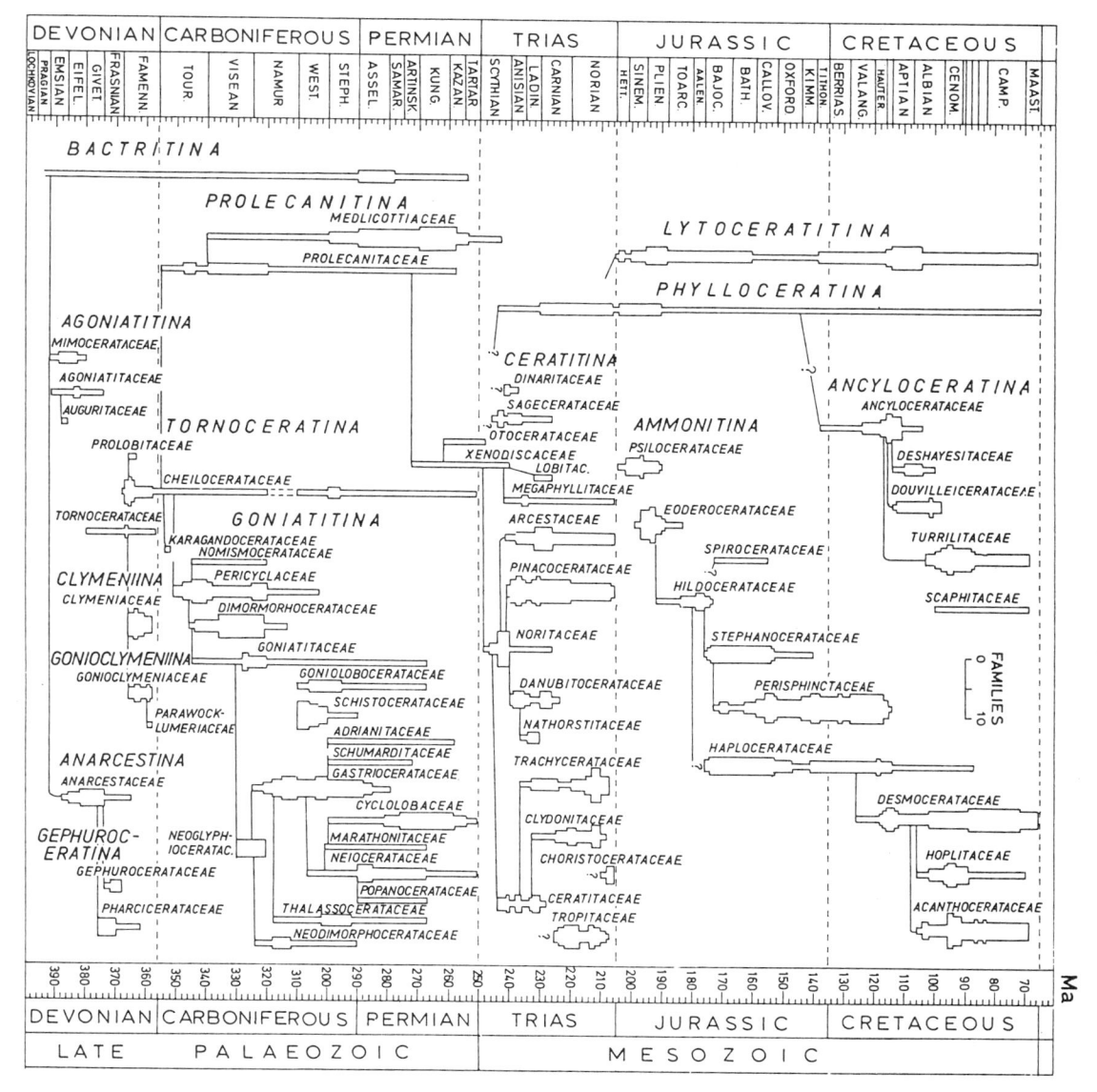

図 16.2 Ammonoidea 亜綱の高次分類，系統および地質時代分布(House, 1989)

ということになるが，その詳細については見解が定まらない．この時代のアンモナイト類は Ammonitida 目の下に Phylloceratina・Lytoceratina・Ammonitina(狭義のアンモナイトということになる)・Ancyloceratina の 4 亜目に分けられている．これらは，白亜紀後期の 3000 万年間を通じて徐々に衰退していったが(図 16.3)，白亜紀最後の Maastrichtian 階最上部(65 Ma)の種数は著しく少数ではない(約 10 種)ことが最近わかった．すなわち，3000 万年間にわたる衰退傾向の終わりと白亜紀末が一致してはおらず，衰退傾向は途中で打切られて絶滅していх．

16.2. アンモナイトの形と分類

アンモナイト類の殻体の基本要素は螺環・隔壁・体管である．現生オウムガイと殻体部の体制がたいへんよく似ていることから，このオウムガイとの比較，アンモナイト化石の軟X線写真による筋肉痕の観察などから，タコやイカのようなあるいは現生オウムガイのような軟体部は最後の部屋にいたとされる．軟体部の成長とともに螺環も大きくなり，軟体部の後に隔壁を新設して，軟体部はその前方に移動

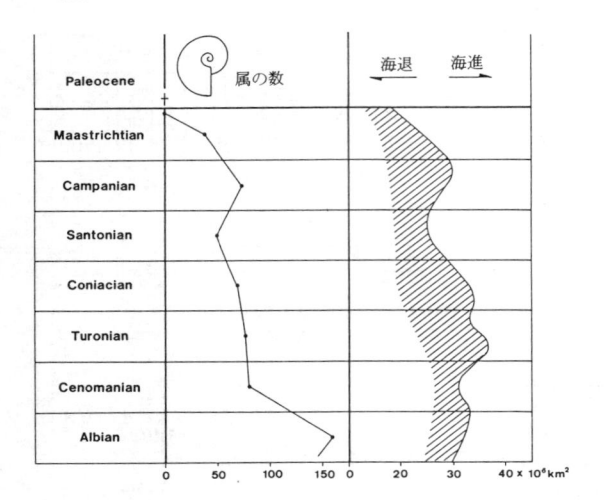

図16.3 後期白亜紀を通じてみられるアンモナイト類の分類群（属のレベル）の漸進的減少（Wiedmann, 1988）

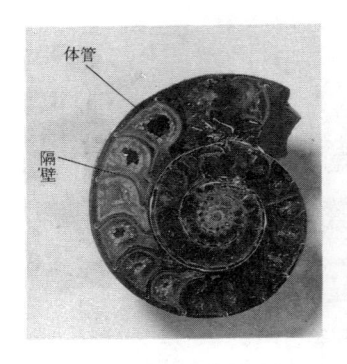

図16.4 アンモナイト類の正中断面（平野原図）
アンモナイト類を中央付近で切断し研磨すると，このように内部構造を見ることができる．

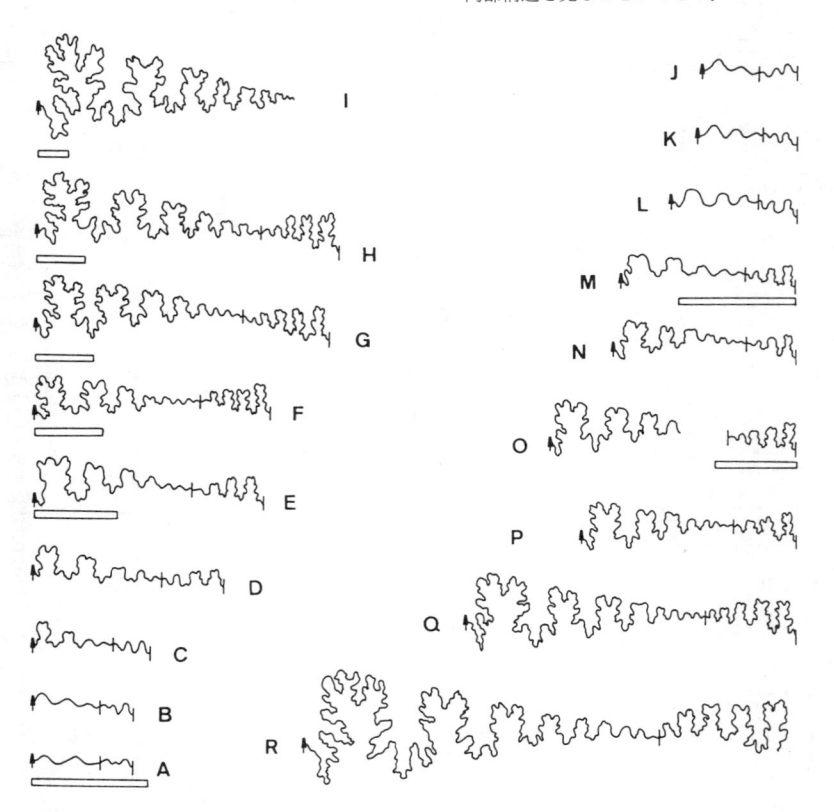

図16.5 縫合線の個体発生的変化（Hirano, Okamoto・Hattori, 1990）
白亜紀後期のDesmoceratidea科の一例．左右はそれぞれ別個体でいずれも成長に伴い一定の規則で複雑化している．

した．元の住房である房室は浮力機関として機能したと考えられる．これらの房室を貫いて体管が軟体部から胚殻まで続いている(図16.4)．

野外で採集したアンモナイト標本を同定するときの着目する形質は次のようである．

縫合線：螺環と隔壁という二つの曲面が接することにより複雑な曲線が得られる．一般に，個体発生の経過とともに複雑となるが，分類群ごとに曲線の形について一定の特徴と，成長に伴う複雑化に一定の順序がある(図16.5)．そこで，これらについて十分観察することができれば，多くの場合，属レベルまで分類できる．縫合線の山または谷の形成順序を完全に明らかにするためには，胚殻から始まって成体に至るまで，殻体の多くの部分を観察しなければならず，通常このことは殻体をほとんど破壊することを意味している．個体数が少なく破壊が許されないときは，成長を追跡することが不可能となるが，このような場合は見える範囲でパターンが似ているかどうか比較する．科(family)や目のような高次分類カテゴリーはそれでも十分識別できることが少なくない．

表面装飾：殻体表面の装飾としては，竜骨，肋，突起などがある(図16.6)．竜骨は腹部中央を走る尾根状のたかまりをいう．1列のこともあれば，2列，3列のこともある．複数の場合は間に溝がある．また，個体発生の初期から出現しているとは限らず，成長の初期は類縁の種は皆同じように竜骨がないが，成長の後期になるとある種だけに出現するということもある．したがって，個体発生を追ったり特に成体で確認することが重要となる．一部の変異の大きな分類群では，同種内で腹部の形態が大きく異なることがあり，竜骨のないものからあるものまで存在するが，多くは竜骨の有無はあまり変異はない．

肋は，成長初期はなかったり，その高さや幅が小さいために細肋とよばれる状態であったりするが，成体に達すると出現する種類も多い．逆に成体の最後の部分では肋が消失する類もある．この肋の曲がり具合いが一般に特徴として挙げられ，多くの文献では詳しく記載されている．肋の出現時期が時代とともに遅くなるような種類も知られているので，そのような分類群では，出現時期に注意を払う．鎌状に曲がった肋があるのが特徴の科などにおいては，肋の間隔あるいは密度も識別基準とされることがある．

突起には各種のものがあり，丸くふくらんだ疣状突起から刺状のものまである．疣状突起も円形とは限らず，楕円形をしてその長軸の向きが注意される．刺状に長く延びるときは剖出の際に落としてしまわないことが肝要である．

螺環：螺環の形と巻き方を示す，あるいは識別するために最も簡単な方法は，単純比といわれる二つの部位の大きさの比である．たとえば，螺環の高さと幅の比，殻全体の直径とへその直径の比などである．螺環の高さが幅よりも大きければ，螺環断面は縦に細長いことになり圧縮されているという．この逆は幅広いということになる．個体発生の初期は幅広く，成長に伴って幅狭く，圧縮された螺環となることはよくあることである．成長の過程を通じて徐々にあるいはある時期に急速に変化することが珍しくない．螺環の巻き数とこの比の変化，あるいは高さと幅をおのおの縦軸・横軸に取ってその移り変わりを追うこともなされる．後者の殻体の直径とへその直径の比は，密巻き・ゆる巻きとしてアンモナイト類の巻きの強弱を現す尺度としてよく用いられる．密巻きとは螺環の高さの成長率が大きいことを意味している．これとは別に，先行する螺環を覆う後の螺環の覆い方が強い場合も密巻きという．これらについては相対成長解析(II-15章参照)として多くの論文が古くから出されているので，必要に応じて別途詳しく学習・研究できる．

アンモナイト類は体制の複雑な動物であるので，このほかにもみるべき形質は少なくない．どのような形質に注意を払うかは，同定して時代を決定したいのか，どんな生活をしていたのか復元してみたいのか，どのようにしてそこに埋没するに至ったのかを知りたいのかなど，その目的によっても違ってくる．

16.3. アンモナイト類の利用

アンモナイト類に限らず一般に化石は，(1) 生物進化の直接的素材，(2) 時代決定の指標，(3) 古環

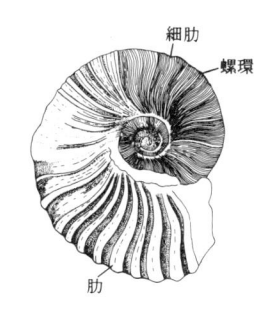

図16.6 アンモナイト類の殻体の装飾を示すスケッチの一例(平野原図)

境推定の指標，の三つの大きな役割がある．約3億年にわたって繁栄と絶滅の危機を繰返したアンモナイト類は，この三つのどの目的にもきわめて有用な役割を演じている．

進化の研究：アンモナイト類は成長の様式でいうと，すでにある部分に追加して成長する部分と，新しい部分を付加して成長する部分がある．前者は二枚貝類や巻貝の殻の先端と同様で，螺環の先端に炭酸カルシウム（$CaCO_3$）を分泌して大きくなっていく成長である．後者は螺環の増大に伴って軟体部が前進するとその軟体部のうしろに新しく形成される隔壁がそれに当たり，巻貝にはない成長様式であり形質である．一般に螺環を構成する殻体は，真珠層とさまざまな稜柱層の組合せにより3層あるいは部位によりそれ以上の層からなり，隔壁は主体は真珠層から形成されている．このような合板（ベニヤ板）と同じ物理的な強化法の取られた殻の構造（このような電子顕微鏡で観察するレベルの構造は超微細構造という）の移り変わりを，胚殻を含めてその巻きの初期から順番にみることができる．この殻の超微細構造の個体発生的変化から，軟体部は保存されていなくとも殻を分泌した軟体部の組織の特徴とその移り変わりを追跡することができる．胚殻の超微細構造を詳しく観察し，どのような順序でそれが形成されたかを復元し，アンモナイト類の初期発生について直接発達ではなく変態をしたと述べた研究もある（現生のイカ，タコなどの頭足類は孵化したときから親と似た形をしており，直接発達である）．

また，系統の進化に伴って殻構造がどのように進化していったかも追跡することができる．3億年にわたるこのような生理的機構の進化を追うことはたいへんに有益なことである．しかし現実には，保存のよい標本を得て，よい電子顕微鏡写真を撮らないと一歩も進まない．国際的にみても，よい標本が発見されると今までに知られていなかった構造が発見され，大きな進歩のある分野である．わが国は島弧海溝系の地殻変動の盛んな地域に属するため，殻体に再結晶が生じたりして必ずしも第一級の標本に恵まれているとはいい難い．しかし，北海道の白亜紀蝦夷累層群からは，かなり良い標本が得られており，今後のよい研究素材である．

形態進化の観点からは，これとは別にもう少し観察のスケールを大きくして，殻体の形や巻き方の時間の経過に伴う変化を追跡する．微少な変化を的確に認識する目的と，科学の基本要件である追試を可能にするため定性的な扱いよりも定量的な扱いの方がはるかによい．アンモナイト類は，平巻き螺旋といわれる一平面でどんどん巻いて成長する類はもとより，このような一平面巻きでなくとも多くの形質をもち，それらがどんどん追加・付加成長をしていくので，成長の追跡は一般にしやすい．すなわち，成長の各段階にあるさまざまなサイズの標本をそろえる（平均成長解析）のでなく，一つの標本で容易に成長を追うこと（各個成長解析）ができる．そこで殻体のある部分と他の部分の成長の関係をとらえる相対成長解析（II-15章参照）がよくなされる．種と進化の認識が類型的概念から個体群の概念に発達したことにより，1種につき1個の標本ではなく，同所産の可能な限り多くの標本を用いて行う．これにより生物学的にも統計学的にも母集団の特性をより正確に抽出することができる．相対成長解析で得られたある形質の他の形質に対する成長率を一つの尺度として，同時代の地方個体群間の地理的変異を明らかにし，次いで時間の経過に伴う変化を追うのは形態進化の解析の最も直接的な方法である（図16.7）．その成長率がある機能と関連していれば，その経時的（時代が進むに伴う，したがって世代が進むに伴う）変化は機能の経時的変化であり，機能進化である．このような方法を用いることによって，形態・機能進化の様相を定量的に明らかに示すとともに，新し

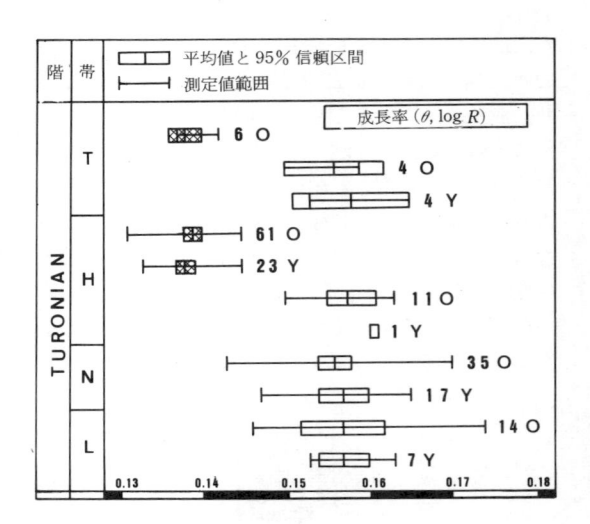

図16.7 相対成長解析で明らかにした種分化の一例
螺環半径の巻き数に対する成長率が右側の先祖の系統では一定であるが，あるときより成長率の小さな個体群（後に別種と認定）が浅海の隔離小集団で生じたことを示す．横軸：螺環の半径の巻き数に対する成長率．縦軸：地質時代区分．Turonian（90.4–88.5 Ma）は白亜紀の12の期区分の一つ，L–T：Turonian期をイノセラムス類で分帯した帯名の略号．図中のY：大夕張産のサンプル，O：小平産のサンプル，数字：サンプルを構成する標本の数．

い種が生じるときにその形態的分化が速やかに進行したのか緩やかに進行したのかも知ることができる．これらの研究を通じて多型が認識されれば，たとえば平衡多型か過渡的多型かを明らかにし，さらに個体数頻度から遺伝子頻度を求め，数百万年にわたる遺伝子頻度の変化を解析することも可能である．

時代決定：アンモナイト類はデボン紀に出現して以後白亜紀末の絶滅まで一貫してきわめて有効な時代決定の指標とされている．それは一つにはアンモナイト類は3億年あまりの生存期間を通じてよく環境に適応して多様に放散し，形態進化の速い種類が常にあることによる．今一つは各時代を通じて相当に世界の海洋で繁栄した結果，各地で豊富に産出することである．このような理由から，地質学の研究の歴史の初期から注目され，地質時代の多くはアンモナイト類を用いて時代の定義がなされている．あるいはアンモナイト類を含む各種の動物群が時代定義のリストに掲載され，その後の研究を経て結果的にアンモナイト類が時代を定義する標準化石として国際的に用いられていることが少なくない．

時代を定義する基準となる模式地は，地質学の研究の歴史からヨーロッパにあることが多い．その模式地で産出するアンモナイト類を初めとする化石種によって時代が定義されている．したがって，それと同一種の産出によって時代を決定するのが最も理想的である．ところが，地質時代を通じて世界の海洋は，大陸の分布と海流，古気候の関係などにより，地方によって条件が異なっていた．そのため，地球的規模の分布を有し，かつ存続時間が短いという標準化石の教科書的条件に合致する種類はどの分類群でも多くはない．たとえば，アンモナイト類の繁栄していた時代の海洋は，環北極圏海域のボレアル海（Boreal Sea）と，大陸を隔ててその南にあった，現在の地中海・インド洋に相当するテチス（Tethyan Ocean）海に分化していた．ベーリング（Bering）海峡が閉鎖していたころには太平洋も他の二つの海洋とはかなり異なる動物群が栄えた．そこで今日の北西ヨーロッパ，当時のボレアル海に栄えたアンモナイト類をヨーロッパの研究者が時代定義に用いると，テチス地域や太平洋地域では産出しない種ということになる．そのような場合には，模式地から飛び石伝いに順次対比を繰返していくことになる．このような操作で時代対比をすることはきわめて一般的にみられることではあるが，ある時代境界について多くの研究者が集中的に研究を繰返すことにより，ヨーロッパの特定の種が発見されるということも少なくない（表16.1）．

古環境：アンモナイト類はすべて海生である．かつて北アメリカで岩相の変化と産出するアンモナイト類の変化を対応させてアンモナイト類の生息環境を研究した例がある．この研究ではアンモナイト類はすべて底生であると考えている．他方，アンモナイト類というものはほとんどすべて浮遊性，と考えた研究者の論文が出されたのもそんなに昔ではない．前者は，岩相が側方に変化しやすい所で，岩相の変化とともに産出するアンモナイト類が変わるようなフィールドで研究を続けた研究者は，アンモナイト類はすべて底生性だと思うことがある実例である．後者は，岩相が一様でどこまで行っても変わらないのに，産出するアンモナイト類が変化するようなフィールドで研究を続けている研究者は，アンモナイト類は海底の底質とは無関係の所に生きていた，したがって遊泳性か浮遊性だと考えることがある実例である．しかし，海洋動物の生活には少なくとも浮遊性・遊泳性・底生性の3種類がありうる．アンモナイト類は長期間にわたってさまざまな形に適応放散した．したがって，限られたフィールドの特定のケースだけをみてすべてを判断するのは危険であり，かつ1万種以上のアンモナイト類がすべて同じ生活様式であったと考えるのも妥当性を欠く．ある種について産状の特性にある種の普遍性が認められても，それは生活様式についても一定の情報を与えるものではあるが，死後運搬の過程の場所的同一性かも知れない．現生ノーチラス（*Nautilus*）類の広範囲の死後の分布をみると，酷似した殻体を有したアンモナイト類の死後運搬についてはきわめて注意深い観察と研究を要する．たとえば，住房中にその個体の顎器が保存されていたら，軟体部が腐敗するほどの期間は運搬されなかったと推測する．住房口縁部の保存状態など，殻体の破損状況も一定の情報を与える．

他方，このような困難な状況の解決をねらって，アンモナイト類が潜水艦として浮遊しえたかを研究する方法がある．一般には，浮力を得る房室の容積・殻体と軟体部の重量を求めて計算する．標本が完全で計測と計算に間違いがなければ，まずまず正しい情報を与えているものと考えられる．ただし，房室が気体で満たされている場合である．そこで，房室中の液体の排出がどのようになされたか，またはなされ得たかを，体管や隔壁衿部の構造を詳しく研究して答を出す．

表16.1 蝦夷累層群の後期白亜紀 Cenomanian(97.0-90.4 Ma)・Turonian 階のアンモナイト類, イノセラムス類, 浮遊性有孔虫類, 底生有孔虫類による分帯の一例(松本・野田・米谷, 1991)

STAGE	Substage			Ammonite Zone		Inoceramid Zone	Planktonic Foraminifera zone	Benthic Foraminifera zone
				Desmoc.	Acanthocerataceae			
Lower Coniacian			K4b3	*T. matsumotoi*	*Forresteria (Harleites) petrocoriensis*	*Inoceramus rotundatus*	*Dicarinella primitiva* Range-zone	*Silicosigmoilina ezoensis* — *Rzehakina epigona* Concurrent-range-zone
TURONIAN	Upper		K4b2	*Tragodesmoceroides subcostatus* / *Mesopuzosia yubarensis*	*Subprionocyclus (Reesidites) minimus*	*I. tenuistriatus* — *Mytiloides incertus*	*Dicarinella canaliculata* — *Marginotruncana marginata* Acme-zone	
					Subprionocyclus neptuni	*Inoceramus teshioensis*		
	Middle		K4b1	*Mesopuzosia pacifica*	*Collignoniceras woollgari*	*Inoceramus hobetsensis* — *Mytiloides teraokai*	*Helvetoglobotruncana helvetica* Range-zone	*Textularia hikagezawaensis* — *Silicosigmoilina ezoensis* Interval-zone
					Neomphaloceras pseudomphalum	*I.* aff. *hobetsensis* / *I. costatus*		
	Lower			*Puzosia orientalis*	*Fagesia thevestiensis*	*M. subhercynicus*		
					Mammites aff. *nodosoides*	*Inoceramus* aff. *saxonicus* / *Mytiloides mytiloides*	*Whiteinella archeocretacea* Partial-range-zone	
					Pseudaspidoceras flexuosum	*Mytiloides* sp.		
CENOMANIAN	Upper	K4a	6	*D. (Ps.) ezoanum*	*Neocardioceras juddii* (not yet confirmed)	*Inoceramus nodai* (small form)		
			5		*Eunophaloceras septemseriatum*	*I. pictus minus* — *M. mikasaensis*	*Rotalipora cushmani*	
			4		*Eucalycoceras pentagonum*	*I. reduncus* / *I. pennatulus* / *I.ginterensis* / *I. nodai*	*Rotalipora greenhornensis* Range-zone	*Textularia hikagezawaensis* Range-zone
	Middle	K4a3	3	*Desmoceras (Pseudouhligella) japonicum*	*Calycoceras (Newboldiceras) orientale*	*Birostrina nipponica*		
					Cunningtoniceras takahashii	*Birostrina tamurai*		
	Lower	K4a	2		*Acompsoceras inconstans* / *Mantelliceras japonicum*	*Inoceramus tenuis* — *Inoceramus virgatus*	*Rotalipora evoluta* Partial-range-z.	
			1	*Desmoceras kossmati*	*Graysonites adkinsi* — *Graysonites wooldridgei*	*Inoceramus* aff. *virgatus* (small form)		
Uppermost Albian				*D. (Ps.) dawsoni shikokuense*	*Mortoniceras (Cantabrigites)* aff. *subsimplex*	*Inoceramus anglicus* / *Birostrina subsulcatus*	*Rotalipora evoluta* — *Ticinella primula* Interval-zone	*Tritaxia disjuncta* Assemblage-zone

房室の主体が気体であるとすると房室の殻体はもとより隔壁に水圧がかかるので，隔壁の厚さや曲率を求め物理的にその強度を調べる．現生ノーチラスを用いて体管の構造と耐圧強度を直接的に調べたり，体管の壁の厚さと直径の割合で強度を求め，現生ノーチラスとの比較で生息可能深度を推定する．近年はこのような研究も徐々に詳しく厳密に行われるようになり，ある種の個体発生とともにどのように変化して行ったか，つまり，成長の初期は浮遊性で中期以降は底生性であったことなどが解明されつつある．このように，アンモナイト類は多数の種類・形態があるので，どれが産出したからどのような環境であったとは即断できない状況にある．学名と環境を一対一で対応させることが国際的に認められている種はないといえよう．保存のよい標本が得られたら，丹念に研究することである

まとめ

アンモナイト類はデボン紀から白亜紀と生存期間が長く，その長い期間に何度かの衰退と繁栄を繰返し，著しく多様な形態に分化した．生存期間の長い種も短い種もおのおの豊富に知られており，殻体の構造が複雑で詳しく調べられており，殻質の超微細構造もかなり複雑である．顎器や歯舌など軟体部の器官もよく保存されている場合があり，多くの好条件に恵まれた古生物で，そのため，化石の利用の3要素である，進化の研究，時代決定，古環境の研究のいずれにもきわめて有効な貢献ができる．

〔平野　弘道〕

参考文献

House, M. R. (1989)：Ammonoid extinction events. *Phil. Trans. Roy. Soc. London,* ser. B., vol. 325, no. 1228, pp. 308-326.

House, M. R.・Senior, J. R. (eds.) (1981)：The Ammonoidea. The evolution, classification, mode of life and geological usefulness of a major fossil group. The Systematics Association Special Volume, no. 12, 593 p.. Academic Press.

Kennedy, W. J.・Cobban, W. A. (1976)：Aspects of ammonite biology, biogeography and biostratigraphy. *Palaeontology,* Spec. Pap., no.17, 94 p., 24 text-figs., 11 pls..

小高民夫(編)(1980)：大型化石研究マニュアル，190 p.. 朝倉書店．

Lehmann, U. (1981)：The Ammonites. Their Life and their World. 246 p.. Cambridge Univ. Press.

松本達郎(1974)：頭足綱，新版古生物学 II，pp. 62-160．朝倉書店．

Moore, R. C. (ed.) (1957)：Treatise on Invertebrate Paleontology. Part L. Mollusca 4, 490p.. Geol. Soc. Am. & Univ. of Kansas Press.

日本古生物学会(編)(1991)：古生物学事典，410 p.. 朝倉書店．

小畠郁生(編)(1979)：化石鑑定のガイド，204 p.. 朝倉書店．

鹿間時夫(1964)：新版日本化石図譜，287 p.. 朝倉書店．

17. 底生生物の生活構造

　生痕化石は過去の生物の生活記録である．これを詳しく検討することで，われわれは過去の生物の行動・生活様式といった，古生態学的情報を知ることができる．また，生痕化石がもたらす情報は，現在の深海底に棲む生物の生態学的側面を知る重要な手がかりとなる場合もある．この章では，生痕化石がどのような化石なのかを紹介し，そこにはどのような古生物学的情報が記録されているのか，それがどのように読み取れるのかに焦点を当て説明する．

17.1. 生痕化石とは

　生物の骨格をつくる硬組織は生物の死後，地層中に埋没し化石化する．このような化石を体化石（body fossil）とよんでいる．これからは，生物の大きさや形といった形態面に関する情報がおもに読みとれる．一方，過去の底生生物がどのような行動をし，どのような生活をしていたかという生態面を記録した化石がある．これを生痕化石（trace fossil）とよんでいる．生痕化石は，生物のさまざまな活動記録であり，地層中に生物源構造（biogenic sedimentary structure）として記録される．これには海底の砂や泥につくられた巣穴，海底の表面や堆積物内をはい回った跡，そして排泄物，恐竜の足跡，貝殻や岩石に掘られた穿孔性貝類の穴などが含まれる．すなわち，生痕化石からは，体化石からは読みとりにくい生態面に関する"生の情報"を知ることができる．

　生痕化石には体化石にない特徴がある反面，扱いにくい一面もある．それは，生痕化石とともに形成者の体化石が同時に産出することがまれなことである．これは生痕化石の大部分が，軟体部のみからなる生物によってつくられることが多いからである．このため，形成者の分類群が不明なことが多い．さらに，生痕化石の形態は，形成者の形態よりむしろ行動・運動様式の違いをより強く反映するため，たとえ生痕化石の形態が似ていても，形成者の分類群までも同じであるとは限らず，全く異なるタクサ（taxa）であることも少なくない（図17.1）．逆に，一個体の生物が形態的には異なる生痕化石をつくることもある．

17.2. 生痕化石の命名

　生痕化石も体化石と同様に，二名法を用いて生痕属（ichnogenus）と生痕種（ichnospecies）で記述される．これらは形成者の分類上の位置とは全く無関係であり，あくまでも形成者のつくった構造形態に対して命名される．したがって，上述したようなこの化石の性格上，同一の形成者に由来する構造形態であっても，属レベルで異なる名称でよばれることも少なくない．

17.3. 生痕化石の観察・検討方法

　生痕化石に記録された情報を正確に読みとるためにはまず，その形態を露頭レベルで正確に把握しなければならない．同時に，生痕化石が地層のどこに，どのような状態で産出するのか詳細な産状観察を行う必要もある．さらに，生痕化石がどのような堆積物から形成されているのか，周囲の堆積物と同じな

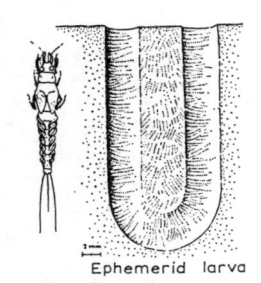

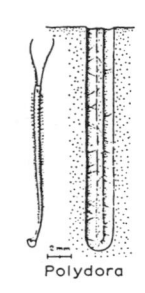

図17.1　異なる分類群の生物によって形成されたU-型トンネル（Seilacher, 1967）

のか，それとも異なるのか，その場合どのように異なるのか，という観点からも観察する必要がある．

しかし，野外観察で得られるデータには限界がある．特に，露頭観察では生痕の内部構造を正確に把握することはむずかしい．このため，生痕化石を地層ごとに採取し，屋内でより詳細な検討をする必要がある．生痕化石を体化石の要領で堆積物から取出すことは不可能なため，採取した試料の連続切片を数 mm 間隔でつくり，立体構造を把握しつつ内部構造の詳細な観察を行う．それに軟 X 線を照射することで，肉眼では見ることのできない堆積物中の構造を知る方法もある．

また，現生生物のつくる生痕との比較検討も生痕化石を理解するうえでは不可欠である．浅海であれば生物の巣穴を石膏や樹脂で型どりする方法(生痕研究グループ，1989；浜野，1990)が，また深海の場合であれば海底写真や深海艇による観察が考えられる(Heezen・Hollister，1971；海溝 II 研究グループ，1987)．前者については後で述べる．

17.4. 古環境の推定

底生生物の生活は，海底のさまざまな物理化学的環境に支配される．したがって，底生生物の生活を反映する生痕化石をもとに，海底の環境を読みとれることが期待される．生痕化石と海底環境にどのような関係があるのか，それが古環境の推定に役立つのか，古水深と海水中の溶存酸素量の推定，および海底侵食量の見積りの実例を紹介する．

古水深：ドイツの古生物学者ザイラッハーは，生痕化石の形態と産出する地層の岩相との間に決まった傾向を発見した．すなわち，砂岩層中に産する生痕化石の形態は，地層面に垂直で形態的に単純なものが多く，泥岩層中のそれは地層面に平行で形態的に複雑なものが卓越し，中間的な岩相のそれは形態的にも中間的である，という傾向である(Seilacher, 1967)(図17.2)．堆積物の粒度や堆積構造といった岩相上の特徴は，海底のエネルギーレベルの違いを反映する．一般に，粒子の粗い堆積物ほどエネルギーレベルの高い環境で，逆に粒子の細かな堆積物ほどエネルギーレベルの低い環境で堆積する．したがって，エネルギーレベルが高い海底環境では垂直で単純な形態の生痕化石が，逆にエネルギーレベルが低ければ平面的で複雑な形態の生痕化石が形成される．Seilacher(1967)はこれを底生生物の摂食様式の違いという観点から次のように解釈した．エネルギーレベルの高い環境では，海水中の浮遊物を食べる濾過食者(suspension feeder)が多く，波浪による海底侵食から身を守る必要上，形態的には単純でもシェルターの役割をもつ垂直方向に伸長した巣穴を形成する．これに対しエネルギーレベルの低い環境では堆積物食者(deposit feeder)が卓越し，堆積物の表面または内部を移動しながら堆積物を食べるため平

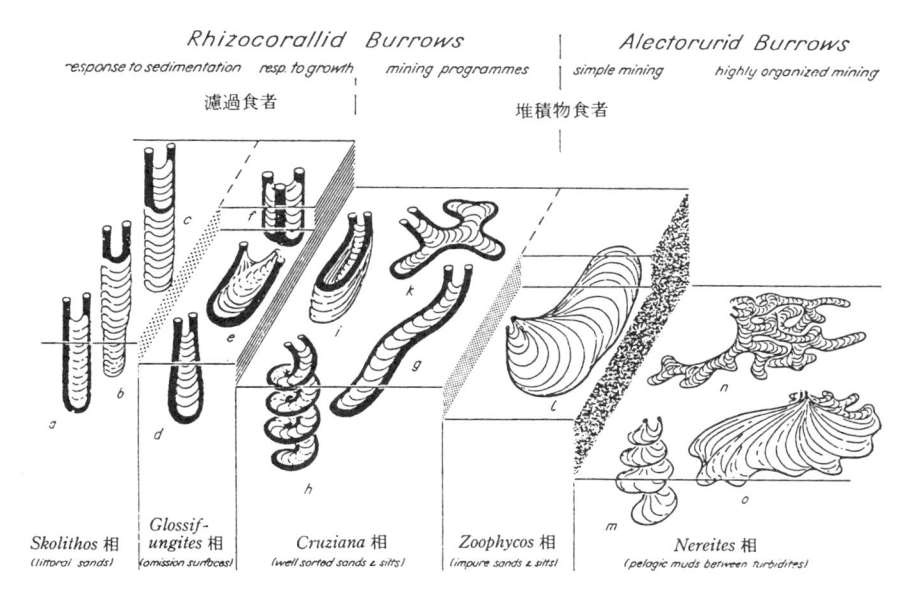

図 17.2 水深と生痕化石の形態の変化(Seilacher, 1967)
図の左ほどエネルギーレベルは高い(水深は浅い)．エネルギーレベルが低いほど(右側)生痕化石の形態は平面的になる．

	底層中の容存酸素量 →					
PLANOLITES THALASSINOIDES Large ZOOPHYCOS Small ZOOPHYCOS Large CHONDRITES Small CHONDRITES	THALASSINOIDES Large ZOOPHYCOS Large CHONDRITES	Large ZOOPHYCOS Large CHONDRITES	Small ZOOPHYCOS Large CHONDRITES Small CHONDRITES	Large CHONDRITES Small CHONDRITES		階層
TOTAL	INCOMPLETE	INCOMPLETE	INCOMPLETE	INCOMPLETE	ZERO	生物擾乱
L Maastrichtian Chalk, Møns Klint, Denmark	Santonian channel fill, Austin Chalk, Dallas, Texas, USA	Turonian chalk, Ten Hill, Devizes, England	Basal Turonian Marl, Hannover, Germany	Posidonienschiefer, Holzmaden, Germany	Basal Danien Fish Clay, Stevns Klint, Denmark	例

図17.3 底層水の溶存酸素量変化に伴う生痕化石群集の変化(Bromley・Ekdale, 1984 に加筆)
右側ほど溶存酸素量は減り, 生痕化石群集は単純に, 生痕のサイズは小型になる. 矢印の方ほど酸素量が減る.

面的で複雑な食い跡が残る,というものである. すなわち, 浅海で形成された地層では垂直的で単純な生痕化石が卓越し, 深海で堆積した地層では平面的で複雑な生痕化石が卓越することを意味する. 1970年代以降, この概念を基本に多くのモデルが提唱された(たとえば, Frey・Pemberton, 1984, Frey et al., 1990 など).

しかし実際には, 体化石(底生有孔虫化石や貝類化石)に比べて精度が低い点も指摘され, 超深海を指標するもの以外, 古水深指標者としての有効性を疑問視する意見もある. たとえば, 深海底で堆積した地層でも, 砂岩層には浅海を指標する垂直型の生痕化石が卓越することが報告されている. たとえ深海であっても, 堆積時のエネルギーレベルが高い環境(海溝や海底扇状地の流路部など)であれば泥質物質は堆積せず砂層が形成される. したがって, Seilacher (1967)の解釈に従えば, 深海底に浅海の指標種が存在していても不思議はない. このように, 古水深を生痕化石だけから推定することには問題もあるが, 浅海で形成される地層と深海で堆積した地層では産出する生痕化石のタイプに違いがあることは事実である. したがって, 体化石が全く産出しない場合, あるいは保存状態が悪い場合には, 古水深の概要を知るために生痕化石も有効かもしれない.

溶存酸素量: 底生生物は呼吸のために海水中にとけ込んでいる酸素を利用する. Savrda et al. (1984) は, 底層水の溶存酸素量の減少に伴って, 底生生物の生息密度が減少し, 同時に体サイズが小さくなることを指摘し, 堆積構造の特徴, 生痕化石の多様性とサイズから, 底層水中の酸素量を見積れることを示した. すなわち, 酸素量が多く生物量も多い環境では, 多様度の高い生痕群が形成されると同時に,

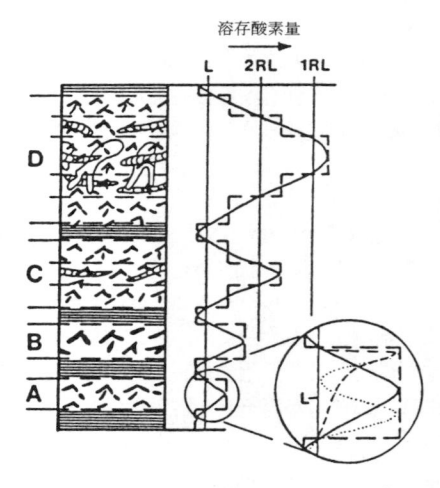

図17.4 生痕化石相の堆積構造から推定される底層水中の溶存酸素量カーブ(Savrda・Bottjer, 1986 に加筆)
矢印の方ほど酸素量が増加する.

堆積時に形成された堆積構造は生物活動により破壊, 均質化され保存されない. 一方, 貧酸素状態で生物量も少ない環境では, 生痕化石は小型化し, その多様度は低下する. このような環境下で堆積した堆積物の堆積構造は, 生物活動による破壊と均質化は少なく, 地層中に保存され, 肉眼でも認識される.

また, Bromley・Ekdale(1984)は溶存酸素量と生痕相の変化に関する詳細なモデルを提唱した(図17.3). Savrda・Bottjer(1986, 1987, 1989)はこれらのモデルをもとに, 数十~数千年周期, あるいは数万~数十万年周期で無酸素環境, 低酸素環境, そして酸化環境が繰返し起きていたことを指摘した(図17.4).

侵食量の見積り: われわれが野外でみる地層は, 必ずしも堆積時の姿をそのまま保存しているとは限

17. 底生生物の生活構造

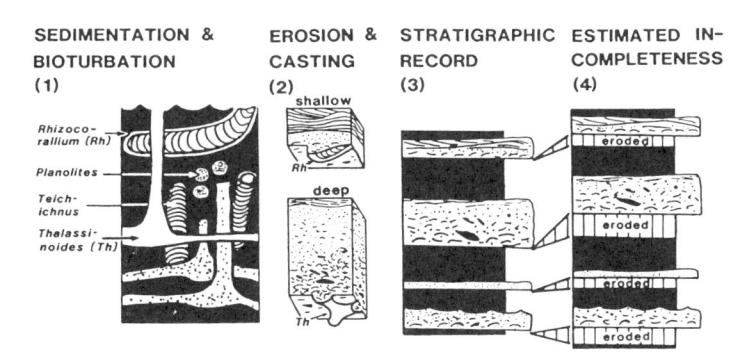

図 17.5 内生型底生生物のつくる生痕化石の階層構造と
それに基づく侵食量の見積(Wetzel, 1986)

らない．たとえば，タービダイト起源の砂岩層や嵐起源の堆積物(tempestite)が海底に堆積するときには，乱泥流(turbidity current)や波浪の影響で必ず海底面の削剝が起きる．このため，地層として保存される姿(図17.5-(3))は，削剝されずに残った部分に限られる．このような海底の削剝は頻繁に起こると考えられる．しかし，削剝量を地層の観察だけから見積ることは一般に困難である．なぜなら，オリジナルの状態を知る手がかりがなかなかみあたらないからである．

内在型の底生生物は堆積物中に潜って生活している．その深さは種ごとに決まっており，堆積物中に成層構造(stratification)を形成する．これを反映して，生痕化石も堆積物中で階層構造(tiering)を形成する(図17.5-(1))．すなわち，生痕化石の形成される深さは，当時の海底面からの距離として表現される．したがって，生痕化石の階層構造を復元し，どの階層までが保存されているかがわかれば，その削剝量が推定できる(図17.5-(4))．ただ，その絶対量を知るためには，続成過程における地層の圧密の程度を考

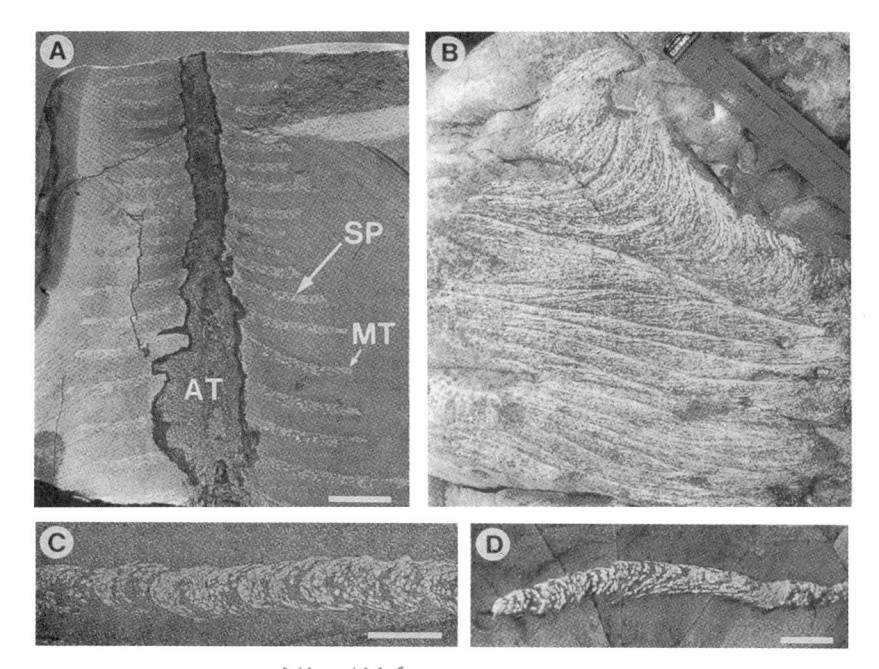

図 17.6 房総半島南端千倉層群白間津層にみられる生痕化石 *Zoophycos* (小竹, 1990)
A は縦断面．SP：スプライト，AT：中心軸．スケールは1 cm．B はスプライトの横断図．火山灰でできたペレットがぎっしり詰まっている．C, D はスプライトの縦断面．スケールはいずれも1 cm．

慮しなければならない.

17.5. 生痕化石から読取れる生物活動

生痕化石の形態は，形成者の形態より行動・運動様式の違いをより強く反映することは前に述べた．したがって，生痕化石の産状と形態解析から，生痕形成者の行動・運動様式，生活様式，形成者の推定といった生物学的側面を重視した研究もなされている．

"摂食の場"と"排泄の場"の区別：房総半島南端に分布する千倉層群(上部鮮新統)には，Zoophycosとよばれる特異な形態の生痕化石が多産する．これの基本形態は，層理に垂直な中心軸(axial tunnel)とその周りを螺旋状に取巻くスプライト(spreite)からなる(図17.6)．スプライト内には，これをつくった生物の排泄物とみられる泥質のペレット(pellet)が詰まっており，この配列が規則的な内部構造をつくっている．

Zoophycosがみられる地層には多数の火山灰層が挟在する．この化石の中心軸上端が火山灰層中にある場合に限って，火山灰層をつくる火山砕屑物と同じ物質のペレットが発見される．これは，Zoophycos形成者が火山灰起源の堆積物を食べたことを示している．しかし，中心軸内にはペレットも火山砕屑物もみあたらない．これらの事実と産状から，この化石をつくった生物は通常中心軸内に棲み，巣穴の周囲の海底面上に濃集した有機物を食べ，海底面下の堆積物中に排泄するという，特異な生活様式をもっていたと考えられる(図17.7)．さらに，スプライトとペレットのサイズは一つのZoophycos内で下部ほど大きく，それらが大きいものほど中心軸径も大きい．このことは，Zoophycosが形成者の成長過程に伴ってつくられたことを示唆する．と同時に，成長とともに"排泄の場"が堆積物深部へと移ったこと

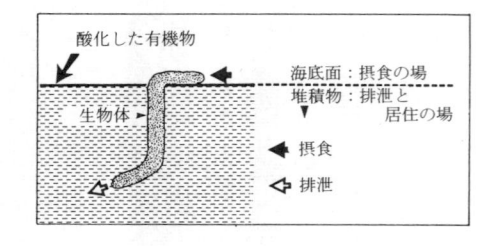

図17.7 推定されたZoophycos形成者の摂食・排泄様式の概念図 (Kotake, 1989を一部修正)
海底面上にたまった酸化した有機物を食べ，堆積物中に排泄物を詰込んでいる．

も意味する．以上のことからZoophycosは，"摂食の場(食卓)"と"排泄の場(便所)"を明確に分離することによって形成された排泄の場と棲み家であり，それらは形成者の成長過程を通じて記録されている(Kotake, 1989)．

この生物はなぜ"食卓"と"便所"を区別したのか．この生物の生息する2000 m以深の深海底では，食物となる酸化された有機物は量的に少なく，しかも海底面上に薄く存在するにすぎない．一方，堆積物中は還元環境にあり，そこの有機物は一般の生物の食物には適さない．すなわち，この生物は海底面上の有機物を食べる以外に栄養を得る手段はない．また，この生物は巣穴に棲む定住型の生活様式をとっていたと推定され，巣穴の周囲の限定された区域が食卓であると考えられる．したがって，もし排泄物を巣穴の外に排出すると食卓上にそれが排泄される可能性が高く，栄養を効率よく得るという観点から都合が悪い．そこで，食物資源の全くない堆積物中に排泄物を詰め込むことで，限られた範囲からより効率よく食物(エネルギー)を獲得しようとする戦略と解釈される(Kotake, 1989；小竹，1990)．

巣穴構造：浅海の砂底には，さまざまな巣穴をつくる生物が生息する．Callianassa major(アナジャコ)もその一つである(図17.8 B)．この生物は，海底面上にその先端が開口する垂直のトンネルと，水平方向に複雑なトンネルを一定の深さにつくる(図17.8 A)．C. majorは，上端の穴から垂直のトンネル内に海水を取入れ，そこの浮遊物を食べると同時に呼吸をするsuspension feederである．そのトンネルの壁は体内からの粘液で固められた泥質物からなり，軟弱で不安定な砂質の堆積物中でトンネルの安定性を保つ補強の意味と，トンネル内に周りの堆積物が崩れて入り込むのを防ぐ効果があると考えられている．一方，複雑な水平トンネルは，C. majorの住居と考えられている．

垂直トンネルの最上部はしばしば分枝することがある(図17.8 C-g)．エネルギーレベルの高い潮間帯では波浪による海底面の侵食が頻繁に起こり，このトンネルの先端部も破壊され，海底面にトンネルが露出したり，トンネル内に堆積物が入り込むことがある．するとC. majorは，もとのトンネルから横にバイパスをつくり，トンネルを修復する(図17.8 C-c～e)．侵食と修復が繰返されると，このような複雑な構造が形成される．

生物がつくるトンネル構造は，住み場所と摂食の場に使用された跡で，利用の違いによってその形態

17. 底生生物の生活構造

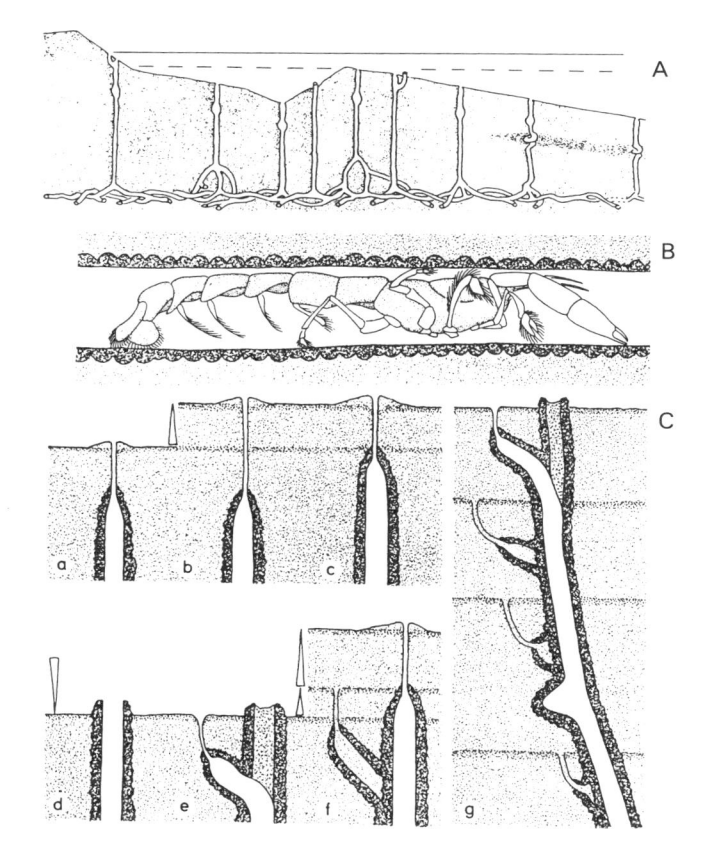

図17.8 *Callianassa major* とその巣穴構造
（Bromley，1990に基づき作成）

も異なる．*C. major* のつくる構造は地層でもよく保存され，*Ophiomorpha* という生痕属名でよばれている．しかし，地層でこの構造の全体像を把握することはむずかしい．このような場合，現在の海岸でこの生物のつくる巣穴に樹脂を注入し，樹脂が固結したあとに掘り出して全体像を観察・把握し，そのデータをもとに化石を検討する方法がある（図17.9）．この手法で得られた巣穴を検討した結果，このほかにもさまざまなトンネル構造があることがわかっている．なかには，堆積物を摂食する以外に，植物片などをトンネル深部の別の小部屋に貯蔵し，そこでバクテリアを培養することで栄養を得ているタイプすら報告されている．

まとめ

1960年代以降の深海撮影技術の進歩，そして1980年代以降の潜水艇による深海底の観察により，われわれは底生生物に関する多くの新知見を得てきた．しかしその大部分は海底表面のものであり，海底面下に生息する生物に関する情報はきわめて少ない．これはひとえに，われわれが海底面下を直接観察できないためであり，このことは浅海にもあてはまる．生痕化石はこれらの情報を知る手がかりをわれ

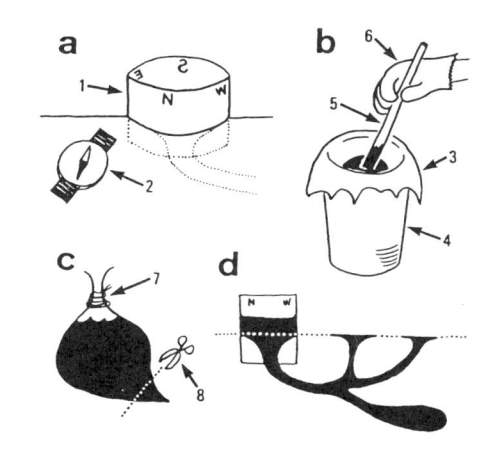

図17.9 ポリエステル樹脂で巣穴の型を取る手順（浜野，1990）
a：プラスチック筒を巣穴開口部の周りに差し込む．b：硬化用溶媒と樹脂液を混合する．c：樹脂液を注入する口をつくる．d：堆積物中の巣穴に注入した様子．

われに与えてくれる．これらの情報は，過去の生物や古環境に関するものばかりでなく，現在の深海底に棲む底生生物を理解するうえでもきわめて重要である．すなわち，生痕化石の情報は過去の生物活動を知る手がかりとなることはもちろんのこと，現在のそれを知る手がかりともなる． 〔小竹 信宏〕

参考文献

Basan, P. B., Chamberlain, C. K., Frey, R. W., Howard, J. D., Seilacher, A.・Warme, J. E. (1978)：Trace Fossil Concepts. SEPM Short Course, no. 5, pp. 1-181.

Bromley, R. G. (1990)：Trace Fossils, Biology and Taphonomy. 280 p.. Unwin Hyman.

Bromley, R. G.・Ekdale, A. A. (1984)：*Chondrites*：A trace fossil indicator of anoxia in sediments. *Science*, vol. 224, pp. 872-874.

Crimes, T. P.・Harper, J. C. (1970, 1977)：Trace fossils 1, 2. *Geol. Jour. Spec. Issue*, no. 3, pp. 1-547；no. 9, pp. 1-351, Seel House Press.

Ekdale, A. A., Bromley, R. G.・Pemberton, S. G. (1984)：Ichnology. Trace Fossils in Sedimentology and Stratigraphy. SEPM Short Course, no. 15, pp. 1-317.

Frey, R. W. (ed.) (1975)：The Study of Trace Fossils, 562 p.. Springer-Verlag.

Frey, R. W.・Pemberton, S. G. (1984)：Trace fossil facies models. *In* Walker, R. G. (ed.)：Facies Models 2nd ed., Geosci. Canada Reprint Ser. 1, pp. 189-207.

Frey, R. W., Pemberton, S. G.・Saunders, T. D. A. (1990)：Ichnofacies and bathymetry：A passive relationship. *Jour. Paleont.*, vol. 64, no. 1, pp. 155-158.

浜野龍夫(1990)：ポリエステル樹脂を使用して底生生物の巣型をとる方法．日本ベントス学会誌，no. 39, pp. 15-19．

Heezen, B. C.・Hollister, C. D. (1971)：The Facies of the Deep. Oxford Univ. Press.

海溝II研究グループ(編)(1987)：写真集 日本周辺の海溝6000 m の深海底への旅，104 p.．東京大学出版会．

Kotake, N. (1989)：Paleoecology of the *Zoophycos* producers. *Lethaia*, vol. 22, no. 3, pp. 327-341.

小竹信宏(1990)：生痕化石 *Chondrites* および *Zoophycos* をつくる生物群の摂食・排せつ様式．地質学雑誌，vol. 96, no. 10, pp. 859-868．

Kotake, N. (1991)：Non-selective surface deposit feeding by the *Zoophycos* Producers. *Lethaia*, vol. 24, no. 4, pp. 379-385.

野田浩司(1978)：生痕化石研究への序説(その1)．化石，no. 28, pp. 47-65．日本古生物学会．

Noda, H. (1982)：Check list and bibliography of trace fossils and related forms of Japan (1889-1980) and neighbourhood (1928-1980), 80 p., 7 pls.. Univ. Tsukuba, Inst. Geosci..

Savrda, C. E.・Bottjer, D. J. (1984)：Development of a comprehensive oxygen-deficient marine biofacies model：evidence from Santa Monica, San Pedro, and Santa Barbara basins, California Continental Borderland. *Am. Assoc. Petrol. Geol. Bull.*, vol. 68, no. 9, pp. 1179-1192.

Savrda, C. E.・Bottjer, D. J. (1986)：Trace fossil model for reconstruction of paleo-oxygenation in bottom water. *Geology*, vol. 14, pp. 3-6.

Savrda, C. E.・Bottjer, D. J. (1987)：Trace fossils as indicators of bottom-water redex conditions in ancient marine environments. *In* Bottjer, D. J. (ed.)：New concepts in the use of biogenic structures for palaeoenvironmental interpretation. *SEPM*, Pacific Sect., Vol. and Guidebook, no. 52, pp. 3-26.

Savrda, C. E.・Bottjer, D. J. (1989)：Anatomy and implications of bio-turbated beds in "black shale" sequences：Examples from the Jurassic Posidonienschiefer (southern Germany), *Palaios*, vol. 4, pp. 330-342.

生痕研究グループ(1989)：現生および化石の巣穴-生痕研究序説-，地団研専報，no. 35, 131 p.．地学団体研究会．

Seilacher, A. (1953a,b)：Studien zur Palichnologie, I, II. *Neues Jahrb. Geol. Paläont. Abh.*, Bd. 96, S. 421-452；Bd. 98, S. 87-124.

Seilacher, A. (1967)：Bathymetry of trace fossils. *Marine Geology*, vol. 5, pp. 413-428.

Wetzel, A.・Aigner, T. (1986)：Stratigraphic completeness：Tiered trace fossils provide a measuring stick. *Geology*, vol. 14, pp. 234-237.

18. 花粉分析

　花を咲かせた高等植物は，雄しべの花粉が雌しべに付いて実ができる．しかし，ほとんどの花粉は本来の役割を果たすことなく飛散してしまう．そして，地表に落ちた大部分の花粉は菌類によって分解されるが，水域に達した花粉は，ほかの粒子とともに水の底に沈む．水底は菌類の活動が弱いので分解されずに化石として残ることになる．

　地層のなかからこうした花粉を取出し，親植物を決めることにより，その地層が堆積した当時の植生が推定できる．これを連続的な地層で行えば植生の変遷がわかり，そこから環境の変化を導くこともできる．花粉化石をこのように利用することを「花粉分析」とよんでいる．花粉分析は水成の泥質な堆積物であれば，火山起源でない限り，陸成，海成を問わず広く行えるというすばらしい長所をもっている．以下に，このような花粉化石の取出し方を述べ，次いで，鑑定の方法にふれる．そして，花粉化石の正しい理解のために化石の諸特性を解説し，その後，花粉分析の実際の例をあげることにする．

18.1. 花粉化石の濃集方法

　花粉化石を濃集しやすい岩質は炭質物混じりのシルト～粘土粒子からなるものである．化石の保存状態は，風化が進んだり，硬く変質した地層中のものは悪い．試料の採取に当たっては，特に新鮮な部分を現生の花粉が混入しないように注意する．一般に，堆積物中の花粉の含有量は，堆積岩全体の割合からすれば，ごく微量にすぎない．このため，次に述べる方法で化石の濃度を，数百～数千倍に高めてやらなければならない．試料から花粉を濃集する方法はいくつかある．ここでは，新生代の地層の代表的な処理法を作業手順ごとに述べる．なお，一連の処理過程においても，現生花粉が混入しないよう細心の配慮を要する．

1) 乾　燥

　次の処理の「粉砕・ふるい分け」を支障なく行うために必要．自然乾燥でよいが，短時間に行う場合は加熱乾燥をする．これは試料約 50 g を蒸発皿などに入れ，恒温熱乾燥器で 110°C で数時間放置する．乾燥前に試料を細片化しておくと効率よく乾燥できる．

2) 粉砕・ふるい分け

　花粉より大きな粒子を除き，かつ一連の処理効果を高めるために行う．よく乾燥した試料を鉄乳鉢で砕き，孔径が 0.2 mm 程度のふるいの目を通過したもの約 30 g をポリエチレンの容器(500～1000 ml のビーカーなど)に移す．粉砕の前に，大きな炭質物など，手で拾えるものは可能な限り除いておく．粉砕は，たたいてつぶし，決してこすりつぶさない．また，過度に細粒化しないように少し砕いてはふるい分けをし，これを何回も繰返す．

3) アルカリ処理

　この処理は，植物遺体からつくられたコロイド状のフミン酸(無定形酸性有機物)を溶解することのほか，粒子の団塊を粒子の単位に分解することにある．苛性カリ(KOH)の 10% 溶液を試料の 1.5 倍程度加える．これを，常温では 1 日放置するが，沸騰湯煎器では約 10 分間行う．KOH 溶液は濃度が高くなると花粉を溶解することがあるので要注意．

4) 水　洗

　処理薬品を水でうすめ，残渣(試料の濃縮が進んだもの)を化学的に中性に近づけるとともに，花粉よりはるかに小径の諸粒子を物理的に除く．水洗の手順は，「沈殿している残渣に十分水を加えて撹拌→沈殿→上澄み液を捨てる」であり，この行程を必要に応じて繰返す(普通は 4～5 回)．この処理法のうち"沈殿"には二つの方法がある．一つはポリエチレンの容器(例：500 ml ビーカー)を用い，撹拌後 4～5 時間放置して沈殿させる方法と，遠心分離管(例：15 ml)にて遠心分離(手動の場合は，回転速度 1500～1700 回/分で約 15 秒間回転)し，強制沈殿させる方法である．両者の使い分けについては後述する．上澄み液は，沈殿している残渣をなるべく乱さないようゆっくりと，残渣の 2 倍ほど残して捨てる．捨てる上澄み液は，必ずしも透明である必要はない．

5) 弗化水素酸処理

　珪酸塩鉱物を溶解して除くための処理．水洗を終了したあと，少し残っている上澄み液をスポイトな

どで可能な限り除き，これに弗化水素酸(HF)の濃液を試料の1.5倍ほど加え，撹拌して約5時間放置する．弗化水素酸は，皮膚に対して毒性が強いので，必ずドラフトのなかで，ゴム手袋をつけて扱うこと．ビーカーや撹拌棒はガラス製でないものを用いる．

6) 王水処理

弗化水素酸で溶解しない金属鉱物粒子を解かす．硝酸(HNO_3)と塩酸(HCl)の3:1混合液を残渣の3倍程度加えて撹拌する．反応が終わるまで(通常は数分間)放置する．金属粒子が多く，反応が激しく進む場合は適宜水で希釈して調整する．反応が遅い場合は弱く熱する．有毒ガスが発生するのでドラフトを使う．

7) アセトリシス処理

花粉以外の植物質粒子を溶解するとともに，花粉粒子を膨潤させたり，花粉の内部や表面に付着する有機物を分解するなど，粒子をクリーニングして，観察しやすくする．残渣に氷酢酸(CH_3COOH)(残渣の4〜5倍程度)を加えて加熱して遠心分離後，氷酢酸を除く．次に，使用直前に調合した混液〔無水酢酸$(CH_3CO)_2O$(9部)に濃硫酸(H_2SO_4)(1部)を加えたもの〕を残渣の4〜5倍，静かに加えて撹拌し，約10分間常温で放置する．その後，混液を遠心分離して捨てたあと，残渣に再び氷酢酸を前記と同量加えて撹拌し，遠心分離して氷酢酸を除く．混液は処理直前につくられないと効果が少ない．混液を注ぐ際，静かに加えないと激しく反応して危険である．特に水が多く残っている場合，爆発的に反応するので要注意．

8) 重液処理

花粉とそれよりも比重の大きい粒子とを両者の間の比重をもつ重液で分離する．比重2とした塩化亜鉛($ZnCl_2$)溶液(塩化亜鉛500gに温水160ml)を，残渣の5倍程度加えてよく撹拌し，手動の遠心分離機で，水洗時と同様の回転速度で3分間以上行う．これにより最上位の浮遊物と重液とを回収し，最下位の沈澱物を捨てる．回収した部分に水を加えて撹拌し，30秒間遠心分離をして上澄み部を除く．処理前の残渣に水が多く残ると，加えた重液の比重が下がるので，水は可能な限り除いておくこと．回収した残渣に水を加えたとき，綿毛化が起きた場合，酢酸を1滴落とすとよい．

9) 封入

花粉の濃集が進んだ最後の残渣を光学顕微鏡で観察するため，プレパラートに封入する．封入剤は，永久保存用ではシリコンオイル(KF 96 H, 6000 cs)が適するが，事前に残渣を上昇アルコール列でよく脱水しておく必要がある．これに対して脱水を要さないグリセリンゼリーは広く使用されている．このつくり方は，ゼラチン(100 g)を水(100 ml)に浸して膨潤させ，これをゆるく加熱しながらグリセリン($C_3H_8O_3$)(250 ml)と防腐剤のフェノール(C_6H_5OH)(数滴)を加えてよく混合する．なお，グリセリンゼリーの粘性度は，加える水の量で調整できる．グリセリンゼリーは常温で固化するので，封入時にはこれを小さな切片にする．この切片を，上澄みが透明になるまで水洗したあと，上澄みを捨てた残渣にその2倍ほど加えて加熱してよく混和させる．これを冷え固まらないうちに，スポイトで取り，スライドグラスに1滴落とし，カバーグラスをのせ，弱く加熱しながら封入する．加熱後すぐにスポイトに取ると気泡が入りやすい．

以上が花粉化石を濃集するために広く行われている処理である．実際，これらの諸処理は，試料の岩質に応じて必要なものを選び，効率的な順序で組合せて行う．ただし，花粉化石は薬品処理の種類によって粒径が変わるので，一連の花粉分析では，ある試料では不要の処理であっても，別の試料では必要な処理であるならば，全体の処理はそれを含めた方法に統一すべきである．

岩質による処理法とその順序の例を次に示す．下線のある処理はポリエチレン容器(たとえば500 mlビーカー)で，その他は遠心分離管(たとえば15 ml)で行うのが効率的であることを示す．

かなり硬い岩石(古第三系やそれより古い)
　<u>1) 2)</u> 5) 4) 3) 4) <u>6)</u> 4) 7) 8) 4) 9)

ピックハンマーが突きささる程度の岩石(中新統〜更新統)
　<u>1)</u> 2) 3) 4) 5) 4) <u>6)</u> 4) 7) 8) 4) 9)

指でつぶせる程度に柔らかいもの
　3) 4) 5) 4) <u>6)</u> 4) 7) 8) 4) 9)

なお，処理薬品のうち，HFと$ZnCl_2$は，環境を汚染する物質であるので，取り扱いに注意する．

18.2. 花粉化石の鑑定

花粉化石の多くは，"属"の段階までしか鑑定できず，"種"のレベルまでの同定には，電子顕微鏡が必要になる．花粉化石の鑑定は現在の植物の花粉の形態と比較して決めるのが基本である．したがって，本格的な研究をするには，多くの現生標本や文献などが必要になる．しかし，新生代の地層から産出す

18. 花粉分析

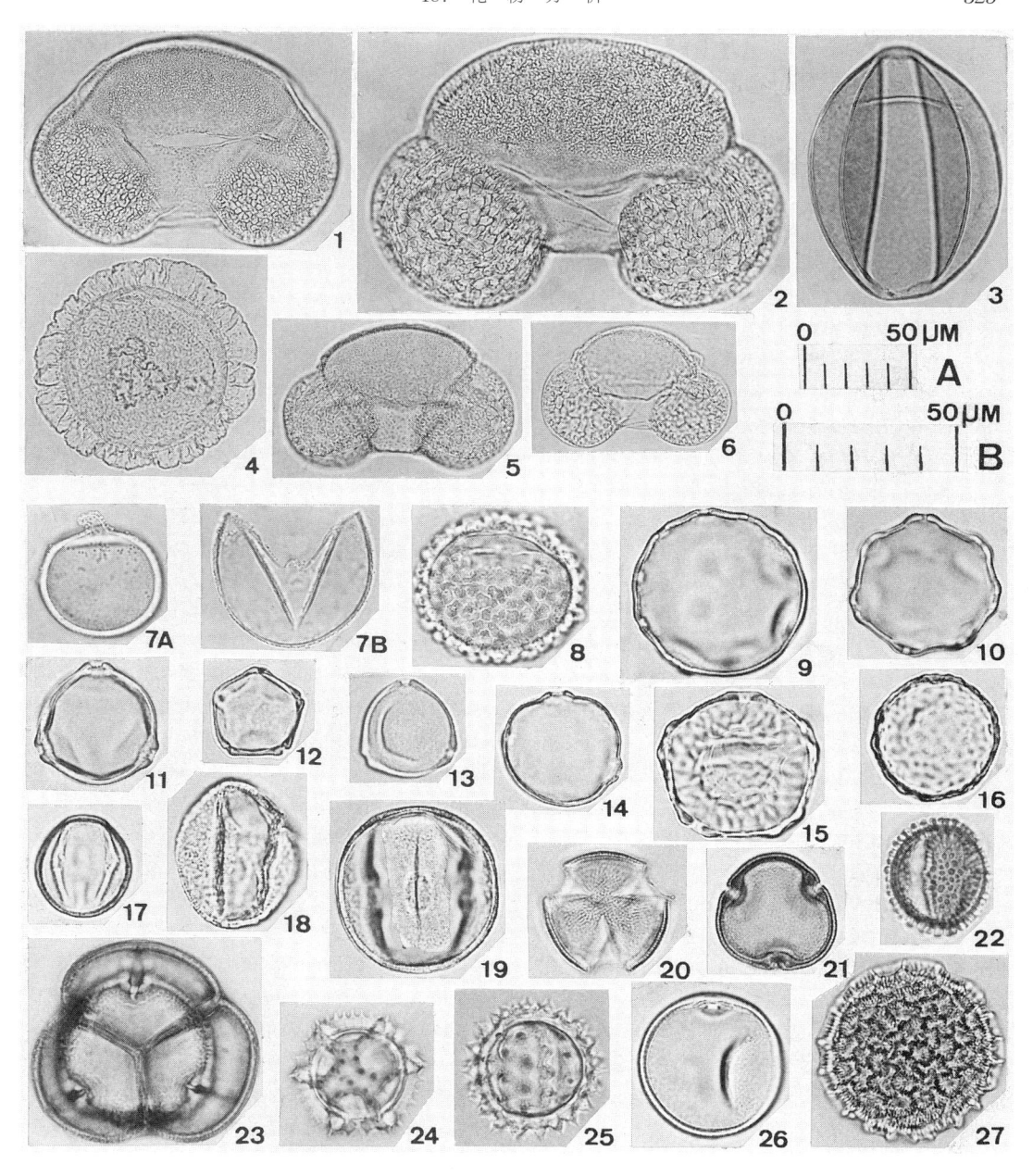

図18.1 現生植物の花粉

1：エゾマツ(*Picea jezoensis*)，2：オオシラビソ(*Abies mariesii*)，3：カラマツ(*Larix kampferi*)，4：コメツガ(*Tsuga diversifolia*)，5：チョウセンマツ(*Pinus koraiensis*)★，6：アカマツ(*Pinus densiflora*)★，7A, 7B：スギ(*Cryptomeria japonica*)，8：コウヤマキ(*Sciadopitys verticillata*)，9：オニグルミ(*Juglans mandshurica* var.)，10：サワグルミ(*Pterocarya rhoifolia*)，11：ダケカンバ(*Betula ermanii* var.)，12：ヤマハンノキ(*Alnus hirsuta*)，13：ハシバミ(*Corylus heterophylla* var.)，14：イヌシデ(*Carpinus tschonoskii*)，15：ケヤキ(*Zelkova serrata*)，16：ハルニレ(*Ulmus davidiana*)，17：アカガシ(*Quercus acuta*)★，18：コナラ(*Quercus serrata*)★，19：ブナ(*Fagus crenata*)，20：タカオモミジ(*Acer palmatum* var.)，21：シナノキ(*Tilia japonica*)，22：ソヨゴ(*Ilex pendunculosa*)，23：ミツバツツジ(*Rhododendron dilatatum*)●，24：セイヨウタンポポ(*Taraxacum officinale*)●，25：ノコンギク(*Aster ageratoides* subsp.)●，26：ススキ(*Miscanthus sinensis* var.)●，27：ミゾソバ(*Persicana thunbergii* var.)．

スケールAは1～6(300倍)，Bは7～27(500倍)．化石の鑑定の際は，属名が「花粉種」となる．★印は花粉種がさらに亜属に細分されるが，●印は科，亜科の段階にとどまる．

る花粉の約7〜8割は，図18.1に掲げた花粉である．「習うより慣れろ」も一理あるので，これを頼りに1試料につき200個体をめどに5〜6試料鑑定すれば，かなり慣れることができる．図18.1では物足りなくなったら専門的な解説書やその図版を参考にすればよい．また，自分で現生植物の花粉から比較標本をつくり，特に樹木花粉を多数保持するようにすれば，さらに専門的な分類が可能になる．なお，現生花粉の標本のつくり方は，化石の処理過程の7) 4) 3) 4) 9)で行う．永久標本はシリコンオイルで封入するとよい．

18.3. 花粉化石の扱い方

現生の植物の花粉を基準に，花粉化石を鑑定するとき，その花粉の名前は，多くの場合"属"の名称で代表させているが，"科"のランクでのこともある．このような鑑定されたグループ単位を"花粉種"とよぶことにする［花粉の"タクソン(taxon)"，複数では"タクサ(taxa)"と同じ概念］．花粉化石を鑑定する場合，普通1試料につき，200個体以上を同定し，それぞれの花粉種の割合を百分率で表す．このとき，花粉種の構成割合は，当時の花粉を生産した親植物とどのような関係にあったであろうか．この問題は花粉分析の基本的課題であるが，簡単に答を出せるものではない．それは次にあげる花粉化石の諸特性があるからで，これを正しく理解することがこの課題を解く鍵になるであろう．

まず，植物による花粉の生産量が異なることをあげる．一般に，風媒花は虫媒花よりもはるかに生産量が多いし，同じ風媒花であっても"樹木"と"草"では，個体当たりの生産量に大差がある．個体当たりの生産量が特に多い樹木としては，裸子植物のマツ目(Coniferales)，被子植物のクルミ目(Juglandales)，ブナ目(Fagales)，ニレ科(Ulmaceae)などをあげることができる．

次に，花から離れ，散布された花粉は，風や水によってしだいに親植物から離れた場所に運ばれて堆積する．こうして埋積した花粉化石は，元の植物が生育していた場所とは違った所から産する"異地性"という特性をもっている．この異地性の程度は花粉種において一律ではない．したがって，この異地性が，堆積環境の違いによって花粉種ごとにどのように表れるかを知っておく必要がある．そのため，現在の各種の水域(湿地，沼，湖，沿岸海域，公海など)の堆積物中の花粉と，その周辺の植生との関係が調べられている．こうした基礎的な研究としては，国内では，松下(1981-1986)の一連の成果がある．一般に堆積水域が広い堆積物は，広範囲の植生を反映した花粉を含むが，同時に，特に，マツ科(Pinaceae)，〔トウヒ(*Picea*)，ツガ(*Tsuga*)，マツ(*Pinus*)，モミ(*Abies*)などの諸属〕の花粉の割合が著しく高くなる．

堆積した花粉への続成作用の影響は，固結度の高い岩石や炭化度の進んだ岩石ほど大きい．したがって，高圧や高温といった物理的作用に対して花粉は一律に弱いが，化学的作用に対しては，多くの花粉がその処理に当たって，強い酸やアルカリに耐えることから，かなり強いものと判断される．しかし，現生のクスノキ科(Lauraceae)の花粉のように薬品処理に対して弱いものもある．こうした花粉は化石として産することはほとんどない．

花粉化石は，以上のような諸特性があるため，花粉種の構成割合は，それを供給した背後の植生(植物の個体による構成比)とは単純な比例関係にはない．このうち，最も複雑にこの比例関係をくずす特性は，"異地性"である．異地性の影響を小さくするには，花粉の供給範囲が狭い堆積物を選べばよい．その意味で，狭い水域の沼や湿地などの堆積物の花粉分析は比較的当時の周囲の植生を復元しやすいので，初心者向きといえよう．

図18.2に最終氷期の花粉分析の結果をまとめた具体例(叶内，1988)をあげた．ここの試料は，湿原の堆積物をボーリングにより得たもので，その大部分は泥炭からなり，湿地として安定した堆積環境下で形成されたものである．また，一連の地層のなかには，数枚の既知の広域火山灰がはさまれ，それらは地層に絶対年代の目盛りを入れるのに役立っている．図18.2は，樹木の花粉種の産出率を表したものであるが，こうした花粉種の組成とそれらを組合せた特徴を"花粉帯"という区切りでとらえている．一連の地層の花粉分析をする場合，まずこうした化石帯がつくられるのが普通である．花粉帯は時代の区切りと同時に，花粉帯をつくる花粉が運び込まれた地域をも区切るものである．しかし，花粉帯のもつ地域の区切りは時代の区切りほどに明確でなく，漠然としていて意識されにくい．そこで，この例のような花粉帯は，そこに地域的概念が含まれていることを強調するために"地域花粉帯"とよんでいる．こうした地域花粉帯は当時，分析した地域の植生が表現する花粉群集として理解され，前記の花粉化石の諸特性が十分に考慮されて，その地域の植生が推定されることになる．さらに，こうした地域花粉帯

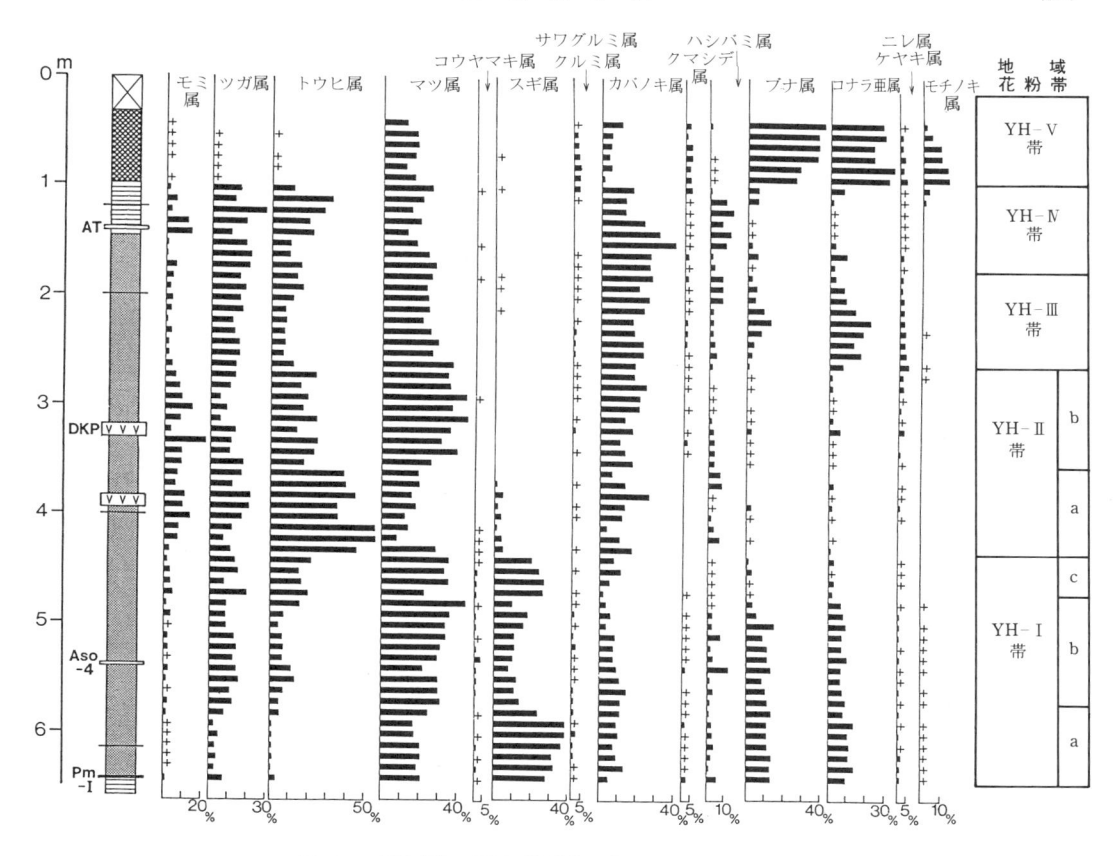

図 18.2 福島県矢の原湿原堆積物の花粉分析図（叶内，1988）
主要産出樹木の花粉組成．

が別の場所の地域花粉帯と対比され，その対比はしだいに広がっていく．この際，広域にわたる対比が可能なものほど，植生の変化をひき起こした要因が広域に及んでいたことを意味し，大きな環境の変化をそこに見出すことができる．約1万年(10 ka)前の寒冷な時期から，より暖かい時期への変化は，世界中で認められているので，地球規模の環境の変化がこの時期にあったことがわかっている．

まとめ

花粉分析の実践を可能にするため，まず，花粉化石を試料のなかから確実に取出すことを目標に置いた．次に花粉に慣れ親しむことをねらいとしたので，その鑑定は，記載用語を用いた専門的な観点で行うのではなく，現生の主要な花粉の写真と比較するという方法をとった．そして，花粉の組成の解釈に当たっては，花粉化石のもつ諸特性を解説し，特に花粉化石の"異地性"を強調し，花粉化石の正しい理解の道標とした．最後に花粉分析の具体例をあげて説明を加えた．ここで扱った花粉分析の方法は，まずは初心者に実践的入門を，という観点で解説したので，不足の点は下記の参考書で補っていただきたい．なお，胞子については割愛した．

〔山野井　徹〕

参考文献

Erdtman, G. (1943)：An introduction to pollen analysis, 239p.. Donald Press Co..

Erdtman, G. (1957)：Pollen and spore morphology/plant taxonomy, Gynmospermae, Pteridophyta, Bryophyta. 151 p.. Almqvist & Wiksell.

Erdtman, G. (1965)：Pollen and spore morphology/plant taxonomy, Gynmospermae, Bryophyta (text). 191 p.. Almqvist & Wiksell.

Erdtman, G. (1966)：Pollen and plant taxonomy, Angiosperms. 553 p.. Hafner Pub. Co..

Erdtman, G. (1969)：Handbook of palynology (An introduction to the study of pollen grains and spores). 486 p.. Munksgaard.

Erdtman, G. and Sorsa P. (1971)：Pollen and spore mor-

phology/plant taxonomy, Pteridophyta (text and additional illustrations). 302 p.. Almqvist & Wiksell.
Faegri, K.・Iversen, J. (1989)：Textbook of pollen analysis 4th ed., 237p.. John Wiely & Sons.
藤　則雄(1979)：花粉・胞子．小畠郁生(編)，化石鑑定のガイド，pp. 149-181．朝倉書店．
幾瀬マサ(1956)：日本植物の花粉，304 p.. 廣川書店．
岩波洋三(1964)：花粉学大要．272 p.. 風間書房．
岩波洋三(1967)：花と花粉．175 p.. 総合図書．
岩波洋造(1980)：花粉学，212 p.. 講談社．
岩波洋造・山田義男(1984)：図説花粉，152 p.. 講談社．
叶内敦子(1988)：福島県南部・矢の原湿原堆積物の花粉分析による最終氷期の植生変遷．第四紀研究，vol. 27, pp. 177-186．
川崎次男(1971)：胞子と人間，281 p.. 三省堂．
松下まり子(1981, 1982)：播磨灘表層堆積物の花粉分析．第四紀研究，vol. 20, pp. 89-100；vol. 21, pp. 15-22．
Matsushita, M. (1985)：The behavior of streamborne pollen in the Kako River, Hyogo Prefecture, Western Japan. *Quat. Res.* (*Daiyonki-Kenkyu*), vol. 24, pp. 57-61.
Matsushita, M.・Sanukida, S. (1986)：Studies on the characteristic behavior of pollen grains and spores in Lake Hamana on the Pacific coast of central Japan. *Quat. Res.* (*Daiyonki-Kenkyu*), vol. 25, pp. 71-79.
Moor, P. D. and Webb, J. A. (1978)：An illustrated guide to pollen analysis. 133 p.. Hodder and Stoughton.
中村　純(1967)：花粉分析，232 p.. 古今書院．
中村　純(1980)：日本産花粉の標徴．I，II．大阪自然史博物館収蔵試料目録，第 13 集，第 14 集．
徳永重元(1963)：花粉のゆくえ，218 p.. 実業公報社．
徳永重元(1972)：花粉分析法入門．185 p.. ラテイス．
島倉巳三郎(1973)：日本植物の花粉形態．大阪自然史博物館収蔵試料目録，第 5 集．
Traverse, A. (1988)：Paleopalynology. 600 p.. Unwin Hyman.
Tschudy, R. H. and Scott R. A. (1969)：Aspect of palynology. 510 p.. John Wiley & Sons. Inc..
塚田松男(1974)花粉は語る―人間と植生の歴史―，231 p.. 岩波書店．
上野実朗(1987)：花粉学研究，253 p.. 風間書房．

索　引

和文索引

ア

アイソジャイアー　216
赤堀川の開削　186
アセテート・ピール法　258
アセトリシス処理　324
アーテシアン構造　154
跡倉層　31, 32
跡倉ナップ　32
アナジャコの巣穴構造　320
姉崎層　140
アバット　87
阿武隈帯　38
鐙摺層　64
天津層　109
荒川低地の自然堤防帯　185
アレナイト(砂岩の分類)　239
合わせ砥石(薄片作成)　203
安房層群　109
安野層　109
アンモナイト　308

イ

異化学的成分　259
池子層　65
異歯亜綱　297
石垣島の造礁サンゴ群集　289
石上層　41
石堂層　41
異靱帯亜綱　297
伊豆大島噴火(1986年の)　77
伊豆・小笠原海溝　89
伊豆・小笠原弧　70, 89, 107
泉谷貝化石帯　135
位相差(偏光顕微鏡)　214
板状斜交層理　49
一噴火輪廻の堆積物　77
一方向流(粒子配列)　254
一輪廻の堆積物　77
移動周波数解析　199
緯度補正(重力)　7
蘭沼の大沼沢地　185
インパクトの法則　234
インブリケーション　249〜256

ウ

ウォッシュ・ロード　182
薄衣礫岩　38
宇田断層　85
浦郷層　66
浦和水脈　155
浦和流動地下水　156
浦和流動地下水帯　156
ウルフのネット　227, 251

エ

エアーリフトポンプ　59
液状化(堆積変形構造)　254
エチルアルコール処理(薄片作成)　205
江見層群　90
塩化物泉　61
塩水化現象　159, 160
エンスタタイト(頑火輝石)　103
円磨度　235, 247, 248

オ

横臥褶曲　35
横断断層系　68
大北野-岩山線　32
大島火山　75
大船層　66
大森公式　201
大山層　64
岡田火山　75
沖ノ山堆列　70
小原台軽石　168
小原台面　168
オリエンテーション(粒子配列)　249, 252
オルソスコープ　210
隠歯亜綱　296
御岳第一軽石層　141, 169
音波探査　70
オンラップ　123

カ

貝　殻
　　　——の生成　293
　　　——の内部構造　292
海岸段丘　166
外形(結晶)　225
海溝海側斜面　73
海溝充填堆積物　84
海溝陸側斜面　87
海進-海退サイクル　130
海進期シーケンスセット　123
海進期堆積体　120
階層構造　319
海底侵食(量)　130, 317
海底扇状地　109
海底扇状地準備期　117
海底扇状地成長期　117
海底谷　70
海浜砂　240
海浜堆積物　250
開放ポーラ　210
鏡　肌　103
鍵　層　82, 110, 123, 137
殻壁(有孔虫)　277
隔壁(アンモナイト)　309
隔壁(サンゴ)　289
花崗岩系列　222
花崗岩(類)　26, 220
火山弧　240
火山灰(鍵)層　82, 124
火山灰編年学　166
火山フロント　70
火山豆石　78
可視・近赤外リモートセンシング　3
河床堆積物　185, 187
上総海盆　124
上総層群　66, 110, 145, 269, 274
上総掘り　159
化石塩水　157
化石群集の規則性と多様性　300
河川砂　240
河川堆積物　253
加須低地　185
片状ガウジ　33
仮定密度(重力探査)　7
滑走斜面　185

河道の付替え 181, 187, 188
カナダバルサム 204
花粉群集 326
花粉帯 326
花粉分析 323
カーボランダム 202
上岩橋貝化石帯 139
カラー合成画像 4
烏山-菅生沼構造線 8
仮固結処理(薄片作成) 205
環伊豆地塊蛇紋岩 100
環境解析(珪藻化石) 267
間隙水圧 92
観測井(地殻活動) 21
関東構造盆地 63, 152
関東地域の地震活動 13
関東平野の第四系 145
関東ローム 165
貫入関係(花崗岩類) 27
間氷期 166
涵養域(地下水分布) 154
かんらん岩 100
かんらん石 103

キ

棄却楕円法 300
基質(砂岩) 239
輝石温度計 106
基礎面研磨(薄片作成) 202
北アメリカプレート 89
衣笠泥質オリストローム 65
鬼怒川の堆積物 181, 186
木下貝化石群集 140
逆グレーディング 183
逆断層 90
級化成層 42
級化層理 94
球形度 235, 247〜249
球状花崗岩 27
球面投影 226
丘陵(地形単位) 164
凝灰岩鍵層 110
行者窟火山 75
凝集(堆積物) 53
共生藻類 282
共通反射点(地震波) 10
恐竜の足跡 44
清川層 139
清澄古海底扇状地 118
清澄層 109
キンク・バンド 104
金勝山ナップ 34
金時-幕山構造線 55

ク

空間格子(結晶) 228
苦灰岩 257
くさび形検板 215
串本の造礁サンゴ 287
屈折波(地震波) 197
屈折法(地震探査) 9
屈折率 208, 211
屈折率曲面 209
掘足綱 299
熊谷流動地下水 156
くもの巣状構造 92
グライダー研磨 204
クラカトア型 57
グラブ採泥器 73
クリッペ 31
クレータレイク型 57
黒瀬川(構造)帯 40
黒滝不整合 63, 110, 130
クロムスピネル 103
クロムディオプサイド(クロム透輝石) 103
群発地震 58

ケ

珪酸塩鉱物 219
珪 藻 262, 263
珪藻化石層序 265
珪藻土 263
結晶分化作用 221
結晶モルフォロジー 293
原殻(貝類) 298
原隔壁(単体サンゴ) 282
剣崎背斜 68
現地瞬間固定法(薄片作成) 205
原点走時(地震波解析) 197

コ

古異歯亜綱 297
光学的異方体 209
光学的正・負 217
光学的等方体 209
高海水準期シーケンスセット 123
高海水準期堆積体 120
攻撃斜面 184
膠結物(堆積物) 239
口孔(有孔虫) 277
後鰓亜綱 298
光 軸 216
光軸角 217
光軸点 217
硬質頁岩 263
高水敷 181

後続の相(地震波験測) 196
合成開口レーダ画像 5
構造等高線図 152
後背湿地 187
後背地(堆積物) 46
小貝川の wash load 181
古河流動地下水 156
古期大島層群 76
古期カルデラ 55
古鬼怒川水系 141
刻時精度(地震波計測) 198
小柴層 66
古水深の推定 306, 317
古生代の有孔虫 276
古多歯亜綱 296
古多摩川 175
古鶴見川 175
古東京川 173
古東京湾 142
古利根地下水塊 156, 157
コノスコープ 210, 216
小仏層群 100
コマータ(有孔虫殻壁) 279
固溶体 220
古流系 42
古流向 245, 252
根源岩(天然ガス) 133
混合型(温泉の水質) 61
混合作用(深成岩類) 221
混濁流(乱泥流) 94, 109
コンデンスセクション 123
コンボリュート構造 50, 51

サ

砕屑岩 232
砕屑性脈岩 98
砕屑粒子 245
最小二乗法 193, 197, 201
最大海氾濫面 120, 130
逆さ杉 61
相模層群 66, 145
相模トラフ 89, 94
桜井貝化石層 140
桜川の河床 182
ざくろ石 37
砂州堆積物 50
砂 堆 82
皿状(dish)構造(堆積変形構造) 42, 92
三角州帯 181
サンゴ礁 287
三山層 41
三次元均質二層構造解析(重力値解析) 8

索　引

三重会合点　82, 89
三重式火山　55
山中地溝帯　40
三波川帯　31
山陽帯　29

シ

四塩化炭素(有孔虫分離重液)　270
シェーンフリース記号(結晶族の対称性)　229
磁　化　191, 192
磁気異常図　12
磁気モーメント　192
軸傾斜褶曲　46
軸柱(単体サンゴ)　283
軸副隔壁　280
軸率(結晶)　226
自形(結晶)　225
シーケンスセット　121
シーケンス層序　120
四国海盆　107
示準テフラ　136, 145, 165
地　震
　　──の化石　62
　　──の検知能力　22
　　──の発震機構　15
　　──の発震機構解　15
　　──の発生メカニズム　14
地震観測網　200
地震計　195
地震探査法　9
地震波の記録　197
地震予知　21, 23
沈み込み境界　89
地すべり(箱根火山)　61
自然採取法　205
自然堤防　181, 184, 187
自然堤防帯　181
地蔵堂貝化石帯　136
紫蘇輝石系列　56
実開口レーダ　5
磁鉄鉱系(列)花崗岩　37, 222
地盤調査ボーリング　144, 147
自噴井　158, 159
刺胞動物　281
下末吉面　164
下末吉ローム　141
下総層群　135, 136, 145, 269
斜交層理　98
斜長岩　26
斜長石　103
斜方輝石　103
蛇紋岩　100
蛇紋岩礫岩　107
蛇紋石　103
終殻(巻貝)　298
周期(地震波)　198
褶曲(堆積構造)　255
縦走断層系　66
重炭酸塩硫酸塩泉　61
集中度(粒子配列)　251
周波数(地震波)　198
周波数解析(重力探査)　9
重力異常図　7
重力基盤図　8, 11
重力急傾斜帯　8
重力探査法　7
熟成度(砕屑炭の組織)　232
種(層)構成(造礁サンゴ類)　289
準化石水域　157
晶系　229
消光(位)(偏光顕微鏡)　212, 214
消光角　214
礁斜面　289
上泉層　138
晶相の変化　225
晶族　229
晶癖　225
縄文海進　169, 171, 287
上部マントル　14, 100
初期微動継続時間　201
植物プランクトン　263
食物連鎖(珪藻類)　262
初動(地震波)　9
　　──の相　196
白浜層　84
白間津層　84
試料分割器(微化石サンプル)　271
シロウリガイ　65, 70, 84
　　──の群集　70
震　央　201
しんかい2000　70
新期大島層群　76
新期カルデラ　55
震源(時)　195, 198
震源分布　16
深層地殻活動観測システム　20
迅速測図(地形図)　185
振動流(粒子配列)　254
振幅(地震波)　198

ス

巣穴構造(生痕化石)　320
水文地質構造　154
水溶性天然ガス　133
ステレオ画像　5
ステレオ投影(法)　226
ストークスの法則　234
ストームシート砂層　49, 52, 126
スペクトル(地震波)　199
スランプ　72, 131
スレート　242

セ

正化学的成分(炭酸塩岩類の構成粒子)　259
正規確率紙　234
正規分布曲線(粒度分布)　234
制御地震　195
生痕化石　51, 316
成熟度(粒子の形)　249
成層構造(生痕化石)　319
成長形(結晶)　225
生物源構造(生痕化石)　316
石灰岩　257, 275
石油天然ガスの根源物質　262
摂食様式(生痕化石)　317
瀬戸川層群　100
瀬又・藪軽石層(SYテフラ)　137
セメント(堆積物の膠結物質)　239
瀬林層　41
旋回(有孔虫化石)　278
旋回副隔壁　280
全岩組成(花崗岩)　221
前弧深海堆積盆　118
前鰓亜綱　298
潜在円頂丘　58
全磁力異常　192
泉質分帯図　60
扇状地帯(河川地形)　181
染色法(炭酸塩岩類)　258
泉津層群　76
センタリング(偏光顕微鏡)　211
浅部地下地質の調査方法　144

ソ

相(地震波)　196
相鴨トラフ　70, 72, 73, 84
相加(偏光顕微鏡)　216
造岩鉱物　219
相減(偏光顕微鏡)　216
走時曲線　10
造礁サンゴの形態　287
層序ボーリング　144
相対成長(解析)　299, 312
相対的海水準　120
掃流層(砂礫)(河床堆積物)　183
属数(造礁サンゴ)　289
速度構造(地震波)　9
　　──の分布　16
側噴火口列　71
ソーシュライト　103

ソフトX線写真　290

タ

ダイアピル　254, 255
第一次生産者(珪藻類)　262
対角位(偏光顕微鏡)　214
体化石　316
体管(アンモナイト)　309
対称性の制限(結晶)　228
堆積シーケンス　120
堆積物食者(生痕化石)　317
太平洋プレート　14, 16, 17, 89
大陸棚外縁　72
ダウンラップ面　123
卓越周期(地震波)　199
卓越周波数　199
他形(結晶)　225
多結晶　225
田越川不整合　63
多古貝化石層　140
多色性(偏光顕微鏡)　211
脱水構造　50, 92
脱水脈　94
立川面　164
立石凝灰岩部層　64
縦波(P波)　195
ダナイト　104
棚倉構造線　8, 39
多板綱　294
タービダイト　82, 85, 109, 114, 126, 129
タービディティ・カーレント　109
多摩面　164
単位格子　226, 228
段丘　164
タングステン-スズ鉱床　29, 222
単結晶　225
丹沢-嶺岡帯　64
炭酸塩岩の分類　257
断層ガウジ　33
単体サンゴの分類　281
丹原貝化石帯　136
単板綱　293

チ

地域花粉帯　326
地殻活動観測　20
地下水盆　154, 162
地下地質　152, 160
地球磁場　191
千倉層群　82
地形補正(重力補正)　7
地磁気異常縞模様　191
地質温度計　106

地層大切断面(古期大島層群)　80
地層の重なり型　145
チタン鉄鉱系花崗岩　29, 222
秩父系(帯)　40
中央構造線　8, 32
中央値法(貝類の地理的分布)　302
柱状採泥器　73
沖積統　171
沖積平野　181
沖積面　164
銚子層群　47
潮汐三角州堆積システム　140
潮汐補正(重力補正)　7
直交ポーラ(偏光顕微鏡)　210
直接波(地震波)　197
直立褶曲　68
貯留岩(天然ガス)　133

ツ

筑波山塊の深成岩類　25

テ

低海水準期シーケンスセット　12
堤外地(河川地形)　181
泥質サスペンジョン　52, 53
底生生物　317
底生有孔化石　83
底生有孔虫　269, 272～274
泥ダイアピル　84
堤内地(河川地形)　181
定方位薄片　275
テスラ(T, 磁場の強さ)　194
テチス海　313
テフラ　72, 136, 164
テフロクロノロジー　75
電気検層　148

ト

東京軽石層　58, 165, 168
東京0メートル地帯　162
等色線(コノスコープ像)　216
等深線分布(プレート構造)　16
到着時(地震波)　196
土石流　70
土地条件図　185
利根川中流低地　185, 186
利根川東遷　185
富岡向斜　68
富岡層　66
豊成貝化石層　140
豊房層群　82
トラガントのり　272
ドレッジ　73
トレンチウェッジ状の構造(トラフ

底の堆積構造)　73
ドロマイト　257
トンネル(有孔虫殻壁)　279

ナ

ナウマン象化石　139
中川低地　185
中里層　66
ナップ　31
七号地海進　171
七号地層　171
南部北上帯　38

ニ

二次切断(薄片作成)　203
西谷貝化石帯　137
二段重ねの構造(有楽町海進期の堆積物)　171
日仏共同海溝計画　73
二枚貝綱　294

ヌ

沼Ⅰ～Ⅳ面　177
沼(サンゴ)層　177, 287

ネ

熱赤外リモートセンシング　3
粘土鉱物　242
年輪(造礁サンゴ)　287

ノ

ノイズ(人工的振動)　197
野島層　66
ノルム(鉱物化学組成)　28

ハ

背弧海盆　107
排泄物(生痕化石)　320
ハイマート(ナップの起源)　37
パーガス閃石　106
剝離構造(泥岩の構造)　242
箱根七湯　59
橋詰層　41
バスタイト　104
八王子構造線　8
発震機構　14
発震時　198
初声層　65, 98
波動消光(砕屑岩の石英)　242
葉山層群　64
葉山隆起帯　64
パラシーケンス　120
パリ　281, 283
ハルツバージャイト　104

索　引

半遠洋性泥岩　114
反射断面　11
反射波(地震波)　10
反射法(地震探査)　9, 10
斑状組織(筑波花崗閃緑岩)　28
ハンモック状斜交層理　48, 49, 50
氾濫原　181
氾濫堆積物　183, 185, 187
斑れい岩　26

ヒ

被圧地下水　155, 158
干潟層　177
東伊豆沖海底火山群　71
東長田層　86
東谷層　137
非活動的縁辺域　70
引橋面　169
微小地震　23
ピジョン輝石系列　56
ピストンコアラー　73
必従谷　70
微文象組織(K長石と石英がつくる組織)　27
氷河性海水準変動　129
標準貫入試験(N値)　147
標準重力値　7
平山貝化石層　140

フ

不圧地下水　159
フィーダーチャネル　115
フィリピン海プレート　14, 16〜18, 70, 87, 89
フェルシック鉱物　219
フェンスター　31
フォッサマグナ　70
不攪乱定方位薄片作製法　205
付加(体)　89, 98
付加帯堆積物　83
複屈折　214
複合シーケンス(バイレフリンジェンス)　104, 123
複褶曲　68
腹足綱　297
ブーゲー異常図　7
ブーゲー補正　7
フズリナ類　275
筆島火山　75, 80
プーマ模式　44
浮遊運搬のヒステリシス　184

浮遊砂　182
浮遊性微化石層序　82, 274
浮遊性有孔虫　269, 272〜274
浮遊土砂　181
フラックス-ゲート型磁力計　191
ブラッグの式(X線回折法)　230
プラットフォーム(人工衛星)　5
ブラベイ格子(結晶)　228
フリーエア補正　7
フリッシュ型砂岩泥岩互層　109
フリッシュ相(堆積相)　42
プレート
　──の境界　14, 70
　──の形状　14〜16
プレート運動　14
プレート間の相対運動　14
プレートテクトニクス　240
プレート内応力　130
プレートモデル　18
フロゴパイト　106
プロトグラニュラー組織　104
プロトン磁力計　191
分光放射輝度(リモートセンシング)　3
分散度(粒子配列)　251
粉末法(X線結晶解析)　231

ヘ

劈開(角)　211, 242
ベッケ線(偏光顕微鏡)　212
ヘルマン-モーガン記号(結晶の対称性)　229
ペレット(生痕化石)　320
偏光顕微鏡　208
偏光プリズム(偏光板)　202, 209

ホ

ボイル(河床堆積物)　183
ポイントカウンター法(Gazzi-Dickinson法)　239
帽岩　133
方解石　257, 292
縫合線(アンモナイト)　311
放射年代測定法　165
房総沖三重点　82, 89
掘抜き井戸　159
ボレアル海　313
本固結処理工程(薄片作成)　205

マ

マイクロ波リモートセンシング　3
マグニチュード　13, 20, 23, 198
マグマ水蒸気噴火　76
曲げ-すべり褶曲　46

マフィック鉱物　219
埋没谷　146, 158, 160, 162, 174

ミ

三浦層群　65, 82, 94, 110, 269
みかけの長軸(粒子配列)　250
みかけの伸びの方向(粒子配列)　250
御荷鉾緑色岩　31
三崎層　65, 98
三崎面　168
ミシェルレヴィの干渉色図表　口絵2, 215
嶺岡(隆起)帯　100, 118
三滝花崗岩　38
脈状構造(堆積変形構造)　97
ミラーの面指数　226

ム

武蔵野面(小原台面)　164
ムシバサンゴ(単体サンゴ)　283

メ

面角一定の法則　225
面なし断層　97

モ

モード(鉱物の容量比)　219
モード分析　239
元村のモデル　301
モーメント方法(粒径分布)　234
森戸層　64
モリブデン鉱床　222

ヤ

藪化石帯　137
矢部層　65
山辺貝化石層　140

ユ

有感地震　13
有機炭素量(水溶性天然ガスの化学的特性)　133
有孔虫　269, 270, 272, 275, 276
有肺亜綱　299
有楽町(貝)層　171
有理指数の法則　226
癒着(堆積岩の内部構造)　49, 126
ユーラシアプレート　14, 16, 73, 89

ヨ

溶存酸素量(カーブ)　128, 145, 317, 318
翼形亜綱　296

横田層　139
横波（S波）　195

ラ

ラウェの方程式　230
ラメラ層（有孔虫殻壁）　278
乱泥流（混濁流）　44, 94, 109, 319

リ

離水ベンチ　170
理想形（結晶の外形）　231
リップチャネル　48, 50
リップル　49〜53
リップル斜交葉理　48
リニアメント　6
リモートセンシング　3

ル

累加曲線（粒度分析）　234
累帯深成岩体　221

竜ケ崎層　141
流痕（堆積構造）　42
粒子形状　235, 246
粒子回転　254, 255
粒子配列　245, 249, 254, 255
　　——の測定　250
流出域（地下水の分布）　155
流動域（地下水の分布）　155
粒度分析　234
領家帯　29, 38
領家変成岩　26
理論走時　201

ルネイトメガリップル　48

レ

礫種組成　237
レターデーション（偏光顕微鏡）　214

ロ

濾過食者（生痕化石）　317
六放サンゴ　281

ワ

輪中堤（河川地形）　186
和達ダイアグラム（震源分布）　201
ワッケ（砂岩の分類）　239

欧文索引

Aタイプ花崗岩　222
allochem　259
alveolar 構造　278
Ammonitida 目　308
Ammonitina 亜目　309
Anarcestida 目　308
Ancyloceratina 亜目　309

BG 層（七号地層の基底礫層）　171
biolithite　259
boundstone　260

Clymeniida 目　308

DEM（Dital Elevation Model）　5
Denticula 属　265, 266
diaphanotheca　279

efficient fan　118

FFT（高速フーリエ変換）　199
foramina　280

Galathea（海洋調査船）　293
Gazzi-Dickinson 法　239
Globigerinacea 上科　273
Goniatitida 目　308
GPS（Global Positioning System）　21
grainstone　260

HBG 層（有楽町層の砂礫層）　171
HCS（Hummocky Cross-Stratification）　48, 51
Hk タフ（東小路凝灰岩層）　110

I タイプ花崗岩　28, 222
intraclast　259

Jaccard の共通係数　302
JERS（Japanese Earth Resources Satellite）　5
JOIDES Resolution 号（深海掘削船）　73

K-Ar 放射年代　34
keriotheca　279
KmP-7（"親子軽石層"の一部）　169

Landsat 1 号（人工衛星）　4
Lytoceratina 亜目　309

M タイプ花崗岩　222
mantle bedding　79
micrite　259
Miliolina 亜目　272
mud drape　51, 52, 135, 140

oöid（oölite）　259
orthochem　259

packstone　260

pellet　259
Phylloceratina 亜目　308
Prolecanitida 目　308

Rotaliina 亜目　272, 273
S タイプ花崗岩　28, 222
SAR（Synthetic Aperture Rader）　5
Simpson の多様度指数　301
skeletal grain　259
sparry calcite　259
SPOT（Satellite pour l'observation de la Terre）　5
Sr 同位体初生値　34

tectum　278
Textulriina 亜目　272
TM（Thematic Mapper）　4
trochophore 幼生　292
Tuoleumne zoned pluton　221

Vema（海洋調査船）　294

wackestone　260

X 線回折　230
X 線回折計　231
X 線粉末回折法　258

Zoophycos　320

MEMO

MEMO

地球環境の復元（普及版）
—南関東のジオ・サイエンス—

1992 年 7 月 15 日　初版第 1 刷
2005 年 3 月 20 日　普及版第 1 刷

定価はカバーに表示

編集者　大　原　　　隆
　　　　井　上　　厚　行
　　　　伊　藤　　　慎

発行者　朝　倉　邦　造

発行所　株式会社　朝　倉　書　店
東京都新宿区新小川町 6-29
郵便番号　162-8707
電　話　03(3260)0141
FAX　03(3260)0180

〈検印省略〉

© 1992 〈無断複写・転載を禁ず〉　　　新日本印刷・渡辺製本

ISBN 4-254-16753-9　C 3344　　　　　Printed in Japan

早大 坂 幸恭監訳

オックスフォード辞典シリーズ
オックスフォード 地球科学辞典

16043-7 C3544　　A5判 720頁 本体15000円

定評あるオックスフォードの辞典シリーズの一冊"Earth Science (New Edition)"の翻訳。項目は五十音配列とし読者の便宜を図った。広範な「地球科学」の学問分野——地質学, 天文学, 惑星科学, 気候学, 気象学, 応用地質学, 地球化学, 地形学, 地球物理学, 水文学, 鉱物学, 岩石学, 古生物学, 古生態学, 土壌学, 堆積学, 構造地質学, テクトニクス, 火山学などから約6000の術語を選定し, 信頼のおける定義・意味を記述した。新版では特に惑星探査, 石油探査における術語が追加された

前気象庁 新田　尚・放送大 木村龍治・東大住　明正・
筑波大 安成哲三・気象庁 伊藤朋之編
キーワード気象の事典

16115-8 C3544　　A5判 532頁 本体17000円

気象学でのキーワード約70を厳選し, 関連する事項とともに原則4ページで解説する中項目主義の事典。太陽系内での惑星という地球という観点から, 気候・気象を決定する大気の理論を核に, 観測・予報, 気象情報までの, 最新のデータと研究成果を提示。〔内容〕地球環境と環境問題／大気の理論(放射過程・力学・波動・対流・総観気象学・大循環・不安定現象・モデリング)／気象の観測と予報(リモートセンシング・惑星探査)／気候と気候変動／気象情報の利用／他

前東大 不破敬一郎・国立環境研 森田昌敏編著
地球環境ハンドブック（第2版）

18007-1 C3040　　A5判 1152頁 本体35000円

1997年の地球温暖化に関する京都議定書の採択など, 地球環境問題は21世紀の大きな課題となっており, 環境ホルモンも注視されている。本書は現状と課題を包括的に解説。〔内容〕序論／地球環境問題／地球／資源・食糧・人類／地球の温暖化／オゾン層の破壊／酸性雨／海洋とその汚染／熱帯林の減少／生物多様性の減少／砂漠化／有害廃棄物の越境移動／開発途上国の環境問題／化学物質の管理／その他の環境問題／地球環境モニタリング／年表／国際・国内関係団体および国際条約

太田猛彦・住　明正・池淵周一・田渕俊雄・
眞柄泰基・松尾友矩・大塚柳太郎編
水　の　事　典

18015-2 C3540　　A5判 576頁 本体20000円

水は様々な物質の中で最も身近で重要なものである。その多様な側面を様々な角度から解説する, 学問的かつ実用的な情報を満載した初の総合事典。〔内容〕水と自然(水の性質・地球の水・大気の水・海洋の水・河川と湖沼・地下水・土壌と水・植物と水・生態系と水)／水と社会(水資源・農業と水・水産業・水と工業・都市と水システム・水と交通・水と災害・水質と汚染・水と環境保全・水と法制度)／水と人間(水と人体・水と健康・生活と水・文明と水)

前東大 下鶴大輔著
火山のはなし
—災害軽減に向けて—

10175-9 C3040　　A5判 176頁 本体2900円

数式はいっさい使わずに火山の生い立ちから火山災害・危機管理まで, 噴火予知連での豊富な研究と多くのデータをもとにカラー写真も掲載して2000年の有珠山噴火まで解説した火山の脅威と魅力を解きほぐす"火山との対話"を意図した好著

前東大 茂木清夫著
地震のはなし

10181-3 C3040　　A5判 160頁 本体2900円

地震予知連会長としての豊富な体験から最新の地震までを明快に解説。〔内容〕三宅島の噴火と巨大群発地震／西日本の大地震の続発(兵庫, 鳥取, 芸予)／地震予知の可能性／東海地震問題／首都圏の地震／世界の地震(トルコ, 台湾, インド)

法大 田渕　洋編著
自然環境の生い立ち（第3版）
—第四紀と現在—

16041-0 C3044　　A5判 216頁 本体3000円

地形, 気候, 水文, 植生などもっぱら地球表面の現象を取り扱い, 図や写真を多く用いることにより, 第四紀から現在に至る自然環境の生い立ちを理解することに眼目を置いて解説。第3版。〔内容〕第四紀の自然像／第四紀の日本／第四紀と人類

西村祐二郎編著　鈴木盛久・今岡照喜・高木秀雄・
金折裕司・磯崎行雄著
基　礎　地　球　科　学

16042-9 C3044　　A5判 244頁 本体3200円

地球科学の基礎を平易に解説しながら地球環境問題を深く理解できるよう配慮。一般教育だけでなく理・教育・土木・建築系の入門書にも最適。〔内容〕地球の概観／地球の構造／地殻の物質／地殻の変動と進化／地球の歴史／地球と人類の共生

上記価格（税別）は2005年2月現在